U0332087

现代交通运输装备用铝手册系列

航空航天器用铝材手册

主　编　王祝堂

副主编　郑家驹　王中奎
　　　　王伟东　熊　慧

中南大学出版社
www.csupress.com.cn

前　言

　　自 1888 年美国匹兹堡冶金公司工业化提取铝以来，铝及铝合金因具有一系列优良性能，诸如密度小、易加工与成形、导热导电性能好、抗蚀性强、资源丰富、对环境友好、可回收性强、极易摩擦搅拌焊接、价格适中、可表面处理性好、撞击时不产生火花、无磁性、对辐射有相当强的屏蔽作用等，在国民经济的各个产业部门获得了日益广泛的应用。

　　铝合金与航空航天器发展相辅相成，从第一架飞机面世到今天，人类航空史大体可分为四个阶段：1903—1938 年的初始阶段，飞机从木布结构发展到全金属及铝合金结构，用的铝合金以 3×××系、5×××系及 2×××系的 2014 合金为主；1939—1945 年的完善阶段，由于正处在第二次世界大战，航空业得到空前发展，全世界生产的 80% 以上的原铝都用于制造军用飞机，共制造了约 31 万架，其中仅美国就制造了 13 万多架，采用活塞式发动机，飞行速度一般不超过 700 km/h，飞机结构多采用高强度硬铝 2024 等 Al-Cu-Mg 系合金，其他系合金也得到广泛应用，美国开始采用 7075 超硬铝，追求的是合金的静态强度，飞机的铝化率达 80%；1946—1957 年的超声速阶段，是航空技术发生根本性变革的重要阶段，开始制造大批涡轮喷气发动机，20 世纪 50 年代初，在朝鲜战争中喷气式飞机已大规模用于空战，20 世纪 50 年代中期喷气战斗机的飞行速度已达到声速的两倍，高强度 2024 合金及超强度 7075 合金获得了大量应用，高强高温合金也开始应用，B707 飞机是此时期的代表客机，航天事业开始迅猛发展；1958 年至今的高超声速阶段，航空技术发展到高级阶段，航天产业繁荣，与航空航天工业高速发展相适应，先后开发成功的结构铝合金有高强高温合金、高韧合金、高损伤容限合金、高抗蚀合金、先进可切削合金、艾华合金（用于 A380E 喷气机）、先进的未来合金（用于 A350 C 系列飞机），与之相应的美国机型为 7075-T6、7075-T3、7475-T73、7075-T74、2524-T3511、2524-T73、2524-T3、7150-T77、7055-T6511、2026-T3511（2000 年以前的飞机）、7085-T76、C85T、7085-T74、C85T-T74、Al-Li-Tp-1、Al-Li-Tp-2（2000—2020 年的飞机）。

　　今后民用航空器将向三个方向发展：一是大型亚声速运输机，如 B797；二是先进超声速客机；三是偏转旋翼式垂直起降支线客机。在军用航空器方面，将进一步朝信息化、综合化、一体化和智能化方向发展。与之相适应的铝合金是美国铝业公司正在研发制造的 7805 – T76、C85T、7805 – T74、C85 – T74、第三代铝 – 锂合金，以及肯联公司(Constellium)正在研制的先进未来合金。

中国的航空铝合金及铝材生产始于 1956 年，为了航空工业的发展，20 世纪 60 年代后期有了较快发展，总体上中国在航空航天铝材研发与生产方面与世界先进水平相比存在五六十年的差距，这是我们必须面对的残酷现实与严峻挑战，中国正在设计制造的有全部自主知识产权的 ARJ21 支线客机与 C919 大飞机的适航证取证原型机所用的一切铝材全都是进口的。在 C919 主结构材料中，铝合金占 65%。

中国截至 2014 年已建成完整的世界领先水平的航空级铝材生产体系，有世界一流的熔炼 – 铸造、热轧、冷轧、挤压、拉拔装备，有全球独一无二的专业铝厚板生产线，大挤压机(≥45 MN)数量占全世界总数的 62% 以上，450 MN 的锻压机已建成，全球最大的 800 MN 锻压机也于 2014 年投产。但是，中国距能为波音公司、空客公司、庞巴迪宇航公司、马丁 – 马里特公司批量提供航空航天器铝材可能还有七八年。在研发方面，中国可能还需要更长的时间才能赶上美国铝业公司的匹兹堡技术中心和肯联公司的法国沃雷普技术中心。只有那时中国才能成为名副其实的铝加工产业强国。当前，中国航空航天铝材的价格还比美国及德国的贵将近一倍，缺乏竞争力。

本书共分为三篇：第 1 篇：航空航天器用变形铝合金；第 2 篇：航空航天器用铸造铝合金；第 3 篇：先进的航空航天器用铝合金。

参加本书编写等有关工作的还有段德炳、任柏峰、刘欢、袁嫄、姚希之、尤振平、霍云波、郭秋颖、沈兰、曾峥、夏鼋轶。

在编写本书过程中得到了许多人士与朋友的帮助，在此谨致谢意。另需特别致谢的是《工程材料实用手册》(第 2 版)第 3 卷的作者与编委，本书引用了该书的一些数据。

由于编者水平有限，书中不可避免地会存在一些错误与不足之处，期盼读者多多提意见并斧正。

王祝堂

2015 年 5 月

目　录

第 1 篇　航空航天器用变形铝合金

变形铝合金 1×××系至 8×××系在航空航天器制造中都得到了应用，但用得最多的是 2×××系与 7×××系合金，其次是 6×××系与 5×××系合金，用得较少的是 8×××系合金（主要是 Al－Li 合金），用得最少的是 1×××系合金，而 4×××系合金加工材几乎没有在结构件制造中得到应用。

如果按材料的热处理状态来分，在航空航天器使用的铝材中，可热处理强化合金约占 92%，热处理不可强化合金仅占 8%左右。

铝合金在飞机上主要是用作结构材料，如蒙皮、框架、螺旋桨、油箱、壁板和起落架支杆等。铝合金在航空航天器中的应用开发可分为几个阶段：20 世纪 50 年代，主要目标是减轻质量和提高合金比刚度、比强度；20 世纪六七十年代，主要目标是提高合金耐久性、疲劳性能和损伤容限，开发出 7×××系合金 T73 和 T76 热处理制度，及 7050 合金和高纯铝合金；20 世纪 80 年代，由于燃油价格上涨而要求进一步减轻结构质量；20 世纪 90 年代至今，铝合金的发展目标是进一步减轻质量，并进一步提高铝合金的耐久性和损伤容限。例如开发出高强、高韧、高抗腐蚀性能的新型铝合金，大量采用厚板加工成复杂的整体结构部件代替以前用很多零件装配的部件，不但能减轻结构质量，而且可保证性能的稳定。要实现这一点必须开发出低内应力的厚板。进入 21 世纪后，各国围绕大型、高速飞机及航天器的需求，研发了一批新型的 Al－Li 合金材料，基本上满足了航空航天工业高速发展的需求。例如，客机的进舱门过去是由近 50 个零件组装的，而现在可用一块厚板数控铣削而成，不但降低了生产成本，而且门的强度提高了。飞机的上、下机翼也可以用厚板铣成。

近 20 年来，我国也投入了大量的人力、物力和财力，研发了大批用于飞机和航天器的铝合金材料，特别是自大飞机项目和"神舟"系列、"嫦娥"系列项目启动以来，我国在研发高强、高韧、高抗腐蚀、高抗疲劳等新型铝合金及 Al－Li 合金材料方面取得了重大进展，但与国际先进水平相比仍有二三十年的差距。中国 2013 年实际上可以批量生产的航空铝合金材料是美国铝业公司（Alcoa）与加拿大铝业公司（Alcan）在 20 世纪六七十年代批量供应的材料。中国当下制造的大飞机 C919 及支线客机 ARJ21－70"翔凤"取证机用的铝材全部是进口的。中国商用飞机有限责任公司称，2018 年制造这些飞机用的铝材的国产化率可望达到 30%，看来制造大飞机用的铝材全部国产化可能要到 2025 年或更后一些，更不用说艾华合金（Airware）与美国铝业公司的新一代航空航天铝合金了。

艾华合金并不是一个简单的合金而是若干个性能得到全面改进的合金与用先进的工艺生产的铝材的总称，用于制造 2005—2015 年下线的 A380E 喷气机（E－Jets）

及 A350C 系列(A350 C Series)飞机,是力拓 – 加铝公司(Rio Tinto – Alcan)与肯联全球航空 – 交通运输 – 工业公司[Constellium Global ATI(Aerospace, Transportation and Industry)]推出的,合金及生产工艺研究由设在法国沃雷普(Voreppe)与瑞士洛桑(Lausanne)的技术中心完成,板材由法国伊苏瓦尔轧制厂(Issoire)与美国的雷文斯伍德轧制厂生产,而挤压材则由努兹·圣·乔治型材厂(Nuits – Issoire Saint – Georges)与圣弗洛伦汀(Saint Florentin)铝材挤压厂生产,它们都位于法国。实际上,"艾华"是当前航空器先进铝制零件的全面解决方案的总称,包括合金成分与材料生产方案的最佳化,以及零部件的设计与加工。

与 2005 年以前广泛应用的高强、高温、高韧、高损伤容限(high damage tolerant alloys)、高抗腐蚀(high corrosion resistance alloys)合金相比,艾华合金可满足航空工业提出的以下主要要求:①飞机的自身质量降低 25%;②飞机投入运营后,至首次 D 级检修(D – Check)时间不短于 12 年;③大幅度减少 CO_2 排放;④飞机到期退役后,铝制零部件的回收率达到 100%。铝材与民用飞机发展的关系如图 1 – 1 – 1 所示。

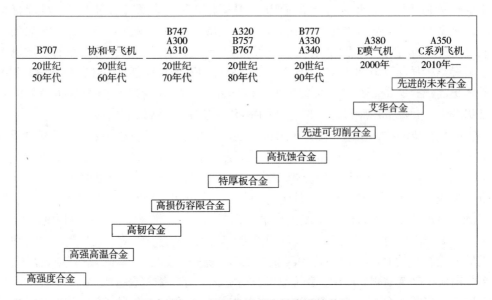

图 1 – 1 – 1　铝材与民用飞机发展的关系

铝合金具有密度低,为钢的 1/3 左右,抗腐蚀性能强、疲劳强度较高、强度性能高、比强度与比刚度大等一系列优点,是航空航天器结构的理想材料。目前铝合金在民用机上的用量占飞机自身质量的 60% ~ 80%,在第四、第五代军机上的用量也不低于 20%。近些年来,尽管受到钛合金及复合材料在航空器上应用的挑战,但由于铝的资源丰富,铝合金性能优良、易加工成形、价格合理、可回收性强等诸多优点,加之传统铝合金新的热处理状态不断涌现,新的合金一批批地出现,材料加工工艺在不断更新,在可预见的时期内,至少在 2030 年以前,铝合金在飞行器结构中的首选材料优势是不可取代的。

在中国自行设计研制的第二代战机机体结构用材中，铝合金占 80% 以上，在第三代战机机体结构用材中铝仍占 60% ~ 70%，能隐身的"坦克杀手"武直 - 10 与中航工业研制的最新型第四代隐形战机歼 - 31 中铝合金也是主要结构材料之一。

1.1　航空器铝合金的发展

航空铝合金发展的推动力来自两方面：一方面是航空器性能的不断改进，要求提供更多更好的铝材，这是市场需求的拉动；另一方面是受材料自身技术的发展。

1.1.1　国外的发展概况

国外航空器铝合金的发展大致可分为 5 个阶段，如下所述。

1.1.1.1　静态强度需求阶段(1906　1959 年)

这是航空工业的初级阶段，要求合金具有尽可能高的静态强度，以降低结构质量，提高载重量和/或延长航程。在此期间研发成了 Al - Cu - Mg 系的 2014、2017 合金，稍后又研发成功 2024 - T3 合金。20 世纪 30 年代，2024 合金在飞机制造中开始得到广泛应用，第二次世界大战期间研制成功具有更高强度的 Al - Zn - Mg - Cu 系超硬铝 7075 - T6 合金，随后又研制出有更高强度的 7178 - T6 合金。直到 20 世纪 60 年代这些合金都是航空器材料的骨干。

1.1.1.2　高抗腐蚀合金阶段(1959—1969)

在此阶段由于飞机开始应用厚大截面结构，机体出现应力腐蚀开裂(2024 - T4、7075 - T6 合金短横向)，因此要求铝材不但有高的静强度，还必须有很强的抗应力腐蚀能力。为此，研制成功了 7075 - T73 合金，虽然抗应力腐蚀开裂能力满足了要求，但其抗拉强度 R_m 比 T6 材料的低 15%。不久美国铝业公司技术中心研发成功了 7075 - T76 合金，既能满足抗应力腐蚀要求，抗拉强度 R_m 的下降又较小。7075 - T73、7075 - T76 合金在此阶段下线的飞机中获得了广泛应用。

1.1.1.3　要求综合性能阶段(1969—1979)

此时飞机设计进入失效 - 安全阶段，要求铝材有高的韧度。在此背景下美国铝业公司率先推出高纯的 7475 合金，1969 年在美国铝业协会公司(The Aluminum Association, Inc.)注册，1971 年该公司(Alcoa)又研制成功 7050 - T74 合金，该合金能满足飞机厚大截面结构对强度和应力腐蚀开裂的要求。1976 年后，飞机设计要求机体结构铝材不但应有高的强度还必须有足够的断裂韧度和良好的抗疲劳性能。美国铝业公司与波音飞机公司(Boeing)联合研发的 7150 - T6、T61(1978 年注册)合金能满足这些要求；美国铝业公司还研制成功高强度的 2324 - T39 厚板合金(1978 年注册)及 2224 - T3511 挤压材合金(1978 年注册)，它们有高的断裂韧度和不低于 2024 - T3 合金的抗拉强度 R_m。在此期间苏联也研制成功 Д16ч、В93пч、AK4 - 1ч

和 B95пч 等高纯铝合金,在军机制造中获得了全面推广。

1.1.1.4　减轻质量与可靠性呼声高涨阶段(1980—1991)

由于 20 世纪 70 年代石油危机的冲击及为提高军机战斗力及民机的可靠性,人们对飞机设计提出了强烈减轻质量要求;另外,钛合金及树脂基复合材料的崛起对铝合金构成严峻挑战,大大激发了对传统铝合金的改型挖潜探究与研发新的铝合金,兴起了对 Al-Li 合金、快速凝固耐热铝合金及铝基复合材料的研究热潮,现在 Al-Li 合金已在航空航天器中获得较大规模应用,另两类合金距规模化应用还有较大的距离。在传统合金改型方面,美国铝业公司研制成功 7150-T77 状态,它不但有高的抗腐蚀性能,而且其抗拉强度 R_m 与 T6 材料的相当,稍后该公司又开发出有更高强度的 7055-T77 合金与更优抗疲劳性能的 2524-T3 合金,前者 1991 年注册,后者 1995 年注册。这些高性能铝合金的面世,极大地推动了航空铝合金的发展并巩固了铝合金在航空器制造中的地位,人们原来预测会使用钛材与复合材料的结构仍选用了这些新型铝合金,如 B777、C-17、F-35 等先进新一代飞机的选材就是这样。

1.1.1.5　较大地降低结构制造成本阶段(1992—2015)

飞机机体结构的制造成本约占其总成本的 95%,因而降低制造成本成为机体材料研制的重中之重。初期目标是在不改变飞机现行结构设计基础上使结构成本下降 25%。为此,美国铝业公司及力拓-加铝公司(2009 年剥离交通铝材板块组建肯联公司)都做了大量工作:以整体机加件代替锻件或由一些零件装配而成的结构部件,研发机翼的高温时效成形和高强度铝合金的快速超塑成形,开展可焊铝合金和铝合金摩擦搅拌焊技术的研究,以优质铸造铝合金铸造复杂形状的精密铸件,研发低成本高性能的 Al-Li 合金,以及开展铝基复合材料的研究等。至 2013 年,这些工作已成就斐然,如力拓-加铝的艾华合金及美国铝业公司的新一代合金就是其典型代表,它们可以满足 2020 年以前下线的航空器的需求,现在这两家公司正在研制能满足 22 世纪 20 年代航空器制造所需求的铝合金材料。

国外航空航天铝合金的发展历程与应用简况示于表 1-1-1。

表 1-1-1　国外航空航天铝合金的发展与应用简况

发展年代 (20 世纪)	2×××系合金	7×××系合金	应用情况	
			军机	民机
20 年代	2017-T4	—	Junkers F13	—
30 年代	2024-T3 第一个里程碑	—	DC3, B24	—
40 年代	2024-T3	7075-T6 第一个里程碑 7178-T6	B-29	—

续表 1 – 1 – 1

发展年代 (20 世纪)	2××× 系合金	7××× 系合金	应用情况	
			军机	民机
50 年代	2024 – T3	7075 – T6 7178 – T6 7079 – T6	B – 52, F100(第一代战斗机) F4(第二代战斗机, 1958 年首飞)	Boeing 707, 第一代民机, 1957 年首飞
60 年代	2024 – T3	7075 – T3 7075 – T6	F – 15, 第三代战斗机, 1972 年首飞	Boeing 737, 第二代民机, 1967 年首飞 Boeing 747 第三代民机, 1969 年首飞
70 年代	前期: 2024 – T3	前期: 7475 合金	F – 16, 1976 年 12 月首飞	—
	中期: 2024 – T3	中期: 7050 – T74 7010 – T74	A6, F/A(1978 年首飞) 幻影 2000(1978 年首飞)	空客 A300B, 第三代民机, 1973 年首飞
	后期: 2224 – T3511 2124 – T851 2324 – T39	后期: 7150 – T6 7150 – T61	—	Boeing 757, 第四代民机, 1982 年首飞
80 年代	2024 – T3 2124 – T851 2224 – T3511	7050 – T74 7050 – T76	F/A – 22, 第四代战斗机 1981 年启动, 1990 年首飞	—
80 年代末至 90 年代中期	2524 – T3 第二个里程碑	7150 – T77 第二个里程碑 7055 – T77 厚板	C17 军用运输机; F35, 低成本第四代战斗机, 1995 年启动, 2000 年首飞	Boeing 777, 第五代民机, 1994 年首飞 A340 – 500/600, 1997 年启动

1.1.2　中国的航空航天铝合金发展概况

中国航空工业起步晚，航空铝合金的研制是在新中国成立后起步的。中国航空铝合金的应用与发展大致可分为四个阶段。

1.1.2.1　静强度需求阶段(1950—1979)

最初是为了配合从苏联引进飞机维修和仿制苏联米格 17φ 战机的需求而发展的。从 1956 年开始仿制苏联主要的航空用铝合金，以 2××× 系的 Д16 合金与 7××× 系的 B95 合金为主线，仿制成功了 7A04(相当于 B95)及 2A12(相当于 Д16)合金，但热处理状态仅有自然时效状态 T4 和简单的人工时效状态 T6。这两种合金在中国的 1980 年以前的航空工业中获得了应用，它们在歼 5、歼 6、歼 7 等飞机上得到大量应用。

1.1.2.2　抗腐蚀性能高的合金需求阶段(1980—1986)

为向航空产业提供抗应力腐蚀开裂能力高的铝合金材料，中国研制成功了 7A09 – T6 合金(与 7075 合金相当)，它的各项工艺性能与抗腐蚀性能均优于 7A04 合金，可加工成各种半成品，后又仿制成功 T73 及 T74 状态材料，用作战机的主承力结构,全面替代7A04 - T6合金,在歼7、歼8系列飞机中得到了广泛应用,目前在飞机上仍有较多的应用。在此阶段还仿制成功抗腐蚀性能高的7A33合金,其抗拉强度R_m与2A12合金的相当,不但无晶间腐蚀倾向,而且有高的抗应力腐蚀开裂与抗剥落腐蚀能力,在中国生产的水上飞机与两栖飞机中用于替代2A12合金作蒙皮结构件。

1.1.2.3　全面跟踪美国综合性能良好与多品种多热处理状态研发阶段(1987—1997)

为满足老飞机设计改型和研制新飞机对机体铝材综合性能及多品种、多规格、多热处理状态的需求,中国全面启动了对7075 - T73、7075 - T76、2024 - T3、T6、T8、7475 - T73、7475 - T76、7050 - T74、2124 - T851、2224 - T3、2324 - T39、7175 - T74材料的研究工作。20世纪80年代中期兴起了跟踪欧美非传统铝合金材料研究,主要对象是Al - Li合金,快速凝固铝合金及铝基复合材料。不过,这些非传统铝合金材料目前仍处于研究完善提高、试生产与试用考核阶段,距批量生产与大规模应用还需要一些时日。

1.1.2.4　高纯铝合金研发阶段(1998—2015)

中国为了满足飞机制造的现实要求及未来飞机的发展需要,开展了对7A04、2A70、2A12、2A06等合金的高纯化研究,与此同时还开展了对超高强7A55合金及高抗蚀铝合金6A60的研究,以及对T77状态材料的研究等。

从以上的介绍可知,中国在航空航天铝合金的研发和应用方面与欧美发达国家有着明显的差距。我国还需要加强基础理论与工艺的研究;加快将实验室的研究成果转化为生产力;建立完整的航空航天材料体系;进一步完善材料的生产装备。

1.1.3　航空铝合金的发展趋势

航空器的更新换代速度虽然比电子设备的慢一些,但也是相当快的。飞机的发展趋势是高速、长服役期、安全可靠、低的结构质量系数、低成本和低维护工作量和综合隐身。铝工业必须为飞机的更新换代提供新的材料,而且要超越前一代。当前,航空铝合金的发展主要是围绕强度、刚度、耐热性、长使用期限、低成本制造成形技术等而展开的。

1.1.3.1　强度与刚度

提高材料的强度与刚度是一个永恒的话题,目前材料工作者采取的主要措施是:①提高合金化元素含量,不过增加合金元素含量会给合金的熔炼、铸造、加工、成形等带来一系列困难,对合金的抗腐蚀性能、断裂韧度、疲劳性能等都可能有不利的影响。②对合金进行微合金化,此举被认为是最可取的有效措施之一,例如向Al - Mg系及Al - Zn - Mg - Cu系合金添加小于0.5%的Zr和/或Sc等元素,向Al - Li合金添加Zr、Sc、Zn、Ag等元素。③热处理,主要是开展多级、分步固溶和固溶时效处理,在满足抗腐蚀性等要求的前提下,尽量提高合金的强度性能。④采用新的制造技术——喷射沉积技术和粉末冶金法制备合金锭坯。后一工艺可以获得强度很高的合金,但是成本高,不易制备大构件;而喷射沉积法被认为是能较好发展下一代高强铝合金的技术，该技术能以相对低的制备成本生产大型锭坯，可使 7 ××× 系合金的(Zn + Mg)含量超过 14% 限度，以达到提高强度目的。时下我国有些研究院已制成这种材料并取得多项专利，可以稳定生产抗拉强度 R_m 超过 700 N/mm^2 的 7 ××× 系航空铝合金。

1.1.3.2　耐热性

飞行速度的提高必然使飞机的气动加热问题和过载问题变得突出，例如 F/A - 22 在 M2.0 飞行时的驻点温度可超过 121℃，这是铝合金蒙皮可耐受的极限温度，达此温度安全隐患便显得突出，因此必须提高铝合金的耐热性能。当今在这方面的研究工作主要集中为：①向低合金化的 2 ××× 系合金中添加少量的 Fe 和 Ni，如新近研发的 2650 合金，就是一种耐热合金，可用于制造超音速飞机的蒙皮。②向传统的 2 ××× 合金中添加微量的特殊合金化元素 Ag。例如，美国的 C415 合金。③采用粉末冶金法、喷射沉积法制备耐热合金取得了较大进展，有可能成为未来制备高温铝合金的主要工艺。美国用这些工艺制备成功的 8019 合金，是一种含 7.3% ~ 9.3% Fe 的高温铝合金。美国还制成了一种牌号为 8009 的耐热铝合金。我国也已自行制备出可在 350℃ 使用的喷射沉积铝合金。

1.1.3.3　可靠性与长期服役性

飞机必须有高的可靠性与尽可能长的使用期限，这一目的要求材料必须具有高的断裂韧度、抗疲劳强度与抗腐蚀性能，科学家在这方面做了许多工作，成就非凡，主要措施有：①提高合金的纯净度，即降低铝中固有的杂质 Fe 及 Si 的含量，现在几乎所有的航空航天铝合金都有对应的高纯型合金，首先制成的是 2024 及 7075 高纯合金。②从相图提供的数据出发，严格控制合金成分，减少难熔相、过剩相数量，如 2524 合金的成分范围比 2024 合金窄得多，它们的强度水平相同，但前者的断裂韧度、疲劳性能却比后者的高得多。③热处理对变形铝合金的性能有着极为明显的影响，因此，改变现行热处理制度参数与开发新的热处理工艺成为研究重点之一，例如为提高 7 ××× 合金的抗腐蚀性能与断裂韧度，开发了 T73、T74、T76 状态以及最近研发的三级时效 T77 状态。这些状态在强度、断裂韧度与抗腐蚀、疲劳性能四方面都能满足最新军、民机设计的要求。

为提高铝合金的抗腐蚀性采取的措施为：除对传统的 2 ×××、7 ××× 系合金薄板进行包铝以外，国外成功研制出抗蚀性高的 6013、6056 合金，中国成功研制出 7A33 合金；除对 7 ××× 系合金进行过时效处理外，现在也开始研究 6013、6056 等合金的过时效处理，如 T78 热处理技术，以及一些 2 ××× 系合金的时效制度和特殊性，如俄罗斯对 AK4 - 1 合金进行 T2 处理。目前，多级时效是提高铝合金抗腐蚀性能、强度、韧度、疲劳性能等综合性能的有效措施。提高铝合金的抗腐蚀性能除以上的方法外，还可以采用阳极氧化处理、涂漆、喷粉、贴膜等技术进行表面防护。

1.1.3.4　减轻质量

降低飞机的自身质量有着重要的节能减排效果与经济、社会效益。铝合金减轻质量有两方面的意义：一是降低铝合金本身的绝对质量；二是提高合金的比强度。常用的减轻质量措施有：①提高合金的比强度，开发高强度合金，如美国的 7055 合金，苏联的 B96 合金，以及用喷射沉积法生产的一些高成分合金。②开发 Al-Li 合金，在铝的合金化元素中锂的密度是最低的，向铝中每添加 1%Li，铝的密度下降约 3%，而其正弹性模量则上升 5% 左右。目前已研制成功一系列的 Al-Li 合金，有 2×××系的、5×××系的、8×××系的，并在航空航天器制造中获得了广泛应用，中国天宫一号资源舱舱段的结构部分用 Al-Li 合金材料代替传统材料，为舱段成功减轻质量 10% 以上；C919 大客机机身等直段部段是用 Al-Li 合金制造的，已于 2010 年 12 月 2 日在中航工业洪都公司大飞机部装厂顺利下线。苏联研发的 1420 系列 Al-Li 合金被认为是成功的范例之一，它们的强度虽然不高，但是绝对密度低，在制造非承力件方面获得广泛应用。采用粉末冶金法可以制备绝对密度很低的 Al-Li 合金，如 Al905XL 等。今后 Al-Li 合金的发展趋势是提高其比强度，降低生产成本，加强废料回收与利用。中国制造大飞机用的 Al-Li 合金板材是美国铝业公司达文波特(Davenport)轧制厂生产的。③蜂窝铝结构及泡沫铝构件。蜂窝铝结构在航空器制造中已获得成功应用，是用铝箔制备的，生产成本较高，目前正在开发用泡沫铝取代蜂窝结构的研究工作。

1.1.3.5　适应新成形技术的新合金

人们总在追求以较低成本制造零部件与组装结构，在航空器铝合金低成本制造技术方面，目前开展的主要工作有：

①时效成形和超塑成形。前者又被称为蠕变成形或蠕变时效成形，是为大幅度降低飞机零件的制造成本而研发的新成形技术，美国正在研究新型铝合金以适应此法制造机翼的上下翼面。铝合金的超塑成形已得到广泛应用，但不足之处是成形速率低，因此研究成形速率高而各项性能又能全面满足设计要求的新型超塑铝合金是当务之急。

②大力开发可焊性好的铝合金。铝合金的连接在飞机制造中起着非常重要的作用，古老的铆接法仍是制造飞机零部件的主要工艺，大飞机 C919 的机身有 1 670 块铝合金钣金件用了约 600 000 个铆钉铆接而成。总体上铝合金的可焊性并不令人满意，因而在飞机零部件与结构连接中，焊接用得不多。焊接效率比铆接高得多，因而连接成本低。因此，应大力研发可焊性好的铝合金，已研制成的 6013、1420(俄罗斯的)、Al-Mg-Sc 合金可焊性虽有所提高，但与需求还有一定差距；对常规合金进行微合金化，如向 7010 合金添加少量 Ag、Sc 等元素，以改善可焊性；采用新的焊接工艺，如摩擦搅拌焊(FSW)。

1.1.4　铝合金在民用飞机上的应用

运输机要求使用寿命长、可靠性高、维修维护和使用成本低等。铝合金具有密度小、综合性能优良(在飞机上的应用已十分成熟)和成本低等优点。因此在运输机上的用量一般在 70% 以上。1935 年世界上第一种成功应用于商业飞机 DC - 3 的主体结构材料就是以当时先进的 2024 - T3 合金为主。铝合金材料技术的进步与运输机的需求和发展是密不可分的，世界上的铝合金生产企业往往与大型的飞机制造公司联合进行铝合金材料的改进和新材料研发，如美国铝业公司与波音公司联合研制出了 2324、7150、2524、7055 等一系列性能优秀的铝合金材料，而且它们被迅速应用到飞机上。

1.1.4.1　铝材在国外民机中的应用

按民航客机的技术水平和选材特点的不同，可以把民航客机分为三代。第一代客机以美国的 B707、B727、B737(-100, 200)、B747(-100, 200, 300, SP)，欧洲的 A300B，苏联的图 -104、图 -154、伊尔 -86 等为代表。这一代飞机的主要发展年代是从第二次世界大战后至 20 世纪 70 年代，大多采用静强度和失效安全设计。第二代客机以美国的 B757、B767、B737(-300、400、500)、B747(-400)，欧洲的 A320 和苏联的图 -204 等为代表。这一代飞机提出了耐久性和损伤容限设计要求，采用了许多新型铝合金。第三代干线客机以美国的 B777、欧洲的 A330/A340 及俄罗斯的图 -96 等为代表。这一代飞机在设计上除满足一、二代飞机的要求外，还提出了强度更高、耐蚀性和耐损伤性能更好、成本更低的要求。表 1 - 1 - 2 给出了一些典型干线客机的主要用材情况，铝合金的用量达 70% ~80%。

表 1 - 1 - 2　一些典型干线客机的主要用材情况

代别	机型	铝/%	钢/%	钛/%	复合材料/%
第一代	B737/B747	81	13	4	1
第一代	A300	76	13	4	5
第二代	B757	78	12	6	3
第二代	B767	80	14	2	3
第二代	A320	76.5	13.5	4.5	5.5
第三代	A340	75	8	6	8
第三代	B777	70	11	7	11

铝合金在国外飞机不同部位的应用发展情况见表 1 - 1 - 3。20 世纪 70 年代以前，应用的主要是普通纯度的 2024、7075 合金；20 世纪 70 年代以后研制高纯合金，包括 2124 - T851、2324 - T39、2224 - T3511、7475 - T73、7475 - T76、7050 - T451、7050 - T7452、7010 - T74 和 7150 - T61 等；20 世纪 90 年代以来在最先进飞机上采用了的最新研制的 2524 - T3、7150 - T7751、7150 - T77511、7055 - T7751、7055 - T77511、2197 - T851 以及 7085 - T7452、T652 等。

表 1 – 1 – 3　铝合金在 20 世纪国外飞机不同部位的应用

应用部位	40 年代	50 年代	60 年代	70 年代	80 年代	90 年代后
机身蒙皮	2024 – T3	2024 – T3	2024 – T3	2024 – T3	2024 – T3	2524 – T3
机身机头、桁条	7075 – T6	7075 – T6	7075 – T3	7475 – T76	7050 – T74	7150 – T77
机身框、梁、隔框	2024 – T3 7075 – T6	2024 – T3 7075 – T6	2024 – T3 7075 – T73	2124 – T851 7075 – T74	2124 – T851 7050 – T74	2197 – T851 7150 – T77
机翼上蒙皮	7075 – T6	7075 – T6	7075 – T73	2024 – T851 7050 – T76	7050 – T76 7150 – T61	7055 – T77
机翼上桁、弦条	7075 – T6	7075 – T6	7075 – T73	7050 – T74	7150 – T61	7150 – T7 7055 – T77
机翼下蒙皮	2024 – T3	2024 – T3	2024 – T3	7475 – T73 2024 – T3	2024 – T3	2524 – T3
机翼下桁、弦条	2024 – T3	2024 – T3	2024 – T3	2024 – T3 2224 – T3511	2024 – T3 2224 – T3511	2524 – T3 2224 – T3511
翼梁、翼肋	7075 – T6	7075 – T6	7075 – T73	7050 – T74 7010 – T74	7050 – T74 7010 – T74	7150 – T77 7085 – T74 7085 – T6

1.1.4.2　铝材在中国运输机上的应用

中国已生产的运输机主要有：运 – 5、运 – 7 系列、运 – 8 系列、运 – 10、运 – 11、运 – 12 以及正在研制的 C919、ARJ21、运 – 20 等。运 – 8 飞机于 1969 年开始研制，1974 年 12 月首飞，是中国目前最大的军民两用中程、中型运输机。运 – 10 飞机是中国自行设计制造的第一种大型客机。ARJ21 飞机是中国研制的首种拥有完全自主知识产权的支线飞机。

运 – 8 原型机选材时的出发点是立足国内、尽量考虑材料的国内正常供应水平和材料的可继承性。运 – 8 原型机所用的铝合金主要有 2A12、7A04 等，曾选用国产的 2A12CZYu 预拉伸板，后来随着飞机改进改型的需要，改用了 2024 合金板材，也使用了 2124、7050 等铝合金厚板。运 – 8 原型机上广泛使用了 2A50（LD5）、2A14（LD10）等铝合金锻件，用作飞机承力结构件。另外，运 – 8 原型机还选用了 ZL101、ZL104 等铸造铝合金材料，后来采用 ZL205A 制造承受较大负荷的中等复杂程度的构件，如接头、支撑杆等，以代替部分 2A50 合金锻件，降低了飞机制造成本。

运 – 10 飞机参照美国联邦航空条例（FAR25 部）及国际民航组织（ICAO）的相应要求，首次采用“破损安全”和“安全寿命”概念设计。运 – 10 飞机的选材立足国内，其中铝合金的用量最大，占结构质量的 82%，结构钢和不锈钢占质量的 14%，另外还有少量钛合金、复合材料和其他材料。运 – 10 的机身、机翼、尾翼等主承力结构件大量采用国产的 2A12 和 7A04 合金，还采用 6A02(LD2)、2A50 和 2A14 等铝合金锻件。运 – 10 飞机的大型铝锻件，如机翼与机身对接接头、31 框、42 框等，在 300 MN 水压机上生产，都能保证冶金质量，性能也满足要求。运 – 10 飞机首次使用了国产大型铝合金预拉伸壁板。

运 – 10 飞机是中国在 20 世纪 70 年代初开始自行设计研制的，此时国产第一代静强度铝合金的应用技术比较成熟，第二代耐腐蚀铝合金的研制和应用工作正在开展。因此，运 – 10 飞机选用铝合金绝大部分为国产第一代铝合金。与同期国外的波音和空客系列飞机相比，运 – 10 飞机在设计和材料应用方面还存在很大差距。但是，通过运 – 10 飞机的研制，促进了航空铝合金材料的应用研究，提高了航空铝合金的应用水平，并且对如何提高材料的使用寿命、改善材料的综合性能等都有了新的认识。

新支线 ARJ21 飞机的选材以铝合金为主，达到 75%，结构钢和不锈钢占 10%，复合材料占 8%，钛合金占 2%，其他材料占 5%。ARJ21 飞机选用的铝合金基本与 B777 飞机的一样，在飞机的主体结构件上选用了综合性能好的第四代高强耐损伤铝合金。机翼下壁板采用高损伤容限型 2524 – T3、2324 – T39 铝合金，机翼上壁板采用高强耐蚀 7150 – T7751、7055 – T7751 预拉伸厚板。7150 合金还大量用在机翼梁、机身桁条、机身框架、隔框、机翼上桁条、翼肋和翼梁等承力构件上。另外，ARJ21 飞机也选用了 7075、7050、2024 等合金，但量不大。

国内铝材供应前景如下所述。

截至 2012 年年底，由于受装备与研发力量薄弱的制约，国内只有 125 MN 水压机，可挤压最大壁板宽度为 700 mm，飞机制造公司使用过的壁板最大宽度为 600 mm，随着我国引进的 150 MN 油压机于 2012 年投产，从 2013 年起可生产的型材最大宽度为 1 100 mm、最大长度 60 m，可以满足飞机制造公司对宽大壁板在规格方面的要求；在预拉伸厚板方面，原来只有 2 800 mm 的热轧机，可供应的厚板尺寸为最大厚度 80 mm、最大宽度 2 500 mm、最大长度 10 m(受热处理炉尺寸限制)，不过随着 4 350 mm 热轧机、3 950 mm 热轧机、4 064 mm 热轧机以及其他精整辅助设施的投产，中国已经可以生产飞机所需要的各种规格的宽大厚板。大的主要装备的生产虽解决了，但 T77 状态材料的工业化生产设备、厚板深层应力的定量检测仪器等，还有待建设或引进；高纯 2×××系及 7×××系大规格扁锭(厚≥500 mm)的熔炼铸造工艺也有待研究与开发；同时对 7150 – T7751、2324 – T39、7055 – T7751 合金壁板材料均只进行过预先研究，没有达到工业化水平，对 7449 – T7951 合金国内还没有研究过。因此，中国商用飞机有限责任公司决定认证(获取适航证)首批大飞机与 ARJ21 支线客机的所用铝材全部进口与 2018 年所用铝材的国产化率为 30% 的决策是稳妥的与可操作的。

在锻件生产方面，中国有 300 MN 的模锻压机、450 MN 的模锻机已于 2011 年建成，世界最大的 800 MN 模锻机已于 2013 年 4 月 11 日投产，它的最大模锻压制力可达 1000 MN，装备方面即可解决；但国内除有 7A09(LC9) 和 7050 合金外，还没有一种高强度铝合金锻件，因此亟待对 7150、7085、7175 等合金锻件进行工程化应用研究。

1.2　1×××系合金（含部分8×××合金）

1×××系合金属于工业纯铝，具有密度小、导电性好、导热性高、熔解潜热大、光反射系数大、热中子吸收界面积较小及外表色泽美观等特性。铝在空气中其表面能生成致密而坚固的氧化膜，阻止氧侵入，因而具有较强的抗蚀性。1×××系合金用热处理方法不能强化，只能采用冷作硬化方法来提高强度，因此强度较低。

1.2.1　化学成分及力学性能

在航空航天器中应用的 1×××系合金主要有 1050A、1035、1200、8A06 合金，它们的化学成分见表 1-2-1（GB/T 3190—2008），材料品种、规格、供应状态见表 1-2-2，技术标准规定（以下简称标定）性能见表 1-2-3，典型室温力学性能见表 1-2-4。

表 1-2-1　1050A、1035、1200、8A06 合金的化学成分（GB/T 3190—2008）

合金	Fe	Si	Cu	Mn	Mg	Zn		Ti	其他		Al
									单个	合计	
1050A	0.25	0.40	0.05	0.05	0.05	0.07	—	0.03	0.03	—	99.50
1035	0.35	0.6	0.10	0.05	0.05	0.10	0.05V	0.03	0.03	—	99.35
1200	1.00(Si+Fe)		0.05	0.05	—	0.10	—	0.05	0.05	0.15	99.00
8A06	0.55	0.50	0.10	0.10	0.10	0.10	(Si+Fe)1.0	—	0.05	0.15	其余

表 1-2-2　1050A、1200、1035、8A06 合金半成品的品种、规格及供应状态

技术标准	品种	供应状态	(δ 或 d)/mm
GB/T 3880	1050A、1200 板	O	>0.2
		H12，H22，H14，H24，H16，H26，H18	>0.2
		F，H112	>4.5
	8A06 板	O	>0.2
		H14，H24，H18	>0.2
		F，H1112	>4.5
YS/T 213 YS/T 215	1035 板	O	0.3 ~ 10
		HX4	0.3 ~ 4.0
		HX8	0.3 ~ 6.0

续表 1 - 2 - 2

技术标准	品种	供应状态	(δ 或 d)/mm
GB/T 3191	挤压棒	H112, F, O	5 ~ 600(圆棒), 5 ~ 200(方棒、六角棒内切圆直径)
HB 5202			≤240
GB/T 4436 GB/T 4437	管	H112	外径≤185, 壁厚 5 ~ 32.5
GJB 2381			外径>25, 壁厚 5 ~ 35
GJB 2379	冷拉管	O, HX8	外径≤120, 壁厚 1 ~ 5
GB/T 3196 GJB 2055	线	HX8	1.6 ~ 10.0
GB/T 3198	1050A、1200 箔	O, H26, H24, H14, H18, H19	厚度 0.006 ~ 0.20, 宽度 40 ~ 1600, 卷径 100 ~ 1000, 管芯内径 75.0、76.2、150[②③]

注：①按 YS/T 215—1994 供应板材厚度未列入此表；②用户需特殊规格时，由供需双方协商决定；③需求定尺交货时，定尺长度由供需双方协商决定，并在合同中注明。

表 1 - 2 - 3　1050A、1035、1200、8A06 合金半成品的标定力学性能

技术标准	品种	供货状态	试样状态	δ 或 d /mm	R_m /(N·mm^{-2})	$R_{P0.2}$ /(N·mm^{-2})	A /%
GB/T 3880	1050A 板材	O	O	>0.2	60 ~ 100	—	≥15
				>0.5			≥20
		O	O	>0.8	60 ~ 100	≥20	≥25
				>1.3			≥30
				>6.5		≥20	≥28
		H12 H12	H12 H12	>0.2	80 ~ 120	—	≥2
				>0.3			≥3
				>0.5			≥4
				>0.8			≥6
				>1.3		≥65	≥8
				>2.9			≥9
		H14 H24	H14 H24	>0.2	95 ~ 125	—	≥1
				>0.3			≥2
				>0.5			≥3
				>0.8			≥4
				>1.3		≥75	≥5
				>2.9			≥6

续表 1 - 2 - 3

技术标准	品种	供货状态	试样状态	δ 或 d /mm	R_m /(N·mm^{-2})	$R_{P0.2}$ /(N·mm^{-2})	A /%
GB/T 3880	1050A 板材	H16 H26	H16 H26	>0.2	120~145	—	≥1
				>0.5			≥2
				>0.81		≥85	≥3
				>1.3			≥4
		H18	H18	>0.2	≥125	—	≥1
				>0.5			≥2
				>0.8			≥3
				>1.3			≥4
		H112	H112	>4.5	≥85	≥45	≥10
				>6.55	≥80	≥45	≥10
				>12.5	≥70	≥35	≥16
				>25.0	≥65	≥20	≥22
		F	—	>4.5	—	—	—
GB/T 3880	1200 板材	O	O	>0.2	75~110	—	≥15
				>0.5			≥20
				>0.8			≥25
				>1.3		≥25	≥30
				>6.50			≥28
		H12 H22	H12 H22	>0.2	95~125	—	≥2
				>0.3			≥3
				>0.5			≥4
				>0.8			≥6
				>1.3		≥75	≥8
				>2.9			≥9
		H14 H24	H14 H24	>0.2	120~145	—	≥1
				>0.3			≥2
				>0.5			≥3
				>0.8			≥4
				>1.3		≥95	≥5
				>2.9			≥6

续表 1－2－3

技术标准	品种	供货状态	试样状态	δ 或 d /mm	R_m /(N·mm^{-2})	$R_{P0.2}$ /(N·mm^{-2})	A /%
GB/T 3880	1200 板材	O	O	>0.2 >0.5 >0.8 >1.3 >6.5	75～110	— ≥25	≥15 ≥20 ≥25 ≥30 ≥28
		H12 H22	H12 H22	>0.2 >0.3 >0.5 >0.8 >1.3 >2.9	95～125	— ≥75	≥2 ≥3 ≥4 ≥6 ≥8 ≥9
		H14 H24	H14 H24	>0.2 >0.3 >0.5 >0.8 >1.3 >2.9	120～145	— ≥95	≥1 ≥2 ≥3 ≥4 ≥5 ≥6
		H16 H26	H16 H26	>0.2 >0.5 >0.8 >1.3	130～165	— ≥120	≥1 ≥2 ≥3 ≥4
		H18	H18	>0.2 >0.5 >0.8 >1.3	≥155	—	≥1 ≥2 ≥3 ≥4
		H112	H112	>4.5 >6.5 >12.5 >50.0	≥95 ≥90 ≥85 ≥80	≥50 ≥9 ≥35 ≥25	≥9 ≥9 ≥14 ≥20
		F	—	>4.5	—	—	—
	8A06 板材	O	O	>0.2 >0.3 >0.5 >0.8	≤110	—	≥16 ≥21 ≥26 ≥30
		H14 H24	H14 H24	>0.2 >0.3 >0.5 >0.8 >1.0	≥100	—	≥1 ≥3 ≥4 ≥5 ≥6

续表 1-2-3

技术标准	品种	供货状态	试样状态	δ 或 d /mm	R_m /($N\cdot mm^{-2}$)	$R_{P0.2}$ /($N\cdot mm^{-2}$)	A /%
GB/T 3880	8A06 板材	H18	H18	>0.2 >0.3 >0.8	≥135	—	≥1 ≥2 ≥3
		H112	H112	>4.50 >10.0 >12.5 >25.0	≥70 ≥80 ≥80 ≥65	—	≥19 ≥19 ≥19 ≥16
		F	—	>4.5	—	—	—
YS/T 213 YS/T 215	1035 板	O	O	0.3~0.5 >0.5 >0.9	≤108	—	≥20 ≥25 ≥28
		HX4	HX4	0.3~0.4 >0.4 >0.7 >1.0	≥98	—	≥3 ≥4 ≥5 ≥6
		HX8	HX8	0.3~4.0 >4.0	≥137 ≥127	—	≥3 ≥4
GB/T 3191	1050A 棒材	H112 O	H112 O	所有	≤108	—	≥25
	1035,1200, 8A06 棒材				≤118		
HB 5202	1035,8A06 棒材						
GB/T 4437	管材	H112	H112	所有	≤118	—	≥20
GJB 2381	管材						≥20
GJB 2379	冷拉管	O	O	所有	≤118	—	≥20
	1050A 冷拉管				≥69		
	1035,1200, 8A06 冷拉管	HX8	HX8	所有外径, 壁厚≤2.0	≥108	—	≥4
				所有外径, 壁厚2.5~5.0	≥98	—	≥5
GB 3196 GJB 2055	1035 线材	HX8	HX8	1.6~10.0	τ≥59	—	—
GB/T 3198	1050A, 1200 箔材	O	O	0.10~0.14 0.15~0.20	59~98	—	≥12 ≥15

表1-2-4　1×××系合金的典型室温力学性能

合金	状态	$R_{P0.2}$ /(N·mm⁻²)	R_m /(N·mm⁻²)	A /%	硬度 (HB①)	抗剪强度 /(N·mm⁻²)	疲劳强度② /(N·mm⁻²)
1050	O	28	76	39		62	
	H14	103	110	10	—	69	
	H16	124	131	8		76	—
	H18	145	159	7		83	
1060③	O	28	69	43	19	48	21
	H12	76	83	16	23	55	28
	H14	90	97	12	26	62	34
	H16	103	110	8	30	69	45
	H18	124	131	6	35	76	45
1100③	O	34	90	35	23	62	34
	II12	103	110	12	28	69	41
	H14	117	124	9	32	76	48
	H16	138	145	6	38	83	62
	H18	152	165	5	44	90	62
1145④⑤	O	34	75	40	—	—	—
	H18	117	145	5	—	—	—
1199	O	10	45	50			
	10⑤	57	59	40			
	20	75	77	15	—	—	—
	40	94	96	11			
	60	105	110	6			
	75	113	120	5			
1350	O	28	83	23		55	
	H12	83	97	—		62	
	H14	97	110	—		69	
	H16	110	124	—		76	
	H19	165	186	1.5		103	

注：①载荷500 kg，钢球直径10 mm；②5×10⁸次循环，R.R.Moore型试验；③1.6 mm厚的板；④0.02～0.15 mm的素箔；⑤指冷加工率(%)；⑥O状态素箔 R_m = 95 N/mm²(最大)，H19素箔 R_m = 140 N/mm²(最小)；箔材厚度0.02～0.15 mm。

1.2.2　热处理及其他工艺性能

　　1×××系合金是不可热处理强化的，只可在退火状态或冷加工状态下应用。不完全退火制度(150～300)℃/(2～3) h，空冷；完全退火制度：390～420℃，材料厚≤6 mm，热透后空冷或水冷；厚度>6 mm的，保温30 min，空冷或水冷，在盐浴炉中退火，保温时间可适当缩短或甚至热透后即可。1×××系合金(工业纯铝)连续铸轧带坯经冷轧后力学性能的变化与退火温度的关系见图1-2-1。由图可知，低于200℃退火时，强度及伸长率变化不明显，材料仍保持变形纤维状组织；在200℃退火时，强度有明显下降，伸长率有所增加，变形的纤维状组织中，出现少量的再结晶晶粒，说明已开始再结晶。在300℃退火时，强度及伸长率发生急剧变化。在变形纤维状组织中出现很多大小不均的再结晶晶粒，但再结晶还不完全。在400℃退火时，强度继续下降，伸长率明显增高，已完全再结晶。变形的纤维状组织完全变成均匀的等轴晶粒。当退火温度高达550℃时，强度虽无变化，而伸长率有所降低。此时，材料晶粒变得粗大不均。纯铝在退火时，其强度变化的温度先于伸长率的约100℃，这一点，对于选择半硬状态制品的退火工艺有参考价值。

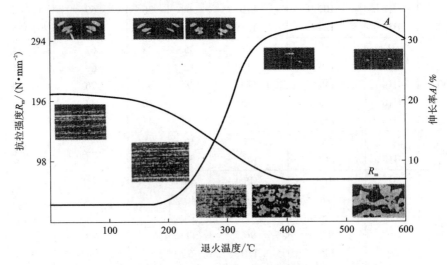

图1-2-1　退火温度对厚1.0 mm 1060工业纯铝连续铸轧带坯
经冷轧后力学性能的变化与退火温度的关系

　　因杂质含量、加工方式及退火工艺的不同，工业纯铝的组织和性能也随之发生不同的变化。通常随着杂质含量的增加，纯铝的恢复作用胜过再结晶的，于是其再结晶温度也逐渐升高。杂质铁硅比对退火后的晶粒大小有一定的影响，当铁含量大于硅时，获得的晶粒比硅含量大于铁的细小。热轧温度愈高，板材退火后的晶粒愈细小。

　　半连续铸锭(DC)的均匀化退火[(560~620)℃/(10~12) h]有利于1×××系合金各种加工制品(板、管、型材)得到细的再结晶晶粒，从而也降低板材伸长率的各向异性。退火后形成细晶组织，这是由于均匀化处理合金内铁、硅等杂质因不平衡共晶产生的化合物固溶并进一步均匀分布，减少或消除枝晶偏析，使纯铝基体内再结晶作用同步发生的结果。

　　1A30、1070、工业纯铝和8A06合金的半连续铸造铸锭(DC)在更高的均匀化温度(600~640℃)处理后可以显著降低板材的制耳率。

板带材快速退火(盐浴炉、气垫炉、感应炉等)均可获得细小均匀的再结晶细织。

通常,1×××系合金的熔炼温度不超过745℃,铸造温度为675~740℃。在冷、热状态下都有良好的成形性能,冷态加工率可达85%,热态加工率可超过90%,热加工温度260~515℃。气焊、氢原子焊、接触焊和摩擦搅拌焊(FSW)性能良好,表面处理性能良好,但可切削及磨削性能差。

1.2.3　物理化学性能

1.2.3.1　物理性能

1×××系合金的熔化温度为657~643℃。1350-O 材料20℃时的热导率(λ)为226 $W\cdot(m\cdot℃)^{-1}$,1350-HX8 材料20℃时的热导率为218 $W\cdot(m\cdot℃)^{-1}$。1035 合金的比热容见表1-2-5;它的平均线膨胀系数($10^{-6}℃^{-1}$)为:20~100℃时为24,20~200℃时24.7,20~300℃时25.6,100~200℃时25.4,200~300℃时为27.4。1035 合金的密度为2710 kg/m^3。1×××系合金O 状态材料的电阻率为29.2 $n\Omega\cdot m$,HX8 状态材料的电阻率为30.2 $n\Omega\cdot m$。

表 1-2-5　1035 合金的比热容

温度/℃	100	300	500	600	657 (固态)	657 (液态)	700	800	1000
比热容 C /[J·(kg·℃)$^{-1}$]	946	2 934	5 051	6 158	6 804	10 737	11 190	12 256	14 450

1.2.3.2　化学性能

腐蚀是物质在环境介质作用与影响下所发生的破坏与变质,给物质造成了严重的危害。腐蚀造成的直接损失占国民经济年生产总值的1%~3.5%。铝是一种电负性金属,其电极电位为-0.5~-3 V,99.99%铝在5.3% NaCl+0.3% H_2O_2 溶液中对甘汞参比电极的电位为(-0.87+0.01) V。虽然从热力学方面来看,铝是最活泼的工业金属之一,但是在许多氧化性介质、水、大气、部分中性溶液、许多弱酸性介质与强氧化性介质中,铝有相当高的稳定性。这是因为铝在上述介质中,能在其表面形成一层致密的、连续的氧化物膜,其摩尔体积约比铝的大30%。这层氧化膜处于压应力作用下,当它遭到破坏后又会立即形成。在一般大气中,铝表面上的氧化膜厚度相当薄,其厚度是温度的函数,在室温下的厚度为(2.5~5.0) μm。在蒸气中形成的氧化膜较厚。在相对湿度为100%的室温下,氧化膜的厚度约比在干燥大气中形成的厚1倍。在湿环境中,铝表面上的氧化膜是复式的,靠铝的那一面为纯氧化物膜,而外层却含有羟基化合物。在高温下以及在铝合金(特别是含有铜及镁的合金)表面上会形成更加复杂的氧化膜,同时氧化膜的成长也不是时间的简单函数。

通常,氧化膜在 pH 4.0 ~ 9.0 的溶液中是稳定的,而且在浓硝酸(pH 1)和浓氨水溶液(pH 13)中也是稳定的。铝的电位在很大程度上决定于氧化膜的绝缘性能。因此,凡是能改善氧化膜致密性、增加氧化膜厚度、提高氧化膜绝缘性能的因素,都有助于抗蚀性的提高。反之,凡是能降低氧化膜有效保护能力的任何因素,都会使铝的抗蚀性急剧下降。

1.3 2×××系合金

2×××系合金是以铜为主要合金元素的合金,包括 Al – Cu、Al – Cu – Mg、Al – Cu – Mg – Fe – Ni、Al – Cu – Mn 和 Al – Cu – Li 等合金。它们均属于热处理可强化铝合金,其特点是强度高,通常称为硬铝,耐热性能和加工性能良好,但耐蚀性不好,在一定条件下会产生晶间腐蚀。因此,板材往往需要包覆一层纯铝,或一层对芯板有电化学保护作用的6×××系合金,以提高其耐腐蚀性能。Al – Cu – Mg – Fe – Ni 合金具有极为复杂的化学组成和相组成,在高温下有高的强度,并具有良好的工艺性能,主要用于锻压在 150 ~ 250℃工作的零件;Al – Cu – Mn 合金的室温强度虽然低于 Al – Cu – Mg 系合金的 2A12 – 2A14 合金,但在 225 ~ 250℃或更高温度下强度却比二者的高,并且工艺性能良好,易于焊接,主要被应用于耐热可焊的结构件及锻件。

2×××系合金是应用最早与最多的航空铝合金,1903 年赖特兄弟的"飞行器1 号"的曲柄箱就是用约含 8% Cu 的 Al – Cu 合金铸造的。1906 年以后陆续发明了2017、2014、2024 合金。1944 年以前,2×××系合金占航空器结构铝材用量的90% 以上,即使现在,在航空航天器结构材料中仍是用量最大的合金之一。

在航空航天器制造中获得应用的 2×××系变形铝合金主要有:2A01、2A02、2A10、2A11、2A12、2A14、2A16、2B16、2A50、2B50、2A70、2014、2017A、2024、2124、2224、2324、2424、2524、2618A、2219、2090、2091、2196 等。

1.3.1 化学成分与物理性能

1.3.1.1 化学成分

根据 GB/T 3190—2008 及美国铝业协会公司(AA)的标准,航空航天用2×××系合金的化学成分见表 1 – 3 – 1。在航空器上用得最多的是 2024 型合金,它是美国铝业公司 1932 年发明的,自那时起到 1995 年,2024 合金已形成一个大的家族,现仍列为常用合金的共有 8 个,到今天它们仍是航空器的顶梁柱合金,在现在的民机制造中,2024 型合金的净用量占总铝净用量的 30% 以上。

表 1 - 3 - 1　航空航天用 2××× 系合金的化学成分（GB/T 3190 及 AA）

化学成分（质量分数）/%

牌号	Si	Fe	Cu	Mn	Mg	Cr	Ni	Zn		Ti	Zr	其他		Al	备注
												单位	合计		
2A01	0.50	0.50	2.2~3.0	0.20	0.20~0.50	—	—	0.10	—	0.15	—	0.05	0.10	余量	LY1
2A02	0.30	0.30	2.6~3.2	0.45~0.7	2.0~2.4	—	—	0.10	—	0.15	—	0.05	0.10	余量	LY2
2A10	0.25	0.20	3.9~4.5	0.30~0.50	0.15~0.3	—	—	0.10	—	0.15	—	0.05	0.10	余量	LY10
2A11	0.7	0.7	3.8~4.8	0.40~0.8	0.40~0.8	—	0.10	0.30	0.7(Fe+Ni)	0.15	—	0.05	0.10	余量	LY11
2A12	0.50	0.50	3.8~4.9	0.30~0.9	1.2~1.8	—	0.10	0.30	0.50(Fe+Ni)	0.15	—	0.05	0.10	余量	LY12
2A14	0.6~1.2	0.7	3.9~4.8	0.40~1.0	0.40~0.8	—	0.10	0.30	—	0.15	—	0.05	0.10	余量	LD10
2A16	0.30	0.30	6.0~7.0	0.40~0.8	0.05	—	—	0.10	—	0.10~0.20	0.20	0.05	0.10	余量	LY16
2B16	0.25	0.30	5.8~6.8	0.20~0.40	0.05	—	—	—	0.05~0.15V	0.08~0.20	0.10~0.25	0.05	0.10	余量	LY16-1
2A50	0.7~1.2	0.7	1.8~2.6	0.40~0.8	0.40~0.8	—	0.10	0.30	0.7(Fe+Ni)	0.15	—	0.05	0.10	余量	LD5
2B50	0.7~1.2	0.7	1.8~2.6	0.40~0.8	0.40~0.8	—	0.10	0.30	0.7(Fe+Ni)	0.02~0.10	—	0.05	0.10	余量	LD6
2A70	0.35	0.9~1.5	1.9~2.5	0.20	1.4~1.8	0.01~0.20	0.9~1.5	0.30	—	0.02~0.10	—	0.05	0.10	余量	LD7
2014	0.50~1.2	0.7	3.9~5.0	0.40~1.2	0.20~0.8	0.10	—	0.25	—	0.15	(Zr+Ti)0.20	0.05	0.15	余量	—
2017A	0.20~0.8	0.7	3.5~4.5	0.40~1.0	0.40~1.0	0.10	—	0.25	—	—	0.25(Zr+Ti)	0.05	0.15	余量	—

续表1-3-1

牌号	化学成分（质量分数）/%														
	Si	Fe	Cu	Mn	Mg	Cr	Ni	Zn		Ti	Zr	其他 单位	其他 合计	Al	备注
2024	0.50	0.50	3.8~4.9	0.30~0.9	1.2~1.8	0.10	—	0.25	—	0.15	①	0.05	0.15	余量	—
2024A	0.15	0.20	3.7~4.5	0.15~0.8	1.2~1.8	0.10	—	0.25	—	0.15	—	0.05	0.15	余量	—
2124	0.20	0.30	3.8~4.9	0.30~0.9	1.2~1.6	0.10	—	0.25	—	0.15	①	0.05	0.15	余量	—
2224	0.12	0.15	3.8~4.4	0.30~0.9	1.2~1.8	0.10	—	0.25	—	0.15	—	0.05	0.15	余量	—
2324	0.10	0.12	3.8~4.4	0.30~0.9	1.2~1.8	0.10	—	0.25	—	0.15	—	0.05	0.15	余量	—
2424	0.10	0.12	3.8~4.4	0.30~0.6	1.2~1.6	—	—	0.20	—	0.10	—	0.05	0.15	余量	—
2524	0.06	0.12	4.0~4.5	0.45~0.7	1.2~1.6	0.05	—	0.15	—	0.10	—	0.05	0.15	余量	—
2618	0.10~0.25	0.9~1.3	1.9~2.7	—	1.3~1.8	—	0.9~1.2	0.10	—	0.04~0.10	—	0.05	0.15	余量	—
2219	0.20	0.30	5.8~6.8	0.20~0.40	0.02	—	—	0.10	V0.05~0.15	0.02~0.10	0.10~0.26	0.05	0.15	余量	—
2090	0.10	0.12	2.4~3.0	0.05	0.25	0.05	—	0.10	Li1.9~2.6	0.15	0.08~0.15	0.05	0.15	余量	—
2091	0.20	0.30	1.8~2.5	0.10	1.1~1.9	0.10	—	0.25	Li1.7~2.3	0.10	0.04~0.16	0.05	0.15	余量	—
2196	0.12	0.15	2.5~3.3	0.35	0.25~0.8	—	—	0.35	Li1.4~2.1	0.10	0.04~0.18	0.05	0.15	余量	—

注：①挤压材及锻件的最大Zr+Ti含量可达0.20%，但必须供需双方同意，同时以书面形式确认。

由表 1 - 3 - 1 的数据可知,2024 型合金是沿着高纯化方向发展的,是为满足飞机设计更可靠与更轻、更节能的理念发展的,要求铝工业提供断裂韧度更高、更耐疲劳与有更高损伤容限的结构铝合金。在 2024 型的 8 个合金中,除 2024A 是法国 1996 年发明的,2224A 是俄罗斯 1997 年发明的外,其他的全是美国铝业公司匹兹堡技术中心研发的。2524 合金的杂质 Si 含量仅 0.06% ,相当于原型合金的 0.50% 的 12% ,杂质 Fe 的含量也相应地减小,但下降幅度小一些,为原型合金的 24% ,这就是说 Fe 含量比硅含量高一倍。如果进一步降低 Si、Fe 含量,不但生产成本会上升,而且工业化生产难度会显著增大,主要合金化元素 Cu、Mn、Mg 的调控范围也会变窄。

1.3.1.2　物理性能

(1)热导率

主要航空航天用 2×××系合金的热导率见表 1 - 3 - 2。

表 1 - 3 - 2　主要航空航天用 2×××系合金的热导率[W·(m·℃)$^{-1}$]

合金	温度/℃					
	25	100	200	300	350	400
2A01	163	172	180	184	—	193
2A02	134	142	151	159	—	172
2A10	147	155	163	172		184
2A11 - T4	117	130	151	172		176
2A11 - O	172	—	—	—		—
2A12 - T4	121	—	—	—		—
2A12 - O	193	—	—	—		—
2A14	159	168	176	180		180
2A16	138	142	147	155		159
2B16	138	142	147	155		159
2A50	176	180	184	184		188
2B50	163	167	172	176		188
2A70	142	146	151	159		162
2014	159(20℃)	168	176	180		180
2017A	117	130	151	172		176
2024	25℃时 T3、T4、T351、T3510 的 121,T62、T81、T851、T8510 的 153,O 状态的 193					
2618A	142	146	151	159	—	163
2090	85	—	—	—		—
2091	84	—	—	—		—

（2）比热容

主要航空航天用 $2\times\times\times$ 系合金的比热容见表 1-3-3。

表 1-3-3　主要航空航天用 $2\times\times\times$ 系合金的比热容 $[J\cdot(kg\cdot℃)^{-1}]$

合金	温度/℃						
	100	150	200	250	300	350	400
2A01	921	—	1005	—	1089	—	1172
2A02	837	879	921	921	921	963	963
2A10	963	—	1047	—	1130	—	1172
2A11	921	—	963	—	1005	—	1047
2A12	921	—	1047	—	1130	—	1172
2A14	838	—	880	—	964	—	1090
2A50	837	837	879	921	963	1005	1005
2B50	837	879	921	963	1005	1005	1047
2A70	795	837	837	879	921	921	963
2014	831	—	880	—	964	—	1090
2017A	922	—	964	—	1000	—	1064
2024	921	—	1047	—	1130	—	1172
2214	838	—	880	—	964	—	1090
2618A	797	—	837	—	922	—	964
2017	864	—	—	—	—	—	—
2218	864	—	—	—	—	—	—
2090	1203	—	—	—	—	—	—
2091	860	—	—	—	—	—	—

（3）平均线膨胀系数

主要航空航天用 $2\times\times\times$ 系合金的平均线膨胀系数见表 1-3-4。

表 1-3-4　主要航空航天用 $2\times\times\times$ 系合金的平均线膨胀系数 $(10^{-6}℃^{-1})$

合金	温度/℃						
	-50~20	20~100	20~200	20~300	100~200	200~300	300~400
2A01	21.8	23.4	24.5	25.2	—	—	—
2A02	—	23.6	24.1	25.1	24.6	26.7	27.5
2A11	21.8	22.9	24	25	—	—	—
2A12	21.4	22.7	23.8	24.7	—	—	—
2A14	21.6	22.5	23.6	24.5	24.7	26.3	—
2A16	—	22.6	—	—	24.7	27.3	30.2
2B16	—	22.6	—	—	24.7	27.3	30.2

续表 1 - 3 - 4

合金	温度/℃						
	- 50 ~ 20	20 ~ 100	20 ~ 200	20 ~ 300	100 ~ 200	200 ~ 300	300 ~ 400
2A50	—	21.4	22.6	23.8	23.7	26.2	—
2B50	—	21.4	—	—	23.7	26.2	30.5
2A70	—	19.7	21.7	23.2	22.4	23.9	24.8
2014	21.6	22.5	23.6	24.5	24.7	26.3	—
2017A	21.8	22.9	24	25	25.1	27	—
2024	21.4	22.7	23.8	24.7	—	—	—
2214	21.6	22.5	23.6	24.5	—	—	—
2618A	—	20.8	21.6	22.4	22.4	23.9	24.8

（4）密度及电学性能

主要航空航天用 2×××系合金的密度、电学性能见表 1 - 3 - 5，2×××系合金都无磁性。

表 1 - 3 - 5　主要航空航天用 2×××系合金的密度及电学性能

合金	密度/(kg·m⁻³)	电阻率/(nΩ·m⁻¹)	电导率/% IACS
2A01	2760	39	—
2A02	2750	55	—
2A10	2800	50.4	—
2A11 - T4	2800	54	—
2A12	2800	T4，73；O，44	T4，30；O，50
2A14	2800	T6，43	—
2A16	2840	61	—
2B16	2840	61	—
2A50	2750	41	—
2B50	2750	43	—
2A70	2800	55	—
2014	2800	T6，43	—
2017A	2800	T3，54	挤压管、棒材 19 ~ 21 MS/m
2024	2800	O，44；T3、T4、T351、T3510，73；T62、T72、T851、T8510，56	16.82 MS/m
2214	2800	T6，43	—
2618A	2800	—	T851，≥21 MS/m
2218	2800	T61，38；T72，40	T61，45；T72，43
2011	2820	T3，44；T8、38.0	T3，39；T8，45
2219	2840	O，39；T3，62；T6、T8，57	O，44；T3，28；T6、T8，30

1.3.2　2A01 合金

2A01 合金用于制造中等强度的和工作温度小于100℃的航空器结构铆钉,在固溶处理与自然时效后使用,不受停放时间限制。合金的抗蚀性低,铆钉须经硫酸液阳极氧化处理,用重铬酸钾封孔。供应线材直径 1.6 ~ 10 mm。这是一种20世纪20年代问世的古老合金,目前在新机种上的应用很少,但在小型民用航空器上仍在使用。2A01 合金是一种航空铆钉专业合金。

按 GB/T 3196,直径 1.6 ~ 10 mm 的 2A01 - T4 线材的抗剪强度应不小于 185 N/mm^2。典型力学性能见表 1 - 3 - 6 至表 1 - 3 - 8。按 GJB 1694 的规定,铆钉的固溶处理宜采用盐浴炉,装框厚度不得超过 20 mm,转移时间不长于 15 s。

表 1 - 3 - 6　2A01 合金线材的典型室温力学性能

状态	抗拉强度 R_m/(N·mm^{-2})	屈服强度 $R_{P0.2}$/(N·mm^{-2})	伸长率 A_{10}/%
T4	294	167	24
O	157	59	24

表 1 - 3 - 7　2A01 合金线材的室温抗拉强度 R_m

试样状态	d/mm	R_m/(N·mm^{-2})			试样状态	d/mm	R_m/(N·mm^{-2})		
		最小值	最大值	平均值			最小值	最大值	平均值
T4	1.6	191.0	229.0	209.5	T4	4.0	208.0	212.0	210.8
	2.0	—	—	211.0		5.0	203.0	210.0	207.1
	2.5	207.0	211.0	208.3		6.0	—	—	205.0
	2.6	—	—	210.0	T6	2.5	214.0	219.0	216.5
	3.0	209.0	220.0	214.0		3.0	—	—	218.0
	3.5	218.0	221.0	220.4					

表 1 - 3 - 8　直径 8 mm 的 2A01 - T4 合金线材在不同温度的力学性能

温度/℃	R_m/(N·mm^{-2})	$R_{P0.2}$/(N·mm^{-2})	A_{10}/%	Z/%
20	294	167	24	50
100	255	—	24	63
150	226	—	22	66
200	186	—	26	69

2A01 - T4 线材的硬度(HB)为70,O 状态的为38。室温 T4 线材的抗剪强度为 196 N/mm^2,高温剪切强度见表 1 - 3 - 9。

表 1 – 3 – 9　直径 8 mm 的 2A01 – T4 合金线材的高温抗剪强度

温度/℃	抗剪强度 τ/(N·mm^{-2})	温度/℃	抗剪强度 τ/(N·mm^{-2})
200	206	200	137
100	177	250	108
150	167	300	59

2A01 – O 合金的组织为 α – Al、CuAl$_2$、Mg$_2$Si 与 AlSiFe，CuAl$_2$ 与 Mg$_2$Si 为主要强化相。合金的熔炼温度为 700 ~ 750℃，铸造温度为 690 ~ 730℃。

1.3.3　2A02 合金

2A02 合金属 Al – Cu – Mg 系，在人工时效状态有较高的强度与塑性，以及高的耐热性与抗蚀性，用于制造在 200 ~ 300℃ 工作的航空涡轮喷气发动机轴向压气机叶片等零件，不过经 170℃ 人工时效的叶片在海洋性气氛工作有剥落腐蚀倾向，但在 190℃ 时效后可消除此种腐蚀倾向。

2A02 合金的主要相组成为 α – Al、S，还有少量的不溶相 Al（MnFe）Si、Al$_6$（FeMn）、Cu$_2$FeAl，Mg 含量高时可出现 Mg$_2$Si。有良好的热成形塑性，用于锻造与模锻叶片与叶轮，锻造温度 350 ~ 450℃，锻造变形率 50% ~ 70%，压力机的锻造率可达 80%。棒材挤压温度 400 ~ 460℃。零件及半成品的固溶处理温度宜定在上限，合金的强度随固溶处理温度的上升而提高，但伸长率几乎无变化，过烧温度 510℃。合金有良好的可切削性能，表面处理性能尚可。

2A02 合金的固相线温度 510℃，熔炼温度 700 ~ 750℃，铸造温度 710 ~ 740℃。固溶处理温度 495 ~ 505℃，水冷；人工时效制度：（165 ~ 175）℃/16 h，为了提高合金的抗蚀性，可采用（185 ~ 195）℃/24 h。固溶处理后保持良好塑性时间为 2 ~ 3 h，固溶处理后停放时间或小于 3 h，或在 15 ~ 100 h 后。合金的退火制度：（350 ~ 410）℃/（1 ~ 3） h，以不大于 30℃/h 的降温速度随炉冷至 260℃ 后出炉空冷。

1.3.3.1　力学性能

2A02 合金的半成品为供锻造及模锻用的挤压棒材及带材。按 GB/T 3191，2A02 – F 挤压棒材直径≤240 mm；按 GJB 2054，圆棒直径为 5 ~ 150 mm，方棒及六角棒的直径为 5 ~ 120 mm，材料状态为 F 或 T6。

2A02 – T6 状态的 d22 mm 棒材的布氏硬度（HB）为 135。2A02 合金的标定力学性能见表 1 – 3 – 10，室温典型力学性能见表 1 – 3 – 11、表 1 – 3 – 12，截面 30 mm × 130 mm 2A02 – T6 带材在不同温度时的力学性能列于表 1 – 3 – 13、高温蠕变性能见表 1 – 3 – 14，室温疲劳性能见图 1 – 3 – 1。

表1-3-10 2A02 合金的标定力学性能

技术标准	品种	D/mm	试样状态	试样方向	R_m /(N·mm^{-2})	$R_{P0.2}$ /(N·mm^{-2})	A /%	HBS
					不小于			
GB/T 3191	挤压棒材	所有直径	T6	L	430	275	10	—
GJB 2054 HB 5202	挤压棒材	≤240	T6	L	430	275	10	—
GJB 2351 HB 5204	自由锻件 模锻件	按协议	T6	L	390	255	10	100

注：1. GB/T 3191—1998 规定：$d > 150$ mm 的棒材，其力学性能附报告单；2. 如需方要求，高温持久性能应满足下列要求：在温度(270±3)℃，应力63.7 N/mm^2 下保持时间应等于或大于100 h，或在应力 78.5 N/mm^2 下保持时间等于或大于50 h。如在应力 78.5 N/mm^2 条件下不合格，则以应力 63.7 N/mm^2 下的试验结果为最终判据。

表1-3-11 2A02-T6 合金棒材的室温典型力学性能

规格 d /mm	R_m/(N·mm^{-2})			$R_{P0.2}$/(N·mm^{-2})			A_{10}/%		
	最小值	最大值	平均值	最小值	最大值	平均值	最小值	最大值	平均值
31	500	545	514.5	305	430	360.2	10	20	15.3
33	500	570	525.3	335	440	366.3	11	18	15.1
36	495	555	522.4	335	380	358.4	11	20	15.5

表1-3-12 2A02-T6 合金带材及模锻件的室温典型力学性能

品种	规格/mm	试样方向	R_m/(N·mm^{-2})	$R_{P0.2}$/(N·mm^{-2})	A_{10}/%
挤压带材	截面 60×110	L	510	338	17.5
		LT	436	294	17
		ST	436	294	11.5
模锻件	压气机叶片	L	412-441	—	10

表1-3-13 2A02-T6 合金挤压带材(30 mm × 130 mm)在不同温度的力学性能

温度/℃	R_m/(N·mm^{-2})	$R_{P0.01}$/(N·mm^{-2})	$R_{P0.2}$/(N·mm^{-2})	A_{10}/%	Z/%
20	491	274	325	13.0	21.2
100	471	247	288	15.6	22.8
150	428	268	296	16.1	28.7
200	374	228	274	16.1	33.4
250	236	128	168	16.9	66.6
300	171	94	112	21.5	75.9
350	108	25	59	27.6	85.6

表 1 – 3 – 14　2A02 – T6 合金 60 mm × 110 mm 挤压带材的高温蠕变性能

温度/℃	$R_{0.2/50}$/(N·mm^{-2})	$R_{0.2/100}$/(N·mm^{-2})	$R_{0.2/300}$/(N·mm^{-2})
200	—	157	118
230	108	88	78
250	88	74	49
270	59	49	34
300	34	31	20
320	25	20	15

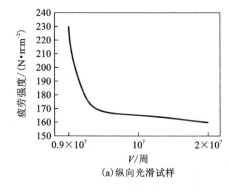

(a) 纵向光滑试样

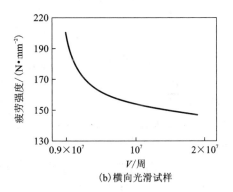

(b) 横向光滑试样

图 1 – 3 – 1　2A02 合金的室温疲劳性能

1.3.3.2　挤压棒材的粗晶环

2A02 合金的 Mn 含量不高,挤压棒材易出现粗晶环。由于粗晶环区的力学性能和疲劳强度都较正常细晶组织的低,因此用户对粗晶环有严格的限制,其最大深度不能大于 5 mm。文方、李铁的研究表明,2A02 铝合金棒材在挤压后进行变形量8% 以上的冷拉拔,可以使棒材组织发生变化,晶粒变为均匀细小的等轴晶粒,彻底消除粗晶环(见图 1 – 3 – 2);经过冷变形后的棒材,挤压效应完全消失,强度下降,但能达到技术标准的规定;6% 的冷变形量是 2A02 铝合金棒材由不完全再结晶组织变为再结晶组织的临界变形程度。

程磊等通过调整热处理参数直径 25 mm 供锻压轴向压气机叶片的 2A02 – H112 棒材(无粗晶环)的热处理制度:淬火 500℃/60 min,水温 10～35℃,转移时间 ≤25 s,190^{+5}℃/16 h 时效;用冷拉棒锻造的桨叶锻件热处理制度:淬火 500℃/60 min,水温 10～35℃,转移时间≤25 s,190℃/(16～20)h 时效。

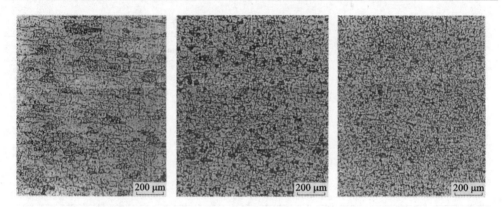

图 1 - 3 - 2　2A02 合金棒材经不同形变量冷拉拔后的金相组织

1.3.4　2A10 合金

　　2A10 合金是一种 Al - Cu - Mg 系的自然时效的航空器结构专用铆钉合金,用于制造强度较高的铆钉。铆钉在自然时效强化后应用,不受淬火后的停放时间限制,但工作温度不得大于 100℃,否则有晶间腐蚀倾向,铆钉在阳极氧化后用重铬酸钾封孔。合金的主要强化相是 $CuAl_2$,O 状态材料的相组成为 α - Al、$CuAl_2$、Mg_2Si、AlMnSiFe。

　　该合金的室温塑性良好,在冷态可制成各种各样的铆钉,有好的可点焊性,用合金作焊料时,在气焊与氩弧焊接过程中焊缝有形成热裂缝倾向。2A10 合金的退火制度:(350 ~ 410)℃/(1 ~ 3) h,以 ≤30℃/h 的冷却速度冷至 ≤260℃ 后出炉空冷;固溶处理宜采用盐浴炉,制度:(515 ~ 520)℃/(30 ~ 50) min,铆钉放于专用框内,厚度 ≤20 mm,转移时间 ≤15 s;自然时效时间 ≥96 h,人工时效制度:(75 ±5)℃/24 h,空冷。熔炼温度 700 ~750℃,铸造温度 690 ~730℃。合金有良好的抗氧化性能。

　　线材成捆供应,按 GB/T 3196,直径 ≤8 mm 的 T4、T6 状态线材的抗剪强度 τ 应 ≥245 N/mm^2;按 GJB 2055,直径 >8 mm 的 T4、T6 状态线材的抗剪强度 τ 应 ≥235 N/mm^2。2A10 - T6 线材的典型室温力学性能:抗拉强度 $R_m = 390 \ N/mm^2$,伸长率 $A_{10} = 20\%$。直径 8 mm 的 2A10 - T6 线材的高温力学性能见表 1 - 3 - 15。

表 1 - 3 - 15　直径 8 mm 的 2A10 - T6 线材的高温力学性能

温度/℃	$R_m/(N \cdot mm^{-2})$	$A_{10}/\%$	$Z/\%$	温度/℃	$R_m/(N \cdot mm^{-2})$	$A_{10}/\%$	$Z/\%$
100	353	22	55	200	265	23	66
150	299	22.5	59	250	235	23	69
175	—	—	—	300	147	23	78

直径 4 mm 的 2A10 - T6 线材的高温抗剪强度见表 1 - 3 - 16；铆接构成室温轴向拉伸疲劳试样见示意图 1 - 3 - 3，其室温轴向拉伸疲劳性能示于表 1 - 3 - 17；抗剪强度见表 1 - 3 - 18。

表 1 - 3 - 16　直径 4 mm 的 2A10 - T6 合金线材的高温抗剪强度

稳定化处理		温度/℃	时间 t/min	抗剪强度 τ/(N·mm^{-2})
温度/℃	时间 t/h			
—	—	20		247
—	—	100		225
—	—	125		200
—	—	150		193
—	—	175		183
—	—	185		180
—	—	190		178
—	—	200		177
—	—	210		163
—	—	220		150
—	—	250	30	125
125	100	125		228
150	100	150		219
175	100	175		177
190	100	190		161
200	100	200		152
220	100	220		126
225	100	225		113
250	100	250		89
300	100	300		63

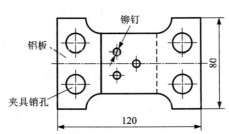

图 1 - 3 - 3　铆接构件室温轴向拉伸疲劳试样示意图

表 1 – 3 – 17 直径 4 mm 的 2A10 合金铆接结构的室温轴向拉伸疲劳性能

品种	试样状态	铆钉杆直径 d /mm	K	R	R_{max} /(N·mm^{-2})	f /(周·min^{-1})	N /周
铆钉构件	固溶热处理 515℃ + 人工时效 75℃/24 h	4	0.6	0.1	751	83	1.04×10^5
							1.82×10^5
							1.55×10^5
			0.7		876		8.5×10^4
							1.11×10^5
							9.3×10^4
	固溶热处理 515℃ + 人工时效 75℃/24 h + 稳定化处理 150℃/75 h + 175℃/5 h		0.6		751	111	2.03×10^5
							1.75×10^5
							1.74×10^5

表 1 – 3 – 18 直径 4 mm 的 2A10 – T6 合金的抗剪强度

稳定化处理		抗剪强度	稳定化处理		抗剪强度
温度/℃	t/h	τ/(N·mm^{-2})	温度/℃	t/h	τ/(N·mm^{-2})
—	—	255	200		211
125	100	254	220	100	193
150		246	225		179
175		215	250		161
190		221	300		143

1.3.5 2A11 合金

2A11 合金属 Al – Cu – Mg 的硬铝合金,在自然时效状态应用,相当于国际牌号 2017 合金,是美国铝业公司于 1916 年发明的,是航空器应用最早的中等强度的结构铝合金,至今仍在应用。该合金主要用于制造常温下工作的飞机骨架、固定接头锻件和螺旋桨叶等。

2A11 合金的熔炼温度 700 ~ 750℃,铸造温度 690 ~ 720℃,在半连续铸造时,对 Si 含量的控制应在 0.48% ~ 0.6%,可显著减少大规格圆锭的热裂纹倾向。合金的固溶热处理温度:495 ~ 505℃,水冷。不完全退火制度:350 ~ 380℃,保温 1 ~ 3 h,空冷。完全退火温度:390 ~ 450℃,保温 0.5 ~ 1.5 h,以不大于 30℃/h 的冷却速度随炉冷至 260℃ 以下出炉空冷。自然时效:室温≥96 h。

合金的过烧温度为 513℃，因此，应严格控制固溶处理温度上限，转移时间最好不长于 20 s，淬火水温也不宜高于 40℃，否则对合金的抗蚀性不利（图 1 - 3 - 4）。T4 状态包铝板材有良好的抗蚀性，但型材、管材、棒材及它们的机械加工零件的腐蚀稳定性受淬火冷却速度的影响极大。

在半连续铸造条件下，合金晶界处于不平衡状态，除有 α - Al 相外，还会有二元及三元共晶（见图 1 - 3 - 5）。在随后的冷却中从固溶体中析出 $CuAl_2$ 和少量的 Mg_2Si、S（Al_2CuMg）强化相，此外，还存在不溶相 AlMnSiFe、Al_7Cu_2Fe 等，在固溶处理时，强化相溶入固溶体 α - Al 中，少量的强化相及不溶相则以细小的质点存在。

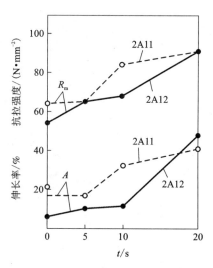

图 1 - 3 - 4　淬火转移时间对经 15 昼夜腐蚀后的合金力学性能的影响

厚度为 0.6 mm 不包铝板；

腐蚀条件：在 3% NaCl 溶液中交替腐蚀

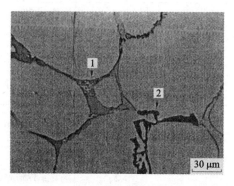

图 1 - 3 - 5　2A11 合金半连续铸锭的显微组织　320 ×

25% HNO_3 溶液侵蚀，1—α - Al + $CuAl_2$ 共晶体，呈网络状；

2—α - Al + Mg_2Si 共晶体，Mg_2Si 呈黑色骨骼状

1.3.5.1　半成品的标定力学性能

2A11 合金在退火、新淬火和热态下有相当好的工艺塑性，在压力机上的锻造温度 470 ~ 420℃，锤锻温度 450 ~ 380℃。合金的可焊接性能尚可，可进行气焊和氩弧焊，未经热处理的焊缝强度为基体材料强度的 60% ~ 70%，而经固溶与自然时效后，其强度可为基体材料的 90% ~ 95%。2A11 - T4 合金有较好的可切削与磨削性能，O 状态材料的较差。

半成品有板材、型材、管材、自由锻件与模锻件、棒材，技术标准规定的力学性能见表 1 – 3 – 19 至表 1 – 3 – 22。

表 1 – 3 – 19　2A11 合金板材的标定力学性能

技术标准	品种	试样状态	厚 δ 或 d /mm	$R_m/$ (N·mm^{-2})	$R_{P0.2}$ /(N·mm^{-2})	$A/\%$
GB/T 3880	轧制板材（正常包铝或工艺包铝）	O	0.5 ~ 2.9 >2.9	≤225 ≤235	— 	≥12[①]
		T42	0.5 ~ 2.9 >2.9	≥350 ≥355	≥185 ≥195	≥15[①]
		T3	0.5 ~ 1.6 >1.6 >2.9	≥375	≥215	≥15[①] ≥17[①] ≥15[①]
		T4	0.5 ~ 2.9 >2.9	≥360 ≥370	≥185 ≥195	
		T42	>4.5 >10.0	≥355 ≥370	≥195 ≥215	≥15 ≥11
		T42	>12.5 >25.0 >40.0 >70.0	≥370 ≥330 ≥310 ≥285	≥215 ≥195 ≥195 ≥195	≥11[①] ≥8[①] ≥6[①] ≥4[①]
		F	>4.5	—	—	—
GJB 2053	板材	O	0.5 ~ 2.5 >2.5	≤225 ≤235		≥12 ≥12
		T4	0.5 ~ 2.5 >2.5	≥365 ≥375	≥185 ≥195	≥15 ≥15
GJB 2662	厚板	O	7 ~ 10	≤235	—	≥12
		T4	7 ~ 10	≥370	≥196	≥15
		T4	7 ~ 10 >10 >25 >40 >70	≥355 ≥370 ≥335 ≥315 ≥285	≥186 ≥215 ≥196 ≥196 ≥196	≥12 ≥11 ≥8 ≥6 ≥4

注：①为 A_5 数据。

表1-3-20　2A11合金挤压材的标定力学性能

技术标准	品种	试样状态	厚δ或d /mm	R_m /(N·mm^{-2})	$R_{P0.2}$ /(N·mm^{-2})	A/%
GB/T 4437	管材	O	所有	≤245	—	≥10.0
		T4	≤120	≥355	≥195	≥12.0
			>120	≥375	≥215	≥10.0
GJB 2381	挤压管材 （壁厚5~ 35 mm）	O	25~250	≤245	—	≥10.0
		T4	25~120	≥350	≥196	≥12.0
			120~250	≥370	≥215	≥10.0
GB/T 3191	挤压棒材②	T4	≤160	≥375	≥215	≥12①
			>160	≥355	≥195	≥10
GJB 2054	挤压棒材	T4	5~150	≥375	≥215	≥12
			>150	≥340	≥200	≥8
HB 5202	挤压棒材	T4	≤30	≥375	≥215	≥12①
			31~160	≥390	≥235	≥10
			161~240	≥375	≥215	≥10
HB 5202	高强度 挤压棒材	T4	23~240	≥420	≥275	≥9①
GJB 2507	挤压型材	O	所有	≤245	—	≥12.0
		T4	≤10.0	≥355	≥215	≥12.0
			>10.0	≥375	≥225	≥12.0
			>20.0	≥400	≥245	≥10.0

注：①为 A_5 数据；②对直径 $d > 150$ mm 的棒材，其力学性能附报告单。

表1-3-21　2A11合金冷拉管材的标定力学性能

技术标准	品种	状态	管材尺寸/mm		R_m /(N·mm^{-2})	$R_{P0.2}$ /(N·mm^{-2})	A_{10} /%
			外径 d	壁厚 δ			
GJB 2379—1995	冷拉管	F	所有尺寸		≤245	—	≥10.0
		T4	<22	≤1	≥375	≥195	≥13.0
				1.5~2.0			≥14.0
			22~50	≤1	≥390	≥225	≥12.0
				1.5~5.0			≥13.0
			>50	≤5.0	≥390	≥225	≥11.0
			型管		≥390	≥225	≥12.0

注：1. 壁厚 $\delta < 5$ mm 的管材的室温纵向力学性能，由供需双方另行协商或附试验结果；2. 外径 d 185~300 mm，其壁厚 $\delta < 3.25$ mm 的管材，室温纵向力学性能由供需双方另行协商。

表 1 – 3 – 22　2A11 – T4 合金锻件及模锻件的标定力学性能

技术标准	品种	L			LT			ST		HBS
		R_m /(N· mm^{-2})	$R_{P0.2}$ /(N· mm^{-2})	A_5 /%	R_m /(N· mm^{-2})	$R_{P0.2}$ /(N· mm^{-2})	A_5 /%	R_m /(N· mm^{-2})	A_5 /%	
GJB 2351	自由锻件	355	—	10.0	335	—	5.0	315	4.0	95
		355	—	10.0	335	—	5.0	315	4.0	95
HB 5204		375	—	11.0	335	—	5.0	315	4.0	95
GJB 2351	模锻件	375	195	12.0	355	175	6.0	325	5.0	95
		375	196	12.0	355	177	6.0	325	5.0	95
HB 5204		390	205	13.0	355	175	6.0	325	5.0	95
GJB 2380	桨叶模锻件	355		13	—					95

1.3.5.2　螺旋桨叶的组织

螺旋桨叶是典型的 2A11 合金航空器零件，其 T4 状态的显微组织见图 1 – 3 – 6，桨叶梢部中心组织再结晶晶粒较粗大并沿变形方向伸长，化合物破碎程度大，并显著固溶；桨叶中部中心部位组织再结晶晶粒比叶梢部位的小；桨叶根部过渡区组织

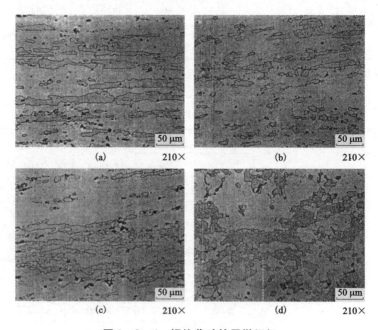

图 1 – 3 – 6　螺旋桨叶的显微组织

(a)桨叶梢部中心组织；(b)桨叶中部中心组织；

(c)桨叶根部过渡区组织；(d)桨叶根部中心组织

再结晶晶粒比梢部的小，化合物破碎程度也小；桨叶根部中心部位组织再结晶不完全，尚存在亚晶粒。所有组织都用混合酸水溶液显示。

1.3.6　2A12 合金

2A12 合金属 Al – Cu – Mg 系可热处理强化的合金，在自然时效及人工时效状态下应用，有相当高的强度与塑性，在航空器制造中获得了广泛的应用，可加工成各种半成品，如薄板、厚板、变截面板材、预拉伸板、各种棒材与型材、管材、锻件与模锻件等。中国从 1957 年起就成功地用国产此合金制造各种类型飞机的主要受力构件，如蒙皮、隔框、翼肋、翼梁、骨架零件，也用此来制造一些非主要受力构件。随着航空工业的发展，合金制品也不断增加。为适应新机种的需要，人工时效状态的薄板和型材、消除应力的部分规格厚板材，已研制成功并装机使用。

该合金制品的短横向具有比较低的力学性能和抗应力腐蚀性能。$\delta > 6.4$ mm 的制品，通常建议用人工时效状态，因为高温时效有助于消除在淬火时产生的残余应力。此外，对于长期高温须保持精密配合的零部件应使用稳定的热处理(T7)状态。

1.3.6.1　化学性能

它的抗腐蚀性能较低，对应力腐蚀开裂、晶间腐蚀、剥落腐蚀都相当敏感。因此，在腐蚀性环境中应使用有包铝层的板材和适当的表面保护，如阳极化和涂漆以提高制品的抗腐蚀性能。合金的抗腐蚀性能与热处理关系密切，低的淬火速度导致晶间腐蚀和降低抗应力腐蚀性。此外，合金的应力腐蚀抗力与承载方向的影响很大，短横向应力引起最大的敏感性。

2A12 合金 $\delta 2$ mm 板材经不同稳定化制度处理后的耐腐蚀性能，见表 1 – 3 – 23 至表 1 – 3 – 26。

表 1 – 3 – 23　稳定化处理制度对厚 2 mm 2A12 合金板材腐蚀性能的影响

板材状态	稳定化处理		应力腐蚀			性能损失	
	温度/℃	时间 /h	试验应力 /(N·mm^{-2})	断裂时间/h 最大～最小	平均	R_m/%	A /%
T42	—	—	223	407～236	331	16	63
	100	50	225	452～48	126	16	65
	125	50	225	46～22	26	28	79
	150	50	235	15～1	12	33	83
	175	50	279	527～44	174	13	64
T62	—	—	276	528～242		9	60
	200	50	225	202～134		11	59
	225	50	199	239～150		6	44
	250	50	155	358～71	214		47

注：1. 应力腐蚀试验按 HCS 207—1964《变形合金拉伸应力腐蚀试验方法》进行；2. 强度损失试验按 HCS 206—1960《金属材料交替腐蚀试验方法》进行；3. 横向试样。

表 1 – 3 – 24　厚度 <5 mm 的 2A12 合金挤压型材的应力腐蚀性能与热处理的关系

试样状态	试验应力/(N·mm⁻²)	应力系数	断裂时间/h 最大值~最小值	平均值	试样状态	试验应力/(N·mm⁻²)	应力系数	断裂时间/h 最大值~最小值	平均值
T42	214	0.75	695~514	538	T4 + 190℃,6h	347	0.75	238~140	167
	262	0.92	461~359	417	T4 + 190℃,8h	347	0.75	286~72	140
T62	262	0.75	690~239	428	T4 + 190℃,12h	282	0.61	339~170	260
T4	282	0.75	158~107	137	T4 + 190℃,12h	347	0.75	235~188	201
	347	0.94	99~46	82					

表 1 – 3 – 25　2A12 合金 T951 型材的应力腐蚀寿命与试验应力的关系

方向	试验应力/(N·mm⁻²)	空白试样剩余强度/(N·mm⁻²)	应力腐蚀寿命/h
L	301.4	379.3	2.42, 3.03, 2.92, 4.83, 22.33
	220.5		41.6, 41.5, 41.4, 42.25
T	301.4	364.6	45.05, 25.22, 25.50, 45.53
	220.5		137.8, 137.73, 266.2, 163.83

表 1 – 3 – 26　热处理条件对厚 0.6 mm 板材腐蚀行为的影响

热处理条件	R_m 强度损失/%	腐蚀类型
在冷水中淬火并自然时效	11.0	局部
在 80℃水中淬火并自然时效	20.0	晶间
在 100℃水中淬火并自然时效	30.0	晶间
在油中淬火并自然时效	32.0	晶间
在空气中延迟 20 s 淬火并自然时效	42.0	晶间
在空气中淬火并自然时效	66.0	晶间
淬火 + 恢复	55.0	晶间
淬火 + 80℃,8 h	52.0	晶间
淬火 + 180℃,30 h	18.2	局部 + 晶间
淬火 + 190℃,12 h	12.0	局部 + 晶间

注：在 3% NaCl 溶液中交替沉浸 15 d。

1.3.6.2　热处理

退火。按 HB/Z 5126《变形铝合金热处理》，不完全退火制度：350 ~ 380℃，保温 1 ~ 3 h，空冷。完全退火制度：390 ~ 450℃，保温 0.5 ~ 1.5 h，以不大于 30℃/h 的冷却速度冷至 260℃以下再出炉空冷。按 GJB 1694《变形铝合金热处理规范》，退火制度：350 ~ 410℃，保温 0.5 ~ 1.5 h，以不大于 30℃/h 的冷却速度冷至 260℃以下再出炉空冷。

固溶处理。按 HB/Z 5126，固溶处理制度：薄板 495 ~ 503℃，厚板及挤压件 490 ~ 503℃，水冷。按 GJB 1694，490 ~ 500℃，水冷，板材可采用 492 ~ 502℃，水冷。

　　时效。按 HB/Z 5126 或 GJB 1694 执行，自然时效：室温下 96 h 以上。人工时效：板材 185～195℃，12 h；挤压材 185～195℃，6 h。按 HB 5300，T62 型材人工时效 185～195℃，12 h；T6 型材人工时效 185～195℃，6～12 h。

　　2A12 合金板材的力学性能与时效时间的关系示于图 1-3-7、图 1-3-8；固溶热处理加热时间对 2A12-T4 板材拉伸性能的影响见图 1-3-9、图 1-3-10；退火温度对 2A12 板材力学性能的影响见图 1-3-11。

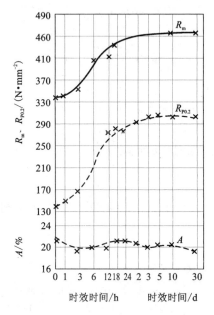

图 1-3-7　2A12 板材自然时效时的
力学性能变化与时效时间的关系

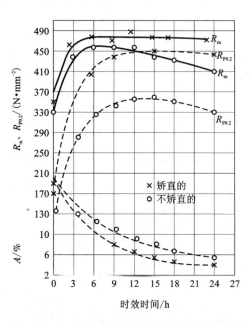

图 1-3-8　2A12 板材在 190 ℃人工时效时的
力学性能变化与时效时间的关系

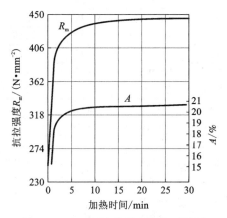

图 1-3-9　固溶热处理加热时间对
2A12-T4 板材拉伸性能的影响

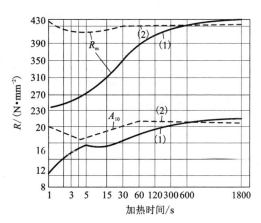

图 1-3-10　第一次(1)和第二次(2)固溶热处理
加热时间对 2A12-T4 板材拉伸性能的影响

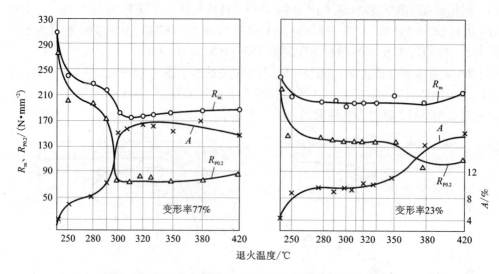

图 1 - 3 - 11　退火温度对 2A12 冷轧板材拉伸性能的影响

1.3.6.3　技术标准中的最低力学性能

技术标准中规定的 2A12 合金的板材、棒材、型材、管材、锻件的最低力学性能分别见表 1 - 3 - 27 至表 1 - 3 - 31。

表 1 - 3 - 27　2A12 合金板材的标定力学性能

技术标准	品种	供应状态	试样状态	板厚 δ /mm	抗拉强度 R_m /(N·mm^{-2})	屈服强度 $R_{P0.2}$ /(N·mm^{-2})	伸长率 A_{10}/%
GB/T 3880	板材（正常包铝或工艺包铝）	O	O	0.5 ~ 4.5	≤215	—	≥14
				>4.5	≤235		≥12
			T42	0.5 ~ 2.9	≥390	≥245	≥15
				>2.9	≥410	≥265	≥12
		T3	T3	0.5 ~ 1.6	≥405	≥270	≥15
				>1.6	≥420	≥275	≥15
		T4	T4	0.5 ~ 2.3	≥405	≥270	≥13
				>2.9	≥425	≥275	≥12
				>4.5	≥425	≥275	≥12
		H12	T42	4.5 ~ 10.0	≥410	≥265	≥12
				>10.0	≥420	≥275	≥7
				>12.5	≥420	≥275	≥7[①]
				>25.0	≥390	≥255	≥5[①]
				>40.0	≥370	≥245	≥4[①]
				>70.0	≥345	≥245	≥3[①]
		F	—	4.5 ~ 150.0	—	—	—

续表 1 - 3 - 27

技术标准	品种	供应状态	试样状态	板厚 δ /mm	抗拉强度 R_m /(N·mm^{-2})	屈服强度 $R_{P0.2}$ /(N·mm^{-2})	伸长率 A_{10}/%
GJB 2053	正常包铝	—	O	0.5 ~ 4.0	≤215	—	≥14
				>4.0	≤235	—	≥12
	不包铝	—		0.5 ~ 3.0	≤235	—	≥12
				>3.0			≥11
	加厚包铝	—		0.5 ~ 4.0	≤225	—	≥10
	正常包铝	—	T4	0.3 ~ 2.5	≥405	≥270	≥13
				>2.5	≥425	≥275	≥11
	不包铝	—		0.5 ~ 1.5	≥440	≥290	≥13
				>1.5			≥11
	加厚包铝	—		0.5 ~ 4.0	≥365	≥230	≥13
	正常包铝	—	TO	2.0 ~ 2.5	≥425	≥335	≥10
				>2.5	≥455	≥345	≥8
	不包铝	—		2.0 ~ 3.0	≥475	≥360	≥10
				>3.0	≥475	≥360	≥8
	正常包铝	O	T42	0.5 ~ 0.8	≥390	≥245	≥15
				>0.8		≥255	
				>2.5	≥410	≥265	≥12
			T62	0.5 ~ 4.0	≥390	≥305	≥6
	不包铝	O	T42	0.5 ~ 6.5	≥425	≥275	≥10
	加厚包铝	O	T42	0.5 ~ 6.5	≥350	≥220	≥13
GJB 2662	厚板[②]	O	O	7 ~ 10	≤235	—	≥12
		T4	T4	7 ~ 10	≥425	≥280	≥10
		F112	T4	7 ~ 10	≥410	≥255	≥10
				>10	≥420	≥275	≥7
				>25	≥390	≥255	≥5
				>40	≥370	≥245	≥4
				>70	≥345	≥245	≥3
GJB 3424	变截面板材	O, T4	O	1.0 ~ 2.5[③]	≤225	—	≥10
				>2.5[③]	≤235	—	≥10
			T42	1.0 ~ 2.5[③]	≥390	≥225	≥15
				>2.5[③]	≥410	≥265	≥12
			T4	1.0 ~ 2.5[③]	≥405	≥270	≥13
				>2.5[③]	≥425	≥280	≥11

续表 1 – 3 – 27

技术标准	品种	供应状态	试样状态	板厚 δ /mm	抗拉强度 R_m /(N·mm⁻²)	屈服强度 $R_{P0.2}$ /(N·mm⁻²)	伸长率 A_{10}/%
HB 5301	板材(包铝)	O	T62	≤2.5	≥390	≥305	≥6.0
GJB 1741	预拉伸板材(不包铝)	—	T351	6.5 ~ 12.0	≥440	≥290	≥12
				>12.0	≥435		≥7[1]
				>25.0	≥425		≥6[1]
				>40.0			≥5[1]
Q/S 105	预拉伸板材(不包铝)	—	T351	6.0	≥440	≥290	≥13
				7.0 ~ 10.0	≥440	≥290	≥12
				11.0 ~ 25.0	≥420	≥275	≥7
				38.0 ~ 40.0	≥390	≥255	≥5
Q/S 106	预拉伸板材(不包铝)	—	T351	6.5 ~ 10.0	≥440	≥290	≥12
				10.1 ~ 15.0	≥430	≥290	≥8
				15.1 ~ 25.0	≥420	≥275	≥7
				38 ~ 40	≥390	≥255	≥5
	预拉伸板材(不包铝)[2][4]	—	T351	38 ~ 40	≥345	—	≥3
Q/6S 401	预拉伸板材(不包铝)	—	T351	5 ~ 12	≥440	≥290	≥12.0
				12.1 ~ 25	≥430	≥290	≥8.0
				25.1 ~ 40	≥420	≥290	≥7.0
				40.1 ~ 50	≥420	≥290	≥6.0
				50.1 ~ 75	≥410	≥290	≥4.0
				75.1 ~ 100	≥390	≥285	≥4.0

注:①试样标距为 5D;②当厚度大于 40 ~ 80 mm 时,承制方不作力学性能检验,但应保证符合表中数据要求,厚度超出本表要求时,力学性能附实测结果;③薄端厚度;④短横向性能。

表 1 – 3 – 28 2A12 合金棒材的标定力学性能

技术标准	品种	供应状态	试样状态	d/mm	R_m /(N·mm⁻²)	$R_{P0.2}$ /(N·mm⁻²)	A_5 /%
					不小于		
GB/T 3191	普通棒材[1]	H112, T4	T4, T42	≤22	390	255	12
				>22	420	275	10
	高强度棒材	H112, T4	T4, T42	20 ~ 120	440	305	8
GJB 2054	普通棒材	H112, T4	T4	5 ~ 22	390	255	12
		H112, T4	T4	>22	420	275	10
		H112	T4	>150	380	260	6
	高强度棒材	H112, T4	T4	20 ~ 150	440	305	8

续表 1 – 3 – 28

技术标准	品种	供应状态	试样状态	d/mm	R_{m} /(N·mm^{-2})	$R_{P0.2}$ /(N·mm^{-2})	A_5 /%
					不小于		
HB 5202	普通棒材①	H112，T4	T4	≤22	390	275	12.0
				23～160	420	295	10.0
				161～240	410	275	8.0
	高强度棒材	T4	T4	23～54	450	325	9.0
				55～240	460	335	9.0

注：①直径 $d>150$ mm 棒材的力学性能附实测结果；②直径大于 240 mm 的棒材的力学性能双方商定。

表 1 – 3 – 29　2A12 合金的挤压型材标定力学性能

技术标准	品种	供应状态	试样状态	型材厚度 /mm	R_{m} /(N·mm^{-2})	$R_{P0.2}$ /(N·mm^{-2})	A_5 /%
					不小于		
GJB 2507	挤压型材	O	O	所有	≤245	—	12.0
		T6	T6	≤5.0	390	295	10
				>5.0	410	295	
				>10.0	420	305	
				>20.0	440	315	
				>40.0	480	355	
GJB 2056	变截面型材	—	T4	—	410	285	8
GJB 2663	大规格型材	—	T4	L 方向①	440	310	10
				LT 方向	395	285	6
				ST 方向②	345	275	4
HB 5300	挤压型材	—	T62	≤5	390	275	6.0③
			T6	≤5	440	380	4.0③

注：①对于 XC64691～XC64693、XC64696～XC64697 和 XC64699～XC646911 对接型材其 R_{m} 应不低于 480 N/mm^2，$R_{P0.2}$ 应不低于 355 N/mm^2，若低于规定值（10～20）N/mm^2 时可协商交货；②只对机翼大梁要求短横向性能，而对对接型材不要求；③A_{10} 数据。

表 1 – 3 – 30　2A12 合金管材的标定力学性能

技术标准	品种	供应状态	试样状态	管材尺寸 /mm		R_{m} /(N·mm^{-2})	$R_{P0.2}$ /(N·mm^{-2})	A /%
				外径 d	壁厚 δ	不小于		
GB/T 4437.1	挤压管材①	O	O	所有尺寸		≤245	—	10.0
		H112，T4	T4	—	所有	390	255	12.0

续表 1 - 3 - 30

技术标准	品种	供应状态	试样状态	管材尺寸 /mm		R_m /(N·mm^{-2})	$R_{P0.2}$ /(N·mm^{-2})	A /%
				外径 d	壁厚 δ	不小于		
GJB 2381	挤压管材	O	O	25 ~ 250	5 ~ 35	≤245	—	10.0③
		F112, T4	T4	25 ~ 120		390	255	12.0③
				>120		420	275	10.0③
GJB 2379	拉制(轧制)管材	—	O	所有尺寸		≤245	—	10.0③
		—	T4	<22	≤1	410	255	13.0③
					1.5 ~ 2.0			14.0③
				22 ~ 50	≤5.0	420	285	12.0③
				>50				10.0②
				管型			265	

注:①外径 d185 ~ 300 mm、壁厚 δ > 32.5 mm 的管材的室温纵向(L)力学性能由供需双方另行协商或附试验结果;②A_5 数据;③A_{10} 数据。

表 1 - 3 - 31　2A12 合金锻件的标定力学性能

技术标准	品种	试样状态	取样方向	R_m /(N·mm^{-2})	$R_{P0.2}$ /(N·mm^{-2})	A_5 /%
				不小于		
GJB 2351	模锻件	T4	L	420	275	10.0
	自由锻件					
HB 5204	锻件和模锻件					

注:HBS≥100。

1.3.6.4　相组成及显微组织

2A12 合金成分处于图 1 - 3 - 12 Al - Cu - Mg 系相图中注有阴影线区域内。从金相组织分析可知:2A12 合金在480℃以下淬火,二元共晶中的 CuAl$_2$ 相变化很小,而三元共晶中的 S 相和 CuAl$_2$ 都明显固溶。490℃淬火,除了三元共晶中的 CuAl$_2$ 和 S 相有明显固溶外,二元共晶中的 CuAl$_2$ 也开始固溶。当在 502℃淬火,二元共晶中的 CuAl$_2$ 则明显固溶。其特征是组成相含量比低温时相应减少,残留相边界变得圆滑。合金在505℃淬火后,固溶更加充分,主要强化相显著减少,但是合金中出现共晶球体和局部的晶界复熔现象(合金已过烧),随着加热温度的升高,共晶体复熔现象更加明显。由于 2A12 合金中可溶相充分固溶的温度与 α(Al) + S + CuAl$_2$ 三元共晶温度的间隔很窄。所以这个合金具有强烈的过烧敏感性。在生产条件下,2A12 合金淬火温度可采用495 ~ 500℃。

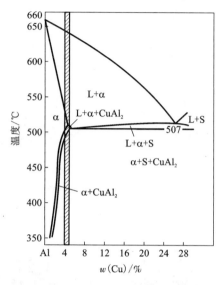

图 1 – 3 – 12　Al – Cu – Mg 系相图

图 1 – 3 – 13 为 2A12 合金半连续铸造锭显微组织。图 1 – 3 – 14 为 2A12 合金半连续铸造锭经 485℃/12 h 均匀化处理的组织,枝晶网络已部分固溶,同时在 α – Al 基体上析出大量含 Mn 的化合物。图 1 – 3 – 15 为 2A12 – T4 合金10 mm 厚热轧板的显微组织,固溶处理后合金已完全再结晶,晶粒沿轧制方向伸长,S 及 CuAl₂ 强化相已完全固溶。图 1 – 3 – 16(a) 及图 1 – 3 – 16(b) 为2A12 – O(420℃/180 min, 随炉冷却)合金冷轧、1.0 mm 板 O 状态组织,图 1 – 3 – 16(a)、图 1 – 3 – 16(b) 为纵向

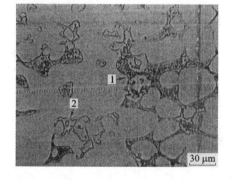

图 1 – 3 – 13　2A12 合金半连续铸造锭
显微组织(混合酸水溶液浸蚀)

1—α – Al + CuAl₂ + S 共晶, 蜂窝状, S 相呈褐色;
2—α – Al + CuAl₂ 共晶, CuAl₂ 呈铜红色

组织,化合物排列有明显方向性,在 α – Al 基体上析出大量的 S 相(Al₂CuMg)及CuAl₂ 等强化相,板材已完全再结晶;图 1 – 3 – 16(c)、图 1 – 3 – 16(d) 为横向组织,化合物排列方向性不明显,分布均匀,完全再结晶。

金相分析显小,在 2A12 合金中除 α – Al 固溶体外,还存在以下三类相:

粗大质点相:形成于凝固过程中,尺寸为 10 ~ 30 μm,可分为两种类型,一种是含杂质 Fe、Si 的不溶相,如(CuFeMn)Al₆、(CuFeMn)₃Si₂Al₁₅、CuFeAl₇ 等,另一种是热处理时未溶解的可溶相,如 θ(CuAl₂)、S(Al₂CuMg)等。它们对材料的塑性与韧性不利。

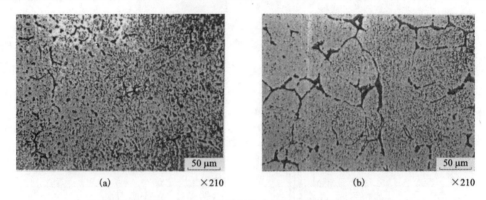

图 1 – 3 – 14　2A12 合金半连续铸造锭均匀化退火的显微组织

(a)铸锭横向边部；(b)铸锭中心部位(混合酸水溶液浸蚀)

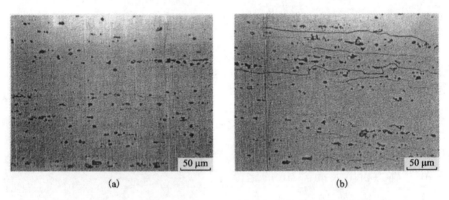

图 1 – 3 – 15　10 mm 厚的 2A12 – T4 合金热轧板的显微组织

(a)纵向临近表面部位；(b)纵向中心部位(混合酸水溶液浸蚀)

　　第二类是中等尺寸质点相，是含有阻碍再结晶元素 Mn 的质点相，其尺寸小于 0.5 μm，可能的组成为 $Al_{20}Mn_3Cu_2$ 或 $Al_{12}(MnFe)_3Si$，是在铸造均匀化退火过程中析出的，能抑制再结晶，并有一定的强化作用。

　　第三类为弥散质点相，主要是在人工时效时析出的 S′相，尺寸小于 0.1 μm，是合金的主要强化相，其大小及分布结构对材料性能起着决定性的作用。

1.3.6.5　工艺特性

　　2A12 合金的熔炼温度为 700～745℃，扁锭的铸造温度为 690～710℃，圆锭的铸造温度为 720～740℃。

　　2A12 – O 合金有良好的冷成形性能，在新淬火状态也有相当高的冷成形性，淬火后具有较快的自然时效速度，孕育期还不到 60 min，保持良好塑料的时间仅有 1.5 h，不过在 0℃以下或更低的温度才有新淬火状态的良好塑性，充分自然时效后塑性较低，只能进行简单的诸如弯曲、折边、变形率适度的拉伸等成形。热变形性能良好，可在 350～450℃进行热加工，冷轧性能优良，可轧成薄板。

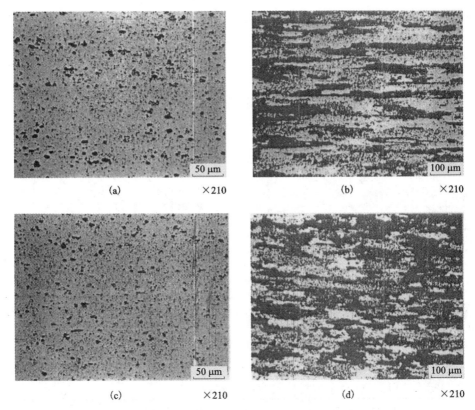

图 1 - 3 - 16　2A12 - O 合金的显微组织，1.0 mm 板 420 ℃退火 180 min

(a)，(b)纵向组织；(c)，(d)横向组织(混合酸水溶液浸蚀)

　　2A12 合金的可焊性能差，用该合金作焊料进行气焊和氩弧焊时，焊缝易出现裂纹，如以 4A01 合金作为焊料，则形成裂纹倾向大幅度下降；若焊后不进行热处理，则焊缝强度只有基体材料的 70% 左右，热处理后，强度虽可上升到基体材料的 93% 左右，但塑性显著下降。合金的摩擦搅拌焊接性能良好。热处理状态的 2A12 合金材料都有好的接触焊性能，但 O 状态的不宜接触焊。

　　2A12 合金对过烧甚为敏感，变形度小的材料或大型工件的过烧温度更低，因此厚度大于 30 mm 的材料或工件宜取固溶温度下限，而厚度小于 4 mm 的薄板宜取上限固溶温度。转移时间宜短，不得超过 15 s，以免力学性能及抗蚀性下降。零件固溶处理时互相间应留有间隙，确保加热均匀及淬火时冷却均匀。

　　充分自然材料有良好的可切削性能，但 O 状态材料的差，在磨削时甚至会黏附于砂轮上。

1.3.6.6　一些材料的关键生产技术

　　(1)热处理对 2A12 合金电导率的影响

　　由于铝合金的强度与热处理制度不一一对应，同一强度指标可能来自于不同的热处理过程，因此仅仅依靠强度指标判断铝合金的热处理状态是不可靠的。电导率和强度检查在铝合金热处理的监控中是相辅相成的，不能相互取代。实验表明，2A12 合金板材的电导率随退火温度及冷却速度的提高而降低（见图 1 - 3 - 17）；随固溶处理温度的升高而降低；随时效温度的升高而升高，但变化不显著（见图 1 - 3 - 18）；退火状态下电导率最高，时效状态下电导率中等，淬火状态下电导率最低。

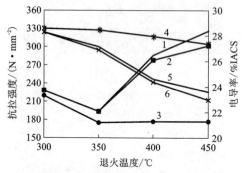

图 1 - 3 - 17　退火温度对强度及电导率的影响

1、2、3—分别为空冷、石棉布包覆冷及随炉冷却时的强度；

4、5、6—分别为随炉冷却、空冷、石棉布包覆冷时的电导率

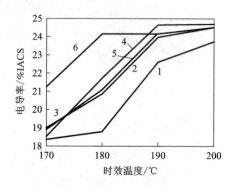

图 1 - 3 - 18　时效制度对电导率的影响

1 ~ 6 分别为时效 4 h、8 h、12 h、

16 h、24 h、48 h 的曲线

　　（2）提高 2A12 - O 合金型材伸长率的措施

　　对 2A12 - O 合金型材的质量要求严格。这种型材用户在使用时，往往在退火状态下弯曲成形，然后进行淬火和自然时效处理。因此，对于 2A12 - O 合金型材在成品检验时，既要使退火状态的性能合格，又要保证淬火、自然时效状态的性能符合规定。姜文举、于得源、文丽华的研究显示：Fe、Si 杂质在 2A12 合金中可形成 Al_3Fe、$(FeMn)Al_6$ 等难溶的脆性化合物，降低型材的塑性。因而降低 Fe、Si 含量，减少杂质相的数量或尺寸，可提高伸长率。将 Fe、Si 含量分别控制在 0.2% 以下，甚至采用未均匀化的铸锭也能生产出伸长率合格的产品。铸锭均匀化（490℃/8 h）可减少型材中难溶化合物的数量或使其分布均匀，对提高型材的塑性有好处。

　　（3）2A12 - T4 管材的力学性能与挤压温度的关系

　　在铝合金无缝管材生产中，厚壁管材（壁厚不小于 5 mm，用热挤压方法直接生产的管材）的产量占 50% 以上。而在厚壁管材生产中，2A12 铝合金占其总量的 60% 以上，使用状态基本上是 T4。通常情况下，2A12 铝合金挤压时铸锭加热温度为 320 ~ 450℃。采用较低的温度挤压，有利于提高挤压速度，提高生产效率，挤出制品的表面质量也较好，但挤压力大，当挤压比率较大时，易发生挤不动的"闷车"。采用较高的温度挤压，可以降低挤压力，避免"闷车"，但挤压速度不能太快，否则易出表面裂纹。因此，在实际生产中，多数情况下都采用较低的挤压温度，较高的挤压速度，以提高生产效率。根据邓小民的研究，当合金的 Mn 含量为 0.3% ~

0.6%时根据产品的具体要求，通过控制挤压温度，可在一定的范围内控制其力学性能。挤压温度越高，管材的强度越高。当挤压温度为370℃时，管材的抗拉强度为 450 N/mm^2，屈服强度为 330 N/mm^2；挤压温度为 400℃时，抗拉强度达到 540 N/mm^2，屈服强度达到400 N/mm^2。

（4）变截面板材生产工艺的优化

2A12 - T4 铝合金变截面板材广泛应用于歼击机、教练机、轰炸机的机翼、机尾等悬臂结构蒙皮部分，是一种重要的军用铝合金材料。航空工业的发展，加速了飞机更新换代的步伐，对2A12 - T4 铝合金变截面板材的品质提出了更高的要求。谢延翠、徐崇义通过改变轧辊凸度、道次加工率分配、压光辊凸度、压光方法等措施，解决了变截面板材生产中出现的大波浪、楔形度不稳等问题，生产出了优质的 2A12 - T4 铝合金变截面板材。2A12 - T4 铝合金变截面板材的性能指标见表 1 - 3 - 32，轧制变截面板材，加工量先大后小，速度先慢后快。前后道次的加工量应平缓过渡，并根据板材平度适当调整压下量。2A12 铝合金变截面板状态为 T4，成品规格 (1.22 ~ 2.4) mm × 700 mm × 2 800 mm；毛料规格 2.9 mm × 800 mm × 1 890 mm，道次加工率分配见表 1 - 3 - 33。根据谢延翠、徐崇义的研究，生产 2A12 - T4 铝合金变截面板材的轧辊凸度为 0.26 mm；道次加工率分配情况见表 1 - 3 - 33；压光辊凸度0.08 ~ 0.12 mm；据板材楔形度计算主电机转速与压下速度的比值，并在压光过程中保持恒定。

表 1 - 3 - 32　2A12 - T4 铝合金变截面板材性能指标

薄端厚度/mm	R_{m}/(N·mm^{-2})	$R_{\mathrm{P0.2}}$/(N·mm^2)	A/%	楔形度/(mm·m^{-1})
1.0 ~ 2.5	405	270	13	0.38 ~ 0.42
>2.5	425	280	11	0.38 ~ 0.42

注：楔形度为变截面板材厚端与薄端厚度之差与长度的比值。

表 1 - 3 - 33　道次加工率分配

道次	压前厚度/mm		压后厚度/mm		加工量/mm		加工率/%	
	厚端	薄端	厚端	薄端	厚端	薄端	厚端	薄端
1	2.9	2.9	2.9	2.41	0	0.49	0	16.9
2	2.9	2.41	2.9	2.03	0	0.38	0	15.77
3	2.9	2.03	2.9	1.71	0	0.32	0	15.76
4	2.9	1.71	2.9	1.51	0	0.20	0	11.7
5	2.9	1.51	2.7	1.38	0.20	0.13	6.9	8.6
6	2.7	1.38	2.55	1.31	0.15	0.07	5.56	5.07
7	2.55	1.31	2.45	1.26	0.10	0.05	3.92	3.82
8	2.45	1.26	2.4	1.22	0.05	0.04	2.04	3.2

（5）2A12ME 合金板材深冲性能

2A12ME 板材（M 代表完全退火，E 代表深冲）用于军用领域，它的性能直接影响军工产品的品质。在实际生产中，该板材的深冲性能很不稳定，导致多次投料、板材重复退火，既增加了成本、又难以保证交货期。杨鑫等人认为，在控制合金 Cu 含量≤4.50%的前提下，对板材采用退火工艺：温度 360 ~ 380℃，保温 1 ~ 2 h；随炉冷却到 200℃出炉空冷，可以生产出深冲性能优良的 2.0 mm 的 2A12ME 板材。

（6）阶段变截面型材挤压工艺

阶段变截面型材是指其横截面尺寸、形状沿长度方向发生阶段式变化的一种特殊型材。按其外形不同，常见有三种类型（见图 1 - 3 - 19）。阶段变截面型材的特点有两个截面：大截面型材（大头型材）和小截面型材（基体型材），相连接处有一个过渡区。阶段变截面型材模分为基本型材和大头模。大头模从

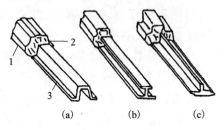

图 1 - 3 - 19　典型的阶段变截面型材

（a）八字形；（b）工字形；（c）丁字形

1—大头型材；2—过渡区；3—基体型材

中间分为左右两瓣；而基本型材模一般分为三瓣（丁字、八字）和四瓣（工字），见图 1 - 3 - 20。

阶段变截面铝合金型材用于大型运输机、轰炸机等中央翼和尾翼上，是新舟 60、运 - 8、轰六、空中预警机、歼击机等军用飞机的关键受力部件。大头经机械加工后与大梁型材铆接，基本型材则与蒙皮铆接而形成整体的机翼和尾翼。该类型材在挤压过程中需要两次换模，对产品的品质要求高，此种型材通常用 2A12 与 7A04 合金挤压。

2A12 合金的阶段变截面型材的挤压工艺参数：铸锭加热温度 420 ~ 460℃，挤压筒温度 400 ~ 450℃，基本型材部分挤压速度 <0.8 m/min，大头部分挤压速度 <1.0 m/min。模子应放在专用的加热炉内均匀加热和保温，炉温 400 ~ 450℃。大头模可加热也可不加热，不允许其中一半加热另一半不加热，以免金属流动不均匀。

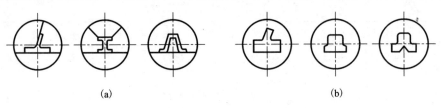

图 1 - 3 - 20　挤压大头型材的分瓣模

（a）基本型材模；（b）大头型材模

阶段变截面型材的生产分为基本部分和大头部分两次挤压，生产方法是先把三瓣或四瓣的基本型材模装入模支承内，开进锁键仓，锁紧后开始挤压基本型材部分。当挤压到距过渡区 300 ~ 500 mm 处时，逐渐减速直到过渡区速度降为零，进行

卸压、打开锁键仓、挤压轴前进 5 mm 将模子推离挤压筒后，挤压筒离开，把模子从模支承内带出来，用专用钩将分瓣型材模取出，再用专用夹钳将两瓣大头模放在模支承中，进行大头部分的挤压。挤压大头时开始速度尽量慢，以防型材根部产生波浪、扩口、拉细和大头歪脖，当大头挤压出 100 mm 以后开始过渡到正常的挤压速度。大头部分挤压完后卸压、压型嘴离开并剪切残料，取出大头模具重新换上基本型材模进行下一个生产周期。

1.3.7　2A14 合金

　　2A14 合金是一种可热处理强化的 Al – Cu – Mg – Si 系合金，主要用于加工形状复杂的航空器锻件和模锻件，还可以用以加工飞机大型框架、外壳、铆钉，以及桥梁与货车构件等。2A14 – T6 合金的强度比 2A05 – T6 合金的高，同时还有中等的塑性，由表 1 – 3 – 1 的化学成分可知，2A14 合金的 Cu 含量比 2A50 合金的约高一倍，所以它的抗蚀性比后者的差，因此适于制造厚截面工件。

　　合金的半成品材料有板材(厚 0.5 ~ 150 mm)、棒材、型材、自由锻件、模锻件等。熔炼温度 700 ~ 750℃，半连续铸造温度 690 ~ 735℃，铸造性能良好，可铸成大型锭。合金的 Si 含量宜控制在标定成分的上限，同时使 Fe 含量小于 0.5%，不但有利于铸造，而且对合金的性能有益。

　　2A14 合金的不完全退火制度：(350 ~ 380)℃/(1 ~ 3) h，空冷；固溶处理温度495 ~ 505℃，水淬；自然时效时间 >96 h，人工时效(150 ~ 165)℃/(4 ~ 15) h，停放时间 <3 h 或 >48 h。壁厚 <30 mm 的零件、形状复杂零件宜在 60 ~ 80℃ 水中淬火，以免变形。

　　2A14 合金的抗蚀性不高，有晶间腐蚀及应力腐蚀开裂倾向，可通过阳极氧化处理与涂漆提高抗腐蚀性能。

1.3.7.1　组织与工艺特性

　　2A14 – O 合金的相组成为 α – Al、S(Al_2CuMg)、$CuAl_2$、Mg_2Si、AlMnFeSi 或 AlMnSi，有时还可能出现 W($AlCu_4Mg_5Si_4$)；$CuAl_2$、S、Mg_2Si，W($AlCu_4Mg_5Si_4$) 是基本强化相。2A14 合金中的 S 相比 2A10 合金的多，所含的共晶体比 2A11、2A12 合金的多，因而其铸造性能优于 2A12。

　　在热加工温度 350 ~ 500℃ 时，2A14 合金有良好的塑性，铸锭的变形量可达50%，挤压毛坯料(棒材)的锤锻变形率可达 60%，在压力机上锻造变形率可达80%，可以锻制形状复杂的锻件与模锻件。

　　2A14 – T6 合金 XC050 型材后端管壁部位的外壁、中间部位和内壁的纵向组织如图 1 – 3 – 21(a)、图 1 – 3 – 21(b)、图 1 – 3 – 21(c)所示，合金已再结晶，其晶粒沿挤压方向伸长。

　　叮用点焊或滚焊连接 2A14 合金板材，熔焊时有相当大的热裂纹倾向。将基体金属中的 Fe 含量限制在 <0.3%，并加入 0.1% ~ 0.15% Ti，采用含 0.15% ~

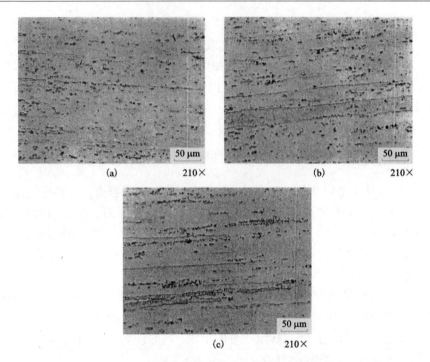

图 1 - 3 - 21　2A14 - T6 合金 XC050 型材的显微组织（混合酸浸蚀）

0.30% Ti 的 6A02 合金作熔焊料，可获得合格的焊件。熔焊时也可采用与主成分相同的合金作填料，但应含 0.15% ~ 0.30% Ti，杂质 Fe 含量为 0.10% ~ 0.15%。合金有良好的摩擦搅拌焊性能。2A14 合金有较好的可切削加工及磨削性能。

1.3.7.2　力学性能

2A14 合金的标定力学性能见表 1 - 3 - 34 及表 1 - 3 - 35，小型模锻件（2A14 - T6）的布氏硬度为 135，室温典型性能见表 1 - 3 - 36，稳定化处理后的力学性能见表 1 - 3 - 37。

表 1 - 3 - 34　2A14 合金的标定力学性能

技术标准	品种	供应状态	试样状态	δ 或 d /mm	R_m /($N \cdot mm^{-2}$)	$R_{P0.2}$ /$N \cdot mm^{-2}$	A_5 /%
GB/T 3880	工艺包铝板材	O	O	0.5 ~ 10.0	≤245	—	≥10[1]
		T6	T6	0.5 ~ 10.0	≥430	≥340	≥5[1]
		H112	T62	>4.5	≥430	≥340	≥5[1]
				>12.5	≥430	≥340	≥5
		F	—	>	—	—	—
GJB 1741	不包铝预拉伸板材	T651	T651	6.5 ~ 12.0	≥460[3]	≥405[3]	7[2]
				>12.0			5[4]

表1-3-34

技术标准	品种	供应状态	试样状态	δ或d /mm	R_m /(N·mm^{-2})	$R_{P0.2}$ /N·mm^{-2}	A_5 /%
GB/T 3191	普通棒材	H112，T6	T62，T6	≤22	≥440	—	≥10
		H112，T6	T62，T6	>22	≥450	—	≥10
	高强棒材	H112，T6	T62，T6	20~120	≥460	—	≥8
GJB 2054	普通棒材	H112，T6	T6	5~22	≥440	—	≥10
		H112，T6	T6	>22	≥450	—	≥10
		H112	T6	>150	≥380	—	≥8
	高强棒材	H112，T6	T6	20~150	≥460	—	≥8
HB 5202	挤压棒材	T6	T6	≤22	≥440	—	≥10
				23~160	≥450	—	≥10
				161~240	≥430	—	≥8
GJB 2507	挤压型材	T4	T4	所有厚度	≥375	≥205	≥10
		H112，T6	T6	≤10	≥410	≥365	≥7.0
				>10	≥450	≥375	
		O	O	所有厚度	195~275		

注：直径大于150 mm棒材性能附实测结果。①为A_{10}数据；②标距为50 mm；③如伸长率A_{10}要求大于等于6%时，其抗拉强度R_m和规定非比例伸长应力$R_{P0.2}$分别不低于440 N/mm^{2}和335 N/mm^2；④标距为$5D$。

表1-3-35　2A14合金自由锻件及模锻件的标定力学性能

技术标准	品种	状态	质量 /kg	L			LT			ST		HBS 10/1000 /30
				R_m /(N· mm^{-2})	$R_{P0.2}$ /(N· mm^{-2})	A_5 /%	R_m /(N· mm^{-2})	$R_{P0.2}$ /(N· mm^{-2})	A_5 /%	R_m /(N· mm^{-2})	A_5 /%	
				不小于								
GJB 2351	自由锻件	T4	≤750	380	245	10.0	365	—	8.0	325	4.0	—
			>750	375	235	8.0	355	—	7.0	325	4.0	—
	模锻件		—	380	245	11.0	365	235	8.0	345	6.0	—
	自由锻件	T6	≤30	410	—	8.0	355	—	4.0	335	3.0	120
			>30	380	—	6.0	355	—	4.0	335	2.0	110
	模锻件		≤30	430	315	10.0	390	—	6.0	355	4.0	120
			>30	410	295	8.0	390	—	6.0	355	3.0	110
HB 5204	自由锻件	T4	≤750	380	245	10.0	365	—	8.0	325	4.0	—
			>750	375	—	8.0	355	—	7.0	325	4.0	—
	模锻件		—	380	245	11.0	365	235	8.0	345	6.0	—
	自由锻件	T6	—	410		8.0	355	—	4.0	335	3.0	120
	模锻件		—	430	315	10.0	390	—	6.0	355	4.0	120

注：按GJB 2351规定热处理厚度大于150 mm的锻件其性能由供需双方议定。

表 1-3-36 2A14 合金的典型力学性能

品种	试样状态	规格 /mm	试样方向	抗拉强度 R_m			A_5/%
				$\overline{X}$	min	max	
				/(N·mm^{-2})			
挤压棒材	T6	d 14~20		500	514	488	11.3
		d 35~140		497	543	450	13.9
		d 160		475	—	—	12.8
挤压棒材	T6	d 8~22	L	506	599	445	—
		d 23~160		492	527	451	14.0
		d >160		459	506	392	12.6
高强棒材	T6	d 75~160		484	527	460	14.9
挤压棒材	T6	d 60~180		504	—	—	12.6
		d 190~300		481	—	—	11.8
自由锻件	T6	500~1800 kg	L	446	405	494	16
			LT	411	353	462	6.5
			ST	423	385	467	8.7

注：所示规格的挤压棒材和自由锻件都以 H112 状态供应。

表 1-3-37 稳定化处理的 2A14-T6 合金锻件的力学性能

稳定化处理		抗拉强度 R_m	屈服强度 $R_{p0.2}$	伸长率 A_5
温度/℃	时间/h	/(N·mm^{-2})	/(N·mm^{-2})	/%
130[①]	10	510	431	7
	100	520	422	8
	1 000	520	431	8
150	10	500	451	8
	100	495	456	7
	1 000	490	441	8
175	10	510	402	9
	100	490	392	9
	1 000	451	373	10
200	10	422	363	10
	100	314	255	12
	1 000	265	177	16

注：①薄板。

1.3.8　2A16 合金

2A16 合金的化学成分见表 1 - 3 - 1，是一种可热处理强化的 Al - Cu - Mn 系耐热型铝合金，而且是一种深冷合金，可在很低的温度下应用。在 250 ~ 350℃ 有高的持久强度，可在此温度范围内长期使用，其室温强度比 2A12 合金低，合金的可焊性能良好，可进行点焊、滚焊与氩弧焊，摩擦搅拌焊性能优良。2A16 合金虽含有 Mn，但无挤压效应，因而挤压材的纵向及横向性能相差无几。合金固溶处理后的自然时效速度慢，孕育期长，在人工时效状态下应用，是航天器用的最多的变形铝合金之一。

2A16 合金的化学成分与美国的 2219 合金、俄罗斯的 Д20 合金的化学成分相当。美国的 2219 合金 1954 年在美国铝业协会公司技术处注册，现在已发展到 2519 型合金，它们的化学成分见表 1 - 3 - 38，其最大特点是含有钛、钒、锆。

2219 合金在火箭与航天器上的应用主要是用于制造燃料箱、助燃剂箱。在宇宙探索初期，美国采用 2014 合金，该合金成形性能良好，可以加工火箭需要的厚板与锻件。后来，由于自动焊接技术，特别是摩擦搅拌焊接（FSW）的开发与成熟，改用 2219 合金。从应力腐蚀开裂性能来看，2219 合金比 2014 合金优越，后者短横向的应力腐蚀开裂应力为 53.9 N/mm²。美国雷神 δ(Thor - Delta) 及土星 - Ⅱ(Saturn - Ⅱ) 号火箭的燃料箱等都是用 2219 合金焊接的。最近美国发射的火箭与航天飞机的燃料箱也是用 2219 合金制造的。

表 1 - 3 - 38　2219 型合金的化学成分，质量分数(%)

合金	Si	Fe	Cu	Mn	Mg	Zn	Ti	V	Zr	其他		Al
										每个	总计	
2219	0.20	0.30	5.8 ~ 6.8	0.20 ~ 0.40	0.02	0.10	0.02 ~ 0.10	0.05 ~ 0.15	0.10 ~ 0.25	0.05	0.15	其余
2319	0.20	0.30	5.8 ~ 6.8	0.20 ~ 0.40	0.02	0.10	0.10 ~ 0.20	0.05 ~ 0.15	0.10 ~ 0.25	0.05	0.15	其余
2419	0.15	0.18	5.8 ~ 6.8	0.20 ~ 0.40	0.02	0.10	0.02 ~ 0.10	0.05 ~ 0.15	0.10 ~ 0.25	0.05	0.15	其余
2519	0.25	0.30	5.3 ~ 6.4	0.10 ~ 0.50	0.05 ~ 0.40	0.10	0.02 ~ 0.10	0.05 ~ 0.15	0.10 ~ 0.25	0.05	0.15	其余
2A16	0.30	0.30	6.0 ~ 7.0	0.40 ~ 0.80	0.05	0.10	0.10 ~ 0.20	—	0.20	0.05	0.10	其余

2219 合金是制造火箭燃料箱的良好材料，它不但是一种耐热合金，而且它的低温性能（包括焊接头的韧性）也随着温度的降低而升高。因此，用 2219 合金制造液氧与液氢容器时，根据室温强度标准检测原则，就能保证在液氢温度下的可靠性。欧洲共同体发射的雅利安火箭的燃料箱是用 Al－Cu－Mg 系合金制造的。

2A16 合金具有高的耐热性及良好的可焊接性能。可用作制造在 250～350℃ 工作的零件，如圆盘、发动机叶片等。板材用于制造在室温和高温下工作的焊接零件，如容器、气密座舱等。

近年来，人们在使用中发现 2A16 合金薄板（1.0～2.5 mm）及小型材，在 165℃ 人工时效后，有严重的晶间腐蚀和应力腐蚀倾向，而在 210℃ 人工时效，虽然改善了耐蚀性能，但室温抗拉强度低。为此，相关人士又研究出了一种新的人工时效制度：190℃，18 h。经处理后有较好的综合性能，现已分别列入 HB 5301 和 HB 5300 中。

俄罗斯米格型飞机曾采用 Д20 合金制作机头罩、机翼整体油箱、机身内部结构件及焊接件等共 60 余项。中国也用 2A16 合金半成品制作后机身蒙皮、内部结构件及焊接件。

1.3.8.1　组织及工艺特性

2A16 合金的主要强化相是 $CuAl_2$，O 状态组织为 α－Al、$CuAl_2$、T（$Al_{12}Mn_2Cu$）、Al_3Ti、AlSiMnFe，在 2219－O 合金中还有 $ZrAl_3$ 与含 V 的化合物。2A16－F25×16 mm 带材的纵向及横向组织见图 1－3－22（a）及图 1－3－22（b），化合物已破碎，沿挤压方向排列，其中黑色相为 T（$CuMn_2Al_{12}$），白亮色的为 $CuAl_2$，从 α（Al）基体中析出大量的 T（$CuMn_2Al_{12}$）及 $CuAl_2$ 等相的弥散质点；图 1－3－23 为 2A16 合金 25 mm×16 mm 带材 T6 状态的纵向及横向组织：合金已完全再结晶，晶粒粗大，并沿挤压方向伸长，可溶相已显著固溶，残留的化合物仍沿挤压方向排列，其中 $CuAl_2$ 为白亮色，T（$CuMn_2Al_{12}$）相为黑褐色；都用混合酸溶液浸蚀。

2A16 合金的熔炼温度 700～750℃，铸造温度 715～735℃；固溶处理温度 530～540℃，水冷。不完全退火制度：350～380℃，保温 1～3 h，空冷，完全退火制度：390～450℃，保温 0.5～1.5 h，以不大于 30℃/h 的冷却速度冷至 260℃ 以下，再空冷。

人工时效制度 A：（160～170）℃/（10～16）h，空冷，适用于高温短时工作的制品；B：（200～220）℃/12 h，空冷，适用于更高温长时间工作制品。HB 5300 规定：M（蒙皮）型材，经固溶热处理后，在（190±5）℃，18 h 人工时效；HB 5301：M（蒙皮）板材经固溶热处理后，在（190±5）℃，18 h 人工时效。

厚 1.0～2.5 mm 板材及小型材在 190℃/18 h 时效后，只会发生轻微的晶间腐蚀，应力腐蚀抗力也大为改善。

2A16 合金有较高的热塑性可顺利地轧制板材，挤压型材，锻造形状复杂的自由锻件及模锻件；在室温的工艺塑性与 2A11 合金的相当；在新淬火状态及 O 状态有最高的塑性；合金的自然时效进程缓慢，即使时效 5 d，抗拉强度也仅增加 29～

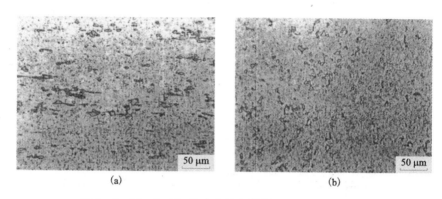

图1-3-22　2A16-F合金挤压带材(25 mm×16 mm)

(a)纵向；(b)横向

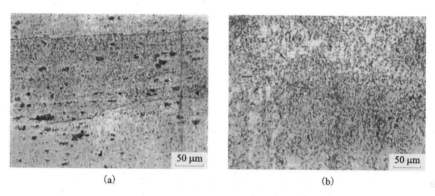

图1-3-23　2A16-T6合金挤压带材(25 mm×16 mm)

(a)纵向；(b)横向

39 N/mm², 因此可在固溶处理后的2 d内顺利地进行各种变形程度不大的冷变形。在人工时效状态下也可以进行简单的加工如压凹、制斜角、弯曲等。

2A16合金的可焊性良好，以2A16合金作焊料，可顺利地进行点焊、滚焊与氩弧焊，形成裂纹的倾向不大，焊缝气密性合格。未热处理的焊缝抗拉强度R_m可为基体材料的70%以上，固溶处理与自然时效后的R_m可达基体材料的90%。有优秀的摩擦搅拌焊接性能。

2A16-T4、T6合金的可切削性能良好，表面处理性能尚可。

1.3.8.2　力学性能

2A16合金半成品的标定力学性能见表1-3-39、表1-3-40,典型力学性能见表1-3-41至表1-3-46,厚2.0 mm的2A16合金板材的力学性能与温度的关系见图1-3-24。

表 1 – 3 – 39　2A16 合金模锻件及锻件的标定力学性能

技术标准	品种	状态	纵向			横向			HBS
			R_m /(N· mm^{-2})	$R_{P0.2}$ /(N· mm^{-2})	A_5 /%	R_m /(N· mm^{-2})	$R_{P0.2}$ /(N· mm^{-2})	A_5 /%	
GJB 2351	模锻件	T6	375	255	8	375	255	8	100
	锻件		355	235	8	355	235	8	100
HB 5204	模锻件	T6	375	255	8	375	255	8	100
	锻件		355	235	8	355	235	8	100

表 1 – 3 – 40　2A16 合金材料的标定力学性能

技术标准	品种	试样状态	δ 或 d /mm	R_m /(N·mm^{-2})	$R_{P0.2}$ /(N·mm^{-2})	A/%
YS/T 212	板材	O	0.3 ~ 10.0	≤235	—	15[①]
		T4		275	—	12
		T6		375	275	8
		T62		375	265	8
GJB 2053		O	1.0 ~ 4.0	≤235	—	15[①]
		T4		275	—	12
		T6		375	275	8
		T62		375	265	8
HB 5301		MCGS	1.0 ~ 2.5	335	215	7[①]
YS/T 214	大规格板	O	0.5 ~ 10.0	≤235	—	15[①]
		T4		275	—	12
		T6		375	275	8
		T62		375	265	8
GB 3193	厚板	T6	11 ~ 18	375	275	8[①]
		T4		275	—	12
GJB 2662		O	4 ~ 10	≤235	—	15[①]
		T4		275	—	12
		T6		370	275	8
		T5	>10 ~ 40	370	275	8
		T62	5 ~ 10	370	265	8

续表 1 – 3 – 40

技术标准	品种	试样状态	δ 或 d /mm	R_{m} /(N·mm^{-2})	$R_{\mathrm{P0.2}}$ /(N·mm^{-2})	A/%
GB/T 3191	棒材[4]	T6	所有	355	235	8[2]
GB/T 3191		T62	≤150	355	235	8[2]
GJB 2054		T6	5 ~ 150	350	235	8[2]
HB 5202		T6	≤240	355	235	8[2]
GJB 2507	型材	T6	所有	345	235	8[3]
HB 5300	型材	MCGS	1.0 ~ 1.5	345	—	7[1]

注：①A_{10}数据；②A_5数据；③型材壁厚≤10 mm 时，平试样为 A_{10}，圆试样为 A_5；壁厚 >10 mm 时，一律为圆试样，A_5；④合金棒材如在合同上注明做高温持久试验，则试样在热处理后于(300 ±3)℃以 69 N/mm^2 的应力保持 100 h 不断裂为合格。

表 1 – 3 – 41　2A16 合金半成品的典型室温力学性能

品种	状态	δ 或 d/mm	R_{m}/(N·mm^{-2})	$R_{\mathrm{P0.2}}$/(N·mm^{-2})	A_{10}/%	Z/%
板材	T6	—	392	294	10	—
挤压材		—	392	245	12	35
锻件		—	422	—	17.5	—
型材	T62	2.0	384	262	10.5	—
	O		164	—	—	—
棒材	T6	50	423	324	19.4	—

表 1 – 3 – 42　人工时效制度对 2A16 合金板材力学性能的影响

状态	厚 δ/mm	R_{m}/(N·mm^{-2})	$R_{\mathrm{P0.2}}$/(N·mm^{-2})	A_{10}/%
固溶处理 +190℃，18 h	1.2[1]	354 ~ 387	228 ~ 288	8.4 ~ 12.6
固溶处理 +210℃，12 h	1.2[1]	294 ~ 347	123 ~ 238	9.0 ~ 13.4
固溶处理 +190℃，18 h	1.8[2]	345 ~ 399	231 ~ 281	6.5 ~ 12.5
固溶处理 +210℃，12 h	1.8[2]	249 ~ 379	177 ~ 254	7.0 ~ 11.5
固溶处理 +190℃，18 h	2.0[3]	372 ~ 390	253 ~ 288	8.7 ~ 12.6
固溶处理 +210℃，12 h	2.0[3]	340 ~ 365	237 ~ 251	9.6 ~ 12.7

注：①为 7 批次(每批次 3 个以上试样)的最低与最高值；②为 8 批次(每批次 3 个以上试样)的最低与最高值；③为 2 批次(每批不少于 3 个试样)的最低与最高值。

表1-3-43　2A16-T6 合金板材及锻件的高温力学性能

品种	状态	稳定化处理		θ /℃	R_m /(N·mm^{-2})	$R_{P0.2}$	A_{10} /%	品种	状态	稳定化处理		θ /℃	R_m /(N·mm^{-2})	$R_{P0.2}$	A_{10} /%
		θ/℃	t/h							θ/℃	t/h				
板材	T6	—	—	100	353	275	16	锻件	T6	—	—	150	343	—	28
		—	—	150	314	245	16			150	100	150	363	—	24
		150	100	150	314	196	18			—	—	175	333	—	27
		—	—	200	255	177	16			175	100	175	324	—	24
		200	25	200	255	177	16			—	—	200	304	—	25
		200	100	200	235	147	14			200	100	200	284	—	21
		—	—	250	177	118	16			—	—	225	275	—	20
		250	25	250	167	108	19			225	100	225	245	—	27
		250	50	250	157	98	20			—	—	250	226	—	19
		—	—	300	118	98	20			250	100	250	206	—	25
		—	—	350	88	—	20			—	—	275	216	—	30
		—	—	—	—	—	—			275	100	275	181	—	28

表1-3-44　2A16-T62 合金板材[①] 的高温力学性能

δ /mm	稳定化处理		温度 θ /℃	R_m /(N·mm^{-2})	$R_{P0.2}$	A_{10} /%	δ /mm	稳定化处理		温度 θ /℃	R_m /(N·mm^{-2})	$R_{P0.2}$	A_{10} /%
	θ/℃	t/h						θ/℃	t/h				
1.8	—	—	150	293	226	11.5[②]	1.8	—	—	250	165	131	10.2
	150	50	150	308	241	11		250	25	250	179	137	20.8
	—	—	175	267	211	13		250	50	250	155	124	12.5
	175	25	175	280	219	17		275	50	275	129	99	12.2
	175	50	175	259	206	10		300	50	300	97	76	11.9
	—	—	200	237	190	9.7	2.0	—	—	200	255	—	14.7[③]
	200	25	200	241	178	18.5		—	—	250	208	—	13.7[③]
	200	50	200	224	170	10		250	50	250	173	—	19.5
	—	—	225	204	166	8.6		—	—	300	143	—	17.5
	225	25	225	217	160	19.7		300	50	300	119	—	24.5
	225	50	225	187	150	10.5							

注：①合金 O 状态板材固溶处理 +199℃，18 h 时效；②δ1.8 mm 的板材均为 A_{10} 数据；③δ2.0 mm 的板材均为 A_5 数据。

表1-3-45　2A16-T6 合金锻件及挤压材的高低温力学性能

品种	温度 θ /℃	R_m /(N·mm^{-2})	$R_{P0.2}$ /(N·mm^{-2})	A_{10} /%	Z /%
锻件	20	392	314	12	—
	-70	412	343	14	—
	-196	510	392	16	—

续表 1 - 3 - 45

品种	温度 $\theta/\text{℃}$	$R_m/(\text{N}\cdot\text{mm}^{-2})$	$R_{P0.2}/(\text{N}\cdot\text{mm}^{-2})$	$A_{10}/\%$	$Z/\%$
挤压材	-70	402	—	12	40
	150	338	216	11	54
	200	294	206	12	58
	250	235	157	11	67
	270	216	147	10	76
	300	177	127	14	79
	350	118	88	19	85
	400	49	39	28	93

表 1 - 3 - 46　2A16 合金挤压带材（20 mm ×40 mm）的高温持久强度（N/mm²）

温度 $\theta/\text{℃}$	R_{25}	R_{30}	R_{100}	R_{200}	R_{300}	R_{400}
200	191	186	177	169	167	—
250	132	127	123	113	108	108
270	108	103	98	98	97	97
300	86	83	78	76	74	73
320	76	71	59	55	54	54
350	44	41	39	32	29	27

1.3.9　2B16 合金

　　2B16 是一种可热处理强化的 Al - Cu - Mn 系铆钉合金，用于铆接航空航天器，可铆接性能良好，可在 250℃ 以下长期工作，它的室温、高温抗剪强度比 2A10 合金高，可在热处理后长期使用，其化学成分见表 1 - 3 - 1，与美国的 2219 及俄罗斯的 Д20 合金相当。

　　2B16 的退火温度（375 ±5）℃，保温 1 ~2 h，随炉冷至 200℃ 后出炉空冷。供应的线材直径 1.6 ~10 mm，在冷作硬化状态成捆交货。铆钉在固溶处理与人工时效后应用，用于铆接大型导弹、大型运载火箭与航空器的耐热结构。2B16 合金有 3 种热处理制度（表 1 - 3 - 47），可根据铆接性能需求选定。试验温度对 2A16 合金板材（2.0 mm）拉伸性能的影响如图 1　3 - 24 所示。

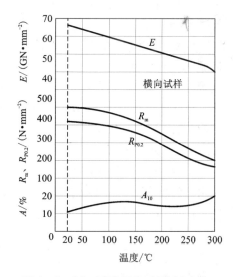

图 1 - 3 - 24　试验温度对 2A16 合金
板材（2.0 mm）拉伸性能的影响

表 1 - 3 - 47 2B16 合金铆钉的热处理制度

热处理名称	加热设备	温度 θ /℃	时间 t		冷却介质	转移时间 /s
			φ4 mm	φ6 mm		
固溶热处理 人工时效	硝盐槽 空气循环炉	525 ±3 165 ±3	10 ~ 20 min	20 ~ 40 min	水 空气	≤15 —
			12 h			
固溶热处理 人工时效	硝盐槽 空气循环炉	535 ±3 175 ±3	35 ~ 45 min		水 空气	≤15 —
			18 h			
固溶热处理 人工时效	硝盐槽 空气循环炉	535 ±3 190 ±3	35 ~ 45 min		水 空气	≤15 —
			18 h			

2B16 合金含锆，可用 Al - Zr 中间合金加入，也可用 K_2ZrF_6 直接加入。如用后一方法加入，应将熔体温度升至 800℃ 以上，然后降至 730 ~ 750℃，进行精炼，铸造温度 720 ~ 730℃。

2B16 合金经 165℃/12 h 人工时效后有晶间腐蚀倾向；在固溶热处理后冷拉 1% ~ 3% 后再经 175℃/18 h 人工时效，仅有轻微晶间腐蚀倾向；经 190℃/18 h 人工时效后没有晶间腐蚀倾向。不论采用何种人工时效，在 175℃ 以上的高温下长期工作都没有晶间腐蚀倾向。铆钉铆接前，须经硫酸阳极化并用重铬酸钾封孔。

1.3.9.1 组织及工艺特性

2B16 - O 的组织：α - Al、$CuAl_2$、T（$Al_{12}Mn_2Cu$）、Al_3Ti、Al_3Zr、Al_3V 和 AlSiMnFe 等，如含有较多 Si 而 Fe 含量又很少时，可能出现 $Al_{10}Mn_2Si$，$CuAl_2$ 是主要强化相。

线材在室温具有良好的塑性，可冷镦成各种铆钉，可铆性能良好，在人工时效后施铆。可焊性良好，用同种合金作焊料时，形成裂纹的倾向小，可顺利地点焊、滚焊、氩弧焊，摩擦搅拌焊。铆钉装于专用的铁丝框内进行固溶处理，在盐炉内加热，装框厚度不宜大于 20 mm，转移时间不得长于 15 s，否则对抗蚀性与抗剪强度不利。2B16 - T6 合金有良好的可切削性能。

1.3.9.2 力学性能

2B16 合金在（200 ±3）℃/30 min 后的标定抗剪强度见表 1 - 3 - 48，热处理状态的标定性能见表 1 - 3 - 49，典型力学性能见表 1 - 3 - 50 至表 1 - 3 - 52 及图 1 - 3 - 25、图 1 - 3 - 26。

表 1 - 3 - 48 2B16 - T6 合金线材在 200℃ 加热 30 min 后的抗剪强度

技术标准	试样状态	d/mm	τ_m/(N·mm^{-2}) 不小于
GJB 2055	固溶热处理 535℃ + 人工时效 175℃，12 h	所有	275
Q/6S 113	固溶热处理 525℃ + 人工时效 165℃，12 h	4	275
		6	265

表 1 - 3 - 49　2B16 - T6 合金线材的标定抗剪强度

技术标准	试样状态	级别	$\tau_m/(\text{N}\cdot\text{mm}^{-2})$ 不小于
GJB 2055	固溶热处理 535℃ + 人工时效 175℃/12 h	A	186
		B	177

表 1 - 3 - 50　2B16 合金的典型室温力学性能

品种	试样状态	d/mm	R_m /(N·mm^{-2})	$R_{P0.2}$ /(N·mm^{-2})	A/%
棒材	固溶热处理 525℃ + 人工时效 165℃/12 h	—	403	252	23.3
线材	固溶热处理 525℃ + 人工时效 165℃/12 h + 稳定化处理 200℃/100 h	4	329	—	—
	固溶热处理 525℃ + 人工时效 165℃/12 h，稳定化处理 250℃/100 h	4	275	—	—

表 1 - 3 - 51　2B16 合金的典型室温抗剪强度

试样状态	d/mm	稳定化处理 温度/℃	稳定化处理 时间/h	抗剪强度 τ_m /(N·mm^2)
固溶热处理 525℃ + 人工时效 165℃/12 h		—	—	290
固溶热处理 535℃ + 冷拉 1% ~3% 变形率 + 人工时效 175℃/18 h		—	—	274
固溶热处理 535℃ + 人工时效 190℃/18 h		—	—	263
		125	100	288
		150	100	277
		175	100	240
固溶热处理 525℃ + 人工时效 165℃/12 h	4	225	100	200
		250	100	179
		300	100	163
固溶热处理 535℃ + 冷拉 1% ~3% 变形率 + 人工时效 175℃/18 h		220	100	225
		190	100	228
固溶热处理 535℃ + 人工时效 190℃/18 h		200	100	222
		220	100	218
		250	100	200

表 1 - 3 - 52　2B16 合金的高温抗剪强度

试样状态	d /mm	稳定化处理		温度 /℃	时间 /min	抗剪强度 τ_{m} /(N·mm^{-2})
		温度 /℃	时间 /h			
固溶热处理 525℃ + 人工时效 165℃/12 h				100		269
				125		247
				150		232
				175		215
				200		198
				220		150
固溶热处理 535℃ + 冷拉 1% ~3% 变形率 + 人工时效 175℃/18 h		—	—	185	30	194
				190		189
				200		184
				210		172
				220		156
固溶热处理 535℃ + 人工时效 190℃/18 h	4			185		196
				190		187
				200		178
				210		169
				220		155
				250		115
固溶热处理 525℃ + 人工时效 165℃/12 h		125		125		260
		150		150		236
		175		175		196
		225		225		121
		250		250		90
		300	100	300	30	68
固溶热处理 535℃ + 冷拉 1% ~3% 变形率 + 人工时效 175℃/18 h		220		220		139
固溶热处理 535℃ + 人工时效 190℃/18 h		190		190		158
		200		200		148
		220		220		137
		250		250		109

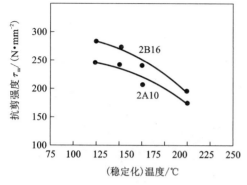

图 1 – 3 – 25　经不同稳定化温度处理
100 h 的室温剪切强度

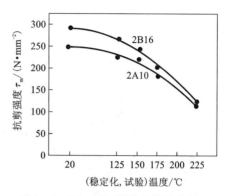

图 1 – 3 – 26　经不同稳定化温度处理
100 h 的合金线材的高温剪切强度

1.3.10　2A50 合金

2A50 合金是一种可热处理强化的 Al – Cu – Mg 系合金。人工时效的主要强化相为 Mg_2Si、$CuAl_2$、$W(Cu_4Mg_5Si_4Al_x)$，不会出现 S 相，或者其量极少，在 510 ~ 520℃加热时，强化相几乎全部固溶，若加热温度大于或等于540℃，晶粒明显长大，使强度下降。在热状态有良好的塑性，在 T6 状态有较高的强度与塑性，广泛用于锻造航空工业用的承受中等载荷的各种大、中、小型锻件，如飞机隔框、接头、支架、摇臂等。

2A50 合金的不完全退火制度：(350 ~ 380)℃/(1 ~ 3) h，空冷；完全退火制度：(340 ~ 410)℃/(1 ~ 3) h，以小于30℃/h 的冷却速度随炉冷至260℃以后出炉空冷；固溶处理温度 505 ~ 525℃，水冷；人工时效(150 ~ 160)℃/(6 ~ 15) h；自然时效 4 d 以上，固溶处理后的停放时间宜短于 6 h，以免力学性能下降；固溶处理后保持较高塑性时间 2 ~ 3 h。

2A50 – T6 合金材料及工件有晶间腐蚀、剥落腐蚀、应力腐蚀开裂倾向，因此工件应进行阳极氧化与重铬酸钾封孔处理。在生产、制造和使用中的加热不会使合金的抗蚀性下降，不过时效制度对合金的抗应力腐蚀能力有较大影响。在锻造过程中，如发生穿流也会明显降低合金抗应力腐蚀开裂的能力。

1.3.10.1　显微组织及工艺特性

2A50 – O 合金的组织为 α – Al、Mg_2Si、S、W 和含 Mn 的 AlMnSiFe 相或 AlMnSi。若合金的 Mg：Si≥1.73，则 Mg 会全部形成 Mg_2Si，而不会出现 S 相。图 1 – 3 – 27 为 2A50 合金直径 290 mm 锭(DC)经 530℃/12 h 均匀化处理炉内冷却后的显微组织还残存部分枝晶网组织，在 α – Al 基体上有 Mg_2Si、$CuAl_2$ 析出质点和含 Mn 相的分解质点。

锻造用的 2A50 合金挤压坯料在热状态有高的塑性，自由锻及模锻温度 380 ~ 470℃，临界变形率 2% ~ 15%；不过铸造锭坯的塑性较低，锻造温度为

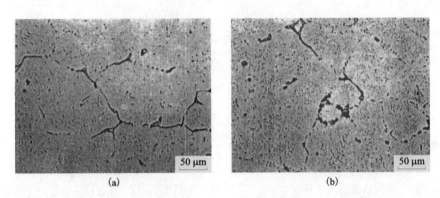

图 1 - 3 - 27　2A50 铸锭(直径 290 mm) 均匀化后的显微组织, 混合酸水溶液浸蚀
(a)铸锭边缘部位的; (b)铸锭中心部位的

380 ~ 450℃。合金的电弧焊及气焊性能差, 接触焊性能尚可, 摩擦搅拌焊性能优良。

壁厚≤30 mm 的形状复杂的锻件及零件的淬火水温可达 85℃或更高一些, 虽然在 20℃的室温水中相比抗拉强度会下降 30 ~ 50 N/mm², 伸长率会降低 1% ~ 30%, 冲击韧性也稍有下降, 在 80℃的水中淬火, 抗拉强度会下降 18% 左右。2A50 合金的表面处理性能尚可, 可切削性能与研磨性能良好。

1.3.10.2　力学性能

2A50 - T6 合金模锻件的力学性能(厚 110 mm, 长横向) 与温度的关系见图 1 - 3 - 28。合金的标定力学见表 1 - 3 - 53、表 1 - 3 - 54, 典型力学性能见表 1 - 3 - 55 至表 1 - 3 - 57。

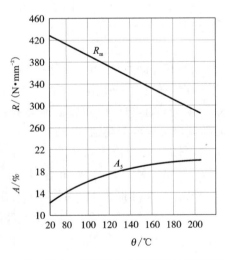

图 1 - 3 - 28　温度对 2A50 合金模锻件拉伸性能的影响

表 1 - 3 - 53　2A50 合金棒材的标定力学性能

技术标准	品种	试样状态	d/mm	$R_m/(N \cdot mm^{-2})$	$A_5/\%$
				不小于	
GB/T 3191	挤压棒材[①]	T6, T62	≤150	355	12
GJB 2054	挤压棒材	T6	5 ~ 150	350	12
			>150	350	8
HB 5202	挤压棒材	T6	≤22	365	12
			>23	375	10
			161 ~ 240	365	8
GB/T 3191	高强棒材	T6, T62	20 ~ 120	380	10
GJB 2054		T6	20 ~ 150	380	10

注：①直径 d > 150 mm 棒材力学性能附报告单。

表 1 - 3 - 54　2A50 合金自由锻件及模锻件的标定力学性能

技术标准	品种	状态	L			LT			ST		HBS
			R_m /(N· mm^{-2})	$R_{P0.2}$ /(N· mm^{-2})	A_5 /%	R_m /(N· mm^{-2})	$R_{P0.2}$ /(N· mm^{-2})	A_5 /%	R_m /(N· mm^{-2})	A_5 /%	
GJB 2351	自由锻件	T6	365	—	8.0	345	—	6.0	335	4.0	95
	模锻件	T6	380	275	10.0	365	245	7.0	345	5.0	100
HB 5204	自由锻件	T6	365	—	9.0	345	—	6.0	335	4.0	95
	模锻件	T6	380	275	11.0	365	245	7.0	345	5.0	100

表 1 - 3 - 55　2A50 - T6 合金挤压棒材的典型室温力学性能

品种	d 或 δ/mm	R_m			$A_5/\%$
		$\overline{X}$	min	max	
		/(N· mm^{-2})			
挤压棒材	35	498	473	522	14.5
	42 ~ 250	490	453	513	14.5
	25 ~ 60	445	417	461	18.0
	70 ~ 150	440	411	467	18.9
	50	465	—	—	19.1
	25 ~ 250	485	410	510	15.0
	10 ~ 360	460	373	557	15.7
高强棒	50 ~ 200	465	432	500	15.1

表 1 - 3 - 56　2A50 - T6 合金 110 mm 锻件稳定化处理后的力学性能

稳定化条件		抗拉强度 R_m /(N·mm^{-2})	伸长率 A_5 /%
温度 θ/℃	时间 t/h		
20	—	392	12
200	0.5	275	15
	100	221	18
250	0.5	177	16
	100	98	35
300	0.5	103	23
	100	64	45

表 1 - 3 - 57　2A50 - T6 合金的断裂韧度

品种	d 或 δ/mm	试样方向	K_{IC}/(N·mm^{-2})$\sqrt{m}$
自由锻件	—	LT	39 ~ 42
		TL	36 ~ 39
		SL	31 ~ 34
棒材	≤140	RL	31

1.3.10.3　前梁模锻件生产工艺

2A50 铝合金前梁模锻件是运输机的主要受力结构件,是该飞机的关键部件。其形状较为复杂,锻造技术难度较大,在生产中容易产生多种缺陷,粗晶是生产过程中常见的缺陷。多产生于:①表层,一般深度 3 ~ 8 mm;②腹板中心及筋与腹板的交界处。

粗晶缺陷不仅降低锻件的力学性能,而且在锻件中的粗晶组织区及粗晶组织与细晶组织过渡区的疲劳强度低。

通过研究与采取如下措施,锻出了合格的模锻件,成品率大为提高:①为了保证金属均匀流动变形,进行适当润滑;②严格控制锭坯温度(开锻约 470℃、终锻 >390℃)和模具预热温度 >350℃;③严格控制锻造和模压变形程度;④严格控制锻造加热保温时间;⑤严格控制淬火加热温度和保温时间。

1.3.11　2B50 合金

2B50 合金是一种 Al - Cu - Mg - Si 系可热处理强化的铝合金,合金的化学成分除加少量 Cr、Ti 元素外,其他元素含量和 2A50 合金的相当,各种性能也基本和 2A50 合金的等同。合金的化学成分见表 1 - 3 - 1。

合金的退火制度:(340 ~ 410)℃/(1 ~ 3) h,以不大于 30℃/h 的冷却速度随炉冷至 260℃ 以下出炉空冷。按 HB/Z 5126《变形铝合金热处理》,固溶热处理:

(505 ~ 525)℃/水冷。人工时效：(150 ~ 160)℃/(6 ~ 15) h。每种零件的保温时间根据试验确定。按 GJB 1694，固溶热处理：510 ~ 520℃，水冷。人工时效：(150 ~ 160)℃/(6 ~ 15) h。

2B50 合金含有少量 Cr 与 Ti，可以消除铸锭的柱状组织并降低合金在加热时的再结晶倾向。各项工艺参数与 2A50 合金的相同，在热状态有相当高的塑性，锻造及模锻温度 420 ~ 470℃。该合金用于制造喷气发动机形状复杂的锻件；如压气机叶轮、导流叶轮、叶轮等。

2B50 合金的物理性能见 1.3.1.2 节。标定力学性能见表 1-3-58 及表 1-3-59。质量小于 30 kg 的 2B50-T6 模锻件轮毂的 HBS 的典型值为 122，腹板的为 117。叶轮模锻件的典型室温拉伸力学性能见表 1-3-60。

表 1-3-58　2B50-T6 合金挤压棒材的标定力学性能

技术标准	d/mm	R_m/(N·mm^{-2})	A_5/%
		不小于	
HB 5202	≤22	365	12.0
	23 ~ 160	375	10.0
	161 ~ 240	365	8.0

表 1-3-59　2B50-T6 合金锻件的标定力学性能

技术标准	品种	L			LT			ST		HBS
		R_m/(N·mm^{-2})	$R_{P0.2}$/(N·mm^{-2})	A_5/%	R_m/(N·mm^{-2})	$R_{P0.2}$/(N·mm^{-2})	A_5/%	R_m/(N·mm^{-2})	A_5/%	
GJB 2351	自由锻件	365	—	8.0	345	—	6.0	335	4.0	95
	模锻件	380	275	10.0	365	245	7.0	345	5.0	100
HB 5204	自由锻件	365	—	9.0	345	—	6.0	335	4.0	95
	模锻件	380	275	11.0	365	245	7.0	345	5.0	100

表 1-3-60　2B50-T6 合金叶轮模锻件的典型室温力学性能

试样方向	抗拉强度 R_m		屈服强度 $R_{P0.2}$		A/%
	最小值	最大值	最小值	最大值	
	/(N·mm^{-2})				
L(纵向)	380	470	280	390	17.1
LT(长横向)	380	465	275	380	15.3
ST(短横向)	385	450	280	370	13.7

1.3.12　2A70 合金

2A70 合金是一种可热处理强化的 Al – Cu – Mg – Ni 系合金，在人工时效状态应用的耐热型合金，在航空工业应用的有 2A70、2A80、2A90 合金。2A70 合金的耐热性最高，应用最广，使用温度 200～250℃。2A90 合金具有小的线膨胀系数与高的热导率。这类合金有良好的工艺性能，可加工成板、带、棒、型材与自由锻件、模锻件等，在航空器制造中多用于锻制发动机活塞、叶轮、轮盘、压气机叶片及在高温下使用的其他零件。

各种材料及制品固溶热处理温度 525～535℃，保温时间根据规定而定。人工时效温度 185～195℃，保温 8～12 h。合金有应力腐蚀倾向，阳极氧化处理后须重铬酸钾封孔，以提高抗腐蚀性。

2A70 型合金的化学成分见表 1 – 3 – 61，物理性能见 1.3.1.2 节。

表 1 – 3 – 61　2A70、2A80、2A90 合金化学成分

合金牌号	主要成分（质量分数）/%							杂质含量（质量分数）/%，不大于				
	Cu	Mg	Ni	Fe	Si	Ti	Al	Mn	Si	Zn	其他	总和
2A70	1.9～2.5	1.4～1.8	1.0～1.5	1.0～1.5	—	0.02～0.1	余量	0.2	0.35	0.3	0.1	0.95
2A80	1.9～2.5	1.4～1.8	1.0～1.5	1.1～1.6	0.5～1.2		余量	0.2	—	0.3	0.1	0.6
2A90	3.5～4.5	0.4～0.8	1.8～2.3	0.5～1.0	0.5～1.0		余量	0.2	—	0.3	0.1	0.6

1.3.12.1　组织结构及工艺特性

从表 1 – 3 – 61 可看出，合金化学成分复杂，除含有 Cu、Mg 外，还有较多的 Fe 和 Ni。2A80、2A90 合金还含有 Si，2A70 合金则含有 Ti。这类合金的主要耐热相为 $S(CuMgAl_2)$ 相。因此，在合金中应力求 S 相量达到最大限度。合金中的另一个主要相为 $FeNiAl_9$，也对耐热性能起着重要的作用。

和硬铝比较，这类合金中 Cu 与 Mg 含量的比例有所降低。在降低 Cu 含量的情况下，适当地增加 Mg 含量，使合金的成分落在 Al – Cu – Mg 系三元相图中的 $\alpha(Al) + S(CuMgAl_2)$ 两相区内；就能保证合金获得最大数量的 S 相，从而得到良好的耐热性能。同时由于合金中 Cu 含量的降低，也相应地降低了 $\alpha(Al)$ 固溶体中铜的浓度。这种低浓度的 $\alpha(Al)$ 固溶体分解的倾向性小，热稳定性较高，所以对合金的耐热性有提高作用。

Fe 和 Ni 对合金的耐热性有良好影响。但是单独加入 Fe 或 Ni，都会使合金的耐热性降低。只加入铁时，随 Fe 含量的增加，会形成难溶的 Cu_2FeAl_7 相（低 Fe 时）以至 $CuFeAl_3$ 相（高 Fe 时）。只加入镍时，随 Ni 含量的增加，会形成难溶的 AlCuNi 相（低 Ni 时）以至 $(CuNi)_2Al_3$ 相（高 Ni 时）。这四个相中都含有 Cu，它们之中的任何一个相的形成，都必然会减少合金中的主要耐热相 S 的数量，降低合金的耐热性。

以 1:1 的比例向合金加入 1.0% ~ 1.5% Fe 和 Ni，基本上不影响 S 相数量，合金主要处于 $\alpha(Al)$ + $FeNiAl_9$ 两相区内。在这种情况下，Fe 和 Ni 不再和铜形成难溶的含铜相，而是 Fe 和 Ni 互相形成难溶的 $FeNiAl_9$ 相。这就使合金中的 Cu 能充分地形成大量的 S 相，保证了合金的耐热性。

当形成 $FeNiAl_9$ 后，如还过剩铁时，则还会形成 Cu_2FeAl_7 相；如还有过剩 Ni 时，则还会形成 AlCuNi 相。由于合金中 Fe、Ni 成分的波动，因此有可能出现 Cu_2FeAl_7 相或 AlCuNi 相。

难溶的 $FeNiAl_9$ 相的形成，增加了合金组织的复杂性，进一步提高了合金的耐热性。$FeNiAl_9$ 相随温度升高，很难溶于 $\alpha(Al)$ 固溶体中。在铸造状态下，它以条状分布在 $\alpha(Al)$ 固溶体的基体上（图 1 - 3 - 29）。变形后其碎块分布在晶粒内部和晶粒边界上，对高温下合金的变形起阻碍作用。这对合金的耐热性有良好的影响（图 1 - 3 - 30）。

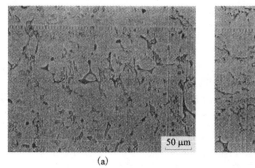
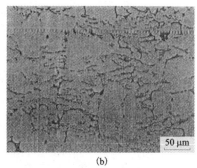

(a)　　　　　　　　　　　　　　　　(b)

图 1 - 3 - 29　2A70 合金半连续铸造铸锭（ϕ192 mm）

（a）铸锭边缘部位横向组织，枝晶网格较大，网络不连续；（b）铸锭中心横向组织，枝晶网格较小，大量的 $FeNiAl_9$ 相及 AlCuNi 等相成堆分布在枝晶网络上，枝晶网络较连续

合金中加入 Si 生成 Mg_2Si 相而减少了主要热强相 S($CuMgAl_2$) 相的含量。在人工时效后 Mg_2Si 能使合金强度升高，在高温下，由于它有较大的过时效敏感性，使合金高温瞬时强度和持久强度下降，故在 2A70 合金中，把硅作为杂质控制在 0.35% 以下，使合金中只有少量的 Mg_2Si 相出现。但是，Si 可降低合金的线膨胀系数，提高室温强度，所以硅在 2A80、2A90 合金中又成为主要成分，含量可高达 1.0% ~ 1.2%，由此可见，在这两种合金中 Mg_2Si 含量比 2A70 合金多。

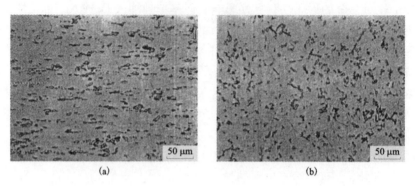

图1-3-30　2A70-T6合金 φ80 mm 挤压棒材

（固溶处理530℃，40 min；水冷；人工时效185℃，8 h）

Ti 是细化合金组织的主要变质剂，对合金的工艺性能及制品的横向性能均有好的影响。

根据相图的分析和金相、电子探针微区分析证实，2A70 合金在缓慢冷却状态下，含有 α(Al)、S(CuMgAl$_2$)、FeNiAl$_9$、AlCuNi、Mg$_2$Si 等相。2A80 合金的相组成和 2A70 合金的相似，所不同仅在于 Mg$_2$Si 相数量较多而已。2A90 合金也存在以上各相。

在半连续铸造条件下，铸锭中的相组成和缓慢冷却时的大致相同，但各相均较细小而分散。

2A70 型合金在淬火及人工时效状态下使用，合金的主要强化相为 S，2A80、2A90 合金还有 Mg$_2$Si 相。因此它们对热处理强化的敏感性高。在固溶热处理过程中，S 相溶入固溶体。Mg$_2$Si 相只有一部分能溶入固溶体，所以它的强化作用较小。FeNiAl$_9$ 相及 AlCuNi 相或 Cu$_2$FeAl$_7$ 相不参与热处理强化作用。

这类合金的热处理制度如表1-3-62所列。

表1-3-62　2A70、2A80、2A90 合金的热处理制度

合金牌号	固溶处理温度/℃	人工时效制度	
		温度/℃	保温时间/h
2A70	525~540	165~180	10~16
2A80	525~540	185~195	8~12
2A90	510~520	150~180	6~16

2A70 合金的退火制度：（340~410）℃/（1~3）h，以小于30℃/h 随炉冷至260℃以下出炉空冷。2A70 型合金的熔炼温度 720~760℃，铸造温度 690~710℃。

在熔炼过程中，含 Fe、Ni 的相易偏析集聚，因此，它们的含量不宜过高，应控制在中、下限。2A70 型合金在热态下具有较高的塑性，可以轧成薄板、厚板；挤压成棒材、型材。在 350～450℃ 自由锻和模锻。在锻锤和水压机上锻造均易变形。焊接性能不佳，但电阻焊较好。可切削加工性能良好。

1.3.12.2　力学性能

2A70 - T6 合金的标定力学性能列于表 1 - 3 - 63，2A70 合金的典型力学性能见表 1 - 3 - 64 至表 1 - 3 - 67。

表 1 - 3 - 63　2A70 - T6 合金的标定力学性能

技术标准	品种	d/mm	方向	R_m/(N·mm^{-2})	A_5/%	HBS
GB/T 3191	挤压棒材	≤150	L	355	8	—
GJB 2054	棒材	5～150	L	355	8	
		>150		345	6	
HB 5202	挤压棒材	≤22	L	355	8.0	—
		23～160		375	8.0	
GJB 2351	自由锻件和模锻件	—	L	375	4.0	110
			LT	375	4.0	
			ST	375	4.0	
HB 5204	自由锻件	—	L	375	5.0	110
			LT	375	5.0	
			ST	375	5.0	
	模锻件	—	L	380	5.0	110
			LT	380	5.0	
			ST	380	5.0	

表 1 - 3 - 64　2A70 合金的典型室温力学性能

品种	状态	δ/mm	试样方向	R_m/(N·mm^{-2})	$R_{p0.2}$/(N·mm^{-2})	A_5/%
包铝板	O	1.0～10	—	245	—	15
	T6	1.0～1.5	—	392	265	13
		1.6～2.5		402	275	12
		2.6～6.0		407	280	11
		6.0～10		407	280	10
模锻件	T6	—	L	431	294	19.6
			LT	425	284	10.8

表 1-3-65　各种 2A70 合金材料在稳定化处理后的力学性能

品种	稳定化处理 θ/℃	t/h	R_m /(N·mm^{-2})	$R_{P0.2}$ /(N·mm^{-2})	A /%	品种	稳定化处理 θ/℃	t/h	R_m /(N·mm^{-2})	$R_{P0.2}$ /(N·mm^{-2})	A /%
薄板	125	1000	363	324	9	锻坯轧板	175	100	333	—	8
		5000	363	—	9			1000	333	—	9
		10000	363	314	8			5000	314	—	9
		20000	363	294	7			10000	304	—	8
	150	100	402	343	—			20000	275	—	7
		1000	412	363	5			30000	265	—	8
		5000	382	333	6		195	100	314	—	10
		10000	314	284	8			1000	284	—	10
		20000	314	294	8			5000	275	—	12
	175	10	402	343	6			10000	255	—	12
		100	392	338	5			20000	245	—	12
		1000	392	324	6			30000	245	—	12
	200	10	412	353	5	挤压型材	125	100	402	373	7.5
		100	373	314	7			1000	402	373	7.5
锻坯轧板	125	100	402	—	8			5000	392	358	7.5
		1000	422	—	6			10000	384	343	7
		5000	402	—	7			30000	384	333	8
		10000	402	—	7		150	100	397	363	8
		20000	373	—	7			1000	422	373	7
		30000	373	—	6			5000	384	358	7
	150	100	402	—	6			10000	343	343	8
		1000	392	—	6			30000	314	333	8
		5000	353	—	8		175	100	392	363	7.5
		10000	353	—	8			1000	373	333	8
		20000	314	—	7	模锻件	130	100	412	343	12
		30000	314	—	6			1000	412	343	12
模锻件	150	10	412	333	11			10000	412	343	12
		100	407	333	10			30000	373	—	16
		1000	392	314	10	模锻件	200	10	324	237	14
		30000	314	—	14			100	284	226	17
	175	10	363	314	11			1000	245	196	20
		100	353	304	13		250	10	196	177	18
		1000	333	255	15			100	177	118	20
		3000	255	—	18			1000	127	88	25

表 1 - 3 - 66   温度对 2A70 合金力学性能的影响

品种	状态	δ/mm	θ/℃	R_m/(N·mm^{-2})	$R_{P0.2}$/(N·mm^{-2})	A_5/%
薄板	T6	1.5~2	-196	500	412	13
			-70	420	353	7
			20	387	343	7
			125	363	333	7
			150	363	323	9
			175	323	294	11
			200	304	255	14
			250	235	186	19
挤压件	T6	—	-196	490	431	12
			-70	431	392	9
			20	412	353	7
			150	353	323	7
			200	313	284	10
			250	245	225	11
模锻件	T6	纵向	20	415	282	19.6
			250	262	—	8.6
		横向	20	408	275	10.8
			250	283	—	7.0

表 1 - 3 - 67   2A70 - T6 合金 60 mm 厚板的断裂韧度

试样方向	温度/℃	断裂韧度 K_{IC}//(N·mm^{-2})$\sqrt{m}$
LT	20	24.3~28.3
ST	20	19.6~26.5
SL	20	17.4~20.2

1.3.13   2014 型合金

2014 型合金属 Al - Cu - Mg - Si 系，它的强度高，锻造性能、耐热性和可焊性良好，是航天航空工业、橡塑模具制造工业用的重要材料。该合金板材经退火、淬火、时效等热处理，可获得各种优良性能。当前在航空工业广为应用的有 2014 （1935 年定型）、2014A（1976 年注册）、2214（1954 年注册）合金，它们的化学成分见表 1 - 3 - 68。

表 1 - 3 - 68　2014 型合金的化学成分，质量分数（%）

| 合金 | Si | Fe | Cu | Mn | Mg | Cr | Ni | Zn | Ti | Zr + Ti | 其他杂质 | | Al |
											每个	合计	
2014	0.50 ~ 1.2	0.70	3.9 ~ 5.0	0.40 ~ 1.2	0.20 ~ 0.8	0.10	—	0.25	0.15	—	0.05	0.15	其余
2014A	0.50 ~ 0.9	0.50	3.9 ~ 5.0	0.40 ~ 1.2	0.20 ~ 0.8	0.10	0.10	0.25	0.15	0.20	0.05	0.15	其余
2214	0.50 ~ 1.2	0.30	3.9 ~ 5.0	0.40 ~ 1.2	0.20 ~ 0.8	0.10	—	0.25	0.15	—	0.05	0.15	其余

1.3.13.1　2014 合金的热处理

王金花等确定 2014 合金板材的切实可行的生产工艺为：采用半连续水冷铸造法生产 255 mm × 1 500 mm 铸锭，经（490 ~ 500）℃/24 h 均匀化处理、锯切、铣面后，在温度 390 ~ 430℃ 热轧，再经过中温轧制到成品板材厚度。

在工业生产条件下生产的 2014 合金三种状态下板材的力学性能见表 1 - 3 - 69，完全符合标准中规定的要求。

表 1 - 3 - 69　3.6 mm 厚的 2014 合金板材的实测性能值与标准中规定值对照

状态	$R_m/(\text{N·mm}^{-2})$	$R_{P0.2}/(\text{N·mm}^{-2})$	A/%	备注
O	≤220	≤140	≥16	标准值
	180 ~ 198	118 ~ 127	19.3 ~ 21.2	实测值
T4	≥395	≥240	≥14	标准值
	416 ~ 440	263 ~ 280	18.1 ~ 20.5	实测值
T6	≥440	≥390	≥7	标准值
	459 ~ 476	415 ~ 434	11.5 ~ 13.8	实测值

2014 - T6 合金的主要相为：α - Al、W（$Cu_4Mg_5Si_4Al$）、θ（$CuAl_2$）、Mg_2Si、$CuMgAl_2$、夹杂物（FeMnSi）Al_6。他们确定的 2014 合金板材的热处理工艺如下：

①退火：板材的强度随退火温度的升高而降低，伸长率随退火温度的升高而增加。

②淬火：板材的强度、伸长率随淬火加热温度的升高而增加，在淬火温度 500℃ 时出现峰值。

③时效：随着时效保温时间延长，板材的强度升高，保温时间 12 h 出现峰值后

开始下降。

④板材的热处理工艺参数：退火温度 380℃，保温时间 1 h；淬火加热温度 500℃，保温时间 10 min；时效温度 160℃，保温时间 12 h。按此工艺生产的 2014 铝合金板材的主要性能指标均达到 GB/T 3880 标准的要求。

1.3.13.2 2214 合金

2214 合金的杂质 Fe 含量比 2014 及 2014A 合金的低，因而有更高的韧性，T6 状态材料有相当高的强度与中等塑性，它的铜含量较高，所以抗腐蚀性较低，适于制造截面较厚的高负载航空器零件，如形状复杂的自由锻件与模锻件。

2214 合金的物理性能见 1.3.1.2 节。该合金有晶间腐蚀、应力腐蚀开裂和剥落腐蚀倾向，不宜制造薄截面材料与工件。

2214 合金的标定力学性能见表 1-3-70，它的典型力学性能见表 1-3-71 至表 1-3-76。2214-T6 合金锻坯(35 mm×85 mm×170 mm)LT 方向试样在 -55℃ 时的抗拉强度 $R_m = 480$ N/mm²，伸长率 $A_5 = 8.4\%$。直径 160 mm 的 T6 棒材试样尺寸 30(B) mm×60(W) mm、$L-C$ 方向、紧凑拉伸型试样的断裂韧度 $K_{IC} = 31.9$ MN/m³/²。

表 1-3-70　2214-T6 合金直径 160 mm 棒材的标定力学性能

技术标准	D/mm	试样方向	$R_m/(\text{N}\cdot\text{mm}^{-2})$	$R_{P0.2}/(\text{N}\cdot\text{mm}^{-2})$	$A_5/\%$
	≤140		460	400	7
Z9-0405	>140~160	L	460	390	6
	>160~220		450	380	6
		L	460	390	8
IGC.04.32.230	≤100	LT	460	390	5
		ST	420	390	4

表 1-3-71　2214-T6 合金的典型室温力学性能

品种	规格/mm	试样方向	$R_m/(\text{N}\cdot\text{mm}^{-2})$	$R_{P0.2}/(\text{N}\cdot\text{mm}^{-2})$	$A_5/\%$
	30~110	L	538	501	10
棒材	150	L	520	471	9
	180~220	L	528	480	10
自由锻件	35×85×170	L	486	422	12.8
		LT	490	436	7.9

表 1 - 3 - 72　　2214 - T6 合金棒材的典型高温力学性能

直径 d/mm	试样方向	试验温度/℃	R_m/(N·mm^{-2})	A_5/%
180	L	150	424	18.3
		200	339	12.4

表 1 - 3 - 73　　2214 - T6 合金锻坯的冲击韧性

规格/mm	试样方向	试验温度/℃	α_{kU}/(J·cm^{-2})
35 × 85 × 170	L	室温	11.8
	LT	室温	4.3
	LT	-55	6.0

表 1 - 3 - 74　　2214 - T6 合金锻坯的轴向高周疲劳极限

规格/mm	试样方向	试样形状	试验条件	指定寿命/周	R_{max}/(N·mm^{-2})
35 × 85 × 170	L	光滑圆试样 $K_t = 1$	$R = -1$ $f = 100 \sim 110$ Hz	10^7	141.7
35 × 85 × 170	L	缺口试样 $K_t = 3$	$R = -1$ $f = 100 \sim 110$ Hz	10^7	77.1

表 1 - 3 - 75　　2214 - T6 合金直径 180 mm 棒材的高温持久性能

试样方向	试验温度/℃	试验应力/(N·mm^{-2})	持久时间/h	备注
L	100	370	54	未断
		370	56	未断
		440	0.5	断
	150	290	109	未断
		290	107	未断
		310	79	断
		280	94	未断
	200	115	59	未断
		125	50.5	未断
		125	51	未断
		135	51	未断

表 1 - 3 - 76　2014 合金棒材及锻件的标定力学性能

品种	技术标准	状态	直径 d /mm	试样方向	R_m /(N·mm^{-2})	$R_{P0.2}$ /(N·mm^{-2})	A_5 /%	HBS 10/1000/30
					不小于			
棒材	Z9 - 0409 Q/EL 336	T6	≤75	L	490	440	7	125
			>75		480	435	7	
		T4	≤75		410	270	12	—
			>75		400	260	12	
锻件	Q/S 819	T6	—	L	450	380	7	125
				TL	440	380	3	

1.3.14　2017A 合金

2017A 合金是一种 Al - Cu - Mg 系的热处理可强化的在 T4 状态下应用的铝合金,诞生于 1916 年,在航空铝合金发展史上具有划时代意义,在 1934 年 2024 合金未问世前,它是主要的航空器铝合金,几乎航空器的所有结构变形铝合金材料都用它生产,现在仍用于制造航空器的中等强度的受力构件和操纵系统拉杆等。

2017A 合金的化学成分见表 1 - 3 - 1,物理性能见 1.3.1.2 节。固溶处理温度为 (495 ± 5)℃,在 ≤40℃的水中淬火,在室温自然时效 ≥96 h。2017A 合金的化学成分与美国的 2017 合金、俄罗斯的 Д1 合金的相当。合金的熔炼温度 700~750℃,铸造温度 720~750℃,熔化温度 641~513℃,2017A - T3 的电阻率 ρ = 54 nΩ·m,按技术标准规定合金的电导率为:挤压管材(T3)、挤压棒材(T4)的平均电导率 19~21 MS/m。离散差每批 2 MS/m,每件 1.5 MS/m。

2017A 合金不包铝半成品(棒材、管材)的耐腐蚀性较低。应力腐蚀开裂、晶间腐蚀和剥落腐蚀抗力取决于淬火冷却速度,冷却速度慢使合金耐腐蚀性急剧下降。厚度大于 8 mm 的零件,表面层比中心具有更高的耐腐蚀性。加热温度高于 100℃时,能引起合金晶间腐蚀、应力腐蚀开裂和剥落腐蚀倾向。

2017A 合金铸造状态的非平衡组织为 α - Al 与二元及三元共晶体,在随后冷却过程中可从过饱和固溶体中析出 $CuAl_2$ 和少量 Mg_2Si、S(AlCuMg),此外还存在 Al_7Cu_2Fe、AlMnSiFe 等不溶相,固溶处理时可溶的强化相大都溶入 α - Al 中,不溶的相以及未完全固溶的强化相以细小的质点存在。

退火状态、新淬火状态与 400℃热状态下的 2017A 合金有良好的塑性,T4 状态的塑性尚可,点焊性能较好,摩擦搅拌焊接性能优秀;T3、T4 状态的可切削性能较好,O 状态的较差。

2017A 合金标定力学性能见表 1 - 3 - 77,典型力学性能见表 1 - 3 - 78、表 1 - 3 - 79。

表 1 - 3 - 77　2017A 合金的标定力学性能

技术标准	品种	试样状态	d 或 δ/mm	R_m/(N·mm^{-2})	$R_{P0.2}$/(N·mm^{-2})	A_5/%
				不小于		
Z9 - 0402	棒材	T4	18 ~ 100	410	260	11
			100 ~ 135	400	250	10
Z9 - 0403	挤压管	T3	85 × 15	400	250	10
Z9 - 0404	冷拉管	T3	外径 25 ~ 40 壁厚 1.0 ~ 2.0	400	250	10

表 1 - 3 - 78　2017A 合金的室温典型力学性能

材料	状态	规格/mm	抗拉强度 R_m/(N·mm^{-2})	屈服强度 $R_{P0.2}$/(N·mm^{-2})	A_5/%
棒材	T4	18 ~ 135	486	341	16.2
冷拉管	T42	25 × 1 ~ 38 × 1	459	318	18.1
挤压管	T3	85 × 15	506	356	15.6

表 1 - 3 - 79　2017A - T4 合金直径 65 mm 棒材的高温力学性能

试验温度/℃	抗拉强度 R_m/(N·mm^{-2})	A_5/%
70	481	18.0
100	470	16.9
150	431	14.7

1.3.15　2024 型合金

2024 型合金是一类可热处理的 Al - Cu - Mg 系合金,在自然时效及人工时效状态下应用。该合金于 1934 年定型,可商业化生产各种半成品,如板、带、管、棒、型、线材、锻件、模锻件等,诞生于美国铝业公司技术中心,当时定名为 24S 合金,1954 年定牌号为 2024 合金。1935 年,苏联、德国、日本等相继推出成分相当的合金。那时铝工业界将 24S 合金称为高强度硬铝,它的研制成功对航空航天工业的发展有着重大的里程碑意义,它的各项性能(不含抗腐蚀性能)均优于 2017 合金,满足了新一代飞机制造的需求,过去用 2017 合金制造的飞机承力结构件,如各种飞机的蒙皮、主要受力结构件(翼梁、整体油箱壁板)均改用 2024 合金制造。此合金是第二次世界大战中飞机使用的主要铝合金,飞机蒙皮都是用 2024 合金板材制造的,机翼纵梁也全是用 2024 合金挤压型材加工的,起落架锻件是用此合金锻制的,此外,隔框、翼肋、骨架零件等也是此合金的主要用场。即使当前,2024 型合金仍是航空器应用最多的铝合金之一。

2024 合金是可热处理强化在 T4 状态（固溶处理与自然时效）应用的 Al - Cu - Mg 系合金，也可在人工时效状态（T6）应用，用于制造在高温下工作的航空航天器构件，它还有良好的塑性成形性能与可切削性能，可加工成各种各样的半成品与零部件，不过它的抗腐蚀性能较差，对应力腐蚀开裂、晶间腐蚀和剥落腐蚀都比较敏感。因此，在腐蚀环境中应用时应采用包铝的板材或进行必要的防腐蚀处理，如阳极氧化与涂漆，以提高制品的抗腐蚀性能；它的抗腐蚀性能还与热处理条件关系密切，低的淬火速度会出现晶间腐蚀和降低抗应力腐蚀开裂能力；此外，其抗应力腐蚀开裂能力还与零件的受力方向有着密切的关系，短横向应力会导致最大的敏感性。

2024 型合金的性能随热处理制度不同而有显著差异，自然时效材料的强度与韧度较高，而人工时效状态材料则有更高的屈服强度和抗腐蚀性。该型合金还有优良的综合性能和抗蠕变强度，高温软化倾向也较小，可在160℃以下长期使用，但应进行稳定化处理。为提高抗腐蚀性能，薄板应进行包铝，用其他不能包铝的材料如挤压材、锻件与模锻件等制造的零部件宜进行阳极氧化处理或涂漆。这类合金对应力腐蚀开裂、晶间腐蚀与剥落腐蚀敏感，因此淬火速度宜快、转移时间应短，另外抗应力腐蚀能力还与零部件的受力方向有关，对短横向应力有最大的敏感性。

中国 ARJ21 - 700 翔凤支线客机选用了相当多的 2024 型合金材料，其中用得最多的是 2524 合金，如：2524 - T3511 材料用于制造机翼下壁板，2524 - T3 合金用以制造襟翼蒙皮与子翼、垂翼蒙皮、升降舵蒙皮与调整片、平尾蒙皮、方向舵蒙皮与调整片、副翼蒙皮与调整片、后机身蒙皮、缝翼蒙皮、与机翼对接的机身部位的蒙皮与翼下机身蒙皮、机身蒙皮，2324 - T39 合金用于制造机翼梁腹板等。

1.3.15.1　化学成分及相组成

在 2024 型合金中，2024 合金 1934 年开始用于制造飞机，至今已形成一个大的家族，共有 8 个合金，见表 1 - 3 - 80。它们在美国铝业协会公司的注册年度及国家分别为：2024A，1996 年，法国；2124，1970 年，美国；2224，1978 年，美国；2224A，1997 年，俄罗斯；2324，1978 年，美国；2424，1994 年，美国；2524，1995 年，美国。它们都是在 20 世纪问世的。由表 1 - 3 - 80 可见，它们的成分是在向着越来越纯的方向发展，2524 合金杂质硅的最大含量为 0.06%，熔炼此合金必须用高纯铝锭，同时应采取必要的技术措施，以防混入杂质。

2024 合金组织中，除 α - Al 之外还有以下三种质点相。

①凝固过程中形成的粗大质点相，1 ~ 10 μm。粗大质点相有两种类型：一种是含杂质 Fe、Si 的不可溶相，其组成可能有（CuFeMn）Al_6、（CuFeMn）$_3Si_2Al_5$、$CuFeAl_7$ 等；另一种是热处理中未溶解的可溶相，θ（$CuAl_2$）、S（Al_2CuMg）等。

②中等尺寸质点相为含有抑制再结晶元素 Mn 的质点，小于 0.5 μm，其组成可能为 $Al_{20}Mn_3Cu_2$ 或 Al_{12}（MnFe）$_3Si$，是在铸锭均匀化过程中析出的，能抑制再结晶、强化合金。

③弥散质点相，主要有人工时效时析出的 S′相，小于 0.05 μm，合金的主要强化相，其大小及分布情况对合金性能有很大影响。

2024 合金的物理性能见 1.3.2.1 节。

表 1-3-80　2024 型合金化学成分，质量分数（%）

| 合金 | Si | Fe | Cu | Mn | Mg | Cr | Ni | Zn | Ti | 其他 | | Al |
										每个	合计	
2024	0.50	0.50	3.8 ~ 4.9	0.30 ~ 0.9	1.2 ~ 1.8	0.10	—	0.25	0.15	0.05	0.15	其余
2024A	0.15	0.20	3.7 ~ 4.5	0.15 ~ 0.8	1.2 ~ 1.5	0.10	—	0.25	0.15	0.05	0.15	其余
2124	0.20	0.30	3.8 ~ 4.9	0.30 ~ 0.9	1.2 ~ 1.8	0.10	—	0.25	0.15	0.05	0.15	其余
2224	0.12	0.15	3.8 ~ 4.4	0.30 ~ 0.9	1.2 ~ 1.8	0.10		0.25	0.15	0.05	0.15	其余
2224A	0.10	0.15	3.8 ~ 4.5	0.40 ~ 0.8	1.2 ~ 1.5	—	0.05	0.10	0.01 ~ 0.07	0.05	0.15	其余
2324	0.10	0.12	3.8 ~ 4.4	0.30 ~ 0.9	1.2 ~ 1.8	0.10	—	0.25	0.15	0.05	0.15	其余
2424	0.10	0.12	3.8 ~ 4.4	0.30 ~ 0.9	1.2 ~ 1.6	—	—	0.20	0.10	0.05	0.15	其余
2524	0.06	0.12	4.0 ~ 4.5	0.45 ~ 0.7	1.2 ~ 1.8	0.05	—	0.10	0.10	0.05	0.15	其余

1.3.15.2　力学性能

2024 合金材料的标定力学性能列于表 1-3-81。厚 23 mm 的 2024-T351 合金厚板的布氏硬度 135，T851 状态厚板的布氏硬度为 147。2024 合金的典型力学性能见表 1-3-82 至表 1-3-85。

表 1-3-81　2024 合金的标力学性能

| 技术标准 | 品种 | 状态 | d 或 δ/mm | 取样方向 | $R_m/(N \cdot mm^{-2})$ | $R_{P0.2}/(N \cdot mm^{-2})$ | $A^{[1]}/\%$ |
					不小于		
GJB 2920	棒材	T3 T4	d10 ~ 25	L	415	305	12
			>25		450	315	10
			>75		485	360	10
Q/6S 717	厚板	T351	6.5 ~ 45	LT	434	290	8
		T851			448	386	5
Q/6S 838	薄板	T62	1.0 ~ 6.3	LT	427	336	5
Q/6S 840	挤压矩形棒材	T3510	(50 ~ 75) × (255 ~ 300)	L	483	359	10

注：①薄板的为 A_{10}，其他的为 A_5。

表 1 – 3 – 82　2024 合金的典型室温力学性能

品种	状态	δ /mm	取样方向	R_m /(N·mm^{-2})	$R_{P0.01}$ /(N·mm^{-2})	$R_{P0.2}$ /(N·mm^{-2})	$R_{0.7}$ /(N·mm^{-2})	$R_{0.85}$ /(N·mm^{-2})	A[1] /%
厚板	T351	23	L	472	349	367	368	364	18.1
			LT	471	215	310	310	276	17.0
		25	L	507	382	405	404	401	16.6
			LT	487	250	349	330	321	18.4
	T851	23	L	499	366	472	—	—	7.0
			LT	490	355	456	—	—	5.6
		25	L	520	385	488	490	482	9.4
			LT	510	390	482	485	47	7.2

[1] A_5。

表 1 – 3 – 83　2024 合金的典型室温力学性能

品种	状态	δ /mm	取样方向	R_m /(N·mm^{-2})	$R_{P0.01}$ /(N·mm^{-2})	$R_{P0.2}$ /(N·mm^{-2})	$R_{0.7}$ /(N·mm^{-2})	$R_{0.85}$ /(N·mm^{-2})	A[1] /%
薄板	T3	1.4	L	442	—	329	—	—	18.4
			LT	440	—	310	—	—	17.7
		1.8	L	467	—	333	—	—	20.4
			LT	458	—	320	—	—	20.6
	T36	2.0	LT	466	—	349	—	—	12.6
	T62	1.6	L	476	298	376	379	363	11.0
			LT	463	294	363	365	349	12.0
		2.0	LT	420	—	362	—	—	9.4
	T72	2.0	LT	408	—	353	—	—	7.0
	T81	1.6	L	471	—	432	—	—	6.5
			LT	469	—	440	—	—	6.7
		1.5	LT	447	—	416	—	—	6.8
	T86	2.0	LT	487	—	458	—	—	6.4
挤压矩形棒材	T3510	50 × 300	L	532	—	410	—	—	15.3
	T8510		L	500	—	452	—	—	9.3

注：[1]薄板的为 A_{10}，其他的为 A_5。

表 1 - 3 - 84　2024 合金经稳定化处理后的室温典型拉伸力学性能

品种	状态	δ/mm	取样方向	稳定化处理制度		R_m /($\text{N}\cdot\text{mm}^{-2}$)	$R_{P0.2}$ /($\text{N}\cdot\text{mm}^{-2}$)	$A^{①}$ /%
				$\theta/℃$	t/h			
厚板	T351	23	LT	125	100	476	352	15.8
				175	100	476	421	6.2
				250	100	277	158	10.4
	T852	23		125	100	496	444	7.5
				175	100	480	423	6.7
				250	100	292	164	10.5
薄板	T62	1.5	LT	125	100	440	372	10.1
				175	100	375	313	7.5
				250	100	271	158	9.8
	T81	1.5		125	100	442	404	7.4
				175	100	429	384	7.0
				250	100	270	166	10.1
挤压矩形棒材	T3510	50×300	L	125	100	546	423	16.3
				175	100	492	440	9.2
				250	100	293	171	13.1

注：①薄板的为 A_{10}，其他的为 A_5。

表 1 - 3 - 85　2024 合金的典型高温拉伸力学性能

品种	状态	取样方向	试验温度/℃	R_m	$R_{P0.01}$	$R_{P0.2}$	$R_{0.7}$	$R_{0.85}$	$A^{①}$/%	Z/%
				/($\text{N}\cdot\text{mm}^{-2}$)						
厚板 $\delta 25$ mm	T351		125	420	205	295	295	265	14.2	19.3
			175	380	192	278	278	250	15.3	22.9
			250	274	168	260	260	238	11.1	29.7
			300	168	104	155	150	134	16.3	50.0
	T851	LT	125	438	322	416	420	405	7.1	15.8
			175	382	289	371	374	359	8.3	16.7
			250	276	180	260	262	343	11.4	27.3
			300	174	114	162	158	143	13.8	39.1
薄板 $\delta 1.5$ mm	T62		125	361	266	321	322	314	15.0	—
			175	313	218	282	282	270	19.0	—
			250	206	105	176	169	143	18.0	—
			300	130	71	100	100	87	26.0	—
薄板 $\delta 2$ mm	T62		200	303	—	268	—	—	12.4	—
薄板 $\delta 2.5$ mm	T72		200	278	—	249	—	—	12.7	—

续表 1 - 3 - 85

品种	状态	取样方向	试验温度/℃	R_m	$R_{P0.01}$	$R_{P0.2}$	$R_{0.7}$	$R_{0.85}$	$A^{①}$/%	Z/%
				/(N·mm^{-2})						
薄板 $\delta1.5$ mm	T81	IT	125	384	247	360	363	345	13.6	—
			175	329	200	300	301	329	16.9	—
			250	234	90	193	183	234	19.2	—
			300	143	64	115	105	143	24.0	—
挤压矩形棒材 (50 mm×300 mm)	T3510	L	125	487	363	388	391	382	16.1	20.6
			175	448	334	365	368	360	16.7	27.1
			250	283	195	255	255	239	13.8	46.5
			300	175	112	154	149	136	18.3	61.4

注：①薄板的为 A_{10}，其他的为 A_5。

1.3.15.3　工艺性能

2024 合金的不完全退火制度：$(350 \sim 380)℃/(1 \sim 3)$ h，空冷；完全退火制度：$(390 \sim 450)℃/(0.5 \sim 1.5)$ h，以不大于 30℃/h 的降温在炉内冷却至 260℃ 以后出炉空冷。固溶处理制度：$490 \sim 503℃$，水冷，转移时间 <15 s。

合金的熔炼温度 $700 \sim 745℃$，扁锭铸造温度 $690 \sim 710℃$，圆锭铸造温度 $720 \sim 740℃$。厚 $200 \sim 800$ mm 的扁锭的均匀化处理制度$(485 \sim 495)℃/(15 \sim 30)$ h，圆锭 $\phi150 \sim 800$ mm 的均匀化制度$(480 \sim 495)℃/(8 \sim 12)$ h。2024 合金对过烧很敏感，通常变形程度小的大厚零件的过烧温度比变形程度大的零件或工件的低一些，对厚度大于 30 mm 的工件与制品宜采用热处理温度下限，而对于厚度小于 4 mm 的薄板可以采用处理温度的中上限。加热与淬火时，工件间、制品间应保持一定距离，以确保均匀加热与冷却。

2024 合金在时效状态有良好的可切削加工性能，也易于磨削；O 状态材料的可切削性能差，有时有较为严重的粘刀现象，加工表面不甚光洁。合金的可焊性差，在气焊与氩弧焊时，易形成热裂纹，除 O 状态材料外，其他状态材料还是可以接触焊的，任何状态材料都有良好的摩擦搅拌焊接性能。2024 合金典型力学性能见表 1 - 3 - 86。

1.3.15.4　2124 合金的均匀化热处理

合金在凝固时都存在枝晶偏析，在晶界和晶内各组元分布不均匀，必须通过均匀化处理消除或降低铸锭晶体内化学成分和组织的不均匀性。均匀化处理能促进合金中低熔点可溶解共晶相完全或接近完全溶解，减少第二相的体积百分数，使合金铸锭化学成分分布趋于均匀，组织达到或接近平衡状态的，提高合金元素在基体中的固溶度，同时改善合金的塑性，提高合金的强度，最终改善合金的加工性能及使用性能。

表1-3-86 经稳定化处理的2024合金的典型力学性能

品种	状态	δ /mm	稳定化处理制度		试验温度 /℃	取样方向	抗拉强度 R_m /(N·mm^{-2})	屈服强度 $R_{P0.2}$ /(N·mm^{-2})	$A^{①}$ /%
			θ/℃	t/h					
厚板	T351	23	125	100	135	LT	430	310	15.4
					175		393	291	15.5
					250		276	250	10.9
			175	100	135		416	380	7.9
					175		368	344	9.9
					250		271	244	11.2
			250	100	135		252	146	11.7
					175		203	127	21.5
					250		133	100	27.4
	T851		125	100	135		442	428	8.5
					175		404	390	6.8
					250		316	307	7.5
			175	100	135		422	402	6.7
					175		394	375	6.2
					250		297	279	6.9
			250	100	135		261	164	11.6
					175		223	157	12.8
					250		168	139	15.0
挤压矩形棒材	T3510	50 × 300	125	100	135	L	484	393	16.1
					175		460	385	15.4
					250		278	249	13.8
			175	100	135		423	379	16.1
					175		369	332	15.4
					250		271	240	13.8
			250	100	135		264	168	17.1
					175		214	151	25.3
					250		156	123	22.9

注：①薄板的为 A_{10}，其他的为 A_5。

2024合金的铸态组织见图1-3-31，由图可看出，铸态组织由树枝状 $\alpha(Al)$ 和枝晶间低熔点共晶体组成，基体 $\alpha(Al)$ 呈等轴状，枝晶网络上这些共晶体大部分呈灰色[$\alpha(Al) + Al_2CuMg$ 相共晶]，还有小部分颜色较亮 $\alpha(Al) + Al_2Cu$ 相共晶。

刘成等人认为：

铸态2024合金组织中存在严重的元素偏析，偏析程度大的为 Cu、Mg、Mn。在晶界上有许多粗大的 Al_2CuMg 和 Al_2Cu 非平衡相。经495℃/24 h 均匀化处理后，合金铸锭中大部分平衡相溶解，晶界变得稀薄，各合金元素分布趋于均匀。

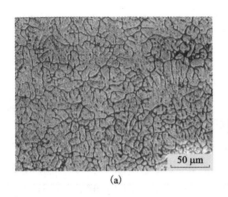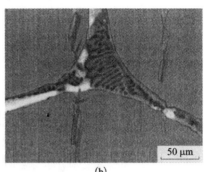

图 1 - 3 - 31　2024 合金铸锭的显微组织
(a)铸态金相组织；(b)铸态 SEM 组织

2024 合金铸锭均匀化过烧温度为 503.1℃。适宜的实验均匀化温度为 490~495℃。考虑到工业生产中各种影响因素的影响，建议合金生产均匀化制度以 (490~495)℃/24 h 为宜。

在主要合金元素 Cu、Mg 和 Mn 中，Cu 的扩散系数最小，偏析最严重，对均匀化过程起控制作用。

1.3.15.5　包铝的 2024、T3、T361、T81、T861 薄板的热处理

2024 铝合金目前在中国主要是在淬火自然时效和淬火人工时效状态使用，为了充分发挥该合金的潜力，为了给中国航天航空工业提供更多的具有优良综合性能的铝合金材料，开展了 2024 合金包铝薄板 T3、1361、T81、T861 状态的工艺制度研究。

实验材料取自东北轻合金有限责任公司轧板分厂生产的 2.0 mm 厚的 2024 合金包铝冷轧板，其化学成分如表 1 - 3 - 87 所示。

表 1 - 3 - 87　化学成分表

Si	Fe	Cu	Mg	Mn	Zn	Ti	其他杂质		Al
							单个	合计	
0.32	0.42	4.64	1.59	0.59	0.18	0.1	0.05	0.15	余量

2024 铝合金包铝薄板形变热处理后，其强度特别是屈服强度明显提高，伸长率下降。

淬火后的板材，经过小于10%的冷变形，再人工时效可改善合金的抗应力腐蚀性能。

经过实验确定了 2024 铝合金包铝薄板的形变热处理制度：T3—(500±2)℃/20 min，水冷淬火+停放 8 h+1.5% 冷变形+自然时效(>96 h)；T361—(500±2)℃/20 min，水冷淬火+停放 8 h+6.0% 冷变形+自然时效(>96 h)；T81—

$(500 \pm 2)℃/20\ min$，水冷淬火 + 停放 8 h + 1.5% 冷变形 + 人工时效 190℃/12 h；

T861—$(500 \pm 2)℃/20\ min$，水冷淬火 + 停放 8 h + 6.0% 冷变形 + 人工时效 190℃/8 h。

1.3.15.6　预拉伸对 2024 合金厚板组织和性能的影响

　　王聪、罗兵辉、熊雯英、王志超研究了自然时效前的预拉伸(预拉伸率 1%、1.5%，2%、2.5%、3%)对 2024 铝合金时效过程和拉伸性能的影响。研究结果表明，预拉伸处理虽然延缓了合金的自然时效过程，但提高了合金的硬度和强度。当预拉伸率为 2% 时，合金的最高强度和伸长率分别为 456 N/mm², 20.6%，这是由冷变形量不同、回复所引起的软化、GPB 区和 S″相强化综合作用所导致的。自然时效时，析出物为 GPB 区、T 相($Al_{20}Cu_2Mn_3$) 及 S″ 相(Al_2CuMg)，其中 GPB 区、S″(Al_2CuMg)相为主要强化相，T 相($Al_{20}Cu_2Mn_3$) 有细化晶粒的作用，比未预拉伸处理合金的析出相数量多，且析出相分布更均匀，使强度提高。他们得出的结论如下：

　　①淬火后、自然时效前的预拉伸处理(预拉伸量 1%、1.5%，2%、2.5%、3%)，提高了合金厚板的硬度，延缓了时效过程，峰值时效时间延长。

　　②预拉伸 2% 处理后的合金厚板，自然时效状态下，由于形变强化使合金的抗拉强度相对较高，GPB 区强化使合金的屈服强度相对较低，则预变形 2% 合金的屈强比比较低，所以预拉伸 2% 处理后合金厚板为塑性高。

　　③自然时效状态下，欠时效阶段合金中的析出相为 GPB 区及 T 相；随着时效时间的延长，峰时效阶段 GPB 区转变为短棒状的 S″相，合金中的析出相为 S″相及 T 相，使合金具有最高强硬度；在过时效阶段，S″相及 T 相粒子粗化，并且 T 相粒子发生回溶。

1.3.15.7　2024 – T851 合金厚板的时效工艺

　　2024 铝合金属 Al – Cu – Mg 系合金，强度高、塑性好、耐热性和可焊性良好，是航天航空工业、橡塑模具制造工业用的重要材料。该合金厚板经淬火、预拉伸、时效等处理，显著降低淬火残余应力；提高合金强度，可获得优良的综合性能。

　　赵永军采用成分符合 GB/T 3190—2008 标准的厚度 31.75 mm 的板材研究了材料的时效工艺。2024 – T851 合金板材的 ASTM B 209M – 95 的力学性能：抗拉强度 $R_m \geqslant 455\ N/mm^2$，屈服强度 $R_{P0.2} \geqslant 395\ N/mm^2$，伸长率 $A \geqslant 4\%$。赵永军的研究显示采用如下的人工时效制度生产的 2024 – T851 合金 31.75 mm 板材的力学性能：$R_m = 459 \sim 465\ N/mm^2$，$R_{P0.2} = 428 \sim 434\ N/mm^2$，$A = 8.5\% \sim 9.2\%$，可完全满足 ASTM B 209M 的要求。其结论如下：

　　①随着时效温度升高，时效时间延长，板材的强度和硬度逐渐升高，达到峰值后逐渐下降。

　　②随着时效温度升高，时效时间延长，板材的伸长率逐渐降低。

　　③随着时效温度升高，时效时间延长，板材的电导率逐渐增加。

　　④2024 – T851 铝合金厚板最佳时效制度为：时效温度(190 ± 5)℃，时效时间 12 h。

1.3.15.7 2124 合金

美国铝业公司(Alcoa)1970 年研制出 2124 铝合金,主要用来生产 T351 和 T851 状态的 38~152 mm 厚板,制造飞机结构件;1978 年研制成功 2224 铝合金,主要用来生产 T3511 状态的挤压件,已经用于制造波音 767 等飞机的结构件;1978 的研制成功的 2324 铝合金,用来制造 T39 状态的厚板和薄板,也已用于制造波音 767 等飞机的结构件;1994 及 1995 年又开发出综合性能更好的 2424 和 2524 铝合金。

中国的 ARJ 21 - 700 支线客机应用了大量的 2524 合金材料,各种蒙皮几乎全是用此合金制造的。

2024 型合金的发展路线如图 1 - 3 - 32 所示。2424 合金与 2324 合金的成分大体相同,仅不含杂质 Cr,杂质 Zn、Ti 含量也更低。

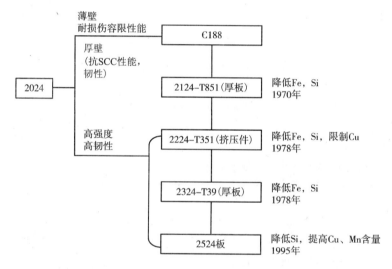

图 1 - 3 - 32 2024 型铝合金发展路线示意图

2024 型合金的特点、产品及状态、应用见表 1 - 3 - 88。

(1)特性与应用

2124 合金是在 2024 合金基础上发展起来的首个高强高韧变形航空航天铝合金,它的杂质 Si、Fe 含量低,并用形变热处理工艺生产厚度大于 25 mm 的 T851 状态厚板,因而合金中的含 Si 和/或 Fe 的有害杂质相少,且尺寸小分布均匀,使材料的伸长率与断裂韧度优于用常规工艺生产的 2024 合金厚板的,尤其是短横向性能更为突出。

2124 - T851 厚板的拉伸与压缩屈服强度、抗腐蚀性能、热稳定特性均全面优于 T351 状态材料。T851 状态厚板无晶间腐蚀、剥落腐蚀与应力腐蚀开裂倾向,而 T351 状态材料的这些倾向相当严重,不过前者的塑性及断裂韧度不如后者。

用 2124 - T851 合金厚板加工的飞机零件可以替代锻件,如飞机隔板,特别适合于机械加工要求耐热、耐腐蚀与承受较大应力的结构件，但使用温度不宜超过175℃。合金的物理性能见1.3.1.2节。

表 1 – 3 – 88　2024 型合金特性、产品状态、用途

合金	特性	产品及状态	典型用途
2024	硬铝中的典型合金，综合性能较好，强度高，有一定的耐热性，用于制造150℃以下工作的零件，热处理强化效果显著，抗蚀性较差，包铝可提高抗蚀性	O、T3、T361、T4、T72、T861 板材； O、T351、T361、T851、T861 厚板； O、T3 拉伸管； O、T3、T3510、T3511、T81、T8510、T8511 挤压管、型、棒、线材； O、T13、T351、T4、T6、T851 冷加工棒材； O、H13、T36、T4、T6 冷加工线材，T4 铆钉线材	飞机结构（蒙皮、骨架、肋梁、隔框等）、铆钉、导弹构件、卡车车轮、螺旋桨元件及其他各种结构件
2124	2024 合金高纯化的合金，强度、塑性和断裂韧性比 2024 合金的好，SCC 性能与 2024 合金的相似	T351、T851 厚板	飞机结构件、机翼、机身、炮梁、机身蒙皮、中央翼蒙皮、进气道、蒙皮及整流罩
2224	2124 合金高纯化的合金，强度、断裂韧性和抗腐蚀性能与 2024 合金的相似，价格比 2024 的贵	T3510、T3511 挤压件	飞机结构件
2324	高强度和高断裂韧性	T39 厚板、薄板	飞机结构件
2524	强度及其他性能与 2024 – T3 相当的情况下，使合金的疲劳强度提高 10%，断裂韧度提高 20%	T3 薄板	飞机蒙皮

（2）化学成分及相组成

2124 合金的化学成分见表 1 – 3 – 80，凝固过程中形成的粗大相：不固溶的杂质相，如 $(CuFeMn)Al_6$、$CuFeAl_{17}$、$(CuFeMn)_3Al_{12}$ 等，可固溶的强化相如 $\theta(CuAl_2)$、$S(Al_2CuMg)$ 等；在铸锭均匀化退火过程中析出的中等尺寸的相，其尺寸往往小于 0.5 μm，如 $Al_{20}Mn_3Cu_2$ 或 $Al_{12}(MnFe)_3Si$；时效过程中析出的细小的弥散质点相，其尺寸小于 0.1 μm，是合金的基本强化相，如 S''。

（3）力学性能

2124 – T851 合金厚板的标定力学性能见表 1 – 3 – 89 及表 1 – 3 – 90，典型力学性能见表 1 – 3 – 91 至表 1 – 3 – 96，室温硬度 HBS 145，厚板的疲劳曲线及低周疲劳

寿命见图 1 – 3 –33、图 1 – 3 –34。

表 1 – 3 – 89　2124 – T851 合金厚板的标定力学性能

技术标准	品种	厚度 δ /mm	取样方向	R_m/(N·mm^{-2})	$R_{P0.2}$/(N·mm^{-2})	A_5/%
				不小于		
Q/S 116 Q/6S 789	厚板	25 ~ 45	L	455	393	6
			LT	455	393	5
			ST	440	380	1.5

表 1 – 3 – 90　2124 – T851 合金厚板的断裂韧度

取样方向	K_{IC}/(N·mm^{-2})$\sqrt{m}$
L – T	26.4
T – L	22.0
S – T	19.8

表 1 – 3 – 91　2124 合金厚板的典型室温力学性能

状态	δ /mm	取样方向	R_m /(N·mm^{-2})	$R_{P0.01}$ /(N·mm^{-2})	$R_{P0.2}$ /(N·mm^{-2})	$R_{0.7}$ /(N·mm^{-2})	$R_{0.85}$ /(N·mm^{-2})	A_5 /%	Z /%
T351		L	450	—	345	—	—	19.5	27.3
		LT	450	—	305	—	—	19.0	21.7
T851	38	L	485	370	450	450	445	10.0	30.0
		LT	480	360	445	445	435	8.5	19.2
		ST	480	—	—	—	—	—	—

表 1 – 3 – 92　经稳定化处理厚 38 mm 的 2124 – T851 合金板的典型室温力学性能

取样方向	θ/℃	t/h	R_m /(N·mm^{-2})	$R_{P0.2}$ /(N·mm^{-2})	A_5 /%	Z /%
LT	125	100	475	440	7.7	16.5
	150	100	480	440	7.5	16.2
	175	100	460	405	8.0	17.0
	200	100	430	355	8.2	17.5

表 1 – 3 – 93 厚 38 mm 的 2124 – T851 合金板 LT 方向的高温力学性能

T/℃	R_m/(N·mm^{-2})	$R_{P0.01}$/(N·mm^{-2})	$R_{P0.2}$/(N·mm^{-2})	A_5/%	Z/%
125	420	320	400	10.2	22.5
150	400	220	380	10.5	27.5
175	370	300	355	13.0	29.8
200	340	270	325	13.5	33.5

表 1 – 3 – 94 经稳定化处理的厚 38 mm 的 2124 – T851 合金板 LT 方向的高温力学性能

稳定化处理		试验温度	R_m	$R_{P0.2}$	A_5	Z
θ/℃	t/h	/℃	/(N·mm^{-2})	/(N·mm^{-2})	/%	/%
125		125	420	400	9.5	22.0
150	100	150	390	375	12.0	26.7
175		175	345	320	14.5	33.5
200		200	295	270	17.2	41.2

2124 – T851 合金厚板(38 mm)的抗压屈服强度: L 方向的 440 N/mm^2, LT 方向的 445 N/mm^2, 断裂韧度: LT 方向的 32.6(N/mm^2)$\sqrt{m}$, TL 方向的 25.3(N/mm^2)$\sqrt{m}$。

表 1 – 3 – 95 38 mm 的 2124 – T851 合金板在不同温度的冲击韧度

θ/℃	取样方向	α_{kU}/(kJ·m^{-2})
– 50	TL	108
室温	TL	98
室温	LT	185
150	TL	108
200	TL	102

表 1 – 3 – 96 38 mm 的 2124 – T851 合金板的应力腐蚀断裂韧度

取样方向	试验截至时间/d	K_{ISCC}/(N·mm^{-2})$\sqrt{m}$	da/dt/(m·s^{-1})
S – L	45	18.9	1.995×10^{-9}
S – T	45	21.2	6.365×10^{-9}

注: 在 3.5% NaCl 溶液中试验。

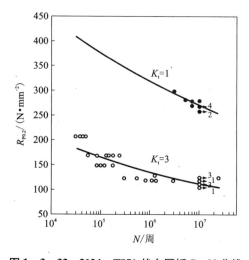

图 1 - 3 - 33　2124 - T851 状态厚板 S - N 曲线
（材料规格：δ 38 mm；取样方向：LT；
试验条件：轴向加载，f = 115 Hz，R = 0.1）

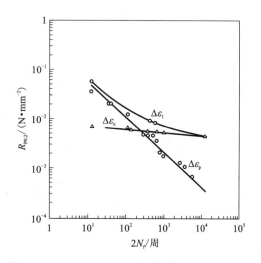

图 1 - 3 - 34　2124 - T851 状态厚板低周疲劳寿命
（取样方向：LT；应变速率：$\approx 4 \times 10^{-3}/s$；
应变比：R_t = - 1；材料规格：δ 38 mm）

（4）工艺特性及热处理

2124 合金的熔化温度 502 ~ 638℃。固溶处理温度 490 ~ 500℃，淬火水温 ≤40℃，转移时间小于 15 s。人工时效制度（185 ~ 195℃）/12 h。应在固溶处理后与人工时效前进行预拉伸，变形率 1.5% ~ 3.0%，以消除淬火残余应力，拉伸后不得进行矫直。2124 合金的熔炼温度 700 ~ 745℃，铸造温度 690 ~ 715℃。

2124 - T851 合金厚板的成形性差，用于直接加工零件，如要加工有较大弯曲变形零件，可先用 T351 状态板材成形，然后再人工时效；合金的可焊性与 2024 合金相当，不适合熔焊，可进行电阻焊与摩擦搅拌焊；表面处理工艺与 2024 合金的相当；有良好的可切削性能与磨削性能。

1.3.15.8　2224 - T3510 合金挤压材的生产工艺

2224 合金是在 2024 合金基础上通过合金的高纯化和调整合金的化学成分，使粗大化合物体积分数进一步降低，从而使合金的断裂韧度得到进一步提高。2224 合金一般以挤压制品形式在 T3510 状态下使用，主要用来制造大型民用飞机的结构件，它与 7175 和 2324 铝合金的应用被认为是"铝材在飞机上应用的一个新突破"。有关统计数据表明，在波音 767 和波音 757 飞机上，仅由于 7175、2224 和 2324 三种铝合金的应用，就使波音 767 飞机的质量减轻 363 kg，波音 757 飞机的质量减轻 227 kg。2224 合金的化学成分见表 2 - 108。

采用半连续铸造法（氩净化和熔体过滤）铸锭。均热制度（480 ~ 495）℃/8 h，空冷。在 420 ~ 450℃挤压成型材（XCⅢ - 64，XCⅢ - 65）和棒材（251 mm × 50 mm，30 mm × 60 mm），再进行 T3510 处理：淬火后预拉伸，拉伸后不再矫直。

　　固溶处理温度 490～500℃，保温时间决定于材料厚度，转移时间短于 25 s，室温水中淬火。

　　2224 铝合金的挤压件在淬火后进行预拉伸，以减小或消除淬火残余应力，提高制品的性能和增加加工件的尺寸稳定性。淬火到预拉伸之间的间隔时间，即所谓停放时间对挤压材力学性能和抗腐蚀性能的影响见表 1-3-97。

　　由表中数据可以看出，抗拉强度、屈服强度均随停放时间的增加而上升，而伸长率和抗应力腐蚀开裂性能却下降，超过 2 h 后下降更为明显。因此，挤压材的预拉伸应在淬火后 2 h 内完成。

表 1-3-97　预拉伸前停放时间对棒材性能的影响

停放时间/h	$R_{P0.2}/(N \cdot mm^{-2})$	$R_m/(N \cdot mm^{-2})$	A_5/%	抗应力腐蚀寿命/h
1	433	545	15.8	528
2	451	549	15.3	519
3	460	559	14.3	500
4	460	562	14.3	474
24	460	565	13.3	360

　　注：预拉伸变形量2%。

　　表 1-3-98 和表 1-3-99 示出预拉伸变形量对合金性能影响的结果。不难看出，预拉伸变形量为 1.0%～3.0% 时，抗拉应力腐蚀性能较高；而超过 3.0%，伸长率急剧降低，拉应力腐蚀寿命也呈降低趋势。因此，预拉伸变形量应控制在 1.5%～3.0%。

表 1-3-98　预拉伸变形量对型材力学性能的影响

变形量/%	$R_{P0.2}/(N \cdot mm^{-2})$	$R_m/(N \cdot mm^{-2})$	A_5/%
0.5	398	548	16.4
1.0	417	548	16.0
1.5	426	552	16.0
2.0	434	552	15.3
3.0	442	550	14.2
5.0	488	557	12.4

　　注：停放时间2 h。

表 1-3-99　预拉伸变形量对型材应力腐蚀性能的影响

变形量/%	0.5	1.0	2.0	3.0	4.0	5.0	10.0
抗应力腐蚀寿命/h	384	430	528	564	514	437	282

　　注：停放时间2 h。

　　采用以下工艺进行 T3510 处理：490～500℃ 加热，保温 60～90 min，水淬，转移时间不长于 25 s,冷却水温不高于 20℃,预拉伸前停放时间不大于 2 h,预拉伸变形量 1.5% ~3.0%,其常温拉伸性能见表 1 - 3 - 100,满足美国波音公司规范中规定的技术指标;其断裂韧性见表 1 - 3 - 101,比美国军用手册中 2024 - T3510 *TL* 和 *LT* 方向的断裂韧度分别高 20% 和 31%。

表 1 - 3 - 100　2224 - T3510 挤压型材的常温拉伸性能

品种	厚度/mm	方向	$R_m/(\text{N·mm}^{-2})$	$R_{P0.2}/(\text{N·mm}^{-2})$	$A_5/\%$
型材 XC111 - 64	6.5	*L*	522	423	14.8
		LT	460	353	14.4
	12	*L*	507	417	16.8
		LT	463	375	13
棒材 XC111 - 65	30	*L*	547	413	15.5
		LT	475	400	15
BMS7 - 255C,30 mm × 60 mm	6.32 ~12.7	*L*	448	331	12
		LT	414	283	6
	19.02 ~38.07	*L*	476	345	10
		LT	414	276	5

表 1 - 3 - 101　2224 - T3510 型材的断裂韧度

试样类型	方向	$K_{IC}/(\text{N·mm}^{-2})\sqrt{m}$	注释
三点弯曲	*L - T*	51.9	采用 J 积分法
紧凑拉伸	*T - L*	32.9	
*	*L - T*	39.6	
*	*T - L*	27.5	

注:* 为 HIL - HDBK - 5D 资料中 2024 - T3510 的平均值。

1.3.15.9　2524 合金

(1)2524 合金及 Sc、Zr 对其组织与性能的影响

2524 合金的化学成分见表 1 - 3 - 80,与 2124 合金相比,它的所有杂质(Si、Fe、Cr、Zn、Ti)含量均下降,Cu、Mn 含量控制得更严,因而具有更高的断裂韧度与抗疲劳性能,是综合性能最佳的 2×××系合金。向 2524 合金添加微量 Sc 与 Zr 可进一步改善其组织与性能。

王华等采用半连续铸造铝合金锭,铸锭经均匀化处理,之后热轧 - 冷轧成 2 mm 薄板。板材经 498℃盐浴固溶处理后,水淬,再进行压光和 96 h 以上的自然时效(T3)处理。合金化学成分见表 1 - 3 - 102。

表 1 - 3 - 102　研究合金的化学成分，质量分数(%)

合金	Cu	Mg	Mn	Fe	Si	Ti	Cr	Zr	Sc	Al
2024	4.0	1.3	0.6	0.5	0.5	0.15	0.1	—	—	余量
2524	4.23	1.41	0.56	0.08	0.06	0.02	0.004	—	—	余量
2524SZ	3.8	1.4	0.29	0.03	0.03	0.05	—	0.06	0.05	余量

　　三种铝合金板材的拉伸力学性能见表 1 - 3 - 103，由表中数据可见，T3 状态下，与 2024 铝合金相比，2524SZ 铝合金的抗拉强度、屈服强度分别降低 34 N/mm^2 和 24 N/mm^2，而伸长率升高 5%；与 2524 铝合金相比，2524SZ 合金的抗拉强度降低 24 N/mm^2，而屈服强度升高 18 N/mm^2，伸长率仍然保持在 2524 铝合金的水平。

表 1 - 3 - 103　三种铝合金板材 T3 状态下的拉伸力学性能

合金	$R_m/(\mathrm{N \cdot mm^{-2}})$	$R_{P0.2}/(\mathrm{N \cdot mm^{-2}})$	$A/\%$
2024	495	395	13
2524	485	353	18
2524SZ	461	371	18

　　微量 Sc 和 Zr 在 2524 铝合金中主要以次生的 Al$_3$(Sc，Zr)粒子形式存在，这种粒子与基体共格，钉扎位错和亚晶界，高温固溶处理过程中仍然能够部分抑制合金的再结晶。在 T3 状态下，含 Sc、Zr 的 2524 合金的塑性与 2524 合金的相当，而屈服强度提高了 18 N/mm^2。微量 Sc、Zr 对 Al - Cu - Mg 合金的强化作用主要来源于添加微量 Sc、Zr 引起的细晶强化、亚结构强化和析出强化。

　　(2)铸锭的均匀化退火

　　由于 2524 合金成分复杂，合金化元素含量高，在半连续铸造过程中产生严重的枝晶偏析，形成大量的非平衡凝固共晶组织，因此这类合金铸造后必须进行均匀化热处理，以使可溶相溶入基体，最大限度地减少基体中残留的结晶相，提高合金的塑性、抗疲劳断裂性和时效强化潜力。因此铸锭的均匀化处理是这类合金能否获得理想工艺性能和使用性能的关键环节之一。由于这类合金在铸造过程形成大量的低熔点产物，因此其铸锭均匀化处理通常不超过过烧温度。合金铸锭中的初生低熔点产物在均匀化处理过程的变化，对合理制定 Al - Cu - Mg 系高强铝合金半连续铸锭的均匀化处理工艺至关重要。

　　李念奎、冯正海的研究指出：

　　①2524 合金半连续铸锭的铸态组织中存在大量非平衡凝固的含 Al$_2$CuMg 和 Al$_2$Cu 的共晶体，其熔化温度为 507℃，因此该合金半连续铸锭首次均匀化处理的开始温度应低于 507℃。

②2524 铝合金半连续铸锭的结晶相主要为 Al_2CuMg 和 Al_2Cu 及含 Fe、Ti、Mn 的相。

③2524 合金铸锭经 495℃ 均匀化处理 12 h 后，其 DSC 分析曲线上出现双吸热峰，峰值对应的温度分别为 507℃ 和 512℃，说明在 507℃ 左右熔化的低熔点共晶相，在均匀化处理时消失了大部分，但又有新的结晶相出现。

④经均匀化后，2524 合金残留的结晶相主要为 Al_2CuMg 和含 Fe、Ti、Mn 等元素的相，而 Al_2Cu 相则全部溶解。

1.3.16　2618 型合金

2618 型合金属 Al – Cu – Mg – Fe – Ni 系合金，是一类可热处理强化的耐热变形铝合金，工作温度可达 250℃，用于制造在 150℃ 以下长期工作的超声速飞机的受力结构件，如机身和机翼蒙皮构架、尾翼；工作温度不高于 150℃ 区域的低声速飞机零件和部件；用于温度不高于 250℃ 的喷气发动机零件。

1.3.16.1　化学成分及组织

2618 型合金的 2018 合金诞生于 1934 年，是美国铝业公司研制的，现在常用的有 4 种：2018，2218，2618，2618A。后一种用得最多，是 1972 年在美国铝业协会注册的，同时在欧洲铝业协会（EAA）注册的。合金的化学成分见表 1 – 3 – 104。

表 1 – 3 – 104　2618 型合金的化学成分，质量分数（%）

合金	Si	Fe	Cu	Mn	Mg	Cr	Ni	Zn	Ti	其他杂质		Al
										每个	合计	
2018	0.9	1	3.5 ~ 4.5	0.2	0.45 ~ 0.9	0.1	1.7 ~ 2.3	0.25	—	—	0.05	0.15	其余
2218	0.9	1	3.5 ~ 4.5	0.2	0.2 ~ 1.8	0.1	1.7 ~ 2.3	0.25	—	0.05	0.15	其余
2618	0.10 ~ 0.25	0.9 ~ 1.3	1.9 ~ 2.7	—	1.3 ~ 1.8	—	0.9 ~ 1.2	0.1	0.04 ~ 0.10	—	0.05	0.15	其余
2618A	0.15 ~ 0.25	0.9 ~ 1.4	1.8 ~ 2.7	0.25	1.2 ~ 1.8	—	0.8 ~ 1.4	0.15	0.2	(Ti + Zr) 0.25	0.05	0.15	其余

2618A 合金的相组成为：α 固溶体，S 相（Al_2MgCu）和少量 Mg_2Si 相，当铁镍之比为 1:1 时，它们在合金中以 Al_9NiFe 相化合物形式存在，当铁大于镍时，还有不溶相 Al_2Cu_2Fe 存在，当镍大于铁时，则出现 T（Al_6Cu_3Ni）相。

1.3.16.1　2618A 合金的力学性能

2618A 合金在热态下具有较高的塑性，可轧制成薄板、厚板；挤压成棒材、型材。在 350 ~ 450℃ 下进行自由锻和模锻，在锻锤和水压机上锻造均易变形。半成品的标定力学性能见表 1 – 3 – 105、表 1 – 3 – 106，典型力学性能见表 1 – 3 – 107，疲劳极限及断裂韧度见表 1 – 3 – 108 和表 1 – 3 – 109。

表 1 - 3 - 105　2618A 合金棒材的标定力学性能

技术标准	试验状态	d/mm	试样方向	$R_m/(N \cdot mm^{-2})$	$R_{P0.2}/(N \cdot mm^{-2})$	$A_5/\%$
Z9 - 0411	T6	≤220	L	≥410	≥340	≥6
	T851	10 ~ 75	L	≥415	≥360	≥6
		>75	L	≥410	≥350	≥6

表 1 - 3 - 106　2618A - T851 合金厚板的标定力学性能

技术标准	δ/mm	试样方向	$R_m/(N \cdot mm^{-2})$	$R_{P0.2}/(N \cdot mm^{-2})$	$A_5/\%$	$A_4/\%$
Z9 - 0401	8 ~ 40	LT	≥430	≥385	≥5	—
	>40 ~ 60	LT	≥420	≥385	≥5	—
	>60 ~ 80	ST	≥410	≥350	—	≥3.5
	>80 ~ 90	LT	≥420	≥380	≥5	—
		ST	≥410	≥350	—	≥3.5
		LT	≥410	≥370	≥4	—
		ST	≥405	≥340	—	≥3

表 1 - 3 - 107　2618A - T851 合金在不同温度的典型力学性能

品种	δ/mm	试样方向	试验温度/℃	$R_m/(N \cdot mm^{-2})$	$A_5/\%$
棒材	100	L	-55	440	8.4
	125		-55	420	9.9
棒材	140	L	200	288	13.1
			250	215	14.1
			300	146	19.3
板材	85	LT	200	319	8.8
			250	251	9.1
			300	178	8.0

表 1 - 3 - 108　2618A - T851 合金棒材的轴向高周疲劳极限

d/mm	试样方向	试样形状	试验条件	指定寿命	$R_m/(N \cdot mm^{-2})$
140	纵向	光滑圆试样 $K_t = 1$	$R = 0.1$ $f = 116$ Hz	10^7	276.8

表 1 – 3 – 109　2618A – T851 合金的断裂韧度

品种	d 或 δ /mm	试样 方向	K_{IC} /$(N \cdot mm^{-2})\sqrt{m}$	品种	d 或 δ /mm	试样 方向	K_{IC} /$(N \cdot mm^{-2})\sqrt{m}$
棒材	125	LC	28.3	板材	85	TL	18.8
	140		27.0			LT	22.0
板材	35	TL	19.2			SL	17.6
		LT	19.8	—	—	—	—

1.3.16.2　工艺特性

2618 型合金的熔炼温度为 720 ~ 760℃。2618A 合金用于制造航空器的关键零部件，应严格控制其化学成分，Fe、Ni 的金属化合物易产生偏析，因此它们的含量宜控制在中限偏下，还应加强净化处理。2618A 合金的可焊性不稳定，有较好的电阻可焊性与良好的摩擦搅拌焊接性能。

2218 合金模锻件 T61 状态的固溶处理温度为 505℃ ~ 515℃（沸水淬火，T72 状态的吹风淬火），人工时效制度(165 ~ 175)℃/10 h，T72 状态的人工时效制度(230 ~ 240)℃/6 h。2618A – T61 锻件及轧制环的固溶处理温度为 520 ~ 535℃（沸水淬火），人工时效(195 ~ 205)℃/20 h。淬火介质温度及时效温度与时效时间对 2618A 布氏硬度 HB 的影响见表 1 – 3 – 110，2618A 合金锻件的晶粒度与固溶处温度的关系见表 1 – 3 – 111。

表 1 – 3 – 110　淬火水温对 2618A 合金布氏硬度的影响

不同工艺处理后的硬度(HB) 水温/℃	530℃, 50 min （新淬火状态）	530℃, 50 min + 190℃ ±5℃时效, 20 h	530℃, 50 min + 190℃ ±5℃ 时效, 20 h + 200℃ ±3℃/5 h
20	64.0	98.0	109.5
60	63.9	98.7	110.0
100	82.9	96.3	99.5

表 1 – 3 – 111　2618A 合金的晶粒度与固溶处理温度的关系

固溶热处理温度/℃	520	530	535	545	550
晶粒度级别	4 ~ 5	3 ~ 4	3 ~ 4	2	1 ~ 2
平均晶粒直径/μm	75.0	106.5	106.5	177	217.7

2618A – T851 合金材料有较高的抗腐蚀性能，但仍有晶间腐蚀与剥落腐蚀倾向，包铝薄板有相当高的抗腐蚀性能；合金的表面处理性能一般，可切削性能与磨削性能良好。

1.3.16.3　2618A – T851 合金厚板生产工艺

从 20 世纪 90 年代末起东北轻合金有限责任公司就开始研究和试生产 2618A – T851 合金厚板，所产材料性能可满足 Q/S 134 试制标准要求，并达到或超过国外技术标准规定的指标。

郑祥键等研究的半连续铸造扁锭锯切后铸锭规格 255 mm × 1 500 mm × 1 260 mm。板材规格 35 mm × 1 200 mm × 4 000 mm。板材生产工艺流程为熔炼铸造→均热→锯切铣面→加热→热轧→淬火→预拉伸→人工时效→锯切→检查验收。

2618A 合金铸锭经 485 ~ 500℃加热保温 16 h 均匀热处理、锯切、铣面，在链式加热炉内加热，铸锭热轧温度 420℃，轧制终了温度 350℃。热轧总加工率 75% ~ 95%，道次加工率控制在 25% ~ 40%。热轧后板材厚度 35 mm，板坯平整，表面状态良好，其热轧板的常温为力学性能见表 1 – 3 – 112。

表 1 – 3 – 112　热轧厚板常温力学性能

合金状态	厚度 /mm	$R_m/(\text{N}\cdot\text{mm}^{-2})$		$R_{P0.2}/(\text{N}\cdot\text{mm}^{-2})$	$A/\%$	
		范围	平均	范围	范围	平均
2618AR	35	212 ~ 220	218	177 ~ 180	18.5 ~ 19.7	19.2

人工时效温度对性能影响最显著，其他影响因素依次为固溶温度、人工时效时间、淬火加热保温时间。人工时效温度为 190℃时强度出现峰值，而伸长率则随 R_m 提高而下降，由 13.4% 下降到 8.9%。电导率 γ 由 19 MS/m 上升为 22 MS/m，其中电导率增加更为明显。因此可看出若时效温度低，合金的 γ 达不到标准要求。

2618 合金系 Al – Cu – Mg – Fe – Ni 合金，其中 Fe 和 Ni 与铝生成 $FeNiAl_9$ 相主要提高合金耐热性，不是时效强化相。Cu 和 Mg 与铝生成 $S(Al_2CuMg)$ 相，为合金主要时效强化相。固溶处理后，铜和镁则从过饱和固溶体中析出，随时效温度升高，析出过程分为 GP 区、S′和 S 等三个阶段。2618A 合金峰值时效温度为 190℃，此时析出物以 S′为主，屈强比在 85% ~ 95%（本试验为 93%）。在 180℃时效为欠时效。析出物中 GP 区占相当比例，S′比 190℃时效时少，因而强度降低，屈强比一般在 85% 以下（本次试验为 85%）。200℃时效时，析出物 S′开始粗化，并生产一定数量 S 稳定相，这时已处于过时效阶段，尽管屈强比仍较高（本试验为 92%），但屈服强度与抗拉强度已同时明显下降。在时效温度变化过程中，板材伸长率变化情况与强度的相反。

固溶温度对抗拉强度影响最大，在不过烧的前提下，抗拉强度随着固溶温度的提高而明显提高。热差分析确定合金过烧温度为 545℃，结合强度和电导率结果考虑确定固溶温度 530℃。

试样是从 530℃固溶处理后进行 2% 预拉伸变形的 35 mm 厚板上切取的。时效温度在 170~210℃，时效时间分别为 16 h、20 h、24 h，其试验结果见图 1-3-35、表 1-3-113、表 1-3-114。

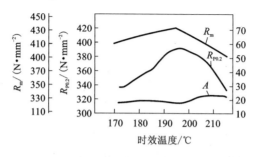

图 1-3-35　不同人工时效温度对 2618A 力学性能的影响

表 1-3-113　不同时效时间的性能

时效时间/h	R_m/(N·mm^{-2})	$R_{P0.2}$/(N·mm^{-2})	A/%	电导率/(MS·m^{-1})
16	444	406	9.3	21.0
20	443	399	8.4	21.6
24	443	405	9.0	22.5

注：时效温度为 190℃。

表 1-3-114　不同人工时效温度时的电导率

时效温度/℃	170	180	190	200	210
电导率/(MS·m^{-1})	19.1	20	22.1	23.2	23.7

实验结果表明：随时效温度升高，起初抗拉强度、屈服强度增加，在 190℃ 达到最高值以后开始下降，伸长率则随时效温度的升高而略有提高。电导率随时效温度的升高而显著提高。时效温度等于或小于 180℃ 时电导率均低于标准要求值，因此时效温度不能低于 190℃。确定人工时效温度为 190℃，时效时间 20 h。

按固溶处理温度 530℃，水淬，预拉伸 1.5%~3.0%，人工时效 190℃/20 h 批量生产的 2618A-T851 合金厚板的实测性能完全超过国内外的标定值（表 1-3-115）。

表 1-3-115　2618A-T851 合金厚板的实际性能

性能	标准	实际	
厚度/mm	8~45	20	35
R_m/(N·mm^{-2})	≥430	437~450	446~453
$R_{P0.2}$/(N·mm^{-2})	≥385	425~427	418~430
A/%	≥5	10~10.2	8.5~9.0
γ/MS·m^{-1}	≥21	23.4~23.8	21.5~23.0

1.4　3A21 合金

在航空航天器制造中获得较多应用的 3×××系合金是 3A21,属热处理不可强化铝合金,它的强度不高,但比 1×××系合金的高一些,冷变形可使强度提高一些,在退火状态有很高的塑性,可加工成各种半成品——板、带、箔、管、棒、型、线材,以及锻件与模锻件。3A21 合金有很好的可焊性,特别有优秀的摩擦搅拌焊接性能,易于气焊、氢原子焊和接触焊;有很高的抗腐蚀性能,与 1×××系合金的相当;可切削加工性较差。

3A21 合金多用于制造航空器油箱、汽油与润滑油导管、冷冲压件、铆钉及受力小的零件。

1.4.1　化学成分及相组成

3A21 合金的化学成分(质量分数)为: 0.6% Si, 0.7% Fe, 1.0% ~ 1.6% Mn, 0.05% Mg, 0.10% Zn(铆钉线材的锌含量应不大于 0.03%),其他杂质每个 0.05%、合计 0.10%,其余为 Al。

Mn: Mn 是 3×××系铝合金中唯一的主合金元素,其含量 1.0% ~ 1.6%, Mn 与 Al 可以生成 $MnAl_6$ 相。合金的强度随 Mn 含量的增加而提高,当 $w(Mn) > 1.6\%$ 时,合金强度随之提高,但由于形成大量脆性化合物 $MnAl_6$,合金变形时容易开裂。随着 $w(Mn)$ 的增加,合金的再结晶温度相应提高。该系合金由于具有很大的过冷能力,因此在快速冷却凝固时,产生很大的晶内偏析, Mn 的浓度在枝晶的中心部位低,而在边缘部位高,当冷加工产品存在明显的 Mn 偏析时,在慢退火后易形成粗大晶粒。

Fe: Fe 能溶于 $MnAl_6$ 中形成 $(FeMn)Al_6$ 化合物,从而降低 Mn 在铝中的溶解度。可在合金中加入 $w(Fe) = 0.4\% \sim 0.7\%$,但要保证 $w(Fe + Mn) \leqslant 1.85\%$,可以有效地细化板材退火后的晶粒,否则,会形成大量的粗大片状 $(FeMn)Al_6$ 化合物,显著降低合金的力学性能和工艺性能。

Si: Si 是有害杂质。Si 与 Mn 形成复杂三元相 $T(Al_{12}Mn_3Si_2)$,该相也能溶解铁,形成(Al、Fe、Mn、Si)四元相。若合金中 Fe 和 Si 同时存在,则先形成 $\alpha(Al_{12}Fe_3Si_2)$ 或 $\beta(Al_9Fe_2Si_2)$ 相,破坏铁的有利影响。故应控制合金中 $w(Si) < 0.6\%$。Si 也能降低 Mn 在铝中的溶解度,而且比 Fe 的影响大。Fe 和 Si 可以加速 Mn 在热变形时从过饱和固溶体中的分解过程,也可以提高一些力学性能。

Mg: 少量的 Mg[$w(Mg) \approx 0.3\%$]能显著细化该系合金退火后的晶粒,并稍许提高其抗拉强度。但同时也损害了退火材料的表面光泽。Mg 也可以是 Al – Mn 合金中的合金化元素,添加 $w(Mg) = 0.3\% \sim 1.3\%$,合金强度提高,伸长率(退火状态)降低,因此发展出 Al – Mg – Mn 系合金。

Cu: 合金中 $w(Cu) = 0.05\% \sim 0.5\%$,可以显著提高其抗拉强度。但少量

Cu[w (Cu) =0.1%]便能使合金的耐蚀性能降低，故应控制合金中 w (Cu) <0.2%。

　　Zn：w (Zn) <0.5% 时，对合金的力学性能和耐蚀性能无明显影响，考虑到合金的可焊接性能，限制 w (Zn) <0.2%。

　　由以上分析可知：在不平衡的结晶条件下合金的组织有不同的相组成，如 α - Al、$Al_{12}Mn$、Al_6Mn、Al_4Mn 等。在退火时，Al_4Mn 转变为 Al_6Mn。$Al_{12}Mn$ 是亚稳定相，它在温度≥550℃时完全消失。另外，含 Mn 的过饱和固溶体分解时，起初形成的 $Al_{12}Mn$ 随后就转为稳定的 Al_6Mn。合金中杂质 Fe 可形成不溶相（MnFe）Al_6。Si 的存在有可能产生三元化合物 $Al_{10}Mn_3Si$（T 相）。Fe 能大量溶于 T 相，从而形成 AlMnSiFe。这些化合物在挤压、轧制时被破碎，沿着金属流动方向形成条状组织。

　　3A21 合金 ϕ270 mm × 130 mm 半连续空心铸锭横向中间部分组织见图 1 – 4 – 1，枝晶网络组织为 α – Al + $MnAl_6$ 及 α – Al + Mn_3SiAl_{12} 共晶，图 1 – 4 – 2 为在 610℃/4 h 均匀化处理后的显微组织，在 α – Al 基体中有均匀分布的 $MnAl_6$ 等化合物质点。

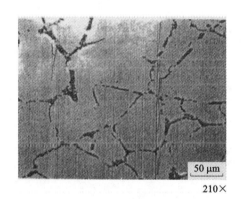
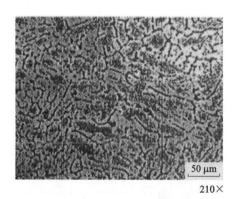

图 1 – 4 – 1　3A21 合金空心
半连续铸造锭的显微组织

图 1 – 4 – 2　3A21 合金空心半连续铸造锭在
610℃/4h 均匀化处理后的显微组织

1.4.2　物理化学性能

　　3A21 合金的热学性能见表 1 – 4 – 1，它的电学性能为：3A21 – O 材料20℃时的电导率是 50% IACS，H14、H18 材料的分别是41% IACS、40% IACS；各种状态材料20℃时的电导率（nΩ·m），HX8 材料的43.2，HX4 材料的42、O 材料的34.5，电阻温度系数 0.1 nΩ·m/K；在 25℃时，在 NaCl 53 g/L + H_2O_2 3 g/L 溶液中对 0.1N 甘汞电极的电极电位 – 0.85 V。合金的密度 2 730 kg/m³。3A21 板材的弹性模量 E = 70 GN/mm²，切变模量 G = 27 GN/mm²，泊松比 μ = 0.32。

　　合金在退火状态下，耐腐蚀性和纯铝的相近。冷作硬化后，耐腐蚀性降低，有剥落腐蚀倾向，冷作硬化程度越大，剥落腐蚀倾向也越大。焊缝的腐蚀稳定性和基体金属的一样。

表 1 - 4 - 1　3A21 合金的热学性能

液相线 温度/℃	固相线 温度/℃	线膨胀系数		比热容 /[J·(kg·K)⁻¹]	热导率(20℃) /[W·(m·K)⁻¹]
		温度℃	平均值 /[μm·(m·K)⁻¹]		
654	643	- 50 ~ 20	21.6	1092(100℃)	25℃、H18:156
		20 ~ 100	23.2	1176(200℃)	25℃、H14:164
		20 ~ 200	24.3	1302(300℃)	25℃、O:181
		20 ~ 300	25	1302(400℃)	100℃:181
		—	—	—	200℃:181

1.4.3　力学性能

　　3A21 合金半成品的标定力学性能见表 1 - 4 - 2，典型力学性能见表 1 - 4 - 3 至表 1 - 4 - 6。

表 1 - 4 - 2　3A21 合金半成品的标定力学性能

技术标准	品种	试样状态	δ 或 d/mm	抗拉强度 R_m /(N·mm⁻²)	A/%
				不小于	
YS/T 213 YS/T 215	板材	O	0.3 ~ 3.0	98 ~ 147	22[①]
			>3.0	98 ~ 147	20
		HX4	0.3 ~ 6.5	147 ~ 216	6[①]
		HX8	0.3 ~ 0.5	186	1[①]
			>0.5	186	2
			>0.8	186	3
			>1.2	186	4
GB/T 3880	板材	O	>0.2	100 ~ 150	19[②]
			>0.8		23
			>4.5		21
		H14 H24	>0.2	145 ~ 215	6[②]
			>0.8		6
			>1.3		6
		H18	>0.2	185	1[②]
			>0.5		2
			>0.8		3
			>1.3		4
		H112	>4.5	110	16[②]
			>10.0	120	16
			>12.5	120	16[③]
			>25.0	110	16

续表 1 - 4 - 2

技术标准	品种	试样状态	δ 或 d/mm	抗拉强度 R_m /(N·mm^{-2})	A/%
				不小于	
GJB 2053	薄板	O	0.5~0.7 >0.7 >3.0	98~147	18① 22 20
		HX4	0.5~4.0	147~215	6①
		HX8	0.5~0.8 >0.8 >1.2	186	2① 3 4
GJB 2662	厚板	O	>4	98~147	20①
		H112	7~10 >10 >25	108 118 108	15① 15 12
GB/T 3191	挤压棒材④	H112, O	≤150	≤165	20③
GJB 2504	挤压棒材		5~150 >150	≤167 ≤167	20③ 15③
HB 5202	挤压棒材		≤240	≤167	20③
CJB 2507	挤压型材	H112, O	所有	≤167	16
GB/T 4437	管材⑤	H112	所有	≤167	—
GJB 2381		H112, O	25~250		
GJB 2379	冷拉管	O HX8	所有 所有	≤137 137	—
GJB 2351	自由锻件、模锻件	H112	按协议	≤167	20③
HB 5204					
GB/T 3196	线材	HX8	1.6~10.0	⊤69	—
GJB 2055					

注：①A_{10}数据；②标距 50 mm 数据；③A_5数据；④直径 $d>150$ mm 的棒材，其力学性能附报告单；⑤壁厚 $\delta<5$ mm 的管材的室温纵向力学性能，由供需双方协商附试验结果；外径 d 185~300 mm，壁厚 $\delta>32.5$ mm 的管材，室温纵向力学性能由供需双方协商。

板材布氏硬度(HB)：HX8 状态的 55，HX4 状态的 40，O 状态的 30。

表 1 – 4 – 3　3A21 合金半成品的典型室温力学性能

品种	状态	规格/mm	抗拉强度 R_m/(N·mm^{-2})			A/%
			$\overline{X}$	min	max	
板材	O	1.2	105	98	121	39.7
	HX4	1.0	163	152	182	13.5
板材	O	0.5	112	110	116	33.4
		2.0	115	114	117	29.6
		4.0	116	115	118	32.4
		6.0	115	110	129	34.5
	HX4	0.65	180	176	181	15.2
		2.0	175	169	177	12.1
		4.0	150	147	155	13.2
		6.0	150	148	153	15.2
	H112	16	130	123	139	28.7
		22	140	130	143	22.0
	O	1.0 ~ 2.0	110	103	116	38.5
	HX4	1.0 ~ 1.5	175	—	—	13.1
	O	0.6 ~ 0.8	110	102	138	26.8
		1.0 ~ 2.5	105	100	108	35.6
管材	O	22 × 1	110	93	118	—
	H112	28 ~ 120	135	117	145	—
		—	135	120	146	—
冷拉管	HX8	18 ~ 100	165	142	206	—
		—	190	157	236	—
	O	—	115	106	136	—
		18 ~ 110	120	106	137	—
棒材	H112	≤110	150	138	165	34.0
	O	≤80	145	128	158	31.6
	H112	<50	155	147	163	31.4
		50 ~ 100	155	148	161	31.8
		≤110	145	133	155	34.6
		8 ~ 50	150	111	167	30.0
	O	7 ~ 50	155	135	166	28.4

表 1 - 4 - 4 3A21 合金板材在不同温度的力学性能

温度/℃	状态	抗拉强度 R_m/(N·mm^{-2})	屈服强度 $R_{p0.2}$/(N·mm^{-2})	伸长率 A_{10}/%
-78	H18	160	120	34
25	O	115	40	40
	H14	150	130	16
150	O	80	35	47
	H14	125	105	17
200	O	55	30	50
	H14	100	65	22
260	O	40	25	60
	H14	75	35	25
315	O	30	20	60
	H14	40	20	40
370	O	20	15	60
	H14	20	15	60

表 1 - 4 - 5 经稳定化处理的 3A21 合金 3 mm 板材的力学性能

状态	试样方向	稳定化条件 θ/℃	t/h	R_m/(N·mm^{-2})	A_{10}/%	状态	试样方向	稳定化条件 θ/℃	t/h	R_m/(N·mm^{-2})	A_{10}/%
O	横向	20	—	108	30	HX4	横向	20	—	168	—
		100	200	88	40			100		157	—
			10000	86	—			150		142	—
		150	200	78	39			200	10000	108	—
			10000	76	—			250		69	—
		175	200	69	45			300		47	—
			10000	65	—	HX8	横向	20	—	216	—
		200	200	64	41			100		196	—
			10000	59	—			150		172	—
		250	200	49	45			200	10000	103	—
			10000	43	—			250		59	—
		300	200	39	40			300		69	—
			10000	29	—						

表 1 – 4 – 6　厚 2 mm 的 3A21 – O 合金板材的高温力学性能

$T/℃$	保温 0.5 h		保温 200 h	
	$R_m/(\text{N·mm}^{-2})$	$A_{10}/\%$	$R_m/(\text{N·mm}^{-2})$	$A_{10}/\%$
20	108	31	—	—
100	93	36	88	40
150	83	39	78	39
175	74	41	69	45
200	69	41	64	41
250	54	43	49	46
300	44	45	39	40

1.4.4　工艺特性

　　3A21 合金在退火状态下可冷冲压性能良好，HX4 状态的次之，HX8 状态的不好。热态工艺塑性良好。热模锻温度为 420～475℃。在模锻温度范围内可允许大于 80% 的变形率(包括在锤上变形)。

　　3A21 合金的熔炼温度为 720～760℃，铸造温度为 710～730℃，热轧温度为 440～520℃，挤压温度为 320～450℃，低温退火温度为 260～360℃，高温退火温度为 370～490℃。合金的变形参数与再结晶温度见表 1 – 4 – 7，铸锭均匀化处理与冷变形程度对在 500℃/1 h 退火后晶粒度影响见表 1 – 4 – 8。3A21 合金在半连续铸造时会产生严重晶内偏析，如不进行均匀化处理在箱式炉内退火(慢速)会形成粗大晶粒，但快速退火(盐浴炉、气垫炉或感应炉等)即使铸锭不均匀化退火也可避免粗大晶粒形成。

　　3A21 合金的表面处理性能尚好，可切削性能及磨削性能不佳，特别是 O 状态材料。

表 1 – 4 – 7　3A21 合金的变形工艺参数和再结晶温度

品种	规格 /mm	变形温度 /℃	变形程度 /%	加热 方式	保温时间 /min	再结晶温度/℃	
						开始	终止
冷轧板	1.25 1.25	室温	84 84	盐浴炉 空气炉	10 30	320～330 320～325	530～535 515～520
棒材	φ110	380	90	盐浴炉 空气炉	60	520～525	550～560
冷轧管材	$D37×2.0$	室温	85	空气炉	10	330～335	520～530

表 1 - 4 - 8 　铸锭均匀化和冷变形对 3A2l 合金板材晶粒度的影响

冷变形度/%	未均匀化	600℃均匀化
	晶粒数/(个·cm^{-2})	
60	20 ~ 30	150 ~ 250
70	20 ~ 30	300 ~ 600
80	30 ~ 60	400 ~ 700
90	40 ~ 50	400 ~ 700

1.5　5×××系合金

5×××系合金是以镁为主要合金元素的铝合金,属于不可热处理强化铝合金。该系合金密度小,强度比 1××× 系和 3××× 系合金的高,属于中高强度铝合金,疲劳性能和可焊接性能良好,耐海洋大气腐蚀性能好。为了避免高镁合金产生应力腐蚀,对最终冷加工产品应进行稳定化处理,或控制最终冷加工量,并且限制使用温度不超过 65℃。该系合金主要用于制作焊接结构件。在航空航天工业应用的有 5A02、5A03、5A05、5B05、5A06 等。

1.5.1　5×××系合金中各元素的作用及化学成分

航空航天 5××× 系合金的化学成分见表 1 - 5 - 1, Al - Mg 系相图见图 1 - 5 - 1。

表 1 - 5 - 1 　5×××系航空航天铝合金的化学成分, 质量分数(%)

合金	Si	Fe	Cu	Mn	Mg	Zn	Ti	其他杂质		Al
								每个	合计	
5A02	0.4	0.4	0.1	0.15 ~ 0.40[①]	2.0 ~ 2.8	—	0.6 (Si + Fe)	0.15	0.05	0.15	其余
5A03	0.50 ~ 0.8	0.5	0.1	0.30 ~ 0.6	3.2 ~ 3.3	0.2	—	0.15	0.05	0.15	其余
5A05	0.5	0.5	0.1	0.30 ~ 0.6	4.8 ~ 5.5	—	—		0.05	0.15	其余
5B05	0.4	0.4	0.2	0.20 ~ 0.6	4.7 ~ 5.7	—	0.6 (Si + Fe)	0.15	0.05	0.15	其余
5A06	0.4	0.4	0.1	0.50 ~ 0.8	5.8 ~ 6.8	0.2	0.0001 ~ 0.005[②]	0.02 ~ 0.10	0.05	0.15	其余

注:①或 Cr;②Be, 可不作分析。

镁:镁主要以固溶状态和 β(Mg_2Al_3 或 Mg_5Al_8)相存在,虽然镁在合金中的溶解度随温度降低而迅速减小,但由于析出形核困难,核心少,析出相粗大,因而合金的时效强化效果低,一般都是在退火或冷加工状态使用。因此,该系合金也称为不可热处理强化铝合金。该系合金的强度随 Mg 含量的增加而提高,塑性却随之降低,其加工工艺性能也随之变差。Mg 含量对合金的再结晶温度影响较大,当 $w(\text{Mg}) < 5\%$ 时,再结晶温度随 Mg 含量的增加而降低;当 $w(\text{Mg}) > 5\%$ 时,再结晶

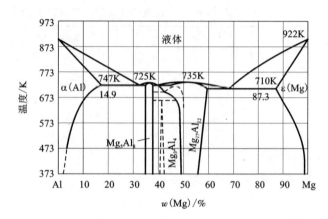

图 1 – 5 – 1　Al – Mg 系二元相图

温度则随 Mg 含量的增加而升高。Mg 含量对合金的可焊性能也有明显影响,当 $w(\text{Mg}) < 6\%$ 时,合金的焊接裂纹倾向随 Mg 含量的增加而降低,当 $w(\text{Mg}) > 6\%$ 时,则相反;当 $w(\text{Mg}) < 9\%$ 时,焊缝的强度随 Mg 含量的增加而显著提高,此时塑性和焊接系数虽逐渐略有降低,但变化不大;当 Mg 含量大于 9% 时,其强度、塑性和焊接系数均明显降低。

Mn:5××× 系合金通常 $w(\text{Mn}) < 1.0\%$。合金中的 Mn 部分固溶于基体,其余以 MnAl_6 相的形式存在于组织中。Mn 可以提高合金的再结晶温度,阻止晶粒粗化,并使合金强度略有提高,尤其对屈服强度更为明显。在高镁合金中,添加 Mn 可以使 Mg 在基体中的溶解度降低,减少焊缝裂纹倾向,提高焊缝和基体强度。

Cr:Cr 和 Mn 有相似的作用,可以提高基体和焊缝强度,减少焊接热裂倾向,提高耐应力腐蚀性能,但使塑性略有降低。某些合金中可以用铬代替 Mn。就强化效果来说,铬不如 Mn,若两元素同时加入,其效果比单一加入大。

Be:在高 Mg 合金中加入微量[$w(\text{Be}) = 0.0001\% \sim 0.005\%$],能降低铸锭的裂纹倾向和改善轧制板材的表面品质,同时减少熔炼时 Mg 的烧损,并且还能减少在加热过程中材料表面形成的氧化物。

Ti:向高镁合金中加入少量的 Ti,主要作用是细化晶粒。

Fe:Fe 与 Mn 和 Cr 能形成难溶的化合物,从而降低 Mn 和 Cr 在合金中的作用,当铸锭组织中形成较多硬脆化合物时,容易产生加工裂纹。此外,Fe 还会降低该系合金的耐腐蚀性能,因此一般应控制 $w(\text{Fe}) < 0.4\%$,对于焊丝材料最好限制 $w(\text{Fe}) < 0.2\%$。

Si:Si 是有害杂质(5A03 合金除外),Si 与 Mg 形成 Mg_2Si 相,由于 Mg 含量过剩,降低了 Mg_2Si 相在基体中的溶解度,所以不但强化作用不大,而且会降低合金的塑性。轧制时,Si 比 Fe 的负作用更大些,因此一般限制 $w(\text{Si}) < 0.5\%$。5A03 合金中 $w(\text{Si}) = 0.5\% \sim 0.8\%$,可以减低焊接裂纹倾向,改善合金的可焊接性能。

Cu：微量 Cu 使合金的耐蚀性能变差，因此应限制 $w(\mathrm{Cu}) < 0.2\%$，有的合金限制得更严格些。

Zn：$w(\mathrm{Zn}) < 0.2\%$ 时，对合金的力学性能和耐腐蚀性能没有明显影响。在高 Mg 合金中添加少量锌，抗拉强度可以提高 $10 \sim 20\ \mathrm{N/mm^2}$，应限制合金中的杂质 $w(\mathrm{Zn}) < 0.2\%$。

Na：微量杂质 Na 强烈损害合金的热变形性能，出现钠脆性，在高 Mg 合金中更为突出。消除钠脆性的办法是使富集于晶界的游离钠变成化合物，可以采用氯化方法使之产生 NaCl 并随炉渣排除，也可以采用添加微量 Sb 的方法。

由以上的分析可知，在所有 $5 \times \times \times$ 系合金中都存在 $\alpha - \mathrm{Al} + \beta(\mathrm{Mg_5Al_8})$ 共晶组织，β 相很脆，面心立方晶格，Mg 含量愈多，β 相也越多，合金的塑性愈低；还有呈多边块状的 $(\mathrm{FeMn})\mathrm{Al_6}$ 相，$\alpha - \mathrm{Al} + \mathrm{FeAl_3}$ 共晶体；在 5A03 合金中还有 $\alpha - \mathrm{Al} + \mathrm{Mg_2Si}$ 共晶。

1.5.2　$5 \times \times \times$ 系合金的物理性能

航空航天 $5 \times \times \times$ 系合金的热学性能见表 1-5-2 至表 1-5-4，电学性能及密度见表 1-5-5。

表 1-5-2　$5 \times \times \times$ 系合金的熔化温度及热导率

合金	熔化温度/℃	热导率 $\lambda/[\mathrm{W} \cdot (\mathrm{m} \cdot ℃)^{-1}]$				
		25℃	100℃	200℃	300℃	400℃
5A02	652 ~ 627	155	159	163	163	167
5A03	652 ~ 627	147	151	155	159	159
5A05	638 ~ 568	122	126	130	138	147
5B05	638 ~ 568	117	126	134	142	147
5A06	630 ~ 559	117	121	126	130	138

表 1-5-3　$5 \times \times \times$ 系合金的比热容

合金	比热容/$[\mathrm{J} \cdot (\mathrm{kg} \cdot ℃)^{-1}]$			
	100℃	200℃	300℃	400℃
5A02	963	1005	1047	1089
5A03	879	921	1005	1047
5A05	921	1005	1047	1089
5B05	921	963	1005	1047
5A06	921	1005	1047	1089

表 1 - 5 - 4　5×××系合金的线膨胀系数(×10⁻⁶℃⁻¹)

合金	20 ~ 100℃	20 ~ 200℃	20 ~ 300℃	20 ~ 400℃
5A02	24.2	25.2	26.6	27.6
5A03	23.3	24.3	25.2	26.1
5A05	23.9	24.8	25.9	—
5B05	24.1	26.2	26.3	28.2
5A06	22.8	24.7	25.5	26.5

表 1 - 5 - 5　5×××系合金的密度及电阻率

合金	5A02	5A03	5A05	5B05 - O	5A06
密度/(kg·m⁻³)	2 680	2 670	2 650	2 650	2 640
电阻率/(nΩ·m⁻¹)	47.6	49.6	64.0	62.6	71

1.5.3　5A02 合金

5A02 合金强度较低，塑性高，冷变形可提高其强度，但会降低其塑性，有良好的氢原子焊、接触焊与摩擦搅拌焊接性能，也可以气焊，抗腐蚀性高。在航空器制造中用于加工中等载荷的焊接需要有高的工艺塑性和抗腐蚀性的零件，如管道、液体容器和滑架等。合金的化学成分见表 1 - 5 - 1，物理性能见 1.5.2 节。5A02 - O 合金板材的布氏硬度 HB 为 58，HX4 状态板材的 HB 为 75。

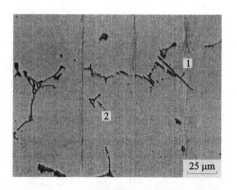

图 1 - 5 - 2　5A02 合金半连续铸造锭的
显微组织枝晶网络组成物
1—FeAl₃；2—Mg₂Si

5A02 合金为 α - Al + β 双相组织，还可能出现 Al₃Fe、Mg₂Si、AlMg₂Mn、AlFeSi 等相(见图 1 - 5 - 2)。

1.5.3.1　力学性能

5A02 合金材料的标定力学性能见表 1 - 5 - 6，典型力学性能见表 1 - 5 - 7 至表 1 - 5 - 13。

表 1 – 5 – 6　5A02 合金半成品的标定力学性能

技术标准	品种	供货状态	试样状态	δ 或 d /mm	R_{m} /(N·mm^{-2})	A /%
GB/T 3880	板材	O	O	>0.5~1.0 >1.0~10.0	167~225	≥17[1] ≥19
		H14 H24 H34	H14 H24 H34	>0.5~1.0 >1.0~4.5	≥235	≥4[1] ≥6
		H18	H18	>0.5~1.0 >1.0~4.5	≥265	≥3[1] ≥4
		H112	H112	>4.5~12.5 >12.5~25.0 >25.0~80.0	≥175 ≥155	≥7[1] ≥7[2] ≥6
		F	—	—	—	—
GJB 2053	薄板	O	O	0.5~1.0 >1.0~4.0	167~225	≥16[3] ≥18
		HX4	HX4	0.5~1.0 >1.0~4.0	≥235	≥4[3] ≥6
		HX8	HX8	0.5~1.0 >1.0~4.0	≥265	≥3[3] ≥4
GJB 2662	厚板	O	O	>4~10	167~225	≥18[3]
		H112	H112	7~25 >25~50	≥175 ≥157	≥7[3] ≥6
GB/T 3191	挤压棒材[5]	H112 O	H112 O	≤150	≤225	≥10[4]
GJB 2054	挤压棒材[6]			5~250		
HB 5202	挤压棒材[7]			≤240		
GJB 2507	挤压型材	H112 O	H112 O	所有	≤225	≥12
GB/T 4437	管材[8]	H112	H112	所有	≤225	—
GJB 2381	管材[9]	H112 O	H112 O	外径 25 – 250 壁厚 5 – 35	≤240	
GJB 2379	冷拉管	O	O	所有	165~225	
		HX4	HX4	所有	≥205	
		HX8	HX8	外径 <50，壁厚≤5.0 外径≥50，壁厚≤5.0	≥225 ≥215	
GJB 2351 HB 5204	自由锻件 及模锻件	H112	H112	按协议	≥177	≥15[4]
GB/T 3196 GJB 2055	线材	HX8	HX8	1.6~10.0	τ≥118	—

注：①试样标距 50 mm；②试样标距 5D。③至⑨见表 1 – 5 – 14 注。

表 1 – 5 – 7　5A02 合金半成品的典型室温力学性能

品种	状态	δ 或 d/mm	抗拉强度 R_{m}/($\mathrm{N \cdot mm^{-2}}$)			A/%
			平均值	最小值	最大值	
板材	O	1.8	190	182	197	24.7[①]
		0.8 ~ 1.0	190	—	—	26.0
		1.5 ~ 2.0	190	—	—	25.2
		1.5 ~ 2.0	190	—	—	25.8
	HX4	2.0 ~ 3.0	256	250	301	13.4
挤压棒材	O	20	186	—	—	23[①]
		20	185	—	—	23.9
		50	205	192	217	22.8
		100	220	—	—	19.5
		85	205	—	—	21.5
		13 ~ 50	185	157	223	25.8
		85 ~ 150	205	187	230	22.4
	H112	7.5 ~ 75	200	178	225	25.4
		65 ~ 300	215	184	225	21.33
		18 ~ 240	192	139	225	21.5
挤压型材	O	—	182	177	185	20.4
管材	O	10[①]	178	159	195	—
		45 ~ 140[②]	190	170	211	—
	H112	10 ~ 20[①]	182	164	223	—
		42 ~ 131[②]	190	173	207	—
冷拉管	O	6 ~ 85[②]	185	169	201	—
		1.0 ~ 4.0[①]	195	172	210	—
		6.0 ~ 110.0[②]	190	166	213	—
		14 ~ 110[②]	198	176	213	—
	HX4	1.0 ~ 2.0[①]	290	267	330	—
		20[②]	260	—	—	—
		14 ~ 110[②]	265	313	325	—
	HX8	1.0 ~ 4.0[①]	270	228	290	—
		20 ~ 42[②]	265	242	280	—

注：①管材壁厚；②管材直径。

表 1 - 5 - 8　5A02 合金材料在不同温度的典型力学性能

品种	状态	d/mm	取样方向	θ/℃	R_m/(N·mm^{-2})	$R_{P0.2}$/(N·mm^{-2})	A_5/%
挤压棒材	O	22	L	20~10	186	78	30
				150	176	78	38
				200	142	78	54
				250	113	74	55
				300	74	64	56
				350	49	39	58
板材	O	2		20	186	98	23
				100	167	88	26
				150	157	78	35
				200	127	59	51
				250	108	—	62
				300	69	—	75
薄板	HX4	—	—	20	255	206	14
				100	255	206	16
				150	216	186	25
				200	157	98	40
				250	78	49	80
				300	49	34	100
板材	HX8	1.5~3	LT	20	284	245	4
				100	265	225	6
				150	235	206	10
				200	206	147	15
				250	167	88	22
				300	78	—	65

表 1 - 5 - 9　5A02 合金挤压棒材及板材的低温力学性能

品种	状态	δ 或 d /mm	取样方向	θ /℃	R_m /(N·mm^{-2})	A_5 /%	品种	状态	δ 或 d /mm	取样方向	θ /℃	R_m /(N·mm^{-2})	A_5 /%
挤压棒材	H112	20	L	20	176	30	板材	O	2	LT	20	186	25
				-70	186	40					-70	196	40
				-196	304	50					-196	304	50
	O			20	196	30					-253	470	60
				-166	294	50							

表 1 - 5 - 10　5A02 - O 合金材料的抗压屈服强度

材料品种	厚度 δ 或直径 d/mm	取样方向	抗压屈服强度 $R_{P0.2}$/(N·mm^{-2})
板材	5	LT	98
挤压棒材	20	L	78
管材	50	LT	98

表 1 – 5 – 11　5A02 合金棒材的冲击韧性

状态	δ 或 d /mm	取样方向	θ /℃	α_{Ku} /(kJ·m⁻²)	状态	δ 或 d /mm	取样方向	θ /℃	α_{Ku} /(kJ·m⁻²)
O	2	—	20	392	O	20	L	– 196	98
H112	20	—	20	98	O	22	—	20	107
			– 40	98				100	93
			– 70	107				150	88
			– 196	98				200	93
O	20	L	20	98				250	98
			– 40	98				300	98
			– 70	98				350	107

表 1 – 5 – 12　5A02 – O 合金 1.5 mm 板材 L 及 LT 方向的高温持久及蠕变强度

温度 /℃	持久强度/(N·mm⁻²)			蠕变屈服强度/(N·mm⁻²)	
	R_{100}	R_{1000}	R_{10000}	$R_{P0.2/100}$	$R_{P0.2/1000}$
100	137	108	98	78	74
150	98	69	49	54	34
200	59	39	—	20	—
250	29	20	—	—	—
300	15	—	—	—	—

表 1 – 5 – 13　5A02 合金的高周疲劳强度

品种	状态	δ 或 d/mm	T/℃	N/周	R_{-1}/(N·mm⁻²)
—	HX8	—	25	5×10^8	137
			150	5×10^8	96
			200	5×10^8	69
			260	5×10^8	41
板材	O	2	20	2×10^7	83
棒材	O	20	20	5×10^8	118
	HX4	20	20	5×10^8	123

　　5A02 – O 合金的抗压屈服强度 $R_{P0.2}$：2 mm 板材 LT 方向的 98 N/mm²，直径 20 mm 棒材 L 方向的 78 N/mm²，直径 50 mm LT 方向的 98 N/mm²。O 状态材料有良好的可冲压性能，H 状态材料的下降；锻造温度为 420 ~ 475℃，在热加工温度范围内的总变形率可达 80%；有良好的接触焊、点焊、滚焊性能，特别是有优秀的摩擦搅拌焊接性能，氩弧焊与气焊时有形成热裂缝倾向，若用 5A03 合金焊丝焊之，既不会形成

裂缝,焊缝气密性也高,焊缝塑性也高,其强度可为基体材料的90% ~95%。

5A02 合金的熔炼温度为 700 ~750℃,铸造温度为 690 ~730℃,在半连续铸造时,锭表面易产生拉痕甚至拉裂。合金线材用作焊料及铆钉。不完全退火制度:(150 ~300)℃/(2 ~3) h,完全退火制度:(390 ~420)℃/(2 ~3) h,材料 $\delta \leqslant 6$ mm 时,热透后空冷或水冷;厚度 $\delta > 6$ mm 时,保温 30 min 后空冷或水冷。

5A02 – O 的可切削加工性能不好,在冷作硬化状态下有所改善。5A02 的可表面处理工艺与其他铝合金的相当,但比 6063 合金的差得多。

1.5.4　5A03 合金

5A03 合金是 5 × × × 系中含 Mg 量中等的合金,强度较低,塑性较高,冷变形可提高其强度,但塑性会下降。在航空器制造中用于制造那些需要高的工艺塑性和抗腐蚀性高的焊接中等载荷零件如管道、液体容器和骨架等。合金的化学成分见表 1 – 5 – 1。5A03 – O 合金为 α – Al + β 的双相组织合金,半连续铸造状态时组织的枝晶网络由 α + Al + Mg$_2$Si 相组成。

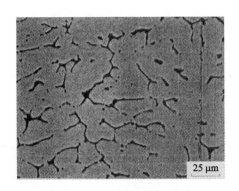

图 1 – 5 – 3　5A03 合金半连续铸造锭的显微组织

5A03 合金半连续铸造锭的显微组织如图 1 – 5 –3 所示。

1.5.4.1　力学性能

5A03 合金半成品的标定力学性能见表 1 – 5 – 14,其典型力学性能见表 1 – 5 – 15至表 1 – 5 –21。5A03 合金的布氏硬度 HB:O 状态材料的 58,HX4 状态材料的 75。

表 1 – 5 – 14　5A03 合金半成品的标定力学性能

技术标准	品种	状态	δ 或 d/mm	R_m/(N·mm^{-2})	$R_{p0.2}$/(N·mm^{-2})	A/%
GB/T 3880	板材	O	0.5 ~4.5	≤195	≥100	≥16[①]
		H14 H24 H34	>0.5 ~4.5	≥225	≥195	≥8[①]
		H112	>4.5 ~10.0	≥185	≥80	≥16[①]
			>10.0 ~12.5	≥175	≥70	≥13
			>12.5 ~25.0	≥175	≥70	≥13[②]
			>25.0 ~50.0	≥165	≥60	≥12
		F	>4.5 ~150.0	—	—	—
GJB 2053	薄板	O	0.5 ~4.0	≤196	≥98	≥15[③]
		HX4	0.5 ~4.0	≥225	≥196	≥8

续表 1 – 5 – 14

技术标准	品种	状态	δ 或 d/mm	R_m/(N·mm^{-2})	$R_{P0.2}$/(N·mm^{-2})	A/%
GJB 2662	厚板	H112	7 ~ 10 > 10 ~ 25 > 25 ~ 50	≥186 ≥176 ≥167	≥78 ≥67 ≥59	≥15③ ≥12 ≥11
GB/T 3191	挤压棒材⑤	H12O	≤150	≥175	≥80	≥13④
GJB 2054	挤压棒材⑥		5 ~ 250	≥176	≥78	
HB 5202	挤压棒材⑦		≤240			
GJB 2507	挤压型材	H12O	所有	≥176	≥78	≥12
GB/T 4437	管材⑧	H112	所有	≥176	≥69	≥15
GJB 2379	冷拉管	O HX4	所有	≤177 ≥215	≥78 ≥127	≥15③ ≥8
GJB 2351 HB 5204	自由锻件 模锻件	H112	按协议	≥186	≥78	≥15④

注：①试样标距 50 mm；②试样标距 5D；③A_{10} 数据；④A_5 数据；⑤直径 $d > 150$ mm 的棒材的力学性能附实测数据；⑥直径 d 超出表中规定的范围时，棒材的室温纵向力学性能由双方协商；⑦直径 $d > 240$ mm 的棒材，其力学性能指标按双方商定；⑧壁厚 $\delta < 5$ mm 的管材的室温纵向力学性能，由供需双方另行协商或附试验结果；外径 d 185 ~ 300 mm，壁厚 $\delta > 32.5$ mm 的管材的室温纵向力学性能由供需双方另行协商。

表 1 – 5 – 15　5A03 合金板材的典型室温力学性能

状态	厚度 δ /mm	抗拉强度 R_m/(N·mm^{-2})			屈服强度 $R_{P0.2}$/(N·mm^{-2})			A/%
		平均值	最小值	最大值	平均值	最小值	最大值	
O	1.2	225	208	250	—	—	—	23.7
	1.2	217	216	220	122	119	126	22.4
	1.5	217	206	224	120	109	132	23.5
	2.0	219	216	222	115	112	123	22.3
	2.5	215	212	219	111	105	115	21.5
	3	225	212	243	117	98	167	21.8
	0.5 ~ 2.0	230	223	236	122	102	133	22.7
HX4	1.8	297	274	324	254	214	303	11.7
	2.0	310	301	317	265	258	281	9.4

表 1 − 5 − 16　5A03 − H112 合金挤压棒材的典型室温力学性能

直径 d /mm	抗拉强度 R_m			屈服强度 $R_{P0.2}$			A/%
	平均值	最小值	最大值	平均值	最小值	最大值	
	/(N·mm^{-2})						
80	250	237	270	—	—	—	15.7
90	250	—	—	146	—	—	17
20	250	—	—	155	—	—	17.1
50	250	243	254	155	145	174	17.1
100	245	237	251	160	142	170	16.8
16 ~ 38	245	229	263	165	134	225	19.4
50 ~ 110	255	238	276	170	118	197	16.6

表 1 − 5 − 17　5A03 合金挤压型材的典型室温力学性能

状态	厚度 δ /mm	抗拉强度 R_m/(N·mm^{-2})			屈服强度 $R_{P0.2}$/(N·mm^{-2})			A /%
		平均值	最小值	最大值	平均值	最小值	最大值	
H112	2.0	210	—	—	145	—	—	17.1
O	—	215	209	237	143	119	163	16.7

表 1 − 5 − 18　5A03 合金管材的典型室温力学性能

品种	状态	δ/mm	抗拉强度 R_m/(N·mm^{-2})			屈服强度 $R_{P0.2}$/(N·mm^{-2})			A/%
			平均值	最小值	最大值	平均值	最小值	最大值	
管材	H112	10 ~ 30①	250	227	345	188	155	217	20.1
		50 ~ 128②	225	204	254	150	93	183	20.4
冷拉管	O	1.0 ~ 2.0①	230	210	246	133	115	152	20.4
	HX4	2.0①	285	—	—	225	—	—	12.4

注：①管材壁厚；②管材直径。

表 1 − 5 − 19　5A03 合金板材在不同温度的典型力学性能

状态	θ /℃	R_m /(N·mm^{-2})	$R_{P0.2}$ /(N·mm^{-2})	A /%	状态	θ /℃	R_m /(N·mm^{-2})	$R_{P0.2}$ /(N·mm^{-2})	A /%
O	20	230	98	22	HX4	20	284	226	13
	100	226	98	22.5		100	—	—	—
	150	191	98	44		150	235	191	25
	200	137	88	52		200	172	108	35
	250	78	69	73		250	108	59	70
	300	64	59	89		300	69	39	100
	− 253	441	123	41		− 253	598	294	35
	− 196	343	118	42		− 196	422	275	23
	− 70	245	103	35		− 70	324	245	21

表 1 – 5 – 20　厚 1.5 mm 的 5A03 – O 合金板材 *L*、*LT* 方向高温持久强度及蠕变强度

温度 /℃	持久强度/$(N \cdot mm^{-2})$			蠕变强度/$(N \cdot mm^{-2})$		
	R_{100}	R_{1000}	R_{10000}	$R_{0.2/100}$	$R_{0.2/1000}$	$R_{0.2/10000}$
100	157	127	108	83	78	69
150	118	69	—	64	49	—
200	59	39	20	20	—	—
250	29	20	—	—	—	—

表 1 – 5 – 21　5A03 合金板材的高周疲劳极限

状态	*T*/℃	*N*/周	$R_{-1}/(N \cdot mm^{-2})$	状态	*T*/℃	*N*/周	$R_{-1}/(N \cdot mm^{-2})$
HX8	25	5×10^8	144	HX8	260	5×10^8	45
	150	5×10^8	100	O	20	2×10^7	113
	200	5×10^8	76	HX4	20	5×10^8	127

1.5.4.2　工艺特性

5A03 合金的不完全退火制度：(150 ~ 300)℃/(2 ~ 3) h，空冷；完全退火制度：390 ~ 420℃，材料厚度 δ≤6 mm 的热透后空冷或水冷，δ > 6 mm 的保温 30 min 后空冷或水冷。合金的熔炼温度为 700 ~ 750℃，铸造温度为 690 ~ 730℃。5A03 合金有相当高的抗腐蚀性能，它的相组织为 α – Al + β(Al₈Mg₅)，β 相沿晶界析出，断断续续，具有良好的抗腐蚀性能。

5A03 合金的模锻温度为 420 ~ 475℃，在此温度范围内变形率可大于 80%。5A03 合金在氩弧焊接时有形成结晶裂缝倾向，焊缝气密性不高，如以 5A03 合金丝作焊料时不会形成裂缝，焊缝强度可为基体材料的 90% ~ 95%，同时有相当高的塑性。该合金的表面处理特性及工艺与一般变形铝合金的相当。O 状态材料的可切削加工性能及磨削性能不好，H 状态材料的好一些。

1.5.5　5A05 合金

5A05 合金的含镁量较高，虽然冷变形可提高其强度，但塑性会随之有较大降低；O 状态材料有高的塑性，HX4 材料的塑性中等。尽管 5A05 合金的工艺塑性较高，但在冷变形过程中，冷作硬化速度快，在加工零部件时应予注意。

5A05 合金的抗腐蚀性与第二相[β 相(Al₈Mg₅)]的分布形态密切相关。当第二相在晶界呈连续性分布，合金就有晶界腐蚀和应力腐蚀开裂敏感性。当采用适当的退火制度，使 β 相在晶界和晶内均匀而非连续性分布，合金的抗腐蚀性就显著提高。冷作硬化、焊接、使用中长时间加热都会降低合金的抗腐蚀性能，甚至会引起剥落腐蚀。

在航空器制造中，该合金通常用于制造要求具有高的工艺塑性和耐腐蚀性的与

承受中等载荷的焊制管道、液体容器等零件。

5A05 合金的化学成分见表 1 – 5 – 1，其物理性能见 1.5.2 节。该合金的化学成分与 5056 合金的相当。5A05 常温相组成为 α – Al 和 β 相(见图 1 – 5 – 4)。此外，锰、铁、硅可形成不同杂质相(AlMg₂Mn，AlFeSi 和 Mg₂Si)。通过 310 ~ 335℃退火，可以避免 β 相沿晶界呈连续性分布，而在晶界和晶内均匀而非连续性析出。

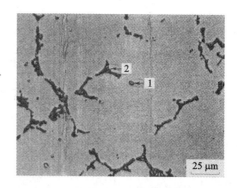

图 1 – 5 – 4　5A05 合金半连续铸造锭的显微组织
1—β 相(Al_8Mg_5)；2—Mg_2Si

1.5.5.1　力学性能

5A05 合金材料的标定力学性能见表 1 – 5 – 22，其典型力学性能见表 1 – 5 – 23 至表 1 – 5 – 26。5A05 – O 板材的布氏硬度 HB = 65，HX8 状态材料的 HB = 100。5A05 – H112 模锻件 LT 方向的抗拉强度 R_m = 290 N/mm²，屈服强度 $R_{P0.2}$ = 205 N/mm²，伸长率 A = 25.3%。

表 1 – 5 – 22　5A05 合金半成品的标定力学性能

技术标准	品种	状态	δ 或 d/mm	R_m/(N·mm⁻²)	$R_{P0.2}$/(N·mm⁻²)	A/%
GB/T 3880	板材	O	0.5 ~ 4.5	≤275	≥145	≥16[①]
		H112	>4.5 ~ 10.0	≥275	≥125	≥16[①]
			>10.0 ~ 12.5	≥265	≥115	≥14
			>12.5 ~ 25.0	≥265	≥115	≥14[②]
			>25.0 ~ 50.0	≥255	≥105	≥13
		F	>4.5 ~ 150.0	—	—	—
GJB 2053	薄板	O	0.5 ~ 4.0	≤275	≥147	≥15[③]
GJB 2662	厚板	H112	7 ~ 10	≥275	≥127	≥15[③]
			>10 ~ 25	≥265	≥118	≥13
			>25 ~ 50	≥255	≥108	≥12
GB/T 3191	挤压棒材[⑤]		≤150	≥265	≥120	≥15[④]
CJB 2054	挤压棒材[⑥]	H112，O	5 ~ 150	≥265	≥118	≥15[④]
			>150 ~ 250	≥230	≥90	≥10
HB 5202	挤压棒材		≤240	≥265	≥118	≥15[④]
GJB 2507	挤压型材	H112，O	所有	≥255	≥127	≥15
GB/T 4437	管材[⑦⑧]	H112	所有	≥255	≥108	≥15

续表 1 - 5 - 22

技术标准	品种	状态	δ 或 d/mm	R_m/(N·mm^{-2})	$R_{P0.2}$/(N·mm^{-2})	A/%
GJB 2381	管材[9]	H112	> 25 ~ 180	≥255	≥108	≥12[3]
			> 180 ~ 250			≥10
		O	> 25 ~ 180	≤255	≥108	≥15[3]
			> 180 ~ 250			≥12
GJB 2379	冷拉管	O	所有	≤215	≥88	≥15[3]
		HX4		≥245	≥147	≥8
GJB 2351	自由锻件及模锻件	H112	按协议	≥196	—	≥10[4]
				≥220	—	≥12
GJB 2055	线材	HX8	1.6 ~ 10.0	τ_b≥166	—	—

注：①试样标距 50 mm；②试样标距 5D；③A_{10} 数据；④A_5 数据；⑤直径 d > 150 mm 的棒材的力学性能附实测数据；⑥直径 d 超出范围时，棒材的室温纵向力学性能由订购方与承制方协商；⑦管材的 $R_{P0.2}$ 为参考值；⑧壁厚 δ < 5 mm 的管材的室温纵向力学性能，由供需双方另行协商或附试验结果；外径 d 185 ~ 300 mm、壁厚 δ > 32.5 mm 的管材，室温纵向力学性能由供需方双方另行协商；⑨超出表中规格范围的力学性能附实测数据范围，有要求时由订购方和承制方协商。

表 1 - 5 - 23　5A05 合金板材的典型室温力学性能

状态	δ/mm	抗拉强度 R_m			屈服强度 $R_{P0.2}$			伸长率 A_{10} /%
		平均值	最小值	最大值	平均值	最小值	最大值	
		/(N·mm^{-2})			/(N·mm^{-2})			
O	1.2	300	290	306	172	155	190	25.9
	1.5	295	282	308	165	153	176	26
	2.0	297	292	301	162	147	175	26
	4.0	310	—		149	—	—	27.5
	0.5 ~ 4.5	305	297	310	157	146	169	25.5
H112	7.0	290	—		150	—	—	23.2
	18.0	285	281	290	147	138	154	28.0

表 1 - 5 - 24　5A05 合金挤压棒材的典型室温力学性能

状态	d/mm	抗拉强度 R_m			屈服强度 $R_{P0.2}$			伸长率 A_{10} /%
		平均值	最小值	最大值	平均值	最小值	最大值	
		/(N·mm^{-2})			/(N·mm^{-2})			
O	19 ~ 23	310	285	330	167	145	205	30.8
	20 ~ 100	330	306	344	187	156	220	21.0
	18 ~ 50	285	270	301	190	147	255	29.2
	65 ~ 170	325	292	349	205	167	323	20.1
H112, O	22	304	—		157	—	—	14

表 1 - 5 - 25　5A05 合金管材的典型室温力学性能

品种	状态	δ 或 d /mm	抗拉强度 $R_{\rm m}$			屈服强度 $R_{\rm P0.2}$			伸长率 $A/\%$
			平均值	最小值	最大值	平均值	最小值	最大值	
			/(N·mm⁻²)			/(N·mm⁻²)			
管材	H112	10①	285	—	—	183	—	—	27.9
		20①	320	—	—	265	—	—	18.3
		30①	315	—	—	190	—	—	25.1
		42 ~ 155②	290	262	349	175	134	242	23.5
		200②	265	—	—	150	—	—	27.4
		230②	280	—	—	163	—	—	25.1
		80 × 10	295	258	324	190	151	256	31.6
		115 ~ 230②	325	309	345	165	143	194	26.9
冷拉管	H112	2	325	319	334	205	197	221	20.1
	O	2.0①	315	303	325	225	216	233	18.0
		25 ~ 85②	315	286	400	165	141	240	24.2
	HX4	40 × 2.1	335	—	—	250	—	—	23.6

注：①管材壁厚；②管材直径。

表 1 - 5 - 26　5A05 合金挤压型材的典型室温力学性能

状态	δ/mm	抗拉强度 $R_{\rm m}$			屈服强度 $R_{\rm P0.2}$			伸长率 $A/\%$
		平均值	最小值	最大值	平均值	最小值	最大值	
		/(N·mm⁻²)			/(N·mm⁻²)			
H112	4.0	300	—	—	187	—	—	18.8
	6.0	275	—	—	140	—	—	24.3
	10.0	300	274	341	175	142	192	26.2
	—	290	282	306	225	202	250	20.7
O	—	285	261	302	185	142	267	23.6
	4.0	305	—	—	210	—	—	18.8

　　5A05 - O 合金厚 δ = 2 mm 板材的抗压屈服强度 $R_{\rm P0.2}$ = 157 N/mm², 冲击韧性 $\alpha_{\rm ku}$ = 292 kJ/m²; O 状态板材的抗剪强度 R_{τ} = 177 N/mm², HX8 状态板材的 R_{τ} = 216 N/mm²; 5A05 合金半成品的高、低温典型力学性能见表 1 - 5 - 27 及表 1 - 5 - 28; 合金的高温持久及蠕变强度见表 1 - 5 - 29; 5A05 - O 合金板材的室温疲劳强度

$(2 \times 10^7$ 周$)R_{-1} = 137$ N/mm^2，HX8 状态的 $R_{-1} = 152$ N/mm$^2(2 \times 10^8$ 周$)$。

表 1-5-27　5A05 合金半成品的高温典型力学性能

品种	状态	δ 或 d/mm	取样方向	θ/℃	R_m/(N·mm^{-2})	$R_{\text{P0.2}}$/(N·mm^{-2})	A/%
板材	—	2	—	20	309	147	27.5
				100	289	132	42.5
				200	162	118	62.5
				300	78	74	106.5
				400	25	20	99
板材	O	2	LT	20	295	147	20
				100	265	147	30
				150	225	137	35
				200	176	118	45
				250	137	88	55
				300	108	59	65
棒材	H112 O	20	L	20	305	157	14
				100	285	147	17
				150	235	137	24
				200	205	127	27
				250	167	108	34

表 1-5-28　5A05 合金半成品的低温典型力学性能

品种	状态	δ 或 d/mm	取样方向	θ/℃	R_m/(N·mm^{-2})	$R_{\text{P0.2}}$/(N·mm^{-2})	A/%
板材	—	2	—	-193	412	167	41.5
				-100	304	147	35.0
				-50	294	137	31
	O	2	LT	-196	392	186	28
				-70	304	157	24
				20	294	147	20
	O	—	—	-253	569	186	24
				-196	392	167	28
				-70	304	157	24
	H112	18	LT	269	578	186	36.5
				-253	554	176	—
				-196	431	176	46
				20	314	167	23
棒材	H112 O	22	L	-70	314	167	20
				20	304	157	14

表 1 – 5 – 29 5A05 合金半成品的持久强度及蠕变强度

品种	状态	δ 或 d /mm	取样方向	温度 θ /℃	持久强度/($N \cdot mm^{-2}$)		蠕变强度/($N \cdot mm^{-2}$)	
					R_5	R_{20}	$R_{0.2/5}$	$R_{P0.2/20}$
板材	O	2	LT	175	118	98	83	54
				200	88	64	39	—
棒材	H112	20	L	175	137	118	78	49
				200	98	67	39	—

1.5.5.2 工艺特性

(1)熔炼与铸造

5A05 合金的熔炼温度为 700 ~ 750℃，铸造温度为 690 ~ 730℃。由于 Mg 的化学活性很强，因而含 Mg 较高的 5A05 合金有相当强的吸氢及氧化倾向，在熔炼、熔体转注、向合金中加 Mg 和熔体停留时，均需用以 KCl – MgCl$_2$ 为基础成分的熔剂保护。生产实践证明，含 $w(Mg) > 3\%$ 的 Al – Mg 系合金在熔铸生产中，单纯采用熔剂保护是不够的，还必须进行合金化保护。

Be 对 Al – Mg 系合金是一种良好的合金化保护元素，因为氧化 Be 的分子体积与被氧化金属的体积之比为 1.68，比 Al$_2$O$_3$ 的比值还大；Be 的离子半径小，仅为 3.1×10^{-10}m，是铝及铝合金中常见添加元素中离子半径最小的一种，能优先被氧化；Be 的氧化物电阻大，为 109 Ω，是铝及铝合金中常见添加元系氧化物中电阻最大的一种，因而氧的离子和金属离子在其中的扩散能力小；Be 的氧化物非常稳定，Be 形成氧化物的自由能变化为 999.6 kJ/mol。

实践表明，在 $w(Mg) > 3\%$ 的 Al – Mg 系合金中如果 $w(Be) = 5 \times 10^{-6}$，在正常的熔炼条件下，就具有良好的保护效果，对减少 Mg 烧损，准确控制 Mg 含量，提高铸锭表面品质，防止铸锭裂纹起了十分重要的作用。

在设备能力允许的条件下，对 Mg 含量高的 Al – Mg 系合金应尽量不采用火焰炉熔炼，因为火焰炉气中的 H$_2$O 和 CO$_2$ 的分压高，使 Al – Mg 系合金的吸氢和氧化加重。若设备能力不足，被迫采用火焰炉熔炼时，必须采取以下措施：加强熔体保护，适量增加 KCl – MgCl$_2$ 为主要组成的熔剂用量；向合金中添加的 Mg 不在火焰中加入，改在电阻炉分析前加入；从火焰炉向电阻炉转注熔体时，也需加强熔体保护。

熔铸生产中影响吸氢与氧化的因素很多，有炉料条件、熔炼设备、炉体砌筑条件和烘烤质量、熔炼温度和时间、精炼工艺、覆盖剂含水量等，在 Al – Mg 系合金熔炼过程中更需要注意。

由于 Na 含量高引起铸锭裂纹和热加工工艺塑性急剧下降的现象，常称之为 Na 脆。Na 对合金脆性的影响随 Mg 含量增加而加剧，因此，对 Mg 含量高的 Al – Mg 系合金，Na 的限制更加严格，一般应控制 $w(Na) < 10^{-5}$。为避免 Na 在熔铸生产中污染合金，不允许使用含 Na 的熔剂，同时也不允许使用 Na$_2$BeF$_4$ 向合金中加 Be。因

为它会与铝反应产生 Na_3AlF_6 和 Be，而 Be 进入合金的同时，Na_3AlF_6 也可与铝反应生成 Na 而污染合金，因此加 Be 只能以 Al - Be 中间合金加入。熔炼 Al - Mg 系合金之前的炉墙、炉底等处附着含有 NaF、Na_3AlF_6 的熔剂，亦不宜直接用它生产 Al - Mg 系合金。通常采用 Ar、Cl_2 混合气体除气、除渣精炼，精炼时有 $2Na + Cl_2 = 2NaCl$ 反应发生，使 Na 漂移至熔体表面，从而达到除 Na 的目的。

Al - Mg 系合金铸造时的裂纹倾向中等，并随合金中 Mg 含量的增加和铸锭规格的增大而增加。5A05 合金的 Mn 含量增加时，合金的抗裂力降低，热裂倾向增大。因此，为了防止产生裂纹，应尽可能将 Mn 控制在允许范围的下限（见图 1 - 5 - 5）。

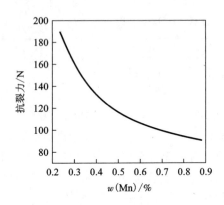

图 1 - 5 - 5　5A05 合金抗裂力和Mn 含量的关系

杂质 Si 及 Fe/Si 比值对 5A05 合金抗裂力的影响见图 1 - 5 - 6 及图 1 - 5 - 7。由图可见，该合金随 Si 含量的增加，抗裂能力降低。除了以 Si 为主要成分的 5A03 合金，其他牌号的合金，在标准允许的含量内都有一定的裂纹倾向。因此，为了降低合金的热裂倾向，需限制 Si 含量，并应使 Fe 含量大于 Si 含量。Ti 可细化铸锭晶粒，有利于降低铸锭开裂倾向，因此应适量加 Ti。

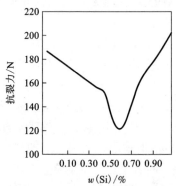

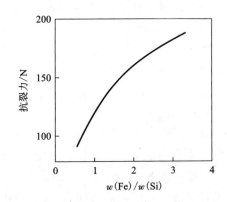

图 1 - 5 - 6　5A05 合金抗裂力和 Si 含量关系
（成分：$w(Mg) = 5.3\%$，
$w(Mn) = 0.4\%$，$w(Fe) = 0.25\%$）

图 1 - 5 - 7　Fe/Si 对 5A05 合金抗裂力的影响
$w(Fe) = 0.25\%$

Al - Mg 系合金易产生羽毛晶。羽毛晶是柱状晶的变种，有明显的方向性，可降低热加工，如锻造工艺塑性，并可遗传至加工制品，影响最终产品的力学性能，因而它是一种组织缺陷，应加以防止：配料时适当选择用一些比表面较小的废料，以增加合金的非自发晶核，抑制羽毛晶缺陷的产生；避免采用过高的熔炼温度和铸造温度，尽量缩短熔体的停留时间，减少非自发晶核活性的衰减；适量添加品质优良的晶粒细化剂，并准确掌握细化剂加入时机，增加合金中非自发晶核的数量；适量增加分配漏斗孔的数目，增大漏斗孔直径，避免铸造时熔体直接冲击结晶前沿，有利于抑制羽毛晶缺陷的产生。含 Mg 量较高的 5×××系合金熔体的黏度大，铸造大截面扁锭时气体不易排出，易产生疏松缺陷。

(2)热处理及其他工艺特性

5A05 合金的完全退火制度：为 310 ~ 335℃，材料厚度若≤6 mm，达温后出炉空冷或水冷，若 >6 mm，保温 30 min 后出炉空冷或水冷；也可在 350 ~ 410℃退火。5A05 - O 合金的工艺塑性良好，HX4 状态材料的尚可，合金的模锻温度为 410 ~ 450℃。

用本合金作焊料时，气焊和氩弧焊焊接性能合格，形成裂缝倾向小。焊接刚性结构时，为预防结晶裂缝，推荐采用氩弧焊，当然，采用摩擦搅拌焊最好。焊缝的气密性不高，应用 4A01(Al - Si)合金作为焊料，可提高气密性，但焊缝的耐腐蚀性会下降。焊接处的强度为基体材料的 90% ~ 95%，焊缝塑性良好，可切削性能良好。

5A05 合金有良好的可挤压性能，但挤压速度应比挤压 7A04 合金的还应慢一些，却比其他含镁量高的铝合金挤压速度快，工具(穿孔针)也粘铝少，管材表面品质好，更无挤不动的"闷车"现象。这是因为 5A05 合金的 Mn 含量低，硬脆相(FeMn)Al$_6$ 的量很少或没有。挤压管材的锭坯加热温度 380 ~ 400℃，金属流出速度约 1.8 m/min。5A05 合金铸锭的均匀化退火制度(460 ~ 475)℃/24 h。

对于 w(Mg) >3% 的 Al - Mg 系合金冷变形状态制品，在室温下随着时间延长，合金中的 β(Mg$_5$Al$_6$)相倾向于缓慢地沉淀在滑移带和晶界上，减小固溶强化作用，降低制品强度，出现所谓的沉淀效应，且在腐蚀条件下易引起晶间腐蚀和应力腐蚀开裂，对制品的正常使用带来不利影响。为了消除这种现象，需要稳定其力学了性能和提高抗蚀性。对 5A05 合金冷变形后的制品，通常可在(115 ~ 135)℃/(1 ~ 2) h 处理，促使 β 相均匀地在晶内和晶界析出，从而有效防止 β 相的沿晶沉淀，消除沉淀效应。

1.5.6　5B05 合金

5B05 合金的化学成分与 5A05 合金的相当，但其杂质 Si、Fe 含量更低一些，且(Si + Fe)总量不得大于 0.6%，因而具有更好的工艺塑性与抗蚀性，其他的性能均与 5A05 合金的相当。合金的化学成分见表 1 - 5 - 1。

5B05 合金是一种航空专用铆钉合金，用于加工铆钉线材，铆接在 200℃以下工作的铝、镁合金构件。铆钉线材直径 1.6 ~ 10.0 mm，供应状态 HX8，但铆钉在退火状态下应用，退火制度(270 ~ 330)℃/40 min，空冷。由于铆钉经过阳极氧化处理，如用盐浴炉退火，则铆钉宜装入一头封闭的钢管(管径 d <50 mm、壁厚 δ <1.5 mm)中。

按 GB/T 3196，直径 1.6 ~ 10.0 mm 的 5B05 - HX8 合金铆钉线材的抗剪强度

$R_\tau \geq 157$ N/mm^2。5B05 - O 合金线材的室温典型力学性能布氏硬度 HB = 70，抗拉强度 $R_m = 265$ N/mm^2，$R_{P0.2} = 147$ N/mm^2，$A_{10} = 23\%$。5B05 合金的典型室温抗剪强度 R_τ 见表 1 - 5 - 30，O 状态线材的高温抗剪强度见表 1 - 5 - 31。5B05 - O 合金线材的高周疲劳强度 $R_{-1} = 137$ N/mm^2（5×10^8 周）。

表 1 - 5 - 30　5B05 合金线材的室温典型抗剪强度

状态	d/mm	$\overline{X}$	min	max
		/(N·mm^{-2})		
HX8	5	223	204	240
	—	216	207	232
	2.5 ~ 4	235	205	255
	1.6 ~ 10.0	205	201	211
O	—	186	—	—

表 1 - 5 - 31　5B05 - O 合金直径 4 ~ 10 mm 线材的高温抗剪强度

d/mm	θ/℃	抗剪强度 R_τ/(N·mm^{-2})	d/mm	θ/℃	抗剪强度 R_τ/(N·mm^{-2})
4 ~ 10	20	195	4 ~ 10	200	157
	100	195		300	98

1.5.7　5A06 合金

在常用的 Al - Mg 合金中，5A06 合金的 Mg 含量最高，为 6.3%，同时 Mn 含量也是高的，为 0.65%，Mg 与 Mn 的平均总含量达 7%。因为它的强度高，塑性相对低一些，有良好的抗蚀性与可焊接性，可加工成板、管、棒、型、线材与锻件、模锻件等，在航空、航天、导弹、船舶舰艇、汽车、槽罐等行业有着较为广泛的应用。

冷作硬化可提高 5A06 合金的抗蚀性，但抗应力腐蚀开裂能力随之下降，对剥落腐蚀敏感性也加强。5A06 合金的化学成分见表 1 - 5 - 1，熔炼铸造工艺与 5A05 合金的相当。合金的室温相组成为 α - Al + β（Mg$_5$Al$_8$），以及少量的杂质相 AlMg$_2$Zn、AlFeSi、Mg$_2$Si 等。半连续铸造锭的显微组织如图 1 - 5 - 8

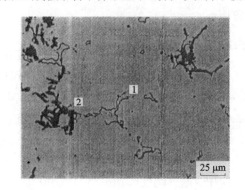

图 1 - 5 - 8　5A06 合金半连续锭的显微组织
1—Mg$_5$Al$_8$；2—Mg$_2$Si

所示，图 1 - 5 - 9 为 5A06 - H18 合金厚 1.0 mm 板材的显微组织，化合物被轧碎，沿轧制方向分布，在 α - Al 基体上分布着大量 β 相质点（板材的抗拉强度 $R_m = 450 \text{ N/mm}^2$，屈服强度 $R_{P0.2} = 435 \text{ N/mm}^2$、伸长率 $A = 7.0\%$）。

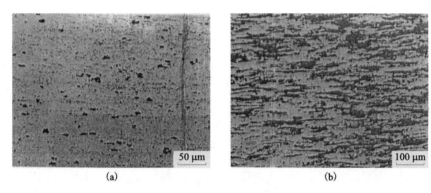

(a)　　　　　　　　　　　　(b)

图 1 - 5 - 9　5A06 - H18 合金厚 1.0mm 板材混合酸浸蚀的显微组织及偏光组织

（a）显微组织；（b）偏光

1.5.7.1　力学性能

5A06 合金半成品的标定力学性能见表 1 - 5 - 32、表 1 - 5 - 33，它们的典型力学性能见表 1 - 5 - 34 至表 1 - 5 - 38。模锻件的布氏硬度：质量 <30 kg 的为 84，质量 >30 ~ 60 kg 的为 84，质量 >60 ~ 300 kg 的为 82。2 mm 厚的 5A06 - O 板材的冲击韧度 $\alpha_{ku} = 294 \text{ kJ/m}^2$，高周疲劳（$N = 2 \times 10^7$）强度 $R_{-1} = 127 \text{ N/mm}^2$。5A06 - O 板材、模锻件和型材的抗剪强度 $R_\tau = 206 \text{ N/mm}^2$。

表 1 - 5 - 32　5A06 合金半成品的标定力学性能

技术标准	品种	试样状态	δ 或 d/mm	R_m/(N·mm^{-2})	$R_{P0.2}$/(N·mm^{-2})	A/%
				不小于		
YS/T 213 YS/T 215	板材	O	0.5 ~ 4.5	314	157	15[①]
GB/T 3880	板材	O	0.5 ~ 4.5	315	155	16[②]
		H112	5 ~ 10.0	315	155	16[②]
GB/T 3880	板材	H112	>10.0	305	145	12
			>12.5	305	145	12[③]
			>25.0	295	135	6
GJB 2662	厚板	H112	7 ~ 10	315	157	15[①]
			>10	305	147	11
			>25	295	137	6

续表 1 – 5 – 32

技术标准	品种	试样状态	δ 或 d/mm	R_m/(N·mm^{-2})	$R_{P0.2}$/(N·mm^{-2})	A/%
				不小于		
GB/T 3191	挤压棒材[4]		≤200	315	157	15[3]
			>200	284	118	10
GJB 2054	挤压棒材	H112, O	5 ~ 150	315	157	15[3]
			>150	280	120	10
HB 5202	挤压棒材		≤240	314	157	15[3]
GJB 2507	挤压型材	H112, O	所有	314	157	15
GB/T 4437		H112, O	所有	314	147	15
GJB 2381	管材[5]	H112	25 ~ 150	315	147	12[3]
			>180	315	147	10
		O	25 ~ 180	315	147	15[3]
			>180	315	147	12
GJB 2379	冷拉管	O	所有	314	147	15[1]
GB/T 3196	线材	HX8	1.6 ~ 10.0	τ167	—	—
GJB 2055						

注：①A_{10} 数据；②试样标距 50 mm；③A_5 数据；④直径 $d > 150$ mm 的棒材力学性能附报告单；⑤壁厚 $\delta <$ 5 mm 的管材的室温纵向力学性能，由供需双方另行协商或附试验结果；外径 d 180 ~ 300 mm，壁厚 $\delta > 32.5$ mm 的管材，室温纵向学性能由供需双方另行协商。

表 1 – 5 – 33　5A06 合金自由锻件及模锻件的标定力学性能

技术标准	状态	质量/kg	L			LT			ST		HB
			R_m/(N·mm^{-2})	$R_{P0.2}$/(N·mm^{-2})	A_5/%	R_m/(N·mm^{-2})	$R_{P0.2}$/(N·mm^{-2})	A_5/%	R_m/(N·mm^{-2})	A_5%	
			不小于								
GJB 2351 – 1995	H112 O	>60	284	118	11.0	284	118	11.0	284	11.0	—
		>30	294	127	14.0	294	127	14.0	294	14.0	—
		≤30	304	127	14.0	304	127	14.0	304	14.0	—
HB 5204 – 1982	O	≤60	304	127	14.0	304	127	14.0	304	14.0	70
		>60	284	118	11.0	284	118	11.0	284	11.0	70

表 1 - 5 - 34　5A06 合金半成品的典型室温力学性能

品种	状态	δ 或 d /mm	抗拉强度 R_m			屈服强度 $R_{p0.2}$			A /%
			平均值	最小值	最大值	平均值	最小值	最大值	
			/(N·mm^{-2})			/(N·mm^{-2})			
板材	O	0.5	330	327	336	163	152	187	24[1]
		1.5	342	326	363	180	152	206	23.3
		2.0	330	324	337	161	155	165	23.7
		3.0	332	320	342	164	160	171	23.6
		0.3 ~ 4.0	338	316	353	176	157	213	23.7
轧制板材	O	0.5	335	333	340	165	160	170	23.5
		2.0	345	340	349	170	158	190	24.6
		4.0	350	345	350	205	196	213	20.6
		0.6 ~ 3.0	335	319	358	—	—	—	24.3
	H12	35	330	328	336	170	167	174	22.6
棒材	H112	50	380	369	396	225	211	245	19.7
		55	392	353	414	226	196	260	22[1]
		55 ~ 75	380	—	—	—	—	—	20.3
		100	370	358	382	205	195	225	21.6
		≤200	370	329	405	245	188	290	19.2
		>200	335	314	370	195	160	232	21.2
	O	≤200	375	343	397	255	204	279	21.8
管材	H112	—	368	356	379	190	173	230	20.5[1]
		20	380	353	407	245	219	284	20.9
		100 ~ 466	355	328	389	210	173	243	20.2
	O	75 ~ 140	340	326	357	180	156	193	21.6
冷管	O	—	375	336	425	260	184	335	19.6
		20 ~ 90	340	309	367	190	163	314	21.9

注：①A_{10}数据。

表 1 - 5 - 35　5A06 - O 合金锻件的典型室温力学性能

试样方向	抗拉强度 R_m/(N·mm^{-2})			屈服强度 $R_{p0.2}$/(N·mm^{-2})			A/%
	平均值	最小值	最大值	平均值	最小值	最大值	
L	334	323	344	182	148	206	23.6
LT	322	311	344	173	144	201	20
ST	319	311	330	168	140	188	15.7

表 1 – 5 – 36　厚 5A06 合金板材的室温力学性能与冷轧率的关系

材料状态	抗拉强度 R_m/(N·mm^{-2})	屈服强度 $R_{P0.2}$/(N·mm^{-2})	伸长率 A/%
退火	333	177	20.0
冷变形 20%	412	294	12.5
冷变形 30%	427	338	11.5
冷变形 30% + 90℃/10 h	417	309	13.5
冷变形 40%	466	392	7.0
冷变形 40% + 90℃/10 h	441	343	12.5

表 1 – 5 – 37　5A06 合金在不同温度的典型力学性能

品种	状态	δ 或 d/mm	θ/℃	R_m/(N·mm^{-2})	$R_{P0.2}$/(N·mm^{-2})	伸长率 A/%
板材	O	1.5	20	319	167	24.5
			100	299	147	31.5
			150	245	132	37.0
			200	191	123	43.5
			250	157	103	45.0
			300	127	78	48.0
型材	—	载面 50×30×3	20	324	177	22
			100	304	167	28
			200	196	137	36
			250	167	123	40
板材	O	2	100	304	147	27
			150	255	127	37
			200	186	118	43
			250	157	98	45
			300	127	59	48
	冷变形 40% + 90℃/10 h 处理		100	363	265	16
			150	294	216	18
			200	265	206	21
			250	226	—	37
板材	O	2	−253	534	191	24.5
			−196	461	181	26.0
			−70	343	172	25.0
			−196	451	—	33
			−70	343	—	26
型材	H112, O	—	−196	500	—	31
			−70	353	—	22

表 1-5-38　5A06-O 合金 1.5 mm 板材 *LT* 方向的持久与蠕变强度

温度 θ /℃	持久强度				蠕变强度			
	R_{100}	R_{1000}	R_{10000}	R_{100000}	$R_{0.2/100}$	$R_{0.2/1000}$	$R_{0.2/5000}$	$R_{0.2/10000}$
	/(N·mm^{-2})				/(N·mm^{-2})			
20	—	294	275	240	152	147	142	137
50	284	245	226	196	147	147		
100	216	177	118	—	127	108	98	
150	137	98	—	—	59	20		
200	69	44	—	—	15			
250	34	25	—	—				
300	15	—	—	—				

1.5.7.2　工艺特性

5A06 合金的熔炼铸造工艺与 5A05 合金的相同。合金的完全退火制度：310～335℃，材料厚度 δ≤6 mm 时，热透后空冷或水冷；厚度 δ>6 mm 时，保温 30 min，空冷或水冷。也可在 350～410℃，按材料直径或厚度确定保温时间，但不宜过长，以晶粒满足标准为宜。以不大于 30℃/h 的冷却速度随炉冷至≤260℃后出炉空冷。5A06-O 合金有良好的耐腐蚀性，冷作硬化可导致剥落腐蚀，合金的耐腐蚀性受退火条件和生产使用过程中加热制度影响。在 310～335℃最终退火可获得满意结果。

5A06-O 合金的冷态工艺塑性合格。始锻温度 460℃，在锻造困难时，毛坯表面需要冷却至 400～420℃后以小的压缩率锻造。

用本合金焊料时易进行氩弧焊，形成结晶裂缝的倾向不显著，所得焊缝气密性合格。气焊与点焊合格，气焊时须注意观察与焊缝邻接的基体材料的膨胀倾向。焊接接头的拉伸强度为基体材料的 90%～95%。

5A06 合金的抗剥落腐蚀性能与加工工艺密切相关，如果加工工艺不当，可能会出现剥落腐蚀，影响使用寿命。为了提高 5A06 合金厚板的使用寿命，可采用稳定化处理。

稳定化温度低于 100℃不能充分改善抗腐蚀性能。如温度过高、时间延长又会降低强度。合适的稳定化处理制度为 220℃×16 h。合适的稳定化制度，使材料的基体上 β 相均匀分布，不呈链状，减少阳极区，从而提高 5A06 合金的使用寿命（见图 1-5-10）。

在半连续铸造 5A06 合金圆锭时经常出现大量的羽毛状晶组织，对锻件的疲劳性能不利，应尽量避免。

1.5.7.3　5A06-H34 厚板及 5A06-O 板材生产工艺

5A06-H34 合金厚板是一种常见产品，但其性能稳定性差，往往出现产品性能

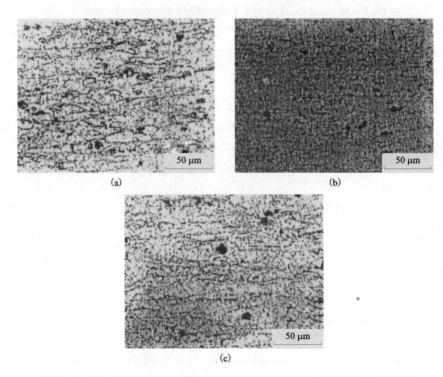

图 1 – 5 – 10 5A06 合金板材经 220℃ 稳定化处理不同时间后的金相组织

不合格现象。赵永军等人的研究显示，按如下工艺生产的 H34 合金板材的抗拉强度 R_m 为 410 ~ 424 N/mm²、屈服强度 $R_{P0.2}$ 为 305 ~ 329 N/mm²，伸长率 $A = 9.4\%$ ~ 11.5%，分别比 GJB 390 标准的 ≥375 N/mm²、285 N/mm²、≥8% 要求值高得多；热轧带预留 25% ~ 35% 冷加工率，中间退火，冷轧到成品厚度，稳定化退火(100 ~ 110)℃/1 h，其他按现行工艺生产。

5A06 – O 合金板材的力学性能也同样存在波动范围较大现象。图 1 – 5 – 11 表示 5A06 合金板材的力学性能与退火(330℃)保温时间的关系，可以看出，随着保温时间的增加，5A06 合金板材的抗拉强度、屈服度强度及伸长率逐渐降低，抗拉强度由 342 N/mm² 下降到 330 N/mm²，屈服强度由 170 N/mm²

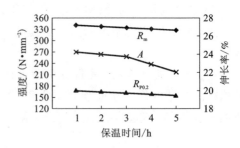

图 1 – 5 – 11 板材力学性能与退火保温时间的关系

下降到 157 N/mm²，伸长率由 24.3% 下降到 22.1%。分析认为，由于退火保温时间延长，再结晶晶粒长大，晶粒粗大导致板材的力学性能下降。可见，过长的退火保温时间影响板材的强度。

孙卫国等人的研究显示，采用如下工艺生产的 5A06 - O 板材的力学性能（表 1 - 5 - 39）完全达到 GB/T 3880 要求，并且性能稳定：Mg 含量应控制在 6.4% ~ 6.7%；成品退火温度 300 ~ 310℃，保温 1.0 h，出炉空冷。

表 1 - 5 - 39　工业生产的 5A06 - O 板材的力学性能

力学性能	实测值	标准要求
$R_m/(N \cdot mm^{-2})$	325 ~ 341	≥315
$R_{P0.2}/(N \cdot mm^{-2})$	162 ~ 185	≥155
$A/\%$	18.5 ~ 22.5	≥16

1.5.8　5083 型合金

在 2012 年美国铝业协会公司注册的常用 5083 型合金共有 8 个，中国已纳入 GB/T 3190 的 5083 型合金有 5083，5183，5183A，5283，5283A，5283B，5383，5483。5083 合金的成分(质量%)为：0.40 Si，0.40 Fe，0.10 Cu，0.40 ~ 0.10 Mn，4.0 ~ 4.9 Mg，0.05 ~ 0.25 Cr，0.25 Zn，0.15 Ti，其他杂质单个 0.05，合计 0.15，其余为 Al。5083 型合金在航空航天器制造中的应用并不广泛，欧洲空中客车在制造航空器时用了一定量的此类合金，国外一些公司还用 5083 型合金制造巡航导弹。该类合金的主要应用领域为轨道车辆、特种汽车、槽罐、石油化工容器、船舶舰艇、电力电子工业等。产品主要为 5 ~ 15 mm 厚的板材。

2.5.8.1　大扁锭熔铸工艺

在熔炼与铸造 5083 型合金锭时，除遵守 Al - Mg 系的通用工艺外，应注意化学成分控制：为保证合金的强度，Mg、Mn 元素按中上限控制，$w(Mg) = 4.4\% ~ 4.8\%$，$w(Mn) = 0.6\% ~ 0.9\%$；为保证合金的铸造性能，控制 $w(Si) < 0.1\%$，$w(Fe)\%$ 比 $w(Si)\%$ 多 0.05%。Na 含量 $< 10 \times 16^{-6}$，加 Be 对熔体进行保护。

熔体净化：铸造前采用 Ar - Cl₂ 气体精炼 15 min，精炼后静置 30 min。铸造流线上用陶瓷片过滤。在线播种 Al - Ti - B 合金细化晶粒。但在 5083 合金中 $w(B) > 2 \times 10^{-6}$ 时，熔体中 TiB_2 质点容易聚集，在铸锭表面形成竖道皱褶缺陷，会成为裂纹源。因此应控制 $w(B) < 2 \times 10^{-6}$。铸造温度 700 ~ 710℃。铸造速度控制在 50 ~ 55 mm/min。有效结晶区高度控制在 55 ~ 65 mm。

1.5.8.2　热轧工艺

5083 合金铸锭经(460 ~ 470)℃/24 h 均匀化处理，铸锭组织细密，化学成分均一；铸锭热轧温度 450 · 480℃，按表 1　5　40 道次压下量进行轧制，可获得板形、表面品质良好的板材；O 状态退火制度(270 ~ 290)℃/1 h，经 1.5% 的拉伸变形，性能、组织及不平度可满足 EN 485 标准要求。

表 1 - 5 - 40　东北轻合金公司 5083 合金铸块热轧道次压下量的分配

道次	轧前厚度/mm	轧后厚度/mm	绝对压下量/mm	加工率/%	备注
1	237	232	5	2.1	—
2	232	226	6	2.6	—
3	226	219	7	3.1	—
4	219	211	8	3.6	滚边
5	211	201	10	4.7	
6	201	191	10	5.0	滚边
7	191	181	10	5.2	—
8	181	171	10	5.8	滚边
9	171	161	10	5.8	—
10	161	149	12	7.4	滚边
11	149	137	12	8.0	—
12	137	125	12	8.7	滚边
13	125	113	12	9.6	—
14	113	101	12	10.6	滚边
15	101	89	12	11.9	—
16	89	77	12	13.5	滚边
17	77	67	10	13.0	—
18	67	57	10	14.9	滚边
19	57	47	10	17.5	—
20	47	39	8	17.0	
21	39	31	8	20.5	—
22	31	25	6	19.3	
23	25	20	5	20.0	—
24	20	16	4	20.0	
25	16	12	4	25.0	
26	12	9	3	25.0	—
27	9	6	3	33.3	—

在 5083 铝合金的基础上，降低 Fe、Si 杂质含量，稍增加 Cu、Zn 含量和添加少量 Zr 研制出 5183、5283A、5283B、5383 合金。其中 5383 铝合金具有一定的成形性

能和耐蚀性能，强度和焊接性能分别优于 5083 铝合金的。

5383 铝合金铸锭热塑性低，开始几个道次加工率不宜过大，控制在 3% ~ 5%；轧制中期，热加工组织增加，但铸锭芯部仍为铸态组织，没有发生塑性变形，这时应加大道次加工率，使轧件尽快越过易碎区，道次加工率控制在 5% ~ 15%；在轧制后期，为了弥补轧制的热损失，同时为了保证热轧产品最终的组织和性能，可采用 15% ~ 35% 的道次加工率。

热轧过程中为减少不均匀变形，减少板材边部裂纹，应采用立辊滚边，增加侧边的压应力，板材边部裂纹焊合，形成可靠的闭端，裂纹不扩展。滚边 4 ~ 6 道次，道次滚边量 5 ~ 10 mm，能够达到消除裂边目的。

表 1 - 5 - 41　5083 板材实际力学性能

板厚 /mm	抗拉强度 R_m/(N·mm^{-2})		屈服强度 $R_{P0.2}$/(N·mm^{-2})		伸长率 A/%	
	EN485	东轻*	EN485	东轻	EN485	东轻
10.0	275 ~ 350	307	≥125	195	≥16	27
30.0	275 ~ 350	296	≥125	174	≥16	26
60.0	270 ~ 345	285	≥125	171	≥16	24
90.0	≥260	278	≥125	143	≥16	19

注：*东轻——东北轻合金有限责任公司。

1.5.8.3　力学性能

5083 合金板材的标定力学性能见 GB/T 3880.2—2006、挤压型材的见 GB/T 6892—2006、拉（轧）制无缝管的见 GB/T 6893—2000。5083 合金的典型力学性能见表 1 - 5 - 42。

表 1 - 5 - 42　5083 合金的典型力学性能

状态	抗拉强度[1]R_m /(N·mm^{-2})	屈服强度[1]$R_{P0.2}$ /(N·mm^{-2})	伸长率[1][2]A /%	抗剪强度 $R_{-\tau}$ /(N·mm^{-2})	疲劳强度[3]R_{-1} /(N·mm^{-2})
O	290	145	22	172	—
H112	303	193	16	—	—
H116	317	228	16	—	160
H321	317	228	16	—	160
H323、H32	324	248	10	—	—
H343、H34	345	283	9	—	—

注：[1]低温抗拉强度、伸长率与室温时的相当或稍高一些；[2]厚 1.6 mm 板材；[3]R. R. Moore 试验，5×10^8 次。合金的抗剪屈服强度约为拉伸屈服强度的 55%，抗压屈服强度与抗拉屈服强度相当。

1.6　6×××系合金

6×××系合金包括 Al – Mg – Si 组及 Al – Mg – Si – Cu 组合金，它们都是热处理可强化的。虽然它们的消费量占变形铝合金材料总消费量的45%以上，但在航空航天器制造领域的用量少，用的较多的是6A02(6151)及6082合金。在固溶处理和自然时效或人工时效状态(6A02)下应用，具有中等强度和较高塑性，是热处理可强化变形铝合金中抗腐蚀性较强的结构材料。无应力腐蚀破裂倾向，可焊接性能良好，焊接区腐蚀性能不变，成形性和工艺性能良好等优点。当合金中含 Cu 时，合金的强度可接近2×××系合金的，工艺性能优于2×××系铝合金的，但耐蚀性变差，合金有良好的可锻造性能。

1.6.1　合金元素和杂质元素的作用

6×××系铝合金的主要合金元素有 Mg、Si、Cu。

(1)Mg 和 Si

Mg、Si 含量的变化对退火状态的 Al – Mg – Si 合金抗拉强度和伸长率的影响不明显。随着 Mg、Si 含量的增加，Al – Mg – Si 合金淬火自然时效状态的抗拉强度提高，伸长率降低。当 Mg、Si 总含量一定时，Mg、Si 含量之比的变化对性能也有很大影响。固定 Mg 含量，合金的抗拉强度随着 Si 含量的增加而提高。固定 Mg_2Si 相的含量，增加 Si 含量，合金的强化效果提高，而伸长率稍有提高。固定 Si 含量，合金的抗拉强度随着 Mg 含量的增加而提高。含 Si 量较小的合金，抗拉强度的最大值位于 $\alpha(Al)$ – Mg_2Si – Mg_2Al_3 三相区内。Al – Mg – Si 三元合金抗拉强度的最大值位于 $\alpha(Al)$ – Mg_2Si – Si 三相区内。

Mg、Si 对淬火人工时效状态合金的力学性能的影响规律，与淬火自然时效状态合金的基本相同，但抗拉强度有很大提高，最大值仍位于 $\alpha(Al)$ – Mg_2Si – Si 三相区内，同时伸长率相应降低。

合金中存在剩余 Si 和 Mg_2Si 时，随其数量的增加，耐蚀性能降低。但当合金位于 $\alpha(Al)$ – Mg_2Si 二相区以及 Mg_2Si 相全部固溶于基体的单相区内的合金的耐蚀性最好，所有合金均无应力腐蚀破裂倾向。

合金在焊接时，焊接裂纹倾向性较大，但在 $\alpha(Al)$ – Mg_2Si 二相区中，成分 $w(Si)=0.2\%\sim0.4\%$，$w(Mg)=1.2\%\sim1.4\%$ 的合金和在 $\alpha(Al)$ – Mg_2Si – Si 三相区中，成分 $w(Si)=1.2\%\sim2.0\%$，$w(Mg)=0.8\%\sim2.0\%$ 的合金，其焊缝裂纹倾向较小。

(2)Cu

Al – Mg – Si 合金中添加 Cu 后，Cu 在组织中的存在形式不仅取决于 Cu 含量，而且受 Mg、Si 含量的影响。当 Cu 含量很少，$w(Mg)/w(Si)$ 为 1.73：1 时，则形成 Mg_2Si 相，Cu 全部固溶于基体中；当 Cu 含量较多，$w(Mg)/w(Si)<1.08$ 时，可能

形成 $w(Al_4CuMg_5Si_4)$ 相，剩余的 Cu 则形成 $CuAl_2$；当 Cu 含量多，$w(Mg)/w(Si) >$ 1.73 时，可能形成 $S(Al_2CuMg)$ 和 $CuAl_2$ 相。W 相与 S 相、$CuAl_2$ 相和 Mg_2Si 相不同，固态下只部分溶解参与强化，其强化作用不如 Mg_2Si 相的大。加入 Cu，不仅显著改善了合金在热加工时的塑性，而且可以增加热处理强化效果，还能抑制挤压效应，降低合金因加 Mn 后所出现的各向异性。

$6\times\times\times$ 系铝合金中的微量添加元素有 Mn、Cr、Ti，而杂质元素主要有 Fe、Zn 等。

Mn：可以提高强度，改善耐蚀性、冲击韧性和弯曲性能。在 AlMg0.7Si1.0 合金中添加 Cu、Mn 时，若 $w(Mn) < 0.2\%$，随着 Mn 含量的增加合金的强度提高很快。Mn 含量继续增加，Mn 与 Si 形成 AlMnSi 相，损失了一部分形成 Mg_2Si 相所必需的 Si，而 AlMnSi 相的强化作用比 Mg_2Si 相的小。因而，合金强化效果下降。

Mn 和 Cu 同时加入时，其强化效果不如单独加 Mn 的，但可提高伸长率，并改善退火状态制品的晶粒度。

当合金中加入 Mn 后，由于 Mn 在 α 相中产生严重的晶内偏析，影响了合金的再结晶过程，造成退火制品的晶粒粗化。为获得细晶粒材料，铸锭必须进行高温均匀化(550℃)，以消除 Mn 偏析。退火时宜快速升温。

Cr：Cr 和 Mn 有相似的作用，抑制 Mg_2Si 相在晶界的析出，延缓自然时效过程，提高人工时效后的强度。Cr 可细化晶粒，使再结晶后的晶粒呈细长状，因而提高了合金的耐蚀性，适宜的 $w(Cr) = 0.15\% \sim 0.3\%$。

Ti：添加 $w(Ti) = 0.02\% \sim 0.1\%$ 和 $w(Cr) = 0.01\% \sim 0.2\%$，可以减少铸锭的柱状晶组织，改善合金的可锻造性能，并细化制品晶粒。

Fe：少量 Fe[$w(Fe) < 0.4\%$ 时]对力学性能的没有坏影响，并可以细化晶粒。$w(Fe) > 0.7\%$ 时，生成不溶的 AlMnFeSi 相，降低制品的强度、塑性和耐蚀性能。合金中有 Fe 时制品在阳极氧化处理后的色泽变坏。

Zn：少量杂质 Zn 对合金的强度影响不大，其 $w(Zn)$ 应≤0.3%。

1.6.2　6A02 合金

6A02 合金属 Al - Mg - Si - Cu 系，化学成分(质量分数)为：0.2% Cu ~ 0.6% Cu，0.45% Mg ~ 0.9% Mg，0.5% Si ~ 1.2% Si，0.15% Mn ~ 0.35% Mn 或 Cr，0.5% Fe，0.2% Zn，其他杂质单个 0.05%，合计 0.15%，其余为 Al。

Al - Mg - Si - Cu 系合金是在 Al - Mg - Si 系合金的基础上发展起来的。在这类合金中，最先出现的是 51S (Mg 0.6%，Si 0.9%)。早在 1921 年

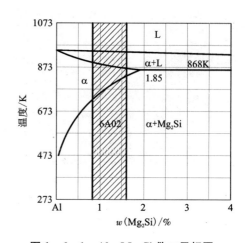

图 1 - 6 - 1　Al - Mg_2Si 伪二元相图

就有研究者指出，Mg_2Si 对 Al – Mg – Si 系合金的强化起决定性作用。研究发现 Al – Mg_2Si 伪二元相图（见图 1 – 6 – 1）上的合金和含过剩 Mg 或 Si 的合金的时效强化效果随淬火加热时溶入固体中的 Mg_2Si 相数量的增加而提高，Mg_2Si 是此系合金的主要强化相。后来研究发现，51S 合金在淬火后，不立即时效（停留一段时间）会降低随后的人工时效效果。为了补偿这种损失，在 51S 合金的基础上，加入 0.2% ~ 0.6% Cu 和 0.15% ~ 0.35% Mn（或 Cr）就成为 6A02 合金。

1.6.2.1　相组成及热处理

Al – Mg – Si – Cu 系相图铝角在含 5% Cu 处的固态相区分布见图 1 – 6 – 2，6A02 合金的主要相组成为 α – Al、Mg_2Si、$W(Cu_4Mg_5Si_4Al_x)$，杂质相为 $(FeMnSi)Al_6$、AlFeSi。6A02 合金半连续锭的显微组织示于图 1 – 6 – 3，以 25% HNO_3 水溶液浸蚀 15 ~ 20 s。

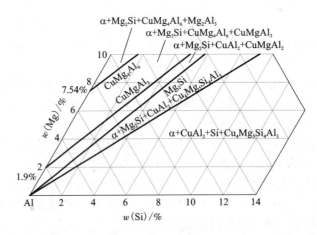

图 1 – 6 – 2　Al – Mg – Si – Cu 系合金相图靠铝角在含 5% Cu 处固态相区的分布

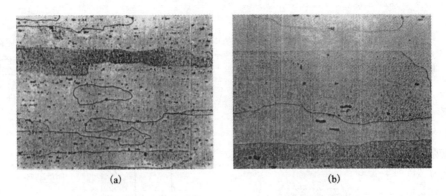

(a)　　　　　　　　　　　　　　(b)

图 1 – 6 – 3　淬火温度对 6A02 合金板材晶粒度的影响

(a) –5.0 mm 板材在 530℃淬火，晶粒正常；(b) –5.0 mm 板材在 560℃淬火，晶粒粗大。

6A02 合金材料的不完全退火制度(350 ~ 380)℃/(1 ~ 3) h，出炉空冷；也可在

(340～410)℃/(1～3) h 退火,以不大于 30℃/h 的降温速度随炉冷至 260℃后出炉空冷。固溶处理温度 510～530℃,水冷;室温自然时效不短于 96 h;人工时效与固溶处理之间间隔时间应短于 6 h,否则会损失一些强度。

由 Al－Mg$_2$Si 伪二元相图(见图 1－6－1)可以看出,在共晶温度时,强化相 Mg$_2$Si 的最大溶解度为 1.85%,随着温度下降,溶解度明显降低,在 200℃时下降到 0.25%。因此该合金具有较好的热处理强化效果。同时该合金淬火加热的温度范围也很宽。淬火温度高于 540℃时,虽然固溶充分,使合金强化效果提高,但因形成粗晶组织,反而使强度降低(见图 1－6－3)。淬火温度若低于 500℃,尽管获得了细晶组织,能使强度提高,由于固溶不充分,合金的强化效果却相应降低。为了保证强化相充分固溶,又不使合金组织粗大,最好的淬火加热温度为 520±10℃,人工时效制度为 150～160℃,保温 6～15 h。

1.6.2.2　力学性能

6A02 合金适于制造在冷态和热态下,加工塑性和耐腐蚀性要求高的飞机和发动机零件、直升机的浆叶和复杂形状的型材和锻件。零件的工作温度范围 －70～50℃。该合金半成品的标定力学性能见表 1－6－1、表 1－6－2,典型力学性能见表 1－6－3 至表 1－6－11。

表 1－6－1　6A02 合金半成品的标定力学性能

技术标准	品种	供应状态	试样状态	δ 或 d/mm	$R_{\mathrm{m}}/(\mathrm{N \cdot mm^{-2}})$	$R_{\mathrm{p0.2}}/(\mathrm{N \cdot mm^{-2}})$	$A_5/\%$
					不小于		
YS/T 212 YS/T 214	板材	O	O	0.35～5.0	≤147	—	20[①]
				>0.5～10.0	≤147	—	15
		T4	T4	0.3～0.6	196	—	18[①]
				>0.6～3.0	196	—	20
				3.0～5.0	196	—	18
				>5.0～10.0	177	—	16
		T6	T6	0.3～5.0	294	—	10[①]
				>5.0～10.0	294	—	8
GB/T 3880	板材	O	O	0.5～4.5	≤145	—	21[②]
				>4.5～10.0	≤145	—	16
			T62	0.5～4.5	295	—	11[②]
				>4.5～10.0	295	—	8
		T4	T4	0.5～0.8	195	—	19[②]
				>0.8～2.9	195	—	21
				>2.9～4.5	195	—	19
				>4.5～10.0	175	—	17[②]

续表 1 − 6 − 1

技术标准	品种	供应状态	试样状态	δ 或 d/mm	$R_m/(\mathrm{N \cdot mm^{-2}})$	$R_{P0.2}/(\mathrm{N \cdot mm^{-2}})$	A_5/%
					不小于		
GB/T 3880	板材	T6	T6	0.5 ~ 4.5	295	—	11[2]
				>4.5	295	—	8
		H112	T62	4.5 ~ 12.5	295	—	8[2]
				>12.5	295	—	7
				>25.0	285	—	6
				>40.0	275	—	6
		H112	T42	4.5 ~ 12.5	175	—	17[2]
				>12.5	175	—	14[3]
				>25.0	165	—	12
				>40.0	165	—	10
GJB 2053	薄板	O	O	1.0 ~ 4.0	≤147	—	20[1]
		T4	T4	1.0 ~ 3.0	196	—	20[1]
				>3.0	196	—	18
		T6	T6	1.0 ~ 4.0	295	—	10[1]
GJB 2662	厚板	O	O	4 ~ 5	≤147	—	2[1]
				>5	≤147	—	15
		T4	T4	4 ~ 5	196	—	18[1]
				>5	176	—	16
		T6	T6	4 ~ 5	295	—	10[1]
				>5	295	—	8
		H112	T4	7 ~ 25	178	—	14[1]
				>25	167	—	12
				>40	167	—	10
			T6	7 ~ 25	295	—	7[1]
				>25	285	—	6
				>40	275	—	6
GB/T 3191	挤压棒材[4]	T6 H112	T6 T62	≤150	295	—	12[3]
GJB 2054	挤压棒材	H112, T6	T6	5 ~ 150	295	—	12[3]
		H112		>150	280	—	8[3]
HB 5202		T6	T6	≤240	294	—	12[3]
GB/T 3191	高强棒材[5]	H112 T6	T62 T6	20 ~ 120	305	—	8[3]
GJB 2054		H112, T6	T6	20 ~ 150	305	—	8[3]

续表 1 - 6 - 1

技术标准	品种	供应状态	试样状态	δ 或 d/mm	R_{m}/(N·mm^{-2})	$R_{P0.2}$/(N·mm^{-2})	A_{5}/%
					不小于		
GJB 2507	挤压型材	T4	T4	所有厚度	177	—	14
		H112, T6	T6	所有厚度	294	225	10
GB/T 4437	管材⑥	O	O	所有直径	≤147	—	17
		T4	T4	所有直径	206	—	14
		T6	T6	所有直径	294	—	8
GJB 2381		O	O	所有直径	≤147	—	17③
		T4	T4	所有直径	205	—	14
		H112, T6	T6	25 ~ 120	295	—	8③
				>120	275	—	8
GJB 2379	冷拉管	O	O	所有尺寸	≤147	—	17①
		T4	T4	所有尺寸	206	—	14
		T6	T6	所有尺寸	304	—	8

注：①A_{10}数据；②标距 50 mm 数据；③A_{5}数据；④直径 d >150 mm 的棒材，其力学性能附报告单；⑤如供应状态为 T6，仅适用于 d 25 ~ 120 mm 的棒材；⑥壁厚 δ <5 mm 的管材室温纵向力学性能，由供需双方另行协商或附试验结果；外径 d 185 ~ 300 mm，壁厚 δ >32.5 mm 的管材，室温纵向力学性能由供需双方另行协商。

表 1 - 6 - 2　6A02 合金自由锻件及模锻件的力学性能

技术标准	品种	状态	L			LT			ST		HB
			R_{m}/(N·mm^{-2})	$R_{P0.2}$/(N·mm^{-2})	A_{5}/%	R_{m}/(N·mm^{-2})	$R_{P0.2}$/(N·mm^{-2})	A_{5}/%	R_{m}/(N·mm^{-2})	A_{5}/%	
			不小于								
HB 5204 GJB 2351	自由锻件	T6	275	—	10	—	—	—	—	—	85
			272	—	11	—	—	—	—	—	85
	模锻件	T6	295	215	12	265	—	4	—	—	85
			295	215	12	265	—	4	—	—	85

表 1 - 6 - 3　6A02 合金半成品的典型室温力学性能

品种	状态	δ 或 d/mm	抗拉强度 R_{m}/(N·mm^{-2})			屈服强度 $R_{P0.2}$/(N·mm^{-2})			伸长率 A/%
			平均值	最小值	最大值	平均值	最小值	最大值	
挤压棒材	T6	≤50	379	309	453	—	—	—	17.6
		45	370	320	435	—	—	—	16.6
		≤150	390	296	480	—	—	—	15.4
		>150	415	351	450	—	—	—	13.8

续表 1 - 6 - 3

品种	状态	δ 或 d /mm	抗拉强度 $R_m/(N\cdot mm^{-2})$			屈服强度 $R_{p0.2}/(N\cdot mm^{-2})$			伸长率 A /%
			平均值	最小值	最大值	平均值	最小值	最大值	
型材	T6	—	365	297	429	316	251	397	16.0
		10	330	—	—	275	—	—	20.8
	T4	—	222	—	—	—	—	—	29.7
	T6	—	340	295	410	295	239	370	15.7
模锻件 B6 - 1	T6	—	347	305	388	296	254	342	15.4

表 1 - 6 - 4 6A02 合金管材的典型室温抗拉强度

品种	状态	d/mm	抗拉强度 $/(N\cdot mm^{-2})$			伸长率 A /%
			$\overline{X}$	min	max	
管材	O	—	135	—	—	22.1
	T6	—	395	318	428	11.3
冷拉管	O	—	130	—	—	18.0
	T4	—	260	—	—	14.8
管材	T6	190	—	322	405	11.7
		150	370	354	405	14.3
		75	330	308	349	13.8
冷拉管	O	6	140	—	—	25.3
	T4	29	280	—	—	19.9
		40	270	—	—	15.2
	T6	24	360	—	—	14.1
		32	380	—	—	18.9
管材	T6	16	375	337	417	12.0
冷拉管		100 ~ 305	390	330	454	12.9

表 1 - 6 - 5 淬火水温对 6A02 - T6 挤压材室温拉伸力学性能的影响

试样方向	淬火水温/℃	$R_m/(N\cdot mm^{-2})$	$R_{p0.2}/(N\cdot mm^{-2})$	A/%
L	20	387	343	14
LT		357	309	15
L	60	358	289	14.5
LT		346	275	15.3
L	100	245	162	12.0
LT		230	152	14.5

表 1 - 6 - 6　停放时间对 6A02 - T6 板材拉伸性能的影响

淬火和人工时效之间间隔时间/h	抗拉强度 R_m /(N·mm^{-2})	屈服强度 $R_{P0.2}$ /(N·mm^{-2})	伸长率 A /%
0.083(5 min)	375	346	15.0
48	343	294	18.0
48①	373	348	14.5

注：①淬火后立刻在 180℃ 短时间人工时效 5 min，然后经过 48 h 间隔再进行人工时效。

表 1 - 6 - 7　挤压系数对 6A02 - T6 合金力学性能的影响

品种	规格/mm	试样方向	挤压系数	R_m/(N·mm^{-2})	$R_{P0.2}$/(N·mm^{-2})	A/%
型材	2 × 130 × 30	L	28.5	338	314	10
		LT		335	306	12
	10 × 27 × 143	L	19.7	353	304	12
		LT		324	270	12
带材	20 × 200	L	16.5	343	314	14
		LT		319	289	13.5
棒材	d 100	L	12.0	353	319	14
		LT		314	275	12.5

表 1 - 6 - 8　铸锭均匀化退火制度对 6A02 合金管材力学性能的影响

状态	铸锭均匀化制度			
	500℃ , 12 h		520℃ , 24 h	
	R_m/(N·mm^{-2})	A/%	R_m/(N·mm^{-2})	A/%
F	162	16.6	164	18.0
O	159	16.4	127	19.6
T4	288	15.8	276	17.7

表 1 - 6 - 9　6A02 - T6 合金挤压材在不同温度的典型力学性能

品种	状态	θ/℃	R_m/(N·mm^{-2})	$R_{P0.2}$/(N·mm^{-2})	A/%
挤压件	T6	-196	441	422	14.0
		-70	392	373	13.0
		20	343	314	12.0
		100	314	284	12.0
		150	275	250	13.0
		200	235	216	12.0
		250	157	127	12.0

注：性能在试验温度保温 30 min 后测试。

表1－6－10　6A02－T6合金挤压材的冲击韧度

品种	δ 或 d /mm	组织	试样 方向	α_{KU} /$(kJ \cdot m^{-2})$	品种	状态	δ 或 d /mm	组织	试样 方向	α_{KU} /$(kJ \cdot m^{-2})$
带材	12	未再 结晶	L	265	带材	T6	65	未再 结晶	L	333
			LT	186					LT	176
		再结晶	L	255					ST	108
			LT	176	棒材	T6	20	—	L	343

表1－6－11　6A02合金挤压材的疲劳强度

状态	θ/℃	N/周	R_{-1}/$(N \cdot mm^{-2})$	R_{-1H}/$(N \cdot mm^{-2})$
T6	20	5×10^8	96	—
T4	20	5×10^8	96	—
O	20	5×10^8	62	—
T6	20	2×10^7	118	—
T6	20	2×10^7	113	—
T6	20	2×10^7	108	64

6A02－T6合金挤压型材 L 方向的抗压屈服强度 $R_{P0.2} = 284$ N/mm²，模锻件的 L 方向抗压屈服强度 $R_{P0.2} = 265$ N/mm²。6A02－T6合金挤压材的抗剪强度 $R_\tau = 206$ N/mm²，模锻件的 $R_\tau = 191$ N/mm²。6A02－T6合金型材、模锻件、自由锻件和棒材的正弹性模量 $E = 71$ GN/mm²，切变模量 $G = 27$ GN/mm²，泊松比 $= 0.32$，非再结晶组织的挤压型材的 L(纵)向断裂韧度 $K_{IC} = 43(N/mm^2)\sqrt{m}$。

1.6.2.3　物理化学性能

6A02合金的热导率见表1－6－12，合金的比热容(J/kg·℃)为：100℃时的195，200℃时的879，300℃时的963，400℃时的1 089；线膨胀系数($\times 10^{-6}$℃$^{-1}$)为：－50～20℃间的23.1，20～100℃间的23.5，20～200℃间的24.3，20～300℃间的25.4，100～200℃间的25.1，200～300℃间的27.6；6A02－T4、T6合金的电阻率 $\rho = 55$ nΩ·m，O状态材料的 $\rho = 48$ nΩ·m；6A02合金的密度2 700 kg/m³。

表1－6－12　6A02合金的热导率

θ/℃			25	100	200	30
λ/ $[W \cdot (m \cdot ℃)^{-1}]$	状态	T4	155	—	—	—
		O	172	—	—	—
		T6	176	180	184	188

6A02 合金有良好的耐腐蚀性。实际上无应力腐蚀倾向。T4 状态材料的耐腐蚀性可和 3A21、5A02 等合金的媲美。人工时效状态的合金有一定的晶间腐蚀倾向，且随着 Si 的过剩（按硅在 Mg_2Si 相中的比例而言）而增加。在合金规定范围内，Cu 含量变化也影响到耐腐蚀性。对 T6 状态材料进行补充加热，不会降低其耐腐蚀性。

1.6.2.4　工艺特性

6A02 合金的熔炼温度为 700～750℃，铸造温度为 695～750℃。对于扁锭，Cu 含量宜控制在下限，Si 含量控制在上限有利于铸造。铸锭均匀化退火制度：（540～550）℃/8 h，当然温度也可以低一些，但时间则应相应地延长。ϕ290 mm 铸锭中心的显微组织，呈枝晶网格状［图 1-6-4(a)］，在 500℃/12 h 均匀化处理后的组织见图 1-6-4(b)，还残存部分枝晶网状组织，在 α-Al 基体上有条状的 Mg_2Si 析出物和 Mn 相的分解质点。

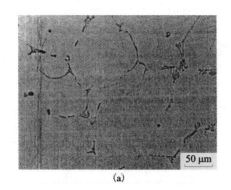
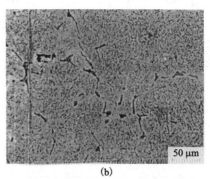

(a)　　　　　　　　　　　　　　(b)

图 1-6-4　6A02 合金 ϕ290 mm 半连续铸造锭中心部分显微组织

(a)铸造状态的；(b)500℃/12 h 均匀化处理后的

6A02 合金半成品的不完全退火制度：（350～380）℃/（1～3）h，空冷。完全退火制度：340～410℃，1～3 h，以不大于 30℃/h 冷却速度随炉冷至 ≤260℃ 后出炉空冷。固溶热处理温度：510～530℃，水冷。室温自然时效不短于 96 h；人工时效：（150～165）℃/（8～15）h。固溶热处理和人工时效之间间隔应小于 6 h（停放时间），否则强度将有所损失。

6A02 合金在冷态和热态加工，在热加工温度范围内塑性很高，锻造和模锻温度为 470～380℃。对合金可采用点焊、滚焊和氩弧焊，气焊性能合格，摩擦搅拌焊接性能良好。零件热处理工艺：在固溶热处理后立即在 150～180℃加热，保温 5～20 min，可以保证在任何固溶热处理和人工时效之间间隔时间情况下，获得最高的强度指标。对于承受高载荷的零件（特别是在交变载荷下工作的零件，诸如直升机旋翼），人工时效制度最好为（150～160）℃/8 h。此时所得制品强度较低（不满足技术标准要求），塑性较高，强度和屈服极限之间差值较大，这样的综合性能对上述零件的工作特性有利。在用挤压材制造零件过程中，如补充工艺性加热（例如胶接工序、烤干漆层工序等）采用如下制度,不会影响力学性能: ≤170℃/(10 ~ 15) h 或≤180℃/(3 ~ 5) h。

某公司在生产 6A02 - T6 合金型材时严格控制停放时间为 2 ~ 4 h,停放时间对型材抗拉强度的影响见图 1 - 6 - 5,淬火制度:(518 ±5)℃,保温时间按型材实际厚度确定:人工时效制度:(155 ±5)℃保温 8 h。

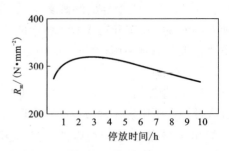

图 1 - 6 - 5　停放时间对型材抗拉强度的影响

挤压的 6A02 - T6 合金厚壁管往往存在粗晶环,这是一种组织缺陷,使管材力学性能下降,有的甚至低于国家标准规定值。控制好挤压筒温度、铸锭温度、挤压系数、固溶处理温度及保温时间等工艺参数,可以避免粗晶环或将其控制在 5 mm 以内,以满足用户使用要求。曹光泽的研究指出,采取如下工艺,可以避免此缺陷或显著减轻:

采用一次挤压工艺时,铸锭不均匀化处理,挤压筒温度 510℃,铸锭温度 490 ~ 520℃挤压管材产品,可有效防止粗晶环的生产;一次挤压厚壁管时,增大变形系数会促使粗晶环加深;采用二次挤压工艺时,如果挤压坯料带有粗晶,无论二次挤压采用何种温度,粗晶都会带入二次挤压制品;如果挤压的坯料没有粗晶,通过调整挤压工艺参数,也可减少粗晶环的产生。挤压筒温度为 510℃,坯料温度 480 ~ 520℃时挤压产生的粗晶环较浅。

1.6.3　6082 合金

6082 合金是欧洲铝业协会(EAA)研发的,1972 年在美国协会公司注册,在航空器制造中有少量应用,其化学成分(质量分数)为:0.7% ~ 1.3% Si、0.50% Fe、0.10% Cu、0.40% ~ 1.0% Mn、0.6% ~ 1.2% Mg、0.25% Cr、0.20% Zn、0.10% Ti,其他杂质单个 0.05% 、合计 0.15% ,其余为 Al。

青海国鑫铝业股份有限公司生产 6082 - T6 合金 30 × 235 mm 扁棒时采用的工艺为:化学成分(质量分数):0.8% ~ 1.1% Si,≤0.40% Fe、≤0.05% Cu、0.4% ~ 0.6% Mn、0.7% ~ 1.1% Mg、0.10% ~ 0.20% Cr、≤0.10% Zn、≤0.10% Ti、Mg/Si <1.73% ,其余为 Al;铸锭均匀化处理参数:均匀化温度 565 ~ 575℃,保温 8 h,出炉后采用强风 + 水雾联合冷却,保证冷却速度不小于 200℃/h;挤压系数 λ = 11.4,保证变形程度为 87.5% ~ 96%;热处理制度:淬火温度 540℃,时效温度 (175 ±5)℃,保温 10 h。

王雪玲等人的研究显示:6082 - T651 铝合金板材随着时效前停放时间的延长,力学性能呈下降趋势:停放时间少于 4 h 其力学性能缓慢下降;停放时间 4 ~ 14 h 强度性能下降明显,在 14 h 达到最低点后趋于稳定;停放时间超过 26 h 后,其力学性能稍有增加;时效前停放时间应尽量控制在 4 h 以内;时效保温时间 12 h 其强度达到目的最大值；时效保温时间在 12 ~ 20 h 其强度变化不大，塑性也较高，完全能够满足用户的需要；时效保温时间超过 20 h 其性能又下降，时效保温时间应控制在 12 ~ 20 h(见图 1 - 6 - 6)。

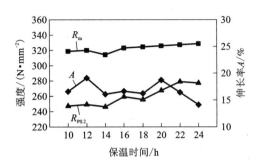

图 1 - 6 - 6　时效保温时间对 6082 - T651 铝合金板材力学性能的影响

1.7　7×××系合金

7×××系铝合金是以 Zn 为主要合金元素的铝合金，属于热处理可强化铝合金。合金中加 Mg，则为 Al - Zn - Mg 合金，合金具有良好的热变形性能，淬火范围宽，在适当的热处理条件下能够得到高的强度，可焊接性能良好，一般耐蚀性较好，有一定的应力腐蚀倾向，是高强可焊的铝合金。Al - Zn - Mg - Cu 合金是在 Al - Zn - Mg 合金基础上通过添加 Cu 发展起来的，其强度高于 2×××系合金的，一般称为超高强铝合金，合金的屈服强度接近于抗拉强度，屈强比高，比强度也很高，但塑性和高温强度较低，宜作常温、120℃ 以下使用的承力结构件，易于加工，有较好的耐腐蚀性能和较高的韧性。该系合金广泛应用于航空和航天领域，并成为这个领域中最重要的结构材料之一，与 2×××系合金并列为两大航空航天结构变形铝合金。2×××系合金被称为高强度硬铝，7×××系合金被称为超高强度硬铝，国际上对超高强度硬铝没有明确的定义，我们认为可将抗拉强度 R_m 大于 500 N/mm^2 的 7×××系合金称为超硬铝，或者可推广到凡是 $R_m \geqslant 500$ N/mm^2 的各种变形铝合金，如 Al - Li 合金、Al - Sc 合金、喷射成形合金等。7×××系合金可为分三类：Al - Zn 系的，Al - Zn - Mg 系的中强可焊合金，Al - Zn - Mg - Cu 系合金，在航空航天器领域应用的为后者。20 世纪 20 年代 Al - Zn 系合金即已问世。

1.7.1　Al - Zn - Mg - Cu 系合金的发展

Al - Zn - Mg - Cu 系超高强铝合金由于具有高的比强度和硬度、易加工、较好的耐腐蚀性能和较高的韧性等优点，被广泛应用于航空航天器领域。该系合金就是为满足一代又一代新型飞机对新型结构铝材的需求而研发的，它们的发展相辅相成。20 世纪 20 年代后期出现的 Al - Zn - Mg 系合金，因有强烈的应力腐蚀开裂倾向而未得到应用，L. J. 韦伯于 1932 年提出在 Al - Zn - Mg 合金中添加 Cu 的同时加入少量 Mn，有效地改善了合金的抗应力腐蚀性能(SCR)，但由于仍具有较敏感的应力腐蚀开裂(SCC)倾向也未得到有效的实际应用。

1943 年美国铝业公司研制的 75S(现在的 7075 合金)于 1944 年定型，并用于制造飞机，日本也于 1944 年研制成 ESD 合金，成分大致与 75S 合金的相同，但尚未用于制造飞机第二次世界大战就结束了。苏联于 1948 年研究成功成分相当的 B95

合金。

几十年来，7×××系合金作为飞机结构材料使用的最大问题是应力腐蚀开裂，1960—1970 年间北美和西欧所发生的飞机材料应力腐蚀开裂事故的汇总如图 1-7-1 所示。人们逐步认识到，对结构材料性能的要求不仅是静强度和刚度，而且还必须具有较好的抗应力腐蚀能力和抵抗裂纹扩展的能力（断裂韧性），有较高的疲劳强度，而且还要有较好的

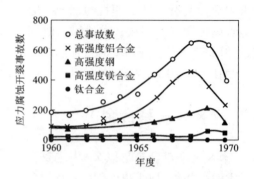

图 1-7-1 1960—1970 年间北美和西欧
发生的飞机材料应力腐蚀开裂事故汇总

高温性能，这样才能使材料在恶劣的工作环境下长时间安全可靠地工作。为了解决上述问题，提高传统 Al-Zn-Mg-Cu 系合金材料性能而采取的主要措施是使用热处理方法。

1.7.1.1 热处理工艺的改进

热处理对固溶时效强化的 Al-Zn-Mg-Cu 系合金性能的影响极大，因此该系合金的发展始终伴随着热处理制度的改进和发展。20 世纪 60 年代以前，常采用的时效制度为峰值时效（美国的 T6，苏联的 T1），目的是为了达到最高强度，但后来研究表明，此状态主要强化相是 GP 区和少量的 η' 相，晶界为链状连续的析出物，具有较高的应力腐蚀敏感性和较低的断裂韧性。

为解决此问题，1961 年美国铝业公司开发了 T73 双级过时效制度（苏联的 T3），它使晶界上 η' 相和 η 相质点聚集，破坏了晶界析出相的连续性，使组织得到改善，减小了应力腐蚀和剥落腐蚀敏感性，也提高了断裂韧性。与此同时，由于晶粒内的质点发生粗化，因此在提高抗应力腐蚀能力的同时却以牺牲 10%~15% 的强度作为代价。同年美国铝业公司又开发了 T76 制度（苏联的 T2），目的是为了提高材料的

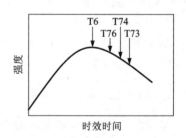

图 1-7-2 各种时效制度之间
强度对比示意图

抗剥落腐蚀能力，它的时效程度比 T73 的轻，强度损失 9%~12%；为了兼顾强度和抗应力腐蚀能力，该公司又开发了 T36（后来命名为 T74），其时效程度介于 T76 与 T73 之间，能保证在强度损失不大的情况下得到更好的抗应力腐蚀能力，此状态的材料立即在 DC10 飞机和 L1011 客机上得到应用（见图 1-7-2）。

为了解决强度与抗应力腐蚀能力之间的矛盾，人们作了大量的研究，1974 年，以色列飞机公司的西纳（Cina）提出了一种三级时效工艺——RRA（retrogression and re-ageing)处理工艺。该工艺是在峰值时效后加一短时间的高温处理(回归),使晶内强化相重溶,晶界连续析出相聚集粗化,最终不连续,然后再进行峰值时效(再时效),使 Al – Zn – Mg – Cu 系合金在保持 T6 状态强度的同时获得接近 T73 状态的抗应力腐蚀能力,以及更好的韧性。在随后几十年里,各国对 RRA 作了大量研究,积累了很多数据,1989 年美国铝业公司以 T77 为名注册了第一个 RRA 处理工艺,并申请了专利,使之开始走向实用。7150 – T77 厚板和挤压材已应用在 C – 17 军用运输机机翼上蒙皮结构;7150 – T77 锻件、7150 – T7751、7055 – T7751 厚板和 7055 – T77511 挤压材用作波音 777 飞机上翼结构材料。

　　另一种解决强度与抗应力腐蚀性能之间矛盾的方法是 TMT(themomechanical treatment),即我们常说的热机械处理或形变热处理。此方法可以得到最佳的强度和抗应力腐蚀性能组合状态,但此方法要求严格控制处理温度和变形程度,要求附加变形,在工业生产中不易实现,因此其在工业生产中的应用也受到了限制。

　　综上所述,传统超高强铝合金研制基本上是沿着高强度、低韧性→高强度、高韧性→高强度、高韧性、耐腐蚀方向发展;随之的处理状态开发则是沿着 T6→T73→T76→T736(T74)→T77 方向进展;在合金设计方向的发展是合金化程度越来越高,Fe、Si 等杂质含量越来越低,微量过渡族元素添加越来越合理,最终达到的结果是在大幅度提高强度的同时保持合金具有优良的综合性能。

1.7.1.2　化学成分的改进

　　在合金成分改进方面是,尽量降低杂质 Fe、Si 含量;严格控制个别主要合金元素含量,提高合金化程度;优化组合微量过渡族元素及其含量,添加新的微量元素 Sc,既可以细化晶粒,又能显著提高合金的强度。研究表明,每添加 0.1% Sc,铝合金强度可以提高 10 ~ 20 N/mm^2;另外 Sc 对铝合金的抗腐蚀性能、可焊接性能均起有益的作用。俄罗斯采取向 Al – Zn – Mg 合金中同时添加 Sc 和 Zr 的方法,开发了抗疲劳性能、可焊接性能和韧性好的高强铝合金 01975 和 01970(见图 1 – 7 – 3);改进生产工艺,加强净化处理。

　　由图 1 – 7 – 3(b)可看出,1944 年投入应用的 7075 – T6 合金厚板(4″)的比屈服强度为 538 kis·in^3/1b(ksi—1 000 1b/in^2,1b—磅,in—英寸),2002 年注册的 7085 – T76 合金 4″厚板的却高达 688 kis·in^3/1b,比 7075 – T6 合金的高 28%,而可于 2014 年投入使用的 C85T – T76 合金 4″厚板的比屈服强度为 730 kis·in^3/1b,比 7075 – T6 合金的高 36%。

　　美国铝业公司研发的新型 7 × × × 系航空航天合金有 7085 – T7451(4″ ~ 7″)、C85T – T7651/T7451(1″ ~ 6″)、新的 Al – Li 合金产品 Al – Li – TP – 1(1″ ~ 4″)及 Al – Li – TP – 2(1″ ~ 4″)。它们的强度 – 韧性性能比以往的合金好得多,Al – Li 合金已进入第三代,它们有非常强的抗腐蚀性能。7085 – T7451 合金厚板 2009 年纳入美国 AMS 标准,C85T – T7 × 51 合金厚板也于 2012 年纳入 AMS 标准。

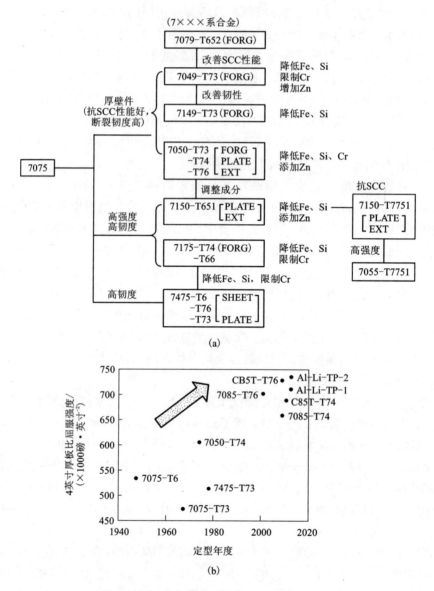

图 1 - 7 - 3

(a)7×××系航空航天合金的发展进程示意图(见图中 FORG—锻件，PLATE—厚板，EXT—挤压材，SHEET—薄板，SCC—应力腐蚀开裂)；(b)4 英寸厚板比屈服强度提高进程(为避免失真，单位与坐标未予换算。)

1.7.2　化学成分及典型应用

典型航空航天 7×××系合金的化学成分见表 1 - 7 - 1，一些合金的典型用途见表 1 - 7 - 2。

表 1 - 7 - 1　航空航天 Al - Zn - Mg - Cu 系典型合金的化学成分，质量分数 (%) [①]

合金	注册年	Si	Fe	Cu	Mn	Mg	Cr	Zn	Ti	特定
7076	1954[②]	0.40	0.60	0.3 ~ 1.0	0.30 ~ 0.8	1.2 ~ 2.0	—	7.0 ~ 8.0	0.20	—
7075	1954	0.40	0.50	1.2 ~ 2.0	0.30	2.1 ~ 2.9	0.18 ~ 0.28	5.1 ~ 6.1	0.20	0.2(Zr + Ti)
7178	1954	0.40	0.50	1.6 ~ 2.4	0.30	2.4 ~ 3.1	0.18 ~ 0.28	6.3 ~ 7.3	0.20	—
7001	1954	0.35	0.40	1.6 ~ 2.6	0.20	2.6 ~ 3.4	0.18 ~ 0.35	6.8 ~ 8.0	0.20	—
7079	1954	0.35	0.40	0.4 ~ 0.8	0.10 ~ 0.30	2.9 ~ 3.7	0.10 ~ 0.25	3.8 ~ 4.8	0.10	—
7175	1957	0.15	0.20	1.2 ~ 2.0	0.10	2.1 ~ 2.9	0.18 ~ 0.28	5.1 ~ 6.1	0.10	—
7179	1957	0.15	0.20	0.4 ~ 0.8	0.10 ~ 0.30	2.9 ~ 3.7	0.10 ~ 0.25	3.8 ~ 4.8	0.10	—
7049	1968	0.25	0.35	1.2 ~ 1.9	0.20	2.0 ~ 2.9	0.10 ~ 0.22	7.2 ~ 8.2	0.10	—
7475	1969	0.10	0.12	1.2 ~ 1.9	0.06	1.9 ~ 2.6	0.18 ~ 0.25	5.2 ~ 6.2	0.06	—
7050	1971	0.12	0.15	2.0 ~ 2.6	0.10	1.9 ~ 2.6	0.04	5.7 ~ 6.7	0.06	0.08 ~ 0.15 Zr
7049A	1972	0.40	0.50	1.2 ~ 1.9	0.50	2.1 ~ 3.1	0.05 ~ 0.25	7.2 ~ 8.4	—	0.25(Zr + Ti)
7009	1974	0.20	0.20	0.6 ~ 1.3	0.10	2.1 ~ 2.9	0.10 ~ 0.25	5.5 ~ 6.5	0.10	0.25 ~ 0.40Ag
7109	1974	0.10	0.15	0.8 ~ 1.3	0.10	2.2 ~ 2.7	0.04 ~ 0.08	5.8 ~ 6.5	0.10	0.25 ~ 0.40Ag 0.10 ~ 0.20Zr
7010	1975	0.12	0.15	1.5 ~ 2.0	0.10	2.1 ~ 2.6	0.05	5.7 ~ 6.7	—	0.10 ~ 0.16Zr
7012	1975	0.15	0.25	0.8 ~ 1.2	0.08 ~ 0.15	1.8 ~ 2.2	0.04	5.8 ~ 6.5	0.4 ~ 0.08	0.10 ~ 0.18Zr
7149	1975	0.15	0.20	1.2 ~ 1.9	0.20	2.0 ~ 2.9	0.10 ~ 0.22	7.2 ~ 8.2	0.10	—
7150	1978	0.12	0.15	1.9 ~ 2.5	0.10	2.0 ~ 2.7	0.04	5.9 ~ 6.9	0.06	0.08 ~ 0.15 Zr
7278	1981	0.15	0.20	1.6 ~ 2.2	0.02	2.5 ~ 3.2	0.17 ~ 0.25	6.6 ~ 7.4	0.03	—
7055	1991	0.10	0.15	2.0 ~ 2.6	0.05	1.8 ~ 2.3	0.04	7.6 ~ 8.4	0.06	0.8 ~ 0.25 Zr
7249	1992	0.10	0.12	1.3 ~ 1.9	0.10	2.0 ~ 2.4	0.12 ~ 0.18	7.5 ~ 8.2	0.06	—
B93	1957	0.2	0.2 ~ 0.4	0.8 ~ 1.2	—	1.6 ~ 2.2	—	6.5 ~ 7.3	—	—

续表 1-7-1

合金	注册年	Si	Fe	Cu	Mn	Mg	Cr	Zn	Ti	特定
B93пч	1971	0.1	0.2 ~ 0.4	0.8 ~ 1.2	—	1.6 ~ 2.2	—	6.5 ~ 7.3	—	—
B95	1948	0.5	0.5	1.4 ~ 2.0	0.4 ~ 0.6	1.8 ~ 2.8	0.10 ~ 0.25	5.0 ~ 7.0	—	—
B95пч	1979	0.1	0.25	1.4 ~ 2.0	0.2 ~ 0.6	1.8 ~ 2.8	0.10 ~ 0.25	5.0 ~ 6.5	—	—
B95оч	1987	0.1	0.15	1.4 ~ 2.0	0.2 ~ 0.6	1.8 ~ 2.8	0.10 ~ 0.25	5.0 ~ 6.5	—	—
B96п	1956	0.3	0.4	2.0 ~ 2.6	—	2.3 ~ 3.0		8.0 ~ 9.0	—	0.1 ~ 0.2Zr
B96пl	1968	0.3	0.3	2.0 ~ 2.6	—	0.3 ~ 0.8	2.3 ~ 3.0	8.0 ~ 9.0	—	0.1 ~ 0.16Zr
B96п3	1970	0.1	0.2	1.4 ~ 2.0	—	1.7 ~ 2.3		7.6 ~ 8.6	—	0.1 ~ 0.2Zr
1973	1986	0.1	0.15	1.8		2.3		6.0		0.1Zr
7A04	—	0.50	0.50	1.4 ~ 2.0	0.20 ~ 0.60	1.8 ~ 2.8	0.15 ~ 0.25	5.0 ~ 7.0	—	—
7B04	—	0.10	0.25	1.4 ~ 2.0	0.20 ~ 0.60	1.8 ~ 2.8	0.15 ~ 0.25	5.0 ~ 6.5	—	—
7B09	—	0.50	0.50	1.2 ~ 2.0	0.15	2.0 ~ 3.0	0.16 ~ 0.36	5.0 ~ 6.1	—	—

　　注：①其他杂质单个含量均为 0.05，总计 0.15，其余 Al；②国际四位数字牌号注册制度于 1954 年实行，因此凡是 1954 年以前定型的合金的注册年度皆为 1954 年，7076 合金于 1940 年定型，7075 合金于 1944 年定型，7178 合金于 1952 年定型。

表 1-7-2　超高强度铝合金的主要特点和应用举例

合金	主要特点	主要制品及状态	主要用途
7075	固溶处理后塑性好，热处理强化效果特别好，在 150℃ 以下有高的强度，并且有特别好的低温强度，可焊接性能差，有应力腐蚀开裂倾向，双级时效可提高抗 SCC 性能	T6、T73、T76 薄板，T651、T7651、T7351 厚板，T6、T73、T7352 锻件，T6511、T73511 挤压材	飞机上、下翼面壁板，桁条，隔框
7049	以代替 7079 为目的的合金，强度高和抗 SCC 性能好，抗普通腐蚀能力不强	T73511、T76511 挤压材，T73、T7352 锻件，T73 薄板和厚板	飞机主起落架，导弹配件
7149	强度和抗 SCC 性能好，断裂韧性好于 7049 的，是 7049 的改良型合金	T73、T74、T7452 锻件，T73511、T76511 挤压件	飞机主起落架锻造零件

续表 1 - 7 - 2

合金	主要特点	主要制品及状态	主要用途
7249	综合性能好于 7149 的, 是 7049 的改良型合金	T73、T74、T7452 锻件, T73511、T76511 挤压材	飞机主起落架锻造零件
7175	强度高, 抗腐蚀性良好, 是 7075 的改良型合金, T74 状态强度接近 7075 - T6 的, 断裂韧性比 7075 - T73 的好, 抗 SCC 性能介于 7075 - T76 和 7075 - T73 的之间	T66、T74、T7452 锻件, T74、T6511 挤压材	飞机外翼梁, 主起落架梁, 前起落架动作筒, 垂尾接头, 火箭喷管结构件
7475	强度、断裂韧性高, 抗疲劳性能好, 抗蚀性(T76)也好, 即有很好的综合性能, 采用特殊加工工艺可使其具有超塑性	T61、T761 薄板, T651、T7651 和 T7351 厚板与薄板	飞机机身、机翼蒙皮, 中央翼结构件, 翼梁, 舱壁, 子弹壳, T - 39 隔板, 直升机舱板, 起落架舱门
7050	强度高, 断裂韧性、抗应力腐蚀和抗剥落腐蚀性能好, 淬火敏感性小, 可制大型件	T7651、T7451 厚板, T3511、T76511、T73511、T74511 挤压材, T7452 自由锻件, T76、T7652、T74、T7452 模锻件, T73 线材, T76 包铝薄板	飞机机身框架, 机翼蒙皮, 舱壁, 桁条, 加强筋, 肋, 托架, 起落架支承部件, 座椅导轨, 铆钉
7150	强度高, 抗腐蚀性(剥落腐蚀)良好, 是 7050 的改良型合金, 在 T651 状态下比 7075 的高 10% ~ 15%, 断裂韧性高 10%, 抗疲劳性能好, 它们的抗 SCC 性能相似	T651、T7751 厚板, T6511、T77511 挤压材, T77 锻件	大型客机的上翼结构, 机体板梁凸缘, 上面外板主翼纵梁, 机身加强件, 龙骨梁, 座椅导轨
7010	具有与 7050 大致相同的特点, 降低了 Cu 含量, 克服了 7050 合金铸造裂纹问题	T7651 厚板, T74、T7452 锻件	飞机结构件
7055	抗压和抗拉强度比 7150 的高 10%, 断裂韧性, 耐腐蚀性与 7150 的相似	T7751 厚板, T77511 挤压材, T77 锻件	大型飞机的上翼蒙皮, 长桁, 水平尾翼, 龙骨梁, 座椅导轨, 货运滑轨
B93пч	铸造和压力加工状态各向异性小, 工艺性能好, 具有最低的临界淬火冷却速度(3℃/s)	T1、T3 形状复杂的大型锻件	飞机结构件
B95	具有与 7075 基本相同的特点	T1、T2、T3 状态薄板、包铝薄板、厚板、预拉伸板, 挤压材, 自由锻件、模锻件	飞机结构件, 通用工业结构材料

续表 1 - 7 - 2

合金	主要特点	主要制品及状态	主要用途
B95пч	B95 改良型合金，断裂韧性比 B95 的高	T1、T2、T3 薄板、包铝薄板、厚板、预拉伸板，T1、T2、T3 挤压材，自由锻件，模锻件	飞机上翼蒙皮，隔框，桁条，起落架
B95оч	B95 改良型合金，断裂韧性比 B95пч 的高	T3 锻件，T2、T3 板材和挤压材	飞机结构件用锻件及飞机上翼蒙皮，隔框，桁条
B96ц	合金化程度高，强度极高，抗应力腐蚀和剥落腐蚀性能低，塑性低，有较高的应力集中敏感性	T1 挤压材，锻件	核工业离心机，自行车结构件，声纳结构件
B96ц -1	具有与 B96ц 相似的特点，强度略高于 B96ц，T1 状态抗拉强度高达 735N/mm²，T2、T3 状态的有中等断裂韧性和好的耐蚀性	T1、T2、T3 挤压材，锻件	飞机结构件
B96ц -3	强度比 B96ц 和 B96ц -1 的低，塑性高 0.5 ~ 1 倍	T1、T2、T3 锻件，挤压材	飞机中等尺寸零件

1.7.3 物理性能

一些航空航天 7××× 系合金的物理性能见表 1 - 7 - 3 至表 1 - 7 - 5。

表 1 - 7 - 3 7××× 系铝合金的热学性能

合金	液相线温度/℃	固相线温度/℃	线膨胀系数 温度/℃	线膨胀系数 平均值/[μm·(m·K)⁻¹]	体膨胀系数/[m³·(m³·K)⁻¹]	比热容/[J·(kg·K)⁻¹]	热导率/[W·(m·K)⁻¹] O	T53、T63、T5361、T6351	T6
7005	643	604	-50~20 20~100 20~200 20~300	21.4 23.1 24.0 25.0	67.0×10⁻⁶ (20℃)	875	166	148	137
7039	638	482	20~100	23.4	—	—	125~155		
7049	627	588	20~100	23.4		960(100℃)	154(25℃)		
7050①	635	524	-50~20 20~100 20~200 20~300	21.7 23.5 24.4 25.4	68.0×10⁻⁶ (20℃)	860	180	154 (T76、7651)	157 (T736、T73651)

续表 1 - 7 - 3

合金	液相线温度/℃	固相线温度/℃	线膨胀系数 温度/℃	线膨胀系数 平均值/[μm·(m·K)$^{-1}$]	体膨胀系数/[m³·(m³·K)$^{-1}$]	比热容/[J·(kg·K)$^{-1}$]	热导率/[W·(m·K)$^{-1}$] O	热导率 T53、T63、T5361、T6351	热导率 T6
7072	657	641	−50~20 20~100 20~200 20~300	21.8 23.6 24.5 25.5	68.0×10^{-6}	—	227	—	—
7050②	635	477⑤	—	—	68.0×10^{-6}	960(100℃)	130(T6、T62、T651、T652)	150(T76、T651)	155(T73、T7351、T7352)
7175③	635	477⑤	−50~20 20~100 20~200 20~300	21.6 23.4 24.3 25.2	68.0×10^{-6}	864(20℃)	177	142	155(T736、T73652)
7178	629	477⑤	−50~20 20~100 20~200 20~300	21.7 23.5 24.4 25.4	68.0×10^{-6}	856(20℃)	180	127(T6、T651)	152(T76、T7651)
7475④	635	477⑤	−50~20 20~100 20~200 20~300	21.6 23.4 24.3 25.2	68.0×10^{-6}(20℃)	865(20℃)	177	155(T61、T651) 142；155(T761、T7651) 163(T7351)	—
7A03			20~100 100~200 200~300 300~400	21.9 24.85 28.87 32.67	—	714(100℃) 924(200℃) 1050(300℃)	155(25℃) 160(100℃) 164(200℃) 168(300℃)	—	—
7A04			20 20~100 20~200 20~300 300~400	— 23.1 24.1 24.1 26.2	—	—	155(25℃) 160(100℃) 164(200℃) 164(300℃) 160(400℃)	—	—

注：①经过固溶处理的加工产品的初熔温度为 488℃；②铸态材料的共晶温度为 477℃，经过固溶处理的加工产品的初熔温度为 532℃；③铸态材料的共晶温度为 477℃，经过固溶处理的加工产品的初熔温度为 532℃；④经过固溶处理的加工产品的初熔温度为 538℃，而共晶温度为 477℃；⑤共晶温度。

表 1 - 7 - 4 　7 × × × 系铝合金的电学性能

合金	20℃体积电导率/% IACS O	20℃体积电导率 T53、T5351 T63、T6351	20℃体积电导率 T6	20℃体积电阻率/(nΩ·m^{-1}) O	20℃体积电阻率 T53、T5351 T63、T6351	20℃体积电阻率 T6	20℃体积电阻温度系数/(nΩ·m·K^{-1})
7005	43	38	35	40.1	45.4	49.3	0.1
7039	32~40	32~40	32~40	43	43	43	0.1
7049	40	40	40				0.1

续表 1 – 7 – 4

合金	20℃体积电导率/% IACS			20℃体积电阻率/(nΩ·m^{-1})			20℃体积电阻温度系数/(nΩ·m·K^{-1})
	O	T53、T5351 T63、T6351	T6	O	T53、T5351 T63、T6351	T6	
7050	47	39.5(T76、T7651)	40.5(T736、T73651)	36.7	43.6(T76、T7651)	42.6(T736、T73651)	0.1
7072 7075	60 33(T6、T62、T651、T652)	38.5(T76、T7651)	40(T73、T7351、T7352)	28.7 52.2(T6、T62、T651、T652)	44.8(T76、T7651)	43.1(T73、T7351、T7352)	0.1 0.1
7175	46	36(T66)	40(T736、T73652)	37.5	47.9(T66)	43.1(T36、T73652)	0.1
7178	46	32(T6、T651)	39(T76、T7651)	37.5	53.9(T6、T651)	44.2(T6、T7651)	0.1
7475	46	36(T61、T651) 42(T7351)	40(T761、T7651)	37.5	47.9(T61、T651) 41.1(T7351)	43.1(T761、T7651)	0.1
7A03	—	—	—	40.0(T4)	—	—	0.1
7A04	30(T4)	—	—	42.0(T4)	—	—	—

表 1 – 7 – 5　7×××系铝合金的模量

合金	弹性模量 E /(GN·mm^{-2})	剪切模量 G /(GN·mm^{-2})	压缩模量 G /(GN·mm^{-2})	泊松比 μ
7005	71	26.9	72.4	0.33
7039	69.6	—	—	0.33
7049	70.3	26.9	73.8	0.33
7050	70.3	26.9	73.8	0.33
7072	68	—	70	0.33
7075	71.0	26.9	72.4	0.33
7076	67	—	—	0.33
7175	72	—	—	0.33
7178	71.7	27.5	73.7	0.33
7475	70	27	73	0.33
7A03	—	—	—	0.31
7A04	67	27	—	0.31

1.7.4　合金元素和杂质元素在 7×××系合金中的作用

1.7.4.1　Al – Zn – Mg 合金

Al – Zn – Mg 合金中的 Zn、Mg 是主要合金元素，其质量总分数一般 ≤7.5%。

Zn 和 Mg：该合金随着 Zn、Mg 含量的增加，其抗拉强度和热处理效果一般是随之增加的。合金的应力腐蚀倾向与 Zn、Mg 含量的总和有关，高 Mg 低 Zn 或高 Zn 低 Mg 的合金，只要 Zn、Mg 质量分数之和不大于 7%，合金新具有较好的耐应力腐蚀性能。合金的焊接裂纹倾向随 Mg 含量的增加而降低。

Al – Zn – Mg 系合金中的微量添加元素有 Mn、Cr、Cu、Zr 和 Ti，杂质主要有 Fe 和 Si。

Mn 和 Cr：添加 Mn 和 Cr 能提高合金的耐应力腐蚀性能，$w(\text{Mn}) = 0.2\%$ ～ 0.4% 时，效果显著。加 Cr 的效果比加 Mn 的大，如果 Mn 和 Cr 同时加入时，对减少应力腐蚀倾向的效果更好，$w(\text{Cr}) = 0.1\%$ ～0.2% 为宜。

Zr：显著地提高 Al – Zn – Mg 系合金的可焊性。在 AlZn5MgCu0.35Cr0.35 合金中加入 0.2%Zr 时，焊接裂纹显著降低。Zr 还能够提高合金的再结晶终了温度，在 AlZn4.5Mg1.8Mn0.6 合金中，$w(\text{Zr}) > 0.2\%$ 时，合金的再结晶终了温度在 500℃ 以上，因此，材料在淬火以后仍保留着变形组织。含 Mn 的 Al – Zn – Mg 合金添加 $w(\text{Zr}) = 0.1\%$ ～0.2%，还可提高合金的耐应力腐蚀性能，但 Zr 比 Cr 的作用低些。

Ti：合金中添加 Ti 能细化合金铸态晶粒，并可改善合金的可焊性，但其效果比 Zr 的低。若 Ti 和 Zr 同时加入效果更好。在 $w(\text{Ti}) = 0.12\%$ 的 AlZn5Mg3Cr0.3Cu0.3 合金中，$w(\text{Zr}) > 0.15\%$ 时，合金即有较好的可焊性和伸长率，可获得与单独加入 $w(\text{Zr}) > 0.2\%$ 时相同的效果。Ti 也能提高合金的再结晶温度。

Cu：Al – Zn – Mg 系合金中加少量的 Cu 提高耐应力腐蚀性能和抗拉强度，但合金的可焊性有所降低。

Fe：降低合金的耐蚀性和力学性能，尤其对 Mn 含量较高的合金更为明显。所以，Fe 含量应尽可能低，应限制 $w(\text{Fe}) < 0.3\%$。

Si：降低合金强度，并使弯曲性能稍降，焊接裂纹倾向增加，应限制 $w(\text{Si}) < 0.3\%$。

1.7.4.2　Al – Zn – Mg – Cu 合金

Al – Zn – Mg – Cu 合金为热处理可强化合金，起主要强化作用的元素为 Zn 和 Mg，Cu 也有一定的强化效果，但其主要作用是提高材料的抗腐蚀性能。

Zn 和 Mg：是主要强化元素，它们共同存在时会形成 η（MgZn_2）和 T（$\text{Al}_2\text{Mg}_2\text{Zn}_3$）相。η 相和 T 相在铝中溶解度很大，且随温度升降剧烈变化，MgZn_2 在共晶温度下的溶解度达 28%，在室温下降低到 4% ～5%，有很强的时效强化效果，Zn 和 Mg 含量的提高可使强度、硬度大大提高，但会使塑性、抗应力腐蚀性能和断裂韧性降低。

Cu：当 $w(\text{Zn})$: $w(\text{Mg}) > 2.2$，且 Cu 含量大于 Mg 含量时，Cu 与其他元素能产生强化相 S（CuMgAl_2）而提高合金的强度，但在与之相反的情况下 S 相存在的可能性很小。铜能降低晶界与晶内电位差，还可以改变沉淀相结构和细化晶界沉淀相，但对 PFZ 的宽度影响较小，它可抑制沿晶开裂趋势，因而改善合金的抗应力腐蚀性能。然而当 $w(\text{Cu}) > 3\%$ 时，合金的抗蚀性反而变坏。Cu 能提高合金过饱和程度，加速合金在 100 ～200℃ 的人工时效过程，扩大 GP 区的稳定温度范围，提高抗拉强度、塑性和疲劳强度。此外，美国 F·S·林（Lin）等人研究了铜的含量对 7×××

系铝合金疲劳强度的影响，发现 Cu 含量在不太高的范围内随着 Cu 含量的增加提高了周期应变疲劳抗力和断裂韧性，并在腐蚀介质中降低裂纹扩展速率，但 Cu 的加入有产生晶间腐蚀和点腐蚀的倾向。另有资料介绍，Cu 对断裂韧性的影响与 $w(Zn)/w(Mg)$ 值有关，当比值较小时，Cu 含量愈高韧性愈差；当比值大时，即使 Cu 含量较高，韧性仍然很好。

合金中还有少量的 Mn、Cr、Zr、V、Ti、P 等微量元素，Fe 和 Si 在合金中是有害杂质，其相互作用如下：

Mn、Cr：添加少量过渡族元素 Mn、Cr 等对合金的组织和性能有明显的影响。这些元素可在铸锭均匀化退火时产生弥散的质点，阻止位错及晶界迁移，从而提高再结晶温度，有效地阻止晶粒长大，可细化晶粒，并保证组织在热加工及热处理后保持未再结晶或部分再结晶状态，使强度提高的同时具有较好的抗应力腐蚀性能。在提高抗应力腐蚀性能方面，加铬比加 Mn 效果好，加入 $w(Cr)=0.45\%$ 的抗应力腐蚀开裂寿命比加同量锰的长几十至上百倍。

Zr：最近出现了用锆代替 Cr 和 Mn 的趋势，Zr 可大大提高合金的再结晶温度，无论是热变形还是冷变形，在热处理后均可得到未再结晶组织，锆还可提高合金的淬透性、可焊性、断裂韧性、抗应力腐蚀性能等，是 Al – Zn – Mg – Cu 系合金中很有效的微量元素。

Ti 和 P：细化合金铸态晶粒，可提高合金的再结晶温度。

Fe 和 Si：在 7××× 系铝合金中是不可避免存在的有害杂质，主要来自原材料，以及熔炼、铸造中使用的工具和设备。这些杂质主要以硬而脆的 $FeAl_3$ 和游离的 Si 形式存在，这些杂质还与 Mn、Cr 形成 $(FeMn)Al_6$、$(FeMn)Si_2Al_5$、$Al(FeMnCr)$ 等粗大化合物。$FeAl_3$ 有细化晶粒作用，但对抗蚀性不利，随着不溶相含量的增加，不溶相的体积百分数也在增加，这些难溶的第二相在变形时会破碎并被拉长，出现带状组织，粒子沿变形方向呈直线状排列，由短的互不相连的条状组成。由于杂质颗粒分布在晶粒内部或者晶界上，在塑性变形时，在部分颗粒 – 基体边界上发生孔隙，产生微细裂纹，成为宏观裂纹的发源地，同时它也促使裂纹的过早发展。此外，它对疲劳裂纹的成长速度有较大的影响，在破坏时具有一定的减少局部塑性的作用，这可能和由于杂质数量增加使颗粒之间距离缩短，从而减少裂纹尖端周围塑性变形流动性有关。因为含铁、硅的相在室温下很难溶解，起缺口作用，容易成为裂纹源而使材料发生断裂，对伸长率，特别对合金的断裂韧性有非常不利的影响。因此，新型合金在设计及生产时，对 Fe、Si 的含量控制较严，除采用高纯金属原料外，在熔铸过程中应采取对应措施，避免这两种元素混入合金中。

1.7.5　组织及热处理特性

1.7.5.1　相组织

Al – Zn – Mg 系中可出现 Mg_2Al_3、$MgZn_2$ 及 $Mg_3Zn_3Al_2$ 等相，从 Al – Zn – Mg 系

合金相图看出,该系中发生两个共晶反应。一个是 $L \rightleftharpoons \alpha(Al) + MgZn_2$,成分 11.5% Mg 及 61% Zn,共晶温度为 475℃(748K),成分 17% Mg 和 45% Zn 时发生 $L \rightleftharpoons \alpha(Al) + Mg_3Zn_3Al_2$ 共晶反应,此时 $\alpha(Al)$ 对镁、锌的最大固溶度为 4.2% Mg 和 11.4% Zn。在 530℃(803K)还发生 $L + MgZn_2 \rightarrow Mg_3Zn_3Al_2$ 伪二元包晶反应,工业用超硬铝成分均位于上述两个两相共晶截面之间或其附近。

典型 7××× 系合金中的相见表 1-7-6。

表 1-7-6　7××× 系铝合金中的相

合金	相组成少量的或可能的
7003	η、$T(Al_2Mg_3Zn_3)$、Mg_2Si、$AlFeMnSi$、$[ZrAl_3$ 初晶$]$
7A03	η、$T(Al_2Mg_2Zn_3)$、$S(CuMgAl_2)$、$[AlFeMnSi、Mg_2Si]$
7A04 7B04	$T(AlZnMgCu)$、Mg_2Si、$AlFeMnSi$、$AlCuFeMn$、Al_7Cu_2Fe、$Al_{23}CuFe_4$、$[\eta、S(CuMgAl_2)、(FeMn)Al_6]$
7A09	$T(AlZnMgCu)$、Mg_2Si、$CrAl_7$、$[\eta、S(CuMgAl_2)]$
7A10	$T(AlZnMgCu)$、Mg_2Si、$AlFeMnSi$
7050	$\eta(MgZn_2)$、$T(AlZnMgCu)$、$S(CuMgAl_2)$、Al_7Cu_2Fe、$Al_{23}CuFe_4$、$[ZrAl_3]$
7055	$\eta(MgZn_2)$、$T(AlZnMgCu)$、$S(CuMgAl_2)$、Al_7Cu_2Fe、$Al_{23}CuFe_4$、$AlCuFeSi$、$ZrAl_3$

1.7.5.2　热处理特性

(1)均匀化处理

均匀化处理可以在一定程度上消除铸锭组织的不均匀性,良好的均匀化处理组织是保证合金具有良好塑性加工性能和强韧性等综合力学性能的前提和基础。

该系铝合金的均匀化处理分为常规均匀化处理、高温均匀化处理和分级均匀化处理。

①常规均匀化处理。一般在非平衡凝固低熔点共晶产物熔化温度以下进行,均匀化热处理温度一般不超过 470℃,保温时间 24~48 h。

②高温均匀化处理。先将铸锭在低于 $\alpha(Al) + AlZnMgCu$ 非平衡共晶相温度 478℃以下处理,缓慢升温,保温一段时间,目的是使 $\alpha(Al) + AlZnMgCu$ 非平衡共晶相完全消除;然后再越过 478℃这个过烧温度,但在低于 $\alpha(Al) + CuMgAl_2$ 相熔化温度 496℃以下处理,目的是最大限度地消除 S 相。通过高温均匀化处理可以较大幅度地提高合金的断裂韧度和屈服强度。这种处理工艺已经在 7475 合金的生产中采用。

③控制弥散相的分级均匀化处理。利用弥散相析出的预形核处理机制,先在较低的温度下进行预形核处理,然后再进行常规均匀化处理或高温均匀化处理,处理后能够减小弥散相尺寸,显著增大弥散相的密度,为抑制合金再结晶、调控合金组织和性能奠定基础。这一工艺已经在含 Zr 元素的 7050 和 7055 等合金上应用,明显地提高了合金的抗腐蚀性能、断裂韧度和疲劳性能。

（2）固溶处理

该系铝合金的固溶处理分为常规固溶、强化固溶和分级固溶。

①常规固溶是比较简单的固溶处理方式，在低熔点共晶体熔化温度以下温度保温一段时间，获得一定的过饱和程度，随着固溶温度的提高和固溶时间的延长，合金固溶体的过饱和程度会得到相应的提高，固溶温度对固溶程度的影响比固溶时间对固溶程度的影响大。

②强化固溶是指在低熔点共晶体熔化温度以上进行的固溶处理，它在避免过烧的条件下，能够突破低熔点共晶体的共晶点，使合金在较高的温度下固溶。强化固溶与一般固溶相比，在不提高合金元素总含量的前提下，提高了固溶体的过饱和度，同时减少了粗大未溶结晶相，对于提高时效析出程度和改善抗断裂性能具有积极意义，是提高超高强铝合金综合性能的一个有效途径。这种处理工艺已在 7175合金和 7B04 合金的生产中采用。

③分级固溶是使合金在几个固溶温度点分级保温一定时间的热处理制度，具有提高合金强度的作用。经过分级固溶处理后，合金的晶粒有所减小，这是由于第一级固溶处理温度较低，形变组织来不及完成再结晶，必定会保留一部分亚晶，晶界角度较小的亚晶具有较低的晶界迁移速率，从而使在分级固溶的较高温度阶段能够获得较小尺寸的晶粒组织。此外，分级固溶处理也常与强化固溶相结合，也有先低温后高温再低温处理等多种处理方式，目的是获得更好的固溶效果。

7×××系铝合金与 2×××系铝合金相比，固溶处理温度范围较宽。对于含 6% Zn 和含 3% Mg 以下的合金，淬火温度 420 ~480℃，对其强度值的影响不很大；当固溶处理温度高于 480℃时，该系合金的抗蚀性下降。7×××系铝合金存在两个过烧温度，随合金中 Mg、Zn 含量上下限的波动，分别为 478℃和 496℃，前者为有 AlZnMgCu 共晶相的过烧温度，后者为有 S(CuMgAl$_2$)共晶相的过烧温度。为避免过烧，一般可在 450 ~470℃固溶处理。

Al – Zn – Mg 合金对淬火冷却速度敏感性较小；而 Al – Zn – Mg – Cu 合金由于含有 Cu、Mn 及 Cr 等元素，增大了对淬火冷却速度的敏感性。因此，淬火时应尽量缩短转移时间。但近年来，新型 Al – Zn – Mg – Cu 合金采用 Zr 代替 Mn 及 Cr，明显改善了该系合金的淬火敏感性，使材料厚度达到了 200 mm 以上。

（3）时效

7×××系铝合金的热处理状态沿着 T6→T73→T76→T736（T74）→T77 方向进展，与此相应的时效处理也是由单级向多级发展，如 7050 合金和 7055 合金的热处理特点是通过双级或三级时效获得优良的综合性能，第一级时效使合金强度达到峰值强度的 95%；第二级时效温度高于第一级时效温度，增加抗蚀性和获得满意的断裂韧度；第三级再一次采用峰值时效使合金强度进一步提高。具体时效处理工艺主要有以下几种：

①单级时效：在单纯追求高强度的单级时效制度 T6 时，时效后其主要强化相

是 GP 区和少量过渡相（η' 相），强度可以达到峰值，但晶界分布较细小的连续链状质点，这种晶界组织对应力腐蚀和剥落腐蚀十分敏感。7×××系铝合金的 T6 状态的时效温度为 100～140℃，保温 8～36 h。

②双级时效：双级时效就是对固溶处理后的合金在不同温度进行两次时效处理，常规的双级处理是先在低温进行预时效，然后再进行高温时效。低温预时效相当于成核阶段，高温时效为稳定化阶段，这种双级时效使晶界上的 η' 相和 η 相质点球化，打破了晶界析出相的连续性，使组织得到改善，减小了应力腐蚀和剥落腐蚀敏感性，也提高了断裂韧度。与此同时，由于晶粒内的质点粗化，因此提高抗应力腐蚀是以牺牲强度作为代价。7×××系铝合金的 T73、T74 和 T76 就属于这种制度，T73 减小了应力腐蚀和剥落腐蚀敏感性，提高了断裂韧度，但强度损失 10%～15%；T76 提高了材料的抗剥落腐蚀能力，时效程度比 T73 弱，强度损失为 9%～12%；T736（T74）的时效程度介于 T76 与 T73 的，能保证在强度损失不大的情况下得到较好的抗应力腐蚀能力。7×××系铝合金的双级时效制度一般为（100～125）℃/（6～24）h +（155～175℃）/（8～30）h。

③回归再时效（RRA）处理：该制度是 20 世纪 70 年代初西纳（Cina）为改善 7075 合金的 SCR 而提出的。RRA 处理主要包括以下四个基本步骤：第一步，正常状态的固溶处理；第二步，进行 120℃/24 h 的峰值时效；第三步，在高于 T6 状态处理温度而低于固溶处理的温度下进行短时加热，即回归处理；第四步，再进行 T6 状态时效。经过 RRA 处理，合金在保持 T6 状态强度的同时拥有 T73 状态的抗 SCC 性能。

RRA 工艺需要被处理的工件在高温下短时（几十秒到几分钟）加热，因而只能应用于小零件。后续研究结果表明，7×××系铝合金的回归处理不仅可在 200～270℃ 短时加热并迅速冷却，也可在更低一些温度（165～180℃）下进行，而保温时间有所增加，需要几十分钟或数小时。1989 年美国铝业公司以 T77 热处理状态为名注册了第一个可工业应用的 RRA 处理规范（专利），第一级时效温度 80～163℃，第二级时效温度 182～199℃，第三级时效温度 80～163℃，第二级时效采用温度稍低时间较长的工艺并应用于大件产品的生产。

（4）退火

7A04 合金 2.0 mm 厚冷轧板材（变形率 60%，空气炉中加热，保温 1.5 h，空冷）的再结晶开始温度 300℃，再结晶终了温度 370℃。挤压制品的再结晶温度较高，如壁厚为 2.0 mm 的型材，变形率 97.8%，在同样的退火条件下，其开始再结晶温度 400℃，终了再结晶温度 460℃。

Mn、Cr、及 Zr 等微量元素对合金的再结晶过程有很大的影响，其中 Cr 的影响最小，Zr 的影响最大。如含 2%Mg 及 5%Zn 的合金板材，开始再结晶温度 295℃，终了再结晶温度 320℃，如加入 0.05%Zr 后，终了再结晶温度 485℃。因此这种合金在正常的淬火和退火状态下的组织为部分再结晶的，具有更高的抗应力腐蚀性能和断裂韧性。

7A04 合金退火时，在空气中冷却有淬火效应。因此，退火后的冷却速度不宜大于 30℃/h，该合金的退火温度 350～420℃，以不大于 30℃/h 的冷却速度冷却至 150℃出炉空冷。

不含 Mn、Cr、Zr、Ag 等合金元素的 Al–Zn–Mg 合金板材，再结晶晶粒是粗大的等轴晶。加入 Mn、Cr、Zr 以后晶粒细化，并沿主变形方向拉长。特别是加 Zr 后，这种现象尤为显著，晶粒沿主变形方向拉得很长，几乎呈纤维状。

1.7.6 7A04/7B04 合金

7A04 合金是 Al–Zn–Mg–Cu 系可热处理强化合金，强度高于硬铝，特点是屈服强度接近拉伸强度，塑性较低；对应力集中的敏感性强，特别是在承受振动载荷和重复静载荷的情况下，尤为明显。所以零件的设计、制造工艺和装配工艺都需要严格避免应力集中和形成附加应力的因素。该合金的耐热性较差，使用温度高于 125℃时会急剧软化，粗厚零件短横向上的抗应力腐蚀性能较差。

7A04 合金广泛用于航空器结构的主要受力零件，如大梁、桁条、隔框、蒙皮、翼肋、接头、起落架零件等。可生产各种半成品，如板材、带材、型材、棒材、壁板、管材、线材、自由锻件和模锻件。

由于该合金的缺口敏感性高和轴向拉伸疲劳极限低，应用时必须严格选择设计结构的形状：选择应力集中最小的形状，在零件截面改变处，所有转接部分应极圆滑，减少偏心率。零件在机械加工时，必须使上述的设计要求得到满足，且圆角半径不得小于 2 mm。制造零件时，必须格外仔细修整各工序的工艺过程，同时也要严格遵守工艺规程和仔细地检查，以避免结构中产生附加应力集中，特别是有害的各种划伤、擦伤和很严重的凹痕。

大型半成品，特别是大型和复杂的锻件、模锻件和型材，必须仔细地检验横向性能，并应用更完善的工艺制造规程，以改善其横向性能。此外，还要进行各种无损探伤，以确保缺陷在允许范围内。

1.7.6.1 化学成分及相组成

7A04 的化学成分见表 1–7–1，半连续铸造锭的组织为 α–Al、T(AlZnMgCu) 与 S(Al_2CuMg) 主相外，还有少量的 Mg_2Si、AlMnFeSi、(FeMn)Al_6 等相。在固溶处理后为 α–Al 与 S 相，于 100～200℃时效后为 α–Al + S + $MgZn_2$ + T 与少量的杂质相。

7A04 合金中的 Fe、Si 杂质可能生成 (Fe，Cr)$_3SiAl_{12}$、(Fe，Mn，Cu)Al_6、CuFeAl_7 和 Mg_2Si 等粗大杂质相粒子，严重影响合金的各向性能。张春波等人研究了 Fe、Si 杂质对 35 mm 厚板 7A04 合金组织和性能的影响，其研究结果表明：合金的各项性能随着 Fe、Si 含量的增加而逐渐降低；Si 对各项性能的不利影响大于 Fe 的作用，Si 含量升高更容易导致 K_{IC} 大幅度降低；合金 K_{IC} 大小与 Fe 和 Si 的总含量有关，(Fe + Si) 总量高时，对 K_{IC} 的危害大于 Fe 含量对 K_{IC} 的单独作用。因此铸造时要求严格控制杂质 Fe 和 Si 的含量。尽可能提高合金纯度，减少组织中的硬脆

AlFeSi 化合物质点(见图 1 - 7 - 4、图 1 - 7 - 5)。

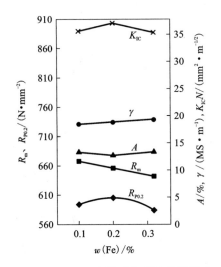 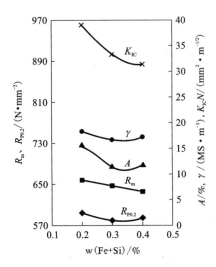

图 1 - 7 - 4　Fe 含量对各项性能的影响　　图 1 - 7 - 5　(Fe + Si) 含量对 7A04 各项性能的影响

　　7B04 合金是在长期使用 7A04 合金基础上进一步纯化发展而来的,即通过对铁和硅杂质元素的控制,提高其断裂韧性等性能。7B04 合金长期以来一直在 T6 状态使用,强度高,特点是屈服强度接近于抗拉强度,塑性较低,抗应力腐蚀性能差。过时效处理可明显提高 7B04 铝合金耐腐蚀性能,但强度降低 10% ~20%。

　　7B04 铝合金 T6 状态应力腐蚀门槛应力为 120 N/mm²;T74 状态的为 300 N/mm²;T73 状态应力腐蚀敏感性很小。35 mm 预拉伸板的室温力学性能见表 1 - 7 - 7。

表 1 - 7 - 7　7B04 合金室温拉伸性能

状态	取向	$R_m/(N \cdot mm^{-2})$	$R_{P0.2}/(N \cdot mm^{-2})$	$A/\%$
T6	L	620	556	11.2
	LT	573	497	11.0
T74	L	539	463	11.5
	LT	525	445	10.7
T73	L	519	449	12.7
	LT	502	428	11.3

　　40 mm 厚的 7B04 合金厚板的组织由 $\alpha - Al$、$MgZn_2$、$Mg_{32}(AlZn)_{49}$、$Al_{23}CuFe_4$、Mg_2Si 等组成,过烧温度 481.75℃。在 $\alpha - Al$ 基体上分布着尺寸不等的第二相质点,其中大部分较大的第二相粒子的走向与轧制方向相同,呈纤维状,而大量细小的第二相质点也呈纤维状分布,它们是均匀化退火过程中慢速冷却时形成的 η 相。

1.7.6.2　物理化学性能

　　7A04 合金的物理性能见 1.7.3 节。它的抗氧化性能与纯铝的相当。7A04 - T4

合金的抗腐蚀性差，所以都在人工时效后应用。人工时效状态的包铝板材的腐蚀稳定和 2A12 合金包铝板材的相同。挤压制品和截面不大的材料的耐腐蚀性与无包铝层硬铝的相近。抗应力腐蚀性能差是该合金常规固溶处理加工人工时效状态的制品，特别是粗厚制品（锻件、大挤压件、厚板等）的明显缺点。采用分级时效处理，可使合金有可靠的抗应力腐蚀性能；阳极化和喷漆表面处理，能可靠地保护挤压制品不受腐蚀。

1.7.6.3　热处理

7A04 合金挤压材的完全退火制度：（400～420）℃/h，以 30℃/h 的速率冷却到 150℃以下出炉空冷。

按 HB/Z 5126《变形铝合金热处理》，7A04 合金的不完全退火制度：（290～320）℃/（2～4）h，空冷；完全退火制度：（390～430）℃/（0.5～1.5）h，以不大于 30℃/h 速率冷至 200℃以下，空冷。按 GJB 1694《变形铝合金热处理规范》，合金的退火工艺制度：（320～380）℃/（1～3）h，以不大于 30℃/h 速率，冷至 260℃以下，空冷。

按 HB/Z 5126 及 GJB 1694，7A04 固溶热处理温度：465～475℃，水冷。人工时效制度见表 1-7-8。半成品的热处理制度见表 1-7-9 至表 1-7-13。

表 1-7-8　7A04 合金的人工时效制度

品种	时效种类	温度 θ/℃	保温时间 t/h
板材	人工时效	115～125	24
挤压件和锻件	人工时效	135～145	16
各种制品	双级时效	115～125 随后 155～165	3 3

注：各种制品与技术标准要求相比，如有足够的强度和伸长率可采用分级时效，此时所得强度比普通规范的低 10～30 N/mm²，但抗应力腐蚀性能有明显改善。

表 1-7-9　7A04 合金板材在硝盐槽中的固溶处理制度

品种	热处理类别	热处理设备	厚度 δ/mm	温度 θ/℃	下列厚度加热时间 t/min									
					0.5～0.8	0.9～1.5	1.6～2.0	2.1～2.5	2.6～3.0	3.1～3.8	3.9～4.0	4.1～5.0	5.1～6.0	>6.0
板材	固溶热处理	硝盐槽	≤4.0	469～475	9	12	17	20	22	27	32	—	—	—
			>4.0	468～472	—	—	—	—	—	—	—	35	40	60

注：淬火槽的水温不得超过 40℃，应保持流动。淬火转移时间不得超过 25 s。

表 1 - 7 - 10　7A04 合金挤压材在空气炉中的固溶处理制度

温度 $\theta/℃$		最大厚度 δ 或直径 d/mm	加热时间 t/min		水温/℃
开始	允许		棒、带、条材	型材	
460	465 ~ 475	3.1 ~ 5.0	20	45	20 ~ 30
		5.1 ~ 10	30	60	20 ~ 30
		10.1 ~ 20	35	75	20 ~ 30
		20.1 ~ 30	45	90	20 ~ 30
		30.1 ~ 50	60	120	20 ~ 30
		50.1 ~ 70	100	150	20 ~ 30
		70.1 ~ 100	120	180	30 ~ 50
		100.1 ~ 120	150	210	35 ~ 50
		120.1 ~ 135	180	240	40 ~ 50
		135.1 ~ 150	210	270	45 ~ 60
		150.1 ~ 200	240	300	60 ~ 65

表 1 - 7 - 11　7A04 合金管材在空气炉中的固溶处理制度

壁厚 δ/mm	加热时间 t/mm	水温/℃
5 ~ 10	60	20 ~ 40
11 ~ 20	75	20 ~ 40
21 ~ 30	90	20 ~ 40
31 ~ 50	120	20 ~ 40
>50	150	20 ~ 40

注：若管材 $d > 300$ mm 时，由于不便拉伸校直，淬火水温应在 25 ~ 35℃。

表 1 - 7 - 12　7A04 合金锻件的固溶处理制度

温度 $\theta/℃$	最大厚度 δ /mm	加热时间 t/min		水温/℃	转移时间/s
		空气炉	硝盐槽		
470^{+5}_{-1}	≤30	60	30	20 ~ 30	≤25
	31 ~ 50	120	60	20 ~ 30	
	51 ~ 75	150	75	30 ~ 40	
	76 ~ 100	180	90	30 ~ 40	
	101 ~ 150	210	105	40 ~ 50	

表 1 - 7 - 13   7A04 合金半成品的人工时效制度

品种	类别	温度 θ/℃	时间 t/h	备注
板材	人工时效	130 ± 5	16	—
挤压材	人工时效	138 + 5	16	—
锻件	人工时效	135 + 5	16	总加热时间 16 ~ 18 h
—	双级时效	第一阶段 120 ± 5 第二阶段 160 ± 3	3 3	—

7A04 合金薄板淬火前的转移时间应尽可能短，淬火冷却速度应尽可能快一些，否则室温拉伸力学性能会显著下降(表 1 - 7 - 14)。

表 1 - 7 - 14   淬火转移时间对 7A04 合金薄板拉伸力学性能的影响

淬火时转移时间/s	R_m /(N·mm^{-2})	$R_{P0.2}$ /(N·mm^{-2})	A /%	淬火时转移时间/s	R_m /(N·mm^{-2})	$R_{P0.2}$ /(N·mm^{-2})	A /%
5	525	493	11.2	30	451	376	12.0
10	515	476	10.7	40	419	347	11.5
20	507	452	10.3	60	396	310	11.0

以不同人工时效制度处理的材料性能不尽相同。120℃/24 h 时效制度，使材料的拉伸强度和伸长率高于其他两种时效制度所得的同类性能，这个制度适用于包铝薄板。120℃/3 h + 160℃/3 h 双级时效处理所得抗应力腐蚀性能最佳，而拉伸性能最差，这个制度还使制品有最佳的低周轴向拉伸疲劳性能。140℃/16 h 时效制度可用于包铝板材、挤压材和锻件等，这种制度处理过的制品的拉伸性能、抗应力腐蚀性能和低周轴向拉伸疲劳性能水平是 3 种时效制度中居中的 1 种，适用于处理粗厚材料。由于 120℃/3 h + 160℃/3 h 时效制度具有高的生产率和良好的综合性能，只要处理所得材料的拉伸性能能满足技术标准要求，采用这一时效制度是可取的，实际上也日益得到推广(表 1 - 7 - 15)。

表 1 - 7 - 15   时效制度对 7A04 合金力学性能的影响

时效制度	拉伸性能			低周轴向拉伸疲劳性能		抗应力腐蚀性能	
	R_m /(N·mm^{-2})	$R_{P0.2}$ /(N·mm^{-2})	A /%	R_{max} /(N·mm^{-2})	N /周	试验介质	断裂时间 /d
120℃/24 h	530	456	14.9	371	1698	3% NaCl 溶液	5,4,4,4,7
149℃/16 h	517	464	12.3	364	2589		4,9,9,7,20
120℃/3 h + 160℃/3 h	510	456	12.2	356	2815		54,54, 54,54

　　王树滨等人通过试验确定 7A04 – T6 合金挤压型材的最佳热处理制度为：铸锭均匀化处理(455~470)℃/24 h，挤压温度 380~420℃；固溶处理(460~475)℃/20 min，淬火水温<30℃，转移时间<30 s；时效制度(130~140)℃/16 h。

　　温度对固溶程度的影响比固溶时间对固溶程度的影响更大，7A04 铝合金短时高温固溶时，空位浓度的提高是引起合金强度提高的主要原因。

　　7A04 铝合金短时高温固溶处理，不仅合金力学性能比常规固溶处理的高，而且可以缩短热处理时间，提高热处理生产率。但是，要准确地判断短时高温固溶是否过烧和为什么没有过烧，尚有待更深入的研究。

　　图 1 – 7 – 6 是 7A04 铝合金短时高温固溶处理后的显微组织，可以看到，除了 520℃，20 min 固溶处理[图 1 – 7 – 6(e)、(f)]的显微组织略显过烧现象外，其余的显微组织均未见过烧现象。

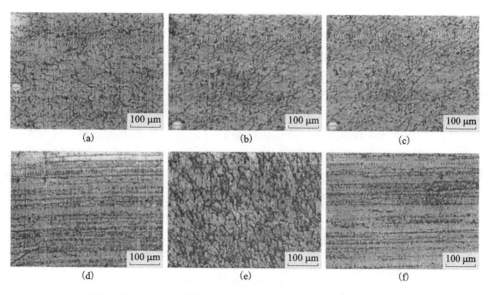

图 1 – 7 – 6　7A04 铝合金经不同固溶温度处理后的显微组织

(a)500℃(横向)；(b)500℃(纵向)；(c)510℃(横向)；

(d)510℃(纵向)；(e)520℃(横向)；(f)520℃(纵向)

(固溶时间 20 min/140℃/6 h + 150℃/1 h 时效)

　　7A04 合金挤压材的力学性能与固溶处理温度的关系见表 1 – 7 – 16，当固溶温度较高(不低于 490℃)时，合金的力学性能却明显高于常规固溶制度的。其原因是一方面随着温度的提高，原子的振动能力增加，晶界和晶内的难溶相更易于溶解，使固溶体中溶质的浓度提高；另一方面，根据晶体中的空位浓度 $C \approx e^{-q/KT}$ 可知，T(形成空位时的绝对温度)越高，则 C(空位浓度)越大。而这种溶质原子和空位双重过饱和的固溶体，对随后的时效强化十分有利。因为合金中的空位浓度越大，原子扩散越容易(有资料指出，如果铝合金中存在多余的空位，Cu 原子的扩散速度会因此提高 10 倍）。在随后的时效过程中，强化相的析出越快、越细密，合金的成分也越均匀。所以，合金的力学性能越高。

表 1 - 7 - 16　7A04 铝合金的热处理制度与力学性能

序号	固溶制度	时效制度	$R_m/(N \cdot mm^{-2})$	$R_{P0.2}/(N \cdot mm^{-2})$	$A/\%$
0	7A04 - T6	—	530	400	6
1	470℃/20 min	140℃/6 h + 150℃/1 h	486.5	367.3	11.9
2	480℃/20 min	140℃/6 h + 150℃/1 h	528.6	445.3	11.1
3	490℃/20 min	140℃/6 h + 150℃/1 h	582.3	517.0	11.4
4	500℃/20 min	140℃/6 h + 150℃/1 h	633.6	541.1	12.2
5	510℃/20 min	140℃/6 h + 150℃/1 h	652.3	553.7	12.6
6	520℃/20 min	140℃/6 h + 150℃/1 h	668.5	564.2	10.9

注：表中力学性能数据均为两个试样的平均值。

何贤贵等人研究了深冷处理对 7A04 合金力学性能的影响，所谓深冷处理就是在液氮等为冷却介质的设备中进行处理。合金（$w\%$：6.7 Zn、2.3 Mg、1.68 Cu、0.15 Cr、0.50 Fe、0.50 Si、0.1 Ti，其余 Al），在经 480℃/80 min + 120℃/16 h 常规热处理工艺处理后显微组织中，第二相在晶界有较多，呈连续状分布，晶界无析出带较宽，且局部再结晶；加入深冷处理，经 480℃/80 min + 深冷 + 120℃/16 h 处理后，7A04 铝合金显微组织中，第二相在晶内析出，晶界无析出，无析出带宽度较小，且再结晶较充分，晶粒细化。棒材的力学性能见表 1 - 7 - 17。

表 1 - 7 - 17　不同处理工艺 7A04 铝合金的力学性能

试样组编号	热处理工艺	R_m /(N·mm^{-2})	$R_{P0.2}$ /(N·mm^{-2})	屈强比	A /%	冲击韧性 /(J·cm^{-2})	硬度 /HB
1#	480℃/80 min + 120℃/16 h	662	612	0.92	8.4	14.1	189
2#	480℃/80 min + 深冷 + 120℃/16 h	497	345	0.69	12.5	24.3	177

由表 1 - 7 - 17 可知，经 480℃/80 min + 120℃/16 h 常规热处理工艺处理后，7A04 铝合金的抗拉强度 R_m、屈服强度 $R_{P0.2}$、屈强比、硬度都较高，但伸长率 A 和冲击韧性较低；经 480℃/80 min + 深冷 + 120℃/16 h 处理后，7A04 铝合金的抗拉强度 R_m、屈服强度 $R_{P0.2}$、屈强比、硬度相对有所降低，但延伸率 A 和冲击韧性得到明显提高。冲击韧性提高约 72%、伸长率提高约 49%。

郭红等人对一次淬火单级时效、一次淬火双级时效、双重淬火单级时效、双重淬火双级时效 4 种热处理对 7A04 合金板材力学性能、显微组织和抗腐蚀性能的影响作了研究。试验结果表明，双重淬火双级时效的热处理能使 7A04 铝合金板材获得最好的综合性能(表 1 - 7 - 18、表 1 - 7 - 19)。

表 1 - 7 - 18　7A04 铝合金板材经不同热处理制度处理后的力学性能

热处理制度	$R_{P0.2}/(\text{N}\cdot\text{mm}^{-2})$	$R_m/(\text{N}\cdot\text{mm}^{-2})$	$A/\%$
一次淬火单级时效	550	583	10.6
一次淬火双级时效	500	543	11.0
二次淬火单级时效	547	580	10.67
二次淬火双级时效	548	581	11.8

表 1 - 7 - 19　不同热处理制度处理 7A04 合金板材的剥落腐蚀和应力腐蚀开裂试验结果

热处理制度	一次淬火		二次淬火	
	单级时效	双级时效	单级时效	双级时效
剥落腐蚀	ED(中等)	EA(稍有)	EA(稍有)	P(点蚀)
断裂时间/d	7	21	16	30(未断裂)

1.7.6.4　力学性能

7A04 合金半成品的标定力学性能见表 1 - 7 - 20、表 1 - 7 - 21,典型力学性能见表 1 - 7 - 22 至表 1 - 7 - 26。

表 1 - 7 - 20　7A04 合金半成品的标定力学性能

技术标准	品种	试样状态	δ 或 d/mm	取样方向	$R_m/(\text{N}\cdot\text{mm}^{-2})$	$R_{P0.2}/(\text{N}\cdot\text{mm}^{-2})$	$A/\%$
					不小于		
GB/T 3880	板材	O	0.5 ~ 10.0	LT	≤245	—	11[①]
		T6	0.5 ~ 2.9	LT	480	400	7[①]
			>2.9		490	410	7
		T62	0.5 ~ 2.9	LT	470	390	7
			>2.9		490	410	7
GB/T 3880	板材	T62	>10.0	LT	490	410	4
			>12.5		490	410	4[②]
			>25.0		490	410	3[②]
GJB 1741	板材	BCSYU	6.5 ~ 12.0	LT	540	460	9
			>12.0	LT	540	470	7
GB/T 3191	棒材[③]	T62	≤22	L	490	370	7[④]
		T6	>22	L	530	400	6
	高强度棒材	T62	200 ~ 100[⑤]	L	550	450	6[④]
		T6	>100[⑤]		530	430	6

续表 1 – 7 – 20

技术标准	品种	试样状态	δ 或 d/mm	取样方向	R_m/(N·mm^{-2})	$R_{P0.2}$/(N·mm^{-2})	A/%
					不小于		
GB/T 4437	管材⑦	T6	≤120 >120	L	530 510	400 400	6④ 5
GJB 2053	薄板	O T6 T6 T9	1.0~6.5 1.0~2.5 >2.5 2.0~4.0	LT	≤245 480 490 520	 410 420 450	10⑧ 7 7 6
GJB 2054	普通棒材	T6	5~22 >22 >150⑤	L	490 530 500	370 400 400	7④ 6 4
	高强棒材	T6	20~100⑤ >100⑤ 20~150	L	550 530 550	450 430 450	7④ 6 4
GJB 2056	阶段变截面型材	T6	—	L	480	410	6④
GJB 2381	挤压无缝管材	T6	直径25~120 壁厚5~35 直径120~250 壁厚5~35	L L	530 510	400 400	6④ 5
GJB 2507	挤压型材	T6	≤10 >10 >20 >40	L	510 530 560 570	460 460 460 490	6 6 6 6
		O	所有	L	≤275		10
GJB 2662	厚板	T6	7~10 >10 >25	L	490 490 490	410 410 410	6⑧ 4 3
GJB 2663 – 1996	大规格型材	T6	— —	L LT	570 490	490	6④ 4
HB 5202	挤压棒材	T6	≤22 >23 >161	L	510 550 530	420 460 460	7④ 6 5
HB 5202	高强度挤压棒材	CSG	23~54 55~150 151~240	L	550 560 560	460 490 490	6④ 6 5

注：①试样标距 50 mm；②试样标距 5D；③d >150 mm 的棒材，其力学性能附报告单；④A_5 数据；⑤材料供应状态为 F；⑥材料供应状态为 T6；⑦壁厚 δ <5 mm 的管材的室温纵向力学性能，由供需双方另行协商或附试验结果；外径 d 185 ~300 mm，其壁厚 δ >32.5 mm 管材，室温纵向力学性能由供需方双方另行协商；⑧为 A_{10} 数据。

表 1 - 7 - 21　7A04 合金锻件的标定力学性能

技术标准	品种	质量/kg	状态	L			LT			ST		HBS
				R_m/(N·mm^{-2})	$R_{P0.2}$/(N·mm^{-2})	A_5/%	R_m/(N·mm^{-2})	$R_{P0.2}$/(N·mm^{-2})	A_5/%	R_m/(N·mm^{-2})	A_5/%	
HB 5204	自由锻件	—	T6	510	420	6.0	440	—	3.0	390	2	125
	模锻件	—	T6	530	440	7.0	450	—	4.0	410	3	140
GJB 2531	自由锻件	≤30	T6	510	420	6.0	440		3	420	2	130
	模锻件		T6	530	440	6.0	450		4	425	3	140
	自由锻件	>30	T6	510	420	5.0	440		3	420	2	130
	模锻件		T6	530	440	6.0	450		4	425	2	140

注：①最大横截面面积 $A > 165\,000\ \text{mm}^2$, $\delta > 150\ \text{mm}$ 的自由锻件的力学性能由供需双方议定。

表 1 - 7 - 22　7A04 合金半成品的典型室温力学性能

品种	状态	规格 δ 或 d /mm	试样方向	R_m			$R_{P0.2}$			A/%
				平均值	最小值	最大值	平均值	最小值	最大值	
				/(N·mm^{-2})			/(N·mm^{-2})			
板材	T62	1.2~3	LT	551	531	576	495	463	524	11.7
	T62	3		563	559	569	515	495	530	10.4
	T62	3		544	516	568	488	445	515	10.9
	T62	1.8		541	490	618	481	436	505	11.8
	T6	3		560	525	608	488	461	520	9.5
	O	3		209	182	227	—	—	—	16.4
	O	1.8		219	177	260	—	—	—	16.0
棒材	T6	55~105	L	609	594	638	569	547	608	7.7
		60~100		618	590	654	—	—	—	10.2
		60~100		615	531	657	—	—	—	9.8
型材	T6	—	L	594	545	620	558	505	586	8.3
			LT	562	552	581	520	495	545	7.8
模锻件	T6	梁	L	575	521	605	535	491	572	9.0
			LT	544	485	594	509	434	560	8.7
			ST	525	477	599	480	407	512	8.2

表 1-7-23　稳定化处理对 7A04 合金半成品室温拉伸力学性能的影响

品种	状态	热稳定化处理		R_m	$R_{P0.2}$	$A/\%$	品种	状态	热稳定化处理		R_m	$R_{P0.2}$	$A/\%$
		$\theta/℃$	t/h	N/mm^2					$\theta/℃$	t/h	N/mm^2		
板材	T6	100	10	500	432	11	挤压棒、管、带材	T6	100	1000	539	500	11
			100	500	432	11				10000	520	471	11
			1000	481	432	11			150	10	539	490	11
			10000	461	402	11				100	539	461	11
		150	10	490	432	11				1000	363	265	11
			100	441	402	11				10000	275	186	14
			1000	324	226	11			175	10	510	461	11
			10000	245	167	14				100	383	294	11
		175	10	461	392	11				1000	275	177	13
			100	343	255	11				10000	245	137	16
			1000	245	147	13			200	10	402	353	12
			10000	226	118	16				100	304	147	12
		200	10	378	304	12				1000	245	137	15
			100	275	167	12				10000	226	108	16
			1000	216	118	15	大尺寸挤压型材	T6	100	100	588	—	7
			10000	206	98	16				200	588	—	8
挤压棒、管、带材	T6	100	10	559	500	11			150	100	500	—	10
			100	559	500	11				200	461	—	10

表 1-7-24　厚度 <2.5 mm 的 7A04-T6 合金板材的高温力学性能

θ /℃	R_m /(N·mm^{-2})	$R_{P0.2}$ /(N·mm^{-2})	A_{10} /%	θ /℃	R_m /(N·mm^{-2})	$R_{P0.2}$ /(N·mm^{-2})	A_{10} /%
20	510	432	14	175	363	314	16
100	471	402	14	200	275	235	11
125	461	392	14	250	147	118	16
150	402	343	15	300	83	69	31

表 1-7-25　7A04-T6 合金挤压大梁型材高温力学性能

θ /℃	R_m /(N·mm^{-2})	$R_{P0.2}$ /(N·mm^{-2})	A_{10} /%	θ /℃	R_m /(N·mm^{-2})	$R_{P0.2}$ /(N·mm^{-2})	A_{10} /%
20	588	539	6	200	324	304	4
100	520	490	8	250	157	147	16
125	510	481	5	300	98	79	23
150	422	392	7	—	—	—	—

表 1 - 7 - 26　7A04 - T6 合金半成品的低温力学性能

半成品	$\theta/℃$	$R_m/(N \cdot mm^{-2})$	$R_{P0.2}/(N \cdot mm^{-2})$	$A/\%$	$R_{bH}/R_m(K_t = 6.3)$
板材	-253	736	619	7	0.7
	-196	628	510	9	0.78
	-70	549	461	12	0.97
	20	510	432	14	1.0
挤压材	-253	794	716	5	—
	-196	736	628	7	—
	-70	608	549	8	—
	20	588	539	8	—

7A04 - T6 挤压材的抗压屈服强度 530 N/mm², 板材的为 451 N/mm²; 不包铝的 T6 状态薄板的高周(5×10^8)疲劳强度 138 N/mm², 包铝板材的为 89 N/mm², 厚度 >20 mm 的挤压型材的高周(5×10^8)疲劳强度 152 N/mm²。

表 1 - 7 - 27　7A04 - T6 合金挤压型材的高温扭转和剪切强度

温度 θ /℃	抗扭强度 /($N \cdot mm^{-2}$)	抗扭屈服强度 /($N \cdot mm^{-2}$)	抗剪强度 /($N \cdot mm^{-2}$)	扭转比例极限 /($N \cdot mm^{-2}$)
20	427	304	319	230
100	397	284	314	221
150	348	260	275	206
200	270	216	216	162
250	127	118	108	59
300	69	54	69	39

表 1 - 7 - 28　7A04 - T6 合金板材的高温持久强度

温度 $\theta/℃$	$R_{10}/(N \cdot mm^{-2})$	$R_{100}/(N \cdot mm^{-2})$	$R_{1000}/(N \cdot mm^{-2})$
100	412	383	333
150	304	226	137
200	147	98	59

表 1 - 7 - 29　7A04 - T6 合金半成品的高温蠕变强度(N/mm²)

品种	状态	$\theta/℃$	$R_{0.2/10}$	$R_{0.2/100}$	$R_{0.2/1000}$	$R_{0.2/5000}$
挤压材和锻件	T6	100	402	383	343	—
		125	—	—	216	—
		150	—	—	—	128

表 1 – 7 – 30　7A04 合金半成品的平面应断裂韧度 K_{IC}

品种	状态	d/mm	试样		K_{IC} /(N·mm^{-2}·m$^{-3/2}$)
			类型	方向	
棒材	固溶处理 470℃ + 人工时效 140℃/16 h	65，125	三点弯曲	$L - R$	34 ~ 38
		70，80	三点弯曲	$L - C$	31 ~ 34
型材	固溶处理 470℃ + 人工时效 140℃/16 h	—	CT	$T - L$	25
			CT	$T - S$	27
			三点弯曲	$L - T$	37
				$T - S$	25
				$T - L$	21
型材	固溶处理 470℃ + 人工时效 120℃/3 h + 160℃/3 h	—		$T - S$	26

注：7A04 – T6 合金的平面应力断裂韧度 $K_{IC} = 50.64 (N·mm^{-2})·m^{-3/2}$。

表 1 – 7 – 31　7A04 合金半成品的应力腐蚀断裂韧度

品种	规格 /mm	热处理制度	环境条件	$R_{P0.2}$ /(N·mm^{-2})	试样		K_{ISCC} /(MN·m$^{-3/2}$)
					类型	取向	
厚板	$\delta 30$	固溶处理 + 120℃/24 h	3.5% NaCl 溶液 35℃	553	DCB	$S - L$	2.8
		固溶处理 + 140℃/16 h		540	DCB	$S - L$	8.9
		固溶处理 + 120℃/3 h + 160℃/3 h		538	DCB	$S - L$	13.9
		固溶处理 + 107℃/7 h + 175℃/10 h		390	DCB	$S - L$	20.3
型材	—	固溶处理 + 120℃/24 h	3.5% NaCl 溶液 35℃	643	DCB	$T - L$	< 2
		固溶处理 + 140℃/16 h		630	DCB	$T - L$	11.5 ~ 14
		固溶处理 + 120℃/3 h + 160℃/3 h		595	DCB	$T - L$	13.3 ~ 14.9

1.7.6.5　工艺性能

7A04 合金在退火和新淬火状态的塑性与同状态的 2A12 合金的相当，T6 状态材料的塑性明显下降，但允许校形，可在冷态或预热后进行。热校形时，模具温度为 130℃ ±15℃，而零件的加热温度为 130℃ ±10℃，保温 10 ~ 12 h；或在 150℃ ±10℃，保温时间 ≤7 h。人工时效的挤压壁板校形时不必加热，若在新淬火后校形则须加热。

合金有良好的可点焊性能，优秀的摩擦搅拌焊接性能，不可气焊，有良好的可切削加工性。该合金的锻造和模锻温度为 380 ~ 430℃，可锻造形状复杂的模锻件和冲压件，在热加工温度范围内，铸锭的镦粗变形宜 ≤50%，变形坯料的宜 ≤80%，变形宜 ≤60%。

1.7.7　7A09 合金

该合金属 Al – Zn – Mg – Cu 系的超高强度铝合金，7A09 – T6 合金的强度最高，是当前航空工业应用的强度最高的变形铝合金之一，其成分比 7A04 合金的更优越些，因而具有更好的综合性能，在航空器制造中获得更广泛的应用，用于制造种种重要的受力构件，在歼击机、中程轰炸机、运输机及教练机等上被大量应用，用于制作前起落架、机翼前梁、大梁、机身对接框支臂、支柱、隔板、肋板、主梁接头、平尾上下壁板、液压系统工作筒、液压油箱的活塞杆、内外筒等关键零部件。由于它的强度高，所以减重效果好，且提高了飞机的安全性。

7A09 合金的主要半成品有板、棒、管、型材及锻件、模锻件。该合金在 T6 状态下具有满意的断裂韧度，在 T73 过时效状态的强度及屈服强度均较 T6 状态的低，但具有优异的耐应力腐蚀性能，且具有较高的断裂韧度。T6 状态材料具有良好的抗剥落腐蚀性能。温度升高时合金的强度降低，长期使用温度不得超过 125℃。

1.7.7.1　化学成分及相组成

根据 GB/T 3190—2008，7A09 合金的化学成分（质量分数）：0.50% Si，0.50% Fe，1.2% ~ 2.0% Cu，0.15% Mn，2.0% ~ 3.0% Mg，0.16% ~ 0.30% Cr，5.1% ~ 6.1% Zn，0.10% Ti，其他杂质单个 0.05%、总计 0.10%，其余为 Al。

7A09 合金的相组成为 α 相固溶体及第二相质点。第二相质点可分为三类。第一类是初生的金属间化合物，如 $FeCrAl_7$、$FeAl_3$、Mg_2Si 等，它们是在凝固过程中形成的，尺寸较大，在光学显微镜下呈块状，继而在压力加工过程中被压碎，排列成串。根据合金的铸造及加工条件不同，其尺寸为 0.5 ~ 10μm。加热时不溶于固溶体，故热处理不能使它们变化。它们的存在，降低了合金的断裂韧度。

第二类是含 Cr 的弥散质点 $Al_{12}Mg_2Cr$。它们是在合金均匀化处理、压力加工前的加热与固溶处理加热时从固溶体中析出的，其尺寸为 0.05 ~ 0.5 μm，对合金再结晶和晶粒长大有明显的阻碍作用。

第三类是时效强化质点。合金固溶处理时，它们溶入固溶体，时效时又从固溶体中析出。形状和尺寸变化较大，是影响合金性能的重要因素。合金在 T6 状态时，强化质点主要是 ≤4 nm 的 GP 区；在 T74（CGS3）状态时，强化质点主要是 5 ~ 6 nm 的 η' 过渡相；在 T73 状态时，则是 8 ~ 12 nm 的 η' 过渡相及 20 ~ 80 nm 的 η 相质点。

1.7.7.2　物理及化学性能

合金的熔化温度为 477 ~ 638℃，T6 状态材料的热导率（W/m·℃）：50℃时的 134，100℃时的 142，125℃时的 147，200℃时的 176；比热容（J/kg·℃）：50℃时的 888，100℃时的 904，150℃时的 988，175℃时的 1063，200℃时的 1056。线膨胀系数如表 1 – 7 – 32 所示。

表 1 – 7 – 32　7A07 合金的线膨胀系数

温度 $\theta/℃$	20～100	20～125	20～150	20～200
线膨胀系数 $\alpha/10^{-6}℃^{-1}$	23.6	23.3	23.5	24.0

7A09 – T6 合金的室温电导率 $\gamma = 18.5$ MS/m，T73 材料的 $\gamma = 22.0 \sim 24.4$ MS/m，无磁性。

除应力腐蚀以外，7A09 合金一般的耐腐蚀性能与 2A12 铝合金的相当。

7A09 – T6 合金的高向具有应力腐蚀敏感性，横向和纵向的应力腐蚀门槛值大于 300 N/mm^2。因此，T6 的各种产品横向和纵向的耐应力腐蚀能力可以满足要求。当产品对耐应力腐蚀性能要求高时，以采用 T73 状态的合金为宜。这种状态合金的强度虽然比 T6 状态的约低 10%，但高向的应力腐蚀门槛值大于 300 N/mm^2，横向和纵向的则等于它的抗拉强度值。

对于既要求高强度，又要考虑应力腐蚀性能的零件，则以使用 T74 状态的合金为宜。这种状态的材料既有高的强度，又有较高的耐应力腐蚀性能。T74 铝合金模锻件的高向应力腐蚀门槛值约为 210 N/mm^2。

腐蚀防护取决于零件的用途，可采用阳极氧化、化学转化膜和涂料涂层。

T6 状态合金薄板(2.0 mm)的横向应力腐蚀断裂时间见表 1 – 7 – 33。

表 1 – 7 – 33　7A09 – T6 合金 2.0 mm 板材的横向(LT)应力腐蚀断裂时间

时效时间/h	$R_{P0.2}$/(N·mm^{-2})	试验应力/(N·mm^{-2})	剩余强度/(N·mm^{-2})	断裂时间/h	时效时间/h	$R_{P0.2}$/(N·mm^{-2})	试验应力/(N·mm^{-2})	剩余强度/(N·mm^{-2})	断裂时间/h
8	455	340	429 436	>720 >720 >720 >720 >367	12	455	340	463 459	453 717
12	455	340	463 459	>720 >720 >720	16	459	343	331 415 429	>720 >720 >720 >720 >720

注：1. 固溶热处理温度：460℃。2. 时效温度：135℃。3. 试验应力取屈服强度的 75%。4. 试验方法按 HB 5254—1983《变形铝合金拉伸应力腐蚀试验方法》。

1.7.7.3　力学性能

7A09 合金半成品的标定力学性能见表 1 – 7 – 34、表 1 – 7 – 35，典型力学性能见表 1 – 7 – 36 至表 1 – 7 – 49。

表 1 - 7 - 34　7A09 合金半成品的标定力学性能

技术标准	品种	状态	δ 或 d /mm	试样 方向	R_m /(N·mm^{-2})	$R_{P0.2}$ /(N·mm^{-2})	A /%
YS/T 212	板材	O	0.5 ~ 10.0	横向	≤245	—	10
		T6	0.5 ~ 2.5		480	410	7
			>2.5		490	420	7
		T9	1.2 ~ 6.5		520	460	6
		T62	0.5 ~ 2.5		470	400	7
			>2.5		480	410	7
GJB 2053		O	1.0 ~ 6.5		≤245	—	10
		T6	1.0 ~ 2.5		480	410	7
			>2.5		490	420	7
		T9	2.0 ~ 4.0		520	460	6
		T62	1.0 ~ 2.5		470	400	7
			>2.5		480	410	7
YS/T 214	大规格板	O	0.5 ~ 10.0	横向	≤245	—	10
		T6	0.5 ~ 2.5		480	410	7
			>2.5		490	420	7
		T62	0.5 ~ 2.5		470	390	7
			>2.5		480	400	7
GJB 2662	厚板	O	7 ~ 10	横向	≤245	—	10
		T6	7 ~ 10		490	420	7
		T62	7 ~ 10		480	410	7
		T6①	7 ~ 10		490	410	6
			>10		490	410	4
			>25		490	410	3
		T6	35 ~ 40	高向	390	—	2
GJB 1741	预拉伸板	BCSYU	6.5 ~ 12	横向	540	460	9②
			>12		540	470	7③
待定	不包铝板	T73	1 ~ 6	横向	460	380	8
			6.1 ~ 25		470	390	7
			>25		470	390	6

续表 1 – 7 – 34

技术标准	品种	状态	δ 或 d /mm	试样方向	R_m /(N·mm^{-2})	$R_{P0.2}$ /(N·mm^{-2})	A /%
GB 3191	挤压棒材	T6	≤22	纵向	490	370	7
			23 ~ 160		530	400	6
			>160		510	400	5
GJB 2054		T6④	5 ~ 22		490	370	7
			>22		530	400	6
		T6①	>150		500	400	4
HB 5202		T6	≤22		510	420	7
			23 ~ 160		550	460	6
			161 ~ 240		530	460	5
HB 5202	高强的挤压棒材	T6⑤	23 ~ 54	纵向	550	460	6
			55 ~ 150		560	490	6
		T6⑤	151 ~ 240		560	490	5
GJB 2054		T6①	20 ~ 100		550	450	6
			>100		530	430	6
		T6⑤	20 ~ 150		550	450	6
Q/6S 824 Q/S 321	挤压棒材	T73	≤38	纵向	485	420	7
			>38		475	410	7
			>76		470	395	6
Q/6S 1352 Q/S 320		T74	≤22		490	375	7
			23 ~ 160		530	405	6
			>160		510	405	5
GJB 2507	挤压型材	O	所有	纵向	≤275	—	10
		T6	≤10.0		500	440	6
			>10.0		540	460	6
Q/6S 1490	挤压型材	T74	≤10	纵向	500	440	6
GJB 2056	阶段变截面型材	T6	—	纵向	480	410	6
				横向	—	—	4
GB/T 4437 GJB 2381	挤压管材	T6	≤120	纵向	530	400	6
			>120		510	400	5
		T6	25 ~ 120		530	400	6
			>120		510	400	5

注：①于 H112 状态供应；②标距 50 mm；③标距 5D；④可于 H112 或 T6 状态供应；⑤于 T6 状态供应。

表 1 – 7 – 35　7A09 合金锻件的标定力学性能

技术标准	品种	状态	质量 /kg	试样方向	R_m /(N·mm^{-2})	$R_{P0.2}$ /(N·mm^{-2})	A_5 /%	HBS
GJB 2351	模锻件	T6	—	纵向	530	440	6	140
				横向	450	—	4	
				高向	425	—	3	
	自由锻件			纵向	510	420	6	130
				横向	440	—	3	
				高向	420	—	2	
GJB 1057 GJB 2351	模锻件	T73	—	纵向	455	385	7	130
				横向	440	370	4	
				高向	425	—	3	
	自由锻件			纵向	455	385	6	130
				横向	440	370	3	
				高向	420	—	2	
GJB 2351	模锻件	T74	≤30	纵向	510	430	6	130
				横向	450	—	4	
				高向	425	—	3	
			>30	纵向	510	430	6	130
				横向	450	—	4	
				高向	425	—	2	
	自由锻件		≤30	纵向	490	410	6	130
				横向	440	—	3	
				高向	420	—	2	
			>30	纵向	490	410	5	130
				横向	440	—	3	
				高向	420	—	2	
GJB 1057	模锻件	T74	≤30	纵向	510	430	6	130
				横向	450	—	4	
				高向	410	—	3	
			>30	纵向	510	430	6	130
				横向	450	—	4	
				高向	410	—	2	
	自由锻件		≤30	纵向	490	410	6	125
				横向	440	—	3	
				高向	390	—	2	
			>30	纵向	490	410	5	125
				横向	440	—	3	
				高向	390	—	2	

表 1 - 7 - 36　　包铝的 7A09 - T6 合金 2.0 mm 板材的典型室温力学性能

$R_m/(\text{N}\cdot\text{mm}^{-2})$	$R_{P0.2}/(\text{N}\cdot\text{mm}^{-2})$	$R_{0.7}/(\text{N}\cdot\text{mm}^{-2})$	$R_{0.85}/(\text{N}\cdot\text{mm}^{-2})$	$A_{10}/\%$	n
$\dfrac{517\sim533}{525}$	$\dfrac{439\sim463}{455}$	455	435	$\dfrac{11.8\sim12.8}{12.2}$	20

注：分子表示最小值～最大值，分母为平均值。下同。

表 1 - 7 - 37　　7A09 - T6 合金 20 mm 厚板的典型室温力学性能

$R_m/(\text{N}\cdot\text{mm}^{-2})$	$R_{P0.2}/(\text{N}\cdot\text{mm}^{-2})$	$A_5/\%$	n
$\dfrac{546\sim579}{581}$	$\dfrac{476\sim546}{519}$	$\dfrac{9\sim16}{12.6}$	8

表 1 - 7 - 38　　7A09 - T6 合金棒材的典型室温力学性能

d/mm	$R_m/(\text{N}\cdot\text{mm}^{-2})$	$R_{P0.2}/(\text{N}\cdot\text{mm}^{-2})$	$R_{0.7}/(\text{N}\cdot\text{mm}^{-2})$	$R_{0.85}/(\text{N}\cdot\text{mm}^{-2})$	$A_5/\%$
22	$610\sim640$	$\dfrac{555\sim595}{575}$	—	—	$8.2\sim11.5$
25	645	605	610	595	17.2
$60\sim160$	$589\sim647$	—	—	—	$8\sim13$
180	$\dfrac{609\sim619}{614}$		—	—	$10\sim12$

表 1 - 7 - 39　　7A09 - T73 合金棒材的典型室温力学性能

d/mm	$R_m/(\text{N}\cdot\text{mm}^{-2})$	$R_{P0.2}/(\text{N}\cdot\text{mm}^{-2})$	$R_{0.7}/(\text{N}\cdot\text{mm}^{-2})$	$R_{0.85}/(\text{N}\cdot\text{mm}^{-2})$	$A_5/\%$
22	$\dfrac{505\sim530}{525}$	$\dfrac{435\sim470}{465}$	—	—	$\dfrac{7.8\sim11.4}{9.7}$
50	$\dfrac{490\sim520}{515}$	$\dfrac{395\sim455}{410}$	—	—	$\dfrac{9.8\sim12.6}{11.4}$
55	568	512	—	—	10.8
80	$\dfrac{527\sim544}{537}$	$\dfrac{462\sim484}{476}$	$\dfrac{465\sim487}{479}$	$\dfrac{451\sim478}{471}$	$\dfrac{10\sim11.2}{10.7}$
	$\dfrac{495\sim545}{520}$	$\dfrac{430\sim490}{445}$	—	—	$\dfrac{10.9\sim12.2}{11.1}$
120	515	450	—	—	10.3

表 1 - 7 - 40　　7A09 - T6 合金型材的典型室温力学性能

R_m			$R_{P0.2}$			$A/\%$
$\overline{X}$	max	min	$\overline{X}$	max	min	
/(N·mm^{-2})			/(N·mm^{-2})			
567	620	500	528	600	470	9

表 1 – 7 – 41　7A09 – T73 合金大型模锻件的典型力学性能

零件	试样方向	R_m /(N·mm^{-2})	R /(N·mm^{-2})	$R_{P0.2}$ /(N·mm^{-2})	$R_{0.7}$ /(N·mm^{-2})	$R_{0.85}$ /(N·mm^{-2})	A_5 /%	Z /%
机翼前梁	纵向	515	395	455	455	450	11.7	33.5
	横向	500	385	440	440	430	10.0	23.1
	高向	475	345	405	410	395	5.1	6.4

表 1 – 7 – 42　7A09 – T6 合金 5.5 mm 板材经稳定化处理后的室温力学性能

稳定化处理制度		R_m /(N·mm^{-2})	$R_{P0.2}$ /(N·mm^{-2})	A_{10} /%	稳定化处理制度		R_m /(N·mm^{-2})	$R_{P0.2}$ /(N·mm^{-2})	A_{10} /%
θ/℃	t/h				θ/℃	t/h			
100	50	580	—	11.2	150	50	515	440	10.0
	100	555	—	7.8		100	480	400	10.4
	150	560	—	9.8		150	450	370	10.2
125	50	545	485	8.6	175	50	410	310	10.2
	100	540	480	10.8		100	380	280	10.5
	150	545	480	11.3		150	365	260	10.5

表 1 – 7 – 43　7A09 合金的高温典型力学性能

状态	d/mm	θ/℃	R_m/(N·mm^{-2})	$R_{P0.2}$/(N·mm^{-2})	A_5/%	Z/%
T6	25	100	565	525	13.8	29.8
		125	545	505	12.3	34.8
		150	480	435	10.5	42.3
		175	420	375	10.4	51.3
T73	80	100	471	440	14.4	36.3
		125	432	408	19.0	43.6
		150	399	384	20.0	48.9

表 1 – 7 – 44　7A09 – T73 合金大型模锻件的高温典型力学性能

θ /℃	试样方向	试样部位	R_m /(N·mm^{-2})	$R_{P0.2}$ /(N·mm^{-2})	A_5 /%	θ /℃	试样方向	试样部位	R_m /(N·mm^{-2})	$R_{P0.2}$ /(N·mm^{-2})	A_5 /%
100	纵向	—	445	405	14	100	横向	腹板	450	425	16
125			420	395	14	125			420	405	17
150			390	380	15	150			390	385	15

表 1 – 7 – 45   7A09 – T6 合金前起落架下接头自由锻件的低温力学性能

$\theta/℃$	$R_m/(N \cdot mm^{-2})$	$A/\%$	$\theta/℃$	$R_m/(N \cdot mm^{-2})$	$A/\%$
20	550	11.5			
– 20	560	7.8	– 40	555	9.4

注：直径 25 mm 棒材 – 50℃ 的抗拉强度 $R_m = 680$ N/mm², 伸长率 $A = 6.9\%$。

表 1 – 7 – 46   7A09 – T73 合金大型模锻件经不同温度稳定化处理后的高温瞬时拉伸性能

稳定化处理制度		θ /℃	试样方向	R_m	$R_{P0.2}$	A_5 /%	稳定化处理制度		θ /℃	试样方向	R_m	$R_{P0.2}$	A_5 /%
$\theta/℃$	t/h			/(N·mm⁻²)			$\theta/℃$	t/h			/(N·mm⁻²)		
125	50	125	纵向	425	405	13	150	50	150	纵向	375	365	17
			横向	430	415	15				横向	380	365	17

表 1 – 7 – 47   7A09 合金自由锻件 U 形缺口试样的冲击韧性

状态	质量/kg	$\theta/℃$	试样方向	$\alpha_{ku}/(kJ \cdot m^{-2})$
T6	< 30	20	纵向	160
			横向	57
			高向	51
		– 20	纵向	127
		– 40		124
		– 50		118
T73	600	20	纵向	185
			横向	42
			高向	44

表 1 – 7 – 48   7A09 – T6 合金板材的平面应力断裂韧度

试样型式	试样方向	δ /mm	试样宽度 /mm	K_{IC} /(MN·m⁻³/²)	试样型式	试样方向	δ /mm	试样宽度 /mm	K_{IC} /(MN·m⁻³/²)
CCT	LT	2.0	120	59.0	CCT	LT	5	100	55.5
	TL			54.0				200	55.5
	LT		150	62.5				300	54.5
			90	59.0				400	56.0
CS	LT		65	63.0				500	56.0
				64.5					

表 1 - 7 - 49　7A09 - T6 合金自由锻件的低调轴向拉伸疲劳强度

品种	质量/kg	状态	试样方向	K	$R_{max}/(N \cdot mm^{-2})$	N
前起落架下接头	<30	T6	纵向	0.7	475	1200
				0.5	340	5100
			横向	0.7	435	1200
				0.5	315	>3200
			高向	0.7	420	1100
				0.5	300	5300
前起落架外筒	600	T73	纵向	0.7	400	2600
				0.5	285	9600
			横向	0.7	365	1800
				0.5	260	8300

1.7.7.4　热处理

7A09 合金的不完全退火制度(290 ~ 320)℃/(2 ~ 4) h，空冷。完全退火制度(390 ~ 430)℃/(0.5 ~ 1.5) h，以 ≤30℃/h 的降温速度随炉冷至 260℃ 后，出炉空冷。

7A09 合金固溶热处理温度为 460 ~ 475℃。包铝板材的处理温度宜取下限，重复处理次数不应超过两次，以免合金元素扩散穿透包铝层，降低板材的耐腐蚀性能。合金固溶热处理后，在冷水或温水或其他适宜的冷却剂中迅速冷却。操作应尽量快，特别是薄板及其零件，转移时间不应大于 15 s。

板材的 T6 状态人工时效制度：(135 ±5)℃/(8 ~ 16) h，其他材料的 T6 人工时效制度：(140 ±5)℃/16 h。T73 状态材料的双级人工时效制度如表 1 - 7 - 50。

表 1 - 7 - 50　T73 状态材料的双级人工时效制度

材料	一级	二级
板材	(110 ±5)℃/(6 ~ 8) h	(165 ±5)℃/(24 ~ 30) h
挤压材	(110 ±5)℃/(6 ~ 8) h	(177 ±5)℃/(8 ~ 12) h
锻件	(110 ±5)℃/(6 ~ 8) h	(177 ±5)℃/(8 ~ 10) h

7A09 合金锻件固溶热处理时，为了避免淬火变形和减小残余应力，只要能够保证得到标准规定的强度和耐腐蚀性能，就应该采取尽可能慢的淬火冷却速度。为此可在温水中淬火，水温最高可达 80℃。特殊零件水温还可更高一些。固溶热处理和人工时效之间的时间间隔对合金各种产品的各种热处理状态的力学性能都没有影响。

对 7A09 合金可进行双级固溶处理，例如在 460℃/40 min + 480℃/30 min 进行固溶处理可取得更好的固溶效果与时效后的强化效果。在 460℃/40 min 一级固溶处理后大部分第二相已溶入固溶体,仅有少量残余的长条状纤维组织及杂质第二相质点[图1-7-7(a)];由经480℃/30 min二级固溶后的显微组织[图1-7-7(b)]可看出,试样发生了一定程度的再结晶,但是并没有产生过烧现象,合金中的第二相已经都溶入基体中,只留下一些杂质相和少量第二相,二级固溶的直接结果在于减少了未溶结晶相,大大提高了合金淬火后的过饱和程度。

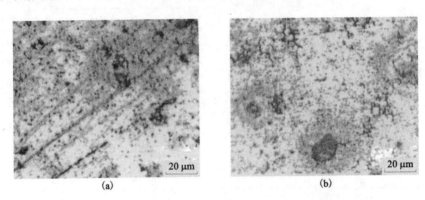

图1-7-7　固溶处理温度对7A09合金挤压带材显微组织影响

(a)460℃/40 min一级固溶处理;(b)460℃/40 min+480℃/40 min双级固溶处理

固溶处理温度及保温时间对7A09合金挤压带板(20 mm×70 mm)硬度的影响见图1-7-8及图1-7-9。

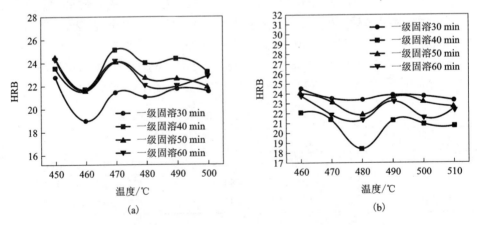

图1-7-8　7A09合金挤压带材的布氏硬度与固溶处理温度的关系

(a)一级固溶温度;(b)二级固溶温度(一级固溶处理480℃/40 min)

张世兴等人的研究显示:7A09合金棒材的最佳双级时效制度为110℃/7 h+170℃/9 h,同时合金在470℃/1 h固溶处理可取得好的时效效果。一级时效时,随着时效温度的升高,试样硬度升高,在110℃达到峰值,而后随着温度升高硬度降低;试样硬度随着一级时效时间的延长而升高,在7 h达到峰值,随后随着时间延

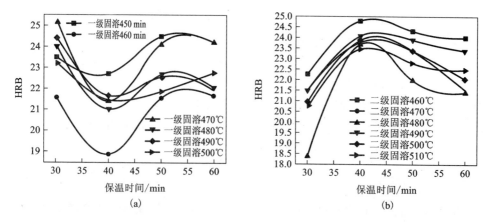

图 1 - 7 - 9　7A09 合金挤压带材的布氏硬度与固溶处理保温时间的关系
（a）一级固溶保温时间；（b）二级固溶保温时间（一级固溶 460℃/40 min）

长硬度略有降低；二级时效时，低于 170℃ 随着时效温度升高，试样硬度升高不明显，在高于 170℃ 时随着温度升高硬度急剧降低。试样硬度随着二级时效时间的延长而升高，在 9 h 达到峰值，随后随着时间延长硬度降低，即在 470℃/1 h 固溶，110℃/7 h 一级时效后再经过 170℃/9 h 二级时效试样硬度达到最高。

李建湘等人的研究结果表明：7A09C – T73 型材的合理热处理制度，淬火温度为 465 ~ 470℃，淬火保温时间（盐浴）为 0.9 ~ 1.0 min/mm（厚度）；人工时效工艺为 110℃/6 h + 175℃/8 h。

7A09C 合金的化学成分（w%）0.1 Si，0.25 Fe，1.4 ~ 2.0 Cu，0.2 ~ 0.6 Mn，1.8 ~ 2.8 Mg，5.0 ~ 6.5 Zn，0.1 ~ 0.25 Cr，0.1 Ni，0.05 Ti，其他杂质单个 0.05，合计 0.15，其余为 Al。

1.7.7.5　工艺特性

7A09 合金的熔炼温度为 710 ~ 750℃，可在 700 ~ 730℃ 铸造，小的锭块宜选用下限。7A09 – O 半成品及新淬火状态材料的成形与 2A12 合金相应状态材料的相当。包铝板材固溶处理后保持良好成形性能的时间仅 4 h（表 1 - 7 - 51），在 0℃ 保存可保持 24 h，在 -7℃ 保存可保持 3 d，在 -18℃ 保存可保持 7 d。

表 1 - 7 - 51　7A09 合金的力学性能与固溶处理后停放时间的关系

停放时间 /h	抗拉强度 R_m /（N·mm^{-2}）	伸长率 A_{10} /%	停放时间 /h	抗拉强度 R_m /（N·mm^{-2}）	伸长率 A_{10} /%
0.5	325	19.0	8	340	18.0
1	330	18.3	12	350	17.0
2	325	18.0	23	385	17.3
3	330	18.0	—	—	—

7A09 - T6 材料的成形性能差，在 150 ~ 220℃时，成形能力明显提高。7A09 的热轧温度 380 ~ 410℃，最佳温度 390℃；挤压温度 320 ~ 450℃，挤压筒加热温度 320 ~ 450℃；锻造温度 320 ~ 400℃，最好不超过 400℃，否则会出现热脆。材料淬火后存在相当大的残余热应力，在以后切削加工时会产生扭曲变形，时效前施加 1.0% ~ 2.5% 预拉伸变形可消除这种应力。合金在淬火及人工时效后均有良好的可切削加工性能，表面处理工艺与其他铝合金的相当。7A09 合金的可焊性能差，不宜熔焊，电阻焊接性也不好，但摩擦搅拌焊性能良好。

1.7.8　7050 型合金

7050 型合金属 Al - Zn - Mg - Cu 系热处理可强化的超高强度的变形铝合金，包括 7050、7050A、7150、7250 等 4 个合金，除 7050A 合金是法国原普基铝业公司（2004 年为加拿大铝业公司并购）注册的外，其他 3 个合金皆为美国合金。该类合金的半成品为板、棒、线材与锻件，但主要产品为厚板与锻件。

相对 7075 合金来说，该合金增加了锌、铜含量，增大了锌镁比，并用锆取代铬作为晶粒细化剂，而且大大减少了铁、硅杂质含量。这些方面的改进以及采用过时效处理使 7050 型合金在保持较高强度的水平下，具有韧性好、疲劳强度高和抗应力腐蚀性能好等优良综合性能。7050 型合金另一个突出的优点是淬透性好，特别适用于制造厚大截面零件如锻件。

7050 型合金主要用于要求高强度、高应力腐蚀和剥落腐蚀抗力及良好断裂韧性的主承力飞机结构件，如机身框、隔板、机翼壁板、翼梁、翼肋、起落架支撑零件和铆钉等。在温度升高时该合金的强度会降低，长期使用温度一般不超过 125℃。

不同状态材料分别用于不同使用条件的受力构件：T76 状态一般用于要求抗剥落腐蚀、高强度的结构件；T74 状态适用于高强度、抗应力腐蚀的结构件，特别是厚大截面的结构件；T73 状态主要用于高强度、抗腐蚀的铆钉线材。

1.7.8.1　化学成分及相组成

7050 型合金的化学成分见表 1 - 7 - 52，基本的相组成为 α - Al 和 $MgZn_2$，此外还有 Al_3Zr、Al_7Cu_2Fe、Mg_2Si 和 $CuMg_4Al_{13}$ 等。弥散相 Al_3Zr 呈球形，一般以亚稳态形式存在，体心立方结构，只有在长时间高温退火时，才会形成稳态的密排六方结构。

表 1 - 7 - 52　7050 型合金的化学成分，质量分数（%）

合金	Si	Fe	Cu	Mn	Mg	Cr	Ni	Zn	Ti	Zr	其他		Al
											每个	合计	
7050	0.12	0.15	2.0 ~ 2.6	0.1	1.9 ~ 2.6	0.04	—	5.7 ~ 6.7	0.06	0.08 ~ 0.15	0.05	0.15	其余
7050A	0.12	0.15	1.7 ~ 2.4	0.04	1.7 ~ 2.6	0.04	0.03	5.7 ~ 6.9	0.06	0.05 ~ 0.12	0.05	0.15	其余

续表 1 – 7 –52

合金	Si	Fe	Cu	Mn	Mg	Cr	Ni	Zn	Ti	Zr	其他		Al
											每个	合计	
7150	0.12	0.15	1.9 ~ 2.5	0.1	2.0 ~ 2.7	0.04	—	5.9 ~ 6.9	0.06	0.08 ~ 0.15	0.05	0.15	其余
7250	0.08	0.1	2.0 ~ 2.4	0.1	1.9 ~ 2.3	0.04	—	5.7 ~ 6.5	0.06	0.08 ~ 0.13	0.05	0.15	其余

　　7050 型合金的发展路线是纯度越来越高，例如 7250 合金的 Si + Fe 仅相当于 7050 合金的 67%，特别是 Si 含量。7050 型合金本身就是杂质 Si、Fe 含量比传统 7075 合金低很多的"干净"合金。因此，它们的杂质相含量比 7075 合金的少。

　　未浸蚀的 7050 合金半连续铸造锭横向中心部位的显微组织如图 1 – 7 – 10 所示，图中的"1"为 α – Al + T(AlZnMgCu)共晶体，"2"为 Al_7Cu_2Fe，"3"为 α – Al + S(Al_2CuMg) + $MgZn_2$ 的共晶体；图 1 – 7 – 11 为铸锭均匀化后的扫描照片；图 1 – 7 – 12 为经混合酸溶液浸蚀的 7050 – F 挤压带材(25 mm × 102 mm)纵向中心部位的显微组织，化合物被挤碎并沿挤压方向分布，在 α – Al 基体上有析出相质点；图 1 – 7 – 13 及图 1 – 7 – 14 分别为经混合酸溶液浸蚀的 7050 合金挤压带材 T74 及 T77 状态的显微组织，纵向中心部位，晶粒沿挤压方向伸长，发生部分再结晶，还残存一些未固溶的 S(Al_2CuMg)相、Al_7Cu_2Fe 相及其他难溶的杂质相。

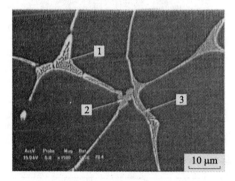

图 1 – 7 – 10　7050 合金半连续铸锭横向中心
部位未浸蚀组织的扫描电镜照片
1—α – Al + T(AlZnMgCu)共晶体；2—Al_7Cu_2Fe；
3—α – Al + S(Al_2CuMg) + $MgZn_2$ 共晶体

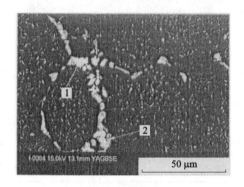

图 1 – 7 – 11　经均匀化处理(470℃/48 h)的
7050 合金半连续铸锭横向中心部位
未浸蚀组织的扫描电镜照片
点状物—$MgZn_2$ 质点；1—Al_7Cu_2Fe；
2—S(Al_2CuMg)相

1.7.8.2　物理及化学性能

　　7050 合金的熔化温度 488 ~ 630℃；25℃时 T7651 材料的热导率 154 W/m·℃，T74、T7452、T7451 材料的 157 W/m·℃；100℃时的 c = 963 J/kg·℃；室温电阻率 ρ

=40.9 nΩ·m；T7651 材料的电导率 γ 应≥21.5 MS/m，T74、T7452、T7451 材料的电导率 γ 应≥22.0；密度 ρ =2 820 kg/m³；无磁性。

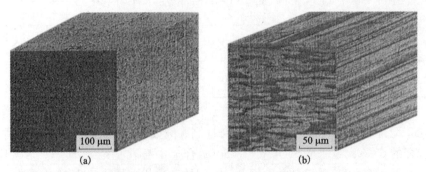

图 1 -7 -12　7050 – F 合金挤压带材(25 mm × 102 mm)混合酸溶液浸蚀
(a)中心部位纵向显微组织：化合物被挤碎，沿挤压方向分布，
在 α – Al 基体上析出相质点；(b)试样经电解并阳极复膜的显微组织

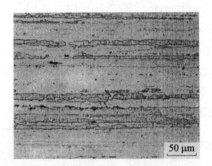

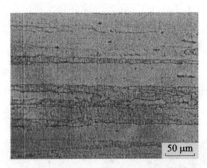

图 1 -7 -13　7050 – T74 合金
挤压带材(25 mm ×102 mm)中心部位的
纵向显微组织，部分再结晶

图 1 -7 -14　7050 – T77 合金
挤压带材(25 ×102 mm)中心部位的
纵向显微组织，部分再结晶

　　7050 合金有良好的抗氧化性能，而耐一般腐蚀性能稍次于 7075 合金，有良好的耐剥落腐蚀和耐应力腐蚀性能。其应力腐蚀试验结果见表 1 -7 -53。

表 1 -7 -53　7050 合金的抗应力腐蚀开裂性能

品种	状态	δ/mm	试验方向	试验应力/(N·mm²)	断裂时间/d
自由锻件模锻件	T74	50 ~ 60	SL	240 286 330 374 418	全部 >84
厚板	T7451	40	SL	240	全部 >124
	T7651			170	

注：采用 C 形试样。

1.7.8.3　热处理

7050 合金锻件固溶热处理温度 468～474℃，在 54～66℃温水中淬火，厚板固溶热处理温度 471～482℃，在冷水中淬火，转移时间不应大于 15 s。人工时效处理制度见表 1-7-54。厚板在时效处理前应进行预拉伸变形，永久变形量 1.5%～2%，以消除内应力。对于自由锻件（T7452）需在固溶热处理后时效处理前进行压缩变形，永久变形量 1%～5%，以消除内应力。

表 1-7-54　7050 合金锻件及厚板的人工时效制度

时效前状态	品种	时效处理制度		时效后状态
		加热温度/℃	保温时间/h	
W	自由锻件	116～126 173～179	7～9 8～10	T74
W52		116～127 171　182	3～6 6～8	T7452
W51	厚板	116～126 158～168	3～5 24～26	T7451
		116～126 158～168	3～5 18～20	T7651

（1）铸锭均匀化处理

7050 合金半连续铸造铸锭中的主要相组成是 T(AlZnMgCu) 相，在均匀化过程中，由于大生产条件下铸锭装炉量较大，升温速度较慢，在升温过程中铸锭中的 T(AlZnMgCu) 相随着温度的升高，Zn 逐渐溶入基体中而使 T 相转变成 S(Al_2CuMg) 相。这种转变可以从 Al-Zn-Mg-Cu 系合金相图中 $w(Cu+Mg)=5\%$，$w(Zn)=6\%$ 的变温截面图 1-7-15 看出，当 $w(Mg)$ 在 1.9%～4% 时，随着加热温度的升高，达到 400℃ 以上后铸锭中的 T 相基本上转变成了 S 相。因此 7050 合金在

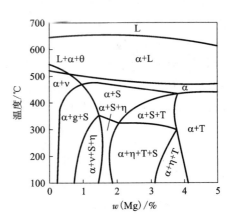

图 1-7-15　Al-Zn-Mg-Cu 系合金相图中 $w(Cu+Mg)=5\%$，$w(Zn)=6\%$ 的变温截面

470℃均匀化后的相组成是处在 Al 和 Al_2CuMg(S) 相共存的状态。由于 S 相比 T 相的熔点高，为了使 Al_2CuMg(S) 相最大限度地溶入基体，提高合金时效强化的能力，在保证不过烧的前提下，应进一步提高铸锭的均匀化温度。

（2）7150 合金的时效

7150 合金是在 7050 铝合金基础上，通过提高 Zn 和 Mg 含量，降低 Cu 含量和减少 Fe、Si 等杂质相的数量研制出来的，1978 年注册。7150 铝合金具有更高的强度、韧性和耐蚀性。20 世纪 80 年代末，美国铝业公司开发出 T77 处理工艺，并应用于 7150 铝合金使之具有 T6 状态的强度和 T73 状态的抗应力腐蚀性能。目前，7150 - T77 铝合金板材和挤压材已大量用于制造飞机框架、舱壁等结构

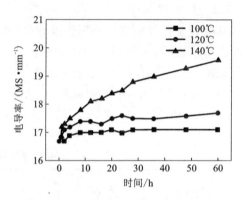

图 1 - 7 - 16　单级时效 7150 铝合金的
电导率随时效时间的变化

件。韩小磊等对单级时效的 7150 合金的组织和性能作了研究，研究显示该合金有很强的时效强化效应，时效初期，合金硬度迅速上升；单级时效处理的温度越高，合金达到峰时效所需的时间越短。120℃时效时，28 h 合金达到硬度峰值；140℃时效时，合金 12 h 达到硬度峰值；合金在 120℃和 140℃时效时，过时效现象不明显；电导率随时效时间的延长而不断上升（见图 1 - 7 - 16），时效温度越高，电导率的增长速率越快；120℃峰时效时合金基体内有大量细小相析出，晶界析出相呈连续分布；在 120℃进行过时效处理，合金粗大析出相数量明显增加，晶界析出相呈不连续分布，但合金的硬度、抗拉强度和屈服强度下降不大，伸长率有所下降。

20 世纪 60 年代前，7×××系铝合金应用状态多为单级峰值时效（T6）状态。但 T6 热处理使 7×××系铝合金获得高强度的同时，也使合金具有较高的应力腐蚀（SCC）敏感性；后来为解决此问题相继开发了 T73、T74、T76 等过时效制度，但在提高材料抗腐蚀性能的同时，导致其强度损失 10% ~ 15%。而回归再时效（Regression and Re - Ageing，RRA）可以解决强度和抗腐蚀能力之间的矛盾，使 7×××系铝合金在保持 T6 状态强度的同时获得接近 T7×状态的抗腐蚀能力。但通常回归温度 200℃以上时，RRA 工艺中第二级回归处理时间很短（几十秒到几分钟），难以在厚截面铝合金上实现工业化应用。美国铝业公司花费大量人力财力，开发出了一种可实用的 RRA 工艺，以 T77 状态注册并申请了相应专利，相继应用于 7055 及 7150 铝合金。然而，其具体工艺尚处于高度保密阶段。

贾志强等在实验室对 7150 合金的 T77 工艺作了探索，取得了阶段性成果，但离工业化生产还任重道远。他们采用 195℃回归 0.25 h 和 0.5 h 的相应 RRA 处理工艺，可使 7150 铝合金具有高于 7150 - T6 的强度，但不能有效降低其剥蚀敏感性。当回归时间延长至 1 h，相应的 7150 - RRA 铝合金强度与 7150 - T6 铝合金强度相当，而耐剥蚀性能则与 7150 - T73 铝合金的基本一致，可同时满足 7150 铝合金高强度及高耐剥蚀的要求。

1.7.8.4　力学性能

7150 合金半成品的标定力学性能见表 1 – 7 – 55 至表 1 – 7 – 59，典型力学性能
见表 1 – 7 – 60 至表 1 – 7 – 68。

表 1 – 7 – 55　7150 合金厚板的标定力学性能

技术标准	状态	δ 或 d/mm	取样方向	$R_m/(\text{N}\cdot\text{mm}^{-2})$	$R_{P0.2}/(\text{N}\cdot\text{mm}^{-2})$		$A_5/\%$
				不小于			
Q/S 142	T7451	≤40	L	510	—	440	9
			LT	510	—	440	8
	T7651	>25	L	530	—	460	9
			LT	530	—	460	8
		>37.5	L	525	—	455	9
			LT	525	—	455	8

表 1 – 7 – 56　7150 合金自由锻件的标定力学性能

技术标准	状态	δ/mm	取样方向	$R_m/(\text{N}\cdot\text{mm}^{-2})$	$R_{P0.2}/(\text{N}\cdot\text{mm}^{-2})$	$A_5/\%$	HBS
				不小于			
Q/6S 851 Q/S 825	T74 T7452	≤50	L	495	435	8	
			LT	490	420	5	
		>50	L	495	425	8	
			LT	485	415	5	135
			ST	460	380	4	
		>75	L	490	420	6	
			LT	460	380	4	

表 1 – 7 – 57　7050 合金的标定断裂韧度

技术标准	品种	状态	取样方向	$K_{IC}/(\text{N}\cdot\text{mm}^{-2})\sqrt{m}$
				不小于
Q/6S 851	自由锻件	T74	L – T	29.7
Q/S 825		T7452		
Q/S 142 Q/S 143 Q/6S 1180 Q/6S 1181	厚板	T7451	L – T	32
			T – L	27
		T7651	L – T	28
			T – L	26

表 1-7-58　直径 4 mm 的 7050 合金铆钉线材的企标力学性能

状态	抗拉强度 R_m /(N·mm^{-2})	屈服强度 $R_{P0.2}$ /(N·mm^{-2})	伸长率 A /%	抗剪强度 R_τ /(N·mm^{-2})
H13	235~305	—		
T73	≥480	≥400	≥10	280~315

拉伸线坯挤压工艺参数：锭坯 φ162 mm×470 mm，挤压筒直径 φ170 mm，挤压系数 65.6，模孔数 4，挤压残料厚度 60 mm，挤压温度 350~430℃，挤压速度 0.6~3 m/min。线材拉伸前要进行退火，退火制度为 370~390℃保温 1.0~1.5 h，随炉冷却到 250℃后出炉空冷。拉伸道次变形率 10%~40%，对于 H13 状态的线材是控制最后道次加工率，其产品尺寸 φ4 mm，尺寸精度 -0.02~-0.04 mm，最后道次加工率 21%~36%。T73 状态线材的最后道次加工率应为 21%~24%。

表 1-7-59　7050 合金半成品的典型室温拉伸力学性能

品种	状态	δ/mm	取样方向	R_m	$R_{P0.01}$	$R_{P0.2}$	$R_{P0.7}$	$R_{P0.85}$	A_5/%
				/(N·mm^{-2})					
自由锻件	T74	60	L	510	400	455	455	450	11.4
			LT	515	390	460	465	455	10.5
			ST	510	—	450	—	—	7.7
模锻件	T74	50~60	L	515	405	460	465	455	11.4
			LT	515	385	455	460	450	10.2
厚板	T7651	40	L	530	350	465	470	460	14.0
			LT	535	360	465	470	455	10.0
			L	515	335	450	450	440	14.4
			LT	520	330	450	445	435	11.7

表 1-7-60　7050 合金厚板的典型室温拉伸力学性能

状态	δ/mm	取样方向	抗拉强度 R_m/(N·mm^{-2})			屈服强度 $R_{P0.2}$/(N·mm^{-2})			A/%
			平均值	最小值	最大值	平均值	最小值	最大值	
T7451	32~45	L	530	510	555	470	450	490	14.1
		LT	530	520	550	465	455	490	13.4
T7251	18	L	550	545	550	490	485	495	14.3
		LT	550	545	555	495	485	505	13.4

表 1 - 7 - 61　厚 60 mm 的 7050 - T74 自由锻件的典型室温拉伸力学性能

取样方向	热稳定化处理制度		抗拉强度 R_m /(N·mm^{-2})	屈服强度 $R_{P0.2}$ /(N·mm^{-2})	A_5/%
	θ/℃	t/h			
L	100	50	510	450	12.3
LT			505	450	10.7
L	125	50	505	450	11.1
LT			500	435	11.2
L	150	50	495	435	13.4
LT			485	420	10.9

表 1 - 7 - 62　7050 合金半成品的典型室温压缩力学性能

品种	状态	δ/mm	取样方向	$R_{pc0.01}$	$R_{pc0.2}$	$R_{pc0.7}$	$R_{pc0.85}$
				/(N·mm^{-2})			
厚板	T7651	40	L	—	460	—	—
			LT	—	490	—	—
	T7451		L	—	445	—	—
			LT	—	470	—	—
自由锻件	T74	60	L	420	475	480	470
			LT	425	475	480	470
			ST	400	465	475	455

表 1 - 7 - 63　7050 合金半成品的典型高温拉伸力学性能

品种	状态	δ/mm	取样方向	θ/℃	R_m /(N·mm^{-2})	$R_{P0.2}$ /(N·mm^{-2})	A/%	Z/%
自由锻件	T74	60	L	100	435	420	13.6	48.9
				125	405	395	13.2	53.3
				150	380	370	16.7	56.0
				175	340	330	17.2	64.6
			LT	100	430	410	12.0	37.2
				125	405	395	11.3	40.5
				150	380	365	14.4	47.8
				175	335	325	13.9	50.3
厚板	T7651	40	L	100	455	435	15.6	47.8
				125	430	415	13.5	48.3
				150	400	390	13.7	49.9
				175	370	350	16.6	54.8
			LT	100	465	435	13.4	30.8
				125	440	415	13.5	33.5
				150	410	390	13.7	38.2
				175	375	350	14.7	42.7

续表 1 – 7 – 63

品种	状态	δ /mm	取样 方向	θ /℃	R_m /(N·mm^{-2})	$R_{P0.2}$ /(N·mm^{-2})	A /%	Z /%
厚板	T7451	40	L	100	445	420	15.1	46.4
				125	420	405	17.3	51.1
				150	390	380	17.3	54.2
				175	355	345	19.7	58.8
			LT	100	455	420	12.9	31.0
				125	425	405	14.4	37.8
				150	400	385	13.2	41.9
				175	365	345	15.7	48.4

表 1 – 7 – 64   7050 合金厚板的典型高温压缩屈服强度

品种	状态	θ /℃	取样 方向	$R_{pc0.2}$ /(N·mm^{-2})	品种	状态	θ /℃	取样 方向	$R_{pc0.2}$ /(N·mm^{-2})
厚板	T7451	100	L	420	厚板	T7651	100	L	445
			LT	445				LT	460
		125	L	410			125	L	430
			LT	430				LT	450
		150	L	390			150	L	390
			LT	415				LT	415
		175	L	365			175	L	375
			LT	385				LT	395

表 1 – 7 – 65   7050 合金自由锻件的室温冲击韧性

品种	状态	δ/mm	取样方向	α_{KU}/(kJ·m^{-2})
自由锻件	T74	60	L	148
			LT	80
			ST	48

表 1 – 7 – 66   7050 合金半成品的高温弹性模量

品种	状态	δ /mm	θ /℃	E /(GN·m^{-2})	品种	状态	δ /mm	θ /℃	E /(GN·m^{-2})
厚板	T7451 T7651	40	室温	69	自由 锻件	T74	60	室温	70
			100	66				100	64
			125	63				125	62
			150	60				150	59
			175	59				175	57

表 1 - 7 - 67　7050 合金 40 mm 厚板的高温弹性模量

状态	$\theta/℃$	$E/(\mathrm{GN \cdot m^{-2}})$	状态	$\theta/℃$	$E/(\mathrm{GN \cdot m^{-2}})$
T7451	100	71	T7651	100	69
	125	69		125	68
	150	66		150	66
	175	64		175	64

表 1 - 7 - 68　7050 合金半成品的断裂韧度

品种	状态	δ/mm	试样尺寸/mm		取样方向	$K_{IC}/(\mathrm{N \cdot mm^{-2}})\sqrt{m}$
			B	W		
厚板	T7651	40	30	60	LT	33.7
					TL	27.2
	T7451				LT	39.1
					TL	28.4
自由锻件	T74	60	30	60	LT	38.8
					TL	28.1

1.7.8.5　工艺特性

7050 合金的熔炼温度 710～750℃，铸造温度 700～730℃，铸造小锭时铸造温度可适当低一些，合金成形工艺、加热温度及时间与 7075 合金的相当。不宜熔焊，可进行电阻焊；合金的表面处理工艺与一般铝合金的相同；合金的可切削加工性能良好。为防止锻件切削温度过高引起变形，切削区温度一般不超过 100℃，切削速度不超过 550 r/min。

1.7.9　7A33 合金

7A33 合金是 Al - Zn - Mg 系可热处理强化的耐腐蚀高强度结构铝合金，有高的耐海水和海洋大气腐蚀性能，没有晶间腐蚀、应力腐蚀和剥落腐蚀倾向，强度与 2A12 合金的相当，还有良好的断裂韧度、工艺塑性和低的缺口敏感性，可点焊和滚焊，适用于制造水上飞机、舰载和沿海地区使用的直升机、飞机的蒙皮和结构件，可代替 2A12 合金。

半成品主要为薄板，包铝层合金为 7A01。

1.7.9.1　化学成分及相组成

按 GB/T 3910—2008，7A33 合金的化学成分（质量分数）为：0.20% Si，0.30% Fe，0.25%～0.55% Cu，0.05% Mn，2.2%～2.7% Mg，0.10%～0.20% Cr，4.6%～5.4% Zn，0.05% Ti，其他杂质单个 0.05%、总计 0.10%，其余为 Al。

7A33 合金在固溶热处理和人工时效状态下主要的强化相为 η′相，成片状，此外还有含铬的弥散相 $E(Al_{18}Cr_2Mg_3)$，杂质相有 Fe_4Al_{13} 和 $Al-Fe-Si$ 相，晶界析出相 η。合金双级时效处理后，晶内析出相由峰值时效的 GP 区和 η' 相变为过时效的 η' 和 η 相，提高了合金的抗裂纹扩展能力；晶界析出物由线状分布变为不连续的点状分布，使晶界不能形成阳极腐蚀通路，提高了合金抗应力腐蚀性能和抗晶间腐蚀性能。电镜观察发现，晶内析出相均匀，晶界析出相

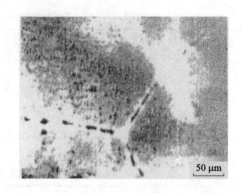

图 1-7-17　7A33 铝合金薄板透射电镜照片

较粗大并呈分散的点状分布，有一定宽度的无析出带（见图 1-7-17）。

1.7.9.2　热处理

完全退火制度：$(390\sim420)℃/1$ h，然后以不大于 $30℃/h$ 的速度炉冷至 $200℃$，随后出炉空冷。中间退火制度：$(320\sim350)℃/1\sim2$ h，随后出炉空冷。固溶热处理在硝酸盐槽中加热，制度：$(460\pm5)℃/(20\sim40)$ min，水冷，水温不超过 $40℃$，最好是在辊底式炉内处理。

采用人工时效双级时效：第一级：$(70\sim90)℃/(10\sim20)$ h；第二级：$(150\pm5)℃/(10\sim20)$ h。固溶热处理与人工时效间的时间间隔不限。重复固溶热处理的加热时间减半，人工时效制度不变，重复热处理次数不应多于 2 次。

赵永军的研究表明：7A33 铝合金薄板 O 状态退火制度为 $(390\sim410)℃/2$ h；开始再结晶温度为 $250℃$，再结晶终了温度高于 $480℃$。薄板 T62 状态热处理制度：淬火温度为 $460℃$；双级时效 $75℃/12$ h $+150℃/20$ h，其中二级时效温度是影响板材综合性能的主要因素。

1.7.9.3　物理及化学性能

7A33 合金的熔化温度 $606\sim643℃$；热导率（$W/m\cdot℃$）：$100℃$ 时的 109，$200℃$ 时的 113，$300℃$ 时的 115。比热容（$J/kg\cdot℃$）：$20\sim100℃$ 时的 840，$20\sim200℃$ 时的 878，$20\sim300℃$ 时的 911。热膨胀系数（$10^{-6}℃^{-1}$）：$20\sim100℃$ 时的 22.7，$20\sim200℃$ 时的 24.6，$20\sim300℃$ 时的 26.0。不包铝的 T6（T62）板材的电导率 $\gamma=23.2$ MS/m，电阻率 $\rho=44.7$ nΩ·m；无磁性。

7A33 合金有优良的抗氧化性能，在各种腐蚀性环境中的耐腐性能良好，没有晶间腐蚀、应力腐蚀和剥落腐蚀倾向。厚 1.5 mm 的不带任何防护的板材在青岛的试验结果见表 1-7-69。

1.7.9.4　力学性能

7A33 合金的标定力学性能见表 1-7-70，东北轻合金有限责任公司在工业生产条件下生产的薄板的实测力学性能见表 1-7-71，典型力学性能见表 1-7-72 至表 1-7-74。

表 1 – 7 – 69　7A33 – T6、2A12 – T4 合金不带任何防护的
1.5 mm 板材在青岛港的海水腐蚀试验结果

合金状态	腐蚀方式	力学性能损失/%							
		R_m	A_{10}	R_m	A_{10}	R_m	A_{10}	R_m	A_{10}
		腐蚀 1 个月		腐蚀 3 个月		腐蚀 3 个月		腐蚀 1 年	
7A33 – T6	全浸	5.3	56.8	10.2	71.2	27.6	90.4	41.4	86.4
	半浸	15.7	81.6	2.3	36.8	13.8	79.2	19.7	81.6
	水溅	1.9	14.4	5.5	21.6	4.5	32.2	9.8	48.0
2A12 – T4	全浸	46.7	94.2	32.8	91.5	64.2	100	100	100
	半浸	54.7	94.2	64.8	94.7	75.1	96.8	100	100
	水溅	10.7	59.3	18.9	72.0	30.4	81.0	38.4	86.2

表 1 – 7 – 70　7A33 合金薄板的标定力学性能

技术标准	品种	状态	δ/mm	$R_m/(N \cdot mm^{-2})$	$R_{P0.2}/(N \cdot mm^{-2})$	$A_{10}/\%$
Q/6S 146	包铝板	O	0.4 ~ 2.5	≤235	—	≥13
		T6	0.4 ~ 2.5	≥405	≥335	≥8
		O, T62	0.4 ~ 2.5	≥390	≥315	≥8
Q/6S 146	不包铝板	T6	0.4 ~ 1.0	≥410	≥345	≥7
		T6	> 1.0 ~ 2.5	≥420	≥355	≥8
		O	0.4 ~ 2.5	≤245	—	≥12
		O, T62	0.4 ~ 2.5	≥410	≥335	≥8

表 1 – 7 – 71　工业生产条件下生产的 7A33 铝合金薄板力学性能

合金状态	厚度/mm	$R_m/(N \cdot mm^{-2})$	$R_{P0.2}/(N \cdot mm^{-2})$	$A/\%$
O	0.5	180 ~ 188	—	15.0 ~ 20.0
O	0.8	182 ~ 190	—	17.3 ~ 21.7
标准	≤2.5	≤235	—	≥13.0
T62	0.5	413 ~ 432	367 ~ 397	8.8 ~ 12.8
T62	0.8	423 ~ 482	379 ~ 411	11.7 ~ 14.7
标准	≤2.5	≥394	≥314	≥8.0

表 1 – 7 – 72　7A33 合金薄板的典型室温力学性能

品种	状态	R_m /(N·mm^{-2})	$R_{0.01}$ /(N·mm^{-2})	$R_{P0.2}$ /(N·mm^{-2})	$R_{0.7}$ /(N·mm^{-2})	$R_{0.85}$ /(N·mm^{-2})	A_{10} /%
包铝板	O	194	—	98	—	—	18.5
	W	280	—	131	—	—	22.8
	T6	$\dfrac{422 \sim 438^{①}}{432}$	$\dfrac{311 \sim 326^{①}}{376}$	$\dfrac{369 \sim 381^{①}}{376}$	376	365	$\dfrac{11.1 \sim 13.1^{①}}{11.9}$
	T62	$\dfrac{416 \sim 427^{①}}{422}$	287	$\dfrac{356 \sim 371^{①}}{365}$	373	361	$\dfrac{10.1 \sim 12.7^{①}}{11.9}$
不包铝板	O	202	—	96	—	—	17.7
	W	310	—	—	—	—	22.5
	T6	462	354	404	408	398	12.5
	T62	438	—	382	—	—	12.7

注：分子表示最低值 ~ 最高值，分母表示平均值。

表 1 – 7 – 73　包铝的 7A33 – T6 合金 1.5 mm 板的高温典型力学性能

θ/℃	t/min	R_m/(N·mm^{-2})	A_5/%
100		372	18.8
125		345	18.0
150	20	320	23.2
175		278	21.4
200		217	21.3

表 1 – 7 – 74　1.5 mm 的 7A33 合金板的低周疲劳强度

品种	状态	f /(周·min^{-1})	K	R_{max} /(N·mm^{-2})	R_{min} /(N·mm^{-2})	N /周
包铝板材	T6	12	0.7	302	30	6815, 7607, 7631 7691, 7928
不包铝板材	T62			290	29	5051, 5119, 5331 6117, 7113
	T6	12	0.7	317	32	6610, 6848, 7868 7922, 7949

包铝的厚 1.5 mm 的 7A33 - T6 合金板的断裂韧度 $K_{IC}=134$ MN/m$^{3/2}$，不包铝板的 $K_C=126$ MN/m$^{3/2}$。包铝的厚 1.5 mm 的 7A33 - T6 合金板的静态弹性模量 $E=65$ GN/m^2，不包铝板的 $E=69$ GN/m^2。包铝的厚 1.5 mm 的 7A33 - T6 合金板的抗压屈服强度 $R_{pc0.2}=407$ N/mm^2，不包铝板的 $R_{pc0.2}=421$ N/mm^2。

1.7.9.4 工艺特性

7A33 合金的熔炼温度 690 ~ 740℃，在 680 ~ 725℃ 铸造。该合金用于轧制薄板，有良好的轧制成形性能，在制造飞机零部件时，薄板也有满意的成形性能，总体上 7A33 合金的加工成形性能与 2A12 合金薄板的相当。固溶处理淬火后的孕育期长，变形抗力小，对钣金件的成形与制作极为有利。

该合金有良好的点焊与滚焊性能，形成裂纹的倾向比 2A12 合金的小，点焊焊缝强度与硬铝型合金的相当。7A33 合金的表面处理与常用变形铝合金的相当，有良好的可切削性能与磨削性能。

1.7.10 7075 型合金

7075 型合金是为航空工业的发展研发的，定型于 1943 年，1944 年在美国各种军机结构中获得广泛应用，为第二次世界大战的胜利与提前结束作出了一定的贡献，是美国铝业公司研发的，牌号为 75S，1954 年实行变形铝合金国际统一编号与注册制度以来改为牌号 7075，是首个在航空器制造中获得实际应用的超高强度铝合金。自 20 世纪 50 年代至今，7075 型合金同 2024 型合金一起成为航空航天器结构铝合金的两大支柱。

7075 型合金的化学成分见表 1 - 7 - 75，现在已发展成为 7075、7175、7275、7375、7475 合金，由于 7475 合金的性能优秀，7275、7375 合金已退出常用合金（active alloy）行列，7275 合金成为非常用合金（inactive alloy），而 7375 合金被注销，因此现在仍在应用的只有 3 个，且全是美国合金。

7075 型合金相组织由 α - Al 固溶体及第二相质点组成。第二相质点按其生成机理可以分为：

①铸锭凝固过程中形成的初生金属间化合物，有 $FeCrAl_7$、$FeAl_3$、Mg_2Si 等，这些化合物尺寸较大，在光学显微镜下呈块状，在随后的压力加工过程中被破碎，往往排列成串。根据合金的铸造及加工条件不同，其尺寸为 0.5 ~ 10μm，在随后的加热过程中不溶于固溶体，故热处理不能使其发生变化。由于这些第二相的存在，降低了合金的断裂韧度。

②含 Cr 的弥散质点 $Al_{12}Mg_2Cr$ 和 $Al_{18}Mg_3Cr_2$（E 相）。他们是在合金均匀化、压力加工前的加热及固溶热处理加热时，从固溶体中析出的，其尺寸为 0.05 ~ 0.5 μm。这些质点对合金再结晶和晶粒长大有明显的阻碍作用。

③时效强化质点。合金在固溶热处理加热时这些质点溶入固溶体中，时效时从固溶体析出。其形状和尺寸随时效温度不同而变化较大，是影响合金性能的重要因

素。合金在 T6 状态时，强化质点主要是 ≤1 nm 的 GP 区；在 T76 状态时，强化质点主要是 5~6 nm 的 η′过渡相；在 T73 状态时，则是 8~12 nm 的过渡相及 20~80 nm 的 η 相质点。

表1-7-75   7075 型合金的化学成分，质量分数(%)

| 合金 | Si | Fe | Cu | Mn | Mg | Cr | Zn | Ti | 其他 | | Al |
									每个	合计	
7075	0.4	0.5	1.2~2.0	0.3	2.1~2.9	0.18~0.28	5.1~6.1	0.2	0.05	0.15	其余
7175	0.15	0.2	1.2~2.0	0.1	2.1~2.9	0.18~0.28	5.1~6.1	0.1	0.05	0.15	其余
7475	0.1	0.12	1.2~1.9	0.06	1.9~2.6	0.18~0.25	5.2~6.2	0.06	0.05	0.15	其余

1.7.10.1   7075 合金

7075 合金是应用最广泛的 Al-Zn-Mg-Cu 系可热处理强化的超高强度变形铝合金，可加工成各种各样的半成品，它的热处理状态有：T6、T73 和 T76。T6 状态强度最高，断裂韧度偏低，对应力腐蚀开裂敏感，且因其韧性随温度降低而降低，故 T6 状态一般不推荐用于低温场合；T73 状态强度最低，但具有相当高的断裂韧度和优良的抗应力腐蚀开裂和抗剥落腐蚀性能；T76 状态具有比 T73 状态高的强度和比 T6 状态高的抗应力腐蚀性能的综合性能。

该合金的静强度比 2024 和 2124 合金的高，疲劳性能与之相当。该合金在退火(O)或固溶(W)状态下具有良好的室温成形性能。

7075 合金半成品是飞机、航空航天器的主要结构材料，用于制造飞机蒙皮、翼梁、隔框、长桁、起落架及液压系统零部件等，但工作温度不得超过 125℃。

(1)物理及化学性能

7075 合金的熔化温度 477~638℃。7075-T6 合金在 25℃、50℃、100℃、125℃、150℃、200℃ 时的热导率分别是 124 W/(m·℃)、128 W/(m·℃)、142 W/(m·℃)、147 W/(m·℃)、157 W/(m·℃)、170 W/(m·℃)，T73 状态材料 25℃时的热导率为 156 W/(m·℃)，比-T6 状态的高 25.8%；T6 状态材料 25℃、50℃、100℃、125℃、150℃、200℃时的比热容分别为 796 J/kg·℃、879 J/kg·℃、921 J/kg·℃、963 J/kg·℃、994 J/kg·℃、1005 J/kg·℃；7075 合金在 25~100℃、25~125℃、25~150℃、25~200℃时的线膨胀系数分别为 $23.8 \times 10^{-6}℃^{-1}$、$23.9 \times 10^{-6}℃^{-1}$、$24.1 \times 10^{-6}℃^{-1}$、$24.4 \times 10^{-6}℃^{-1}$；T6 状态材料的室温电阻率 $\rho = 57.4$ nΩ·m；电导率(MS/m)：T6 状态材料的为 17.7~20.6，T73 及 T76 状态材料的为 22.0~24.4。

7075 合金有良好的抗氧化性能，除应力腐蚀以外的一般耐腐蚀性能与 2024 合

金的相似。合金在 T6 状态时，特别是在短横向上对应力腐蚀开裂十分敏感，而 T73
和 T76 状态却可以大大改善合金的抗应力腐蚀能力，其中 T73 状态的抗应力腐蚀能
力最高，而 T76 状态不但具有较高的强度，且具有较高的抗应力腐蚀性能，其抗剥
落腐蚀性能也很好。薄板(2 mm)横向拉伸试样应力腐蚀寿命对比见表 1 - 7 - 76，
T73510 状态挤压矩形棒材(50 mm × 300 mm)和 T7351 状态厚板(25 mm)的应力腐
蚀寿命见表 1 - 7 - 77。

表 1 - 7 - 76　7075 合金 2 mm 薄板横向的应力腐蚀寿命

状态	试验应力/($N \cdot mm^{-2}$)	腐蚀剩余强度/($N \cdot mm^{-2}$)	断裂时间/d
T73	299	291	>30，>30，19，51，11，180，
T76	299	289	>30，>30，>30，>30，>30，
T6	335	—	3.55，2.28，3.95，3.85

注：试验应力为 $R_{P0.2}$ 的 75%。

表 1 - 7 - 77　7075 合金矩形棒(50 mm × 300 mm)和 25 mm 厚板 SL 方向试样的交替腐蚀试验结果

品种	状态	试验应力		断裂时间/d
		$R_{P0.2}$%	应力值/($N \cdot mm^{-2}$)	
挤压矩形棒材	T73510	80	359	>53，>53，>53，>53，>53
		85	383	>40，>40，>40，>40，>40
		90	407	>36，>36，>36，>36，>36
		95	431	>36，>36，>36，>36，>36
厚板	T7351	69	300	>36，>36，>36，>36，>36
		74	320	>36，>36，>36，>36，>36
		78	340	>36，>36，>36，>36，>36
		83	360	>36，>36，>36，>36，>36
		90	390	>36，>36，>36，>36，>36
		97	420	>36，>36，>36，>36，>36

注：1. C 环试样。2. 在 35℃ 的 3.5% 氯化钠水溶液中交替腐蚀(空气中 50 min，溶液中 10 min)。

(2)热处理

不完全退火：(290 ~ 320)℃/(2 ~ 4) h，空冷。完全退火：(390 ~ 430)℃/(0.5 ~
1.5) h 以不大于 30℃/h 的冷却速度炉冷至 200℃ 后，然后空冷。固溶热处理的加热温
度：板材的 460 ~ 490℃；挤压材的 460 ~ 471℃；其中包铝板材的处理温度应靠近下限，
且重复处理的次数不应超过两次，以免合金元素扩散穿透包铝层，降低板材的耐腐蚀
性能。合金经加热后，在冷水或温水，或其他适宜的冷却介质中迅速冷却，转移时间
应不大于 15 s。厚板和挤压型材在固溶热处理后，时效处理前进行拉伸变形，变形量
1.5% ~ 3%，以消除固溶热处理产生的内应力。时效制度见表 1 - 7 - 78。

表 1 - 7 - 78　7075 合金半成品的时效制度

时效前状态	半成品种类	时效处理制度		时效处理后状态
		加热温度/℃	保温时间/h	
W	各种制品	115 ~ 125	23 ~ 35	T6[①]
W	挤压材	102 ~ 112 172 ~ 182	6 ~ 8 6 ~ 8	T73[①]
W	挤压材	115 ~ 125 155 ~ 165	3 ~ 5 18 ~ 21	T76[①]
W	薄板和厚板	115 ~ 125 155 ~ 165	3 ~ 5 15 ~ 18	T76[①]
W510	挤压矩形棒材	102 ~ 113 171 ~ 182	6 ~ 8 6 ~ 8	T73510

注：①国际版 1694 实施。

a. 7075 - T7651 厚板热处理工艺

张华等选用半连续水冷铸造法生产的断面尺寸 300 mm × 1 200 mm 的 7075 合金铸锭，经 (450 ~ 460)℃/41 h 均匀化处理，刨边、锯切、铣面后，在金属温度 370 ~ 410℃ 热轧到厚度 20.0 mm 的板材，切取横向试样，供试验用。

(a) 淬火温度

试样在 430 ~ 520℃ 加热 70 min 淬火，时效制度 120℃/16 h，不同淬火温度对板材性能的影响见图 1 - 7 - 18。随着淬火温度提高，强度升高，在 470℃ 达到最佳值。淬火温度继续提高，强度变化不明显，温度升至 500℃ 以上，强度降低，而伸长率当淬火温度高于

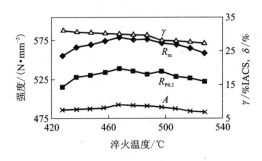

图 1 - 7 - 18　淬火温度与板材性能的关系

490℃ 时才略有降低。电导率随着淬火温度升高而降低。当淬火温度低于 470℃ 时，随着淬火温度提高强化相固溶越充分，时效后使强度提高；当温度达 470℃ 并继续升高时，已充分固溶，时效后强度无明显变化。观察淬火温度为 470℃ 的板材显微组织 (见图 1 - 7 - 19)，强化相固溶充分，残留相少，晶界清晰。淬火温度升至 500 ~ 530℃ 时，显微组织未出现过烧迹象，晶粒略有长大，晶界变粗，合金的强度有所降低。我们知道，随着淬火温度升高，固溶体中的原子的扩散愈激烈，所形成的空位愈多，电子受到散射的几率也愈大，电子导电的自由程变短，电导率就愈低，因此 7075 合金的电导率随着淬火温度的升高而有下降的趋势。

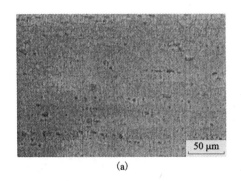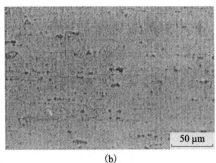

图 1 – 7 – 19　淬火板材高倍光学组织

(a)470℃；(b)510℃

由上述分析可知，7075 合金与其他 Al – Zn – Mg – Cu 系合金一样，淬火处理温度范围较宽，为 460 ~ 480℃，力学性能综合指标较好，为此淬火温度选择 470℃。

（b）淬火转移时间

将试样经 470℃ 加热 70 min 淬火，转移时间 10 ~ 60 s，时效制度为 120℃/16 h。不同转移时间对板材性能的影响见图 1 – 7 – 20。淬火转移时间在 25 s 以内，强度变化较小；当转移时间超过 25 s 时，强度明显降低，电导率升高。这是由于随着转移时间的延长，固溶体发生了部分分解，过饱和固溶

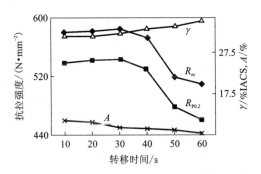

图 1 – 7 – 20　淬火转移时间与板材性能的关系

体的浓度降低，当过饱和固溶体分解时，靠近晶界处的过饱和固溶体首先分解，析出相沿晶界析出，造成沿晶界周边形成含 Zn 较低的贫乏带，使板材出现晶间腐蚀。同时随淬火转移时间的延长，析出物增加，电子导电的自由程增加，从而使 7075 合金的电导率上升。综上所述，确定淬火转移时间控制在 25 s 以内。

（c）预拉伸量

7075 合金淬火时，由于在板材厚度方向冷却速度不均匀，淬火后在板材的表层金属受到压应力，中心层金属受到拉应力，板材在随后的加工和使用过程中极易产生翘曲变形。对淬火厚板进行纵向拉伸变形，会使板材残余应力降低，板形平直。拉伸量过小，残余应力得不到充分消除；拉伸量过大，会使板材表面产生滑移线，可选择 1.5% ~ 2.5% 的拉伸量。

（d）停放

试样经 470℃ 加热 70 min，淬火，预拉伸量 2%，停放时间 1 ~ 48 h，时效制度 120℃/16 h，不同停放时间对板材性能的影响见图 1 – 7 – 20。在 1 ~ 48 h 的停放时

间内，其力学性能及电导率变化平
稳，这说明 7075 合金的停放效应不
明显，根据实际生产情况，7075 合金
板材停放时间不宜长于 24 h。

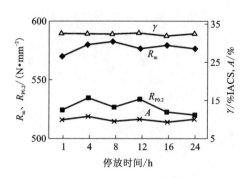

图 1 - 7 - 21　　停放时间与板材性能的关系

　　在试验条件下，确定 7075 -
T7651 厚板热处理及预拉伸工艺：淬
火温度 470℃，转移时间 25 s 内，拉
伸量 1.5% ~ 2.5%，时效间隔时间
24 h 以内，时效制度 120℃/5 h +
160℃/18 h。在工业生产条件下生产
20 mm 厚板，测定力学性能为：R_m—514 ~ 535 N/mm^2，$R_{P0.2}$—466 ~ 483 N/mm^2，A_5—11.2% ~ 13.4%，γ—38.7% ~ 41.1% IACS，完全达到了 ASTM B209—88 标准的要求。

　　b. 电导率

合金成分一定时，其导电性的高低就取决于合金材料的内部组织，而材料的内部组织又受其热处理制度的影响。7075 铝合金板材的热处理制度与电导率的对应关系为：退火缓慢冷却电导率值最高；固溶状态的电导率值最低。其人工时效状态是：单级时效的电导率值较低，双级时效的较高。

　　（a）退火制度

7075 铝合金板材电导率随着退火温度升高而降低（见图 1 - 7 - 22）。这是因为随着退火温度升高逐渐达到再结晶温度，金属由恢复过程转入加工再结晶阶段，合金中第二相溶解增加，过饱和固溶体浓度增加，使基体晶格歪扭畸变区增加，导电电子的平均自由程变小而导致电导率下降。板材退火后的不同冷却方式对电导率的影响很大，冷却速度越快，强度越高，而电导率则越低。退火冷却速度越快，合金中过饱和固溶体越不能充分分解，强度升高而塑性降低。冷却速度缓慢，溶入合金的溶质原子大部分形成了稳定的化合物，此时基体晶格点阵排列已恢复到比较规则。冷却速度越快，恢复越不好，导电电子的自由程越小，因而电导率也就越低。

　　（b）固溶处理温度

7075 合金的电导率随着固溶处理温度升高呈下降趋势（见图 1 - 7 - 22）。合金固溶处理后，得到溶质原子和空位的双重过饱和固溶体，使基体晶格产生较严重的歪扭畸变，基体点阵电子散射源的数量和密度增加，导电电子的平均自由程减小。随着固溶温度升高，过饱合固溶体的浓度升高，晶格歪扭畸变越大，从而电导率降低。

　　（c）停放时间（淬火与时效间隔时间）

随着此间隔时间的变化，电导率变化不大。因为 7075 铝合金淬火后的自然时效过程非常缓慢，大约需要几个月，96 h 以内的自然时效不会对内部组织有大影响,因而电导率无明显变化(见图 1-7-23)。

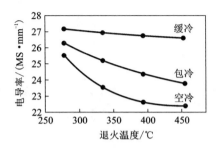

图 1-7-22　电导率与退火制度的关系

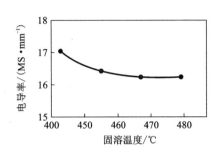

图 1-7-23　固溶处理温度与电导率的关系

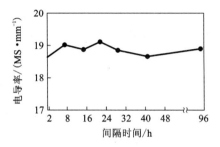

图 1-7-24　电导率与淬火-时效间隔的关系

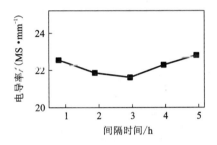

图 1-7-25　淬火到预拉伸间隔
时间对电导率的影响

(d)淬火到预拉伸间隔时间

淬火到预拉伸间隔时间与电导率的关系见图 1-7-25。由图可知,电导率在淬火后随着停放时间延长,预拉伸后电导率先是由高到低,3 h 时最低,而后又逐渐升高。这是由于淬火后得到溶质原子和空位的双重过饱和固溶体,而这些在固溶化温度生成的大量位错被冻结到室温后,仍有极高的活动能力。因此过饱和固溶体中的溶质原子,在空位的帮助下,也会有明显的活动能力。随着停放时间延长,原子分布将会发生明显变化,而后进行预拉伸,又增加了空位和位错浓度,使基体晶格产生畸变,电导率下降。停放 3 h 后电导率又逐渐升高,是由于 7075 铝合金中含有 w(Cr)0.18% ~0.28%,铬原子和空位亲合力大,优先形成空位-原子集团,从而降低了空位浓度,晶格畸变区减少,因此电导率又呈上升趋势。

(e)时效制度

不同时效制度处理的 7075 铝合金薄板和厚板的电导率值见表 1-7-79。从表中可以看出,无论是薄板还是厚板,其电导率的变化规律基本一致,单级时效的电导率较低,双级时效的电导率较高。这是由于 T6 状态的组织中,晶内有非常密集细小的沉淀相,大部分都是 GP 区,晶界上析出相也很小,几乎看不出有 PFZ,晶内仍然有淬火后残留的位错线,合金中的位错状态没有明显的改变,基本保留了淬火后的位错组态。GP 区没有独立的晶体结构,完全保持母相的晶格,与母相之间没

有原子不规则排列的相界面，仍以一
定的晶面与母相保持完全的共格性；
因而电导率降低。T76、T73 处理后，
GP 区继续分解形成过渡相和平衡相。
T76 处理后，晶内析出相较为细密均
匀，晶间析出相呈点状离散分布，晶界
可见到 PFZ。T73 处理后，在晶界上析
出粗大不连续的相，晶内析出 $MgZn_2$
相，晶界明显可见 PFZ。由于沉淀相从

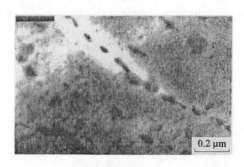

图 1 - 7 - 27　7050 合金板材 T7351 状态组织

基体中析出长大，弥散度减小，沉淀相与基体的共格关系减弱，使共有电子运动的阻
力减小，因而电导率升高。T7351 处理后，在晶界上析出粗大不连续的相，在晶内析
出粗的 $MgZn_2$，晶界无析出带变窄(见图 1 - 7 - 27)。由于预拉伸消除了内应力，减少
了点阵畸变，从而使共有电子运动变得容易，导致电导率增加(表 1 - 7 - 79)。

表 1 - 7 - 79　不同时效制度处理后的电导率

厚度/mm	状态	制度	电导率/MS·m^{-1}
2	T6	470℃/30 min + 120℃/24 h	18.1
	T76	470℃/30 min + 120℃/5 h + 160℃/16 h	22.1
	T73	470℃/30 min + 110℃/8 h + 160℃/24 h	22.7
25	T6	470℃/1 h + 120℃/24 h	18.3
	T76	470℃/1 h + 120℃/5 h + 160℃/16 h	22.1
	T73	470℃/30 min + 110℃/8 h + 160℃/24 h	23.1
	T7351	470℃/1 h + 预拉伸 + 110℃/8 h + 160℃/24 h	23.2

c. 高温预析出时效(HTPP)和二次时效(T616)

经 T6 热处理的 7××× 系合金具有高的强度，但其耐腐蚀(晶间腐蚀、剥蚀、
SCC)性能差，影响其应用的安全可靠性。为提高其耐蚀性能，先后发展了 T73、
T76、T74 几种过时效状态。然而，这些过时效虽然改善了合金的抗腐蚀性能，但相
应地强度损失了 10% ~ 15%。回归再时效(Regression and Re - Ageing, RRA)是 20
世纪 70 年代开始发展的一种热处理工艺，可以使 7××× 系铝合金在保持 T6 状态
强度的同时获得接近 T7× 状态的抗腐蚀能力。通常 RRA 工艺中第二级回归处理时
间很短，难以实现工业化应用，但美国铝业公司已在工业化生产中取得突破。

为了能够在保证合金强度的基础上提高其耐局部腐蚀的性能，CHEN、HUANG
等开发出了一种新的热处理制度——高温预析出时效(HTPP)，可以在保证 7A52 和
7055 合金强度的同时，提高合金的耐晶间腐蚀和剥落腐蚀性能。目前另外一种新的
热处理制度——二次时效(T616)已应用于铝合金的热处理中，这种热处理制度是在

普通的 T6 热处理制度中插入了一段低温长时间保温，使处理后的合金能够达到在保证其较高力学性能的同时提高其耐腐蚀性能。

　　他们试验所使用的 7075 铝合金为商业标准 2 mm 厚的板材，时效制度见表 1 - 7 - 80，力学性能见表 1 - 7 - 81，腐蚀试验结果见表 1 - 7 - 82。

表 1 - 7 - 80　7075 铝合金的不同时效制度

制度名称	具体制度
T6	经 470℃/1 h 固溶处理后，水淬，随后进行 120℃/16 h 的时效处理
T73	经 470℃/1 h 固溶处理后，水淬，随后进行 120℃/24 h + 160℃/30 h 的时效处理
RRA	经 470℃/1 h 固溶处理后，水淬，随后进行 120℃/16 h + 203℃/10 min + 120℃/16 h 的时效处理
T6I6	经 470℃/1 h 固溶处理后，水淬，随后进行 130℃/80 min + 65℃/10 d + 130℃/18 h 的时效处理
HTPP	经 470℃/1 h 固溶处理后，样品随炉降温至 445℃保温 30 min，水淬，随后进行 120℃/16 h 的时效处理

　　从经过不同热处理制度处理后的 7075 合金的力学性能可以看出，T6、RRA、T6I6 三种状态的 7075 合金具有更高的强度，而 T73 和 HTPP 状态的 7075 合金强度相对较低，其中 7075 - T73 铝合金的强度最低。

表 1 - 7 - 81　不同热处理状态 7075 合金的力学性能

状态	抗拉强度 R_m/(N·mm^{-2})	屈服强度 $R_{p0.2}$/(N·mm^{-2})	伸长率 A/%
T6	559.78	504.36	14.49
T73	527.93	464.59	14.58
RRA	598.22	511.70	14.38
T6I6	563.02	507.27	15.89
HTPP	538.39	467.48	16.67

　　由晶间腐蚀试验结果可以看出，7075 铝合金晶间腐蚀敏感性受热处理状态的影响很大。不同热处理状态 7075 铝合金典型的平均腐蚀深度和晶间腐蚀形貌如表 1 - 7 - 82 和图 1 - 7 - 27 所示。

表1-7-82　不同状态7075合金的平均晶间腐蚀深度

热处理状态	平均晶间腐蚀深度/mm
T6	0.063 45
T73	0.043 925
RRA	0.036 10
T6I6	0.051 725
HTPP	0.049 80

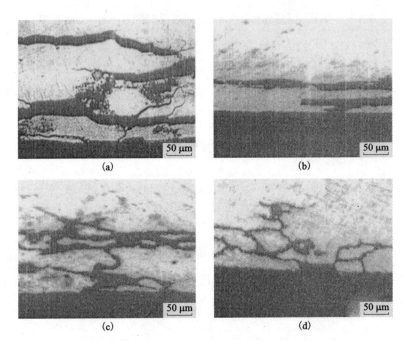

图1-7-27　不同状态7075合金的典型晶间腐蚀形貌

(a)T6；(b)T6I6；(c)T73；(d)HTPP

　　为了解释7075合金腐蚀敏感性不同的原因，除了要了解其晶界处析出相的分布情况外，还要阐明其电化学行为。有研究表明晶界处 η 相的自腐蚀电位比其周围铝基体的自腐蚀电位负，其自腐蚀电流比周围铝基体的大。这表明，η 相比铝基体的腐蚀敏感性高，更容易发生腐蚀。

　　T6状态的7075铝合金晶界处的 η 是连续分布的。因此在其晶界处的阳极相 η 和周围的铝基体之间会形成电化学反应的活性通道，从而导致其具有很高的晶间腐蚀敏感性。而经过 RRA、T73、T6I6 和 HTPP 处理的7075铝合金晶界处的 η 相呈不连续分布，无法形成连续的腐蚀通道，使得这几种状态合金的晶间腐蚀敏感性有所降低。其中 RRA 状态的7075铝合金晶界处 η 相之间间距最大，因此其晶间腐蚀敏感性也最低。

　　剥落腐蚀由晶间腐蚀发展而来,在晶间腐蚀的过程中,腐蚀产物堆积于晶界,在晶界产生楔形应力,并最终使合金表层剥离。因此,通常合金晶间腐蚀敏感性越大,其剥落腐蚀敏感性越高,由此可以解释 RRA、T73、T6I6 和 HTPP 时效处理可以降低 7075 合金的剥蚀敏感性的问题。

　　由于在 445℃ 预析出过程中析出了粗大的相,使得经 HTPP 时效处理的 7075 合金内 η 相的密度较低。经过 T6I6 处理的 7075 合金具有较高的析出相密度,这是由于在其时效过程中,经历了一段 65℃/40 h 的低温、长时间多级时效过程。

　　d. 淬火残余应力

　　残余应力在铝合金半成品塑性加工过程中普遍存在,而厚板的残余应力显得更加突出。铝合金预拉伸厚板是现代航空工业重要结构材料,但残余应力的存在一方面使厚板机加工过程中易出现翘曲变形,另一方面会影响材料的动态使用性能,如 K_{IC}、K_{QC} 和疲劳性能等。7075 铝合金厚板在不同温度的介质中淬火产生的残余应力见图 1 - 7 - 28。从图可看出:淬火介质温度对试样的最终残余应力的影响较

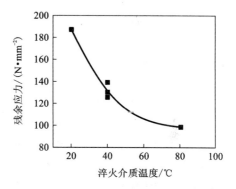

图 1 - 7 - 28　淬火介质温度对试样残余应力的影响

大,水温为 20℃ 时,残余应力较高,为 185 N/mm²;水温上升到 40℃ 时,残余应力下降到 135 N/mm²(压应力);水温达 80℃ 时,残余应力仅为 100 N/mm²。

　　为了保证工件获得所需的性能,淬火时必须确保一定的冷却速度,但为了降低工件内的残余应力,又不能用太快的冷却速度。对于 7075 铝合金,需要控制冷却速度的关键温度区间为 400 ~ 250℃。在这个温度区间,如果冷却速度太慢,很可能发生固溶相沉淀,从而影响工件时效后的力学性能。因此,可在大部分淬火工艺过程中慢速冷却,而在某特定区间(中温 400 ~ 250℃)充分快冷,可获得力学性能与残余应力协调。然而,由于淬火过程短暂(5 ~ 10 s),满足上述理想冷却条件的淬火在实际生产中难以实现。因此,为了保证工件淬火后力学性能合格,而残余应力最小,合理选择淬火介质和采用更佳的淬火方法显得特别重要。

　　一般来说,常用淬火介质冷却能力的顺序为:静止空气 < 流动空气 < 油 < 聚合物 < 水 < 盐水。其中,流动空气(风)、风 - 雾、喷水等在挤压材的压挤机淬火中已获得广泛应用。

　　相同的介质如果采用不同的淬火工艺或方法,也可以得到不同的冷却特性,如用水浸淬和用高压力水喷射淬火。压力喷射淬火时,采用高压喷射淬火介质(如水),使其强烈地喷射在工件上,热量从工件表面被快速流动的水很快地带走,通过控制喷射淬火介质的压力、温度和流量等,控制其冷却能力,因为所用冷却介质的

量大以及所有的冷却介质直接接触淬火工件，所以冷却速度很快。因此，采用压力喷射淬火可获得很快的冷却速度是可以理解的。压力喷射淬火可控制工件淬火过程中的冷却速度，而浸淬只能通过改变介质温度、浓度、搅拌来控制淬火介质的冷却速度（对淬火过程的冷却速度变化无能为力）。压力喷射淬火也可采用其他介质，如气体、聚合物等，如果采用气体，那么就是气淬，其冷却速度较低。如果要获得理想的冷却特性，可以采用如下淬火方法：淬火初期（480～400℃）采用气淬，400～250℃采用压力喷射淬火（介质为水），250℃以下又用气淬。所以，从理论上来说，假如用压力喷射淬火，一种获得最小残余应力的最优淬火工艺制度总是可以得到的。用计算机控制各项工艺参数的大挤压型材在线喷水淬火系统与航空航天级铝合金厚板辊底式固溶热处理线已于 20 世纪 90 年代进入工业化生产，水的压力、流量、喷射方向皆可自动调控。

截至 2012 年年底，全世界共有铝厚板辊底式固溶处理生产线约 40 条，其中中国 4 条，美国达文波特轧制厂 3 条。到 2015 年或 2016 年全球可保有这类生产线 50 条；其中中国 17 条，将占到全世界总数的 34%。

柯映林、董辉跃运用有限元软件 ABAQUS，对 7075 铝合金板材淬火过程进行了模拟。比例件的加工变形表明淬火模拟所得的残余应力是可信的。在获得淬火残余应力的基础上，模拟了不同预拉伸量对毛坯的淬火残余应力的消除。结果表明：拉伸量为 3% 时，毛坯产生 2.1%～2.6% 的永久变形，残余应力消除量约为 86%，完全符合航空铝合金厚板生产工艺的规定。

（3）力学性能

7075 合金半成品的标定力学性能见表 1 - 7 - 83，典型力学性能见表 1 - 7 - 84 至表 1 - 7 - 96。

表 1 - 7 - 83　7075 合金半成品的标定力学性能

技术标准	品种	状态	δ/mm	取样方向	$R_m/(N \cdot mm^{-2})$	$R_{P0.2}/(N \cdot mm^{-2})$	$A/\%$
					不小于		
GJB 1741	厚板	T651	6.5～12.5	LT	540	460	9
			>12.5			470	6
Q/S 126	薄板	T76	>1.6	LT	469	393	8
Q/S 127	厚板	T7351	6.5～25	LT	475	395	7
			>25	LT	475	395	6
Q/S 309	挤压矩形棒材	T73510	(50～70)×(255～300)	L	469	331	8

注：薄板 A 为 A_{10}，其他为 A_5。

表1-7-84　7075合金T6和T76状态薄板、T7351状态厚板、
T73510状态挤压矩形棒材的室温力学性能

品种	状态	δ/mm	取样方向	R_{m}	$R_{\mathrm{P0.01}}$	$R_{\mathrm{P0.2}}$	$R_{0.7}$	$R_{0.85}$	A_5
				/(N·mm^{-2})					/%
薄板	T6	1.4	L	538	—	472	—	—	13.8
			LT	551	—	478	—	—	13.5
		1.8	L	556	—	491	—	—	13.3
			LT	565	—	492	—	—	13.7
	T76	2	L	499	248	435	440	442	11.5
			LT	498	269	434	430	423	11.0
		1.6	L	502	349	430	434	422	11.0
			LT	504	355	436	439	429	11.9
		2	LT	506	—	445	—	—	10.8
厚板	T7351	25	L	515	365	434	436	—	10.7
			LT	509	367	434	437	—	11.5
挤压矩形棒材	T73510	50×300	L	517	352	445	447	440	11.9

注：薄板的为A_{10}，厚板和棒材的为A_5。

表1-7-85　7075-T851合金厚板的室温拉伸力学性能

d/mm	屈服强度 $R_{\mathrm{P0.2}}$			抗拉强度 R_{m}			A_5/%
	平均值	最小值	最大值	平均值	最小值	最大值	
	/(N·mm^{-2})						
18~23	409	395	428	489	475	503	10.9

表1-7-86　7075-T6合金挤压棒材的典型室温力学性能

d/mm	屈服强度 $R_{\mathrm{P0.2}}$			抗拉强度 R_{m}			A_5/%
	平均值	最小值	最大值	平均值	最小值	最大值	
	/(N·mm^{-2})						
31~75	554	472	617	588	535	635	10.4

表 1 - 7 - 87　7075 合金半成品经不同温度稳定化处理后的室温拉伸性能

品种	状态	δ/mm	取样方向	稳定化处理制度		R_m /(N·mm^{-2})	$R_{P0.2}$ /(N·mm^{-2})	A /%
				θ/℃	t/h			
薄板	T76	2	LT	125	100	507	446	11.5
				175		385	286	10.4
				250		248	114	15.7
厚板	T7351	25	LT	125	50	541	476	10.8
				175		496	415	10.6
				250		427	324	10.7
挤压矩形棒材	T73510	50×300	L	125	100	514	443	11.7
				175		365	263	12.5
				250		254	132	19.0

表 1 - 7 - 88　7075 合金半成品的高温拉伸力学性能

品种	状态	δ/mm	取样方向	试验温度 θ/℃	R_m /(N·mm^{-2})	$R_{P0.2}$ /(N·mm^{-2})	A[1]/%	Z /%
薄板	T76	2	LT	125	401	364	22.4	—
				175	323	282	28.3	—
				250	147	129	40.7	—
厚板	T7351	25	L	100	461	423	13.1	—
				125	423	399	13.3	—
				150	390	372	14.9	—
				175	352	331	15.0	—
				200	291	266	13.9	—
				250	168	151	17.5	—
			LT	100	450	412	10.9	—
				125	413	390	11.8	—
				150	381	362	15.1	—
				175	345	327	14.4	—
				200	297	278	14.3	—
				250	171	158	16.4	—
挤压矩形棒材	T73510	50×300	L	125	420	398	17.6	44.8
				175	336	317	18.7	55.0
				250	146	134	25.0	73.0

注：薄板的为 A_{10}，其他的均为 A_5。

表 1 - 7 - 89　7075 合金半成品经不同温度稳定化处理后的高温拉伸性能

品种	状态	δ /mm	稳定化处理制度		试验温度 θ /℃	取样方向	R_m /(N·mm^{-2})	$R_{P0.2}$ /(N·mm^{-2})	$A^{①}$ /%
			θ/℃	t/h					
薄板	T76	2	125	100	125 175 250	LT	397 310 143	367 268 126	20.3 25.3 35.3
			175	100	125 175 250		280 217 136	251 189 118	26.3 28.1 39.8
			250	100	125 175 250		201 134 85	109 99 72	41 67.3 75
厚板	T7351	25	125 150 175	50	125 150 175	LT	446 368 270	427 347 254	12.0 12.8 17.4
挤压矩形棒材	T73510	50×300	125	100	125 175	L	413 330	391 312	17.1 18.4
			175	100	125 175		279 217	237 201	20.8 23.2
			250	100	125 175		223 151	128 116	24.4 41.0

注：薄板的为 A_{10}，其他的均为 A_5。

表 1 - 7 - 90　7075 合金 T7351 状态厚板和 T73510 状态挤压矩形棒材的抗拉力学性能

品种	状态	δ /mm	取样方向	$R_{pc0.01}$	$R_{pc0.2}$	$R_{pc0.7}$	$R_{pc0.85}$
				/(N·mm^{-2})			
厚板	T7351	25	L	—	430	434	417
			LT	—	437	440	427
挤压矩形棒材	T73510	50×300	L	443	—	—	—

表 1 - 7 - 91　7075 合金半成品的室温 U 型缺口冲击韧性

品种	状态	δ/mm	取样方向	α_{KU}/(kJ·m^{-2})
厚板	T7351	25	LT TL	132 97
挤压矩形棒材	T73510	50×300	LT	176

表 1-7-92　7075 合金半成品的扭转性能

品种	状态	δ /mm	取样方向	$R_{\tau m}$ /(N·mm^{-2})	$R_{\tau p0.3}$ /(N·mm^{-2})	$R_{\tau p0.015}$ /(N·mm^{-2})
厚板	T7351	25	L	394	204	267
			LT	391	201	251
挤压矩形棒材	T73510	50×300	L	395	206	268

表 1-7-93　7075 合金半成品(不论是否经过稳定化处理)的室温拉伸弹性模量

品种	状态	δ/mm	E/(GN·m^{-2})
薄板	T76	1.2	69
		2.0	67
厚板	T7351	25	72
挤压矩形棒材	T73510	50×300	71

表 1-7-94　7075 合金半成品(不论是否经过稳定化处理)的高温拉伸弹性模量

品种	状态	δ/mm	θ/℃	E/(GN·m^{-2})
薄板	T76	2.0	125	58
			175	57
			250	50
厚板	T7351	25	100	67
			125	64
			150	62
			175	57
			200	52
			250	43
挤压矩形棒材	T73510	50×300	125	64
			175	57
			250	44

注：7075 合金的压缩弹性模量 74 GN/m^2，切变弹性模量 26.0 GN/m^2，泊松比 0.33。

表 1-7-95　7075 合金薄板的平面应力断裂韧度

状态	δ/mm	试样尺寸/mm			取样方向	K_{IC}/(N·mm^{-2})$\sqrt{m}$
		B	W	L		
T76	1.6	1.6	406	1120	LT	125.2
T6	1.4	1.4	150	510	LT	89.4
		1.4	150	510	TL	77.7
	1.8	1.8	150	510	LT	73.5
		1.8	150	510	TL	64.8
		1.8	460	750	LT	94.5
		1.8	460	750	TL	67.9

注：CCT 型试样。

表 1 - 7 - 95　　7075 合金半成品的平面应变断裂韧度

品种	状态	δ/mm	试样尺寸/mm		取样方向	$K_{IC}/(N\cdot mm^{-2})\sqrt{m}$
			B	W		
厚板	T7351	25	22	44	$L-T$ $T-L$	28.3 23.2
			22.5	45	$L-T$ $T-L$	28.2 23.2
挤压矩形棒材	T73510	50×300	40	80	$L-T$ $T-L$	36.1 26.6

注：厚 22 mm 的为三点弯曲试样，其余为紧凑拉伸试样。

（4）工艺特性

7075 合金的熔炼温度 700 ~ 745℃，半连续铸造温度 690 ~ 710℃，也可以将熔体温度控制在 730 ~ 760℃，铸造温度控制在 700 ~ 730℃，冬季控制在中上限，夏季控制在中下限，熔体出炉温度可比实际铸造温度上限高 5 ~ 15℃。7075 超高强铝合金的特点是合金元素总含量高，其质量分数高达 9.78% ~ 12.48%，是所有系列铝合金中合金化元素总含量最高的合金之一；结晶温度范围宽（635℃ ~ 477℃），达 158℃，也是所有系列变形铝合金结晶范围最宽的；其合金化程度高，组织复杂。合金熔炼铸造时，由于其结晶温度范围宽、铸态组织塑性低等原因，具有很高的热裂和冷裂倾向，铸造扁锭时宽厚比越大，其裂纹倾向越大。为获得扁锭良好的铸造性能和冶金质量，应严格控制合金化学成分，加强熔体净化处理，优化铸造工艺参数，严格按操作规程铸造。Al - Ti - B 细化剂添加量 1.2 ~ 2.0 kg/t(Al)。7075 合金有良好的压力加工性能，可顺利地加工成各种各样的半成品。

7075 - O 合金的成形性能不如 2024 合金，但在 180 ~ 370℃时却具有良好的成形性能，在此温度范围内的保温时间应大于 2 h。在固溶（W）状态时该合金的成形性能与 2024 合金的相近。在室温条件下，当淬火和成形之间的停放时间间隔小于 30 min 时，其成形性能最好，其最大成形能力可在室温条件下保持 4 h。7075 - T6 材料的室温成形性能较差，但提高温度可以明显改善其成形能力，可在 150 ~ 220℃ 热成形。

7075 合金的表面处理性能与其他常用变形合金的相当，固溶与时效处理后的材料有良好的可切削性能。电阻焊接性能尚可，摩擦搅拌焊接性能优秀，不宜熔焊。

7075 合金零件热处理工艺按 GJB 1694 进行，固溶热处理保温时间≥25 min，否则会使强度降低。固溶热处理和人工时效之间间隔的长短对合金各种产品和各种热处理状态的力学性能影响不大，可以在固溶热处理后 4 h 内或 48 h 以后的任意时间进行人工时效。

1.7.10.2　7175 合金

7175 铝合金是在 7075 铝合金基础上高纯化的改型合金，Fe、Si 杂质（质量分数)分别由 0.50%、0.40% 降到 0.20% 和 0.15%，用于制造高强和抗应力腐蚀的锻造结构件。

7175 - T74 铝合金锻件的特点是采用特殊的加工和热处理工艺，使其强度接近 7075 - T6 合金锻件，抗应力腐蚀性能接近最佳耐蚀状态的 7075 - T73 锻件，Fe、Si 杂质的减少不仅能改善合金的锻压性能，而且可以显著提高锻件的抗应力腐蚀性能和断裂韧度。

7175 合金专用于生产锻件与轧制环件，材料状态为 T74。

(1)化学成分及相组成

7175 合金的化学成分见 1.7.2 节，相组成见 1.7.10 节。

(2)生产工艺

锻件的工艺：熔铸→铸锭均匀化→锯切、车皮→挤压→锻坯高温处理或未高温处理→锻造→固溶处理→双级时效→性能检测→探伤→成品。铸锭均匀化退火制度 (420 ~ 470)℃/(12 ~ 24) h，出炉空冷；挤压工艺参数见表 1 - 7 - 97；锻件毛坯高温处理制度为(460 ~ 500)℃/(5 ~ 8) h，为防止加热时引起局部过烧，当温度达到 460℃时，再以稍慢的加热速率继续升温，保温到时后出炉空冷；锻造工艺参数见表 1 - 7 - 98；固溶处理制度(410 ~ 480)℃/(2 ~ 5) h，冷却水温小于 34℃；双级时效制度(80 ~ 110)℃/(4 ~ 8) h + (150 ~ 185)℃/(3 ~ 6) h。

表 1 - 7 - 97　7175 铝合金棒材挤压工艺参数

铸锭规格 /mm	挤压系数	棒材规格 /mm	挤压筒直径 /mm	挤压温度 /℃	炉的最高定温 /℃	挤压筒温度 /℃
φ482	8.16	φ175	500	380 ~ 420	450	380 ~ 450

表 1 - 7 - 98　7175 铝合金自由锻件锻造工艺参数

毛坯规格 /mm	铸锭规格 /mm	毛坯加热制度	开锻温度 /℃	平砧温度 /℃	终锻温度 /℃
φ175 × 450	φ360 × 95	(410 ~ 450)℃/2 h	380 ~ 420	350 ~ 450	350 ~ 410

7175 - T74 铝合金轧制环的工艺：加热(开锻)温度：420 ~ 440℃；终锻温度≥350℃；加热保温时间≥420 min；锻造工具温度 250 ~ 420℃。

锻造方案：镦粗至 $H = 330 ~ 340$ mm，用 φ400 mm 冲头冲孔至连皮厚度为 20 ~ 30 mm，平整至 $H = 320 ~ 330$ mm。

车去中心孔约 95% 冲孔斜面后轧环。

轧环工艺参数：加热(开轧)温度 420 ~ 440℃，终轧温度≥350℃，加热保温时间≥300 min，轧环至 φ1 485 mm × φ1 190 mm × 335 mm。

（3）热处理

7175 - T74 合金典型锻件规格为 $\phi360^{+30}_{-10}$ mm × (90 ± 10) mm，对挤压锻造毛坯进行高温均匀化退火处理（以下简称高温处理）。所谓高温处理就是在 500℃ 处理 6 h，当温度达到 460℃ 时，再以稍慢的加热速率继续升温到 500℃，保温到时后出炉空冷。对锻件毛坯进行高温均匀化退火处理可以明显影响 7175 - T74 铝合金锻件的性能，是提高锻件各项性能的重要工艺和手段（见图 1 - 7 - 29）。

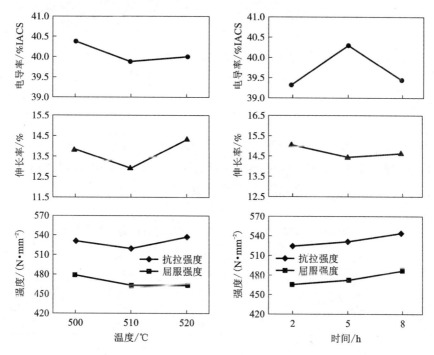

图 1 - 7 - 29　高温处理温度和保温时间（500℃）对 7175 - T74 铝合金锻件性能的影响

图 1 - 7 - 30 为 7175 合金 $\phi360 \times 95$ mm 锻件的显微组织，对经高温处理的锻件来说，高温处理使锻件毛坯中析出的含 Cr 相增多，成分均匀，时效强化相溶解更加充分，提高了再结晶温度，其结果是锻件淬火再结晶程度较低，晶粒细小，亚晶数量多，固溶体浓度增大，进而使时效组织中基体析出相细小弥散，提高了抗拉强度；晶界析出相尺寸小而不连续，无析出带较宽，不易发生晶界应力集中和沿晶开裂。电导率受过渡族元素 Mn、Cr、Fe、Ti 的影响很大，当固溶体中存在少量的过渡族元素时，可强烈降低铝合金的电导率。由组织分析可知，经高温处理的锻件中含 Cr 相析出量比未经高温处理的多，固溶体中 Cr 元素含量较少，所以电导率较高。可见，对锻造毛坯进行高温处理是提高 7175 - T74 铝合金锻件各项性能的一种重要工艺和手段。

7175 - T74 轧制环件理想的热处理工艺参数：固溶温度 480℃，水温 20 ~ 30℃，一级人工时效温度 107℃，保温 6 ~ 7 h；二级人工时效温度 177℃，保温

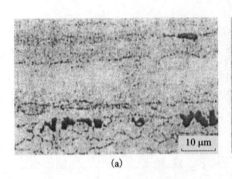
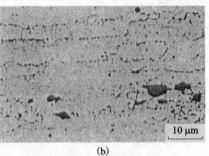

(a)   (b)

图 1 – 7 – 30　7175 – T74 铝合金 φ360 mm × 95 mm 锻件的纵向金相组织

(a)未经高温处理的；(b)经过高温处理的

6 ~ 7 h。

（4）力学性能

7175 – T74 合金锻件及轧制环件的技术标准规定性能见表 1 – 7 – 99 及表 1 – 7 – 100，东北轻合金有限责任公司生产的锻件的实际性能见表 1 – 7 – 101。西南铝业（集团）有限责任公司的轧制环件的实测力学性能见表 1 – 7 – 102。

表 1 – 7 – 99　7175 – T74 铝合金锻件试制时应达到的技术指标

取样方向	R_m /(N·mm^{-2})	$R_{P0.2}$ /(N·mm^{-2})	A_5 /%	K_{IC} /(N·mm^{-2})·m$^{1/2}$	电导率 /(MS·m^{-1})
纵向	490	420	9	33.0	
长横向	483	400	5	27.5	22.6
短横向	469	393	4	23.1	

表 1 – 7 – 100　7175 – T74 合金轧制环件的标定（YS/T 478）力学性能

试样方向	厚度/mm	抗拉强度 R_m/(N·mm^{-2})	屈服强度 $R_{P0.2}$/(N·mm^{-2})	伸长率 A_5/%
L	<80	≥505	≥435	≥8

表 1 – 7 – 101　7175 – T74 铝合金锻件的实测性能

取样方向	R_m/(N·mm^{-2})		$R_{P0.2}$/(N·mm^{-2})		A/%		K_{IC}/(N·mm^{-2})·m$^{1/2}$		γ/(MS·m^{-1})	
	(1)	(2)	(1)	(2)	(1)	(2)	(1)	(2)	(1)	(2)
纵向	524	492	467	456	12.7	11.5	37.1	36.9		
横向	520	490	452	454	10.8	10.1	29.9	29.1	24.2	23.6
高向	511	489	474	467	9.2	7.6	26.2	25.6		

注：(1)锻造毛坯经过高温处理；(2)未经过高温处理。

表 1 - 7 - 102　西南铝业(集团)有限责任公司生产的 7175 - T74 合金轧制环件的力学性能

淬火制度	一级时效	二级时效	$R_m/(N \cdot mm^{-2})$	$R_{P0.2}/(N \cdot mm^{-2})$	$A/\%$
(465 ± 5)℃ 保温 105 min, 水温 30 ~ 40℃	107 ± 5 × 6 h	165 ± 5 × 6 h	547 ~ 550	500 ~ 506	13.7 ~ 14.8
		165 ± 5 × 8 h	540 ~ 550	492 ~ 515	13.3 ~ 14.6
		165 ± 5 × 10 h	542 ~ 552	473 ~ 503	13.3 ~ 14.2
		177 ± 5 × 6 h	517 ~ 542	457 ~ 487	12.6 ~ 15.5
		177 ± 5 × 8 h	485 ~ 505	440 ~ 455	12.0 ~ 12.8
		177 ± 5 × 10 h	458 ~ 490	419 ~ 434	13.5 ~ 16.0
	107 ± 5 × 8 h	177 ± 5 × 6 h	514 ~ 520	452 ~ 473	11.1 ~ 13.3
		177 ± 5 × 8 h	480 ~ 500	408 ~ 432	13.3 ~ 14.2
		177 ± 5 × 10 h	466 ~ 476	387 ~ 402	12.2 ~ 15.5
		177 ± 5 × 12 h	434 ~ 447	334 ~ 359	12.4 ~ 13.3
(480 ± 5)℃ 保温 105 min, 水温 30 ~ 40℃	107 ± 5 × 6 h	177 ± 5 × 6 h	518 ~ 529	473 ~ 482	12.6 ~ 14.2
		177 ± 5 × 8 h	506 ~ 526	440 ~ 463	12.4 ~ 14.6
	107 ± 5 × 8 h	165 ± 5 × 8 h	522 ~ 539	471 ~ 492	11.1 ~ 14.4
		165 ± 5 × 10 h	477 ~ 484	414 ~ 417	11.7 ~ 14.4
		177 ± 5 × 6 h	495 ~ 520	440 ~ 473	13.3 ~ 14.8
		177 ± 5 × 8 h	479 ~ 501	400 ~ 424	12.2 ~ 12.8
(480 ± 5)℃ 保温 105 min, 水温 60 ~ 70℃	107 ± 5 × 6 h	177 ± 5 × 6 h	512 ~ 526	465 ~ 479	12.2 ~ 12.4
		177 ± 5 × 8 h	481 ~ 500	425 ~ 440	12.8 ~ 14.4
	107 ± 5 × 7 h	177 ± 5 × 6 h	506 ~ 526	448 ~ 471	10.6 ~ 14.4
		177 ± 5 × 7 h	507 ~ 522	449 ~ 474	12.2 ~ 14.4
	107 ± 5 × 8 h	165 ± 5 × 7 h	551 ~ 554	507 ~ 516	12.2 ~ 14.0
		177 ± 5 × 8 h	480 ~ 492	408 ~ 425	13.3 ~ 14.4
	120 ± 5 × 6 h	177 ± 5 × 6 h	515 ~ 520	463 ~ 473	11.1 ~ 12.2
		177 ± 5 × 8 h	503 ~ 517	448 ~ 465	11.5 ~ 12.2
		165 ± 5 × 6 h	533 ~ 550	490 ~ 511	11.7 ~ 14.0
		165 ± 5 × 8 h	518 ~ 531	417 ~ 488	12.2 ~ 14.0

1.7.10.3　7475 合金

　　7475 合金是 Al - Zn - Mg - Cu 系热处理强化新型铝合金,是美国铝业公司在 7075 合金基础上研制的,1969 年在美国铝业协会公司注册。由于提高了合金的纯度,严格限制了 Fe、Si 杂质含量,并调整了合金成分,引起了第二相成分总量的降低,从而在相同强度条件下,提高了合金的断裂韧度,使其具有优异的综合性能。7475 合金的强度和抗腐蚀性能与 7075 合金相同状态的性能相当,而断裂韧度却远高于强度与之相等的现有铝合金,它的强度与断裂韧度达到最佳匹配。

　　7475 合金薄板以 O、T6 和 T76 状态供应;厚板以 T651、T7651 和 T7351 状态供应。T76 和 T6 状态相比,提高了抗腐蚀性能特别是抗剥落腐蚀性能,断裂韧度 (16% ~ 33%),但强度降低了 4% ~ 6%。T7651 和 T651 状态相比,提高了耐剥落腐蚀和耐应力腐蚀性能,并提高了断裂韧度(7%~10%),但强度降低了10%左右。T7351 和 T651 状态相比,显著地提高了耐应力腐蚀性能,并提高了断裂韧度(13%~27%),但强度降低了12%左右。

7475 合金的技术标准不仅规定了室温拉伸性能,还规定了断裂韧度指标。7475 合金主要用于制造高强度、中等疲劳强度和高断裂韧度的结构件,如机翼蒙皮、机身蒙皮、隔框等,使用 7475 合金可以提高飞机的安全可靠性和使用寿命。由于 7475 合金是室温高强度铝合金,随着使用温度的升高,合金的强度性能会降低,所以其长期使用温度不宜超过 125℃。

该合金具有良好的工艺塑性和超塑性,制造复杂形状的薄板零件可采用具有超细晶组织的薄板经超塑成形。薄板在退火和固溶热处理(W)状态下具有良好成形性能。

7475 合金的不同热处理状态分别适用于不同使用条件的受力构件:T6 和 T651 状态的一般用于对耐应力腐蚀性能没有特殊要求的高强度高断裂韧度的结构件,T76 和 T7651 状态的适用于耐剥蚀的高强度高断裂韧度的结构件,T7351 状态的适用于耐应力腐蚀的高强度高断裂韧度的结构件。

(1)化学成分及相组成

7475 合金的化学成分见表 1 – 7 – 75。

(2)物理化学性能

7475 合金的熔化温度 477~638℃;25℃时的热导率(W/m·℃):T6、T651 状态的 138,T76、T7651 状态的 156,T7351 状态的 163。100℃时的比热容(J/kg·℃):T6、T651 状态的 963,T76、T7651 状态的 963,T7351 状态的 878。20~100℃时的线膨胀系数 $\alpha = 23.3 \times 10^{-6}$/℃。技术标准规定不同状态材料的电导率 γ(MS/m):T76、T7651 状态的≥22.6,T7351 状态的≥23.2。无磁性。密度 $\rho = 2\,800$ kg/m^3。

7475 合金有良好的抗氧化性能,耐一般腐蚀性能和 7075 合金的相当,T76 和 T7651 状态板材具有很好的耐剥落腐蚀性能,T7351 状态具有很好的耐应力腐蚀性能。

(3)热处理

7475 – O 材料的典型退火制度 415℃/(2~3) h,以不大于 30℃/h 的降温速度炉冷到≤260℃,然后出炉空冷,在 345℃退火后,可不控制冷却速度。

a. 固溶处理

7475 合金固溶处理时,固溶温度对常温力学性能的影响比较大,时效后的强度随着固溶温度的增大而提高(500℃内),当基体有轻微过烧时强度并不降低;7475 合金挤压带材的淬火过烧温度为 490℃,较佳的固溶温度为 470±5℃;7475 合金淬火介质的性质及转移时间是影响淬火冷却速度的重要因素,淬火水温应尽量低(小于 20℃),转移时间应尽量短(小于 30 s),以获得高的强度;淬火至时效的停放时间对时效后的力学性能有一定的影响,应控制停放时间。停放时间确定为短于 4 h 或长于 48 h。

固溶温度对常温拉伸性能的影响见图 1 - 7 - 31。由图可见,随固溶温度的提高,抗拉强度和屈服强度也随之提高,即使发生了过烧也是如此。伸长率在 480℃以前是单调上升的,而后开始下降,但变化幅度并不大。因此,7475 铝合金在未发生过烧的情况下,有较大的固溶处理温度区间。

淬火水温对常温拉伸性能的影响见图 1 - 7 - 32。由图可见,淬火水温对屈服强度和抗拉强度影响不大,在 20℃ 时最高,随水温的升高即冷却速度的降低,伸长率逐渐上升,淬火效果降低。

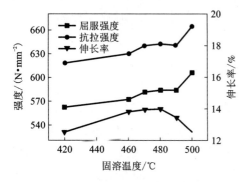

图 1 - 7 - 31　固溶温度对拉伸性能的影响

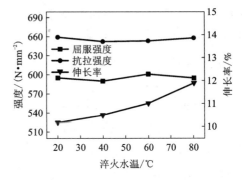

图 1 - 7 - 32　淬火水温对拉伸性能的影响

转移时间对拉伸性能的影响见图 1 - 7 - 33。由此可见,转移时间对拉伸性能也有一定的影响,对强度影响较小,随转移时间的加长,强度轻微下降,而伸长率明显下降。由于合金中加了 Cr、Mn 等元素,增加了对淬火冷却速度的敏感性,故应尽量缩短转移时间,不宜长于 30 s。

淬火至时效之间的停放时间对常温拉伸性能的影响见图 1 - 7 - 34。由图可见,抗拉强度和屈服强度随着停放时间的延长开始下降,而后没有很大的变化,伸长率单调上升,因此停放时间要加以控制,在短于 4 h 或长于 48 h。

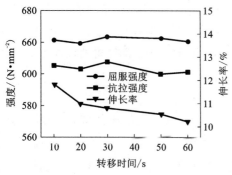

图 1 - 7 - 33　淬火转移时间
对拉伸性能的影响

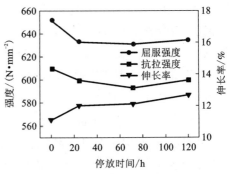

图 1 - 7 - 34　淬火至时效之间的
停放时间对常温性能的影响

程勇胜、郑子樵、李秋菊对成分(质量分数)：0.069% Si, 0.11% Fe, 1.57% Cu, 2.33% Mg, 5.82% Zn, 0.34% Mn, 0.18% Cr, 0.021% Ti, 其余为 Al 的 7475 合金挤压带材(25 mm×50 mm)的常温拉伸性能、硬度、电导率、抗应力腐蚀性能、断裂韧性等与时效工艺参数的关系作了研究。结果表明，单级峰值时效(T6)具有很高的强度，但抗应力腐蚀性能较差，主要是由晶界析出物的性质所决定的；双级时效(T76、T73)由于晶界析出物呈粗大和孤立状分布，具有较好的抗应力腐蚀性能，但由于过时效时晶内析出相尺寸增大，强度有较大程度的下降。同时实验表明，时效制度对 7475 挤压型材断裂韧性的影响并不大。合金时效前的固溶处理：465℃/40 min。

b. 时效

(a)单级峰值时效(T6)

单级时效时常温力学性能、电导率随时效温度和时效时间的变化见图 1 - 7 - 35。从图中可以看出，时效温度对性能的影响较大，随时效温度升高，屈服强度、抗拉强度及硬度逐渐下降，伸长率也有一定程度的下降，电导率连续上升，这说明随着温度升高，时效程度加深，后来已有过时效的趋势。时效时间对性能的影响在时效初期(12 h 前)较大，后期不太明显，强度在 12 h 时达到峰值，而后逐渐降低。

单级时效时的金相组织，为部分再结晶组织，晶粒沿变形方向拉长，在横截面上可见基本为等轴状的晶粒组织，从侧面看，组织呈纤维状，一些残留相和难溶相已破碎且沿变形方向均匀地成行排列。

(b)双级时效

一级时效为 115℃/7 h，二级时效时间为 16 h(T76)及 30 h(T73)，时效温度对性能的影响见图 1 - 7 - 36，二级时效温度为 165℃时二级时效时间对性能的影响见图 1 - 7 - 37。

从图中可以看出，二级时效刚开始，强度已基本达到峰值，二级时效开始只是起补充强化作用，随着时效时间的延长，强度逐渐下降，在 16 h 前下降的幅度还比较大，后来渐趋平缓，伸长率在时效时间小于 16 h 前，随时效时间延长而上升，而后变化不大，电导率随着时效时间延长而上升，16 h 后逐渐平缓。

(c)抗应力腐蚀性能

从对单级、双级时效的典型状态进行抗应力腐蚀试验的结果比较看，双级时效比单级峰值时效的抗应力腐蚀性能好，在 480 h 内没有一个试样发生应力腐蚀开裂，而单级时效的几个状态的试样均有应力腐蚀开裂现象(表 1 - 7 - 103)，特别是单级时效制度为 140℃×16 h 时，三个试样均在 90 h 内发生应力腐蚀开裂。

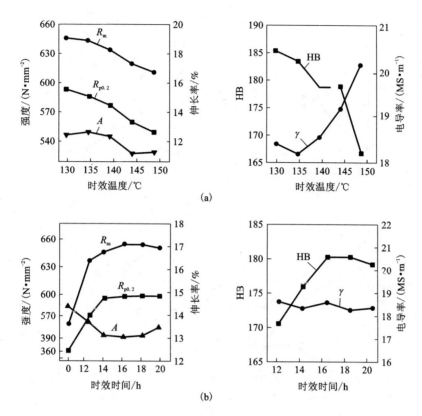

图 1-7-35　单级时效制度对性能的影响

(a)时效温度对性能的影响(时效时间 16 h)；(b)时效时间对性能的影响(时效温度 135℃)

表 1-7-103　单级时效试样的应力腐蚀试验出现裂纹的时间/h

时效温度/℃	135	135	135	140	145
时效时间/h	14	16	18	16	16
试样　1	—	—	—	90.5	—
试样　2	296.67	258.5	—	65.5	—
试样　3	—	—	258.5	56.5	296.67

注："—"表示 480 h 未出现应力腐蚀开裂。

(d)断裂韧度

各状态下的断裂韧度试验结果见表 1-7-104，数据有较大的离散性，时效制度对该材料的断裂韧性没有很大的影响，只是双级时效的韧强比($K_{\text{IC}}/R_{\text{P0.2}}$)比单级时效的高一些。

图 1-7-38 为峰值时效时的 TEM 照片，在单级峰值时，基体内部析出物主要以 GP 区和少量的 η′相组成，这种细小弥散的析出物使该时效态下具有很高的强

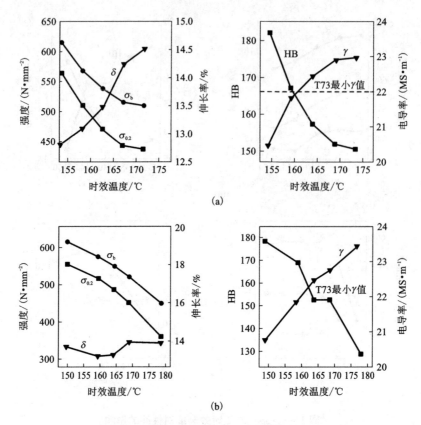

图 1 - 7 - 36　双级时效时二级时效温度对性能的影响

（a）二级时效时间 16 h；（b）二级时效时间 30 h

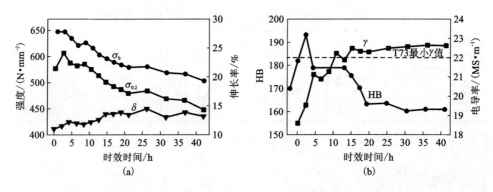

图 1 - 7 - 37　双级时效时二级时效时间对性能的影响

度，晶界为链状分布的析出相。这种晶界结构为应力腐蚀裂纹扩展提供了通道，极易造成应力腐蚀开裂。

表 1 - 7 - 104　断裂韧度试验

时效时间/h	时效温度/℃	屈服强度/(N·mm⁻²)	断裂韧度/(N·mm⁻²)·m⁻¹ᐟ²	韧强比	韧性均值/(N·mm⁻²)·m⁻¹ᐟ²	韧强比均值	备注
14	135	588	34.45	0.058 6			
14	135	588	34.99	0.059 5			
14	135	588	35.72	0.060 7			
16	135	590	35.34	0.059 9	35.05	0.059	单级时效
16	135	590	35.45	0.060 1	35.40	0.0610	
18	135	591	34.3	0.058 0	34.67	0.0587	
18	135	591	33	0.055 8			
18	135	591	36.71	0.062 1			
10	165	555	32.93	0.059 3			
10	165	555	36.33	0.065 5			双级时效
10	165	555	32.73	0.059 0			$T_1 = 115℃$
16	165	515	34.26	0.066 5	34.00	0.0613	$t_1 = 7$ h
16	165	515	3.492	0.067 8	34.62	0.0672	表中为第
16	165	515	34.69	0.067 4	36.96	0.0739	二级时效
20	165	500	34.77	0.069 5	34.99	0.0756	参数
20	165	500	39.15	0.078 3			
40	165	463	33.51	0.072 4			
40	165	463	34.02	0.073 5			
40	165	463	37.45	0.080 9			

图 1 - 7 - 39 为双级时效时的 TEM 照片。可以看出，此时晶内析出相较单级峰值时效时粗大，晶内析出相为 η′ 和 η 相，它们的尺寸比 GP 区的大很多，强化效应降低，使合金的强度明显降低，同时晶界析出相也由单级峰值时效的链状析出物变为孤立、粗大的析出相，且有一定宽度的无析出带（PFZ）。

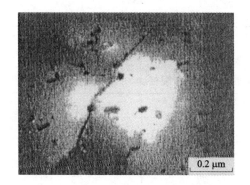

图 1 - 7 - 38　单级时效的 TEM 照片

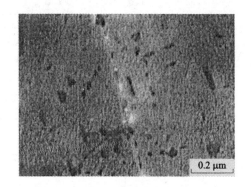

图 1 - 7 - 39　双级时效的 TEM 照片

7475 合金的平面应变断裂韧性 K_{IC} 具有明显的各向异性，$T - L$ 和 $L - T$ 两种取向中，$T-L$ 位向具有相对低的 K_{IC}，大约比 $L-T$ 位向的 K_{IC} 低 10($N \cdot mm^{-2}$) 或 25%。同一取向上，7475 合金 K_{IC} 的大小与时效制度及加工工艺有关。基体强度降低、塑性提高以及合金中第二相质点细化有利于提高合金的断裂韧性。

经回归再时效工艺处理材料具有很高的强度，但由于短时回归，不能使较大的材料内部回归均匀，断裂韧性较差，所以 RRA 工艺不适用于大型锻件的生产；从提高断裂韧性和应力腐蚀抗力的要求考虑，过时效制度 115℃ ×7 h + 185℃ ×13 h 是适合工业生产的最佳时效工艺。

(4)力学性能

7475 合金板材的标定力学性能见表 1 - 7 - 105 至表 1 - 7 - 108，典型力学性能见表 1 - 7 - 109 至表 1 - 7 - 120。

表 1 - 7 - 105　7475 合金薄板的标定拉伸力学性能

技术标准	状态	δ/mm	$R_m/(N \cdot mm^{-2})$	$R_{P0.2}/(N \cdot mm^{-2})$	$A_{10}/\%$
Q/6S 790	O	1.0 ~ 1.6	< 250	< 140	10
		> 1.6	< 250	< 140	10
		> 4.8	< 270	< 145	10
	T6①	1.0 ~ 1.6	475	405	9
		> 1.6	485	415	9
		> 4.8	495	420	9
	T76②	1.0 ~ 1.6	455	380	9
		> 1.6	460	385	9
		> 4.8	475	395	9
Q/6S 829	T6	1.0 ~ 1.6	475	405	9
		> 1.6	485	415	9
		> 4.8	495	420	9
Q/6S 792	T76	1.0 ~ 1.6	455	380	9
		> 1.6	460	385	9
		> 4.8	475	395	9

注：①退火状态薄板，在铝加工厂固溶热处理后经矫直，再人工时效成 T6 状态；②退火状态薄板，在铝加工厂固溶热处理后经矫直，再人工时效成 T76 状态。

表 1 - 7 - 106　7475 合金厚板的标定断裂韧度

技术标准	状态	取样方向	$K_{IC}/(N \cdot mm^{-2})\sqrt{m}$
Q/6S 830	T651	LT	33
		TL	31
Q/6S 831	T7651	LT	36.3
		TL	33
Q/6S 791	T7351	LT	42
		TL	35

表 1 - 7 - 107　7475 合金厚板的标定拉伸力学性能

技术标准	状态	δ/mm	取样方向	R_m /(N·mm^{-2})	$R_{P0.2}$ /(N·mm^{-2})	A_5 /%
Q/6S 830	T651	6.5 ~ 12.5	L	531	462	9
			LT	538	462	9
		>12.5	L	531	469	8
			LT	538	469	8
		>25.4	L	524	462	6
			LT	531	462	6
Q/6S 831	T7651	6.5 ~ 12.7	L	483	414	9
			LT	490	414	9
		>12.7	L	476	407	8
			LT	483	407	8
		>25.4	L	476	407	6
			LT	483	407	6
Q/6S 791	T7351	6.5 ~ 38.0	L	469	393	10
			LT	469	393	9
		38.0	L	469	393	10
			LT	469	393	9
			ST	441	365	4
		>38.0	L	462	379	10
			LT	462	379	8
			ST	441	359	4

表 1 - 7 - 108　7475 合金薄板的标定断裂韧度

技术标准	状态	δ/mm	取样方向	K_{IC}/(N·mm^{-2})$\sqrt{m}$
Q/6S 829	T6 (T6[①])	1.0 ~ 3.1	TL	82.4
		>3.1	TL	66.0
Q/6S 792	T76 (T76[②])	1.0 ~ 3.0	TL	95.5
		1.0 ~ 3.0	LT	110.0
		>3.1	LT	88.0

注：①退火状态薄板，在铝加工厂固溶热处理后经矫直，再人工时效成 T6 状态。②退火状态薄板，在铝加工厂固溶热处理后经矫直，再人工时效成 T76 状态。

表 1 - 7 - 109　7475 合金板材的典型室温拉伸性能

品种	状态	δ/mm	取样方向	R_m	$R_{P0.01}$	$R_{P0.2}$	$R_{0.7}$	$R_{0.85}$	$A/\%$
				$/(N \cdot mm^{-2})$					
薄板	O	2.0	L	203	—	102	—	—	18.0
			LT	204	—	87	—	—	17.0
	T6		L	548	337	487	492	478	14.0
			LT	546	345	476	484	465	15.3
	T6*		L	542	353	489	494	482	14.0
			LT	543	348	471	480	460	14.7
薄板	T76	2.0	L	491	293	428	430	419	11.4
			LT	485	319	418	421	410	10.6
	T76*		L	487	—	441	—	—	11.9
			LT	498	—	437	—	—	10.9
厚板	T651	38	L	560	423	499	503	497	13.4
			LT	570	386	492	500	478	14.2
	T7651		L	522	370	453	455	448	14.1
			LT	526	363	452	457	442	12.9
	T7351		L	517	349	443	448	432	14.0
			LT	510	353	439	442	435	14.6

注：1. 薄板的为 A_{10}，厚板的为 A_5；2. T6* 为退火状态薄板，在铝加工厂固溶热处理后经矫直，再人工时效成 T6 状态；3. T76* 为退火状态薄板，在铝加工厂固溶热处理后经矫直，再人工时效成 T76 状态。

表 1 - 7 - 110　7475 合金板材在 -55℃时的拉伸力学性能

状态	δ/mm	试验温度 $\theta/℃$	保温时间 t/min	R_m $/(N \cdot mm^{-2})$	$A/\%$	$Z/\%$
T6	2.0	-55	20	569	16.1	—
T76		-55	20	522	12.2	—
T651	38.0	-55	20	560	13.4	24.0
T7651		-55	20	544	12.2	24.2
T7351		-55	20	540	12.9	27.0

表 1 - 7 - 111　7475 合金 2.0 mm 薄板的高温拉伸力学性能

状态	试验温度 $\theta/℃$	R_m	$R_{P0.2}$	$A_{10}/\%$	状态	试验温度 $\theta/℃$	R_m	$R_{P0.2}$	$A_{10}/\%$
		$/(N \cdot mm^{-2})$					$/(N \cdot mm^{-2})$		
T6	100	481	428	24.3	T76	100	411	386	21.2
	125	442	397	26.1		125	380	358	23.2
	150	391	357	28.9		150	345	322	24.6
	175	351	316	23.3		175	303	277	21.6

表 1 -7 -112　7475 合金 38.0 mm 厚板 *LT* 方向试样的高温拉伸力学性能

状态	试验温度 $\theta/℃$	R_m	$R_{P0.2}$	$A_5/\%$	$Z/\%$
		/(N·mm^{-2})			
T651	100	506	477	18.2	44.6
	125	472	428	19.8	50.4
	150	421	383	20.9	55.6
	175	382	350	19.7	60.1
T7651	100	450	414	16.4	44.2
	125	416	392	20.8	50.5
	150	384	361	22.2	54.7
	175	342	321	21.9	59.8
T7351	100	444	399	18.6	47.1
	125	407	375	20.2	53.9
	150	373	349	21.9	58.1
	175	333	308	22.2	64.3

表 1 -7 -113　7475 合金 1.0 ~ 6.0 mm 薄板经稳定化处理后的室温拉伸力学性能

状态	稳定化处理制度		R_m /(N·mm^{-2})	$R_{P0.2}$ /(N·mm^{-2})	A[①]/%
	$\theta/℃$	t/h			
T61	100	0.1 ~ 0.5	552	496	12
		10	558	496	12
		100	558	503	12
		1 000	565	510	12
		10 000	552	490	13
	149	0.1 ~ 0.5	552	496	12
		10	545	490	12
		100	510	434	12
		1 000	400	310	13
		10 000	310	207	14
	177	0.1	545	490	12
		0.5	538	483	12
		10	490	414	12
		100	386	290	12
		1 000	303	193	14
		10 000	234	124	15
	204	0.1	531	469	12
		0.5	496	427	12
		10	372	276	12
		100	296	186	13
		1 000	234	117	15
		10 000	207	97	18

续表 1 - 7 - 113

状态	稳定化处理制度		R_m /(N·mm^{-2})	$R_{P0.2}$ /(N·mm^{-2})	A[①]/%
	θ/℃	t/h			
T761	100	0.1 ~ 10	524	462	12
		100 ~ 1000	531	469	12
		10 000	524	462	13
	149	0.1 ~ 0.5	524	462	12
		10	524	455	12
		100	490	421	12
		1 000	400	303	13
		10 000	310	207	14
	177	0.1	517	455	12
		0.5	517	455	12
		10	469	393	12
		100	379	283	12
		1 000	303	193	14
		10 000	234	124	15
	204	0.1	503	434	12
		0.5	483	414	12
		10	372	276	12
		100	296	186	13
		1 000	234	117	15
		10 000	207	97	18

注：①试样标距长 50 mm。

表 1 - 7 - 114　7475 合金 38 mm 厚板经不同温度稳定化处理后的室温拉伸性能

状态	稳定化处理制度		R_m	$R_{P0.01}$	$R_{P0.2}$	$R_{P0.7}$	$R_{P0.85}$	A_5/%	Z/%
	θ/℃	t/h	/(N·mm^{-2})						
T651	100	50	578	374	503	513	491	14.9	29.7
		100	566	374	494	503	483	13.5	30.1
	125	50	568	377	494	503	482	19.5	30.0
		100	556	382	484	491	473	13.3	29.4
	150	50	496	329	418	420	406	14.2	39.0
		100	468	306	386	388	373	14.4	41.0
	175	50	399	246	298	298	286	15.2	45.8
		100	358	216	254	251	243	16.6	49.7

续表 1 – 7 – 114

状态	稳定化处理制度		R_m	$R_{P0.01}$	$R_{P0.2}$	$R_{P0.7}$	$R_{P0.85}$	A_5/%	Z/%
	θ/℃	t/h	/(N·mm^{-2})						
T7651	100	50	525	357	455	460	444	13.4	33.1
		100	525	350	455	460	444	14.1	33.9
	125	50	526	361	455	460	445	14.2	34.9
		100	521	368	449	453	440	13.1	29.3
	150	50	480	318	397	399	385	14.4	37.9
		100	459	292	371	372	359	14.7	37.9
	175	50	402	251	301	300	288	15.0	42.2
		100	362	217	257	255	245	15.2	43.7
T7351	125	50	503	—	423	—	—	13.4	32.3
		100	507	—	427	—	—	13.7	33.4

表 1 – 7 – 115　7475 合金 38 mm 厚板的压缩室温强度性能

状态	取样方向	$R_{PC0.10}$/(N·mm^{-2})	$R_{PC0.2}$/(N·mm^{-2})	$R_{PC0.7}$/(N·mm^{-2})	$R_{PC0.85}$/(N·mm^{-2})
T651	L	374	458	469	448
	LT	409	483	490	472
T7651	L	367	443	448	429
	LT	397	459	464	450
T7351	L	373	448	453	435
	LT	399	457	461	448

表 1 – 7 – 116　7475 合金厚板的室温冲击韧性

状态	规格	试验温度 θ/℃	取样方向	α_{KU}/(kJ·m^{-2})
T651	38	室温	L	223
			LT	146
T7651			L	219
			LT	149
T7351			L	225
			LT	148
T651	38	室温	LT	110
T7651				134
T7351	70			155

表 1 – 7 – 117　7475 合金厚板的室温扭转性能

状态	δ/mm	取样方向	$\tau_b/(N \cdot mm^{-2})$	$\tau_{0.3}/(N \cdot mm^{-2})$	$\tau_{0.015}/(N \cdot mm^{-2})$
T651		L	440	301	231
		LT	457	318	238
T7651	38	L	422	299	230
		LT	409	285	219
T7351		L	429	293	231
		LT	413	285	217
T651	38		457	321	241
T7651		LT	414	284	228
T7351	70		388	253	189

表 1 – 7 – 118　7475 合金 38 mm 厚板的平面应变断裂韧度

状态	试样尺寸/mm		取样方向	$K_{IC}/(N \cdot mm^{-2})\sqrt{m}$
	B	W		
T651	30	60	LT	42.5
	30	60	TL	35.2
T7651	30	60	LT	44.1
	30	60	TL	33.7
T7351	35	70	LT	54.3(54.3)
	35	70	TL	43.8(43.7)
T651	20	40	LT	40.6
	20	40	TL	33.8
T7651	30	60	LT	47.5
	30	60	TL	40.4
T7351	40	80	LT	52.2
	40	80	TL	44.3
	25	50	ST	38.8

表 1 – 7 – 119　7475 合金 2.0 mm 包铝薄板的平面应力断裂韧度

状态	试样尺寸/mm		取样方向	$K_{IC}/(N \cdot mm^{-2})\sqrt{m}$
	B	W		
T6	2.0	406	LT	135.6
	2.0	406	TL	109.9
T6	2.0	406	TL	129.3
T76	2.0	500	LT	165.4
	2.0	406	TL	130.7
T76	2.0	500	TL	130.8

表 1 - 7 - 120　7475 合金 38 mm 厚板的应力腐蚀开裂门

状态	取样方向	裂纹扩展速率 /(m·s⁻¹)	K_{ISCC} /(N·mm⁻²)√m	da/dt /(m·s⁻¹)
T651	SL	<10⁻⁹	9.9	2.15×10⁻⁸
T7651	SL	极慢无法测出	25.5	极慢无法测出
T7351	SL	—	25.7	1.15×10⁻⁸

（5）工艺特性

7475 合金的工艺性能与 7075 合金的工艺性能基本相当。O 状态材料的成形性能良好，与 2024 - O 合金的相近。固溶热处理状态（W 状态）有良好的成形性，但随停放时间的增加会产生时效硬化作用，降低成形性，若通过 -18℃ 冷藏，固溶热处理状态合金的成形性在两周内可保持与退火状态的相同。T6 和 T76 状态室温下成形能力差，若采用热成形可显著改善其成形性能。

7475 合金仅适用于电阻焊，不宜用于熔焊，摩擦搅拌焊性能良好。零件热处理工艺按 Q/6SZ 944 进行，表面处理性能一般，固溶热处理时效状态材料具有良好的可切削加工性能。

7475 合金的熔铸特性为：裂纹倾向大，7475 合金合金化程度高，结晶温度范围宽，在半连续铸造结晶过程中具有很大的热裂及冷裂倾向；易形成气体、夹渣缺陷，7475 合金 Zn 含量高，熔体黏度大，由液态转变成固态时气体不易析出，在铸锭加工过程中经加热和变形后，气体易从晶界析出形成疏松或气泡；同时，因熔体黏度大，熔体表面容易结渣，在铸造过程中渣不易与熔体分离，易造成夹渣缺陷。

7475 合金具有很大的热裂和冷裂倾向，几乎所有的合金元素和杂质对裂纹都有影响。

Mg 元素对合金裂纹倾向的影响见图 1 - 7 - 30，由图可以看出，随着 Mg 含量增加裂纹倾向降低。因此，在对性能影响不大的情况下，应尽可能提高 Mg 含量。经对制件成品性能要求、铸造性能的综合考虑，应将 $w(\text{Mg})$ 控制在 2.1% ~ 2.4%。Cu 元素能显著增加合金的热脆性，当 $w(\text{Cu})>1.5\%$ 时热脆性更大。因此，在保证合金强度的情况下，Cu 含量应尽可能低，可控制在 1.5% ~ 1.7%。

杂质 Fe 可与其他元素形成一些粗大化合物，影响合金的强度和塑性；Si 的负作用比 Fe 的大，随着 Si 含量增加，合金的热脆性急剧提高；但适量增加 Fe 含量可以降低热脆性（见图 1 - 7 - 31），这是因为在 Al - Cu - Mg - Zn 系合金中，Mg 和 Si 形成 Mg_2Si 后有大量的过剩 Mg 存在，此时 Mg_2Si 很少进入固溶体而存在于晶界和枝晶界的低熔点共晶体中，增加合金的热裂倾向。合金中的 Fe 可能生成一些含 Fe、Si、Mn 的杂质化合物，使晶界和枝晶界的 Mg_2Si 量减少，从而在接近结晶终了时晶界和枝晶界可能形成不连续的含 Mg_2Si 脆性相的低熔点共晶。合金中有适量的 Fe

时它可与 Si 形成 FeAlSi 化合物，使 Mg_2Si 脆性相在晶界和枝晶界上呈不连续状存在，从而降低合金的热裂倾向。为了保证铸锭的塑性，控制 $w(Si) < 0.08\%$，这样在晶界和枝晶界的 Mg_2Si 量非常少，可以不必调整 Fe、Si 的含量及其比例，并控制 $w(Fe) < 0.10\%$。

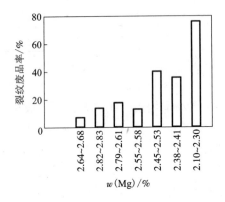

图 1 – 7 – 40   Mg 含量对 Al – Cu – Mg – Zn 扁锭裂纹倾向的影响

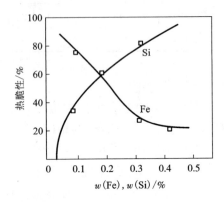

图 1 – 7 – 41   Fe、Si 含量对 Al – Cu – Mg – Zn 热脆性的影响

    除了控制合金成分外，控制铸造着的锭中的应力也是控制裂纹的有效措施之一：控制铸造应力的方法就是尽量平衡铸锭中的温度场，使之在铸锭对应位置处的侧面和宽面的温度分布尽可能均匀。在铸造过程中确保均匀分配液流，保证宽面两侧水冷均匀。使用侧面带缺口的结晶器，使铸锭侧面金属提前冷却，保证其收缩时处于同一水平面的宽面区金属不会对其收缩造成大的阻力（宽面的液穴壁薄），降低小面区的拉应力。调整宽面和侧面冷却水的比例，尽量使侧面的冷却水压小于宽面的冷却水压，使宽面和侧面的收缩尽可能接近同步。另外，应防止夹渣、拉裂、冷隔等易引起应力集中的缺陷产生。

    具体铸造工艺：铸造温度控制在 690℃ ~ 715℃，冷却水压 0.05 ~ 0.15 N/mm²，开头采用纯铝铺底，收尾回火，300 mm × 1 200 mm 扁锭铸造速度 45 ~ 60 mm/min，340 mm × 1 200 mm 扁锭铸造速度 40 ~ 55 mm/min。

1.7.11   7055 型合金

1.7.11.1   7055 合金

    在现在的航空航天器使用的 Al – Zn – Mg – Cu 系合金中，7055 合金的主要合金化元素含量是最高的之一，仅比 7A55 合金低一些，Cu + Mg + Zn 平均含量为 12.75%，比 7049A 的 11.95%、7049 合金的 11.7%、7050 合金的 10.75% 都高，比传统的广泛为应用的 7075 合金的 9.7% 高 3.05 个百分点，即高 31.44%。于 20 世纪 90 年代初由美国铝业公司研制成功，1991 年在美国铝业协会公司注册，中国国家标准 GB/T 3190—2008 也将其纳入, 成为中国的一个成分等同的合金($w\%$): 0.10 Si, 0.15 Fe, 2.0 ~ 2.6 Cu, 0.05 Mn, 1.8 ~ 2.3 Mg, 0.04 Cr, 7.6 ~ 8.4 Zn, 0.06 Ti, 0.08 ~ 0.25 Zr, 其他杂质单个 0.05、总计 0.15, 其余为 Al。

7055 合金半成品在 T77 状态下应用, 用于制造近期生产的航空器承力结构零部件, 中国正在制造的支线客机 ARJ21 - 700 的机翼上壁板用的 7055 - T77511、起落架接头用的 7055 - T77、机身长桁用的 7055 - T76511 等都是从美国铝业公司进口的。7055 超强铝合金是目前变形铝合金中强度最高的合金, 美国铝业公司生产的 7055 - T7 合金板材强度比 7150 的高 10%, 比 7075 的高 30%, 而且断裂韧性较好, 抗疲劳裂纹扩展能力强。它之所以具有如此好的综合性能是由于其较高的 $w(Zn)/w(Mg)$ 和 $w(Cu)/w(Mg)$。7055 合金的微观结构对晶间破裂和腐蚀都有抵抗力, 其基体微观结构阻碍位错运动能力强。

(1) 单级时效

7055 - T77 处理的特点是三级时效: 第一级为峰值时效(T6), 第二级为回归处理(RRA), 第三级为回归后的再时效。一些研究表明, 再时效的温度和时间与第一级峰值时效相近。因此合金的固溶 - 单级时效处理工艺对这种合金的热处理工艺非常重要。

固溶处理温度及时间对 7055 合金在 120℃ 时效时硬度、电导率的变化见图 1 - 7 - 42 及图 1 - 7 - 43。由图可见, 同一时效条件下, 480℃ 固溶处理 60 min, 合金的硬度最高, 导电率也最高。图 1 - 7 - 44 及图 1 - 7 - 45 表明, 7055 合金有很强的时效强化效应。时效初期, 合金硬度和强度迅速上升, 时效 4 h 即接近硬度和强度峰值, 达到峰值后合金的硬度和强度维持在很高的水平。提高时效温度, 合金的硬度和强度有所提高, 达到峰值的时间则缩短。与此同时, 合金的电导率先是突然下降, 然后单调上升。时效温度愈高, 时间愈长, 合金的电导率也愈高。

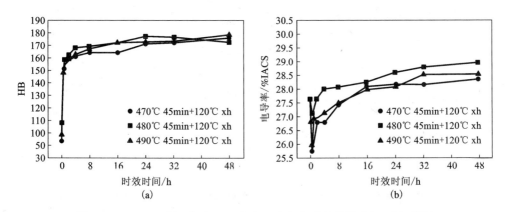

图 1 - 7 - 42　固溶温度对 7055 合金硬度和电导率的影响(120℃时效)

固溶处理是时效强化合金热处理的第一步, 其目的是在合金不过烧和晶粒不过

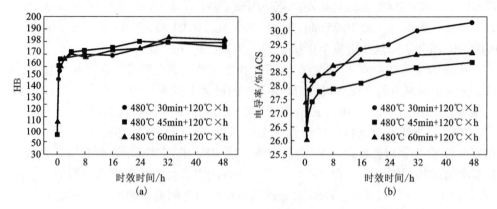

图 1 - 7 - 43　固溶时间对 7055 合金硬度和电导率的影响(480℃固溶)

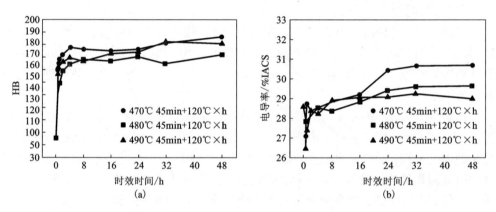

图 1 - 7 - 44　时效温度对 7055 合金硬度和电导率的影响(480℃ 60/min 固溶)

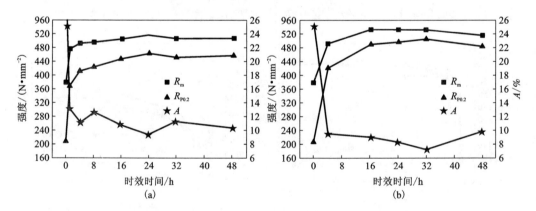

图 1 - 7 - 45　7055 合金在 480℃/60 min 固溶处理与 120℃、130℃时效后的力学性能

　　分粗大的条件下尽可能获得最大过饱和程度的固溶体。显然,固溶温度越高,固溶时间越长,材料中的 S′(Al$_2$CuMg) 和 η′(MgZn$_2$) 相等第二相溶解过程进行得越彻

底，固溶后合金基体的过饱和度越大，时效后第二相析出的体积百分数就越多，合金的硬度和强度就越高。但固溶温度不能过高，否则，合金晶粒会粗化甚至过烧，合金的综合性能将显著降低。

时效是过饱和固溶体分解和强化相沉淀析出的过程。第二相的粒度、与基体的界面关系以及晶界特性决定了合金最终力学性能。Al－Zn－Mg 合金时效过程中主要按以下析出序列进行：α_{sss}（过饱和固溶体）→GP 区→η'（亚稳态 $MgZn_2$）→η（稳态 $MgZn_2$），铜并不改变过饱和固溶体分解序列，而是促进 GP 区和 η' 相的形核。时效过程动力学由溶质原子扩散所控制，时效温度高，溶质原子扩散激活能低，析出过程所需的溶质迁移容易，达到峰值析出的时间则短。在同一时效温度下，析出相大小和数量随时效时间的增加而增大，合金的硬度和强度升高。

7055 合金 Zn、Mg、Cu 含量高，合金的过饱和程度大，时效析出倾向也大，120℃时效 4 h，合金的强度就达到 489 N/mm²，时效 24 h 强度达到峰值，抗拉强度和屈服强度分别为 513 N/mm² 和 461 N/mm²，伸长率和电导率分别为 9.5% 和 29% IACS。单级时效为合金进一步回归和再时效处理构筑了一个较为理想的平台。

7055 合金时效后的显微组织为固溶体基体和 η'（$MgZn_2$）析出相，前者导电性能好，后者导电性能差。按照复相合金导电理论，合金的电导率主要由电导率较高的物相所控制，即主要由基体固溶体控制。随固溶温度和固溶时间的增加，基体过饱和程度增加，同一时效条件下时效后，残留在基体中的 Zn、Mg、Cu 的固溶度也在增加，导致合金的电导率下降。时效过程中，基体上先析出 GP 区，之后 GP 区溶解形成独立的析出相 η'（$MgZn_2$）。GP 区是一种原子偏聚区，可使合金硬度、强度升高，但使电子散射加剧，因此，时效初期电导率下降。随 η' 相（$MgZn_2$）的析出，固溶体基体过饱和程度降低，基体中的溶质原子浓度逐渐贫化，合金的电导率上升。很显然，时效温度越高，时效时间越长，析出越充分，基体越贫化，合金的电导率越高。

7055 合金适宜的固溶－单级时效处理工艺为 480℃/60 min 固溶，冷水淬，120℃/24 h 时效。在此条件下，合金的抗拉强度、屈服强度、伸长率、布氏硬度和电导率分别为 513 N/mm²、462 N/mm²、9.5%、HBl72 和 16.9 MS/m。

铝合金的硬度和电导率分别反映合金的强度和抗应力腐蚀性能。热处理强化型铝合金的高强度主要是通过时效处理得到高弥散度的沉淀相来达到的。硬化峰的出现是由于第二相的析出，不同相的析出峰位置不同。而电导率是反映合金应力腐蚀参数，电导率愈高，抗应力腐蚀性能愈好。

单级时效温度对合金的性能影响较大，时效温度越高，达到峰时效的时间越短，材料的峰时效强度和伸长率值越低。不同温度下的过时效状态呈现出不同的趋势，当时效温度相对较低时，合金的抗拉强度呈现一个较长的时效平台，性能下降不明显；当时效温度较高时，随着时效时间的延长，材料强度损失显著。单级时效温度越高，电导率的增长速率越快。当时效温度一定时，随着时效时间的延长，电导率逐渐上升。由图 1－7－46、图 1－7－47、图 1－7－48 可以看出，随着时效温

度升高,时效峰位置提前,此规律与 7×××系其他合金的相同。另外,7055 与 7×
×× 系其他合金不同的是,在相同时效温度下,7055 合金硬化峰的位置较其他合金
的偏后,如 7050、7175 合金在 120℃时效,第一时效峰出现在 24 h,140℃时效第一
时效峰在 28 h。7055 合金时效峰的推迟,表明第二相析出的形核功较大或形核率较
小。这与合金的成分密切相关,与 Al – Zn – Mg – Cu 系其他合金相比,7055 合金的
成分有三个特点:$w(Zn)/w(Mg)$ 比值高,$w(Cu)/w(Mg)$ 比值高,Zr 含量高。在合
金中,Zr 有抑制再结晶进行,减少大角度晶界数量,改变沉淀相尺寸、数量、分布
等作用。这对提高合金的综合性能有利。Cu 含量的增加改善晶界结构,降低晶内
和晶界电位差,有利于提高合金的抗应力腐蚀性能。提高 $w(Zn)/w(Mg)$ 比能增加
基体的弥散析出相,提高静强度。把 $w(Zn)/w(Mg)$ 比提高到 3.5 左右,在提高静
强度的同时,可获得高的疲劳强度和断裂韧性。

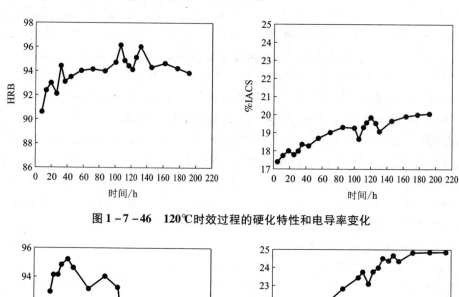

图 1 – 7 – 46　120℃时效过程的硬化特性和电导率变化

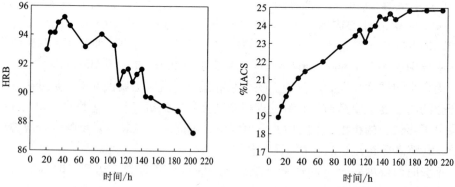

图 1 – 7 – 47　140℃时效过程的硬化特性和电导率变化

在三个单级时效制度中,140℃/28 h 时效的硬度值和电导率值均较高,较其他
几种制度有更高的硬度和电导率配合,其工艺又比较简单,在生产中易于实现。

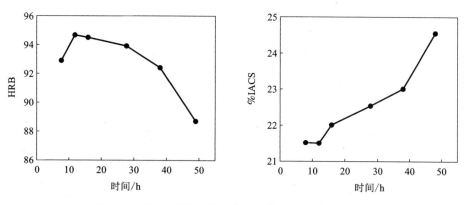

图 1 - 7 - 48　150℃时效过程的硬化特性和电导率变化

（2）三级时效

何振波采用东北轻合金有限责任公司生产的 7055 合金薄板（1.2 mm）研究了其三级时效组织与性能变化，第一级 120℃时效 0.5 h 即可对第二级 190℃时效起预形核作用，但继续延长第一级时效时间对三级时效后合金的电导率和硬度影响不大，第二级时效时快速加热有利于同时提高合金的硬度和电导率，第三级 120℃/24 h 时效具有同时提高硬度和电导率的作用，使晶界和基体析出相粗化，但对基体析出相的密度影响不大。经合适的三级时效处理（120℃/0.5 h ~ 24 h + 盐浴 190℃/10 min，W. Q（水淬）+ 120℃/24 h），7055 合金获得的硬度和电导率比 T6 状态的更高。

由图 1 - 7 - 49 可见第一级 120℃时效时间对几种二级和三级时效 7055 合金电导率和硬度的影响。可见第一级 120℃时效时间对三种二级和三级时效 7055 合金的电导率和硬度影响不大，合金的硬度随第二级时效加热速度增加和加热温度降低而提高，其电导率下降。第二级时效为随炉 40 min 加热到 170℃时效 10 min 的合金，经最终 120℃/24 h 时效后，其硬度在 HV 196 ~ 198，电导率大于 20.3 MS/m（35% IACS）。第二级在 190℃盐浴中时效 10 min，再经第三级 120℃/24 h 时效，合金的硬度在 HV 193 ~ 195，电导率大于 21 MS/m（36% IACS）。与随炉加热到 170℃的第二级时效的相比，在 190℃盐浴中的第二级时效能获得更高的电导率。

第二级为随炉 40 min 加热到 190℃时效 10 min 的合金，硬度在 HV 189 ~ 191，其电导率可达 22.6 MS/m。与单级 120℃/72 h 时效相比，随炉加热到 170℃三级时效的 7055 合金在具有相似电导率的情况下，硬度显著提高。经 190℃盐浴处理的三级时效使合金的硬度和电导率同时提高。由图 1 - 7 - 47 可见，最终 120℃/24 h 的第三级时效可同时提高电导率和硬度。尽管合金第一级已在 120℃时效 24 h，但第三级 120℃/24 h 仍可继续提高合金的硬度，说明合金经第二级时效后，再在稍低温度时效过程并非仅仅是原有析出相的长大，还应有更细小的析出相生成。

7055 合金经第一级 120℃/24 h 时效后，随炉升温（40 min）到 170℃和 190℃时效不同时间，水淬后，再进行和不进行第三级 120℃/24 h 时效，其电导率和硬度随

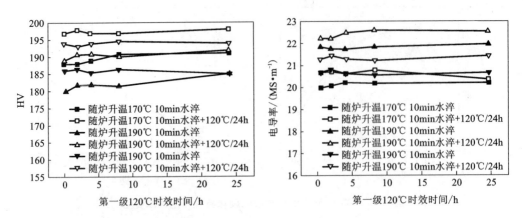

图 1-7-49　第一级时效时间对 7055 合金电导率和硬度的影响

第二级时效温度和时间的变化如图 1-7-50 所示。随着第二级时效温度升高，合金的硬度降低，电导率升高。第二级时效温度为 170℃，时效时间延长到 90 min 时，合金的硬度降低不多(不低于 HVl94)，电导率逐渐增高，可达 22.1 MS/m。第二级时效温度为 190℃时，时效时间延长到 90 min，合金的硬度显著降低，电导率大幅度提高。

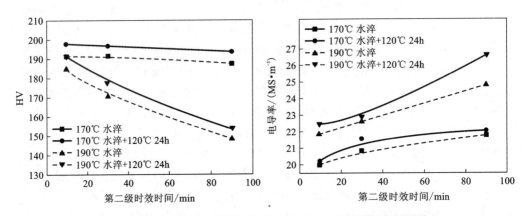

图 1-7-50　第二级时效时间对 7055 合金电导率和硬度的影响

　　7055 合金固溶淬火后，在室温停放 48 h，然后直接放入 190℃盐浴时效 10 min 水淬，不仅硬度较低(HVl55)，而且电导率也不高(19.7 MS/m)。这种第一级直接放入 190℃盐浴中时效的样品，再经第三级 120℃/24 h 时效，其硬度和电导率仍然较低(HVl66，电导率 20.2 MS/m)。

1.7.11.2　7A55 合金

　　列入 GB/T 3190—2008 中的 7A55 合金的化学成分($w\%$)：0.10 Si, 0.10 Fe, 1.8~2.5 Cu, 0.05 Mn, 1.8~2.8 Mg, 0.04 Cr, 7.5~8.5 Zn, 0.01~0.05 Ti, 0.08

~0.20 Zr,其他杂质单个 0.05、总计 0.15,其余为 Al,在变形铝合金中,是主要合金元素(Cu、Mg、Zn)含量最高的,平均为 12.45%。7A55 合金随着固溶温度的提高,不仅固溶度提高,而且发生再结晶的程度也增大,该合金的过烧温度为 490℃。在相同的时效条件下,470℃的固溶温度使该合金综合性能达到最佳。含 Fe、Si 杂质相是断裂的主要裂纹源。

7A55 合金的力学性能与固溶处理温度的关系见图 1 - 7 - 41。

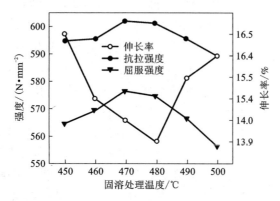

图 1 - 7 - 41　7A55 合金的力学性能与固溶处理温度的关系

第2篇　航空航天器铸造铝合金

航空器制造常用的铸造铝合金有：ZL101、ZL101A、ZL102、ZL104、ZL105、ZL105A、ZL114A、ZL116、ZL201、ZL201A、ZL204A、ZL205A、ZL206、ZL207、ZL208、ZL303、ZL112Y（YL112）、ZL401 等。

压铸件及铸件是铝合金的重要用途之一，在全世界每年消费的铝（原铝与再生铝）中约有 22.5% 用于生产压铸件与铸件，而再生铝的 80% 以上是以铸造铝合金的形式得到应用的，但航空工业用的铸造铝合金量只占铸造铝合金总消费量的 5% 左右，不过生产航空铝合金应尽量少用再生铝。

铸造铝合金应有良好的铸造性能，即必须有适量的共晶组织，以保证熔体有良好的流动性和高、低温强度，不产生或少产生冷热裂纹；可用热处理或其他方法提高强度和各种性能、尺寸稳定性；并有良好的可切削性能。按国家标准 GB 1173，铸造铝合金分为以下四大类：Al – Si 系、Al – Cu 系、Al – Mg 系、Al – Zn 系，以前 Al – Mg 系合金的应用最广。

2.1　常用合金元素

铸造铝合金中的主要合金化元素有 Si、Mg、Cu、RE、Zn、Mn、Ni、Cd、Cr、V、Be、Ti、B、Zr 等，Fe 是主要的常存杂质。

在这些元素中，Al 和 Cu、Si、Mg、RE、Zn、Mn、Ni、Be、Fe 形成共晶反应，Al 和 Cr、Ti、Zr 则形成包晶反应。它们在 Al 中的固溶度以 Zn、Mg、Cu 的最大，其次是 Mn、Si、Ti、Cr、Zr、V，而 RE（稀土）、Be、Ni、Cd、Fe 的固溶度很小。所以铸造铝合金中，Cu、Mg、Zn 可作热处理强化元素，是高强度铸造铝合金的主要添加元素。Si 在铝合金中形成二元或多元共晶组织，改善合金的铸造性能。要求合金铸造性能好、气密性高时，Si 是主要添加元素。稀土金属与 Al 和其他元素能形成高熔点化合物，在合金中形成较高熔点的共晶体，提高合金的耐热性，Ni、Mn 和 Cu 也有类似的作用，所以在耐热性好的合金中常添加这些元素。

Ti、B 和 Zr 在铝合金中形成细小的化合物，可作为铝固溶体的结晶核心，有强烈细化铝固溶体晶粒作用。由于铝固溶体的细化，使晶界和枝晶间化合物也随之细化，提高合金的热处理效果和合金力学性能，所以 Ti、B、Zr 是高强度铸造铝合金常用的添加元素。在铝固溶体中溶解的 Zr 和 Ti，可提高铝固溶体在高温下的稳定性，对于改善合金的高温性能也是有益的。

Al – Cu 合金中添加 Cd，在淬火后人工时效过程中，加速 GPⅡ（θ″）和 θ′ 相的形成，明显提高合金的强度。

Fe 在目前使用的铸造铝合金中是一种有害杂质，由于 Fe 在铝合金中形成粗大的针状或片状化合物，会降低合金的力学性能。在含 Fe 较高的铝合金中添加 Mn 或 Be，引起含 Fe 化合物改变形状，呈枝叉状、骨骼状或颗粒状，可以改善合金的力学性能。

Al – Mg 合金中微量的 Be 可减少合金在高温下的氧化，但加 Be 会引起晶粒变粗，所以在添加 Be 的同时，要加入少量的 Ti 或 Zr，以细化晶粒。

在铝合金中，Cu、Ni、Fe 会降低合金的抗腐蚀性能。相反，添加 Mn 和 Cr 可改善合金的抗腐蚀性能。

在现有的铸造铝合金中，除 $\alpha(Al)$ 以外，还可以看到以下各种相，如 Si、Mg_2Si、$\theta(Al_2Cu)$、$T(Al_{12}CuMn_2)$、$Al_6(FeMn)$、$Al_6(CuFeMn)$、$\beta(Al_8Mg_5)$、$Al_{10}Mn_2Si$、AlFeMnSi、$\alpha(Al_{12}Fe_3Si)$、$\beta(Al_9Fe_2Si_2)$、Al_3Fe、Al_3Ti、TiB_2、Al_3Zr、Al_7Cr、$S(Al_2CuMg)$、$N(Al_7Cu_2Fe)$、Al_3Ni、$Al_3(CuNi)_2$、Al_6Cu_3Ni、Al_9FeNi、Cd、$W(Al_xCu_4Mg_5Si_4)$、$Al_8FeMg_3Si_6$、$Al_2Mg_3Zn_3$、AlCuFeSi、$Al_{12}(CrFe)_3Si$、Al_4Ce、AlCeCuSi 等。当 Al – Si 合金用 Na、Sr、Sb 变质时，若变质剂加入量过多，则可出现 $(NaAl)Si_2$、Al_4Si_2Sr、AlSb、Mg_3Sb_2 等。在含磷的 Al – Si 共晶和过晶合金中，还可看到 AlP 化合物。

上述各相除少数几个化学成分比较固定以外 [如 Mg_2Si、$S(Al_2CuMg)$、Al_3Ti、$\theta(Al_2Cu)$ 等]，大部分相的成分是可变的。这种成分的变化，一方面是构成该相的组元在该相中可以固溶，另一方面是其他合金元素也可以溶入，就是说大部分相本身是一种以化合物为基的固溶体。

在上述各相中，Mg_2Si、$\theta(Al_2Cu)$、$\beta(Al_8Mg_5)$、$S(Al_2CuMg)$、$Al_2Mg_3Zn_3$，在铝中有较大的溶解度，在淬火加热时可以溶入 $\alpha(Al)$ 中，是可固溶热处理强化相。$W(Al_xCu_4Mg_5Si_4)$、$Al_3(CuNi)_2$，仅可以部分固溶，所以热处理强化效果不明显。$T(Al_{12}CuMn_2)$、Al_6Cu_3Ni、$Al_8FeMg_3Si_6$、$Al_{10}Mn_2Si$、Al_9FeNi、$\alpha(Al_{12}Fe_3Si)$、AlCeCuSi 等，以骨骼状或枝叉状分布在晶间或枝晶间，这些相在高温下又比较稳定，可以提高合金的高温性能。Al_3Ti、Al_3Zr、TiB_2 的弥散质点可作为结晶核心，细化 $\alpha(Al)$ 的晶粒。以粗大片状出现的 Si、$\beta(Al_9Fe_2Si)$、$N(Al_7Cu_2Fe)$ 等降低合金的力学性能，特别是塑性。

对于铸铝合金常用的铸造方法有砂型和金属型铸造、压力铸造、熔模铸造、石膏型铸造和壳型铸造等。压力铸造可简称压铸，是最主要的铸造工艺，在所生产的铸造产品中，压铸件约占总量的 80%，但在航空航天工业的应用不多。

2.2　合金熔体的变质处理

熔体的变质处理是细化铸造组织的方法之一，而铸造组织的细化包括铝固溶体的细化、共晶组织的细化、初生晶体的细化等，所使用的变质剂大致可分为以下三类：

2.2.1 铝固溶体晶粒的细化

在铸造生产中为了细化铝固溶体晶粒，通常是向合金添加少量晶粒细化剂，如 Ti、Zr、B 等。这些元素在铝合金中形成如 Al_3Ti、Al_3Zr、TiB_2 等高熔点化合物，它们的结晶比铝固溶体晶粒早，尺寸细小而又弥散分布，且具有与铝相同的晶格类型和相近的晶格常数，或具有共格对应晶面，可作为铝固溶体的结晶核心，使铝固溶体晶粒细化(见图 2 - 2 - 1)。同时加入 Ti 和 B，可更有效地细化晶粒。

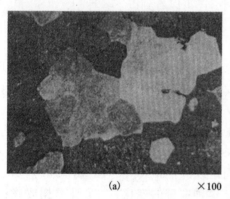 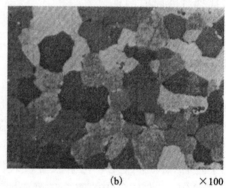

  (a)   ×100   (b)   ×100

图 2 - 2 - 1 B 对 ZL201 合金晶粒的影响

(a)未加 B 的 ZL201 合金；(b)加入 0.036% B 的 ZL201 合金

当晶粒细化性元素加入量过多或加入工艺不当时，则会形成粗大的化合物，产生偏析，对合金的力学性能产生不良影响。

2.2.2 共晶体的细化

Si 含量高的铝合金铸造冷却速度缓慢时，共晶组织中的 Si 成长为粗大的片状，甚至出现初生 Si 相，使切削加工性能变坏，力学性能降低。因此，需要进行变质处理。最常用的方法是向熔体加入少量的钠或氟化钠、氯化纳等混合盐，Na 进入合金后使共晶体中 Si 由板片状变成大量分枝的纤维状。

Sr 具有和 Na 同样的细化共晶体中 Si 的作用，且变质有效时间更长。Sb 和 RE 也具有一定的变质作用，但只有在快速冷却的条件下，才表现出明显的效果。Sb 和 RE 具有永久变质作用，Sb 往往在合金固溶热处理后才使其力学性能明显提高。

另外，对共晶型的 Al - Si 系活塞合金，如 ZL108、ZL109 合金，为了改善合金的强度和硬度，降低线膨胀系数而进行加 P 处理，使共晶型 Al - Si 合金变成具有初生 Si 相的过共晶组织。

2.2.3　初生硬脆相的细化

过共晶的 Al - Si 合金结晶时形成粗大块状的初生 Si 相, 对可切削加工性能和力学性能均有不良影响。因此, 通常向过共晶的 Al - Si 合金加入少量的 P, 形成 AlP 化合物, 作为初生 Si 的晶核, 使初生 Si 细化(见图 2 - 2 - 2)。

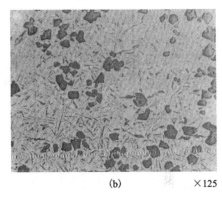

(a)　　×125　　　　　　　　(b)　　×125

图 2 - 2 - 2　磷对过共晶 Al - Si 合金初生 Si 相的影响

(a)加 P 前; (b)加 P 后

2.2.4　熔体净化处理

净化处理的目的是除去熔体中的气体和非金属夹杂物, 使铸件中的气体性缺陷和非金属夹杂减少, 从而提高铸件的致密性。但净化处理引起合金中易氧化元素的损耗, 使合金的组织和性能发生变化。变质处理后的 Al - Si 合金, 若再次精炼, 会引起 Na 或 Sr 的损耗, 降低变质效果。

铝合金的精炼处理一般是使用氯气、氯 - 氮混合气或氯化物(六氯乙烷、氯化锌、氯化锰等), 但氯对环境不利, 宜尽量少用或不用, 可改用氩气。铸件中的主要缺陷有: 缩孔、疏松、裂纹、偏析、夹杂、针孔、气孔(气泡)、固溶强化相溶解不完全、变质处理不足或过变质、过烧等。铝合金铸件针孔缺陷是铸件报废的最主要原因。针孔的存在, 既减小铸件的有效工作面积, 又提供裂纹源, 并加速裂纹的扩展过程, 最终导致材料的各项力学性能下降。针孔的产生主要来源于熔体中夹渣含量和氢含量。氢约占铝熔体中气体总量的 83%, 由于氢在固体铝中的溶解度约为在液态中 1/20, 因此当铝凝固时溶解于其中的氢便会析出形成针孔。用旋转法喷吹氩气净化熔体能去除大部分氢和夹渣, 达到消除铸件针孔的目的。

2.3　热处理对组织的影响

在铸造铝合金的热处理中, 淬火固溶处理和时效对合金的组织和性能影响相当

明显。淬火(固溶处理)对合金组织的影响有以下几方面:

①淬火加热过程时,固溶强化相溶入铝固溶体中,在淬火快速冷却时,固溶体来不及分解,得到过饱和固溶体,产生固溶强化,提高合金的强度、硬度和塑性。

②淬火加热过程时,某些含 Mn 较高的铸造铝合金在铸造时形成的过饱和固溶体发生分解,析出含 Mn 的细小化合物质点(如 Al – Cu – Mn 系的 ZL201、ZL201A、ZL204A、ZL205A 合金,固溶处理后在固溶体晶粒内部大量形成弥散、细小的 T 相质点)。这种析出相对合金的室温和高温性能均有良好的影响。

③一些在淬火加热时溶解度不大的相,在高温作用下会球化、集聚和长大。淬火加热温度越高,保温时间越长,这种变化越明显。此外,Al – Cu – Mn 系中的 T($Al_{12}CuMn_2$)相、Al – Cu – Ni 系中的 Al_6Cu_3Ni 相由于具有较强的高温稳定性,集聚和球化不明显。Al_3Ti、Al_3Zr、α($Al_{12}Fe_3Si$)、β($Al_9Fe_2Si_2$)、N(Al_7Cu_2Fe)等相不溶于固溶体,在淬火前后形状无明显变化。

④当淬火加热温度过高时,除引起某些相集聚长大以外,还出现共晶组织熔化和晶界熔化、氧化的现象,即所谓过烧。

时效处理使淬火以后形成的过饱和固溶体分解,析出极为细小的沉淀产物。这种时效沉淀产物在一般光学显微镜下观察不到,只有在放大倍率更高的电子显微镜下才能看到。

许多铝合金时效时过饱和固溶体的分解过程比较复杂。以 Al、Cu 二元合金为例,其时效序列是:过饱和固溶体→GP I →GP II(θ'')→θ'→θ(Al_2Cu)。在 GP II 阶段强化效果最好,而 GP I 和 θ' 阶段强化效果稍差,到出现稳定相 θ 时,合金软化。

2.4 ZL1××系合金

ZL1××系合金是指 Al – Si 系的铸造铝合金,包括 Al – Si、Al – Si – Mg、Al – Si – Mg – Mn、Al – Si – Cu、Al – Si – Cu – Mn – Mg – Ni 系合金,在航空工业应用较多的有 ZL101、ZL101A、ZL102、ZL105、ZL105A、ZL114A、ZL116 等。

Al – Si 系二元合金有良好的铸造性能和抗蚀性能,但强度低,应用少。因此,常向 Al – Si 合金加入 Mg 或 Cu 以提高热处理强化效果和力学性能,特别是添加少量稀土元素,不仅起变质作用,能改善高、低温强度性能,而且可提高抗蚀性。

2.4.1 ZL101 合金

ZL101 是 Al – Si – Mg 合金,含 6.5% ~ 7.5% Si, 0.25% ~ 0.45% Mg,其余为 Al,在砂型铸造时 Fe 不得大于 0.5%。ZL104 是 Al – Si – Mg – Mn 合金,含 8.0% ~ 10.5% Si, 0.17% ~ 0.3% Mg, 0.2% ~ 0.5% Mn,其余为 Al,砂型铸造时 Fe 不得大于 0.6%。

从 Al – Si – Mg 三元相图(图 2 – 4 – 1)可以看出,在 Al 角部分除了有 α(Al)和

Si 相外, 还有 Mg_2Si 相出现。

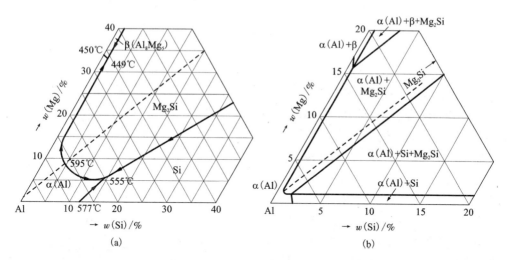

图 2 - 4 - 1　Al - Si - Mg 三元相图
(a)液相面投影图；(b)凝固后各相的分布图

　　根据 Al - Si - Mg 三元相图, ZL101 合金的结晶过程为: 首先是 α(Al) 结晶, 然后有 L→α(Al) + Si 二元共晶反应, 一直到完全凝固为止。但在不平衡结晶时, Mg 不能完全进入 α(Al) 中, 所以液相中的含 Mg 量不断增高, 而有 L→α(Al) + Si + Mg_2Si 三元共晶反应(出现 Mg_2Si 相)。因此按照 Al - Si - Mg 相图, 在平衡结晶完毕后, ZL101 合金是在 α(Al) + Si 两相区中, 而实际铸造组织是处于 α(Al) + Si + Mg_2Si 三相区中。

　　合金中存在的杂质 Fe 使合金的结晶过程和相组成更为复杂, 根据有关资料和金相实验表明, ZL101 合金中出现的含 Fe 杂质相, 除 α($Al_{12}Fe_3Si$)、β($Al_9Fe_2Si_2$) 以外, 还出现一种四元相 $Al_8FeMg_3Si_6$, 它可由包共晶反应 L + β($Al_9Fe_2Si_2$) → α(Al) + Si + $Al_8FeMg_3Si_6$ 或共晶反应 L→α(Al) + Si + Mg_2Si + $Al_8FeMg_3Si_6$ 形成。当形成这种共晶体时, 合金的熔点降低到 544℃。

　　当 Mn 和 Fe 同时存在时, 可形成一种复杂的 AlFeMnSi 相, 它不是一种真正的四元化合物, 而是在某种三元相中溶入了另一种合金元素形成的。关于它的成分和形成方式, 人们看法不一致, 有的人认为它是 Fe 溶入 $Al_{15}Mn_3Si_2$ 相中并取代大部分 Mn 而形成的, 并且把它称为 $Al_{15}(MnFe)_3Si_2$ 相；也有的人认为是 Mn 溶入 $Al_{12}Fe_3Si$ 相中, 并取代部分 Fe 形成的, 并称为 $Al_{12}(FeMn)_3Si$ 相；有的人认为是在 Al_6Mn 相中溶入 Fe 和 Si 而成的；还有的人认为是 Fe 溶入 $Al_{12}Mn_3Si$ 中并称为 $Al_6(FeMnSi)$ 相。

　　ZL101 和 ZL104 合金中都有 Mg_2Si 相形成, 从 Al - Mg_2Si 伪二元相图 (图 2 - 4 - 2)可以看出, 在共晶温度下, Mg_2Si 在 α(Al) 中的溶解度可达 1.85% (其中 Mg 与 Si 的溶解度分别为 1.17% 和 0.68%), 当温度下降时, Mg_2Si 的固溶度明

显降低。因此 ZL101 和 ZL104 合金均可能通过淬火和时效处理提高其力学性能。

从这两个合金相试验中可以看出，以二元共晶形成的 Si、Mg₂Si、AlFeMnSi 相较粗大，但在三元共晶中，这些相都比较细小而且分散，共晶组织往往成为圆球状。

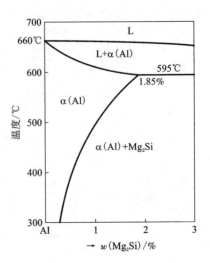

图 2 – 4 – 2　Al – Mg₂Si 伪二元相图

在 ZL101 合金中，特别是 ZL104 合金中 Mg 含量较低，Mg_2Si 相数量很少，而且较细，通常在金相观察时不易发现，只有当 Mg 含量偏高或偏析时，才能看到较多 Mg_2Si 相。

合金中的含 Fe 杂质相，如 $\alpha(Al_{12}FeSi)$、$\beta(Al_9Fe_2Si_2)$、$Al_8FeMg_3Si_6$ 和 AlFeMnSi 等的出现与否及其数量的多少，均与含 Fe 量的多少有关，当合金含 Fe 量较高时，则有较多 $\beta(Al_9Fe_2Si_2)$ 相出现；若合金中 Fe、Mg 含量都较高，则 $Al_8FeMg_3Si_6$ 相增多；若合金中同时存在有较高的 Fe 和 Mn 时，则 AlFeMnSi 相也增多。

ZL104 合金含 Si 量较高，浇铸砂型零件前需要进行变质处理。变质处理不但使共晶体中的 Si 变细，也使与 Si 同时结晶的其他共晶相变细，即使放大倍数较高，也不易分辨其形貌。

综上所述，铸态 ZL101 合金的相组成有 $\alpha(Al)$、Si、Mg_2Si、$\beta(Al_9Fe_2Si_2)$、$\alpha(Al_{12}Fe_3Si)$、$Al_8FeMg_3Si_6$ 等；ZL104 合金铸态下的相组成为 $\alpha(Al)$、Si、Mg_2Si、$\beta(Al_9Fe_2Si_2)$、AlFeMnSi 等。

Mg_2Si 是 ZL101 和 ZL104 合金的固溶强化相，淬火加热时溶入 $\alpha(Al)$ 中。

ZL101 为可热处理强化的 Al – Si – Mg 系铸造铝合金，具有优良的铸造工艺性能，即高的流动性、气密性和低的热裂倾向。它还具有良好的耐腐蚀性能和可焊接性能。该合金是一种应用广泛的铸铝材料。适用于砂型、金属型、熔模壳型和石膏型等工艺铸造形状结构复杂、壁厚较薄或要求气密性的承受中等载荷的各种航空零件，如飞机结构零件、仪器仪表零件、发动机零件、燃油泵壳体等。

2.4.1.1　化学成分

按 GB/T 1173，ZL101 合金的化学成分（质量分数）：Si 6.5% ~ 7.5%，Mg 0.25% ~ 0.45%，Fe 0.5%（砂型或熔模壳型铸造）、Fe 0.9%（金属型铸造），Mn 0.35%，Zn 0.3%，Cu 0.2%，Pb 0.05%，Sn 0.01%，Be 0.1%，（Ti + Zr）0.25%，杂质总和 1.1%（砂型铸造）、1.5%（金属型铸造），其余为铝。

Mg 是该合金的主要强化元素。其含量对合金性能的影响见图 2 – 4 – 3。在合金熔炼过程中，应根据镁的实际烧损量和合金力学性能要求确定适当的配料量。熔炼温度不宜超过 750℃。

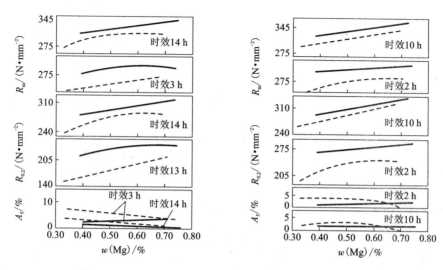

图 2 - 4 - 3　Mg 对 ZL101 合金砂型铸件力学性能的影响

熔炼时为有效去除熔体中的氢和夹杂物应进行精炼。常用的精炼剂有氯气、氯 - 氮混合气、氮气、氩气、四氯化碳液体、六氯乙烷、六氯乙烷 + 氟硅酸纳、六氯乙烷 + 二氧化钛等。精炼剂的用量根据炉料洁净程度和环境条件确定。六氯乙烷的通常用量为炉料质量的 $0.5\% \sim 0.7\%$。

为了改善合金的力学性能，可采用钠盐、磷盐、锑及锶等进行变质处理，细化合金中的共晶组织形态，用微量的钛、硼、锆等元素细化晶粒。常用的钠盐变质剂为 30% NaF + 50% NaCl + 10% KCl + 10% Na_3AlF_6，其用量为炉料的 $2\% \sim 3\%$，变质温度为 $710 \sim 750℃$。锑变质剂的加入量对合金性能的影响见

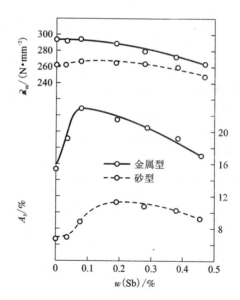

图 2 - 4 - 4　锑对 ZL101 合金单铸试样
力学性能的影响

图 2 - 4 - 4。用锶变质，其加入量为炉料质量的 $0.04\% \sim 0.05\%$。该合金化学成分简单，铸造性能良好，适用于各种铸造方法，但易出现针孔缺陷。

2.4.1.2　热处理

ZL101 合金的热处理规范见表 2 – 4 – 1。

表 2 – 4 – 1　ZL101 合金的热处理规范

状态	固溶处理				时效		
	温度/℃	保温时间/h	冷却介质及温度/℃	最长转移时间/s	温度/℃	保温时间/h	冷却介质
T2	—	—	—	—	290 ~ 310	2 ~ 4	空气或随炉冷
T4	530 ~ 540	2 ~ 6	60 ~ 100 水	25	室温	≥24	—
T5	530 ~ 540	2 ~ 6	60 ~ 100 水	25	145 ~ 155	3 ~ 5	空气
T6①	530 ~ 540	2 ~ 6	60 ~ 100 水	25	195 ~ 205	3 ~ 5	空气
T7	530 ~ 540	2 ~ 6	60 ~ 100 水	25	220 ~ 230	3 ~ 5	空气
T8	530 ~ 540	2 ~ 6	60 ~ 100 水	25	245 ~ 255	3 ~ 5	空气

注：①美国宇航手册规定 T6 状态时效温度为 154℃ ±5℃。

ZL101 合金在固溶处理后自然时效倾向，其力学性能与人工时效温度的关系见图 2 – 4 – 5。形状简单的零件可在温度较低的水中淬火，形状复杂的零件宜在 90℃ 以上的水、热油或 CL – 1 有机溶液中淬火，以降低内应力和防止铸件变形或产生裂纹。

对要求长期尺寸稳定的高精度零件在固溶处理后进行冷热处理，以消除内应力（表 2 – 4 – 2）。

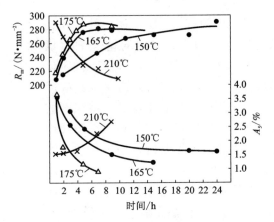

图 2 – 4 – 5　ZL101 合金铸件的力学性能与人工时效温度的关系

表 2 – 4 – 2　ZL101 合金铸件的冷热处理规范

规范	规范名称	温度/℃	时间/h	冷却方式
1	正温处理	135 ~ 145	4 ~ 6	空冷
	负温处理	≤ – 50	2 ~ 3	在空气中恢复到室温
	正温处理	135 ~ 145	4 ~ 6	随炉冷却到≤60℃后出炉，空冷
2	正温处理	115 ~ 125	6 ~ 8	空冷
	负温处理	≤ – 50	6 ~ 8	在空气中恢复到室温
	正温处理	115 ~ 125	6 ~ 8	随炉冷至室温

2.4.1.3 物理化学性能

ZL101合金的液相线温度610℃，固相线温度577℃；热导率及比热容见表2-4-3；平均线膨胀系数 $\alpha(\times 10^{-6}/℃)$：20~100℃，218；20~200℃，22.7；200~300，23.8；100~200℃，23.6；200~300℃，26.0；20℃的电阻率 $\rho = 45.7\text{n}\Omega\cdot\text{m}$；无磁性；密度2 660 kg/m³。

表2-4-3 ZL101合金的热导率及比热容

项目	温度/℃					
	25	100	200	300	350	400
热导率/[W·(m·℃)⁻¹]	151	155	163	168	—	168
比热容/[J·(kg·℃)⁻¹]	—	880	922	1 000	1 050	—

ZL101合金有优异的耐大气腐蚀和抗应力腐蚀性能。可在沿海气候和工业气氛中使用，无需表面防护。在不同大气条件下暴露5年后的强度变化为 -1% ~ -3%。铜和铁是降低合金腐蚀稳定性的主要杂质元素。

在通常大气条件下，合金具有足够的耐腐蚀性，不必进行表面防护。为提高耐腐蚀性和耐磨性可采用硫酸阳极氧化、铬酸阳极氧化、草酸阳极氧化及硬质阳极氧化等。为了满足特殊用途要求，还可施以电镀和搪瓷、喷漆等表面处理。

2.4.1.4 力学性能

表2-4-4示出了ZL101合金单铸试样的标定(GB/T 1173)力学性能，而单铸试样的典型拉伸(室温)性能见表2-4-5，不同温度下性能见表2-4-6，从不同壁厚铸件上切取的试样拉伸性能见表2-4-7，单铸试样的室温型疲劳强度见表2-4-8。

表2-4-4 ZL101合金单铸试样的标定力学性能(GB/T 1173)

铸造工艺	状态	$R_m/(\text{N}\cdot\text{mm}^{-2})$	$A_5/\%$	HB
		不小于		
S, R, J, K	F	155	2	50
S, R, J, K	T2	135	2	45
JB	T4	185	4	50
S, R, K	T4	175	4	50
J, JB	T5	205	2	60
S, R, K	T5	195	2	60
SB, RB, KB	T5	195	2	60
SB, RB, KB	T6	225	1	70
SB, RB, KB	T7	195	2	60
SB, RB, KB	T8	155	3	55

表 2-4-5 ZL101 合金单铸试样的典型室温拉伸力学性能

铸造工艺	状态	R_m /(N·mm^{-2})	$R_{P0.2}$ /(N·mm^{-2})	A_{10} /%	铸造工艺	状态	R_m /(N·mm^{-2})	$R_{P0.2}$ /(N·mm^{-2})	A_{10} /%
S	T4	195	110	4	J	T5	275	185	5
SB	T4	195	—	8	S	T6	235	205	2
J	T4	215	—	8.5	S	T7	185	135	4.5
S	T5	245	165	4	J	—	165	—	5

表 2-4-6 ZL101 合金单铸试样在不同温度的拉伸性能

状态	铸造工艺	t /℃	R_m /(N·mm^{-2})	$R_{P0.2}$ /(N·mm^{-2})	A_5 /%	状态	铸造工艺	t /℃	R_m /(N·mm^{-2})	$R_{P0.2}$ /(N·mm^{-2})	A_5 /%
T4	S	20	196	108	5	T4	SB	200	147	—	25
		100	177	—	9			250	127	—	36
		150	157	—	18	T5	SB	-196	226	147	2.5
		200	157	—	19			-70	216	127	3.5
		250	147	—	23	T6	SB	-196	245	226	1
	SB	100	177	—	8			-70	226	206	1.5
		150	167	—	17			—	—	—	—

表 2-4-7 从不同壁厚铸件上切取的试样的拉伸性能

铸造工艺及状态	S, T6					J, T6					
铸件断面厚度/mm	<3.2	3.2~6.4	6.4~12.7	12.7~19.1	19.1~25.4	<3.2	3.2~6.4	6.4~12.7	12.7~19.1	19.1~25.4	25.4~38.1
R_m/(N·mm^{-2})	255	245	234	224	214	296	290	276	255	255	248
$R_{P0.2}$/(N·mm^{-2})	176	19	162	155	148	214	207	207	200	193	193
A/%	5.2	4.5	4.0	3.5	3.0	6.0	5.0	4.0	2.0	2.0	1.3

表 2-4-8 单铸 ZL101 合金的室温典型疲劳强度

铸造工艺	状态	试验方法	应力比 A	应力比 R	应力集中系数	疲劳强度 R_{-1}/(N·mm^{-2}) 10^5	10^6	10^7	10^8	5×10^8
S	T6	旋转弯曲	∞	-1	光滑 $K_\tau = 1$	—	—	—	—	58.6
S	T7					144	100	72	66	66
J	T6					—	—	—	—	90
J	T7					—	—	—	—	76

2.4.1.5 组织结构

ZL101 合金在非平衡状态凝固的铸态组织由 $\alpha - Al + Si + Mg_2Si$ 组成。由于合金中 Fe 的存在,有片状的 $\beta(Al_9Fe_2Si_2)$ 杂质相和骨骼状的 $Al_8FeMg_3Si_6$ 杂质相。共晶体中的 Si 相在变质后由片状或针状转变为颗粒状,在固溶处理后趋向球化。Mg_2Si 相固溶处理时溶入 $\alpha - Al$ 基体中,而时效时呈弥散状介稳相(GP I、GP II 或 β')析出,是合金的主要强化相。三元共晶($\alpha - Al + Mg_2Si + Si$)的熔化温度 550℃。二元共晶($\alpha - Al + Si$)的熔化温度 577℃。热处理过烧时引起 Si 相聚集变粗,并出现圆形或三角形复熔组织。

2.4.1.6 工艺性能

ZL101 合金的浇铸温度为 680~750℃,铸造性能优良,在 700℃用浇铸砂型棒状试样测定流动性为 350 mm,环形试样热裂倾向试验不形成裂纹。合金的线收缩率为 1.1%~1.2%,体收缩率为 3.7%~4.1%,具有高的气密性。浇铸温度对晶粒度的影响见图 2-4-6。

合金在铸造凝固过程中,由于补缩条件不好而形成海绵状疏松或分散疏松,随着疏松缺陷严重程度的增加,合金力学性能随之下降,见表 2-4-9、表 2-4-10 及图 2-4-7。当合金内含有一定量的氢气,凝固补缩条件又不好的情况下形成长形针孔时,对合金的拉伸性能有较大的影响。一般长形针孔的严重程度每升高一级,其抗拉强度 R_m 下降 6% 左右,伸长率下降 11% 左右。

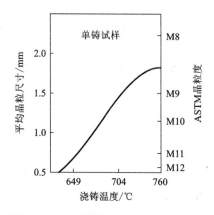

图 2-4-6 浇铸温度对晶粒度的影响

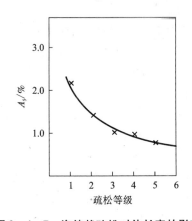

图 2-4-7 海绵状疏松对伸长率的影响

该合金的可切削加工性能中等。

ZL101 合金可焊接性能良好。通常采用氩弧焊,也可以采用其他焊接方法如气焊、碳弧焊、原子氢焊等,但不推荐钎焊。对于铸造缺陷的修补,通常采用相同成分的焊丝。用于修复或装配则推荐采用 Al - Si 合金(4A01)作为填充金属,以使裂纹敏感性最小。

表 2 - 4 - 9　分散疏松对 ZL101 铸件拉伸性能的影响

分散疏松等级		1 级	2 级	3 级	4 级	5 级
拉伸性能	$R_m/(\text{N·mm}^{-2})$	161	146	132	123	117
	$A_5/\%$	4.3	3.9	3.4	3.5	3.3

注：试样取自砂型铸造 20 mm 厚试板，T4 状态。

表 2 - 4 - 10　海绵状疏松对 ZL101 合金试板抗拉强度的影响

海绵状疏松等级	1 级	2 级	3 级	4 级	5 级
$R_m/(\text{N·mm}^{-2})$	174	159	137	120	103

注：试样取自砂型铸造 20 mm 厚试板，T4 状态。

铸造缺陷经补焊修复后，如果不经重新热处理，则补焊处的力学性能明显下降，经过重新热处理后，其力学性能可与基体性能一致。

ZL101 合金是航空及其他工业部门中应用最为广泛的铸造铝合金之一。在承力不大和工作温度不超过 180℃ 的条件下，可用于铸造各种结构复杂的零件，如支臂、支架、液压与气压附件壳体和电子仪器仪表外壳等。

2.4.2　ZL101A 合金

ZL101A 合金是 Al - Si - Mg 系可热处理强化的铸造铝合金，是 ZL101 合金的改进型。通过采用高纯度原材料降低合金的杂质含量，添加微量细化元素和调整合金元素 Mg 的含量，使它具有更高的力学性能。ZL101A 合金的铸造性能、可焊性能和抗腐蚀性能与 ZL101 合金的大致相同。

该合金适用于砂型、金属型、熔模壳型及石膏型工艺铸造形状复杂、要求气密性的各种优质铸件。

2.4.2.1　化学成分

ZL101A 的主要合金元素含量与 ZL101 合金相同，但其 Ti 及杂质含量（质量分数）比 ZL101 合金的低得多，具体为 0.08% ~ 0.20% Ti、0.2% Fe、0.1% Cu、0.1% Zn、0.10% Mn、0.20% Zr、0.01% Sn、0.03% Pb，杂质总量 0.7%，其他杂质单个 0.05%、总和 0.15%。

该合金熔炼和铸造工艺与 ZL101 合金的基本相同。主要差别在于杂质含量的控制，为此配制该合金要选用杂质含量低的原材料，尤其是 Fe 杂质的含量要低。为减少合金中 Fe 杂质的含量，推荐选用非铁质熔化坩埚和熔炼工具或喷刷涂料的铁坩埚。为满足优质铸件高力学性能的要求，应严格控制合金元素含量，合金元素含量对其拉伸性能的影响见表 2 - 4 - 11。

表 2 - 4 - 11　合金元素含量对 ZL101A 合金拉伸性能的影响

成分，质量分数/%				拉伸性能		
Mg	Si	Ti	Fe	$R_m/(N \cdot mm^{-2})$	$R_{P0.2}/(N \cdot mm^{-2})$	$A_5/\%$
0.24	6.84	0.10	<0.1	300	230	11.0
0.32	6.71	0.09	0.09	315	265	7.6
0.32	7.13	0.20	<0.1	320	265	7.3
0.38	7.26	0.15	0.22	310	240	4.9
0.39	7.26	0.20	<0.1	325	255	7.4
0.42	7.19	0.17	<0.1	335	280	7.0

注：固溶处理 540℃，保温 8 h，人工时效 160℃，保温 6 h。

该合金化学成分简单、铸造性能好，可以铸造任何结构形状复杂的铸件，但在熔炼操作和铸造中应注意熔体的精炼除气和平稳流动，防止出现针孔缺陷和二次氧化夹杂。

2.4.2.2　热处理

ZL101A 合金的热处理规范见表 2 - 4 - 12，消除内应力的冷热循环处理规范与 ZL101 合金的相同，淬火时转移时间对合金力学性能的影响见表 2 - 4 - 13。T6 状态的人工时效规范也可以为 (150 ~ 160)℃/(6 ~ 10) h。主要强化相为 Mg_2Si，由于 Fe 的含量少，不会形成大块的含 Fe 化合物杂质相。

表 2 - 4 - 12　ZL101A 合金的热处理规范

状态	固溶处理				人工时效		
	$t/℃$	时间/h	淬火转移时间/s	淬火介质温度	$t/℃$	时间/h	冷却介质
T4	535 ± 5	6 ~ 12			—	—	
T5	535 ± 5	6 ~ 12	8 ~ 30	生产厂家根据零件结构自行确定	室温 再 155 ± 5	≥8 2 ~ 12	空气
T6	535 ± 5	6 ~ 12			室温 再 180 ± 5	≥8 3 ~ 8	

表 2 - 4 - 13　转移时间对 ZL101A 合金力学性能的影响

转移时间/s	抗拉强度 $R_m/(N \cdot mm^{-2})$	屈服强度 $R_{P0.2}/(N \cdot mm^2)$	伸长率/%
5	295	214	6.5
15	285	207	6.0
60	272	202	5.0

　　固溶处理温度与保温时间主要取决于铸件壁厚，但砂型与熔模铸件的保温时间宜比金属型铸件的长一些；人工时效温度与时间取决于所要求的力学性能、铸造工艺、合金的实际成分等。人工时效规范对 ZL101A 合金力学性能的影响见图 2 - 4 - 8。

2.4.2.3　物理化学性能

　　ZL101A 合金的液相线温度 610℃、固相线温度 577℃，密度(20℃)2 690 kg/m^3，无磁性，20℃ 时电阻率 ρ = 44.6 n$\Omega\cdot$m。平均线膨胀系数 20 ~ 100℃ 时，22.9 × 10^{-6}/℃；20 ~ 200℃ 时，23.6 × 10^{-6}/℃；100 ~ 200℃ 时，24.3 × 10^{-6}/℃。

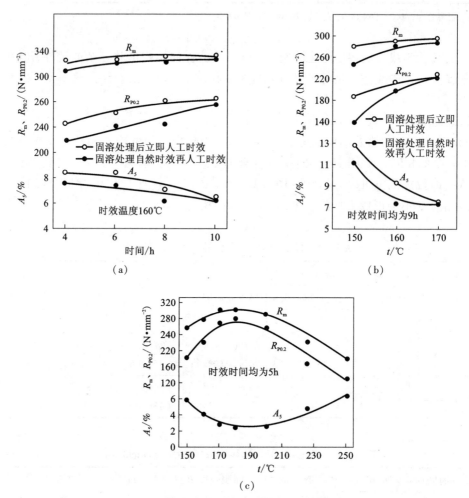

图 2 - 4 - 8　ZL101A 合金金属型铸造试样人工时效温度对力学性能的影响

　　ZL101A 合金的耐腐蚀性能良好，接近纯铝。在没有表面防护的情况下，可以在沿海和工业气氛条件下使用，并具有较好的抗应力腐蚀能力，在实际使用和实验室内用3.5%氯化纳溶液交替浸蚀均没有出现应力腐蚀破坏现象。

2.4.2.4　力学性能

按 GB/T 及 HB 962 各种铸件的力学性能应满足表 2 - 4 - 14 的要求。单铸试样的典型力学性能见表 2 - 4 - 15，不同温度及长时间加热后的拉伸力学性能分别见表 2 - 4 - 16 及表 2 - 4 - 17。不同温度的保持时间对金属型铸件力学性能的影响见图 2 - 4 - 9。不同铸造工艺铸件的平均力学性能见表 2 - 4 - 18。

表 2 - 4 - 14　ZL101A 合金标定单铸试样的力学性能

标准	铸造工艺	状态	$R_m/(\text{N·mm}^{-2})$	$A_5/\%$	HBS
			不小于		
GB/T 1173	S, R, K	T4	195	5	60
	J, JB	T4	225	5	60
	S, R, K	T5	235	4	70
	SB, RB, KB	T5	235	4	70
	JB, J	T5	265	4	70
	SB, RB, KB	T6	275	2	80
	JB, J	T6	295	3	80
HB 962	S, R	T6	230	3	75
	J	T6	270	3	75

表 2 - 4 - 15　ZL101A 合金单铸试样的典型力学性能

状态	铸造工艺	$R_{P0.01}/(\text{N·mm}^{-2})$	$R_{P0.2}/(\text{N·mm}^{-2})$	$R_m/(\text{N·mm}^{-2})$	$A_5/\%$	$Z/\%$
T5	S	157	196	265	6	23
T6	J	186	235	314	8	22

表 2 - 4 - 16　ZL101A 单铸试样在不同温度的力学性能

状态	铸造工艺	试验温度/℃	$R_{P0.01}$	$R_{P0.2}$	R_m	A_5	Z	状态	铸造工艺	试验温度/℃	$R_{P0.01}$	$R_{P0.2}$	R_m	A_5	Z
			/(N·mm⁻²)			%					/(N·mm⁻²)			%	
T5	S	-196	—	226	353	4	—	S	100	—	—	245	6	—
		-70	157	206	314	5	—		175	—	—	206	8	—
		20	157	196	265	6	23	T6	J	-196	—	314	402	6	—
		150	118	157	216	6	21			-70	216	265	343	7	—
		200	127	167	206	4	23			20	186	235	314	8	22
		250	108	137	137	3	23			150	157	196	235	10	32
T6	S	-196	—	—	333	1.8	—			200	147	177	196	7	36
		-70	—	—	294	2	—			250	98	118	127	6	47
		20	—	226	284	4	—								

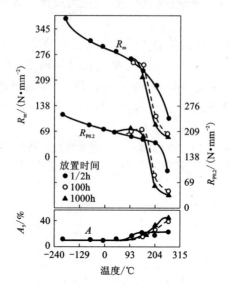

图2-4-9　不同温度下保持时间对

ZL101A 合金金属型铸造试样性能的影响

表2-4-17　ZL101A 合金单铸试样在长时间加热后的力学性能

状态	铸造工艺	加热制度		试验温度/℃	$R_{P0.2}$	R_{m}	A_5/%	状态	铸造工艺	加热制度		试验温度/℃	$R_{P0.2}$	R_{m}	A_5/%
		温度/℃	持续时间/h		/(N·mm⁻²)					温度/℃	持续时间/h		/(N·mm⁻²)		
T5	S	150	1	20	211	294	7	T5	S	200	1	20	280	333	4.5
				150	181	245	12					200	196	230	6
			100	20	—	324	3				100	20	127	186	7
				150	235	275	4.5								
			500	20	—	299	5				500	20	103	157	11
				150	226	255	2.5					200	83	103	16
			1000	20	245	284	3.5				1000	20	93	147	9
				150	216	235	5					200	74	93	21
			2000	20	206	245	2.5				2000	20	83	137	14
				150	181	201	6					200	69	88	28

表2－4－18　不同铸件的 ZL101 合金能达到的平均力学性能

力学性能	铸造工艺及状态			力学性能	铸造工艺及状态		
	金属型 T6	砂型 T6	绝热铸型 T6		金属型 T6	砂型 T6	绝热铸型 T6
$R_m/(\text{N} \cdot \text{mm}^{-2})$	299	253	219	$A_5/\%$	8.7	1.7	1.7
$R_{\text{P0.2}}/(\text{N} \cdot \text{mm}^{-2})$	215	223	205	$Z/\%$	10.2	1.8	1.3
$R_{\text{pc0.2}}/(\text{N} \cdot \text{mm}^{-2})$	219	245	192	HV	100	104	103
$R_\tau/(\text{N} \cdot \text{mm}^{-2})$	190	177	165	—	—	—	—

2.4.2.5　工艺性能

ZL101A 铸造温度为 680 ~ 750℃，铸造性能优良，700℃用砂型烧注棒状试样测定的流动性为 370 mm。具有高的气密性，在 5.0 N/mm² 的试验压力下，试样裂而不漏。在 713℃温度下浇铸热裂环试样无裂纹，线收缩率为 1.1% ~ 1.2%，体收缩率为 3.7% ~ 3.9%。合金凝固时，因冷却速度不同，其拉伸性能也不同。冷却速度快性能高，冷却速度慢性能低。砂型铸板末端距冷铁的距离对拉伸性能的影响见表 2 － 4 － 19。

表2－4－19　冷铁距离对砂型铸板力学性能的影响

试板厚度/mm	末端距冷铁距离/mm	R_m/(N·mm⁻²)	$R_{\text{P0.2}}$/(N·mm⁻²)	A_5/%	试板厚度/mm	末端距冷铁距离/mm	R_m/(N·mm⁻²)	$R_{\text{P0.2}}$/(N·mm⁻²)	A_5/%
25	25	296	214	9.0	12.5	25	310	214	14.0
	100	296	234	6.5		100	296	214	8.3
	150	269	221	3.2		150	276	214	4.2
	200	255	214	3.0		200	262	214	3.3

ZL101A 合金可焊接性能良好，通常采用氩弧焊，也可以采用其他焊接方法，如气焊等，但不宜钎焊。对于铸造缺陷的焊补修复，通常采用相同成分的焊丝，铸造缺陷经焊补修复后，如果不经重复热处理，则补焊的力学性能明显下降，经过重复热处理之后，其力学性能基本保持与基体性能一致。

ZL101A 合金耐大气腐蚀性能良好，通常不需要表面防护处理。为了提高抗腐蚀性和耐磨损性，可以施加阳极氧化处理，如有特殊要求，还可采用其他的防护方法，如电镀、珐琅涂层、喷漆等。合金的可切削性能良好。由于合金含硅，对刀具有一定的磨损，最好使用硬质合金切削工具。为保证钻孔、攻丝、磨削的加工光洁度，加工时应使用煤油或其他润滑剂。

2.4.3　ZL102 合金

该合金为不可热处理强化的 Al－Si 系共晶型铸造合金，具有优良的铸造性能、流动性能好、无热裂和疏松倾向并有较高的气密性,但力学性能低,可切削加工性能差。在航空工业中,主要采用压力铸造和金属型铸造中小型的形状复杂的薄壁非承力零件,在铸态或消除应力的 T2 状态下应用。主要零件为有气密性要求的仪表壳等之类的产品。T2 状态的加热温度为 290 ~ 310℃、保温 2 ~ 4 h,在空气中或随炉冷却。

2.4.3.1 化学成分与组织

ZL102 合金的标定成分见 GB/T 1173、HB 962 和 HB 5012(表 2 − 4 − 20)。

表 2 − 4 − 20　ZL102 合金的标定化学成分,质量分数(%)

技术标准	主要元素		Fe			杂质						杂质总和		其他	
	Si	Al	S	J	Y	Mn	Cu	Zn	Mg	Ti	Zr	S	J	单个	总量
GB/T 1173	10.0 ~ 13.0	余量	0.7	1.0	—	0.5	0.30	0.1	0.10	0.20	—	2.0	2.2	—	—
HB 962	10.0 ~ 13.0	余量	0.7	1.0	1.3	0.5	0.30	0.1	0.1	—	0.1	—	—	0.10	0.5
HB 5012	10.0 ~ 13.0	余量	—	—	1.3	0.5	0.3	0.1	0.1	—	0.1	—	—	—	—

ZL102 合金的含 Si 量在 Al − Si 相图共晶点成分左右,所以在合金中除了有大量的 $\alpha(Al)$ + Si 共晶组织外,尚可出现少量的初生 Si 相或初生 $\alpha(Al)$ 相。由于大量的共晶 Si 是粗大的针状和片状,对合金的力学性能,特别是对塑性有不利的影响;因此需要用钠、钠盐或其他元素进行变质处理,使共晶体中的 Si 相变细,以改善合金的力学性能和可切削加工性能。

通常 ZL102 合金中含有较多的 Fe,因此应当用 Al − Fe − Si 三元相图说明合金的结晶过程及相组成。从 Al − Fe − Si 三元相图中可以看出,对于含 Fe 量较低,且含 Si 量处于共晶点成分左侧的 ZL102 合金,其结晶过程是:首先结晶出 $\alpha(Al)$,然后有 $L \rightarrow \alpha(Al)$ + Si 二元共晶反应,最后以 $L \rightarrow \alpha(Al)$ + Si + $\beta(Al_9Fe_2Si_2)$ 三元共晶反应结束。若合金含 Si 量较高或有较多的含 P 量时,则首先结晶出初生 Si 相。当 ZL102 合金中含有较多的 Fe 时,则可产生初生的 $\beta(Al_9Fe_2Si_2)$ 相和 $\alpha(Al)$ + $\beta(Al_9Fe_2Si_2)$ 二元共晶。当合金不平衡结晶时,还可能有 $\alpha(Al_{12}Fe_3Si)$ 相出现。变质处理的合金凝固时的过冷度增大,由于 Al − Si 合金的伪共晶区偏向 Si 一边,使共晶型合金获得亚共晶组织,即出现较多的初生 $\alpha(Al)$。

因此 ZL102 合金在凝固后铸态下的相组成为 $\alpha(Al)$、Si、$\beta(Al_9Fe_2Si_2)$,有时还有 $\alpha(Al_{12}Fe_3Si)$ 相。

2.4.3.2　热处理

一般铸件不进行热处理。对形状复杂和尺寸精度要求高的零件，可采用退火处理(T2)消除内应力，或进行冷热循环处理稳定尺寸。推荐的冷热循环处理工艺见表 2 - 4 - 21。

表 2 - 4 - 21　ZL102 合金的冷热循环处理工艺

加热和冷却温度/℃	保温时间/h	冷却介质
-40 ~ -190	0.5 ~ 1.0	空气或液体
80 ~ 150	1 ~ 2	空气或液体

注：1. 低温循环应低于使用温度 10 ~ 20℃，上限温度应超过零件使用温度 20 ~ 30℃，并不低于 80 ~ 100℃；2. 处理应进行 3 个循环，加热零件至上限温度，在空气中冷却。

2.4.3.3　物理化学性能

ZL102 合金的密度 $\rho = 2\,650\ kg/m^3$，熔化温度 577 ~ 600℃，热导率及比热容见表 2 - 4 - 22，无磁性，平均线膨胀系数 $\alpha(\times 10^{-6}/℃)$：20 ~ 100℃，21.1；20 ~ 200℃，22.1；20 ~ 300℃，23.3；100 ~ 200℃，21.1；200 ~ 400℃，25.7。

表 2 - 4 - 22　ZL102 合金的热导率及比热容

项目	温度/℃			
	100	200	300	400
热导率/[W·(m·℃)$^{-1}$]	168	168	168	168
比热容/[J·(kg·℃)$^{-1}$]	838	880	922	1000

Si 对 Al 的耐腐蚀性能影响较小，故该合金具有良好的耐大气腐蚀性能。随着杂质元素 Fe 等的增加，耐腐蚀性能降低。

2.4.3.4　力学性能

GB/T 1173 及 HB 962、HB 5012 规定的 ZL102 合金单铸试样的力学性能见表 2 - 4 - 23，单铸试样的室温典型拉抻性能见表 2 - 4 - 24，高低温性能见表 2 - 4 - 25。从不同壁厚铸件上切取的试样的拉伸性能见表 2 - 4 - 26。

砂型变质处理铸件试样的剪切强度 $\tau = 127\ N/mm^2$；ZL102 合金的弹性模量 $E = 69\ GN/mm^2$，切变模量 $G = 27\ GN/m^2$，柏松比 $\mu = 0.33$。合金的布氏硬度(HB)为 55。

2.4.3.5　工艺性能

ZL102 合金的铸造温度为 680 ~ 750℃，具有优良的铸造性能，用浇铸砂型棒状试样流动长度法测定 700℃ 的流动性为 420 mm，无热裂纹形成倾向，线收缩率 0.9%。合金具有高的气密性，见表 2 - 4 - 27。

表 2 - 4 - 23　ZL102 合金单铸试样的标定力学性能

标准	铸造工艺	状态	$R_m/(N \cdot mm^{-2})$	$A_5/\%$	HB
GB/T 1173	SB，JB，RB，KB	F	145	4	50
	J	F	155	2	50
	SB，JB，RB，KB	T2	135	4	50
	J	T2	145	3	50
HB 962	SB，RB，JB	F	150	4	50
	J	F	160	2	50
	Y	F	200	2	60
	SB，RB，JB	T2	140	4	50
	J	T2	150	3	50
HB 5012	Y	F	200	2	60
	J	F	160	2	50

注：以最新实施的标准及技术条件为准。

表 2 - 4 - 24　ZL102 合金单铸试样的典型力学性能

铸造工艺	状态	$R_m/(N \cdot mm^{-2})$	$R_{P0.2}/(N \cdot mm^{-2})$	$A_5/\%$
SB	F	167	78	6
	T2	157	88	5

表 2 - 4 - 25　ZL102 合金单铸试样的高低温力学性能

铸造工艺	状态	试验温度/℃	$R_m/(N \cdot mm^{-2})$	$A_5/\%$
SB	F	200	147	—
		250	127	—
		300	78	—
SB，RB	T2	-70	216	4
		-40	196	5

表 2 - 4 - 26　从不同壁厚铸件上切取的试样的力学性能

铸造工艺	壁厚 δ /mm	R_m /($N \cdot mm^{-2}$)	A_5 /%	铸造工艺	壁厚 δ /mm	R_m /($N \cdot mm^{-2}$)	A_5 /%
S	15	132	5.5	SB	15	178	15.1
	30	127	2.4		30	175	12.8
	45	119	1.7		45	167	9.7
	60	110	1.5		60	156	7.4

表 2 - 4 - 27　ZL102 合金铸件的气密性

铸造工艺	状态	试样厚度 δ /mm	气密性/(N·mm⁻²)	
			带铸皮试样	表面加工试样
SB	T2	2.5	8.8(破裂)	5.9(破裂)
		4.0	15.7(破裂)	11.8(破裂)
		6.0	29.4(未破渗漏)	24.5(破裂)
		8.0	29.4(未破渗漏)	29.4(破裂)

注：液压试验结果。

　　合金对壁厚敏感性小，铸件壁厚增加或冷却速度降低使 R_m 减小。合金可焊接性能良好，可用氩弧焊接或其他焊接法补焊。

　　对 ZL102 合金可采用阳极氧化或表面涂漆保护，以提高耐腐蚀性能，但其阳极氧化表面品质效果差。

　　在 Al - Si 合金中 Si 以硬质点形式存在，随着 Si 含量的提高和 Si 质点变粗，刀具磨损增加，并难以获得光洁表面。ZL102 合金 Si 含量高，其可切削加工性能低于其他铸造合金。

2.4.4　ZL104 合金

　　ZL104 为可热处理强化的 Al - Si - Mg 系铸造合金，具有优良的铸造性能和气密性，同时，其强度高于 ZL101、ZL102 等合金的，但形成针孔的倾向较大，熔炼工艺较为复杂。适用于砂型或金属型铸造各种复杂薄壁零件，也可压铸承受中等载荷工作温度不超过 180℃ 的飞机和发动机零件，在航空工业已获得相当广泛的应用。

　　铸造方法、铸件尺寸和复杂程度一般不受限制，主要为大型复杂砂型和金属型铸件。承力件均在人工时效状态下使用。ZL104 合金的组织与 ZL101、ZL102 合金的相同，由细的亚共晶和强化相 Mg_2Si 组成。

2.4.4.1　化学成分

　　ZL104 合金标定化学成分见表 2 - 4 - 28。

表 2 - 4 - 28　ZL104 合金的标定化学成分，质量分数(%)

标准	主要元素				杂质											
	Si	Mg	Mn	Al	Fe			Cu	Zn	Ti + Zr	Sn	Pb	Ti	杂质总和		其他
					S	J	Y							S	J	单个	总和
GB/T 1173	8.0 ~ 10.5	0.17 ~ 0.35	0.2 ~ 0.5	余量	0.6	0.9	—	0.1	0.25	0.15	0.01	0.05	—	1.1	1.4	—	—
HB 962	8.0 ~ 10.5	0.17 ~ 0.3	0.2 ~ 0.5	余量	0.6	0.9	—	0.30	0.3	0.15	0.01	0.05	0.15	—	—	0.05	0.15
HB 5012	8.0 ~ 10.5	0.17 ~ 0.3	0.2 ~ 0.5	余量	—	—	1.0	0.30	0.3	0.15	0.01	0.05	0.15	Be 0.1	—	—	—

Si 含量在上限时，可提高合金强度和改善流动性、气密性。降低 Si 含量则对减少集中缩孔的形成有益。Fe 是降低合金力学性能的主要杂质元素（图 2 - 4 - 10）。Mg 是合金的主要强化元素，其质量分数在 0.2% ~ 0.25% 时可获得较好的综合性能（见图 2 - 4 - 11）。

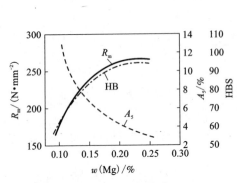

图 2 - 4 - 10　Mg 含量对 ZL104
合金力学性能的影响

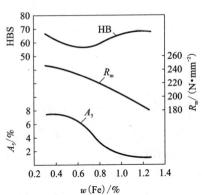

图 2 - 4 - 11　Fe 对 ZL104
合金力学性能的影响

2.4.4.2　热处理

ZL104 合金铸件的热处理规范见表 2 - 4 - 29。

表 2 - 4 - 29　ZL104 合金铸件的热处理规范

状态	固溶处理				时效		
	温度 /℃	保温时间 /h	冷却介质 及温度/℃	最长转移 时间/s	温度 /℃	保温时间 /h	冷却介质
T1	—	—	—	—	170 ~ 180	3 ~ 17	空气
T6	530 ~ 540	2 ~ 6	60 ~ 100 水	25	170 ~ 180	8 ~ 15	空气

对于一般形状比较简单的铸件，可用室温水淬火。大型复杂零件则应在沸水、油或 CL - 1 有机淬火剂中淬火，以减少内应力和防止铸件变形。在不同冷却介质中淬火的变形量见表 2 - 4 - 30。

表 2 - 4 - 30　淬火介质对 ZL104 合金铸件变形量的影响

淬火介质	变形量/mm	变形量的减少/%
水：20℃	0.24	—
100℃	0.15	37.5
油：20℃	0.07	71

注：1. 用多变截面铸环试验；2. 与 20℃水淬火后的变形之比。

2.4.4.3　物理化学性能

ZL104 合金的熔化温度为 577 ~ 600℃，热导率及比热容见表 2 - 4 - 31，平均线膨胀系数(×10^{-6}/℃)为: 20 ~ 100℃, 21.7; 20 ~ 200℃, 22.5; 20 ~ 300℃, 23.5;
100 ~ 200℃, 23.3; 200 ~ 300℃, 25.5。ZL104 合金的密度 2 650 kg/m^3, 无磁性,
20℃时电阻率 ρ = 46.8 nΩ·m。

表 2 - 4 - 31　ZL104 合金的热导率及比热容

项目	温度/℃				
	25	100	200	300	400
热导率/[W·(m·℃)$^{-1}$]	147	155	159	159	155
比热容/[J·(kg·℃)$^{-1}$]	—	755	797	838	922

ZL104 合金的耐腐蚀性能良好, 在潮湿大气中有较高的耐腐蚀性能, 无应力腐
蚀倾向。为提高合金的腐蚀稳定性, 应严格限制杂质元素 Fe 和 Cu 的含量。

对 ZL104 合金可采用硫酸阳极氧化, 并用重铬酸钾封孔, 但由于合金 Si 含量
高, 阳极氧化膜外观不好。对于钉孔度超过 3 级的铸件, 不允许阳极氧化处理, 可
采用涂漆保护。

2.4.4.4　力学性能

单铸 ZL104 合金试样的标定最低力学性能见表 2 - 4 - 32。合金的布氏硬度
(HBS): B - T6, 70; J - T6, 75。单铸 ZL104 合金试样的室温典型力学性能见
表 2 - 4 - 34, 单铸试样于不同温度的典型力学性能示于表 2 - 4 - 33, 单铸试样的低温
力学性能见表 2 - 4 - 35, 从不同壁厚铸件上切取的试样的拉伸性能见表 2 - 4 - 36。

表 2 - 4 - 32　单铸 ZL104 合金试样的标定最低力学性能

标准	铸造工艺	状态	力学性能		
			R_m/(N·mm^{-2})	A_5/%	HBS
GB/T 1173	S, J, R, K	F	145	2	50
	J	T1	195	1.5	65
	SB, RB, KB	T6	225	2	70
	J, JB	T6	235	2	70
HB 962	S, R, J	F	150	2	50
	Y	F	220	2	65
	J	T1	200	1.5	70
	Y	T1	230	1.5	70
	SB, RB	T6	230	2	70
	J	T6	240	2	70
HB 5012	Y	F	220	2	65
		T1	230	1.5	70

注: 以最新实行的标准为准。

表 2 – 4 – 33　单铸 ZL104 合金试样的室温典型力学性能

铸造工艺	状态	拉伸性能		
		$R_m/(N \cdot mm^{-2})$	$R_{P0.2}/(N \cdot mm^{-2})$	$A_5/\%$
J	F	284[①]	157[①]	2[①]
SB	T6	255	96	4

注：①3 mm 厚平板试样。

表 2 – 4 – 34　单铸 ZL104 合金试样在不同温度的力学性能

铸造工艺	状态	t /℃	R_m /($N \cdot mm^{-2}$)	A_5 /%	铸造工艺	状态	t /℃	R_m /($N \cdot mm^{-2}$)	A_5 /%
SB	T6	20	255	4	SB	T6	200	255	3.5
		100	255	3.7			300	245	3.2

表 2 – 4 – 35　单铸 ZL104 合金试样的低温力学性能

铸造工艺	状态	$t/℃$	$R_m/(N \cdot mm^{-2})$	$A_5/\%$
SB	T6	– 196	33	2.8
		– 70	29	2.4
		– 40	28	3.2

表 2 – 4 – 36　ZL104 合金的力学性能与铸件壁厚的关系

铸造工艺	壁厚 /mm	R_m /($N \cdot mm^{-2}$)	A_5 /%	铸造工艺	壁厚 /mm	R_m /($N \cdot mm^{-2}$)	A_5 /%
S	15	222	4.0	SB	15	256	5.0
	30	215	3.5		30	218	4.0
	45	178	2.3		45	188	2.2
	60	151	1.0		60	171	2.0

　　ZL104 合金对铸件壁厚相当敏感，其抗拉强度 R_m 随铸件壁厚增加即冷却速度减小而下降，因为此时 α(Al)枝晶与共晶组织粗大。ZL104 合金的正弹性模量 $E = 69\ GN/mm^2$，切变模量 $G = 27\ GN/mm^2$；泊松比 $\mu = 0.33$。

2.4.4.5　工艺性能

　　ZL104 合金的铸造温度为 680 ~ 750℃。三元共晶($\alpha + Mg_2Si + Si$)的熔化温度 550℃，二元共晶($\alpha + Si$)的熔点 577℃。ZL104 合金具有优良的铸造性能。用浇铸砂型棒状试样流动长度法测定 700℃ 的流动性为 359 mm，无热裂倾向，线收缩率 1%，体收缩率 3.2% ~ 3.4%。合金结晶间隔小，在消除针孔的条件下，可以达到很高的致密度和气密性。

应对 ZL104 合金进行精炼以便有效地去除气体和夹杂，精炼剂为固体氯化物（六氯乙烷等）或含氯混合气体（氟里昂－氮混合气体）等。合金含 Si 量较高，应通过变质处理细化共晶组织，改善材料塑性。可采用钠盐变质剂（如 50% NaCl + 30% NaF + 10% KCl + 10% Na$_3$AlFe），变质剂用量为炉料质量的 2% ～ 3%，变质温度 710 ～ 750℃。或者采用氯化锶或 Al－Sr 中间合金作为变质剂。锶含量对合金力学性能的影响见图 2－4－12。

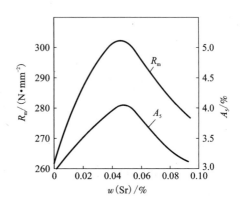

图 2 – 4 – 12　锶对 ZL104 合金力学性能的影响

为获得致密铸件，在浇铸过程中应保持熔体平稳流动，防止吸氢，对于重要的大型复杂铸件建议采用压力釜浇铸，在 0.5 ～ 0.6 N/mm^2 压力下结晶。

ZL104 合金的可焊性能良好，可采用氩弧焊、气焊等方法焊接或补焊。焊后经热处理，接头处的拉伸性能与合金基体的性能基本相同。铸造缺陷焊补通常采用相同成分的填充金属，焊补时，已经热处理的铸件焊后应进行重复热处理。

ZL104 合金的 Si 含量高，可切削性能较差，随着热处理后基体硬度的提高，其可切削性可以得到一些改善。

2.4.5　ZL105 合金

ZL105 与 ZL105A 均为可热处理强化的 Al－Si－Cu－Mg 系铸造合金，具有良好的铸造性能和较高的气密性，属中等强度铝合金，其高温力学性能和可切削性能均优于 ZL101、ZL104 等 Al－Si－Mg 系铸造合金的，但随着 Cu 元素的加入，其塑性和耐腐蚀性能降低。可采用砂型、金属型和熔模铸造铸件，适于铸造形状比较复杂和承受中等载荷、工作温度至 250℃ 的各种发动机零件和附件零件（气缸、机匣、油泵壳体等），是航空及其他工业部门中广泛应用的铸铝材料，与其他常用 Al－Si 系 ZL101、ZL102 及 ZL104 比较，具有更高的耐热性能。

ZL105 合金相组成为 α + Si + CuAl$_2$ + Mg$_2$Si + W（Al$_x$Mg$_5$Cu$_4$Si$_4$）。在固溶处理后，CuAl$_2$、Mg$_2$Si 和部分 w 相溶于基体，并在人工时效时呈介稳相（GP I、CP II 或 β′、Q′）析出，起强化作用。合金结晶过程根据冷却速度不同，可能形成二元共晶（α + Si、577℃）、三元共晶（α + Si + CuAl$_2$、525℃）、四元共晶（α + Si + CuAl$_2$ + Mg$_2$Si、517℃）和五元共晶（α + Si + CuAl$_2$ + Mg$_2$Si + W、488℃）。热处理时若过烧，则组织中可能出现 Si 相聚集长大、共晶复熔（球形或三角形）、晶界熔化等特征。合金的杂质相为 β（Al$_9$Fe$_2$Si$_2$）和 Al$_8$FeMg$_3$Si$_6$。

成分为(质量分数):5.25% Si、1.33% Cu、0.49% Mg、0.34% Fe 的 ZL105 合金砂型铸件的显微组织见图 2 - 4 - 13。

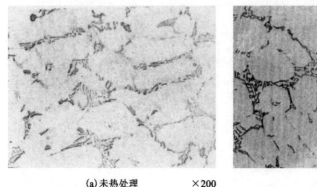

<table>
<tr><td>(a)未热处理　　　　×200</td><td>(b)热处理后　　　　×200</td></tr>
</table>

图 2 - 4 - 13　ZL105 合金的显微组织

(a)未浸蚀:灰色片状和针状的相是共晶 Si,浅灰色片状和针状相是 β($Al_9Fe_2Si_2$),浅灰色圆形和椭圆形的组织是含 θ(Al_2Cu)和 Si 相的复杂共晶体;(b)0.5% HF 水溶液浸蚀 T1 处理对合金组织无明显影响,其组织与铸态组织相似,黑色枝叉相是 Mg_2Si

图 2 - 4 - 14 是 Al - Si - Cu - Mg 系截面图。由图看出:首先从液体中结晶出 α(Al),随后有 L→α(Al) + Si 二元共晶反应;对于含 Cu 低于0.8% 的合金有 L→α(Al) + Si + Mg_2Si 三元共晶反应,而当含 Cu 量为 0.8% ~ 3.0% 时,合金中则有 α(Al) + Si + W (Al_x $Cu_4Mg_5Si_4$)三元共晶,或者在 521℃ 发生 L + Mg_2Si→α(Al) + Si + W 的包晶反应。最后在 505℃有 L→α(Al) + Si + Al_2Cu + W 四元共晶反应,直至结晶完毕。所以,对于含 Cu 量大于 0.8% 的合金,平衡结晶铸态组织由 α(Al) + Si + Al_2Cu + W 四相组成。

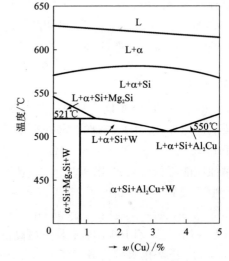

图 2 - 4 - 14　Al - Si - Cu - Mg 系在 90% Al 平面上、平行 Si - Al2Cu 边(0.4% Mg)的截面图

当合金为不平衡结晶时,凝固后的合金组织中有 Mg_2Si 与 Al_2Cu 和 Si 相同时出现;Mg_2Si 相可能是由于不平衡结晶时包晶反应不能充分进行,反应不完全而残余的,也可能是包晶反应不发生,而由 L→α(Al) + Si + Mg_2Si 三元共晶或 L→α(Al) + Si + Al_2Cu + Mg_2Si 四元共晶形成 Mg_2Si 相,此时 W 相将不出现。所以,不平衡结晶的组织由 $L \rightarrow \alpha(Al) + Si + Mg_2Si + Al_2Cu$ 四相组成。

当合金中有杂质 Fe 时,可形成 $\beta(Al_9Fe_2Si_2)$、$N(Al_7Cu_2Fe)$ 和 $Al_8FeMg_3Si_6$ 相;在添加 Mn 的合金中能形成 AlFeMnSi 相。对共晶型 Al - Si 合金(ZL108 合金),由于少量磷的作用,还可出现 AlP 相和初生 Si 相。在含 Ti 的合金中,还有 Al_3Ti 相出现。

所以 ZL105 合金可出现的相为 $\alpha(Al)$、Si、Mg_2Si、Al_2Cu、$W(Al_xCu_4Mg_5Si_4)$、$\beta(Al_9Fe_2Si_2)$ 和 $Al_8FeMg_3Si_6$ 等,而 ZL105A 合金的含 Fe 量很少,可能不会出现含 Fe 的相或其量甚微。

2.4.5.1　化学成分

ZL105 合金的标定化学成分见表 2 - 4 - 37,Cu 含量对合金力学性能的影响见表 2 - 4 - 38,对于要求力学性能较高的铸件可添加少量 Ti 或同时加入 P 以细化晶粒,钛的加入量为 0.1% ~ 0.15%,P 的加入量为 0.02% ~ 0.05%,可以中间合金形式或盐类形式加入。

表 2 - 4 - 37　ZL105 合金的标定化学成分,质量分数(%)

技术标准	主要元素				杂质　不大于								杂质总和		其他	
	Si	Cu	Mg	Al	Fe		Zn	Mn	Ti + Zr	Be	Sn	Pb	S	J	单个	总和
					S	J										
GB/T 1173	4.5 ~ 5.5	1.0 ~ 1.5	0.4 ~ 0.6	余量	0.6	1.0	0.3	0.5	0.15	0.1	0.01	0.05	1.1	1.4	—	—
HB 962	4.5 ~ 5.5	1.0 ~ 1.5	0.4 ~ 0.6	余量	0.6	1.0	0.3	0.5	Ti 0.15	0.01	0.05	—	—	0.05	0.15

注:以最新实行的标准为准。

表 2 - 4 - 38　铜含量对 ZL105 合金力学性能的影响

$w(Cu)$ /%	F				T6			
	R_m /(N·mm^{-2})	A_5 /%	HB	$R^{300100\,h}$ /(N·mm^{-2})	R_m /(N·mm^{-2})	A_5 /%	HB	$R^{300100\,h}$ /(N·mm^{-2})
1.2	155 ~ 170	1.5 ~ 3	50 ~ 55	35 ~ 40	225 ~ 275	1 ~ 2.3	70 ~ 80	30
1.5	160 ~ 175	2 ~ 3	60 ~ 70	35 ~ 45	245 ~ 295	1 ~ 2	75 ~ 90	30 ~ 35
2.0	160 ~ 180	0.8 ~ 1.5	60 ~ 70	45 ~ 50	245 ~ 315	0.5 ~ 1.5	80 ~ 90	35 ~ 40
2.5	165 ~ 185	0.8 ~ 1.4	60 ~ 70	45 ~ 50	245 ~ 315	0.5 ~ 1.5	75 ~ 90	40

2.4.5.2　热处理

ZL105 合金可在不同热处理状态下使用。铸造方法、铸件尺寸和铸件结构复杂程度一般均不受限制,热处理规范见表 2 - 4 - 39,对于形状比较复杂的铸件,宜采用沸水或 CL - 1 有机淬火剂淬火,以减少内应力和防止铸件变形,热处理规范对变形量的影响见图 2 - 4 - 15,时效温度对单铸 ZL105 砂型试样力学性能的影响见图 2 - 4 - 16,若铸件在较高温度下长期工作,最好采用 T7 规范处理,其时效温度宜接近零件工作温度。

表 2 - 4 - 39　ZL105 合金的热处理规范

状态	固溶处理				时效		
	温度/℃	保温时间/h	冷却介质及温度/℃	最长转移时间/s	温度/℃	保温时间/h	冷却介质
T1	—	—	—	—	175 ~ 185	5 ~ 10	空气
T5	520 ~ 530	3 ~ 5	66 ~ 100℃，水	25	170 ~ 180	3 ~ 10	空气
T7	520 ~ 530	3 ~ 5	66 ~ 100℃，水	25	220 ~ 230	3 ~ 10	空气

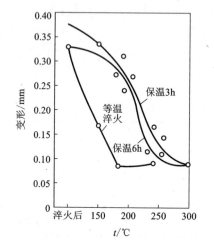

图 2 - 4 - 15　热处理规范对 ZL105 合金
环形试样变形的影响

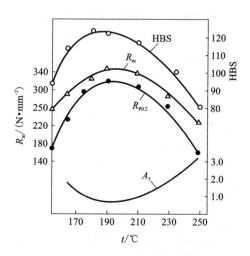

图 2 - 4 - 16　时效温度对 ZL105 合金
砂型单铸试样力学性能的影响

2.4.5.3　物理化学性能

ZL105 合金的铸造温度为 700 ~ 750℃，熔化温度为 577 ~ 627℃，热导率及比热容见表 2 - 4 - 40，平均线膨胀系数 α ($\times 10^{-6}$/℃)：20 ~ 100℃的 23.1、20 ~ 200℃的 23.5、20 ~ 300℃的 23.9、100 ~ 200℃的 23.9、200 ~ 300℃的 24.7，密度 ρ = 2 680 kg/m³，20℃时的电阻率 ρ = 46.2 nΩ·m，无磁性。

表 2 - 4 - 40　ZL105 合金的热导率及比热容

项目	温度/℃				
	25	100	200	300	400
热导率/[W·(m·℃)$^{-1}$]	159	163	168	176	—
比热容/[J·(kg·℃)$^{-1}$]	—	838	964	1050	1130

ZL105 合金具有耐工业和海洋大气腐蚀的能力。在硝酸和大部分有机酸溶液中

具有较好的抗腐蚀能力，但易受盐酸、硫酸及钠、钾、钙、氢氧化物的侵蚀。铜是降低该合金耐腐蚀性能的主要合金元素，使其耐腐蚀性能低于 ZL101 合金的。

ZL105 合金在大气条件下可不进行表面防护处理。为提高铸件的耐腐蚀性或耐磨性，可采用阳极氧化处理，并用重铬酸钾封孔。对于针孔度严重(超过 3 级)的铸件表面则不得施加阳极氧化处理，可采用涂漆保护，对特殊用途的也可电镀和搪瓷。

2.4.5.4　力学性能

ZL105 合金单铸试样的标定力学性能见表 2 - 4 - 41，室温典型力学性能见表 2 - 4 - 42，在不同温度的典型力学性能见表 2 - 4 - 43，从不同厚度砂型铸件上切取的试样的典型力学性能见表 2 - 4 - 44，不同针孔等级铸板的力学性能示于表 2 - 4 - 45，不同温度的低周疲劳强度见表 2 - 4 - 46。ZL105 合金砂型铸件的压缩屈服强度 $R_{P0.2} = 180 \sim 260$ N/mm^2，金属型铸件的 $R_{P0.2} = 185 \sim 275$ N/mm^2；T5 状态砂型铸件 U 形切口试样的冲击韧性 $\alpha_{KU} = 22$ kJ/m^2；ZL105 - T5 合金 20℃时的正弹性模量 $E = 70$ GN/m^2，切变模量 $G = 26.5$ GN/m^2，泊松比 $\mu = 0.33$。

表 2 - 4 - 41　ZL105 合金单铸试样的标定力学性能

标准	铸造工艺	状态	$R_m/(N \cdot mm^{-2})$	$A_5/\%$	HB
GB/T 1173	S, J, R, K	T1	155	0.5	65
	S, R, K	T5	195	1	70
	J	T5	235	0.5	70
	S, R, K	T6	225	0.5	70
	S, J, R, K	T7	175	1	65
HB 962	S, J	T1	160	—	65
	S, R	T5	230	1	70
	J	T5	250	1	70
	S, R, J	T7	200	1	65

注：以最新实行的标准为准。

表 2 - 4 - 42　单铸 ZL105 合金试样的典型室温力学性能

铸造工艺	状态	$R_m/(N \cdot mm^{-2})$	$R_{P0.2}/(N \cdot mm^{-2})$	$A_5/\%$	铸造工艺	状态	$R_m/(N \cdot mm^{-2})$	$R_{P0.2}/(N \cdot mm^{-2})$	$A_5/\%$
S	T1	175	155	1	J	T5	295	185	2
J		195	165	2	S	T7	235	225	0.5
S	T5	265	175	0.8	J		285	205	2

表 2 - 4 - 43　单铸 ZL105 合金试样在不同温度的典型力学性能

状态	铸造工艺	t /℃	R_m /(N·mm^{-2})	$R_{P0.2}$ /(N·mm^{-2})	A_5 /%	状态	铸造工艺	t /℃	R_m /(N·mm^{-2})	$R_{P0.2}$ /(N·mm^{-2})	A_5 /%
T1	J	-196	294	—	0.8	T5	S	300	127	—	4
		-70	265	—	0.5	T7	J	20	235	177	1.5
T5	S	20	245	177	0.8			100	235	177	2
		100	245	—	1			200	177	137	2.5
		150	245	—	1			250	137	118	4
		200	216	—	1.5			300	98	78	6
		250	177	—	1.5						

表 2 - 4 - 44　壁厚对砂型铸件力学性能的影响

状态	T6				
断面厚度/mm	3	3 ~ 6	6 ~ 13	13 ~ 19	19 ~ 25
R_m/(N·mm^{-2})	251	248	248	245	241
$R_{P0.2}$/(N·mm^{-2})	179	177	176	172	159
A_5/%	4.5	4.0	4.0	3.5	3.5

表 2 - 4 - 45　针孔等级对 ZL105 合金铸板力学性能的影响

试样厚度/mm	针孔等级(HB 963)	R_m/(N·mm^{-2})	A_5/%	HB
12	1	281	1.8	110
	2	265	1.6	110
	3	245	1.5	106
	4	216	1.3	97
	5	168	1.1	91
25	1	245	1.5	112
	2	228	1.4	110
	3	218	1.4	104
	4	179	1.1	100
	5	154	1.0	90

表 2 - 4 - 46　ZL105 合金在不同温度的低周疲劳强度

铸造工艺	状态	t/℃	疲劳强度 R_{-1}/(N·mm^{-2})				
			10^5	10^6	10^7	10^8	5×10^8
S	T7	24	145	103	83	76	72
		149	124	97	76	69	65
		204	117	90	65	52	48
		260	97	69	48	34	31

2.4.5.5　工艺性能

ZL105 合金的熔炼工艺与常用铸造铝合金的相同,熔体处理合格后在 700 ~ 750℃铸造。对熔体应进行有效的除氢处理,用 C_2Cl_6 除氢时,其用量为 0.5% ~ 0.7%炉料质量(见图 2 - 4 - 17)。

可采用 Al - Ti 或 Al - Ti - B 中间合金作为晶粒细化剂,Ti 的加入量为炉料质量的 0.1% ~ 0.15%,B 的添加量为 0.02% ~ 0.05%。

ZL105 合金具有良好的铸造性能,用浇铸棒状试样流动长度法测定 700℃熔体的流动性为 344 mm,750℃的流动性为

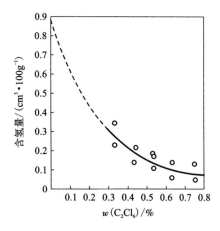

图 2 - 4 - 17　ZL105 合金熔体氢含量与六氯乙烷加入量的关系

375 mm,有足够高的抗热裂纹形成能力(723℃浇铸宽度为 7.5 mm 的铸环试样时出现第一条裂纹),线收缩率 1.1%,体收缩率 4.5% ~ 4.9%。

ZL105 合金具有较高的气密性,厚度为 4 mm 的试样,在 22.6 N/mm² 压力下试验未出现渗漏。该合金可焊接性能良好,可采用气焊、氩弧焊等法修补铸件缺陷,用同种成分的焊丝。焊后不进行热处理,焊缝区拉伸性能明显下降,热处理后其拉伸性能与基体金属的基本相同。

ZL105 合金 Si 含量低于其他 Al - Si 合金的,并含有 Cu,故其可切削性能优于 ZL101、ZL102、ZL104 等合金的,采用硬质合金刀具,减小切削速度和增大前角,可获得满意的加工品质。

2.4.6　ZL105A 合金

ZL105A 合金是在 ZL105 合金基础上降低杂质 Fe、Mn、Zn 的含量,并缩小 Mg 含量范围而得到的一个比 ZL105 合金力学性能更高的合金,其铸造性能、气密性以及抗腐蚀性能与 ZL105 合金的基本相同。该合金可采用砂型、金属型和熔模铸造等铸造结构形状比较复杂的承受中等载荷、工作温度在 250℃以下长期工作的各种发动机零件和附件零件,即其用途与 ZL105 合金的相同。

2.4.6.1　化学成分

ZL105A 合金的标定化学成分见表 2 - 4 - 47。砂型铸造合金(5.0% Si、1.5% Cu、0.5% Mg、<0.1% Fe)的显微组织示于图 2 - 4 - 18。

表 2 – 4 – 47　　ZL105A 合金的化学成分，质量分数（%）

标准	合金元素					杂质，不大于									杂质总和		其他元素	
	Si	Cu	Mg	Ti	Al	Fe		Zn	Mn	Sn	Pb	Ti		S	J	单个	总和
						S	J											
GB/T 1173	4.5 ~ 5.5	1.0 ~ 1.5	0.4 ~ 0.55	—	余量	0.2	0.20	0.1	0.1	0.01	0.05	—		0.5	0.5	—	—
HB 962	4.5 ~ 5.5	1.0 ~ 1.5	0.4 ~ 0.6	0.80 ~ 0.20	余量	0.20	0.20	0.10	0.10	—	—	—		—	—	0.05	0.15
HB 5480	4.5 ~ 5.5	1.0 ~ 1.5	0.4 ~ 0.60	—	余量	0.20	0.20	0.1	0.1	—	—	0.1		—	—	0.05	0.15

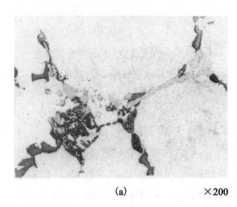 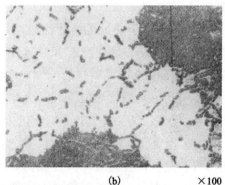

(a)　　　　　　　　×200　　　　　　　　　　(b)　　　　　　　　×100

图 2 – 4 – 18　　砂型铸造的 ZL105A 合金的显微组织

（a）砂型铸造，缓慢冷却，未热处理：深灰色片状相是 Si，黑色花纹状或颗粒状的相是 Al_2Cu （HNO_3 浸蚀变色），浅灰色颗粒状和枝叉状的是 $w(Al_xCu_4Mg_5Si_4)$ 相；（b）砂型铸造，T5 处理：偏振光显示合金的晶粒组织，可见晶内偏析，枝晶间是 Si 相

　　ZL105A 合金在平衡状态下结晶时，主要由 α（Al）、Si、Al_2Cu 和 $W(Al_xCu_4Mg_5Si)$4 相组成。当在不平衡状态下结晶，而 Mg 含量处于上限、Cu 含量处于下限时存在 Mg_2Si 相。Mg_2Si 相与 Al_2Cu 相比较，前者室温强化效果更好，后者耐热性能更好。它们的数量取决于 $w(Cu)/w(Mg)$ 比值，$w(Cu)/w(Mg)$ 值约为 2.1 时组织中的 Mg_2Si 完全消失；大于 2.1 时出现 Al_2Cu 相，一般保持在 2.5 左右的比例。Cu 和 Mg 的总量过少，强化效果小；而总量过大又使合金塑性变差。一般其总量控制在 1.5% ~ 2.0%。其中 $w(Mg)$ 为 0.6% 左右，$w(Cu)$ 为 1.4% 左右，铜和镁的比值在 2.2 左右时，室温和高温的拉伸强度达最大值。合金中铁的质量分数限制在 0.2% 以下，尽量少出现含 Fe 杂质相如 $β(Al_9Fe_2Si_2)$ 和 Al_3FeMg_3Si。

2.4.6.2　热处理

　　ZL105A 合金在 T5、T6、T7 状态使用，其热处理规范见 GB/T 1173，如表 2 – 4 – 48，HB 5480。形状比较复杂的零件宜采用 CL – 1 有机淬火剂淬火，以减少内应力和防止变形。

对于在较高温度下长期工作的零件，建议采用 T7 热处理，其时效温度应接近于工作温度。

表 2 - 4 - 48　ZL105A 合金的热处理规范

标准	状态	固溶处理				时效		
		t /℃	保温时间/h	淬火介质及温度	最长转移时间/s	t /℃	保温时间/h	冷却介质
GB/T 1173	T5	525 ± 5	4 ~ 12	工厂自定	30	160 ± 5	3 ~ 5	空气
HB 5480	T6	520 ~ 530	6 ~ 18	60 ~ 100℃ 水	25	150 ~ 160	10 ~ 12	空气

2.4.6.3　物理化学性能

ZL105A 合金的熔化温度为 557 ~ 613℃，25℃ 时的热导率 152 W/(m·℃)，100℃ 时的比热容 963 J/(kg·℃)，平均线膨胀系数($\times 10^{-6}$/℃)：20 ~ 100℃ 的 21.6，20 ~ 200℃ 的 22.6、20 ~ 300℃ 的 23.6。密度 $\rho = 2685$ kg/m³，电导率 $K = 23.3$ MS/m，电阻率 $\rho = 43.4$ nΩ·m，无磁性。ZL105A 合金具有耐工业和海洋大气腐蚀的能力，在硝酸及大部分有机酸溶液中，具有较好的抗腐蚀能力，但易受盐酸、硫酸及钠、钾、钙、氢氧化物的侵蚀。铜是降低该合金腐蚀性能的主要合金元素，其耐腐蚀性能低于 ZL101 合金的。

在大气条件下，ZL105A 合金可不进行表面防护处理。为提高铸件的耐腐蚀性或耐磨性，可采用阳极氧化处理，并用重铬酸钾封孔。对于针孔度严重(超过 3 级)的铸件表面则不许阳极氧化处理，可采用涂料保护，特殊用途的也可以电镀和搪瓷。

2.4.6.4　力学性能

ZL105A 合金单铸试样的标定性能见 GB/T 1173、HB 962(表 2 - 4 - 49)，室温典型力学性能见表 2 - 4 - 50，不同温度时的典型力学性能见表 2 - 4 - 51；ZL105A - T5 单铸试样的抗剪强度 235 N/mm²，T6 状态下的 221 N/mm²，不同温度的冲击韧性见表 2 - 4 - 52，高温持久性见表 2 - 4 - 53，高温蠕变强度见表 2 - 4 - 54，各种温度下的旋转疲劳强度见表 2 - 4 - 55；金属型单铸试样 ZL105A - T5 合金的室温旋转疲劳强度($N = 2 \times 10^7$ 周) $R_{-1} = 98$ N/mm²，带缺口试样的为 49 N/mm²，$K = 2.2$；室温弹性模量 $E = 70.6$ GN/m²，切变模量 $G = 26.5$ GN/m²，泊松比 $\mu = 0.33$；ZL105A - T5 合金金属单铸试样的断裂韧性 $K_{IC} = 21.7$ (N/mm²)·$\sqrt{m}$。

表 2 – 4 – 49　ZL105A 合金单铸试样的标定力学性能

标准	铸件工艺	状态	$R_\text{m}/(\text{N}\cdot\text{mm}^{-2})$	$A_5/\%$	HB
GB/T 1173	SB, R, K	T5	275	1	80
	J, JB	T5	295	2	80
HB 962	SB, R	T5	280	1.0	80
	J, JB	T5	300	1.5	80

注：以实行中的最新有效标准为标。

表 2 – 4 – 50　ZL105A 合金单铸试样的典型室温力学性能

状态	铸造工艺	$R_\text{m}/(\text{N}\cdot\text{mm}^{-2})$	$R_{\text{P0.2}}/(\text{N}\cdot\text{mm}^{-2})$	$A_5/\%$
T5	J	382	284	6.0
T6	J	358	227	14.0
	S	296	207	5.5

表 2 – 4 – 51　ZL105A 合金单铸试样在不同温度的典型力学性能

状态	铸造工艺	$t/℃$	$R_\text{m}/(\text{N}\cdot\text{mm}^{-2})$	$R_{\text{P0.2}}/(\text{N}\cdot\text{mm}^{-2})$	$A_5/\%$	$Z/\%$
T5	J	-196	441	362	2	—
		-70	402	313	4	—
		20	382	284	5	12
		200	255	225	5	30
		250	196	147	4	42
		300	132	107	6	53
T6	J	-195	386	255	7	—
		-80	344	234	7	—
		-28	330	234	7	—
		24	317	234	6	—
		100	296	234	6	—
		149	262	241	10	—
		204	96	69	40	—
		260	48	41	60	—
		315	28	20	70	—

表 2-4-52　ZL105A-T5 合金单铸试样的冲击韧性

状态	铸造工艺	$t/℃$	$\alpha_{KU}/(kJ\cdot m^{-2})$
		-196	36.3
T5	J	-70	52
		20	50

表 2-4-53　ZL105A 合金的高温持久强度

铸造工艺	状态	$R_{100}/(N\cdot mm^{-2})$	
		200℃	250℃
J	T5	147	54
S	T5	147	—
	T6	147	69

表 2-4-54　ZL105A 合金的蠕变强度

铸造工艺	状态	$R_{0.2/100}/(N\cdot mm^{-2})$	
		250℃	300℃
J	T5	44	20

表 2-4-55　ZL105A 合金的旋转疲劳强度

铸造工艺	状态	$t/℃$	$R_{-1}/(N\cdot mm^{-2})$				
			周期				
			10^5	10^6	10^7	10^8	5×10^8
J	T6	20	193	131	110	100	96
		149	186	124	93	86	83
		204	165	114	83	69	62
		260	124	79	52	38	34

2.4.6.5　工艺性能

　　ZL105A 合金浇铸温度为 700~750℃，具有良好的铸造性能，用浇铸砂型棒状试样流动长度法测定 700℃的流动性为 344 mm，有足够高的抗热裂能力，浇铸宽度为 7.5 mm 的铸环工艺试样时，出现第一条裂纹。线收缩率 1.1%，有满意的气密性，在 230 大气压压力下试样未泄露。该合金适于氩弧焊焊接，焊后经热处理，接头的强度为基本金属强度的 0.95。ZL105A 合金 Si 含量低于其他 Al-Si 合金的，并含有铜，故其可切削性能优于 ZL101A、ZL104 等合金的。采用硬质合金刀具，降低切削速度和增加前角，可获得满意的加工品质。

2.4.7　ZL112Y 合金

ZL112Y 合金为 Al－Si－Cu 系压力铸造铝合金，具有优良的铸造性能和良好的力学性能，但流动性、气密性、抗热裂性一般。由于该合金铜的含量较高，合金耐腐蚀性能稍差。ZL112Y 主要合金元素为硅、铜，硅主要提高合金的铸造性能，使其具有很好的流动性、气密性和抗热裂性。铜为该合金的主要强化元素。合金的 Fe 含量较高，可提高合金压铸性能，减少压铸时黏模，但会降低合金的伸长率。该合金主要用于压力铸造，制造复杂薄壁力学性能要求高的飞机附件和仪表壳体零件等。

2.4.7.1　化学成分及组织

ZL112Y 合金的标定化学成分见表 2－4－56。对于一般铸件，Fe 含量应控制在 0.1% 左右，但对于伸长率要求高的铸件应降低 Fe 含量。适当提高合金的 Fe 含量，可以提高压铸时的抗黏模性能；为了提高合金流动性，也可以适当提高 Fe 含量。按美国 ASTM B95 的规定，合金含 1.3% ~2.0% Fe 时适用于冷、热室压铸；若 Fe 含量小于 1.3%，一般只用于冷室压铸。合金相组成主要为 α－Al、Si、Al_2Cu。

表 2－4－56　ZL112Y 合金的标定化学成分，质量分数(%)

标准	元素										
	Si	Fe	Mg	Zn	Cu	Mn	Ti	Sn	Pb	Ni	Al
HB 962	7.5~9.5	≤1.0	≤0.3	≤1.2	2.5~4.0	≤0.6	≤0.2	≤0.2	≤0.3	≤0.5	—
HB 5012	7.5~9.5	≤1.0	≤0.3	≤1.2	2.5~4.0	≤0.6	≤0.2	≤0.2	≤0.3	≤0.5	余
GB/T 15115	7.5~9.5	≤1.2	≤0.3	≤1.2	3.0~4.0	≤0.5	—	≤0.1	≤0.1	≤0.5	余

注：以实行中的有效最新标准为准。

2.4.7.2　热处理

压铸件一般不进行固溶热处理。根据具体应用要求可进行退火处理：加热温度 260~370℃，保温时间 4~6 h，随炉冷或空冷，此热处理制度可以提高合金的伸长率。根据具体使用要求还可以进行消除应力热处理：温度 175~260℃，保温 4~6 h，空冷。

经热处理供应的铸件，当力学性能不合格时，允许对铸件进行重新热处理后再作检查(重新热处理只允许一次)，其力学性能仍按原要求，若仍达不到原要求，则认为该炉次合金力学性能不合格。

2.4.7.3　物理化学性能

ZL112Y 合金的熔化温度为 582~564℃，25℃ 的热导率 $\lambda = 108.8 W/(m \cdot ℃)$，

100℃时的比热容 $C = 963$ J/(kg·℃)，熔化潜热 398 kJ/kg，平均线膨胀系数 $\alpha(\times 10^{-6}/℃)$：20~100℃的 21.2、20~200℃的 22.0、20~300℃的 22.5，密度 $\rho = 2\,750$ kg/m³，20℃时的电阻率 $\rho = 75$ nΩ·m，20℃时的电导率 $K = 15.7$ MS/m，无磁性，由于含铜量较高，耐腐蚀性能较差。

2.4.7.4　力学性能

ZL112Y 合金的标定力学性能见表 2-4-57，室温布氏硬度(HB)为 80，在不同温度时的力学性能见表 2-4-58，单独压铸的 ZL112Y-F 试样的力学性能：$R_m = 330$ N/mm²、屈服强度 $R_{P0.2} = 165$ N/mm²、伸长率 $A_5 = 3.0\%$，旋转弯曲疲劳强度 $R_{-1} = 138$ N/mm²($N = 5 \times 10^8$ 周、R.R. Moore 试样)，正弹性模量 $E = 71.0$ GN/mm²，切变模量 $G = 26.5$ GN/mm²，泊松比 $\mu = 0.33$。

表 2-4-57　ZL112Y 合金的标定力学性能

标准	铸造工艺	状态	抗拉强度 R_m/ N·mm⁻²	A_5/%
			不小于	
HB 5012	J	F	200	1
	Y	F	280	1
GB/T 15115	—		240	1

表 2-4-58　ZL112Y 合金在不同温度的力学性能

铸造工艺	状态	温度/℃	R_m/(N·mm⁻²)	$R_{P0.2}$/(N·mm⁻²)	A_5/%
Y	F	-195	407	207	2.5
		-80	338	165	2.5
		-26	338	165	3
		24	330	165	3
		100	310	165	4
		150	235	152	5
		205	165	110	8
		260	90	55	20
		315	49	28	30
		371	28	17	35

2.4.7.5　工艺特性

ZL112Y 合金熔体铸造温度为 635~705℃，对于有气密性要求的铸件可以进行浸渗处理，压铸工艺见表 2-4-59。

表 2-4-59　ZL112Y 合金的压铸工艺特性

流动性	抗形成缩孔的倾向	气密性	抗形成热裂的倾向	抗形成气孔的倾向	对模具的不粘附性
2	2	2	2	2	2

注：合金工艺性能分为 1~5 级，1 表示最好，2 次之，以此类推。

压铸件可进行软钎焊与闪光电阻焊，抗蚀性差，应涂漆或电镀保护；可切削性合格，磨削性良好。

2.4.8　ZL114A 合金

ZL114A 合金是在 ZL101A 合金基础上增加镁含量发展起来的 Al-Si-Mg 系高强度铸造铝合金。它既有优良的铸造性能，又有较 ZL101A 合金更高的力学性能。在航空制造业中，人们经常利用该合金的优越特性铸造一些重要的大型薄壁结构件代替铝合金钣金结构组合件。

该合金一般在 T5、T6 状态下使用，铸造工艺、铸件尺寸大小和复杂程度不受限制。要求强度高时采用 T6 状态。ZL114A 合金具有高的力学性能，同时具有优良的铸造性能，即高的流动性、抗热裂性、良好的致密性和可焊接性等。适合于铸造要求承载能力大的重要复杂薄壁结构件。

ZL114A 合金属 Al-Si-Mg-Ti 系，其相组成是 α(Al)固容体，(α+Si)共晶、Mg_2Si、Al_3Ti 等。固溶处理时，Mg_2Si 溶入 α 固溶体中形成过饱和固溶体，175℃以下时效时，过饱和固溶体分解产生 GP I 区或 GP II 区，达到最高强化效果。进一步提高时效温度出现 β' 相或最终平衡相 β(Mg_2Si)相。用 Na、Sb、Sr 等元素对合金进行变质处理可以使(α+Si)共晶体细化并改变其形貌，从而改善合金的力学性能，特别是伸长率。合金中添加微量的 Ti、B 形成 Al_3Ti、TiB_2 等高熔点化合物作为固溶体结晶核心弥散分布，使 α-Al 晶粒细化、合金力学性能提高。

2.4.8.1　化学成分

ZL114A 合金的标定化学成分见表 2-4-60。严格控制合金中杂质，特别是 Fe 杂质的含量是该合金达到高力学性能指标的首要条件。为此，配制合金时，需要高纯度的原材料，尤其是铁杂质的含量应尽可能低。另外，宜使用非铁质熔炼坩埚和其他工具。与 ZL101A 合金相比较，提高合金中 Mg 元素的含量以提高合金力学性能。Mg 含量对拉伸性能的影响见图 2-4-19。Be 以 Al-Be 中间合金形式加入，它的作用是防止合金氧化，减少 Mg 元素的烧损和阻止杂质生成 Fe-Si 脆性针状组织而降低合金的伸长率。

表 2 - 4 - 60　ZL114A 合金的化学成分, 质量分数(%)

标准	主要元素				杂质, 不大于									
	Si	Mg	Ti	Be	Fe		Cu	Zn	Mn	其他		杂质总和	
					S	J				单个	总和	S	J
GB/T 1173	6.5 ~ 7.5	0.45 ~ 0.6	0.10 ~ 0.20	0.05 ~ 0.07	0.2	0.20	0.2	0.1	0.1	0.05	0.15	0.75	0.75
HB 962	6.5 ~ 7.5	0.45 ~ 0.75	0.08 ~ 0.25	0.07	—	0.20	0.10	0.10	0.10	0.05	0.15	—	—

注: 以最新实行的标准为准。

2.4.8.2　热处理

ZL114A 合金的热处理规范见表 2 - 4 - 61。图 2 - 4 - 20 示出了保温时间对 ZL114A 合金砂型铸件力学性能的影响, 而与淬火水温及时效时间的关系分别见图 2 - 4 - 21 及图 2 - 4 - 22。

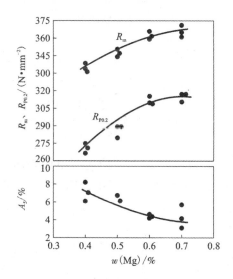

图 2 - 4 - 19　镁含量对 ZL114A
合金力学性能的影响

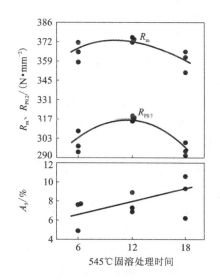

图 2 - 4 - 20　固溶处理保温时间对 ZL114A
合金砂型铸件力学性能的影响

表 2 - 4 - 61　ZL114A 合金的热处理规范

状态	固溶热处理				时效		
	$t/℃$	保温时间 /h	冷却介质 及温度	最长转移 时间/s	$t/℃$	保温时间 /h	冷却介质
T5	530 ~ 540	4 ~ 6	60 ~ 100, 水	25	155 ~ 165	4 ~ 8	空气
T6	535 ~ 545	6 ~ 10	60 ~ 100, 水	25	160 ~ 170	5 ~ 10	空气

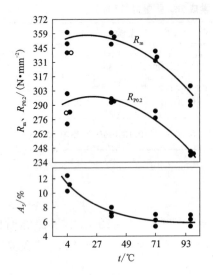 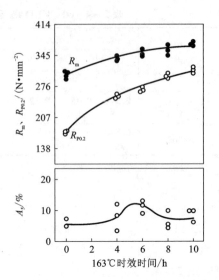

图 2 - 4 - 21　淬火水温与 ZL114A 合金
砂型铸件力学性能的关系

图 2 - 4 - 22　时效时间对 ZL114A 合金
砂型铸件力学性能的影响

2.4.8.3　物理化学性能

ZL114A 合金的密度为 2 685 kg/m³，熔化温度为 557～613℃，25℃时的热导率 152 W/(m·c)，100℃时的比热容 963 J/(kg·℃)，平均线膨胀系数 $\alpha(\times 10^{-6}/℃)$：20～100℃，21.6；20～200℃，22.6；20～300℃，23.6，电阻率 $\rho=43.4$ nΩ·m，电导率 $K=23.3$ MS/m，无磁性。

ZL114A 合金的抗蚀性高，接近于工业纯铝，在大气条件下使用可不作表面防护处理，但为了进一步提高抗腐蚀性和耐磨损性，可采用阳极氧化处理，如有特殊要求，还可采用其他的防护方法，如电镀、涂珐琅、喷漆等。

2.4.8.4　力学性能

ZL114A 合金单铸试样的标定性能见表 2 - 4 - 62，单铸试样的典型力学性能见 GB/T 1173、HB 962（表 2 - 4 - 63），砂型铸件 ZL114A - T6 试样的抗压屈服强度 $R_{P0.2}=240$ N/mm²，金型铸件的 $R_{P0.2}=275$ N/mm²；T6 状态砂型铸件的抗剪强度 $R_\tau=285$ N/mm² 金型铸件的 $R_\tau=295$ N/mm²；T6 状态单铸砂型试样的弯曲疲劳强度 $R_{-1}=85$ N/mm²，金型的 $R_-=110$ N/mm²；砂型铸板的平面应变断裂韧性 $K_{IC}=17.6～21.3$(N/mm²)·$\sqrt{m}$，优质铸件的 $K_{IC}=23.1～24.2$(N/mm²)·$\sqrt{m}$；合金的弹性模量 $E=71.7$ GN/m²，切变模量 $G=26.9$ GN/m²，泊松比 $\mu=0.33$。硬度(HB)为 85～115。

2.4.8.5　工艺性能

ZL114A 合金大型薄壁铸件的铸造温度为 720～785℃。此合金属共晶型，铸造性能好，其流动性、抗热裂倾向、致密性等均与 ZL101A 合金的相当。为使合金达到最低含气量，同时保持 Mg、Be 等元素不过分被烧损，保温期间熔体温度宜在 680~720℃。线收缩率 1.1%~1.25%。

该合金可焊接性良好，通常采用氩弧焊或气焊法修补铸件缺陷部位，补焊的铸件经热处理后，焊缝处的拉伸性能几乎与基体金属的相等。

ZL114A 合金的可切削性能良好，由于合金含 Si，对刀具有一定的磨损，宜使用硬质合金刀具。为保证加工光洁度，加工时应使用煤油或其他润滑剂。

表 2-4-62　ZL114A 合金单铸试样的标定力学性能

标准	铸造工艺	状态	$R_m/(N \cdot mm^{-2})$	$R_{P0.2}/(N \cdot mm^{-2})$	$A_5/\%$	HB
			不小于			
GB/T 1173	SB	T5	290	—	2	85
	J, JB	T5	310	—	3	90
HB 962	J	T6	300	220	4	80

注：以最新实行的标准为准。

表 2-4-63　ZL114A 合金单铸试样的典型力学性能

铸造工艺	状态	$R_m/(N \cdot mm^{-2})$	$R_{P0.2}/(N \cdot mm^{-2})$	$A_5/\%$	HBS
S	T6	315	250	3.0	85
J	T6	345	275	10.0	85

2.4.9　ZL116 合金

ZL116 合金为可热处理强化的 Al-Si-Mg 系铸造铝合金，是在 ZL101 基础上加入 Ti 和 Be 以提高合金的综合力学性能。ZL116 合金具有良好的铸造性能、可焊接性能和中等室温力学性能、抗热裂倾向强、抗腐蚀性好、气密性好。

ZL116 合金元素为 Si、Mg、Ti、Be。Mg 是合金主要强化元素，Be 可有效改善合金组织中的铁相形貌，使其由针状变为块状，提高合金的力学性能，Be 还可以减少合金熔炼时 Mg 的氧化和稍微提高合金热处理强化的作用。

该合金适用于砂型铸造和金属型铸造，也可以用于压铸和熔模铸造，制造承载飞机零件和有气密性要求的零件，在 200℃ 以下可以长期使用，状态为 T5。

ZL116 合金相组成为 α-Al、Si、Mg_2Si、Al_3Ti。铍与合金中的铁形成化合物（Be-Fe 相），呈块状，而不同于 β-Fe 相的针状，当合金中 Fe 含量高时，Be-Fe 相聚集呈团簇状。

2.4.9.1　化学成分

ZL116 合金的标定（GB/T 1173）化学成分见表 2-4-64。

表 2 - 4 - 64　ZL116 合金的化学成分, 质量分数(%)

合金元素					杂质元素, 不大于								
Si	Mg	Ti	Be	Al	Fe	Cu	Zn	Mn	Zr	B	Sn	Pb	总和
6.5 ~ 8.5	0.35 ~ 0.55	0.10 ~ 0.30	0.15 ~ 0.40	余	0.6	0.3	0.3	0.1	0.20	0.10	0.01	0.05	1.0

注: 以实行中的最新有效标准为准。

熔炼时 Be 以 Al - Be 中间合金的形式加入熔体中, Be 被列为各种工业毒害中最严重的, Be 的毒害主要产生于粉尘、烟雾的吸入和接触, 但对于低含 Be 合金[$w(Be) < 0.5\%$]的熔炼认为在一般的铸造车间进行是安全的。

2.4.9.2　热处理

ZL116 合金的热处理规范见表 2 - 4 - 65。大多数铸件在 T5 状态使用。

表 2 - 4 - 65　ZL116 合金的热处理规范

铸造工艺	状态	固溶处理				人工时效		
		加热温度/℃	保温时间/h	冷却介质及温度/℃	最长转移时间/s	加热温度/℃	保温时间/h	冷却介质
S, J	T4	530 ~ 540	8 ~ 16	20 ~ 100, 水	25	室温	≥24	—
	T5	530 ~ 540	8 ~ 16	20 ~ 100, 水	25	170 ~ 180	4 ~ 8	空气

2.4.9.3　物理化学性能

ZL116 合金的熔化温度 572 ~ 609℃; 热导率(W/(m·℃)): 25℃的 150, 100℃的 155, 200℃的 159, 300℃的 163, 400℃的 163; 比热容(kJ/(kg·℃)): 100℃的 20.7, 200℃的 22.4, 300℃的 26.9, 400℃的 27.5, 500℃的 29.9; 平均线膨胀系数(×10^{-6}/℃)为: 20 ~ 100℃的 20.7, 20 ~ 200℃的 21.5, 20 ~ 300℃的 23.3, 20 ~ 400℃的 24.4, 20 ~ 500℃的 24.3, 100 ~ 200℃的 22.3, 100 ~ 300℃的 26.9, 300 ~ 400℃的 27.3。

ZL116 合金的密度 2 660 kg/m³, 20℃时的电阻率 $\rho = 46$ nΩ·m、电导率 $K = 22.7$ MS/m, 无磁性, 具有令人满意的耐腐蚀性能。

2.4.9.4　力学性能

ZL116 合金的单铸试样标定力学性能见表 2 - 4 - 66(GB/T 1173、HB 962)。布氏硬度见表 2 - 4 - 67, 典型力学性能见表 2 - 4 - 68, 各种温度的力学性能列于表 2 - 4 - 69 及表 3 - 4 - 70。

表 2 - 4 - 66　ZL116 合金的单铸试样力学性能

标准	铸造工艺	状态	$R_m/(N \cdot mm^{-2})$	$A_5/\%$	HB
			不大于		
GB/T 1173	S	T4	255	4	70
	J	T4	275	6	80
	S	T5	295	2	85
	J	T5	335	4	90
HB 962	S	T4	260	4.0	70
	J	T4	280	6.0	80
	S	T5	300	2.0	85
	J	T5	340	4.0	90

表 2 - 4 - 67　ZL116 合金铸件的布氏硬度

铸造工艺	状态	HB	铸造工艺	状态	HB
S	T4	75	J	T4	85
	T5	90		T5	95
	T6	85		T6	90

表 2 - 4 - 68　ZL116 合金单铸试样的力学性能

铸造工艺	状态	R_m /(N·mm^{-2})	$R_{P0.2}$ /(N·mm^{-2})	A_5 /%	铸造工艺	状态	R_m /(N·mm^{-2})	$R_{P0.2}$ /(N·mm^{-2})	A_5 /%
S	T4	275	—	5	J	T4	295	—	7
	T5	325	275	3		T5	350	—	5
	T6	315	250	5		T6	345	305	6

表 2 - 4 - 69　ZL116 - T5 合金单铸试样在不同温度的力学性能

铸造工艺	状态	温度 /℃	R_m /(N·mm^{-2})	$R_{P0.2}$ /(N·mm^{-2})	A_5 /%	铸造工艺	状态	温度 /℃	R_m /(N·mm^{-2})	$R_{P0.2}$ /(N·mm^{-2})	A_5 /%
S	T5	-196	380	325	2	S	T5	150	255	—	4.5
		-70	335	285	2			200	225	—	5
		20	325	265	2			250	175	—	5
		100	275	—	4			300	110	—	5.5

表 2 - 4 - 70　单铸 ZL116 - T6 合金试样在不同温度的力学性能

铸造工艺	状态	温度 /℃	R_m /(N·mm^{-2})	$R_{P0.2}$ /(N·mm^{-2})	A_5 /%	铸造工艺	状态	温度 /℃	R_m /(N·mm^{-2})	$R_{P0.2}$ /(N·mm^{-2})	A_5 /%
J	T6	24	345	305	6	J	T6	205	85	60	28
		150	220	205	8			260	55	41	–

ZL116 – T6 合金砂型铸件的室温压缩屈服强度 $R_{P0.2} = 250$ N/mm^2，金型铸件的为 285 N/mm^2；砂型 T6 铸件的室温剪切强度 $R_\tau = 285$ N/mm^2，金型铸件的 285 N/mm^2；砂型 T6(S、T6)单铸试样的持久强度 R_{100}：200℃的 120 N/mm^2，250℃的 40 N/mm^2，300℃的20 N/mm^2；S、T5 铸件的冲击韧性 $\alpha_{ku} = 24.5$ kJ/mm^2；室温旋转弯曲疲劳强度($N = 2 \times 10^7$ 周)：S、T5 的 74 N/mm^2，S、T6 的 85 N/mm^2，J、T6 的 110 N/mm^2；S、T5 铸件20℃时的弹性模量 $E = 76$ GN/m^2。

2.4.9.5 工艺性能

熔体经合金化、净化处理与添加晶粒细化剂后，在 680～730℃铸造，精炼温度 720～750℃，添加 Al – Ti – B 细化剂的温度 730～750℃，变质处理可用钠盐或 Al – Sr 中间合金，处理温度 720～750℃。ZL116 合金具有令人满意的抗蚀性，铸造性能优良，有很好的气密性、流动性和抗热裂性，线收缩率 1.1%，具有良好的可焊接性能与可切削、磨削性能。

2.5 ZL2××系合金

ZL2××系合金即 Al – Cu 系为基的铸造铝合金，可分为二元 Al – Cu 系、Al – Cu – Mn 系、A – Cu – Mn – RE 系合金、Al – Cu – Ni 系合金，前一系合金虽有高的热处理效果，但铸造性能低与抗蚀性差，已逐渐被其他铸造铝合金替代。当前在航空工业中用得多的是 Al – Cu – Mn 系的 ZL201、201A、204A、205A 合金，Al – Cu – Mn – RE 系的 ZL206、ZL207 合金，Al – Cu – Ni 系的 ZL208 合金。

2.5.1 合金的成分与相组成

2.5.1.1 Al – Cu 及 Al – Cu – Si 系合金

Al – Cu 二元合金有 ZL203(4.0% Cu～5.0% Cu)和 ZL202(9.0% Cu～11.0% Cu)合金。根据 Al – Cu 二元相图(见图 2 – 5 – 1)，在 Al 角的合金中有 L→α(Al) + Al$_2$Cu 二元共晶反应，Cu 在 α(Al)中的极限溶解度为 5.7%，但随着温度的下降，Cu 在 α(Al)中的溶解度减小，可见 Al – Cu 合金是可以热处理强化的合金。在淬火时效状态下，合金具有较高的力学性能。

对于含 Cu 量低于 5.7% 的 ZL203 合金，平衡结晶时在固相线以下溶解度曲线以上的温度区间为单相 α(Al)固溶体，在温度降低到溶解度曲线以下时，从 α(Al)中析出 Al$_2$Cu 相。由于铸造时冷却较快，固相线向 Al 的一侧移动(见图 2 – 5 – 2)，使原来含 Cu 低于 5.7% 的固溶体型合金变成亚共晶型合金，结晶时发生 L→α(Al) + Al$_2$Cu 二元共晶反应。含 Cu4.0%～5.0% 的 ZL203 合金的金相组织中就有较多的 α(Al) + Al$_2$Cu 二元共晶组织。

对于含 Fe 量较高的 ZL203 合金，根据 Al – Cu – Fe 三元相图(见图 2 – 5 – 3)其结晶过程是：首先结晶出 α(Al)初晶，然后有 L→α(Al) + Al$_3$Fe 和 L + Al$_3$Fe→

$\alpha(Al) + N(Al_7Cu_2Fe)$ 反应，最后在 546℃ 左右由三元共晶反应 $L \rightarrow \alpha(Al) +$ $\theta(Al_2Cu) + N(Al_7Cu_2Fe)$ 结束。所以，合金组织中除有 $\alpha(Al)$、Al_2Cu 相外，还将有含 Fe 的 $N(Al_7Cu_2Fe)$ 相。不平衡结晶时，还可能有 Al_3Fe 相。

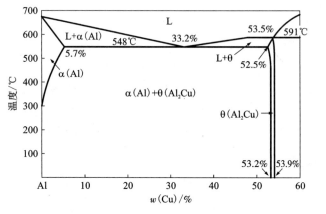

图 2 - 5 - 1　Al - Cu 二元相图

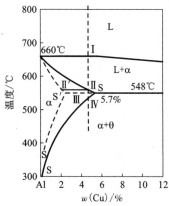

图 2 - 5 - 2　Al - Cu 二元不平衡相图

Al - Cu 合金中少量的 Si 可溶入 $\alpha(Al)$ 中，而含 Si 量较高时有 $L \rightarrow \alpha(Al) + Al_2Cu + Si$ 三元共晶反应，结晶出 Si 相。

若 Al - Cu 合金中同时存在 Fe 和 Si，将使合金的组织变得更为复杂。ZL203 合金的金相试验和电子探针微区分析表明，当合金中含有较多的 Fe 和 Si 时，除有 $\alpha(Al)$、Al_2Cu、Si 外，$N(Al_7Cu_2Fe)$ 和 $\beta(Al_9Fe_2Si_2)$ 相可能出现。当合金中 Fc 含量大于 Si 时，$N(Al_7Cu_2Fe)$ 较多，$\beta(Al_9Fe_2Si_2)$ 较少；当 Si 含最大于 Fe 的时，则 $\beta(Al_9Fe_2Si_2)$ 相较多。电子探针微区分析表明，在 N 相中有 31% ~ 34% Cu，5.7% ~ 14% Fe，余为 Al。在 $\beta(Al_9Fe_2Si_2)$ 相中，除有 23% Fe、16% Si 外，还有 7% 左右 Cu，在含 Si 量大于 Fe 且缓慢冷却时，组织中还出现骨骼状 $\alpha(AlCuFeSi)$ 相，成分为：8.8% Cu、28.6% Fe、7.4% Si，其余为 Al。根据资料介绍，以及该相的形态和浸蚀时的颜色变化，它很可能是一种 $\alpha(Al_{12}Fe_3Si)$ 中溶入 Cu 的相。

当 ZL203 合金中含有少量 Mg 时，根据 Al - Cu - Mg 三元相图（见图 2 - 5 - 4），首先析出 $\alpha(Al)$ 初晶，若为不平衡结晶，将有 $L \rightarrow \alpha(Al) + \theta(Al_2Cu)$ 二元共晶反应及 $\alpha(Al) + \theta(Al_2Cu) + S(Al_2CuMg)$ 三元共晶反应。

Al_2Cu 和 $S(Al_2CuMg)$ 相在淬火加热时，均可溶入 $\alpha(Al)$ 中，但 S 相的出现，形成了低熔点的 $\alpha + Al_2Cu + S$ 三元共晶组织，要求降低淬火加热温度或采用阶段加热淬火工艺，否则将引起合金过烧。

ZL202 合金的金相组织与 ZL203 合金的相似，只是由于合金含有更高的 Cu，组织中有更多的 $\alpha(Al) + Al_2Cu$ 共晶体，而在淬火以后有较多 Al_2Cu 相残留下来。

当 ZL203 合金用于金属型铸造时，为了改善其铸造工艺性能，添加 2% ~ 3%

Si,成为 Al – Cu – Si 合金,其结晶过程和相组成与 Al – Si – Cu 系的 ZL107 合金的相似。根据 Al – Cu – Si 三元相图,在结晶出 α(Al)以后,有 α(Al)+ Si 二元共晶结晶,最后以 α(Al)+ Si + Al₂Cu 三元共晶结晶结束。在合金中有杂质 Fe 时,还有 N(Al₇Cu₂Fe)和 β(Al₉Fe₂Si₂)相出现。

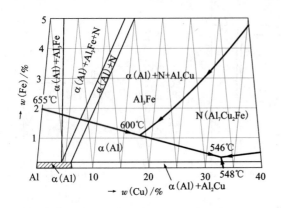

图 2 – 5 – 3　Al – Cu – Fe 三元相图

注:粗线为液相面投影图,方框内的相为该区域的初生相,细线为凝固后各相的分布区。

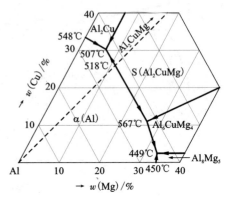

图 2 – 5 – 4　Al – Cu – Mg 三元相图
（液相面投影图）

2.5.1.2　Al – Cu – Mn 系合金

Al – Cu – Mn 系 ZL201、ZL201A、ZL204A、ZL205A 合金的标定化学成分(GB/T 1173)见表 2 – 5 – 1。由表可知,ZL201A 合金是 ZL201 合金的改型,两者的主要差别仅是 ZL201A 合金有更低的杂质含量;在 ZL201A 的基础上添加少量的 Cd 而获得 ZL204A 合金。在 ZL204A 合金的基础上降低 Mn 含量,并添加微量 V、Zr、B,获得 ZL205A 合金。

表 2 – 5 – 1　Al – Cu – Mn 系铸造铝合金的成分(GB/T 1173)

合金代号	主要组元/%								主要杂质（不大于%）			
	Cu	Mn	Ti	Cd	V	Zr	B	Al	Fe S	Fe J	Si	Mg
ZL201	4.5 ~ 5.3	0.6 ~ 1.0	0.15 ~ 0.35	—	—	—	—	余量	0.25	0.3	0.3	0.05
ZL201A	4.8 ~ 5.3	0.6 ~ 1.0	0.15 ~ 0.35	—	—	—	—	余量	0.15	—	0.1	0.05
ZL204A	4.6 ~ 5.3	0.6 ~ 0.9	0.15 ~ 0.35	0.15 ~ 0.25	—	—	—	余量	0.12	—	0.06	0.05
ZL205A	4.6 ~ 5.3	0.3 ~ 0.5	0.15 ~ 0.35	0.15 ~ 0.25	0.05 ~ 0.3	0.05 ~ 0.2	0.005 ~ 0.06	余量	0.15	—	0.06	0.05

　　根据 Al – Cu – Mn 三元相图(见图 2 – 5 – 5),在平衡条件下,ZL201、ZL201A 合金的结晶过程是:首先结晶出 α(Al),然后有 L→α(Al) + Al₆Mn 二元共晶反应,最后有 L + Al₆Mn→α(Al) + T(Al₁₂CuMn₂)包共晶反应,直到结晶完毕。Cu 可溶入 α(Al)中,而无 Al₂Cu 相出现。故在平衡结晶时,ZL201、ZL201A 合金凝固后处于 α(Al) + T(Al₁₂CuMn₂)两相区。

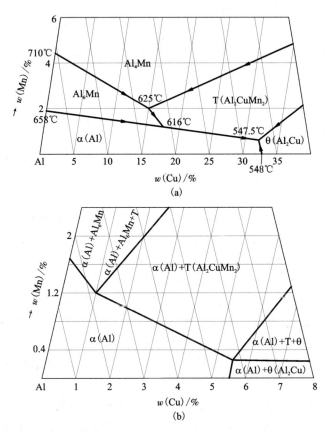

图 2 – 5 – 5　Al – Cu – Mn 三元相图

(a)液相面投影图;(b)凝固后各相分布图

　　合金在不平衡状态下结晶时,Cu 不能完全溶入 α(Al)中,在包共晶反应以后,仍有液相存在,液相中含 Cu 量很高,产生 L→α(Al) + Al₂Cu + T(Al₁₂CuMn₂)三元共晶反应。由于三元共晶点的含 Cu 量比含 Mn 量高得多,所以三元共晶体中 Al₂Cu 相的数量比 T(Al₁₂CuMn₂)相的多,T 相为细小的质点,在放大倍数低时,不易分辨。

　　不平衡结晶时,包共晶反应不能充分进行,所以合金的组织中可见到 Al₆Mn 相。

　　关于 Al – Cu – Mn 合金中 T(AlCuMn)相的化学成分,各种资料报导不同,认为它的化学成分是可变的,其成分范围是:12.8% ~19% Cu,19.8% ~24% Mn,余量为 Al。

因此，可用多种化学式表示，如 $Al_{12}CuMn_2$、$Al_{20}Cu_2Mn_3$ 和（CuMn）Al_4 等。

电子探针微区分析指出，ZL201 合金中的 T 相含 15.4% Cu、19% Mn、3.3% Fe，余量为 Al。

当合金中添加少量 Ti 时，将有 Al_3Ti 相形成，从 Al－Cu－Ti 三元相图（见图 2－5－6）可看出，Al_3Ti 可以在高温下直接从液相中析出，是初生相；在 $L + Al_3Ti \rightarrow \alpha$（Al）$+ Al_2Cu$ 的四相包共晶反应时，Al_3Ti 相的弥散质点可作为 α（Al）的结晶核心，使 α（Al）的晶粒细化。若包

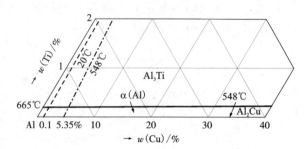

图 2－5－6　Al－Cu－Ti 三元相图

晶反应进行不完全，则有 Al_3Ti 出现在组织中；当 Ti 含量过高造成偏析，则合金组织中出现粗大的片状 Al_3Ti 相。

在 Al－Cu－Mn 系合金中添加少量的 Cd，在富 Al 的合金中不形成四元相，仅出现 α（Al）、θ（Al_2Cu）、T（$Al_{12}CuMn_2$）、Al_6Mn 和 Cd 相。在凝固过程中由偏晶反应形成液相 Cd，当温度下降到 321℃ 左右，由液相 Cd 转变为固相 Cd。

由于 ZL204A 和 ZL205A 合金中含 Cd 量较少，且有一部分溶入 α（Al）中，剩余的 Cd 以圆球形质点形式与 T（$Al_{12}CuMn_2$）和 θ（Al_2Cu）相一起分布在枝晶间或晶界上。因 Cd 相小而少，一般不易发现。当合金中 Cd 含量偏高和在高放大倍率下才能看到少量圆球形 Cd 相质点。所以 ZL204A 合金的金相组织与 ZL201A 合金的相似。

在 ZL205A 合金中还可以添加少量 Ti、V、Zr 和 B，形成 Al_7V、Al_3Zr、Al_3Ti 和 TiB_2 化合物，它们可作为 α（Al）的外来结晶核心，有效地细化晶粒和提高合金力学性能。

当 Al－Cu－Mn 合金中存在杂质 Fe 时，少量的 Fe 可溶入 T（$Al_{12}CuMn_2$）中，形成 $Al_{12}Cu$（MnFe）$_2$ 相，或者随 Cu 一起溶入 Al_6Mn 中，形成 Al_6（CuFeMn）相。Fe 含量较高时，则形成 N（Al_7Cu_2Fe）相。合金中的杂质 Si，量少时可溶入 Al_6（CuFeMn）中，Si 含量多时可形成 $Al_{10}Mn_2Si$ 相。该相可溶入较多 Fe 形成骨骼状或枝叉状 AlFeMnSi 相。在 ZL201 合金的这种相中溶入一定量的 Cu，有些资料称为 Al_{15}（CuFeMn）$_3Si_2$ 相，其成分是可变的。

如果 Al－Cu－Mn 合金中的 Fe、Si 杂质含量较高时，T（$Al_{12}CuMn_2$）相的数量减少，而 AlFeMnSi 相的数量增多。电子探针微区分析表明，AlFeMnSi 相含有约 12.3% Fe、16.5% Mn、6.0% Si，其余为 Al，并溶有部分 Cu。

如果 Al－Cu－Mn 合金中含有 Mg，则将形成 S（Al_2CuMg）相，它参与组成低熔点共晶组织，而使合金在淬火加热时产生过烧。

ZL201 合金铸造状态下可能存在的相有：α（Al）、θ（Al_2Cu）、T（$Al_{12}CuMn_2$）、

Al_6Mn 和 Al_3Ti。在杂质含量偏高时还可能有 $N(Al_7Cu_2Fe)$、$Al_6(CuMnFe)$、$Al_{10}Mn_2Si$ 和 AlFeMnSi 相。ZL201A 合金的相组成与 ZL201 合金的相似,只是杂质相少。ZL204A 合金的组成,除可能出现 Cd 相外,其他与 ZL201A 合金的相同。ZL205A 合金成分较复杂,在铸态组织中依其成分不同可能出现 $\alpha(Al)$、$\theta(Al_2Cu)$、$T(Al_{12}CuMn_2)$、Cd、Al_3Ti、Al_3Zr、Al_7V 和 TiB_2 相。其杂质含量偏高时还可能有 $N(Al_7Cu_2Fe)$ 相出现。

当淬火加热时,$\theta(Al_2Cu)$ 可溶入 $\alpha(Al)$ 中,淬火后形成过饱和固溶体,起固溶强化作用。含 Mn、Cu 的过饱和 $\alpha(Al)$ 固溶体分解,析出大量细小而弥散的 $T(Al_{12}CuMn_2)$ 相质点,弥散强化,提高合金的室温和高温强度。

在淬火后的时效过程中,含 Cu 固溶体分解,析出 GP 区和 θ'' 相,进一步提高合金力学性能。Cd 的作用在许多资料中已有阐述,一般认为 Cd 抑制 GP 区的形成而加速 θ' 相的析出,因此 Cd 减缓合金的自然时效过程,而加速人工时效过程。研究证明,Cd 抑制 ZL205 合金低温时效,延缓 GPI 区的出现,但促进较高温度下的沉淀过程,加速 GPⅡ区(θ'')的长大和 θ' 相的析出,明显提高合金强度极限和屈服极限。

2.5.2　ZL201 合金

ZL201 为可热处理强化 Al – Cu – Mn 系铸造铝合金,是一种常用的高强度铸造铝合金,具有较高的室温力学性能、优良的可切削加工性和可焊接性。合金铸造性能不如 Al – Si 系合金的,有疏松、热裂倾向,不宜制造形状十分复杂的铸件,而主要用于砂型铸造工作温度 175～300℃ 中等复杂程度以下的飞机承力构件,如挂架梁、支臂、翼肋等,在 T4 或 T5 状态使用。

合金可在各种不同加热方式(电阻、重油等)的坩埚炉内熔炼,而以感应炉熔炼品质最好。

Ti 是合金的晶粒细化剂。Ti 的作用是形成 Al_3Ti,作为外来结晶核心而细化晶粒。但是 Ti 的含量不宜过高,否则会引起"中毒"现象,导致伸长率下降。同时 Ti 易出现偏析,所以 Ti 的质量分数一般控制在 0.25% 左右,并在熔炼过程中加强搅拌。

Fe、Si 是合金的主要杂质元素,应严格防止从熔炼工具等带入而沾污合金。同时,应注意 Mg 的影响,即使是微量的 Mg(0.05%)也可能导致合金塑性和可焊性的明显降低,并引起热处理过烧。

根据合金铸造性能较差的特点,铸造时应加强补缩和采用退让性较好的造型材料,以免铸件产生疏松和热裂。如有条件,大型厚壁铸件宜采用压力釜浇铸,在 0.5～0.6 N/mm^2 压力下凝固。

ZL201 合金的化学成分见表 2 – 5 – 1。

2.5.2.1　热处理

ZL201 合金的热处理规范见表 2 – 5 – 2,单铸试样的力学性能与固溶处理温度的关系见于图 2 – 5 – 7。

表 2 - 5 - 2　　ZL201 合金的热处理规范

状态	固溶处理			人工时效		
	加热温度 /℃	保温时间 /h	冷却介质及温度	加热温度 /℃	保温时间 /h	冷却介质
T4	先 530 ±5 再 540 ±5	5 ~ 9 5 ~ 9	60 ~ 100℃，水	—	—	—
T5	先 530 ±5 再 540 ±5	5 ~ 9 5 ~ 9	60 ~ 100℃水	175 ±5	3 ~ 5	空气

2.5.2.2　物理化学性能

　　ZL201 合金的熔化温度 547.5 ~ 650℃；T4 状态的热导率 [W/(m·℃)]：25℃的 105、100℃的 113、200℃的 134、300℃的 142，T5 状态的热导率：25℃的 113、100℃的 121、200℃的 134、300℃的 147、400℃的 159；比热容 [J/(kg·℃)]：100℃的 837、200℃的 962、300℃的 1 046、400℃的 1 130；平均线膨胀系数 (×10⁻⁶/℃)：T4 铸件的，20 ~ 100℃的 19.5、20 ~ 200℃的 21.9、20 ~ 300℃的

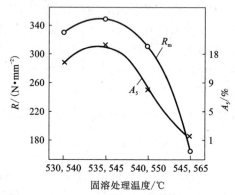

图 2 - 5 - 7　　ZL201 合金单铸试样力学性能与固溶处理温度的关系

25.6；T5 铸件的，200 ~ 100℃的 19.5、20 ~ 200℃的 22.8、20 ~ 300℃的 26.5；ZL201 合金的密度 $\rho = 2\ 780$ kg/m³，电阻率 59.5 nΩ·m。该合金无磁性。

　　Cu 是降低铝合金耐腐蚀性能的主要元素，故 ZL2×× 合金耐腐蚀性能低于 ZL3×× 和 ZL1×× 系合金的。在固溶处理和人工时效状态有晶间腐蚀倾向，强度损失试验结果见表 2 - 5 - 3。

表 2 - 5 - 3　　ZL201 合金腐蚀试验后的抗拉强度 R_m 与伸长率 A_5 损失

状态	腐蚀 90d		腐蚀 180d	
	R_m 损失 /%/	A_5 损失 /%	R_m 损失 /%/	A_5 损失 /%
T4	9	—	14	—
T5	15	43	19.5	56

注：按 HC 129《实验室条件下铝合金腐蚀性能的试验方法》。

　　合金阳极氧化性能良好。对于针孔和疏松较严重的铸件表面可采用化学氧化或涂漆保护。

2.5.2.3　力学性能

　　ZL201 铸件的标定力学性能见表 2 - 5 - 4；单铸试样的典型力学性能见表 2 - 5 - 5（HB 962—2001，GB/T 1173—1995）；在不同温度的力学性能见表 2 - 5 - 6；S、T4

试样的冲击韧性 98kJ/m^2，S、T5 试样为 78 kJ/m^2；单铸试样（S、T4）的高温持久强度 R_m 随温度的升高而下降；175℃的蠕变强度 $R_{P0.2/100} = 127$ N/mm^2，300℃时的为 39 N/mm^2；合金的弯曲疲劳强度（$N = 5 \times 10^8$）$R_{-1} = 69$ N/mm^2；ZL201 合金的正弹性模量 $E = 70$ GN/m^2、切变模量 $G = 26$ GN/m^2。

表 2 - 5 - 4　ZL201 合金的标定力学性能

标准	铸造工艺	状态	$R_m/(\text{N·mm}^{-2})$	$A_5/\%$	HB
			不小于		
HB 962—2001	S, R	T4	290	8	70
		T5	330	4	90
GB/T 1173—1995	S, J, R, K	T4	295	8	70
	S, J, R, K	T5	335	4	90
	S	T7	315	2	80

表 2 - 5 - 5　ZL201 单铸试样的典型力学性能

铸造方法	热处理状态	$R_m/(\text{N·mm}^{-2})$	$R_{P0.2}/(\text{N·mm}^{-2})$	$A_5/\%$
S	T4	335	155	12
	T5	365	215	5

表 2 - 5 - 6　ZL201 合金砂型铸件在不同温度的力学性能

状态	温度/℃	$R_m/(\text{N·mm}^{-2})$	$R_{P0.2}/(\text{N·mm}^{-2})$	$A_5/\%$
T4	-40	295	—	9.5
	-70	295	—	9.5
	175	284	177	9.5
	200	275	216	7.5
	250	216	98	6.5
	300	149	69	10.0
T5	-40	335	—	7.5
	-70	335	—	7.5
	175	265	196	7.5
	200	265	216	8.0
	250	167	108	7.0
	300	118	74	7.0

2.5.2.4　工艺性能

　　ZL201 合金熔体经合金化与净化处理后的浇铸温度为 690～720℃，铸造温度对力学性能的影响见图 2 - 5 - 8；铸件壁厚对其力学性能的影响见图 2 - 5 - 9，由图可见，铸件的力学性能随凝固速度的提高而上升。

合金铸造性能较差，用浇铸棒状试样流动长度法测定的流动性为 165 mm，环形试样热裂倾向性试验测定的第一个裂纹在宽度 37.5 mm 时形成，线收缩率 1.3%。合金气密性低于 Al – Si 系合金。为提高有疏松、针孔缺陷铸件的气密性，可采用浸渗处理。根据合金热裂、疏松倾向性较大的特点，除在铸造工艺上采取相应的措施外，铸件设计截面过渡应尽量均匀，并适当加大圆角。合金的可焊性性能良好，易于氩弧焊接和焊补，已经热处理的铸件焊接或补焊后，如其力学性能受到影响，则可按技术标准进行重复热处理。对于较复杂和容易变形的铸件，应当在热水（80～100℃）中淬火，以减少内应力和防止变形，必要时可采用专用夹具。ZL201 合金具有良好的可切削性能，超过各种 ZL1×× 系合金的，可获得光洁度高的加工表面。

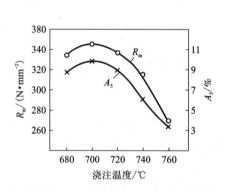

图 2 – 5 – 8 浇铸温度对 ZL201 合金
T4 状态单铸试样力学性能的影响

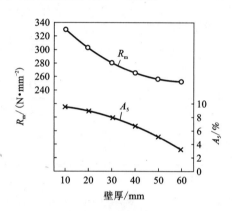

图 2 – 5 – 9 ZL201 合金 T4 状态
铸件壁厚与力学性能的关系

2.5.3 ZL201A 合金

ZL201A 为可热处理强化 Al – Cu – Mn 系高强度铸造铝合金，是 ZL201 合金的改进型，通过采用高纯度原材料，降低杂质含量和调整合金成分、生产工艺，使其力学性能明显提高，达到某些锻造合金（2A50 等）的水平。合金的铸造、焊接、切削加工和耐腐蚀等性能与 ZL201 合金的基本相同。

该合金的成形性能、工艺特点和应用范围类似于 ZL201 合金的，但具有更高的力学性能，可以取代某些锻造铝合金（如 2A50）制造承力较大和受动载荷的飞机零件，如梁、框肋和轮毂等。合金拉伸强度虽没有 ZL204A 和 ZL205A 合金的高，但具有更好的塑性和韧性，而且成分比较简单。它区别于 ZL201 合金主要是采用高纯度材料，熔炼过程中对杂质的控制要求更严格。主要适用于砂型铸造工艺，制造承受较大载荷、工作温度可达 300℃ 的中等复杂程度以下的高强度优质铸件。

2.5.3.1 化学成分与组织

ZL201A 合金的化学成分见表 2 – 5 – 7。应特别注意防止由坩埚和工具带入有害杂质 Fe、Si 等。铁对合金性能的影响见图 2-5-10。Cu 含量对合金力学性能的影响见表 2-5-8。Ti 是合金的细化剂，其作用形式与机制与 ZL201 合金的相同。因此 Ti 的含量应加以控制。同时在熔炼过程中应加强搅拌，防止 Ti、Cu 的偏析。

在熔炼过程中要防止铝熔体吸氢。通过炉前检验进行品质控制，是获得优质铸件的重要条件。

根据合金铸造性能较差的特点，铸造时应考虑到加强补缩和采用退让性好的造型材料，以避免铸件形成疏松和热裂。对于厚大铸件，最好采用压力釜浇铸，有利于获得组织致密的高强度优质铸件。

表 2-5-7　ZL201A 合金的标定化学成分，质量分数(%)

标准	合金元素				杂质　不大于								杂质总量
	Cu	Mn	Ti	Al	Fe	Si	Mg	Zn	Ni	Zr	其他		
											单个	总量	
HB 962	4.8 ~ 5.3	0.6 ~ 1.0	0.15 ~ 0.35	余量	0.15	0.1	0.05	0.1	0.05	0.15	0.05	0.10	
GB/T 1173	4.8 ~ 5.3	0.6 ~ 1.0	0.15 ~ 0.35	余量	0.15	0.1	0.05	0.1	0.05	0.15	—	—	0.4

注：以最新实行的标准为准。

表 2-5-8　ZL201A 合金砂型铸件的力学性能与 Cu 含量的关系

铸造工艺及状态	$w(Cu)$ /%	R_m /(N·mm^{-2})	$R_{P0.2}$ /(N·mm^{-2})	A_5 /%	铸造工艺及状态	$w(Cu)$ /%	R_m /(N·mm^{-2})	$R_{P0.2}$ /(N·mm^{-2})	A_5 /%
S, T5	5.72	408	306	4.2	S, T5	4.99	461	284	14.0
	5.46	454	296	9.5		4.75	439	265	15.0
	5.20	450	299	10.5					

注：性能用直径 d 6 mm 的单铸试样测定。

ZL201A 合金(5.0% Cu、0.8% Mn、0.23% Ti、0.20% Fe、0.10% Si)的显微组织见图 2-5-11。图 2-5-11(a)金属型铸造，未热处理，冷却速度大，组织细小均匀，在枝晶间及晶界上分布着含 Al_2Cu、$Al_{12}CuMn_2$ 相共晶体，因组织细小，不易分辨；图 2-5-11(b)熔模精密铸造，T5 状态，枝晶间和晶界上的黑色枝叉状和点状相是 T($Al_{12}CuMn_2$)，白色块状是未溶解的 Al_2Cu 相，在 α(Al) 固溶体内有大量的二次 T 相质点。

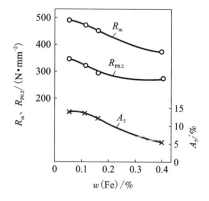

图 2-5-10　铁对 ZL201 合金单铸试样(d 6 mm) 力学性能的影响

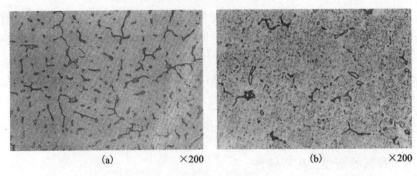

图 2 - 5 - 11　ZL201A 合金铸件的显微组织(0.5%HF 水溶液浸蚀)

(a)未热处理；(b)T5 热处理

ZL201A 合金相组成与 ZL201 合金的相同，其区别在于固溶处理后 T_{Mn} 相质点析出弥散度更大，并减少了晶界空白区，同时杂质相 AlFeMnSi 和 N(Al_7Cu_2Fe)相显著减少。在 T5 状态合金由 α - Al + T_{Mn} + Al_3Ti 组成。$CuAl_2$ 相几乎全部溶入基体，并主要以 Q″相沉淀析出。

2.5.3.2　热处理

ZL201A 在热处理状态下应用，其热处理规范见表 2 - 5 - 9，在 160℃ 的时效时间对单铸试样力学性能的影响见图 2 - 5 - 12，对形状比较复杂和容易变形的铸件应当采用热水(90 ~ 100℃)淬火，以减少内应力和防止翘曲变形。必要时可采用专用夹具。

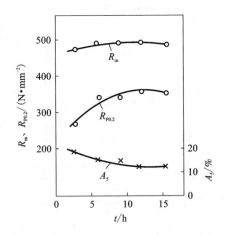

图 2 - 5 - 12　在 160℃ 时效时间对 ZL201A
合金单铸试样($d6$ mm)力学性能的影响

表 2 - 5 - 9　ZL201A 合金的热处理规范

状态	固溶处理			人工时效		
	加热温度/℃	保温时间/h	冷却介质及温度	加热温度/℃	保温时间/h	冷却介质
T4	先 530 ± 5 再 540 ± 5	5 ~ 9 5 ~ 9	60 ~ 100℃ 水	—	—	—
T5	先 530 ± 5 再 540 ± 5	5 ~ 9 5 ~ 9	60 ~ 100℃ 水	175 ± 5	3 ~ 5	空气

2.5.3.3　物理化学性能

ZL201A 合金的熔化温度 547.5 ~ 650℃，热导率及比热容见表 2 - 5 - 10，平均线膨胀系数($\times 10^{-6}$/℃)：20 ~ 100℃ 的 22.6、20 ~ 200℃ 的 23.8、20 ~ 300℃ 的

26.4,密度 $\rho = 2\,830$ kg/m³,电阻率 52.2 nΩ·m,无磁性。

ZL201A 合金耐腐蚀性能接近于 ZL201 合金的,在固溶处理加人工时效状态有晶间腐蚀倾向,合金阳极氧化性能良好,可采用硫酸阳极氧化,并用重铬酸钾封孔,对于疏松和针孔较严重的铸件表面可采用化学氧化或涂漆保护。

表 2 – 5 – 10　ZL201A 合金的热导率及比热容

温度/℃	50	100	150	200	250	300
热导率/[W·(m·℃)⁻¹]	119	128	137	149	—	172
比热容/[J·(kg·℃)⁻¹]	833	879	979	1 021	962	732

2.5.3.4　力学性能

ZL201A 合金的标定力学性能见表 2 – 5 – 11(GB/T 1173、HB 962),它的布氏硬度(HB)为 120,单铸砂型 T5 试样的典型力学性能(室温):抗拉强度 $R_{\mathrm{m}} = 440$ N/mm²、屈服强度 $R_{\mathrm{P0.2}} = 295$ N/mm²、伸长率 $A_5 = 10\%$,单铸试样的高温力学性能见表 2 – 5 – 12,合金的抗压强度 280 N/mm²,冲击韧性 $\alpha_{\mathrm{ku}} = 195$ kJ/m²,合金的抗扭性能(S, T5): $\tau_{\mathrm{m}} = 355$ N/mm²、$\tau_{\mathrm{P0.015}} = 155$ N/mm²、$\tau_{\mathrm{P0.3}} = 195$ N/mm²,它的高持久强度:200℃ 的 $R_{\mathrm{m}} = 167$ N/mm²、300℃ 的 $R_{\mathrm{m}} = 78$ N/mm²,旋转弯曲疲劳强度 $(N = 2 \times 10^7$ 周$) R_{-1} = 88$ N/mm²,表面喷丸处理后可提高约 20%,ZL201A 合金的正弹性模量 $E = 69$ GN/m²,切变模量 $G = 28$ GN/m²,泊松比 0.33。

表 2 – 5 – 11　ZL201A 合金的标定力学性能

标准	铸造工艺	状态	$R_{\mathrm{m}}/(\mathrm{N·mm^{-2}})$	$A_5/\%$	HB
			≥		
HB 962	S, R	T5	390	8	100
GB/T 1173	S, J, R, K	T5	390	8	100

表 2 – 5 – 12　ZL201A 合金的高温力学性能

铸造工艺及状态	试验温度/℃	$R_{\mathrm{m}}/(\mathrm{N·mm^{-2}})$	$A_{10}/\%$
S, T5	150	365	14
	200	315	10

2.5.3.5　工艺性能

ZL201A 合金浇铸温度 700~750℃,其铸造性能与 ZL201 合金的相近,用浇铸棒状试样流动长度法测定的流动性为 168~242 mm,环形试样热裂倾向性试验测定的第一个裂纹在宽度为 37.5 mm 时形成,线收缩率 1.3%。

ZL201A 合金气密性相当于 ZL201 合金的，其疏松和热裂倾向较大，铸件设计截面过渡应尽量均匀，并适当加大圆角。铸件力学性能随着熔体凝固速度增加而上升，即随 α 枝晶细化而提高，二次枝晶间距(DAS)与合金拉伸强度和伸长率存在线性关系。

ZL201A 合金可焊接性能良好，可采用氩弧焊焊补和焊接，具有优良的可切削加工性，由于合金中硬的杂质极少，易于加工，工具磨损小，表面光洁度高。

2.5.4　ZL204A 合金

ZL204A 为可热处理强化 Al – Cu – Mn 系高强度铸造合金，它是在 ZL201A 合金基础上添加镉和调整成分与工艺，使强度特性得到进一步提高，合金铸造、焊接、可切削加工性和耐腐蚀性能基本与 ZL201A 的相同，主要用砂型铸造法制造承受较大载荷的中等复杂程度以下的飞机高强度优质铸件，其力学性能超过 Al – Si 系和 Al – Mg 系铸造铝合金的，达到某些锻造铝合金的水平，已用该合金代替 2A14 合金制造在工作温度低于 200℃ 的锻件，还可用于铸造飞机承力构件，如各种梁、框、肋等，合金要求采用高纯度铝锭作为原材料和严格控制杂质元素含量。合金铸造性能较差，铸造时应考虑采取加强补缩、局部激冷和选择退让性较好的造型材料。对于厚大铸件，宜采用压力釜浇铸，使铸件在压力下凝固，从而获得组织致密的高强度优质铸件。

2.5.4.1　化学成分及组织

ZL204A 合金的标定化学成分见表 2 – 5 – 13(GB/T 1173 及 HB 962)。

表 2 – 5 – 13　ZL204A 合金的化学成分，质量分数(%)

标准	合金元素				杂质　不大于							其他		总和 S
	Cu	Mn	Cd	Ti	Al	Fe	Si	Mg	Zn	Ni	Zr	单个	总量	
HB 962	4.6 ~5.3	0.6 ~0.9	0.15 ~0.25	0.15 ~0.35	余量	0.15	0.06	0.05	0.1	0.05	0.15	0.05	0.10	—
GB/T 1173	4.6 ~5.3	0.6 ~0.9	0.15 ~0.25	0.15 ~0.35	余量	0.12	0.06	0.05	0.1	0.05	0.15	—	—	0.4

注：以实行中的有效标准为准。

Cd 是 ZL204A 合金的独特合金化元素，Cd 有毒，以纯金属形式加入，加入时应注意通风，其质量分数应控制在 0.2% 为宜。Cd 对合金力学性能的影响见图 2 – 5 – 13。ZL204A 合金熔炼工艺与 ZL201、ZL201A 的相同。以高纯度铝锭作原材料，在熔炼过程中应严格控制合金纯度，防止由炉料、坩埚和工具等带入有害杂质 Fe、Si、Mg 等。

ZL204A 合金相组成为 α – Al + θ(CuAl$_2$) + T(Al$_{12}$Mn$_2$Cu) + Cd + Al$_3$Ti。在固溶处理后 θ 相和 Cd 相几乎全部溶入基体，而 T$_{Mn}$ 相质点呈弥散析出。T6 状态基体沉淀相主要是 θ″相，而 T7 状态主要是 θ′相。热处理过烧后，组织中出现圆形或三角形复熔物，晶内 T$_{Mn}$ 相聚集并有空白区和晶界熔化等特征。

含 5. 10% Cu、0. 79% Mn、0. 21%
Ti、0. 19% Cd、小于 0. 10% Fe、小于
0. 06% Si 合金的砂型铸件的显微组织
(0. 5% HF 溶液浸蚀)见图 2 - 5 - 14。
左:未热处理,白色基底为 α(Al)枝
晶,枝晶间分布着白色花纹状的
θ(Al₂Cu)相,黑色枝叉状的 T(Al₁₂
CuMn₂)相,晶内还有少量白色片状
Al₃Ti 相;右:T5 热处理,固溶处理时
θ(Al₂Cu)相未完全溶解,在枝晶间残
留少量 θ(Al₂Cu)相,呈白色轮廓圆滑
的粒状,黑色片状及枝叉状为 T(Al₁₂
CuMn₂)相。

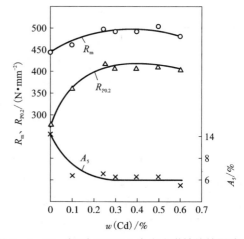

图 2 - 5 - 13　镉对 ZL204A 合金力学性能的影响

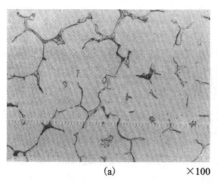
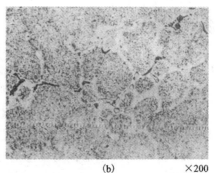

(a)　　　　　　×100　　　　　　　　(b)　　　　　　×200

图 2 - 5 - 14　ZL204A 合金的显微组织

(a)未热处理;(b)T5 热处理

2.5.4.2　热处理

ZL204A 的热处理规范见
表 2 - 5 - 14,铸件在经热处理后应用
于主要是简单的与中等偏下复杂程度
的砂型铸件或熔模铸件,对于形状比
较复杂和易变形的铸件应在热水或沸
水中淬火,但力学性能随水温升高而
降低。为防止铸件变形,必要时采用
专用热处理夹具。时效温度对 ZL204A
合金力学性能的影响见图 2 - 5 - 15。

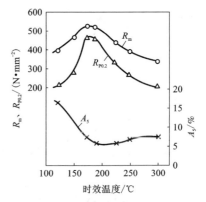

图 2 - 5 - 15　时效温度对 ZL204A
合金力学性能的影响

表 2-5-14　ZL204A 合金铸件的热处理规范

状态	固溶处理			人工时效		
	温度/℃	保温时间/h	冷却介质及温度	温度/℃	保温时间/h	冷却介质
T6	538±5	10~18	20~50℃水	175±5	3	空气
T7	538±5	10~18	20~50℃水	190±5	3~5	空气

2.5.4.3　物理化学性能

ZL204A 合金的熔化温度 544~650℃；其平均线膨胀系数 $\alpha(\times 10^{-6}/℃)$，20~100℃的22.03，20~200℃的22.63，20~300℃的27.31；密度 $\rho = 2\,810\ kg/m^3$，无磁性。ZL204A 合金耐腐蚀性能接近于 ZL201A 合金的。在 T6 状态下有晶间腐蚀倾向，但随着人工时效温度的提高，改变了沉淀相性质，降低了晶内和晶界的电极电位差，因而提高了合金的耐腐蚀性能，同时抗应力腐蚀性能明显提高。

ZL204A 合金阳极氧化性能良好，可进行硫酸阳极化及重铬酸钾封孔和涂漆保护，以提高耐腐蚀性能。

2.5.4.4　力学性能

ZL204A 合金的标定（GB/T 1173、HB 962）力学性能（S、T6）：抗拉强度 $R_m = 440\ N/mm^2$、伸长率 $A_5 = 4\%$、布氏硬度（HB）为100，铸件的典型 HB = 140，单铸试样的典型力学性能见表 2-5-15，低温冲击韧性（S、T6）α_{ku}：-70℃的82~122 kJ/m²、-40℃的80~123 kJ/m²、20℃的73~113 kJ/m²，S、T6 铸件的抗剪强度 $\tau_m = 390\ N/mm^2$、$\tau_{P0.3} = 265\ N/mm^2$，高温持久强度 R_{100}：200℃的108 N/mm²、300℃的64 N/mm²。ZL204A 合金的力学性能与温度的关系示于图 2-5-16、正弹性模量 E 与温度的关系见图 2-5-17，切变模量 $G = 27\ GN/m^2$，泊松比 $\mu = 0.33$。

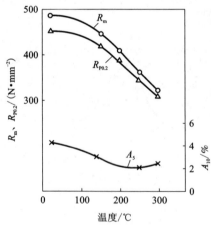

图 2-5-16　ZL204A 合金单铸
试样力学性能与温度的关系

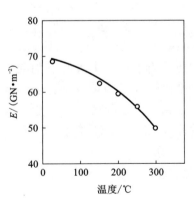

图 2-5-17　ZL204A 合金
正弹性模量与温度的关系

表 2 – 5 – 15　单铸 ZL204A 合金试样的典型室温力学性能

铸造工艺	状态	$R_m/(\text{N·mm}^{-2})$	$R_{P0.2}/(\text{N·mm}^{-2})$	$A_{10}/\%$
S	T6	475	375	6.5
	T7	505	440	5.5

2.5.4.5　工艺特性

ZL204A 合金熔体的铸造温度为 700 ~ 750℃，铸造性能与 ZL201A 合金的相近，用浇铸棒状流动性试样测定的流动长度为 155 mm。环形试样测定的第一个裂纹在宽度为 37.5 mm 时形成，线收缩率 1.3%，合金气密性不高，与 ZL201 和 ZL201A 的相当，低于各种常用 Al – Si 系合金的。由于合金铸造性能较差，有疏松和热裂倾向，设计铸件时尽量注意截面均匀过渡，并适当加大圆角。合金可焊接性能良好，易于氩弧焊和焊补，焊缝致密而力学性能接近铸件基体的。

ZL204A 合金的可切削加工性能优良，可以获得高的表面光洁度。

2.5.5　ZL205A 合金

ZL205A 属 Al – Cu – Mn 系列高强度可热处理强化的铸造铝合金，采用高纯原材料，并添加 Ti、Cd、Zr、V 和 B 等微量元素，施以严格的热处理工艺，获得了当前世界抗拉强度最高的一种铸造铝合金，其力学性能达到某些黑色金属和锻造铝合金的水平。合金热裂倾向和显微疏松倾向较大，但略优于 ZL201 合金的，铸造时应采用相应的工艺措施。该合金主要用于砂型铸造，也可用熔模铸造和简单零件的金属型铸造，T5 状态具有良好的综合力学性能，T6 状态有最高的抗拉强度，T7 状态有高的强度和较好的抗应力腐蚀性能。该合金可用于铸造承受大载荷的铸件，如飞机挂梁、框、肋、支臂及导弹连接框、火箭发动机的前裙、后裙等重要承力件。

ZL205A 铸件主要采用砂型铸造，也可采用熔模铸造，结构简单的零件还可以用金属型铸造。T5 状态合金用于铸造承力构件，如导弹和飞机的梁、框、支臂、支座等零件，并可代替 2A50 合金等锻件，减少机械加工工时。T6 状态合金用于承受大载荷的结构件，可代替 7A04 合金高强度锻件，如飞机的瞄准具梁；可代替中碳钢做雷达产品的横轴和轻质起重器，以减轻结构质量。T7 状态合金用于在腐蚀条件下工作的承力结构件，如代替 45 钢制作超高压线路的架线中轮。

2.5.5.1　化学成分及组织

ZL205A 合金的标定（GB/T 1173、HB 962）化学成分见表 2 – 5 – 16。

Zl205A 合金的三元共晶点：544℃，$\alpha(\text{Al}) + \text{CuAl}_2 + \text{Cd}$ 液。合金成分复杂，含有 7 个合金化元素，铸态下可形成的相有 CuAl_2、$\text{Al}_{12}\text{Mn}_2\text{Cu}$、$\text{TiAl}_3$、$\text{ZrAl}_3$、$\text{V}_3\text{Al}_7$、$\text{TiB}_2$ 和 Cd。在固溶处理时，CuAl_2 基本溶解完全。$\text{Al}_{12}\text{Mn}_2\text{Cu}$ 呈弥散质点在晶内和晶界上析出。Cd 溶解一部分。其他各相在固溶时不发生变化。人工时效时析出产

物随温度而变化，T5 状态下时效分解产物为 θ″相和少量的 GP 区，使合金强度提高。T6 状态时效析出相为 θ″和少量的 θ′，这种结构的配合使合金的强度达到最高。T7 状态时效析出物为 θ′相和少量的 θ″相，使合金中的阳极区域增大，因而抗应力腐蚀性能提高。

表 2 − 5 − 16　ZL205A 合金的标定化学成分，质量分数(%)

标准	合金元素								杂质，不大于						
	Cu	Mn	Cd	Ti	Zr	V	B	Al	Fe	Zn	Si	Mg	Ni	其他	
														单个	总和
HB 962	4.6 ~ 5.3	0.3 ~ 0.5	0.15 ~ 0.25	0.15 ~ 0.35	0.05 ~ 0.20	0.05 ~ 0.30	0.005 ~ 0.06	余量	0.15	0.1	0.06	0.05		0.05	0.3
GB/T 1173	4.6 ~ 5.3	0.3 ~ 0.5	0.15 ~ 0.25	0.15 ~ 0.35	0.05 ~ 0.20	0.05 ~ 0.30	0.005 ~ 0.06	余量	S 0.15 / J 0.15	—	0.06	0.05	Sn 0.1	S / J 0.3	

注：以实行中的最新标准为准。

砂型铸造合金(5.0% Cu、0.4% Mn、0.25% Ti、0.20% Cd、0.11% Zr、0.20% V、0.02% B、小于 0.1% Fe、小于 0.1% Si，其余为 Al)的显微组织(0.5% HF 溶液浸蚀)见图 2 − 5 − 18。图 2 − 5 − 18(a)为未热处理的，图 2 − 5 − 18(b)为 T6 状态的。

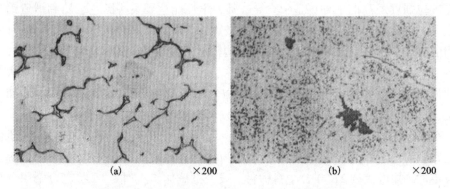

(a)　　　　×200　　　　　　　　(b)　　　　×200

图 2 − 5 − 18　砂型 ZL205A 合金铸件的显微组织

(a)铸造状态：枝晶间界和晶界上有 α(Al)固溶体，θ(CuAl$_2$)和 Cd 相的共晶组织，块状为 ZrAl$_3$ 相和条状为 TiAl$_3$ 相；(b)T6 状态：在 α(Al)固溶体上，有黑色点状分布的 T(Al$_{12}$CuMn$_2$)相，黑色葡萄状的为 TiB$_2$ 相。

2.5.5.2　热处理

ZL205A 合金铸件的热处理规范见表 2 − 5 − 17，固溶处理温度及淬火水温对力学性能的影响分别见表 2 − 5 − 18 及表 2 − 5 − 19，时效温度和时间对合金力学性能的影响见图 2 − 5 − 19。

表 2 – 5 – 17　ZL205A 合金铸件的热处理规范

状态	固溶处理				人工时效		
	温度/℃	保温时间/h	冷却介质	介质温度/℃	温度/℃	保温时间/h	冷却介质
T5					150 ~ 160	8 ~ 10	空气
T6	533 ~ 543	10 ~ 18	水	室温 ~ 60℃	170 ~ 180	4 ~ 6	空气
T7					185 ~ 195	2 ~ 4	空气

表 2 – 5 – 18　ZL205A – T6 合金铸件的力学性能与固溶处理温度的关系

固溶温度/℃	固溶保温时间/h	$R_m/(N \cdot mm^{-2})$	$R_{P0.2}/(N \cdot mm^{-2})$	$A_5/\%$
537		520	432	4.8
540		535	451	6.6
542	14	530	456	5.5
544		525	466	3.4
546		527	412	1.6

表 2 – 5 – 19　淬火水温对 ZL205A 合金铸件力学性能的影响

状态	淬火水温/℃	R_m /(N·mm^{-2})	$R_{P0.2}$ /(N·mm^{-2})	A_5 /%	状态	淬火水温/℃	R_m /(N·mm^{-2})	$R_{P0.2}$ /(N·mm^{-2})	A_5 /%
T6	25	521	454	7.6	T6	80	517	420	5.6
	40	524	422	7.4		100	466	361	7.0
	60	521	441	7.6		—	—	—	—

固溶热处理可以在空气循环炉或硝盐槽中进行，应严格控制热处理炉温度。为了避免零件淬火变形、翘曲，可采用夹具或支架，也可在 CL – 1 有机淬火剂中淬火。零件变形后可在固溶处理后人工时效前进行校正。

合金若过烧，如未开裂，则可重复热处理使合金回复到正常状态的力学性能。如

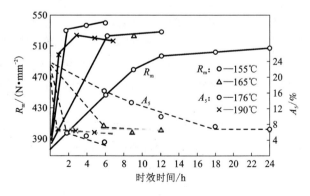

图 2 – 5 – 19　时效温度和时间对 ZL205 合金力学能的影响

要求 T5 及 T6 状态铸件有高的伸长率 A_5，则时效温度宜取下限。

2.5.5.3 物理化学特性

ZL205A 合金的熔化温度为 544～633℃；其热导率及比热容示于表 2 - 5 - 20；平均线膨胀系数 α（×10^{-6}/℃），T5 铸件，20～100℃ 的 22.6，20～200℃ 的 24.0，20～300℃ 的 27.6；T6 铸件，20～100℃ 的 21.9，20～200℃ 的 23.6，20～300℃ 的 25.9；密度 $\rho = 2\ 820\ kg/m^3$；ZL205A - T5 及 T6 合金有晶间腐蚀倾向，在 T7 状态无晶间腐蚀倾向，具有优良的抗应力腐蚀性能，拉伸试样在 3% 氯化纳和 0.1% 过氧化氢水溶液中，施加 275 N/mm^2 的拉应力（相当于 70% 的 $R_{P0.2}$），无应力腐蚀倾向。在 T5、T6、T7 状态铸件上喷涂锶黄环氧树脂漆可大幅度提高抗应力腐蚀能力。

表 2 - 5 - 20　ZL205A 合金的热导率及比热容

温度/℃		20	100	200	300
热导率/[W·(m·℃)$^{-1}$]	T5	105	117	130	142
	T6	113	121	138	155
	T7	117	130	151	168
比热容/[J·(kg·℃)$^{-1}$]	T5	888	888	913	934
	T6	888	888	909	925

2.5.5.4 力学性能

ZL205A 合金的标定（GB/T 1173、HB 962）力学性能见表 2 - 5 - 21；砂型铸件的典型布氏硬度 HB：T5 状态的 140；T6 状态的 150；T7 状态的 140；单铸试样于不同温度的典型力学性能见表 2 - 5 - 22；在 150℃ 稳定化处理 100 h 的 T5 试样的 $R_m = 503\ N/mm^2$、伸长率 $A_5 = 3\%$，在 200℃ 稳定化处理 100 h 的 T6 试样的抗拉强度 $R_m = 405\ N/mm^2$、伸长率 $A_5 = 6.4\%$；顶端冷铁对厚 20 mm 的 T5 状态铸造平板力学性能的影响见表 2 - 5 - 23。

砂型铸件的冲击韧性 α_{ku}（kJ/m^2）：T5 状态，-70℃ 的 133；-40℃ 时的 153；20℃ 时的，T6 状态试样的分别为：92、91、86，T7 状态试样 20℃ 时的为 56；砂型铸件的剪切强度（N/mm^2）：T6 状态，$\tau_m = 343$、$\tau_{P0.015} = 275$、$\tau_{0.3} = 304$、$\tau = 432$；砂型铸件的高温持久强度 R_{100}（N/mm^2）：200℃ 时，T5 状态的 88、T6 状态的 78，250℃ 时，T5 状态的 69、T6 状态的 69。

ZL205A - T5 合金的旋转弯曲疲劳强度 $R_{-1} = 88\ N/mm^2$，T6 状态合金的 $R_{-1} = 83\ N/mm^2$（2×10^7 周）。合金的（T5、T6、T7）正弹性模量（20℃）$E = 68\ GN/m^2$，切变模量 $G = 26\ GN/m^2$，泊松比 $\mu = 0.33$。冷铁砂型铸造厚板的三点弯曲试样的平面应变断裂韧性 K_{IC} 见表 2 - 5 - 24。喷丸处理可大幅度提高 ZL205A 合金的平面弯曲疲劳性能。

表 2 – 5 – 21　ZL205A 合金标定力学性能

标准	铸造工艺	状态	R_m /(N·mm^{-2})	A_5/%	HB	标准	铸造工艺	状态	R_m /(N·mm^{-2})	A_5/%	HB
			不小于						不小于		
HB 962	S	T5	440	7	100	GB/T 1173	S	T5	440	7	100
	S	T6	490	3	120			T6	470	3	120
	R	T6	470	3	120			T7	460	2	110
	S	T7	470	2	110	—	—	—	—	—	—

表 2 – 5 – 22　ZL205A 合金的典型力学性能

状态	t/℃	R_m /(N·mm^{-2})	$R_{P0.2}$ /(N·mm^{-2})	A_5 /%	状态	t/℃	R_m /(N·mm^{-2})	$R_{P0.2}$ /(N·mm^{-2})	A_5 /%
T5	−70	500	—	8	T6	20	512	341	7
	−40	480	—	8		150	417	—	10.5
	20	480	343	13		200	353	304	4
	150	382	—	10.5		250	240	—	3
	200	343	304	4		300	176	—	3.5
	250	255	—	3	T7	20	495	454	3.4
	300	167	—	3.5		150	402	—	5.5
T6	−70	520	—	3		200	343	—	4.5
	−40	510	—	3					

表 2 – 5 – 23　冷铁对 ZL205A – T5 合金砂型铸造厚板（20 mm）力学性能的影响

冷铁材料	离冷铁端距离 /mm	R_m /(N·mm^{-2})	$R_{P0.2}$ /(N·mm^{-2})	A_5 /%	冷铁材料	离冷铁端距离 /mm	R_m /(N·mm^{-2})	$R_{P0.2}$ /(N·mm^{-2})	A_5 /%
铝	10	468	366	10.5	铁	10	470	314	14.3
	25	453	333	13.5		25	465	338	11.0
	40	446	325	14.0		40	444	314	13.7
	80	443	332	10.3		80	437	319	11.4
	150	445	350	11.0		150	433	306	11.6

表 2 – 5 – 24　冷铁砂型铸造厚板（20 mm）的 ZL205A 合金的断裂韧性

状态	R_m/(N·mm^{-2})	$R_{P0.2}$/(N·mm^{-2})	K_{IC}/(MN/m$^{3/2}$)
T5	472	378	40.4
T6	472	351	38.8
T7	485	415	29.3

2.5.5.5　工艺性能

ZL205A 的铸造温度为 700 ~ 750℃，其力学性能与铸造温度的关系见图 2 – 5 – 20。

ZL205A 合金以高纯铝 [$w($Al$) \geqslant 99.93\%$] 作为原料，在熔炼过程中应严防由炉料、坩埚和工具带入有害杂质元素铁、硅、镁等。镉以纯金属加入，其他合金元素均以中间合金形式加入，以保证成分的准确和均匀。该合金含有较多的难熔金属间化合物，为了不产生粗大的金属间化合物和偏析，应在 740 ~ 750℃ 充分搅拌。

ZL205A 合金熔铸工艺的另一特点是允许高温熔炼和浇铸，允许较长的静置时间。回炉料可反复使用，因为硼的细化晶粒作用在高温和反复重熔下并不损失，在 700 ~ 750℃ 熔炼和铸造对晶粒大小和力学性能均无明显影响，由图 2 – 5 – 20 可见该合金性能受铸造温度影响的程度小于 ZL201 合金的。

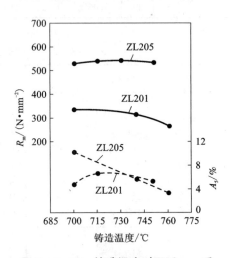

ZL205A 合金的铸造性能较 Al – Si 合金的差，为了获得优质铸件，在受高应力的指定部位，要采取激冷措施和安放冒口，以便加速冷却和充分补缩。对于厚大铸件，宜用加压铸造，以便获得致密铸件。

图 2 – 5 – 20　铸造温度对 ZL2 × × 系合金力学性能的影响

ZL205A 合金具有良好的氩弧焊性能，易于补焊，铸件可以进行阳极氧化、镀铬和喷漆处理，可切削与磨削性能也不错，易于切削与抛光。

2.5.6　ZL206 合金

ZL206 为可热处理强化 Al – Cu – RE 系高强度耐热铸造铝合金，以稀土为主要强化元素，不仅具有突出的高温力学性能，而且兼有高的室温强度，与 ZL208 等同类合金比较，还具有成分简单和铸造工艺性能较好的特点，其他性能接近于 Al – Cu 系合金的。该合金适于用砂型等铸造在 250 ~ 350℃ 短时或长期工作的飞机发动机和附件零件，如机匣、壳体等。

2.5.6.1　化学成分与组织

ZL206 合金的标定（HB 962）化学成分见表 2 – 5 – 25。

ZL206 合金为固溶体型多相组织，相组成为：$\alpha + \theta($CuAl$_2) + T(Al_{20}Cu_2Mn_3) + $AlCuCe$ + Al_8Cu_4Ce + Al_{24}Cu_8Ce_3Mn + Al_{16}Cu_4$MnCe$ + Al_3$Zr 等。此外，还含 Fe、Si 的杂质相。在固溶处理后，θ 相几乎全部溶入基体，T$_{Mn}$ 相呈弥散质点析出，而其他晶间第二相基本上不改变形态和分布。在人工时效后，基体主要沉淀相为 θ'' 和 θ'。复

杂稳定的固溶体和晶界耐热相的强化是合金具有高热强性能的主要原因。

表 2 - 5 - 25 ZL206 合金的标定化学成分, 质量分数(%)

合金元素					杂质, 不大于							
Cu	RE	Mn	Zr	Al	Fe	Si	Ti	Mg	Zn	其他杂质		
										单个	总量	
7.6 ~ 8.4	1.5 ~ 2.3	0.7 ~ 1.1	0.10 ~ 0.25	余量	0.5	0.3	0.05	0.2	0.4	0.05	0.15	

注: RE 为 $w(Ce)$ 不小于 45% 的混合稀土。以实行的最新标准为准。

2.5.6.2 热处理

　　ZL206 合金主要为砂型件,也可熔模铸造,形状简单的可用金属型铸造,在热处理后应用,热处理规范示于表 2 - 5 - 26。时效温度对单铸试样力学性能的影响见图 2 - 5 - 21。

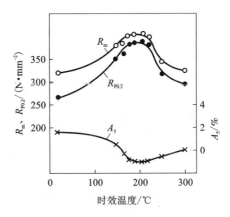

图 2 - 5 - 21 时效温度对 ZL206 合金单铸
试样力学性能的影响

表 2 - 5 - 26 ZL206 合金的热处理规范

状态	固溶处理			人工时效		
	温度/℃	保温时间/h	冷却介质及温度	温度/℃	保温时间/h	冷却介质
T5	537 ±5	10 ~ 15	室温 ~ 100℃ 水	150 ±5	2 ~ 4	空冷
T6	537 ±5	10 ~ 15	室温 ~ 100℃ 水	175 ±5	4 ~ 6	
T8	537 ±5	10 ~ 15	室温 ~ 100℃ 水	先 175 ±5 再 300 ±5	4 ~ 6 3 ~ 5	

2.5.6.3 物理化学特性

　　ZL206 合金的熔化温度为 542 ~ 631℃; 其热导率 $\lambda[W/(m \cdot ℃)]$: 25℃时的 155, 300℃时的 197; 平均线膨胀系数 $\alpha(\times 10^{-6} ℃^{-1})$: 20 ~ 100℃的 20.6, 20 ~ 200℃的 22.8, 20 ~ 300℃的 28.9; 密度 $\rho = 2\,900$ kg/m³; 电导率 $\rho = 64.5$ nΩ·m; 无

磁性；ZL206 合金耐腐蚀性能接近于 Al – Cu 而低于 Al – Mg、Al – Si 系合金的。在固溶处理加人工时效状态下有晶间腐蚀倾向，强度损失试验结果见表 2 – 5 – 27。

表 2 – 5 – 27　ZL206 – T6 砂型铸件的腐蚀试验

铸造工艺	状态	抗拉强度 $R_m/(N \cdot mm^{-2})$		强度损失/%
		腐蚀前	腐蚀后	
S	T6	370	335	9.5

注：按 HCS 206《金属材料及其防护层交替腐蚀试验方法》，腐蚀时间 168 h。

对 ZL206 合金可进行阳极氧化处理和涂漆保护，以提高耐腐蚀性能。

2.5.6.4　力学性能

ZL206 合金砂型铸件的标定（HB 962）力学性能见表 2 – 5 – 28，单铸试样的典型力学性能见表 2 – 5 – 29，T6 铸件布氏硬度（HB）为 130，单铸试样的力学性能与温度的关系见图 2 – 5 – 22，ZL206 – T6 砂型铸件的扭转强度（N/mm^2）；τ_m 的 253、$\tau_{P0.015}$ 的 145、$\tau_{P0.3}$ 的 231，其高温蠕变强度（$R_{0.2/100}$）：250℃ 的 93 N/mm^2、300℃ 的 78 N/mm^2、350℃ 的 34 N/mm^2，旋转弯曲疲劳强度 $R_{-1} = 83$ N/mm^2（$N = 2 \times 10^7$）；合金的正弹性模量 $E = 69$ GN/m^2、切变模量 $G = 28$ GN/m^2、泊松比 $\mu = 0.33$。

表 2 – 5 – 28　ZL206 合金的标定力学性能

铸造工艺	状态	$R_m/(N \cdot mm^{-2})$	$A_5/\%$	HB
		不小于		
S	T5	250	2	90
	T6	300	1	100
	T8	240	1	80

表 2 – 5 – 29　砂型单铸 ZL206 合金试样的典型力学性能

铸造工艺	状态	$R_m/(N \cdot mm^{-2})$	$R_{P0.2}/(N \cdot mm^{-2})$	$A_5/\%$
S	T5	320	290	2.5
	T6	370	340	1.5
	T8	300	270	1.5

2.5.6.5　工艺性能

ZL206 合金的熔炼工艺与其他 ZL2×× 合金的大体相同。稀土元素以中间合金形式加入，由于稀土金属中通常含有大量氢，在熔炼过程中应进行充分有效的精炼除气，可采用气体或固体精炼剂（六氯乙烷等），当采用含氯的活性精炼剂时，应考虑稀土元素的烧损。合金的铸造温度为 700~780℃。

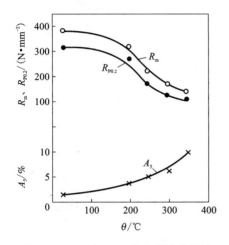

图 2 - 5 - 22　ZL206 合金单铸试样的
力学性能与温度的关系

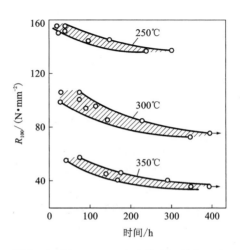

图 2 - 5 - 23　ZL206 合金的高温持久强度

ZL206 合金具有中等水平的铸造性能，因含有较多的 Cu、RE 共晶成分，故优于其他 Al - Cu 系合金的，但不及以 Si 为主要合金元素的铸造铝合金。用浇铸棒状试样流动长度法测定的流动性为 245 mm。环形试样热裂倾向性试验测定的第一个裂纹在宽度为 25 mm 时形成。线收缩率 1.1%~1.2%。该合金疏松和热裂纹倾向高于常用 Al - Si 合金 ZL101、ZL105 等。铸件结构和浇铸系统设计应按 Al - Cu 系合金的要求。ZL206 合金铸件的氩弧焊性能良好，焊缝经处理后强度与基体合金的几乎相等。对于形状比较复杂的铸件，应在热水(80~100℃)中淬火，以减少内应力和防止铸件变形。对于长期在高温下工作，且要求尺寸稳定的零件宜采用 T7 规范处理，其稳定化温度应接近于工作温度。

ZL206 合金的可切削加工性能良好，优于各种 ZL1××系合金。

2.5.7　ZL207 合金

ZL207 为 Al - RE - Cu 系耐热铸铝合金，主要成分混合稀土与其他元素形成难熔稳定的金属间化合物，分布于晶界，起高温强化作用。合金高温力学性能优于现有其他铸造铝合金的，可在 300~400℃ 温度下长期工作。合金中稀土共晶含量偏高，结晶间隔小，具有优良的铸造性能，流动性好，针孔、疏松倾向性小，气密性高，但集中缩孔倾向性大。由于合金不能通过固溶热处理强化，其室温力学性能较低，适用于金属型、砂型或熔模铸造耐高温(350~400℃)和承受气压、液压的中小型飞机零件，如空气分配器和电动活门壳体等，可取代某些钢或钛合金，显著减轻结构质量，降低生产成本。

2.5.7.1 化学成分与组织

ZL207 合金的化学成分见表 2-5-30，多相组织，成分复杂的固溶体为骨架状晶间金属化合物所包围，铸造组织具有高的热稳定性和高温抗变形能力。分布于枝晶间的第二相为 Al_4Ce、Al_8Cu_4Ce、Al_8Mn_4Ce、$Al_{24}Cu_3Ce_3Mn$ 和 $AlCuCeSi$ 等。杂质相为 $AlFeMnSi$ 等。

表 2-5-30　ZL207 合金的标定化学成分，质量分数(%)

标准	合金元素								杂质，不大于					
	RE	Cu	Si	Mn	Ni	Mg	Zr	Al	Fe	Zn	其他		总和	
											单个	总量		
HB 962	4.4 ~ 5.0	3.0 ~ 3.4	1.6 ~ 2.0	0.9 ~ 1.2	0.2 ~ 0.3	0.15 ~ 0.25	0.15 ~ 0.25	余量	0.6	0.2	0.05	0.15	—	
GB/T 1173	4.4 ~ 5.0	3.0 ~ 3.4	1.6 ~ 2.0	0.9 ~ 1.2	0.2 ~ 0.3	0.15 ~ 0.25	0.15 ~ 0.25	余量	0.6	0.2	—	—	0.8	0.8

注：混合稀土中含各种稀土的质量分数不少于98%，其中铈(Ce)的质量分数约为45%。以实行的最新有效标准为准。

2.5.7.2 热处理

ZL207-T1(砂、金属型铸件)的人工时效规范：(200 ± 10)℃$/(5 \sim 10)$ h，空气中冷却。铸件只进行人工时效处理。对于在高温下长期工作的零件，建议在工作温度进行稳定化处理，以稳定尺寸和组织。

2.5.7.3 物理化学性能

ZL207 合金的熔化温度为 603 ~ 637℃，其热导率及比热容见表 2-5-31，其平均线膨胀系数 $\alpha(\times 10^{-6}$/℃)：20 ~ 100℃的 23.6、20 ~ 200℃的 23.8，20 ~ 300℃的 24.8，20 ~ 400℃的 26.0、100 ~ 200℃的 24.1、200 ~ 300℃的 26.1、300 ~ 400℃的 29.8，密度 $\rho = 2\,800$ kg/m³，电阻率 93 nΩ·m(20℃)，无磁性，抗蚀性低于 ZL3×× 及 ZL2×× 系合金的，但高于 Al-Cu 系合金的。

表 2-5-31　ZL207 合金的热导率及比热容

温度/℃	25	100	200	300	400
热导率/[W·(m·℃)$^{-1}$]	96.3	101	105	113	122
比热容/[J·(kg·℃)$^{-1}$]	—	879	921	962	1 000

2.5.7.4 力学性能

ZL207 合金铸件的标定力学性能(GB/B 1173、HB 962)见表 2-5-32，室温布氏硬度(HB)：S、T1 铸件的 85，J、T1 铸件的 90；室温单铸试样典型力学性能：S、T1 铸件的 $R_m = 190$ N/mm²、$A_5 = 0.5\%$，J、T1 铸件的 $R_m = 215$、$A_5 = 1.2\%$；单铸试

样在不同温度时的力学性能见表 2 - 5 - 33，高温持久强度随温度升高而下降，高温
蠕变强度 $R_{0.2/100}$：350℃ 时的 35 N/mm^2、400℃ 时的 15 N/mm^2；正弹性模量 $E = 70$
GN/m^2、切变模量 $G = 26$ GN/m^2。

表 2 - 5 - 32　ZL207 合金的标定力学性能

标准	铸件工艺	状态	$R_m/(N \cdot mm^{-2})$	$A_5/\%$	HB
			不小于		
HB 962	S	T1	170	—	75
	J	T1	180	—	75
GB/T 1173	S	T1	165	—	75
	J	T1	175	—	75

表 2 - 5 - 33　ZL207 合金的力学性能与温度的关系

试样	热处理	铸造工艺	试验温度 /℃	$R_{P0.2}$ /(N·mm^{-2})	R_m /(N·mm^{-2})	$A_5/\%$	$A_{10}/\%$
$\phi10$	T1	S，R	-196	255	270	0.3	—
			-70	205	215	0.4	—
			20	180	200	—	1
			100	175	185	—	>0.2
			200	120	155	—	>0.3
			300	90	115	—	1.2
			350	—	—	—	
			400	50	70	—	2

2.5.7.5　工艺特性

ZL207 合金的铸造温度为 700 ~ 800℃，铸造性能优良，流动性接近于 Al - Si 系
合金的，用棒状试样流动长度法测定的流动性为 360 mm，热裂纹倾向小，环形试样
热裂倾向试验测定的第一个裂纹在宽度为 5 mm 时形成，线收缩率 1.2%。

ZL207 合金具有高的气密性，厚度为 4 mm 的试样在 19.6 N/mm^2 压力试验时
未出现渗漏。同时合金形成针孔的倾向性较小，易于获得致密的铸件。该合金属共
晶型铝合金，在热节部位容易形成集中缩孔，铸件设计应注意壁厚均匀过渡，铸造
工艺设计中应充分考虑局部厚大部位的补缩。

ZL207 合金可焊接性良好，可采用氩弧焊等法焊接或补焊。该合金可进行硫酸
阳极氧化处理，也可通过硬质阳极氧化提高耐腐蚀性能和耐磨性。合金的可切削加
工性优于 Al - Si 系合金的。

2.5.8　ZL208 合金

ZL208 合金是一种可热处理强化、具有优良综合性能的 Al – Cu – Ni 系热强铸造铝合金，含有多种元素，除 Cu、Ni 外，还有 Co、Mn、Sb 和 Ti 等，具有优良的高温力学性能，并兼有较高的室温强度，长期使用温度 250 ~ 300℃，瞬时工作温度可达 350℃，有较好的铸造性能，凝固时平均收缩率为 1.4%，有一定的热裂倾向性，金属型铸造比较困难。可焊接性能一般，可进行氩弧焊补焊，可切削加工性较好，有良好的抗腐蚀性。

ZL208 合金在固溶、时效状态下使用，适于用砂型、熔模、石膏型等铸造法铸造各种中小型较复杂的且对高温性能有一定要求的铸件，铸造在 250 ~ 350℃下工作的飞机发动机零件（减速机匣、输入机匣）等。类似国外用合金（RR350、AU5NKZr 等）。它们用于铸造航空发动机铸件，如斯贝发动机的放气活门蝶形支座、杠杆支座盖、燃油操作机械壳体，法国阿赫耶发动机的减速机匣壳体。

2.5.8.1　化学成分与组织

ZL208 合金的化学成分示于表 2 – 5 – 34，具有复杂的相组成：α – (Al) + $\theta(CuAl_2)$ + $Al_3(CuNi_2)$ + $Al_4(NiCoFeMn)$ + AlSb + $Al_3(TiZr)$ 等。在固溶处理后，θ 相几乎全部溶入基体，人工时效后，基体中存在大量成分和形态不同的弥散相和沉淀相。

表 2 – 5 – 34　ZL208 合金的标定化学成分，质量分数(%)

标准	合金元素								杂质，不大于			
	Cu	Ni	Mn	Co	Sb	Ti	Zr	Al	Fe	Si	其他	
											单个	总量
HB 962	4.5 ~ 5.5	1.3 ~ 1.8	0.2 ~ 0.3	0.1 ~ 0.4	0.1 ~ 0.4	0.15 ~ 0.25	0.1 ~ 0.3	余量	0.5	0.3	0.05	0.15

2.5.8.2　物理化学性能

ZL208 合金的熔化温度为 545 ~ 642℃，其热导率 $\lambda[W/(m\cdot℃)]$：20℃的 155、200℃的 163、300℃的 168；比热容 $C = 920\ J/(kg\cdot℃)$；平均线膨胀系数 $\alpha(\times 10^{-6}/℃)$：20 ~ 100℃的 22.5、20 ~ 200℃的 23.6、20 ~ 300℃的 24.6，密度 2770 kg/m^3，电阻率 $\rho = 46.5\ n\Omega\cdot m$，无磁性；合金抗蚀性接近于其他 Al – Cu 系铸造铝合金的，但低于 Al – Mg 系和 Al – Si 系合金的，S、T7 铸件腐蚀试验前的 $R_m = 300\ N/mm^2$，试验后的抗拉强度 $R_m = 260\ N/mm^2$，强度损失 13.3%，ZL208 合金可进行阳极氧化处理和涂漆，以提高耐腐蚀能力。

2.5.8.3　热处理

ZL208 合金的固溶处理规范：$(540 \pm 5)℃/(5 ~ 7)$ h，60 ~ 100℃热水中淬火；

人工时效规范：(215 ± 5)℃/$(12 \sim 16)$ h，室温空气中冷却。对形状比较复杂和容易变形的零件应在 $80 \sim 100$℃热水中淬火。

2.5.8.4　力学性能

按 HB 962，ZL208 - ST7 的抗拉强度 $R_m \geqslant 220$ N/mm²、A_5 应 $\geqslant 1\%$。布氏硬度 HB 的典型值为 95；室温典型力学性能：抗拉强度 $R_m = 290$ N/mm²、屈服强度 $R_{P0.2} = 210$ N/mm²、伸长率 $A_5 = 1.8\%$；单铸试样的力学性能与温度的关系见图 2 - 5 - 24，在不同温度的持久强度见图 2 - 5 - 25；旋转弯曲疲劳强度 R_{-1} 见表 2 - 5 - 35；弹性模量 E（GN/m²）：20℃时的 76、250℃时的 62、300℃时的 59、350℃时的 55；室温切变模量 $G = 28$ GN/m²；泊松比 $\mu = 0.35$。

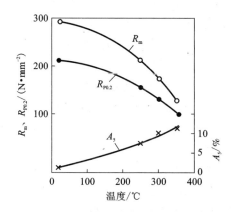

图 2 - 5 - 24　ZL208 合金单铸试样的
力学性能与温度的关系

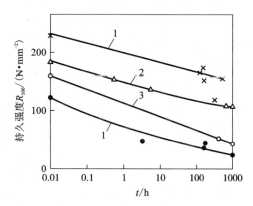

图 2 - 5 - 25　ZL208 合金不同温度下的持久强度
1—205℃，单铸试样；2—205℃，切取试样；
3—315℃，单铸试样；4—315℃，切取试样

表 2 - 5 - 35　ZL208 合金的高温弯曲疲劳强度

	循环周数	250℃	300℃	350℃
R_{-1}/(N·mm⁻²)	10^5	99	83	74
	10^6	74	63	56
	10^7	59	49	42
	10^8	48	39	31

2.5.8.5　工艺特性

ZL208 合金熔体的铸造温度为 $700 \sim 760$℃，高熔点合金元素（Ni、Mn、Co、Ti、Zr）以中间合金形式加入，应严格控制铁、硅等杂质元素含量，净化处理工艺和其他 Al - Cu 系合金的相同，采用气体或固体精炼剂（六氯乙烷等）除气。晶粒细化剂可采用混合盐（由氟钛酸钾和氟硼酸钾等组成）或 Al - Ti - B 中间合金。铸造工艺性能与其他 Al - Cu 系合金的相同，即要求加强补缩，防止热裂，特别是对于金属型铸件更要采取有效补缩和防止热裂措施。还应注意偏析倾向，其疏松和热裂倾向也比

Al-Si 系合金的大一些,铸件和浇铸系统设计要求与其他 Al-Cu 系铸造合金的相同,即要求铸件截面尽量均匀圆滑过渡、建立顺序凝固条件和加强补缩等。ZL208 合金有满意的可焊接性能。

2.6　ZL3××系合金

ZL3××系合金系 Al-Mg 系合金又称耐蚀铸造铝合金,有高的抗蚀性、强度、可切削性能和表面光洁度,只是铸造性能比 Al-Si 合金的低,熔炼和铸造时容易氧化,与砂型中水气反应形成 MgO 和 H_2,使铸件表面粗糙和发黑。向型砂中加入少量(1.5%)硼酸,形成熔融的玻璃质防水膜,或加入微量 Be 在铸件表面形成 BeO 保护膜,减少熔铸过程中 Mg 的烧损(特别是高 Mg 合金尤为必要),都是有效的防止方法。为了获得优质铸件,还应注意砂型的浇口、冒口和冷铁的设计。

Al-Mg 合金是典型的共晶型合金,β 相在 α 固溶体中有明显的溶解度变化,但时效效果不大,只有 Mg≥8% 的合金才有显著的固溶强化效应(T4)。工业用 Al-Mg 合金,除了主要成分 Mg 以外,还加入少量 Si(ZL302)或 Zn(ZL305)以改善铸造性能,加 Be 以防止氧化,Ti 是晶粒细化剂,Mn 能消除杂质 Fe 对塑性的不良影响,使针片状 $FeAl_3$ 变成颗粒状 Al(FeMn)化合物。这类合金只适于砂型铸造,只有高 Mg 合金(≥8% Mg)在个别情况下可用金属型或压力铸造。

从 Al-Mg 二元相图可看出,在 Al 角有 L→α(Al) + β(Al_8Mg_5)二元共晶反应,在共晶温度下,Mg 在 α(Al)中的固溶度为 17.4%。因此含 Mg 量低于 17.4% 的合金平衡结晶时只出现初生 α(Al),不出现 α(Al) + β(Al_8Mg_5)二元共晶组织。但在不平衡结晶时,将有 L→α(Al) + β(Al_8Mg_5)共晶反应,形成 L→α(Al) + β(Al_8Mg_5)二元共晶体。β 相是一种成分可变的化合物,也可以表达为 Al_3Mg_2。

当合金中存在杂质 Si 时,根据 Al-Mg-Si 三元相图,将有 L→α(Al) + Mg_2Si 或 L→α(Al) + β(Al_8Mg_5) + Mg_2Si 共晶反应。合金中存在杂质 Fe 时组织中将出现 Al_3Fe 相,它以 α(Al) + Al_3Fe, α(Al) + β(Al_8Mg_5) + Al_3Fe 或 α(Al) + β(Al_8Mg_5) + Mg_2Si + Al_3Fe 的共晶形式存在。添加少量 Ti 时,形成 Al_3Ti 相,细化 α(Al)晶粒。微量 Be 溶入 α(Al)中,不出现含 Be 相。

在工业上应用的 Al-Mg 系铸造铝合金有 ZL301、ZL302、ZL303、ZL304、ZL305 合金等,但在航空航天工业中应用的主要是 ZL303 合金。

2.6.1　ZL303 合金

ZL303 为不可热处理强化 Al-Mg 系铸造合金,其主要特点是有优良的耐腐蚀性能,其可切削加工性能超过其他各系铸造铝合金的。可焊性能和耐热性能均高于 Al-Si系合金的,但其室温力学性能较低。

该合金主要采用砂型铸造,也适用于金属型铸造在腐蚀介质作用下工作温度较高(200℃)的零件,如水上飞机的一些承载不大的零件或装饰件。

2.6.1.1　化学成分与组织

ZL303 合金的标定化学成分见表 2 – 5 – 36,在铸造状态下使用,相组成为
$\alpha – Al + Mg_2Si$,Mg_2Si 呈骨骼状分布于晶界,杂质相为 AlFeMnSi。

表 2 – 5 – 36　ZL303 合金的标定化学成分,质量分数(%)

技术标准	合金元素				杂质,不大于				
								其他	
GB/T 1173 HB 962	Mg	Si	Mn	Al	Fe	Zn	Cu	单个	总量
	4.5 ~ 5.5	0.8 ~ 1.3	0.1 ~ 0.4	余量	0.5	0.2	0.1	0.05	0.15

注:以最新有效标准为准。

含 5.72% Mg、1.03% Si、0.4% Mn、0.15% Fe 的未热处理的未浸蚀的 ZL303
合金砂型铸件(a)及金属型铸件(b)的显微组织见图 2 – 5 – 26,图中的黑色骨骼状
相是 Mg_2Si,灰色骨骼状相是 AlFeMnSi。它们的组织相同,不过金属型铸件的冷却
更快,组织细一些而已。

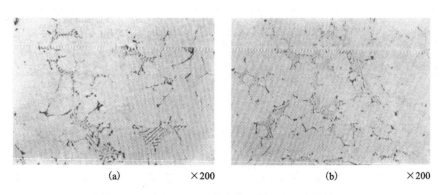

(a)　　　　　×200　　　　　　　(b)　　　　　×200

图 2 – 5 – 26　ZL303 合金的显微组织(未浸蚀)

(a)砂型铸造的;(b)金属型铸造的

2.1.2　热处理

2.6.1.2　热处理

ZL303 合金的热处理规范见表 2 – 5 – 37。铸件一般不进行热处理,对于形状比
较复杂的零件可采用退火,以消除内应力;为提高合金的塑性和耐腐蚀性,也可以
固溶热处理。

表 2 - 5 - 37   ZL303 合金铸件的热处理规范

状态	固溶处理				人工时效		
	温度/℃	保温时间/h	冷却介质及温度/℃	最长转移时间/s	温度/℃	保温时间/h	冷却介质
T1	—	—	—	—	170 ~ 180	4 ~ 6	空气
T4	420 ~ 430	15 ~ 20	沸水或油 50 ~ 100	25	室温	≥24	空气

2.6.1.3 物理化学特性

ZL303 合金的熔化温度为 550 ~ 650℃，热导率及比热容见表 2 - 5 - 38，平均线膨胀系数 α (× 10^{-6}/℃)：20 ~ 100℃ 的 20.0，20 ~ 200℃ 的 24.0，20 ~ 300℃ 的 27.0，密度 ρ = 2 600 kg/m^3，电阻率 64.3 nΩ·m，无磁性；具有优良的耐腐蚀性能，在大气、海水和碱性溶液中耐腐蚀性能均优于其他系铸造合金的。如果组织中存在较多的游离 β(Al$_3$Mg$_2$)相或铁杂质相，则耐腐蚀性能下降。ZL303 合金阳极氧化性能优于其他铸造铝合金的，通常采用硫酸阳极氧化，重铬酸钾封孔。

表 2 - 5 - 38   ZL303 合金的热导率及比热容

温度/℃	25	100	200	300	400
热导率/W·(m·℃)$^{-1}$	120	130	134	138	138
比热容/J·(kg·℃)$^{-1}$	—	962	1 000	1 050	1 130

2.6.1.4 力学性能

按 HB962，ZL303 合金砂型或金型铸件的最低力学性能：抗拉强度 R_m = 150 N/mm^2，伸长率 A_5 = 1%，布氏硬度 HB = 55。它的典型布氏硬度：S、F 或 J、F 的分别为 65 或 70。单铸砂型试样的力学性能：抗拉强度 R_m = 165 N/mm^2、屈服强度 $R_{P0.2}$ = 100 N/mm^2，伸长率 A_{10} = 3%；单铸金型试样的 R_m = 195 N/mm^2、A_{10} = 5%。从不同壁厚处切取的试样的力学性能见表 2 - 5 - 39，经稳定化处理后的抗拉强度示于表 2 - 5 - 40。砂型铸件的扭转及剪切强度：τ_m = 175 N/mm^2，$\tau_{P0.15}$ = 35 N/mm^2，$\tau_{P0.3}$ = 70 N/mm^2，$\tau_{P0.2}$ = 145 N/mm^2；砂型铸件的持久强度 R_{100} = 44 N/mm^2 (250℃)，300℃时的 R_{100} = 34 N/mm^2；合金的正弹性模量 E = 66 GN/m^2，切变模量 G = 25 GN/m^2，泊松比 μ = 0.33。

2.6.1.5 工艺特性

ZL303 合金含镁量较高，在熔化时具有较高的氧化和吸气倾向，最好在熔剂(光卤石等)覆盖下熔炼，并采用精炼熔剂(光卤石和氟化钙等)进行精炼，熔炼温度不宜超过 750℃。

表 2 - 5 - 39 从不同壁厚处切取的试样的力学性能

铸造工艺	壁厚/mm	$R_m/(N \cdot mm^{-2})$	$A_5/\%$
S	15	152	1.8
	30	125	1.0
	45	115	0.8
	60	108	0.6

表 2 - 5 - 40 经稳定化处理的 ZL303 合金铸件的抗拉强度

铸造工艺	稳定化温度/℃	抗拉强度 $R_m/(N \cdot mm^{-2})$
S	250	98 ~ 108
	300	69 ~ 78
	350	49 ~ 59

注：稳定化时间 100 h。

为减少铸件氧化夹杂，可采用过滤技术，如在浇铸系统中放置泡沫陶瓷过滤片，净化熔体，为防止熔体与型砂中水分发生反应，在型砂和芯砂中应加入保护剂（硼酸、烷基磺酸钠等），也可在合金中加入少量铍，以降低镁的氧化倾向。

ZL303 合金铸造温度为 680 ~ 750℃，具有中等水平的铸造性能，用浇铸棒状试样流动长度法测定的流动性为 322 mm，环形试样热裂倾向性试验测定的第一个裂纹在宽度为 16 mm 时形成。线收缩率 1.25% ~ 1.3%。气密性中等，厚度 4 mm 的试样在试验压力为 $9.8 N/mm^2$ 时破裂，而在此未出现渗漏。合金结晶间隔较宽，有形成疏松的倾向，要求浇铸系统设计注意顺序凝固和充分补缩，最好在压力釜里浇铸。ZL303 合金的焊接及补焊性能良好，可切削加工性能优良，可达到很小的粗糙度，同时易于抛光，并能长期保持原有光泽。

在 ZL3 × × 系中除上述的 ZL303 合金外，还有 ZL301、ZL302、ZL304、ZL305 合金等，它们在航空航天器中的应用少。ZL301 是高 Mg 合金，固溶处理（430 ± 5℃，10 ~ 20 h）和淬火（40 ~ 50℃油或 80 ~ 100℃水）后（T4）有高的综合性能，$R_m = 300 ~ 400 N/mm^2$、$R_{P0.2} = 170 N/mm^2$、$A_5 = 12\% ~ 15\%$，并有良好的抗蚀性。但组织和性能的稳定性差，长期存放或自然时效后塑性明显降低，出现 SCC 敏感性，故应用受到很大限制。ZL301 适于铸造在海水环境中工作的承受大载荷的零件。

ZL305 是 ZL301 的改型合金，针对后一合金的缺点，添加少量 Zn（1.0% ~ 1.5%），降低 Mg 含量，提高了铸造性能和时效稳定性，淬火后自然时效 10 年，塑性也不降低，且有良好的抗蚀性，也无 SCC 敏感性。适于铸造高强度、抗腐蚀、承受较大载荷的铸件，如海水泵壳体、舷窗框和支架等。T4 状态：$R_m = 300 N/mm^2$、$R_{P0.2} = 180 N/mm^2$、HB = 90、$A_5 = 8\%$。

ZL302 合金[与航标（HB）的 ZL303 相当]的 Mg 含量低，无热处理强化效应，强度不高，$R_m = 170 \sim 200 \ N/mm^2$、$R_{P0.2} = 90 \sim 100 \ N/mm^2$、$HB = 65 \sim 70$、$A_5 = 3\% \sim 5\%$，因加入了 Si 和 Mn，其铸造性能和抗蚀性得到明显改善，又无 SCC 敏感性，适于铸造低压阀件和海水泵壳体等耐蚀零件。

ZL304 是 ZL302 的改型合金，提高了 Mg 含量，加入了 Be 和 Ti，所以强度比后者的高，又具有与 ZL302 合金相同的抗蚀性和 SCR，能补焊，还能与 5A06 等变形铝合金对焊，适于代替 ZL302 合金铸造各种抗海水腐蚀的铸件。砂模铸件的 $R_m = 200 \ N/mm^2$、$R_{P0.2} = 120 \ N/mm^2$、$HB = 60$、$A_5 = 3\%$。

2.7　ZL4××系合金

ZL4××合金为 Al – Zn 系合金，主要特点是具有良好的铸造性能、可切削性能、可焊性能和尺寸稳定性，铸态即有明显的时效硬化能力，可排除淬火引起的变形和尺寸的变化。抗蚀性比硅铝明的低，密度高，适于砂型铸造，金属型铸件易产生热裂现象，故应用范围受限制。

ZL401 合金含大量 Si，铸造性能高，有含 Zn 硅铝明之称，可用砂型和金属型铸造，也可以压铸，可以变质处理，组织与 ZL101 的相似，是亚共晶组织。因 Zn 在 Al 中的固溶度极高(275℃，31.6% Zn)，合金中无含 Zn 相，平衡组织为 $\alpha_{(Zn)} + Si + Mg_2Si$，含 Fe 夹杂相为 $\beta(Al_9Fe_2Si_2)$。含 Zn 的 α 固溶体很稳定，在铸造冷却过程中不发生分解，有高的固溶强化效应，可以进行 T1[175℃/(5 ~ 10) h]或 T2 处理[250 ~ 300℃/(1 ~ 3) h]以提高强度或尺寸稳定性。这种合金的耐热性差，强度不高，中等耐蚀性，适于压铸工作温度≤200℃的压铸件。Fe 是杂质，Mg 能增加时效能力，提高强度，但对塑性不利。ZL401 – T1 的 $R_m = 220 \sim 230 \ N/mm^2$、$R_{P0.2} = 150 \ N/mm^2$、$HB = 80$、$A_5 = 2\%$。

ZL402 合金取消了 Si，增加了 Mg 含量，并且加入了 Cr 和 Ti，细化了晶粒，改善了抗蚀性，提高了强度和塑性，T1 处理后，$R_m = 240 \ N/mm^2$、$R_{P0.2} = 170 \ N/mm^2$、$HB = 80$、$A_5 = 5\%$，适于用砂型铸造空压机活塞、气缸座和仪表壳等铸件。

2.7.1　ZL401 合金

ZL401 合金具有优良的铸造性能、可焊性能和良好的室温力学性能，且该合金有较强的自然时效硬化倾向，可不经过热处理达到较高强度。其主要缺点是合金热强性低，耐腐蚀性差且密度大。

ZL401 主要合金元素为锌、硅、镁。锌在铝中的溶解度变化很大，由共晶温度的 84% 至室温的 2%，有很大的自然时效倾向，但锌和 α – Al 电位差较大，为 0.90 V，使合金耐腐蚀性能差。硅主要是提高合金的流动性，改善合金铸造性能，硅还可以改善合金的抗腐蚀性能，镁是合金主要强化元素。适用于各种铸造方法，铸造复杂薄壁飞机附件和仪表零件等，如航空仪表薄壳体压铸件。零件在铸态使用需放置一定时间以待自然时效，也可以根据使用要求进行人工时效处理。

2.7.1.1　化学成分与组织

ZL401 合金的化学成分见表 2 - 5 - 41。图 2 - 5 - 27 为 7.0% Si、11.0% Zn、0.26% Mg、0.29% Fe 的 ZL401 合金的未热处理的显微组织，图 2 - 5 - 27(a)：砂型铸造的，未热处理，灰色片状相是 Si，灰白色针状和片状相是 β(Al$_9$Fe$_2$Si$_2$)，它与 Si 不易区别。Mg$_2$Si 因放大倍数小不易分辨；图 2 - 5 - 27(b)：金属型铸造的，未热处理，β(Al$_9$Fe$_2$Si$_2$)呈黑色针状，Si 仍为灰色，α(Al) + Si + β(Al$_9$Fe$_2$Si$_2$)构成共晶体。

合金相组成为 α - Al、Si、Zn、Mg$_2$Si。铸造状态下锌溶于基体，在时效过程呈弥散质点析出，起强化作用，杂质相为 β(Al$_9$Fe$_2$Si$_2$)。

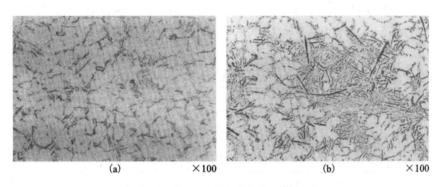

(a)　　　　×100　　　　　　　　(b)　　　　×100

图 2 - 5 - 27　ZL401 合金的显微组织

(a)未浸蚀，砂型铸造；(b)10% H$_2$SO$_4$ 水溶液浸蚀，金属型铸造

表 2 - 5 - 41　ZL401 合金的标定化学成分，质量分数(%)

标准	合金元素				杂质，不大于							
	Si	Mg	Zn	Al	Fe			Cu	Mn	其他		
GB/T 1173	6.0 ~ 8.0	0.1 ~ 0.3	9.0 ~ 13.0	余	S 0.7	J 1.2		0.6	0.5	S 1.8	J 2.0	— —
HB 962	6.0 ~ 8.0	0.10 ~ 0.3	7.0 ~ 12.0	余	S,R 0.8	Y 1.3	J 1.2	0.6	0.5	— —	单个	总量

注：以实行的有效最新标准为准。

2.7.1.2　物理化学性能

ZL401 合金的熔化温度为 545 ~ 575℃，它的热导率及比热容与 ZL101 合金的大体相当，平均线膨胀系数 α(×10^{-6}/℃)：20 ~ 100℃ 的 24.0，20 ~ 200℃ 的 25.5，20 ~ 300℃ 的 27.0，无磁性；由于锌和铝固溶体之间电位差大，合金耐腐蚀性能较低。

2.7.1.3 热处理

ZL401 合金一般不进行热处理，在自然时效状态下使用。对于有特殊要求的零件，可以根据专用技术条件确定热处理状态，通常在自然时效状态下使用，主要用于制造不同复杂程度的中小型压铸件和金属型铸件。

由于自然时效缓慢，为加速时效过程，可在 100℃人工时效 5~6 h，为了消除铸造应力，可采用两种热处理制度：①175℃ ±5℃，5~10 h；②250~300℃，3~10 h。

2.7.1.4 力学性能

ZL401 合金的标定力学性能见表 2-5-42；砂型铸件的布氏硬度（HB）为 80，金型铸件的 HB=90；单铸试样的室温典型力学性能见表 2-5-43，在不同温度的力学性能列于表 2-5-44；高温持久强度 R_{100}（N/mm^2）：250℃的 49；300℃的 34；室温旋转弯曲疲劳强度 R_{-1}=64 N/mm^2（5×10^8 周）；表 2-5-45 示出了在不同应力的疲劳循环数；正弹性模量 E=69 GN/m^2，切变模量 G=27 GN/m^2，泊松比 μ=0.33。

表 2-5-42 ZL401 合金的标定力学性能

标准	铸造工艺	状态	R_m/(N·mm^{-2})	A_5/%	HB
			不小于		
GB/T 1173	S, R, K	T1	195	2	80
	J	T1	145	1.5	90
HB 962	S	F	200	2	80
	J	F	230	1	90

表 2-5-43 ZL401 合金单铸试样的室温典型力学性能

铸造方法	状态	抗拉强度 R_m/(N·mm^{-2})	屈服强度 $R_{P0.2}$/(N·mm^{-2})	伸长率 A_5/%
S, R, K	T1	215	100	3
J	T1	255	—	5

表 2-5-44 ZL401 合金单铸试样在不同温度加热后的力学性能

加热温度/℃	加热后室温下立即试验		加热后室温下经 120 h 放置后试验	
	R_m/(N·mm^{-2})	A_5/%	R_m/(N·mm^{-2})	A_5/%

未加热	280	1.5	—	—
100	248	2.5	268	2.0
150	226	4.3	246	3.2
180	217	4.8	248	4.2
210	234	5.8	260	4.9
240	218	5.0	253	3.7
270	229	5.1	294	2.3
300	225	3.1	276	1.7

表 2 – 5 – 45　ZL401 合金单铸试样的断裂循环数

$R_{-1}/(\text{N} \cdot \text{mm}^{-2})$	断裂循环数/周	$R_{-1}/(\text{N} \cdot \text{mm}^{-2})$	断裂循环数/周
108	367×10^3	69	$>10^7$
98	$1\ 462 \times 10^3$	64	$>10^7$
78	$>10^7$		

2.7.1.5　工艺特性

ZL401 合金铸造温度为 680 ~ 750℃，具有优良的铸造性能，其流动性、热裂性和气密性均接近 ZL101 合金，线收缩率 1.2% ~ 1.4%，体收缩率 4.0% ~ 4.5%。为了改善合金组织和性能，可以在合金熔炼时进行晶粒细化处理。晶粒细化剂为 Al – Ti – B 中间合金、Al – Zr 中间合金或锆盐，晶粒细化温度为 730 ~ 750℃。合金多次重熔后工艺性能会恶化，铸件表面出现花纹，因此不宜多次回炉熔炼。

ZL401 合金可焊接性良好，相当于 Al – Si 或 Al – Si – Mg 系合金的；可采用阳极氧化表面处理提高耐腐蚀性，压铸件不能进行阳极氧化，但可以涂漆；合金的含锌量较高，其可切削加工性优于 Al – Si 和 Al – Si – Mg 系铸造铝合金。

第3篇　先进航空航天铝合金

所谓先进航空航天铝合金是指近 30 年来研发的并已获得实际应用的铝合金,如含锂的合金、含钪的合金、复合材料、粉末冶金材料、泡沫铝材、蠕变时效合金、超塑合金等。

3.1　Al – Li 合金

Al – Li 合金是一类含有合金元素 Li 的变形铝合金,在大多数合金中 Li 并不是一个最主要的合金元素。该类合金既古老又年轻,说它古老是因为 80 多年前就已诞生,说它年轻是近 40 多年来才在航空航天器中获得有效的实际应用。8024 合金是一个真正的高纯 Al – Li 二元合金,是一个含 3.4% ~ 4.2% Li 与 0.08% ~ 0.25% Zr 的合金,其他元素皆为杂质,为英国 1999 年所注册。

20 世纪 20 年代初,德国研制成含 Li 的铝合金,其商品名称为"Scleron",典型成分为:12% Zn、3% Cu、0.1% Li。1942 年,美国铝业公司(Alcoa)的 Lebron 申请了 X2020 合金(Al – 4.5 Cu – 1.0 Li – 0.8 Mn – 0.5 Cd)的专利。该铝合金于固溶处理并在 160℃时效后的性能为:$R_m = 567$ N/mm^2, $R_{P0.2} = 533$ N/mm^2, $A = 7.8\%$。此合金板材于 1957 年首先在美国海军的 A31J 侦察机上得到应用。20 世纪 60 年代初,在超声速轰炸机 B – 58 和歼击机 F – 111 上也得到少量应用。X2020 合金的断裂韧性低,尤其是缺口敏感性比 7075 – T6 合金的大。

1955 年,英国 Hardy 与 Silcock 对 Al – Li 及 Al – Cu – Li 合金的时效沉淀过程做了研究。Silcock 发现了有序的 δ′(Al$_3$Li)相。日本中村正久等也证实有 L1$_2$ 结构的 δ′ 相存在。60 年代苏联制成 01420 合金,其成分:(4% ~ 7%)Mg,(1.5% ~ 2.6%)Li,(0.2% ~ 1.0%)Mn 或(0.05% ~ 0.3%)Zr,(0.05% ~ 0.15%)Ti,(0.05% ~ 0.3%)Cr,其余为 Al,后又研制成 ВАД23 合金。04120 的性能为:$R_m = 448$ ~ 483 N/mm^2, $R_{P0.2} = 310$ ~ 345 N/mm^2, $A = 8\%$ ~ 10%,弹性模量 $E = 738$ N/mm^2。

1971 年,英国富尔默(Fulmer)研究所制成了新的 Al – Mg – Li – Zr 合金,特别是 1973 年石油危机以后,再次兴起了研究 Al – Li 合金的热潮,在解决合金的低韧性与晶界脆性方面取得了突破性的成就。20 世纪 80 年代中期,8090、2090 和 2091 合金进入商业生产阶段,稍后又研制成 CP276 和 Weldalite 合金。它们的典型成分如下。

Weldalite049:5.4% Cu, 1.3% Li, 0.4% Ag, 0.4% Mg, 0.14% Zr;

2090 合金:2.7% Cu, 2.2% Li, 0.12% Zr;

2091 合金：2.1% Cu, 2.0% Li, 0.10% Zr;

8090 合金：2.45% Li, 0.12% Zr, 1.3% Cu, 0.95% Mg;

CP276 合金：2.7% Cu, 2.2% Li, 0.5% Mg, 0.12% Zr。

中国于 20 世纪 60 年代初制成 Al－Cu－Li 系合金 S141, 20 世纪 90 年代初期西南铝业（集团）有限责任公司从俄罗斯引进 Al－Li 合金熔铸装备与技术（10 t 真空熔炼炉, 自制了 1 t 的熔炼铸造生产线）, 使中国 Al－Li 合金进入了一个新阶段, 成为继美国、俄罗斯、英国、法国之后可生产 Al－Li 合金的第五个国家。世界上可生产 Al－Li 合金的企业有：西南铝业（集团）有限责任公司、美国铝业公司、雷诺兹金属公司（Reynolds, 2001 年被美国铝业公司收购）、法国普基铝业公司（Pechiney, 2007 年被加拿大铝业公司兼并, 2010 年又归属肯联公司）、俄罗斯的卡缅斯克铝加工厂等, 它们既能生产铸锭, 又能生产板材、型材与锻件。

3.1.1　物理冶金

3.1.1.1　基本特性

降低合金密度最简单的方法是向其中添加低原子量元素, 以减小合金的密度。在铝合金中, Li 与 Be 是降低密度最有效的合金元素。Li 在铝中的最大溶解度为 4.2%, 向铝中每添加 1%, 可使其密度下降约 3%, 而其弹性模量 E 则上升约 5%。含少量 Li 的铝合金在时效过程中沉淀均匀的共格强化相 δ'。

1990 年, 雷诺兹金属公司与马丁·马里特公司（Martin Marietta）共同研制的 2094 及 2095 合金在美国铝业协会注册, 它们的强度高, 超过 700 N/mm², 跻身强度最高的铝合金之列。1992 年, 雷诺兹金属公司又开发出 2195 和 X2096 合金, 它们既有低的密度, 又有高的比强度与韧性。

雷诺兹金属公司在研制可焊的高强度 Al－Li 合金 Weldalite 的同时, 又与通用动力公司（General Dynamics Co.）、洛克希德公司合作研制出轧制厚板用的低密度高韧性 Al－Li 合金, 并于 1993 年在美国铝业协会注册 2197 合金。这是一种不属于 Weldalite 型的合金, 其疲劳强度与刚度比 2124 合金的高, 而密度却较低。目前, 除 X2096 合金仍在开发外, 其他的合金均已进入工业规模生产与应用。1996 年 6 月雷诺兹金属公司向洛克希德·马丁公司交付第一批 2197 合金厚板, 用于制造 F－16 歼击机。发展 Al－Li 合金的下一个里程碑是开拓这类材料在民用飞机制造中的应用。Al_3Li 使合金强化, 而 Be 则几乎没有沉淀强化作用。Li 因此成为制造低密度铝合金的首选合金元素。

同其他热处理可强化的变形铝合金一样, Al－Li 合金的强化也是通过固溶热处理与随后的人工时效获得的。沉淀相的结构取决于一系列的工艺参数, 主要是淬火速度、人工时效前的冷加工量、时效温度与时间。微量合金元素能改变沉淀相界面能、提高空穴浓度或提高均匀沉淀的临界温度, 因而它们对时效过程有很大影响。图 3－1－1 表示微量的 Sn(0.15%)、Cd、In 对 Al－Li 合金 2090(2.3% Cu、2.3%

Li、0.15% Zr)时效后硬度的影响。In 对时效硬化有良好的影响，而 Sn 的影响则不利。Al – Li 合金中除有均匀沉淀相外，在界面上与晶界上还会有不均匀的沉淀相，它们会降低合金的断裂韧性。沉淀相的尺寸大小与体积分数既与所加的元素有关，又与合金的成分及时效温度有关。

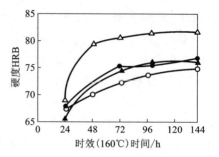

图 3 – 1 – 1　Sn、Cd、In 对 2090 合金
时效硬化性能的影响
—○— Sn；—●— Cd；
—▲— In；—△— 未加微量元素

　　二元 Al – Li 合金的时效过程为：过饱和固溶体→中间相 δ′(Al₃Li) + 平衡相 δ(Al₃Li)。

　　δ′相起强化作用，与母相完全共格，呈球状，晶体结构为 L1₂ 型(Cu₃Au)，Li 原子位于 8 个角上，而 Al 原子则占着六角面的中心。δ′的晶格与铝固溶体面心立方晶格在几何上是相似的，它们的晶格参数极为匹配。这种共格结构使合金的强度提高。一旦在晶界与晶内沉淀出不均匀的粗大的 δ 相，合金的强度便下降。δ 相为 NaTl 型晶体结构，可独立形核成长，也可由 δ′相转变而长大。Al – Li 合金有独特的显微组织，与大多数可热处理合金的不同之处是，一旦起主要强化作用的 δ′相形成均匀的沉淀物，即使延长时效时间，仍与母相 Al 固溶体共格。不过，在高于 190℃长时间时效，则可在晶界上形成五重对称的二十面体沉淀物，它们是准晶体，虽然尚未精确地确定其结构与成分，但毫无疑问，这些沉淀物与晶界附近的无沉淀区(PFZ)对合金的断裂行为起着主导作用。

　　由此可知，Al – Li 系合金的强化机理是由于沉淀相 δ′与母相的共格作用。因此，其变形与断裂也相当特殊，也是其断裂韧性不高的根源：δ′相可被位错切割，一旦位错通过，该部分的截面积便减小，以后的位错易沿此面通过，滑移也易集中于此。位错在此滑移面与晶界交叉处堆积，引起应力集中，形成裂纹源，造成裂纹。此裂纹沿着滑移带或晶界发展。此外，变形易集中在软的无沉淀区内，在 3 条晶界交点及晶界沉淀物 δ 的界面产生裂纹，它们沿着晶界扩展，造成破坏。

　　Al – Li 合金韧性低的原因还有：合金的氢含量高和有微量 Na 存在(即使 Na 的含量少到 10×10⁻⁶ mg/g)时，使晶界脆化。

　　向二元 Al – Li 合金中加入 Cu、Mg 等可形成共格/不共格的沉淀物，诸如 T₁(Al₂CuLi)、θ′(Al₂Cu)或 S(Al₂LiMg)相，或加入 Mn、Zr 等以形成弥散的化合物，使滑移均匀化，从而提高 Al – Li 合金的塑性与韧性。

　　Al – Li – Mg、Al – Li – Cu 及 Al – Li – Cu – Mg 系合金的沉淀过程相似，如 Al – Li – Mg 系合金的沉淀过程如图 3 – 1 – 2 所示。

　　Mg 不溶入 δ 相中，可使 Li 的溶解度下降。随着 δ 相的沉淀，基体产生固溶强化。

　　在 Cu 含量高的 Al – Cu – Li 合金中，Al – Li 相的沉淀与 Al – Cu 相的沉淀同时发生如图 3 – 1 – 3 所示。

图 3 – 1 – 2　**Al – Li – Mg 系合金的沉淀过程**　　　　图 3 – 1 – 3　**Al – Cu – Li 合金**

为了改善 Al – Li 合金的塑性与断裂韧性，可采取如下的措施：

①防止局部优先变形。使不易位错切割的沉淀物粒子细化，并均匀分布；或时效前进行预变形，使 θ′、S′ 相细化与均匀分布；或使 Al_3Zr 之类化合物形成细小均匀分布的沉淀物。

②防止晶界应力集中。进行欠时效，减少无沉淀区宽度；或时效前进行预变形，以减少无沉淀区宽度，抑制晶界沉淀；或施以形变热处理；或添加 Zr 之类的元素，细化晶粒。

③防止晶界脆化。加强精炼和净化处理，严格限制钠含量和减少氢含量。钠含量较多时，可添加微量 Bi 等中和其有害影响。

④减少晶粒内的应力集中源。降低非金属夹杂物含量；减少不溶解的结晶物并使其微细化，以提高合金纯净度；使可溶解的结晶相（一次晶体）溶于固溶体中。

研究证明，Mg 与 Cu 通过固溶强化与沉淀强化可使 Al – Li 合金的强度提高，并可减少晶界附近的无沉淀区。Zr 可形成共格的立方体的 Al_3Zr 弥散体，稳定业晶粒组织，抑制再结晶。Al – Li – X 合金的刚度比传统高强度铝合金的高 7% ~ 12%，通常有优越的抗疲劳裂纹发展能力，低温韧性也相当好。然而，它们的 $S – T$ 向断裂韧性相当低，而且显微疲劳裂纹增长速度很快。图 3 – 1 – 4 为 8090(Al – Li – Cu – Mg – Zr)合金挤压材料的蠕变裂纹增长速度与 2219、2124 合金挤压材料的这种性能比较。由图可见，8090 合金的裂纹增长速度有极强的方向性，$T – L$ 方向的增长速度比 $L – T$ 方向的快得多。在 Al – Li – X 合金中，Mg 的作用仅在于降低 Li 在 Al 中的溶解度。人工时效初期，Al – Mg – Li 合金的显微组织与 Al – Li 合金的相似。Al – Cu – Li 系合金的沉淀过程与沉淀物不但比 Al – Li 系合金的复杂，而且也比 Al – Mg – Li 系合金的复杂。

Al – Li 合金的强化主要来自强化相的沉淀，但是通过形变热处理对其显微组织进行严格控制，可使其强度得到进一步的提高。在形变热处理过程中，通常添加少量的 Mn、Cr、Zr 等作为次要的合金元素，其主要作用是控制显微组织。不过，Zr 有双重作用，既能提高 Al – Li 系合金的强度又能改善其断裂韧性。与 Al – Zn – Mg 系合金不同，Al – Li 合金强度与韧性的提高得益于人工时效前的冷、热变形。冶金工作者利用这种独特的现象，开发出了种种形变热处理工艺，以使 Al – Li 合金在人工时效后具有良好的综合性能。

人工时效前的变形对沉淀强化程度也是有影响的，诸如 Al – Cu – Li 合金 2090 的 T_1 相的成核是在位错处。因此，可认为位错对强化相 T_1（Al_2CuLi）的形核是必不可少的。对 8090 Al – Li – Cu – Mg 合金强化相 S′（Al_2LiMg）也有类似的作用。由于位错对这些合金的沉淀强化有影响，因而常常在时效前向合金施加一定量的变形，提高位错密度，为沉淀强化相的生成创造更多的形核场所。因此，对薄板、厚板与挤压材料可施加拉伸变形，而对锻件则进行压缩。一般，拉伸变形相当均匀，压缩应变则很不均匀，表层的应变大，中心部的应变小。因此，必须对合金应变大小与时效效果的关系作深入的研究。

图 3 – 1 – 5 表示预变形量与时效时间对 Al – Li – Cu – Zr 合金 2090（2.4% Li、2.4% Cu、0.18% Zr、其余为铝）的沉淀相 T_1 的体积分数与数量密度（个/μm^3）的

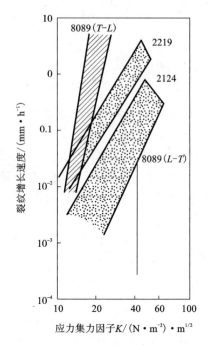

图 3 – 1 – 4　8090 合金与 2219、2124 合金挤压材料蠕变裂纹增长速度的比较

影响，而时效前进行不同量拉伸变形的同一合金的平均屈服强度与时效时间的关系见图 3 – 1 – 6。可见，拉伸变形量对沉淀强化相 T_1 体积分数的影响与对合金屈服强度的影响具有明显的对应相关性。现已确定了铝合金的时效硬化强度与沉淀强化相的尺寸及体积分数的关系。2090 合金的时效硬化量对时效前的变形量极为敏感。需指出的是，不均匀变形对材料时效硬化量有很大影响，因而对合金的局部强度有相应的影响。同时，变形量大于 4% 以后，对时效硬化量的影响会减少。因此，当通过拉伸或压缩变形来生产 T8 状态型材时，如果变形不均匀，就可能引起性能的很大变化，在生产中应予以充分注意。

3.1.1.2　合金中各元素的作用

Li：铝中每添加 1% 的 Li，可使密度下降约 3%，弹性模量升高约 5%。含少量 Li 的铝合金在时效过程中沉淀出均匀分布的球形共格强化相 δ′（Al_3Li），会提高合金的强度和弹性模量。

Cu：Cu 能有效地改善 Al – Li 合金的性能，提高强度而不降低塑性。

Mg：Mg 有固溶强化作用，能增加无沉淀区的强度，减少它的危害性。Mg 能减少 Li 在 Al 中的固溶度，从而增加 δ′ 相的体积分数，使合金进一步强化。在含 Cu、Mg 的 Al – Li 合金中，Mg 能与 Al、Cu 形成 S 相（Al_2CuMg），多相沉淀有助于抑制合金变形时的平面滑移，改善合金的韧性和塑性。

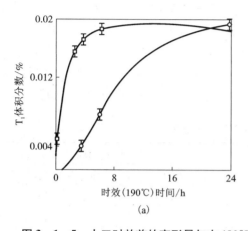

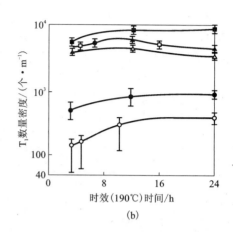

(a)　　　　　　　　　　　　　　　　(b)

图 3 − 1 − 5　人工时效前的变形量与在 190℃时效时间对 2090 合金 T_1 沉淀相数量的影响

拉伸量：—○— 0%；—●— 2%；—▲— 4%；—△— 6%；—□— 6% 与在 50℃预时效 24 h；—■— 8%

Zr：在 Al − Li 合金中添加 Zr 的作用有两点，一是细化铸态晶粒；二是在铸锭均匀化处理时形成均匀弥散的 Al_3Zr，抑制变形 Al − Li 合金的再结晶，控制晶粒大小和形状。Al_3Zr 弥散粒子有助于减弱 Al − Li 合金变形时的平面滑移所引起的局变应变集中。

Ag 或 Sc：向合金中添加少量 Ag 或 Sc，以取代 δ′ 相中的一部分 Li 或 Al，能显著改变 δ′ 相的晶格常数及 α(Al) − δ′ 之间的界面能，促进位错交叉滑移或绕过沉淀相，而不是切割沉淀相，从而减少平面滑移。在 Al − Li − Cu 合金中添加少量银有助于 T_1 相沉淀，提高强度。Sc 能形成 Al_3Sc 化合物，它的晶格在尺寸和结构上与 Al 的很相似，能细化晶粒。

Al − Li 合金在热处理的加热过程中，

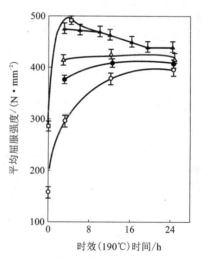

图 3 − 1 − 6　时效前有不同拉伸变形量的 2090 合金的平均屈服强度与在 190℃时效时间的关系

（拉伸变形量与图 3 − 1 − 5 的相同）

当温度 >260℃时，材料表面会发生较强的氧化，形成氧化锂与氢氧化锂。对这两种化合物应加以注意，因为它们是碱性较强的物质，对人的皮肤、眼睛和呼吸道有较强的刺激作用，甚至造成损伤。接触时间越长、接触面积越大，这种危害也越大。吸入这两种物质的粉尘，对呼吸道有强烈的刺激作用。根据美国工业卫生协会（AIHA）推荐的《工作场所环境暴露水平（WEXL）》规定，当空气中氧化锂与氢氧化锂粉尘浓度达到 1 mg/m³ 时，人在其中的最长工作或停留时间为 1 min。在 Al – Li 合金热处理温度 >260℃或干法切削 Al – Li 合金材料时，空气中氧化锂尘埃与氢氧化锂浓度就很可能超过上述临界值。

工业 Al – Li 合金的热处理规范见表 3 – 1 – 1，而平均淬火速度对 2090 合金拉伸性能的影响见表 3 – 1 – 2，淬火速度对 8090 合金力学性能的影响见表 3 – 1 – 3。

表 3 – 1 – 1　Al – Li 合金的热处理规范

合金	材料	固溶处理①		人工时效处理		
		温度②/℃	状态④	温度②/℃	时间③/h	状态④
2090	薄板	540	T3	165	24	T83
2091	薄板	530	T3	120	24	T84
	挤压棒	530	T3	190	12	峰值时效
8090	挤压棒	530	T3	190	12	峰值时效
CP276	挤压棒	540	T3	190	12 ~ 15	峰值时效

注：①材料出炉应尽可能地快，将转移时间缩至最短。全浸室温水中淬火，在淬火期间，水温应≤38℃，对有些材料宜用大流量冷水淬火；②应尽可能快地加热到淬火温度，温度偏差 ±6℃；③近似时间，精确时间决定于将炉料加热到所需温度的时间；表中所列时间是指快速加热时的保温时间，并且是从炉料温度离保温温度不足6℃时起算的；④为了达到本状态所需的性能，必须在固溶处理后与时效之前进行一定量的冷变形。

我们可以将现行的工业 Al – Li 合金分为三组：Al – Li – Cu 系（2020、2090、ВАД23），Al – Li – Mg 系（1464 等），Al – Li – Cu – Mg 系（2091、8090、Weldalite 049、CP276、1441 型、1464 型合金等）。2090 型合金在凝固后于室温下的平衡相为 $\alpha(Al) + T_1(Al_2CuLi) + T_2(Al_6CuLi_3)$，在非平衡条件下凝固时会出现 Al_2Cu 及 AlLi，在均匀化退火时会固溶于铝中。

Al – Li – Mg 系合金是苏联 – 俄罗斯研发的，这类合金除含 Mg（4% ~6%）、Li（1.5% ~3%）外，还含有微量的 Zr、Mn、Sc。142 ×型合金在平衡凝固时的相可由相图（见图 3 – 1 – 7）得知，例如 4% ~6% Mg + 1.5% ~3% Li 的合金由 $\alpha(Al)$ 晶粒与第二相 AlLi 及 Al_2LiMg 粒子组成，有 Zr 及 Sc 时会相应地出现 Al_3Zr 及 Al_3Sc 初生相。

大多数 Al – Li 合金都含有 Cu（1% ~5.5%）、Mg（0.3% ~6%）与 Li（1% ~3%），在凝固、变形与时效过程中都可以形成相应的相。在铸造与退火的合金中有如下的相：$\alpha(Al)$、$T_1(Al_2CuLi)$、$T_2(Al_6CuLi_3)$、Al_2Cu、$S(Al_2CuMg)$。3% Cu 与 2.5% Li 的变温四元断面相图如图 3 – 1 – 8 所示，可用于分析如 CP276、2091、8091 合金在不同温度时的相组成。由图可知，它们在凝固时，最初形成 $\alpha(Al)$，而后通过共晶反应形成 T_2 与 S 相，而 T_1 是从固溶体中析出的，该系的最低共晶反应为：$L \rightarrow \alpha(Al) + S + T_2 + Al_2CuMg$，484℃。

含 1.7% ~ 3.3% Li 的 Al – Li – Cu – Mg(Zr) 系的准三元等温平衡相图见图 3 – 1 – 9。由图可知,除形成共格的 $Al_2Li(\delta')$ 相外,还有如下的强化相:$Al_2Cu(\theta)$、$Al_2Cu(\theta')$、$GP\,II\,(\theta'')$、$AlLi(\delta)$、Al_3Zr;三元相 $Al_6Cu_4Li(T')$、$Al_2CuLi(T_1)$、$Al_6CuLi_3(T_2)$、$Al_2MgLi(S')$、$Al_2CuMg(S)$。Al – Li – Cu – Mg 合金的强化效应也可由此图得到圆满的解释。过时效的 Al – Li – Cu – Mg – Zr 合金有良好的塑性,变形时发生均匀的变形。

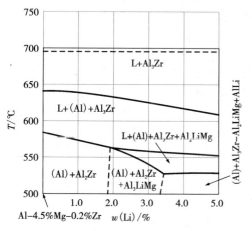

图 3 – 1 – 7　Al – 4.5%Mg – 0.25%Zr
合金的变温(垂直)断面相图

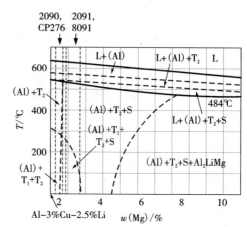

图 3 – 1 – 8　Al – 3%Cu – 2.5%Li
合金的变温断面相图

表 3 – 1 – 2　平均淬火冷却速度对 2090 合金拉伸性能[①]的影响

厚板中心平均冷却速度 /($\text{℃}\cdot\text{s}^{-1}$)	状　态	$R_{P0.2}$ /($\text{N}\cdot\text{mm}^{-2}$)	R_m /($\text{N}\cdot\text{mm}^{-2}$)	A /%
0.5(板厚 13 mm, 空冷)	淬火状态	162	334	2
	拉伸 6% + 190℃时效 8 h	448	513	5
36(板厚 38 mm, 室温水淬火)	淬火状态	128	312	12
	拉伸 6% + 190℃时效 8 h	338	476	6
46(板厚 13 mm, 沸水淬火)	淬火状态	138	331	16
	拉伸 6% + 190℃时效 8 h	530	570	9
48(板厚 13 mm, 室温水淬火)	淬火状态	139	331	17
	拉伸 6% + 190℃时效 8 h	526	570	7
85(板厚 13 mm, 冷盐水淬火)	淬火状态	135	349	19
	拉伸 6% + 190℃时效 8 h	535	575	7

注:①4 个试样的平均值。

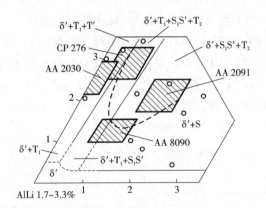

图 3 – 1 – 9　Al – Li – Cu – Mg(Zr) 合金(1. 7 % Li ~ 3. 3 % Li) T6(190 ℃ 人工
时效 24 h) 的注册合金及试验合金(以"o"表示) 可析出相的准三元相图

表 3 – 1 – 3　淬火速度对 8090 合金力学性能的影响

成分 /%	冷却速度[1] /(℃·s⁻¹)	拉伸率 /%	时效处理	$R_{P0.2}$ /(N·mm⁻²)	R_m /(N·mm⁻²)	(50 mm) A[2]/%
Al – 2. 28 Li – 0. 86 Cu – 0. 90 Mg – 0. 13 Zr – 0. 13 Fe – 0. 06 Si	空冷, 约 0. 25	2	190 ℃ , 16 h	380	446	7. 7
	聚合物中淬火, 约 18	4	170 ℃ , 24 h	401	465	6. 0
		2	190 ℃ , 16 h	415	481	8. 0
	水中淬火, 约 120	4	170 ℃ , 24 h	415	481	7. 2
		2	190 ℃ , 16 h	428	492	8. 1
Al – 2. 58 Li + 1. 36 Cu – 0. 89 Mg – 0. 13 Zr – 0. 17 Fe – 0. 04 Si	空冷, 约 0. 25	4	170 ℃ , 24 h	417	483	7. 5
		2	190 ℃ , 16 h	417	485	6. 5
	聚合物中淬火, 约 18	4	170 ℃ , 24 h	442	503	4. 5
		2	190 ℃ , 16 h	448	524	6. 8
	水中淬火, 约 120	4	170 ℃ , 24 h	448	519	5. 0
		2	190 ℃ , 16 h	464	535	8. 2
		4	180 ℃ , 24 h	448	517	6. 3

注: ①550 ℃ 固溶处理 1 h; ②2 个试样的平均值。

　　Al – Li 合金(2090、2091、8090、8091 合金, 它们是第一代 Al – Li 合金) 的沉淀相为 Al₃Li 中间相, 在塑性变形时移动的位错很容易切割它们, 随后而来的位错更易于通过, 因此, 变形仅在一些滑移的面上发生, 导致不均匀变形, 使晶界成为位错塞积和应力集中处, 产生微裂纹, 进而导致宏观破裂。

　　不过向 Al – Li 合金中添加一些合金元素与微量元素后可提高合金的塑性与韧性, 使合金的力学性能全面提高, 例如 Al – Li – Cu – Mg – Zr 合金不但有共格的 Al₃Li 相, 而且有杆状的部分共格的沉淀物 Al₂CuMg, 位错不能切割它们, 不易通过, 因而使位错的横向滑移增加。第一代 Al – Li 合金的特性见表 3 – 1 – 4。

表 3 - 1 - 4　第一代 Al - Li 合金特性

合金	特性	用于替代合金
2090	高强度	7075 - T6
2091	损伤容限	2024 - T3, 2214 - T6
8090	损伤容限 中等强度	7075 - T73 2024 - T3, 2014 - T6
8190	损伤容限 中等强度	2014 - T6 7075 - T73
8091	高强度	7075 - T6
8092	抗腐蚀	7075 - T73
8192	很低密度(2 490 kg/m³)	6061 - T6

3.1.2　生产工艺

含 Li 的铝合金的生产工艺有三种：铸锭冶金法、粉末冶金法、机械合金化法。当前，Al - Li 合金材料大都是用第一种方法加工的，可以大批量生产大规格产品；同时可利用现有的装备以较低的成本生产所需的产品。

3.1.2.1　铸锭冶金法

Al - Li 合金的轧制、挤压、锻造工艺与常规高强度铝合金的相似，但在其他方面则有较大的差别，特别是在熔炼铸造与废料再生利用方面有一些值得注意的地方。这些特殊之处是由于锂的化学活性高引起的。

熔融状态的 Al - Li 合金遇水发生爆炸的危险性比常规铝合金熔体的大得多，其潜在爆炸性取决于一系列因素，主要的因素有：合金的 Li 含量，水的深度与容积，熔体温度，进入水中的熔体流的直径与速度。Al - Li 合金的熔化温度为 500 ~ 600℃，在有水存在的任何情况下，熔炼与铸造 Al - Li 合金时都应特别小心，对其爆炸危险性不可掉以轻心，尽管现代化的熔炼铸造装备与工艺采取了相当完善的安全措施。

Al - Li 合金工件或材料在盐浴炉中热处理时，如果发生熔化或局部熔化，就会造成强烈的放热反应即爆炸。有限的试验与生产实践证明，只要不发生熔化、谨慎精心操作、一丝不苟地遵守安全操作规程与工艺操作规程，Al - Li 合金是可以在盐浴炉中加热的。

同其他任何铝合金粉尘一样，当空气中的 Al - Li 合金粉尘达到一定浓度，一遇明火，就会发生猛烈的爆炸。粉尘越细，发生爆炸的危险越大，爆炸的猛烈程度也越高。与常规铝合金燃烧时一样，Al - Li 合金火焰与水相遇会发生反应，放出氢气，而氢遇到火源，就会发生爆炸，因此对有限空间内积存的氢气应特别注意。

Al - Li 合金在熔炼铸造时易氧化、烧损，成分不易控制，氧化物不易消除，易吸氢。因此，欲获得优质的半成品——板、带材、挤压材料与锻件，必须严格控制铸锭品质，特别应控制夹杂物、杂质、氢含量、晶粒尺寸与成分。锂的化学活性甚高，会与常用熔炼铝合金的耐火材料发生反应，生成非金属化合物，进入熔体中，形成夹杂物，降低材料韧性。因此，在熔炼 Al–Li 合金时，应特别注意耐火材料的选择。同时，有必要开发专用的熔炼、铸造设备，以满足品质方面的要求。但是，这也会提高 Al–Li 合金的生产成本。

美国铝业公司在生产 Al–Li 合金材料方面居世界领先地位，可铸造 406 mm × 1 270 mm × 2 794 mm 的扁锭，并在达文波特加工厂轧制板材。

吕永林等人研究了 Al–Mg–Li–Zr 系 1420 Al–Li 合金氩气及真空熔炼的除气原理，以及氩气与熔剂不同保护铸造的除气机理。他们认为熔体经真空精炼后在熔剂保护下铸造更有利于达到除气的目的，能显著降低铸锭的氢含量，提高铸锭的质量；Al–Li 合金极易吸氢，采用真空精炼可有效降低铸锭氢含量，效果明显优于氩气精炼法的；铸造过程的保护措施也是影响氢含量的重要一环，采用熔剂保护铸造比用氩气保护铸造更有利于除氢；降低铸造结晶速度有利气体逸出以及 LiH、MgO、LiAlO$_2$ 等化合物溶入熔剂从而降低氢含量。

由于向 1420 合金加入活性元素 Mg、Li，致使其熔体极易氧化烧损，合金熔体在铸造过程中的保护极其困难。Li 与空气中的水气发生化学反应而带入熔体大量的氢，氢还与 Li 直接结合形成 Li 的氢化物（LiH）。如果保护不当将使该合金的氢含量比其他常规铝合金的高许多倍，甚至可比纯铝高一个数量级，因而会出现诸如气孔、疏松和氢脆等冶金缺陷，使铸锭成品率大幅降低。他们采用感应炉熔炼与真空炉精炼。

待装入感应炉中的铝锭及 Al–Zr 中间合金完全熔化后，扒去熔体表面的氧化浮渣；经感应炉自动充分搅拌，在溶体温度 740～760℃ 时向感应炉充入氩气，加入 Al–Be 中间合金及镁锭；然后将熔体温度控制在 730℃ 加入锂锭，该过程必须快速完成，并适当加大氩气的供应量，感应炉中不得有明显火焰。成分合格后将熔体温度控制在 750℃，用氩气精炼 20～30 min。精炼完毕后迅速升温至 760℃，扒渣后快速转移至真空静置炉内。

真空精炼在静置炉内进行，真空度越高，除气效果越好。熔体转移至真空静置炉后，迅速打开炉门扒渣，然后密闭所有的真空炉通道，开始抽真空。真空精炼时间应在 1 h 以上，同时辅以气动搅拌，以利于气体的充分逸出。

在氩气保护、熔剂保护或氩气与熔剂共同保护下铸造。Al–Li 合金的铸造非常困难，铸造参数的确定很重要。3 种规格铸锭的主要铸造参数见表 3–1–5。

吕永林等人的研究结果见表 3–1–6 至表 3–1–8。由结果可以看出，1420Al–Li 合金在氩气和真空相结合的方式下净化合金熔体，并在氩气或熔剂保护下铸造，能够得到满足技术要求的较低氢含量的锭。

LiH 提高了铸锭的氢含量，而采用熔剂保护可有效地使其溶入熔剂，从而提高除氢效果。熔剂保护的主要缺点是可能造成铸锭的熔剂夹杂。而氩气保护铸造的铸锭，其主要夹杂是 MgO、LiAlO$_2$ 等。

表 3 – 1 – 5　Al – Mg – Li – Zr 系合金的主要铸造参数

结晶器高度 /mm	结晶器直径 /mm	液面到结晶器上沿 距离/mm	铸造温度 /℃	铸造速度 /mm·min⁻¹	冷却水压 /(N·mm⁻²)
200	314 ~ 324	30 ~ 80	730 ~ 750	30 ~ 50	0.04 ~ 0.08
200	460 ~ 470	30 ~ 80	730 ~ 750	25 ~ 35	0.04 ~ 0.08
200	670 ~ 680	30 ~ 80	735 ~ 760	15 ~ 25	0.04 ~ 0.10

表 3 – 1 – 6　不同熔炼保护方式的 ϕ450 mm 1420 合金铸锭氢含量

第 1 熔次不同方式	氩气精炼前	氩气精炼后	真空精炼后
氢含量/ × 10⁻⁶	1.51	1.00	0.40

表 3 – 1 – 7　不同铸造保护方式的 ϕ450 mm 1420 合金铸锭氢含量

不同熔次不同方式	第 1 熔次氩气	第 2 熔次溶剂 1#
氢含量/ × 10⁻⁶	0.40	0.26

表 3 – 1 – 8　不同铸造保护方式的 ϕ310 mm 1420 合金铸锭氢含量

第 2 熔次不同方式	氩气	溶剂 1#	溶剂 2#
氢含量/ × 10⁻⁶	0.48	0.38	0.32

　　从表 3 – 1 – 7 的测氢结果可知，熔剂保护铸造的除氢效果优于氩气保护铸造。熔剂 1# 的主要成分是氯盐，熔剂 2# 增加了氟盐含量，除氢效果更佳。因为氟盐比氯盐更容易溶解熔体表面阻碍氢扩散逸出的氧化膜，如 LiF、AlF_3，还可以溶解 Na、Al_2O_3 杂质以及吸附在杂质上的气体，起到净化作用。用熔剂保护铸造的铸锭表面品质较光亮证明了熔剂的作用以及用熔剂保护更有利于隔绝熔体与空气的作用。

　　表 3 – 1 – 7、表 3 – 1 – 8 的结果因铸锭规格不同、铸造速度不同而差别较大。铸造工艺的区别是：表 3 – 1 – 7 的工艺铸造速度慢（25 mm/min）而铸造温度高（740℃）；表 3 – 1 – 8 的工艺是铸造速度快（40 mm/min）而铸造温度低（725℃）。说明铸造速度慢熔体温度高，亦即熔体凝固速度慢更有利于气体的逸出和化合物的溶解，从而使铸锭氢含量降低。

　　1420 合金的显微组织见图 3 – 1 – 10 至图 3 – 1 – 13。

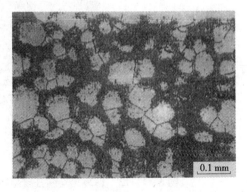

图 3 – 1 – 10　1420 合金 ϕ600 mm 圆锭

450℃/10 h 均匀化后空冷的显微组织，在 α(Al) 基体上有 δ(AlLi) 相质点析出

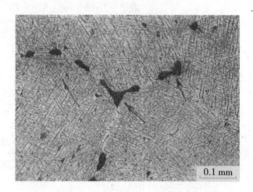

图 3 - 1 - 11　1420 合金 ϕ600 mm 圆锭
450℃/10 h 均匀化、水冷后的显微组织，
在 α(Al)基体上无 δ(AlLi)相质点析出

图 3 - 1 - 12　1420 合金 ϕ600 mm 圆锭
540℃/12 h 均匀化、空冷后的显微组织，
在 α(Al)基体上有针状 θ(Al$_3$Li)相质点析出，
箭头所指处是晶界/枝晶界上的疏松

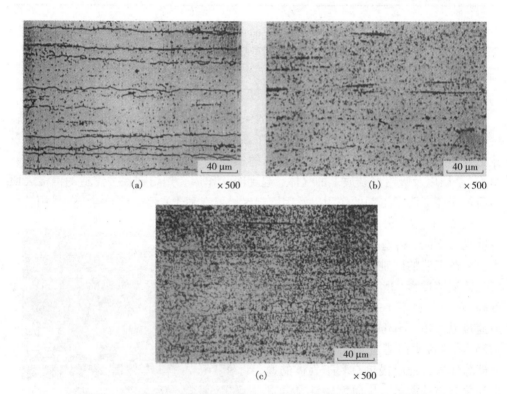

(a)　　　　×500　　　　(b)　　　　×500

(c)　　　　×500

图 3 - 1 - 13　1420 合金挤压带板在不同热处理后的显微组织(纵向)

(a)挤压状态，可看出由原始晶界形成带状组织；(b)固溶淬火，带状组织基本消失，化合物仍沿挤压方向分布；(c)T4 状态，基体中大量析出 δ′相

3.1.2.2　粉末冶金法

粉末冶金的特点：凝固速度快，成分均匀，合金元素过饱和度大，晶粒细小，组织均匀，甚至可得到组织结构特异的微晶粉粒与非晶态粉粒。粉末冶金法可提高材料强度、抗应力腐蚀开裂能力、疲劳强度与耐热性，以及改善断裂韧性。另外，固溶元素的沉淀与微细粉末上极薄的氧化膜阻止晶粒长大，也可以提高合金的强度与韧性。在实际生产中，铸锭冶金 Al – Li 合金的最大 Li 含量约为 2.7%。因为 Li 含量再高时由于合金热导率的下降，会产生成分偏析；另外，随着合金中 Li 含量的提高，爆炸危险性也提高。采用粉末冶金法可使合金 Li 含量达到 4% 或更大些；同时可得到 Al – Li – Be 合金。

美国波音公司（Boeing Company）开发的 644B 合金（Al – 3.2% Li – 1% Cu – 0.5% Mg – 0.5% Zr）的密度为 2 537 kg/m³，这种粉末冶金合金的 Zr 含量为铸锭冶金合金的 3 倍，可形成四元沉淀强化相 Al_3ZrAl_3Li。644B 合金挤压材的屈服强度 424 N/mm²、抗拉强度 521 N/mm²、纵向伸长率 7%，但其断裂韧性较低。

洛克希德公司（Lockheed Corporation）制成了快速凝固的 Al – Be – Li 粉末冶金合金，具有比常规铝合金高得多的比密度与比弹性模量。在这类合金中，强化相为 δ'，α – Be 弥散体也起一定的强化作用。Be 在铝中的最大固溶度为 $x_{(Be)} = 0.3\%$，而共晶成分为 2.5%。快速凝固粉末冶金 Al – Be – Li 合金的性能见表 3 – 1 – 9。

表 3 – 1 – 9　Al – Be – Li 合金的性能

合金成分/%	状态	$R_{P0.2}$ /(N·mm⁻²)	R_m /(N·mm⁻²)	A /%	E /(GN·m⁻²)	ρ /(kg·m⁻³)
Al – 20.5Be – 2.4Li	淬火的 峰值时效	321 483	431 451	6.4 3.3	123 123	2298 2298
Al – 29.6Be – 1.3Li	欠时效 峰值时效	434 497	494 536	5.0 2.6	142 142	— —

3.1.3　工业 Al – Li 合金

当前，在获得应用的 Al – Li 合金有：美国的 Weldalite 049、2090、2091、2094、2095、2195、X2096、2197；欧洲铝业协会（EAA）的 8090，英国的 8091，法国的 8083，俄国的 ВАД23 等。截至 2015 年 1 月在美国铝业协会注册的常用 Al – Li 合金有 25 个，其中 2××× 系的 22 个，8××× 系的有 3 个，主要成分见表 3 – 1 – 10。

Weldalite 049 合金是一种 Al – Cu – Mg – Li – Zr – Ag 合金，其典型成分为：5.4% Cu，0.4% Mg，1.3% Li，0.14% Zr，0.4% Ag，其余为 Al。雷诺兹金属公司分别于 1992 年及 1993 年在美国铝业协会以牌号 2195 及 2096 将 Weldalite 049 合金注册。俄罗斯及中国 Al – Li 合金的成分见表 3 – 1 – 11。Al – Li 合金的典型物理性能见表 3 – 1 – 12。

表 3-1-10　在美国铝业协会注册的工业 Al-Li 合金的成分(w, %)

元素	2050	2090	2091	2094	2095	2195	2196	2097	2297	2397	2098	2198	2099②	2199③	8024	8090	8091	8093
Si	0.08	0.1	0.2	0.12	0.12	0.12	0.12	0.12	0.1	0.1	0.12	0.08	0.05	0.05	0.1	0.2	0.3	0.1
Fe	0.1	0.12	0.3	0.15	0.15	0.15	0.15	0.1	0.1	0.1	0.15	0.1	0.07	0.07	0.12	0.3	0.5	0.1
Cu	3.2~3.9	2.4~3.0	1.8~2.5	4.4~5.2	3.9~4.6	3.7~4.3	2.5~3.3	2.5~3.1	2.5~3.1	2.5~3.1	3.2~3.8	2.9~3.5	2.4~3.0	2.3~2.9	—	1.0~2.6	1.6~2.2	1.0~1.6
Mn	0.20~0.50	0.05	0.1	0.25	0.25	0.25	0.35	0.10~0.6	0.10~0.50	0.10~0.50	0.35	0.5	0.10~0.50	0.10~0.50	—	0.1	0.1	0.1
Mg	0.20~0.6	0.25	1.1~1.9	0.25~0.8	0.25~0.8	0.25~0.8	0.25~0.8	0.35	0.25	0.25	0.25~0.8	0.25~0.8	0.10~0.50	0.05~0.40	—	0.6~1.3	0.50~1.2	0.9~1.6
Cr	0.05	0.05	0.1	—	—	—	—	—	—	—	—	0.05	—	—	—	0.1	0.1	0.1
Zn①	0.25	0.1	0.25	0.25	0.25	0.25	0.35	0.35	0.05	0.05~0.15	0.35	0.35	0.40~1.0	0.20~0.9	—	0.25	0.25	0.25
Li	0.7~1.3	1.9~2.6	1.7~2.3	0.7~1.4	0.7~1.5	0.8~1.5	1.4~2.1	1.2~1.8	1.1~1.7	1.1~1.7	0.8~1.3	0.8~1.1	1.6~2.0	1.4~1.8	3.4~4.2	2.2~2.7	2.4~2.8	1.9~2.6
Zr	0.06~0.14	0.08~0.15	0.04~0.16	0.04~0.18	0.08~0.16	0.04~0.18	0.04~0.18	0.08~0.15	0.08~0.15	0.08~0.15	0.04~0.18	0.04~0.18	0.05~0.12	0.05~0.12	0.08~0.25	0.08~0.16	0.04~0.14	0.04~0.14
Ti	0.1	0.15	0.1	0.1	0.1	0.1	0.1	0.15	0.12	0.12	0.1	0.1	0.1	0.1	—	0.1	0.1	0.1
Ag	0.20~0.7	—	—	0.25~0.6	0.25~0.6	0.25~0.6	0.25~0.6	—	—	—	0.25~0.6	0.10~0.50	—	—	—	—	—	—
其他每个	0.05	0.05	0.05	0.05	0.05	0.05	0.05	0.05	0.05	0.05	0.05	0.05	0.05	0.05	0.05	0.05	0.05	0.05
其他总和	0.15	0.15	0.15	0.15	0.15	0.15	0.15	0.15	0.15	0.15	0.15	0.15	0.15	0.12	0.15	0.15	0.15	0.15
铝	其余	其余	其余	其余	其余	其余	其余	其余	其余	其余	其余	其余	其余	其余	其余	其余	其余	其余

注：①0.05 Ni；②0.0001 Be；③0.0001 Be。

表3-1-11　俄罗斯及中国的 Al-Li 合金的成分(w, %)

元素	1420	1421	1423	1430	1440	1441	1450	1451	1460	中国合金	中国合金
Si	0.15	0.15	0.1	0.1	0.1	0.08	0.1	0.1	0.1	—	—
Fe	0.2	0.2	0.15	0.15	0.15	0.12	0.15	0.15	0.15	—	—
Cu	—	—	—	1.4~1.8	1.2~1.9	1.6~2.0	2.6~3.3	2.6~3.3	2.6~3.3	—	2.0~2.4
Mn	—	0.10~0.25	0.10~0.25	—	—	0.01~0.4	—	—	—	—	—
Mg	4.5~6.0	4.5~5.3	3.2~4.2	2.3~3.0	0.6~1.1	0.7~1.1	0.2	—	0.05	4.4	1.0~1.5
Sc	0.005 Be	0.16~0.21	0.10~0.20	0.02~0.3	0.02~0.2 Be	0.07 Y	—	—	0.05~0.14	—	—
Be	0.0005 Na	—	—	—	—	—	0.005~0.15	—	—	—	—
Li	0.9~2.3	1.8~2.2	1.8~2.1	1.5~1.9	2.1~2.8	1.7~2.0	1.8~2.3	1.4~1.8	2.0~2.4	1.5	1.9~2.4
Zr	0.08~1.5	0.06~0.10	0.06~0.10	0.08~0.14	0.10~0.20	0.04~0.16	0.08~0.14	0.08~0.14	0.08~0.14	0.12	0.06~0.13
Ti	—	—	—	0.02~0.1	0.02	0.01~0.07	0.02~0.06	0.02~0.06	0.02~0.06	—	—
Ag	—	—	—	—	—	—	—	—	—	0.2	—
其他每个	0.05	0.05	0.05	—	—	—	0.05	0.05	0.05	—	—
其他总和	0.15	0.15	0.15	—	—	—	0.15	0.15	0.15	—	—
铝	其余	其余	其余	其余	其余	其余	其余	其余	其余	其余	其余

表 3 – 1 – 12 　 **Al – Li 合金的典型物理性能**

性能	2090	2091	8090
密度 $\rho/(\text{g}\cdot\text{cm}^{-3})$	2.59	2.58	2.55
熔化温度/℃	560 ~ 650	560 ~ 670	600 ~ 655
电导率/$(\text{MS}\cdot\text{m}^{-1})$	9.9 ~ 11.1	9.9 ~ 11.1	9.9 ~ 11.1
25℃时的热导率/$[\text{W}\cdot(\text{m}\cdot\text{K})^{-1}]$	84 ~ 92.3	84	93.5
100℃时的比热容/$[\text{J}\cdot(\text{kg}\cdot\text{K})^{-1}]$	1203	860	930
20 ~ 100℃的平均线胀系数/$\times 10^{-6}\ \text{K}^{-1}$	23.6	23.9	21.4
固溶体电位[①]/mV	– 740	– 745	– 742
弹性模量 $E/(\text{GN}\cdot\text{m}^{-2})$	76	75	77
泊松比	0.34	—	—

3.1.3.1　2090 合金

2090 合金是为取代航空工业广泛应用的 7075 – T6 合金而研制的,研制目标是:抗拉强度与 7075 – T6 合金的相当,而其密度应低 8%,弹性模量应高 10%。2090 合金用于生产高强度与中等强度的板材与挤压材料,它有优良的可焊性与低温力学性能,有比 7075 合金高得多的低温断裂韧性;拉伸性能的各向异性相当强;峰值时效状态(T68、T81、T83)材料在高温下有良好的稳定性,但欠时效状态材料(T84)则会发生相当强的附加时效硬化作用;有很强的抗疲劳裂纹增长能力,但这一优点在高过载荷或在以压缩应力为主时就会减弱;与 2219、2024 合金相似,人工时效前应对其施加一定的冷加工率才能达到性能最优化;挤压材料有很高的强度性能,但有明显的方向性;2090 合金薄板与厚板,以及 2090 – T86 挤压材料对海洋性气候的抗剥落腐蚀的应力比 7075 – T76 合金的高;人工时效对合金的抗应力腐蚀开裂(SCC)的能力有很大影响,欠时效(T84)状态材料对 SCC 的敏感性比 T83、T81、T86 状态材料的大得多;2090 合金的点腐蚀比 7075 合金的稍大一些,铝合金含 2% ~ 2.5% Li 时,对电化学性能的影响很小;2090 合金疲劳裂纹增长速度比 7075 合金的低,但裂纹尺寸对增长速度有相当大的影响;在拉伸 – 弯曲试验时,成形性最好的为 2024 – O 薄板,其他材料的成形性按下列次序递减,2024 – T3、2090 – O、2090 – T31、7075 – T6、2090 – T83;2090 – T31、T83 材料的蚀铣性能与 2024 – T3、7075 – T6 材料的相当;2090 合金的阳极氧化性能介于 2024 及 7075 合金的之间,其氧化膜的抗蚀性比 2024 – T3、7075 – T6 合金的高一些;2090 合金厚板的机械加工性能比 2024 – T351、7075 – T651 合金的好,加工时应有充分的冷却液;有良好的熔化极气体保护焊、钨极气体保护电弧和电子束焊性能,摩擦搅拌焊性能优秀。

2090 合金的性能变化见表 3 – 1 – 12 至表 3 – 1 – 22。

表 3 - 1 - 12　2090 合金的状态与产品形式

状态	产品	特　点
O	板材	强度最低,成形性最佳
T31	薄板、挤压材	成形性良好,用户时效后可获得与 T83、T84 状态相当的性能
T3	薄板、挤压材	成形性中等,可由用户时效至 T83 及 T84 状态
T86	挤压材	与 7075 - T6511 的强度相当
T83	薄板	与 7075 - T6 材料的强度相当
T81	厚板	与 7075 - T651 材料的强度相当
T84	板材	强度与韧性与 7075 - T76 材料的相当
T6	板材	用户进行固溶处理与人工时效

表 3 - 1 - 13　2090 合金的暂定力学性能

产品与状态	厚度/mm	标准	拉伸性能				韧性	
			方向[①]	$R_{P0.2}$/(N·mm^{-2})	R_m/(N·mm^{-2})	(50 mm)A/%	方向[②]与 K_c 或 K_{IC}[③]	K_{IC} 或 K_C/(N·mm^{-2})$\sqrt{m}$
T83 薄板	0.8 ~ 3.175	AMS 4351	L	517(517)	530(550)	3(6)	L - T(K_c)	(44)[④]
			L - T	503	505	5	—	—
			45°	440	440	—	—	—
T83 薄板	3.2 ~ 6.32	AMS 4351	L	483		4	—	—
			L - T	455		5	—	—
			45°	385		—	—	—
T84 薄板	0.8 ~ 6.32	AMS Draft D 89	L	455(470)	495(525)	3(5)	L - T(K_c)	49(71)[④]
			L - T	415	475	5	T - L(K_c)	49[④]
			45°	345	427	7	—	—
T3 薄板[⑤]	—	[⑥]	L - T	214 min	317 min	6 min	—	—
O 薄板	—	[⑥]	L - T	193 max	213 max	11 min	—	—
7075 - T6 薄板	—	—	L	(517)	(570)	(11)	L - T(K_c)	(71)[④]
T86[⑦] 挤压材	0.0 ~ 3.15[⑧]	AMS Draft D 88 BE	L	470	517	4	—	—
	3.175 ~ 6.32[⑧]		L	510	545	4	—	—
	6.35 ~ 12.65[⑧]	—	L - T	517	550	5	—	—
				483	525	—	—	—
7075 - T7 厚板	13 ~ 38	AMS 4346	L	(510)	(565)	(11)	L - T(K_{IC})	(27)
- T81 厚板			L	483(517)	517(550)	4(8)	L - T(K_{IC})	≥27(11) ≥22
			L - T	470	517	3	L - T(K_{IC})	

注:①L—纵向;L - T—长横向;②L - T—裂纹平面与方向垂直于轧制或挤压方向;T - L—裂纹平面与方向平行于轧制或挤压方向;③K_c—平面应变断裂韧度;K_{IC}—平面应力断裂韧度;④405 mm×1 120 mm 薄板的断裂韧度是根据有限的数据与典型值获得的;⑤T3 状态时效到 T83 或 T84 状态;⑥无最终用户规范;⑦向美国铝业协会(AA)注册;⑧标定直径或最小厚度(棒材、线材、型材)或标定壁厚(管材)。

表 3 – 1 – 14　2090 – T83 薄板、2090 – T81 厚板、2090 – T86 挤压材的剥落腐蚀性能

产品	材料来源	厚度/mm	平面位置①	等级②				
				盐雾试验③			海岸④	
				7d	14d	28d	时间/月	等级
薄板	工厂	1.6	—	—	—	P	③	③
厚板	工厂	1.3	T/2	P	P	P	24	N
			T/10	P	P	P	24	N
挤压材	工厂	20	T/2	N	P	P	24	N
			T/10	P	P	P	24	N
厚板	实验室	6.4	T/2	P	P	P	48	N
		6.4	T/2	P	P	P	48	N
		6.4	T/2	P	P	P	48	N
		6.4	T/2	P	P	P	48	N
		25	T/2	P	P	P	48	EA
		25	T/2	P	P	P	48	EA
		25	T/2	P	P	P	48	EA
		25	T/2	P	P	P	48	EA

注：①T 为材料厚度，T/2、T/10 为位置；②按 ASTM G34 试验：N—无明显腐蚀，P—点腐蚀；EA—表层腐蚀，表面上有小孔、薄片、粉末，但分层金属极少；③改型的 ASTM 间歇乙酸盐雾加速试验；④海岸暴露试验地点为罗得艾兰州朱迪斯角(Point Judith, RI)；⑤1988 年 1 月 26 日开始试验，试验时间为 1、2、4a。

表 3 – 1 – 15　2090 合金及 7075 合金的点腐蚀

合金	厚度/mm	试验时间	点蚀最大深度/μm	平均点蚀深度/μm	点蚀密度/(点数·mm⁻¹)
交替沉浸于 3.5% NaCl 溶液，ASTM G44					
7075 – T6	1.3	30d	149.6	79.2	14.8
2090 – T83	1.3	30d	198.1	123.4	12.9
	1.6	30d	193.5	107.4	5.8
中性，5% 盐雾试验，ASTM B 117					
7075 – T6	1.3	1 000 h	20.5	16.8	6.2
	1.3	1 000 h	24.6	20.3	3.8
2090 – T83	1.0	1 000 h	182.9	116.8	4.9
	1.3	1 000 h	209.0	65.3	4.3
	1.6	1 000 h	198.1	101.6	4.8

表 3 - 1 - 16　2090 合金及其他合金腐蚀电位[①]

合金	腐蚀电位/mV	合金	腐蚀电位/mV
2024 - T3	-600	2090 - T83	-740
2090 - T3	-640	2090 - T86	-740
2090 - T84	-710	7075 - T6	-740
2024 - T81	-710	1 100	-745

注：①ASTM G 69 试样，以饱和甘汞电极为参比电极。

表 3 - 1 - 17　2090 - T81 厚板及 2090 - T86 挤压材的短 - 横向应力腐蚀开裂性能

产品	材料来源	厚度/mm	试样[①]	交替沉浸 30 d				海岸[④]			
				172 N/mm²		241 N/mm²		172 N/mm²		241 N/mm²	
				F/N[②]	天数[③]	F/N[②]	天数[③]	F/N[②]	天数[③]	F/N[②]	天数[③]
厚板	实验室	25	C 形	0/3	—	3/3	3,3,5	0/3	—	2/3	367,367
		25	C 形	0/3	—	3/3	9	0/3	—	1/3	966
		25	C 形	1/3	5	3/3	3,3,3	/03	—	3/3	367,839,966
		25	C 形	0/3	—	3/3	3,9,9	0/3	—	0/3	—
厚板	工厂	38	拉伸棒	0/5	—	3/5	9,12,14	—	—	—	—
挤压材	工厂	20	C 形	0/5	—	0/5	—	0/5	⑤	0/5	⑤

注：①C 形试样直径 19 mm，拉伸棒直径 3.2 mm；②开裂试样数/试样总数；③出现开裂天数；④海岸试验在罗得艾兰州朱迪斯角；⑤在朱迪斯角暴露 1 000 d。

表 3 - 1 - 18　2024、2090、2091 及 7075 合金薄板的 90°弯曲性能

合金	厚度/mm	轧制方向			横向		
		R_{min}/mm	R/t[①]	回弹角/(°)	R_{min}/mm	R/t[①]	回弹角/(°)
2024 - O	1.6	0	0	2	0	0	2
	3.2	0 ~ 3.2	0 ~ 1.00	—	0 ~ 3.2	0 ~ 1.00	—
7075 - O	1.6	0 ~ 1.6	0 ~ 1.00	2	0 ~ 1.6	0 ~ 1.00	2
	3.2	0 ~ 3.2	0 ~ 1.00	—	0 ~ 3.2	0 ~ 1.00	—
2090 - O	1.6	2.3	1.5	5	2.3	1.5	5
	3.2	4.8	1.5	3	4.8	1.5	3
2090 - T3E27	0.8	0.5	0.7	—	1.5	1.8	—
	2.2	2.3	1	—	4.3	2	—
	3.2	6.35	2	7	9.65	3	6
2091 - T4	1.6	2.3	1.5	1	2.3	1.5	1
2091 - T3	1.6	3.3	2	2	3.3	2	2
	3.2	7.9	2.5	1	6.35	2	2
2090 - T3E28	1.25	1.85	1.5	—	0.373	3	—
	1.6	3.2	2	7	3.2	2	7
	2.05	6.17	3	—	6.17	3	—
2024 - T3	1.6	3 ~ 6	2 ~ 4	—	3 ~ 6	2 ~ 4	—
	3.2	9.65 ~ 15	3 ~ 5	—	9.65 ~ 15	3 ~ 5	—

续表 3－1－18

合金	厚度 /mm	轧制方向			横向		
		R_{min} /mm	$R/t^{①}$	回弹角 /(°)	R_{min} /mm	$R/t^{①}$	回弹角 /(°)
2091－T8	3.2	12.7	4	12	16	5	11
7075－T6	1.6	4.8～8.1	3～5	—	4.8～8.1	3～5	—
	3.2	6.35～9.65	4～6	—	6.35～9.65	4～6	—
2090－T3E41	1.2	4.77	4	—	14.32	12	—
	1.6	9.65	6	21	11.2	6.9	20
	2.15	13	6	—	17.3	8	—
	3.2	>25	>8	—	25	8	25～35

注：①R/t 越小，材料成形性能越好。

表 3－1－19　2090、2091、2024 及 7075 合金薄板的拉伸－弯曲性能

合金	板厚 /mm	弯 曲 线 方 向			
		平行轧制方向		横 向	
		冲头行程/mm	冲头行程/直径	冲头行程/mm	冲头行程/直径
7075－O	1.6	41.6	26.03	43.9	27.46
	3.2	41.6	14.32	40.9	12.88
2024－O	1.6	28.7	17.9	30.5	19.1
2090－O	1.6	24.6	15.37	33.2	20.79
	3.2	25.9	8.17	37.3	11.76
2024－T3	1.6	23.4	14.6	20.8	13
	1.75	18.8	10.76	21.1	12
2090－T3E27	9.4	12.4	13.24	21.8	23.19
	1.24	17.5	14.06	26.2	21.12
	2.2	15.7	7.22	22.1	10.11
	3.2	14	4.4	29.7	9.34
2090－T3E28	1.3	15.5	12.1	27.4	21.56
	2.2	16.5	7.54	19.05	8.74
7075－T6	8.1	9.1	11.25	8.6	10.78
	1.2	14	11.18	13	10.45
	1.8	45.5	7.87	40.9	7.74
2090－TBE41	1.2	7.1	5.92	8.6	7.1
	1.6	8.4	5.24	9.4	5.81
	2.15	6.1	2.77	6.6	3
	3.2	8.9	2.8	7.9	2.48
2091－T3	1.6	35.5	22.22	22.4	13.95
	3.15	36	11.45	—	—
2091－T4	1.6	31.75	19.84	24.4	15.27
2091－T8	3.2	15	4.68	—	—

表 3 - 1 - 20　Al - Li 合金的表面处理特性

处理方法	2090	2091	2024/7075
硫酸阳极氧化膜质量/(g·m⁻²)	7.23 ~ 9.91	7.15 ~ 10.01	4.57 ~ 21.0
铬酸阳极氧化膜质量/(g·m⁻²)	3.30 ~ 4.00	—	3.12 ~ 3.76
磷酸阳极氧化膜质量/(g·m⁻²)	0.34 ~ 0.75	—	0.42 ~ 0.74
化学转化氧化膜质量/(g·m⁻²)	0.65 ~ 0.90	—	0.58 ~ 0.86
三元酸除膜质量损失/(mg·cm⁻²)	—	17	11
铬酸/硫酸除膜质量损失/(mg·cm⁻²)	4.8 ~ 5.0	5.2	2.8 ~ 5.1
阳极氧化及化学转化膜盐雾试验合格率/%	82 ~ 89	—	36 ~ 75

表 3 - 1 - 21　2090 及 2091 合金的化学铣削性能

参数	2090	2091	2024/7075
标准化学铣削液(NaOH + Na₂S)			
粗糙度/μm	3.4 ~ 3.8	1.8	0.9 ~ 1.0
每面的浸蚀速度/(μm·min⁻¹)	38 ~ 46	63.5	40
以三乙醇胺改良的化学铣削液①			
粗糙度/μm	2.25 ~ 2.35	1.65	0.80 ~ 0.85
每面的浸蚀速度/(μm·min⁻¹)	43 ~ 50	66	40

注：①NaOH + Na₂S + 三乙醇胺(TEA)溶液。

表 3 - 1 - 22　2090 合金厚板(13 mm)的熔化极惰气保护焊(2319 合金焊丝)的典型力学性能

合金及状态	$R_{P0.2}$/(N·mm⁻²)	R_m/(N·mm⁻²)	(50 mm)A/%
2090 - T81，焊接后	204	232	5.0
2090 - T4，焊后时效	①	258	0
2090 - T81，焊后固溶处理与时效	①	386	0

注：拉伸试验前焊道被修平，在焊缝内或界面断裂。①在未达到 0.2% 永久变形时即断裂，表明伸长率为零。

3.1.3.2　2091 合金

总的来说，2091 合金的密度比 2024 合金的低 8%，弹性模量则高 7%，而其他性能则与 2××× 及 7××× 系合金的相当。2091 合金的显微组织决定于材料厚度与生产企业。一般来说，厚度 >3.5 mm 的材料具有非再结晶的显微组织，而薄板材的则为拉长的再结晶晶粒组织。欠时效的 T8 状态的 2091 合金的平面断裂韧性为 130 ~ 140(N/mm²)·√m，而其压缩弹性模量则为 76 ~ 80 GN/m²。

2091 合金在 125℃ 以下的力学性能较为稳定，T84 状态的剥落腐蚀性能与

2024 - T3 合金的这种性能相当,这主要取决于材料的显微组织与淬火速度。非再结晶程度越大,剥落腐蚀越均匀。2091 合金薄板抗应力腐蚀开裂能力与显微组织的关系则与上述的关系相反,纤维状组织越多,应力腐蚀开裂阈值就越高。当材料具有较粗的非再结晶组织和较细的、伸长的再结晶组织时,其应力腐蚀开裂阈值可达 240 N/mm²。薄板材的 SCC 阈值决定于材料的厚度与生产企业,低的为 $R_{P0.2}$ 的 50% ~60% ,而高的则可达 $R_{P0.2}$ 的 75%。

2091 - T84 合金的疲劳性能至少不会比 2024 合金材料的低,尽管一些研究者的测试结果有很大出入。淬火状态 Al - Li 合金有良好的成形性能,退火状态薄板的成形性比 2024 合金的高,例如前者的 n 与 r 系数分别为 0.33 与 1.0,而后者的依次为 0.22 与 0.70,这对飞机合金的成形非常重要。2091 合金的自然时效速度比 2024 合金的慢一些,这对零件的现场加工也是有益的。当 2091 合金的晶粒组织粗大时,其加工硬化应变 e_c 的实际值较低,为 5% ~13% ,而 2024 合金薄板的为 6%。

大体上,2091 合金的化学铣削及表面处理(阳极氧化、化学转化与除膜)性能与 2024、7075 合金的相当,但盐雾试验表明,2091 合金的氧化膜的保护性能比传统合金的更强一些。2091 合金的氧化处理可在 2024 与 7075 合金的同一槽液中进行。

2091 合金的性能见表 3 - 1 - 23 至表 3 - 1 - 25,图 3 - 1 - 14 至图 3 - 1 - 17。

表 3 - 1 - 23　未包铝的及包铝的 2091 合金的状态与产品

状态	特　　点	产品种类
O	退火的,强度最低,成形性最佳	板材
T3	固溶处理与拉伸,可时效至 T84	板材
T8、T84[①]	欠时效状态,强度、韧性与抗蚀性达到最优化;可用于制造耐损伤结构	薄板
T851	中等强度	厚板
T8X51	欠时效状态,耐损伤	板材

注:①目前,仅此状态在美国铝业协会注册。

表 3 - 1 - 24　欧洲暂行标准(prEN)[①]中规定的 2091 合金薄板及厚板的最低力学性能

板厚 /mm	纵向性能			长横向性能			45°向性能		
	$R_{P0.2}$ /(N·mm⁻²)	R_m /(N·mm⁻²)	A[②] %	$R_{P0.2}$ /(N·mm⁻²)	R_m /(N·mm⁻²)	A[②] /%	$R_{P0.2}$ /(N·mm⁻²)	R_m /(N·mm⁻²)	A[②] /%
包铝的(prEN 6003)									
0.79 ~3.45	265	364	10	265	384	10	236	350	15
3.45 ~6.0	334	418	8	290	418	10	256	364	15
未包铝的(prEN 6005)									
0.81 ~3.3	290	394	10	295	408	10	265	379	15
3.3 ~6.0	359	448	8	325	359	10	285	398	15
6.0 ~12	359	448	8	325	359	10	285	398	15
12 ~40	354	438	7	320	423	8	275	394	13

注:①prEN(Preliminary European Nomale) ;②50 mm。

表 3－1－25　2091 合金的海洋气氛剥落腐蚀性能与剥落腐蚀试验

产品	厚度 /mm	状态	平面	EXCO[1]试验 4d 的 剥落等级[2]	海洋气氛试验[3]	
					月	剥落等级[2]
薄板[4]	1.0～3.5	—	T/2	EA(表层)	—	—
薄板[5]	6.3	T8	T/2	EB(中等)	6	EB(中等)[6]
薄板[5]	3.2	T3	T/2	EB(中等)	12	P(点蚀)
薄板[5]	3.2	T8	T/2	EB(中等)	12	EB(中等)
薄板[5]	4.8	T8	T/2	EA(表层)	—	—
		T8	T/10	EA(表层)		
薄板[7]	1.2	T3	T/2	P(点蚀)	—	—
厚板[5]	12.7	T8	T/2	EA(表层)	—	—

注：①按 ASTM G34 进行剥落腐蚀试验(EXCO)；②根据 ASTM G34，剥落腐蚀等级为：P—点蚀；EA—表层腐蚀，有轻微的成层，表面上有小孔、小片或粉末；EB(中等)—分层明显，并深入内部；③试验地点为罗得艾兰州朱迪斯角；④普基公司(Pechiney)；⑤美国铝业公司达文波特厂生产；⑥海岸试验出现成层的时间比实验室的早；⑦Fokker 公司的数据。

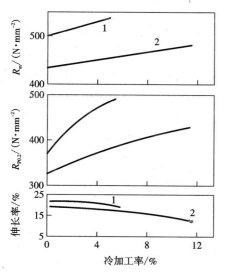

图 3－1－14　2091 合金与 2024 合金的纵向
力学性能与时效前的冷加工率的关系
2024 合金为自然时效，2091 合金时效至 T8X 状态
1—2024 合金；2—2091 合金

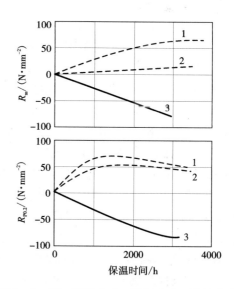

图 3－1－15　2091 合金、2024 合金、7010 合金
在 130℃保温一定时间后的室温力学性能
1—2091－T8 合金；2—2024－T452 合金；
3—7010－T7 合金

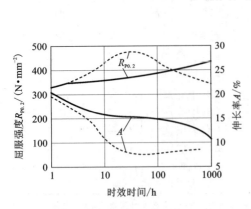

图 3-1-16　2091 合金在 150℃及
190℃时效时的强化特性
------ 190℃；——— 150℃

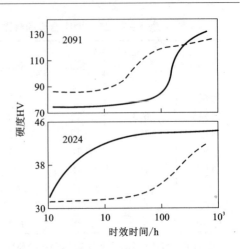

图 3-1-17　2091 与 2024 合金的自然时效性能
除图上标明时效温度外，其他的均在 22℃时效
——— 淬火后进行自然时效；
— — — 淬火后 +2% 拉伸变形再自然时效

3.1.3.3　Weldalite 049 合金

Weldalite 049 合金是美国马里特(Marietta)研究所开发的，以代替原来的 2219 和 2014 合金，用于焊接火箭燃料箱，即液氧与液氢贮存箱，既受一定的压力作用，又需有良好的低温性能。该合金的平均成分(%)为：5.4% Cu，1.3% Li，0.14% Zr，0.14% Ag，其余为 Al。其密度 2 700 kg/m³，弹性模量 76 GN/m²。

各种状态的 Weldalite 049 合金半成品都有高强度性能，其自然时效效果比现在工业上应用的任一种铝合金的都高。在实验室条件下生产的 T6 及 T8 状态的 Weldalite 049 合金的抗拉强度可达 700 N/mm²。时效前的冷变形(0.5% ~0.9%)对峰值时效的 Weldalite 049 合金的硬度与强度几乎没有影响，都处于相同水平。这就是说，该合金在时效前不需进行冷加工即可达到高的强度，这对加工锻件特别有利，因为锻件不可能获得均匀的冷变形。

Weldalite 049 合金有很好的可焊性，采用钨极惰气保护电弧焊、熔化极惰气保护和可变极性等离子电弧(VPPA)焊接高度约束的焊件，未发生可观察到的裂纹。采用 2319 焊丝焊接可达到很高的焊接结构强度，而用有专利权的 Weldalite 焊丝焊接可获得更高的焊缝强度。以 049 焊丝焊接 Weldalite 049 合金焊缝强度高达 370 N/mm²(VPPA 法焊接)，采用钨极惰气保护电弧焊接时，焊缝强度也可达 310 N/mm²。Weldalite 049 型 Al-Li 合金已形成一个家族，其中一些已在美国航天飞机与大力神(Titan)导弹的发射系统中获得应用。

Weldalite 049 合金的性能见表 3-1-26、表 3-1-28，图 3-1-18 至图 3-1-19。

表 3 - 1 - 26　**Weldalite 049 合金的平面应变断裂韧度 K_{IC}**

温度/℃	状态	方向[①]	$K_{IC}/ (N \cdot mm^{-2}) \cdot m^{1/2}$	$R_{P0.2}/ (N \cdot mm^{-2})$	$R_m/ (N \cdot mm^{-2})$
21	T3	$L-T$	36.9	405	530
21	T3	$T-L$	30.9	350	485
21	T3	$T-L$	29.8	350	485
21	T6E4	$L-T$	30	605	650
21	T6E4	$L-T$	29	605	650
-195	T3	$T-L$	31.8	455	615
-195	T3	$T-L$	30.9	455	615

表 3 - 1 - 27　**Weldalite 049 合金的平均纵向力学性能**

产品	状态、尺寸	$R_{P0.2}/ (N \cdot mm^{-2})$	$R_m/ (N \cdot mm^{-2})$	$A^{①}/\%$
挤压[②]	T3	407	529	16.6
	T4	438	591	15.7
	回归(reversion)	331	484	24.2
	T6	680	720	3.7
	T8	692	713	5.3
	2219 - T81			
	最低	303	420	6.0
	典型	352	455	10.0
轧制[③]	T8,5 mm 厚[④]	643	664	5.7
	T6,5 mm 厚[④]	625	660	5.2
	T6A,5 mm 厚	642	665	5.2
	T6B,5 mm 厚	662	686	3.7
	T6A,6.35 mm 厚	671	700	5.3
	T6B,6.35 mm 厚	668	692	5.6
	T6A,9.5 mm 厚	650	672	5.1
锻造[⑤]	T4,自然时效 1 000 h	392	692	18.5
	稍欠时效,170℃,20 h	658	672	5.0

注：①50 mm；②大部分为 100 mm×9.5 mm 的挤压板；③用 180 kg 的中间试验锭轧制的；④焊接燃料箱用；⑤锻造钩。

表 3 - 1 - 28　**用常规焊丝、Weldalite 焊丝焊接的 Weldalite 049、2090 和 2219 合金的力学性能**

基体/焊丝	温度/℃	厚度/mm	焊后状态	焊接位置	$R_{P0.2}/ (N \cdot mm^{-2})$	$R_m/ (N \cdot mm^{-2})$	$A/\%$ 25 mm	$A/\%$ 50 mm
2219/2319	室温	9.5	焊接状态	60°水平	140	273	7.9	4.6
2219/049	室温	9.5	焊接状态	60°水平	154	283	7.1	4.7
2219/049	室温	5.8	焊接状态	60°水平	161	325	9	5
2090/2319	室温	13	焊接状态	立式	156	252	8.6	4.7
2090/049	室温	6.5	焊接状态	60°水平	147	285	7.1	3.8

续表 3 - 1 - 28

基体/焊丝	温度 /℃	厚度 /mm	焊后状态	焊接位置	$R_{P0.2}$ /(N·mm^{-2})	R_m /(N·mm^{-2})	A/%	
							25 mm	50 mm
049/2319	室温	9.5	焊接状态	立式	248	274	1.5	1
049/049	室温	9.5	焊接状态	60°水平	249	315	1.5	1.5
049/049	室温	9.5	自然时效 800 h	60°水平	290	372	3	—
049/049	175	9.5	焊接状态	—	188	287	5.4	—
049/049	室温	9.5	焊接状态	—	290	372	3	—
049/049	-195	9.5	焊接状态	—	360	413	1.9	—
049/049	-253	9.5	焊接状态	—	427	505	1.7	—

注：①所有裂纹都发生在热影响处；②100 mm×9.5 mm 厚板。

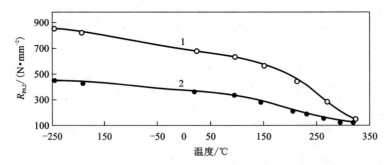

图 3 - 1 - 18　**Weldalite 049 合金及 2219 合金的屈服强度与温度的关系**

应变速率 4×10^{-4}/s，在试验温度下保温 30 min

1—Weldalite 049 - T8 合金；2—2219 - T87 合金

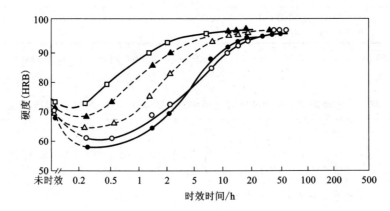

图 3 - 1 - 19　**时效前的冷变形对 Weldalite 049 合金时效效果的影响，时效温度约 170℃**

拉伸变形率(%)：—○— 0.5；—●— 1.0；—▲— 2.0；—△— 6.2 —□— 9.0

3.1.3.4　8090 合金

8090 合金是一种中等强度的耐损伤合金，其密度比 2024、7075 合金的低 10%，而其弹性模量则比后两者的高 11%。它可用于既要求耐损伤又要求低密度的场合。在强度、抗蚀性、损伤容限和加工性能方面都处于优化状态，但是其产品状态都未在美国铝业协会注册。常用的未经正式注册的状态代号列于表 3-1-29。8090 合金厚板、挤压材与锻件的显微组织是非再结晶的，而薄板的显微组织则为再结晶。

表 3-1-29　8090 合金的产品及状态代号

产品	状态	特性
薄板	T8、T8X	接近峰值时效，中等强度
薄板	T81	欠时效，耐损伤
厚板	T8771、T651、T7E20	近峰值时效
厚板	T8151、T8E57	欠时效，耐损伤
挤压带	T6511、T8511/10	峰值时效，中等到高强度
锻件	T8771、T852	峰值时效，中等强度

8090 合金有很高的低温强度与韧性，同时其变化也比常规高强度铝合金的明显。中等强度的 8090 合金产品时效至峰值状态后，暴露于高温下其变化也不大（图 3-1-20）。

欠时效程度大的合金（耐损伤的）在高温下保温会发生补充时效。8090 合金有相当好的短-横向塑性，因而其短-横向抗拉强度也相当高，在 190℃ 时效 60 h 以上，短-横向断裂韧性达到最低值，并处于平衡阶段。平台水平决定于杂质含量。现已确定，Na 含量对断裂韧性的影响最大。Na 是 Li 中带来的，如果 Li 中的 Na 含量低到电池级水平，那么 8090 合金的断裂韧性可保持恒定。

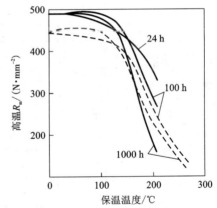

图 3-1-20　8090-T651 合金的高温抗拉强度
——— 8090-T651 合金；- - - 2618-T651 合金

非再结晶的 8090 合金厚板、挤压材、锻件与某些中强薄板的各向异性程度比常规高强度铝合金的大，特别是 45° 方向的拉伸性能与抗剪性能。再结晶的耐损伤薄板与中强薄板在拉伸力学性能方面的各向异性程度比非再结晶产品的轻得多。为了使 8090 合金产品具有优良的性能，时效前必须进行一定量的冷加工，虽然其依赖程度比 2090 合金的轻。8090 合金抗疲劳裂纹增长的能力比常规铝合金的高得多，但是这种优势在过载时有所减弱。

8090 合金的腐蚀性能与人工时效程度及显微组织结构的关系极为密切，在大气中有良好的抗剥落腐蚀性能。峰值时效的厚板在短－横向上有最高的抗应力腐蚀开裂能力，非再结晶的厚板在长－横向上有最高的抗应力腐蚀开裂性能，再结晶厚板抗拉应力腐蚀开裂阈值较低。在评定 8090 合金抗剥落腐蚀性能时，最好采用 ASTM 改进的醋酸加速的间歇式喷雾试验法（MASTMA－ASIS）。

在应力比为 0.1 时，8090－T81 合金薄板的疲劳裂纹增长速度比 2024－T3 合金的低 1 个数量级，不过，在应力比高时，这种优势就会丧失。8090－T81 合金的光滑疲劳强度与切口疲劳强度都比 2024 合金的相应性能高。显微组织对 8090 合金疲劳寿命也有影响，具有拉长的再结晶组织板材有最长的寿命。8090 合金厚板的疲劳性能与薄板的这种性能相当。该合金厚板的疲劳裂纹增长速度比 2024 合金的低，而且光滑试样与缺口试样都具有比 2024 合金更高的疲劳应力。

8090 合金在固溶状态有好的成形性能，弯曲半径可达板厚的 2 倍，弯曲回弹角比常规高强度铝合金的约小 2°，2014 合金在轧制方向的回弹角比较稳定，而方向性在 >45°后的 8090 合金薄板的回弹角则显著增大。

可用现行的蚀铣液对 8090 合金进行化学铣削，可获得令人满意的表面性能。8090 合金经阳极氧化处理后，对环境的抗腐蚀性能比其他高强度铝合金的优越。

8090 合金的可焊性能尚可，可用惰气保护钨弧焊、电子束焊、熔化极惰气保护焊等方法焊接，摩擦搅拌焊性能优秀。

8090 合金的各种性能见表 3－1－30 至表 3－1－34 及图 3－1－21 至图 3－1－26。

表 3－1－30　8090－T3 合金的低温力学性能

温度 /K	方向	$R_{P0.2}$ /(N·mm^{-2})	R_m /(N·mm^{-2})	(38 mm) A/%	面缩率 Z /%	断裂韧度 K_{IC} /(N·mm^{-2})·$\sqrt{m}$
295	纵向	217	326	12	18	—
	横向	208	348	14	26	—
76	纵向	248	458	22	27	88[1]
	横向	241	450	20	37	55[2]
20	纵向	272	609	28	28	—
	横向	268	592	25	27	—
4	纵向	280	605	26	28	67[1]
	横向	270	597	25	29	45[2]

注：①纵向裂纹方向（裂纹平面及增长方向垂直于轧制方向）的韧性；②横向裂纹方向（裂纹平面及增长方向平行轧制方向）的韧性。

表 3－1－31　8090 合金的化学铣削性能（以 2024 合金的数据作对比）

合金	化铣速度 /(mm·min^{-1})	基蚀比	缩进量 (Setback)	表面粗糙度（RHR）[1]	
				化铣前	化铣后
8090	0.084	1.3	0.3	140	55
2024	0.066	1.0	0.4	20	35

注：①RHR（roughness height rating）粗糙度高度等级。

表 3 – 1 – 32　8090 合金的拉伸性能与断裂韧度

状态	产品	组织①	最低或典型拉伸性能②				最低或典型断裂韧度	
			方向	$R_{P0.2}$/(N·mm⁻²)	R_m/(N·mm⁻²)	(50 mm) A/%	断裂方向③及韧性类型(K_C 或 K_{IC})	韧性②/(N·mm⁻²)·$\sqrt{m}$
8090 – T81 （欠时效）	耐损伤未包铝薄板 <3.55 mm	R	纵向	295~350	345~440	8~10 typ	L – T(K_C)	94~145
			长横向	290~325	385~450	10~12	T – L(K_C)	85 min
			45°方向	265~340	380~435	14 typ	S – L(K_C)	—
8090 – T8X （峰值时效）	中等强度薄板	UR	纵向	380~425	470~490	4~5	L – T(K_C)	75 typ
			长横向	350~440	450~485	4~7	T – L(K_C)	
			45°方向	305~45	380~415	4~11	S – L(K_C)	
8090 – T8X	中等强度薄板	R	纵向	325~385	420~445	4~8	L – T(K_C)	
			长横向	325~360	420~440	4~8	T – L(K_C)	
			45°方向	325~340	420~425	4~10	S – L(K_C)	
8090 – T8711 >T651 （峰值时效）	中等强度薄板	UR	纵向	380~450	460~515	4~6 min	L – T(K_C)	20~35
			长横向	365 min	435 min	4 min	T – L(K_C)	13~30
			短横向	360 typ	465 typ	—	S – L(K_C)	16 typ
			45°	340 min	420 min	420 min	—	—
						1~1.5 min		
8090 – T8151 （欠时效）	耐损伤厚板	UR	纵向	345~370	435~450	5 min	L – T(K_C)	35~49
			长横向	325	435	5 min	T – L(K_C)	30~44
			45°方向	275 min	425 min	8 min	S – L(K_C)	25 typ
8090 – T852	经冷加工的模锻件、自由锻件	UR	纵向	340~415	425~495	4~8	L – T(K_C)	30 typ
			长横向	325~395	405~475	3~6	T – L(K_C)	20 typ
			45°方向	305~395	405~450	2~6	S – L(K_C)	15 typ
8090 – T8511, – T6511	挤压材	UR	纵向	395~450	460~510	3~6	—	—

注：①R—再结晶，UR—非再结晶；②除标有"min（最小值）"与"typ（典型的）"的值外，有两个数字的代表最小值与典型值。最小值供顾客用，并可视为国家标准值，但不代表注册值；③裂纹方向见图 3 – 1 – 21；④K_C—平面应力断裂韧性，K_{IC}—平面应变断裂韧度。

表 3 – 1 – 33　8090 合金的剥落腐蚀与 SCC 试验结果

状态	产品	显微组织	剥落腐蚀等级①			SCC 阈值
			EXCO②试验	MASTMA – ASIS 试验③	大气试验	
8090 – T81 （欠时效）	薄板	再结晶	EA	EA	P,EA	$L – T$ 方向的为 60% $R_{P0.2}$
8090 – T8 （峰值时效）		再结晶	ED	EA	P	—
8090 – T8510、 T8511（峰值时效）	挤压材	非再结晶	—	—	—	$L – T$ 方向的为 75% $R_{P0.2}$

续表 3 – 1 – 33

状态	产品	显微组织	剥落腐蚀等级[1]			SCC 阈值
			EXCO[2]试验	MASTMA – ASIS 试验[3]	大气试验	
8090 – T8771、– T651(峰值时效)	厚板	非再结晶	表面 P	—	表面 P	短横向阈值 105 ~ 140 N/mm²
8090 – T851	厚板	非再结晶	EC[4]	EB[4]	P,EA	—
8090 – T8(峰值时效)	薄板	非再结晶	EC	EB	—	L – T 方向的为 75% $R_{P0.2}$
8090(峰值时效)	锻件	非再结晶	—	—	—	短横向阈值 140 N/mm²

注：①按 ASTM G 34 试验：P—点蚀；EA—表面腐蚀，有细微孔、薄碎片、小片或粉末，仅有轻微成层现象；EB—中等腐蚀，成层明显，并深入金属内部；ED—严重腐蚀，深入金属内部，并有金属损失；②按 ASTM G 34 试验；③MASTMA – ASIS：以醋酸改型的盐雾 ASTM 间歇试验；④在 $T/2$ 平面处，T 为板厚。

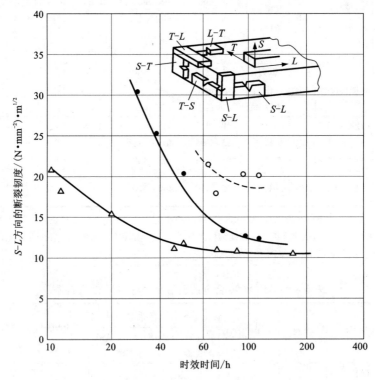

图 3 – 1 – 21　时效温度与时间对 8090 – T651 合金厚板短 – 横向(S – L)断裂韧度的影响

S – L 表示裂纹平面垂直于 S 轴而裂纹增长方向平行于轧制方向(L)

时效温度：—○— 150℃ ；—●— 170℃ ；—▲— 190℃

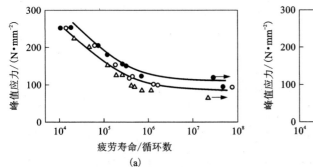
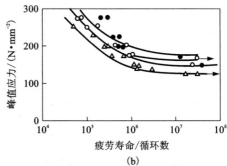

(a)　　　　　　　　　　　　(b)

图 3 - 1 - 22　耐损伤 8090 - T81 合金薄板与包铝的 2024 - T3 合金薄板的 R - N 疲劳寿命曲线

应力比 R = 0.1,循环频率 80 Hz

(a)光滑试样: -○- 8090 - T81、1.6 mm 厚, -●- 8090 - T81、2.9 mm 厚, -▲- 2024 - T3、1.6 mm 厚;

(b)切口试样: -○- 8090 - T81 纵向, -●- 8090 - T81 横向, -▲- 2024 - T3 纵向

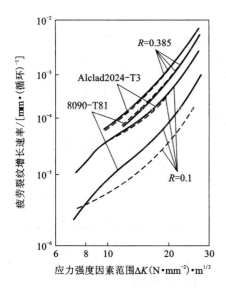

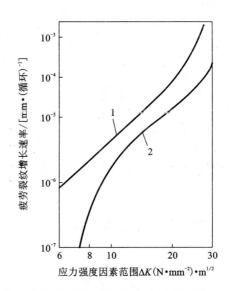

图 3 - 1 - 23　试验方向与应力比(R)

对 8090 - T81 及 2024 - T3 薄板

疲劳裂纹增长速度的影响

L - T:裂纹平面与方向垂直于轧制方向,

T - L:裂纹平面与方向平行轧制方向;

试验方向:—— L - T, - - - T - L

图 3 - 1 - 24　在恒振幅负载作用下,

显微组织对 8090 合金薄板

疲劳裂纹增长速度的影响

显微组织:1—非再结晶;2—再结晶

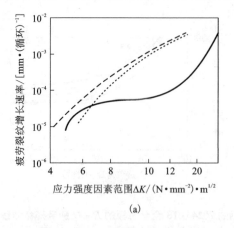
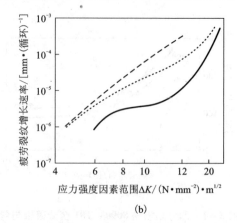

(a)　　　　　　　　　　　　　　　　　(b)

图3-1-25　8090-T651及2024-T351、T851合金厚板的疲劳裂纹增长曲线

在实验室空气中进行试验，应力比 $R=0.1$

(a)$L-T$ 试样(裂纹平面与方向垂直于轧制方向)；

(b)$T-L$ 试样(裂纹平面与方向平行于轧制方向)

—— 8090-T651；- - - 2024-T351；······2024-T851

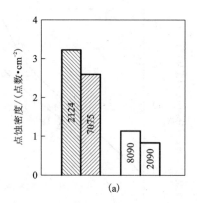
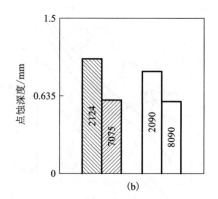

(a)　　　　　　　　　　　　　　　　　(b)

图3-1-26　常规高强度铝合金与Al-Li合金在SO₂盐雾中试验32 d后的点蚀情况

(a)点蚀密度；(b)点蚀深度

表3-1-34　8090-T6合金焊件的拉伸性能

合金	焊丝	状态	$R_{P0.2}$ /(N·mm^{-2})	R_{m} /(N·mm^{-2})	(50 mm) A/%
未焊的 8090-T6	—		429	504	6
8090-T6	Al	焊接状态	137	165	5
8090-T6	Al-5Si	焊接状态	165	205	3
8090-T6	Al-5Mg	焊接状态	176	228	4
7017-T6	Al-5Mg	自然时效30 d	220	340	8

续表 3 - 1 - 34

合金	焊丝	状态	$R_{P0.2}$/(N·mm^{-2})	R_m/(N·mm^{-2})	(50 mm)A/%
8090 - T6	Al - 5Mg - Zr	焊接状态	183	235	4
8090 - T6	8090	焊接状态	285	310	2
8090 - T6	8090	焊接状态 + T6 状态	315	367	4
2219 - T851	2319	焊接状态	185	300	5

3.1.3.5　ВАД23 合金

ВАД23 是俄罗斯的 Al - Cu - Li 系合金,它的密度比 B95 合金的低 4.5%,弹性模量高 9%。其板材有高的室温力学性能,在 175℃长期加热后在 250℃有相当高的耐热性能;在人工时效状态下的塑性较低,应力集中敏感性较大。退火状态的 ВАД23 合金的力学性能与 Д16М 合金的相近,而在淬火与时效状态下的性能则与 AMr6 合金的相当。板材可采用接触焊与氩弧焊焊接。包覆用的合金可以是纯铝,也可以是 АЦПл(含 0.9% ~1.3%Zn 的 Al - Zn 合金)。

ВАД23 合金的均匀化退火规范为 515℃、24 h。不包铝板材的轧制工艺基本上与 Д16 合金的相同。包铝板材则最好采用两次热轧工艺:首先在 280 ~340℃热轧,使包铝板与锭坯焊合,这时表面不会发生明显氧化;然后将第一次热轧的锭坯再加热到 460 ~490℃,进行第二次热轧,加热时间不长于 1.0 ~1.5 h。

合金的退火温度为 370 ~420℃,再结晶开始温度为 350℃,终了温度为 420℃。合金的淬火效应为 100 N/mm^2,人工时效效果则大于 200 N/mm^2。板材的最佳固溶处理温度为 515 ~525℃,过烧温度 530℃。板材在 75℃以下的热水中淬火,对其力学性能无影响,但在沸水或液氮中淬火,塑性会降低,抗拉强度下降 20 ~30 N/mm^2。在沸水中淬火的板材抗蚀性不会下降。

ВАД23 合金板材的自然时效极为缓慢,在室温下放置 10 a,抗拉强度仅提高 55 N/mm^2,屈服强度上升约 100 N/mm^2,伸长率却下降 4%。淬火与人工时效间的间隔时间对 ВАД23 合金板材的人工时效后的性能无影响。板材最好在淬火状态下交货,因为,此时的塑性相当高,便于成形。ВАД23 合金在 130 ~ 140℃时效 18 ~24 h,既有良好的塑性(A 为 15% ~20%),又有相当高的强度(R_m 为 480 ~500 N/mm^2、$R_{P0.2}$ 360 ~400 N/mm^2)。将时效温度提高到 150 ~160℃时,时效过程明显加快,在此温度下保温 48 h 与 16 h,强度相应地达到最大值(R_m 为 580 N/mm^2、$R_{P0.2}$ 为 510 N/mm^2),其伸长率下降到 5% ~6%。时效温度更高时(180 ~200℃),强化结束时间相应地缩短到 4 h 和 2 h。

ВАД23 合金的冲击韧度也与时效规范有密切的关系,在 140℃时效 18 ~24 h 的板材,冲击韧度为 7.84 ~11.76 J/cm^2。时效到峰值强度的板材的冲击韧度大幅下降,达到 1.47 ~1.96 J/cm^2。在 160℃时效 10 h 的板材于 125℃保温 20 000 h 后,其室温强度仅降低 5% ~7%,而保温 30 000 h 后,强度约下降 12%。在 150℃、175℃

和 200℃，如保温时间分别不长于 50 000、500 和 200 h，它仍具有相当高的抗拉强度。在 160℃与 200℃时效的板材没有应力腐蚀开裂和晶间腐蚀倾向。不包铝板材的普通腐蚀性能与 Д16 合金的相当。

ВАД23 合金板材的力学性能见表 3 – 1 – 35 至表 3 – 1 – 37。

表 3 – 1 – 35　ВАД23 合金板材的力学性能

产品	E	$R_{P0.2}$	R_m	抗压弹性模量	冲击韧性	A
	/(N·mm^{-2})			/(N·mm^{-2})	/(J·cm^{-2})	/%
包铝的	73 000	500	560	76 000	1.47 ~ 2.94	5
未包铝的	75 000	550	590	80 000	0.98 ~ 1.96	3
技术条件规定值	—	—	≥548.8	—	—	≤2

表 3 – 1 – 36　不同状态的 ВАД23 合金包铝板材的力学性能

状态	$R_{P0.2}$/(N·mm^{-2})	R_m/(N·mm^{-2})	A/%
退火的	98	215.6	20
新淬火的	137.2	323.4	20
自然时效 2 个月的	176.4	352.8	13
自然时效 1 a 的	225.4	362.6	17
自然时效 10 a 的	235.2	377.3	16
人工时效(160℃、10 h)的	490	539	5

表 3 – 1 – 37　ВАД23 合金板材在不同温度下的力学性能

温度 /℃	包铝的板材			未包铝的板材			
	$R_{P0.2}$ /(N·mm^{-2})	R_m /(N·mm^{-2})	A /%	E /(N·mm^{-2})	$R_{P0.2}$ /(N·mm^{-2})	R_m /(N·mm^{-2})	A /%
–70	510	570	5.5	—	—	—	—
20	510	550	6	75	550	600	4
125	450	500	8	—	—	520	5
150	420	480	8	67	450	500	5
175	380	440	8	65	400	470	6
200	350	410	8	63	370	430	6
225	—	—	—	—	300	370	6
250	—	—	—	—	—	320	6

注：在循环次数为 2×10^7 次时，光滑试样包铝板材的疲劳强度为 120 N/mm^2，不包铝板材的为 140 N/mm^2。

3.1.3.6　Al – Li – Cu – Mg 系 Al – Li 合金工艺塑性的提高

Al – Li – Cu – Mg 系是主要的一类 Al – Li 合金，虽有良好的综合性能，但其工艺塑性不高。有人试图通过 3 种措施来提高此类合金的塑性和改善加工性能：改变

Zr 的添加方法, 调整铸锭均匀化处理工艺参数, 改变合金化学成分(见 Aluminium, 2007, 3)。

(1)Zr 的添加方式

Zr 是 Al – Li – Cu – Mg 合金中不可或缺的微量合金元素, 在工业生产中都用 Al – 2%Zr 或更多 Zr 的中间 Al – Zr 合金加锆, 但中间合金含有大量的原生 Al$_3$Zr 金属间化合物质点对合金的塑性不利; 利用高速氩气流将氟锆酸钾(K$_2$ZrF$_6$)粉末吹入合金熔体中, 这种直接加入锆法虽然避免了较大的原生晶 Al$_3$Zr 的形成, 而形成大量的细小的 Al$_3$Zr 质点, 对合金的疲劳强度与抗蚀性的提高有利, 但他们的试验表明对合金塑性改善无效(表 3 – 1 – 38), 试验用的合金为 1441。

表 3 – 1 – 38　锆添加法对 1441 合金力学性能的影响

尺寸 /mm	方向	以中间合金加锆			氟锆酸钾还原法添加锆		
		抗拉强度 R_m /(N·mm^{-2})	屈服强度 $R_{P0.2}$ /(N·mm^{-2})	伸长率 A /%	抗拉强度 R_m /(N·mm^{-2})	屈服强度 $R_{P0.2}$ /(N·mm^{-2})	伸长率 A /%
0.8 × 1 200 × 4 000	纵向 长横向	435 ~ 450 450 ~ 470	355 ~ 375 365 ~ 385	10.0 ~ 15.0 10.0 ~ 15.0	435 ~ 455 420 ~ 475	350 ~ 380 335 ~ 385	10.0 ~ 13.5 10.0 ~ 15.0
1.2 × 1 200 × 4 000	纵向 长横向	420 ~ 435 445 ~ 465	330 ~ 360 345 ~ 380	12.5 ~ 17.5 10.0 ~ 16.0	407 ~ 425 425 ~ 455	340 ~ 350 340 ~ 390	12.5 ~ 16.0 10.0 ~ 15.0

(2)铸锭均匀化处理工艺

试验用的 1441 合金成分(质量分数):Cu 1.5%, Mg 0.9%, Li 1.9%, Zr 0.1%, Fe 0.03%, Si 0.02%, Ti 0.03%, 其余为 Al。铸锭均匀化处理规范: 510 ~ 520℃, 24 h; 540 ~ 550℃, 12 h、24 h。

他们的试验表明, 均匀化温度从 510℃增加到 550℃处理 24 h 后, 在 440 ~ 460℃的热轧温度范围内具有很好的塑性。在 490 ~ 510℃×24 h、540 ~ 560℃×24 h 均匀化的铸锭可顺利地生产 0.5 ~ 0.6 mm 的带。经过高温均匀化处理的铸锭具有更高的塑性, 可成功地冷轧成 1.2 mm 厚的带材, 然而再进一步冷轧到 0.5 ~ 0.6 mm 时则会出现大量的裂纹和裂边。

(3)新成分 Al – Cu – Mg – Li 合金

研究表明, 改变 Zr 的添加方式与改变铸锭均匀化处理规范虽可以在一定程度上提高 Al – Li – Mg – Cu 系合金的热加工性能, 但不能冷轧得 0.3 ~ 0.5 mm 的薄带材, 而调整合金成分可以顺利地生产厚度≤0.3 mm 的带材和型材, 以及符合飞机结构性能和工艺性能的模锻件。

电子显微分析表明当合金中铜含量降至 1.3% ~ 1.5%时, 铜可能完全地转入为固溶体导致含铜晶粒的体积大大减小, 其结果增加了合金在热轧和冷轧时的加工塑性。研究人员发现, 随着 Ca 和 Na 含量分别低至 0.001%和 0.0005%, 当他们几乎完全转化为固溶体时同样会增强合金的加工塑性。添加钒和钪中的一种或两种容易形成均匀和细小的组织。鉴于此因素，Sc 作为一种细化剂使合金的半成品及成品的组织细化从而达到所需的强度特性。

研究人员给出了一个新的 Al – Li – Cu – Mg 系合金的化学成分（质量分数）：1.6% ~1.9% Li；1.3% ~1.5% Cu；0.7% ~1.1% Mg；0.04% ~0.2% Zr；Ga ≤ 0.0001%；0.01% ~0.3% Zn；Na ≤ 0.0005%；Ca 0.005%。并且要从包括 0.005% V ~ 0.1% V 和 0.005% ~0.01% Sc 的中选择至少一种元素，其余则为铝。

1441 合金在 430℃ 热轧到 6.5 mm，退火（400℃）后可冷轧到 1.2 mm，再冷轧到 0.9 mm 时则会出现深达 30 mm 的裂边。用新成分合金可以冷轧出无裂边的 0.5 mm 带材。力学性能试验结果表明，与 1441 合金相比，这种新合金制成的薄板具有更好的塑性，且有相同的强度特性。这种新型 Al – Li – Cu – Mg 系合金可用于生产各种半成品如薄板、厚板、模锻件。像飞机外壳蒙皮板、框架部件、焊接燃料箱以及其他的飞机部件也可由这种新合金的半成品制成（表 3 – 1 – 39）。

表 3 – 1 – 39　新成分 Al – Li – Mg – Cu 合金薄板的力学性能

尺寸/mm	时效	抗拉强度 R_m/（N·mm^{-2}）	屈服强度 $R_{P0.2}$/（N·mm^{-2}）	伸长率 A/%
0.4 ×1200 ×4000	第一阶段	442 ~446	345 ~373	10.0 ~12.5
	第二阶段	412 ~425	364 ~383	7.3 ~11.5
	第三阶段	454 ~464	405 ~419	8.0 ~9.5

3.1.3.7　Al – Mg – Li – Zr – Er 合金

该合金是在 1420 合金基础上发展起来的，其成分（质量分数）为：4.9% ~ 5.5% Mg、1.8% ~2.1% Li、0.8% ~0.15% Zr、0.05% ~0.70% Er，其余为 Al。Er 以真空熔炼 Al – Er 中间合金的形式加入。Al – Mg – Li – Zr – Er 合金的各项性能均优于 1420 型合金的，而且 Er 的价格比 Sc 的低，有利于降低生产成本。

3.1.4　Al – Li 合金的应用

20 世纪 80 年代初期，工业发达国家的铝业公司与航天航空部门或军用飞机设计、制造单位合作，制订了研制 Al – Li 合金及其应用的计划，其目的是企图用这种低密度合金取代占飞机自身质量 70% ~80% 的常规高强度铝合金，以减轻航空航天器与飞机结构的质量。这一研究开发导致了 25 个 Al – Li 合金在美国铝业协会注册。虽然这些合金不能在结构中直接用来取代常规高强度铝合金，但在飞机特别是军用飞机制造中获得了卓有成效的应用，到了 20 世纪 90 年代已用于加工航天器的液氧与液氢燃料箱。

表 3 – 1 – 40 列举了常规航空航天铝合金与 Al – Li 合金的分组，可供设计师在将 Al – Li 合金用于现有的或新的结构时的参考，由于 Al – Li 合金的性能独特，所以

表 3－1－40　航空航天铝合金产品及其状态

主要设计标准	航空航天高强度铝合金				航空航天铝－锂合金			
	薄板	厚板	锻件	挤压材	薄板	厚板	锻件	挤压材
高强度	7075－T6	7075－T651 7150－T651 7475－T651 7150－T651	—	7075－T6511 7175－T6511 7150－T6511 7050－T76511	CP276 8091－T8X 2090－T8三	Weldalite049 8091－T851 2090－T81 —	Weldalite049 8091－T652 — —	CP276 Weldalite049 8090－T8X 2090－T86
中等强度，抗腐蚀，损伤容限	7075－T6 7075－T73 2214－T6 2014－T6 2219－T87	7010－T7651 2214－T651 2014－T651 7075－T351 7075－T7351 7050－T765 2124－T851 2219－T852	7050－T74 7075－T6 7075－T73 2014－T652 2024－T852	7050－T3511 2224－T3511 2219－T851 2024－T8511 2014－T6511 7050－T73511	2091－T8X 8090－T8X 2090－T8	8090－T7E20 8090－T87711 —	2090－T652 2091－T852	8090－T8X 8091－T8551
高损伤容限	2219－T39 2024－T3	2324－T39 2124－T351 2024－T351	2129－T3511 2024－T352	— —	2091－CPHK 2091－T三 2091－T84 8090－T81	8090－T857 8090－T8151 2091－T351 2091－T851	— —	2091－T8 8090－T81
可焊性	—	2219	2219	2219	Weldalite049	Weldalite049	Weldalite049	Weldalite049
低温性能	7475	2519	2519	2519	2090/8090	2090/8090	8090	2090
超塑成形	—	—	—	—	2090/8090 Weldalite049	—	—	—

注：本表所列对照组并不意味着可用后组的铝－锂合金材料直接代替前组相应的常规高强度铝合金材料。

其大多数应用仅限于一些新的项目，这就限制了其市场的开发。另外，Al – Li 合金半成品的生产成本通常是常规高强度铝合金半成品的 3 ~ 5 倍，因而其应用仅限于那些对自身质量锱铢必较的项目与工件。

Al – Li 合金的主要优点是密度低、比模量高、优异的疲劳性能与低温韧性，抗疲劳裂纹扩展的能力比常规高强度铝合金的强。但是，在以压应力为主的变振幅疲劳试验中，Al – Li 合金的这一优点不复存在。Al – Li 合金的主要缺点为：峰值强度材料短 – 横向的塑性与断裂韧性低，各向异性严重，人工时效前需施加一定的冷加工量才能达到峰值性能，疲劳裂纹呈精细的显微水平，扩展速度显著加快。

1994 年，美国国家航空航天局（NASA）选用 2195Al – Li 合金板材制造新的航天飞机超轻燃料箱（SLWT）。该合金的密度比 2219 合金的轻 5%，而其强度则比后者高 30%，美国国家航空航天局决定采用此合金制造国际空间站（International Space Station）中的 25 次发射用的火箭液态燃料箱。为满足上述需求，以及其他航天器与飞机制造方面的需要，雷诺兹金属公司（2007 年被美国铝业公司兼并）投资 500 万美元在麦库克轧制厂（McCook）又新建了一条 Al – Li 合金的铸造生产线，使铸锭生产能力增加一倍。

1988 年，洛克希德马丁战斗机系统公司（Lockheed Martin Tactical Aircraft Systems）、洛克希德马丁航空器系统公司（Lockheed Martin Aeronautical Systems Company）与雷诺兹金属公司共同制定了开发 2197 合金应用的计划——用其厚板制造战斗机舱壁甲板。1996 年，美国空军 F – 16 型飞机开始用此合金厚板制造后舱甲板及其他零部件。

除美国外，其他国家如俄国、英国、法国等都在积极推广 Al – Li 合金在航空航天器上的应用：威斯特兰（WestLand）EH101 型直升机的 25% 的结构件是用 8090 合金制造的，其总质量下降约 15%；法国的第三代拉费尔（Rafele）战斗机计划用 Al – Li 合金制造其结构框架；俄国的 YAK36 及 MIG – 29 型战斗机都有大量零部件是用 Al – Li 合金制造的；麦克唐纳·道格拉斯公司（McDonnell Douglas）的 DC – XA "Clipper Graham" 火箭的液氧箱是用 Al – Li 合金焊接的；空中客车工业公司（Airbus Industries）、麦克唐纳·道格拉斯公司和波音公司在制造 A330 和 A340 型、C – 17 型、波音 777 型商用飞机方面使用了并将继续使用一定量的 Al – Li 合金。开发 Al – Li 合金市场的下一个里程碑，就是大幅度开拓 Al – Li 合金在飞机制造中的应用，特别是在加工件方面的市场。

可用 Al – Li 合金制造军用战斗机及民用客机的零部件分别如图 3 – 1 – 27 及图 3 – 1 – 28 所示。

2011 年 9 月 29 日中国发射的目标飞行器天宫一号由实验舱和资源舱组成，资源舱为后舱，内置动力系统、推进系统和燃料，为了能装更多燃料，以保证天宫一号在轨道上运行预定时间，必须降低舱段结构的自身质量，为此设计人员用 Al – Li 合金制造，使其质量成功减轻 10% 以上。所用 Al – Li 合金的各项性能不但比传统的 2024 型及 7075 型合金的相当或更高一些，而它的密度又比传统铝合金的低 8.5%～9.5%，因而具有很大的减轻效果。C919 大飞机的机身等直段结构也是用 Al－Li 合金制造的，已于 2011 年交付，但所用 Al－Li 合金材料目前从美国铝业公司进口。

Al－Li 合金材料生产随着新世纪的到来已进入成熟阶段，在航空航天器上应用的春天到了。当前妨碍 Al－Li 合金更大规模应用的主要因素是其价格过高。

2012 年 1 月 7 日西南铝业（集团）有限责任公司试铸成功了用于大飞机项目的第三代新型 Al－Li 合金挤压圆锭。在填补国内该产品生产空白的同时，也为大飞机项目材料加速实现国产化奠定了基础。该项目专用的第三代新型 Al－Li 合金化学成分特殊，铸造成形难度大，试制过程具有很高的安全风险，且产品本轮试制铸锭涉及多个合金和规格。至此大飞机项目所需的两种 Al－Li 合金均已在西南铝业（集团）有限责任公司试制成功，为下一步规模生产创造了有利条件。

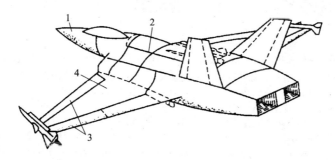

图 3－1－27　Al－Li 合金与超塑成形（SPF）Al－Li 合金工件在歼击机上的应用

1—前部机身：蒙皮 8090、2090、2091，舱门 2090、8090、2091，基本结构 SPF 铝—锂合金；2—中部机身：蒙皮 2090、2091、8090，隔板 8090，机架 SPF 铝—锂合金；3—操纵面：蒙皮 2090、2091、8090，基本结构 2091、2090、8090，配件 8090 锻件；4—上翼箱：蒙皮 8090、2090，翼梁为复合材料，翼肋为 Al－Li 合金

美国铝业公司将为美国航空航天管理局于 2020 年发射的运送宇航员重返月球的战神一号载人运载火箭提供 454 tAl－Li 合金板材，重型货运火箭战神五号也将使用 Al－Li 合金制造。

美国洛克希德导弹和空间公司（LMSC）的大力神导弹（Titan）的有效载荷舱是用 8090 合金厚板制造的，比用常规铝合金制造的每件减重 182 kg。麦克·道格拉斯空间系统公司用 2090－T81 合金厚板代替 2014－T6 铝合金制造 ϕ2 438 mm×3 048 mm 的低温燃料箱及液氧贮箱，减重 15%。通用动力公司用 2090 合金取代 2024 合金制造宇宙神导弹的有效载荷舱。

天宫一号这个中国的第一个低轨道、长寿命大型载人航天器的设计寿命为 2 年，总重量 8.6 t。在资源舱也就是天宫一号的后舱内装有动力系统（含超强电力的大型太阳能电池板）、推进系统和能源。它的主要任务是为天宫一号的飞行提供能源保障，并控制飞行姿态。资源舱加足燃料后的重量约 1.4 t（图 3－1－29）。

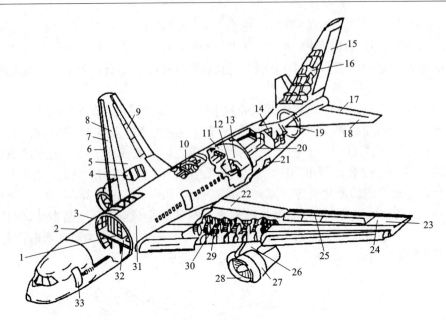

图 3 – 1 – 28   Al – Li 合金在大型客机上可能应用的零部件示意图

1—过道 2090 – T83；2—机身桁梁 8090 – T8；3—机架 2091 – T8、8090 – T8；4—下桁条 2091 – T84、8090 – T8；5—上桁条 2090 – T83；6—前缘 2090 – T83、84；7—前缘缝翼 2090 – T83、84；8—盖 2090 – T83；9—阻流板 2090 – T83、84；10—导管 2090 – T86；11—座椅 2090 – T62、8090 – T8X、2091 – T851；12—运货轨道 2090 – T86、8090 – T8；13—座椅轨道 2090 – T86；14—厕所 2090 – T83；15—方向舵 2090 – T83；16—框架 2090 – T83；17—升降舵 2090 – T83；18—蒙皮 2090 – T83；19—舱壁 2090 – T84、2091 – T84、8090 – T84；20—上行李箱 2090 – T83；21—便门 2090 – T83、8090 – T8；22—副翼 2090 – T83；23—下机翼 8090 – T8；24—上机翼 2090 – T83；25—阻力板 2090 – T83、T84, 2091/8090 – T8；26—吊架 2090 – T83；27—发动机罩 2090 – T83；28—前缘进气口 2090 – T83；29—翼肋 8090 – T8；30—翼梁 8090 – T8；31—蒙皮 2091/8090 – T8；32—地板 2090 – T83；33—舱门 2091/8090 – T8

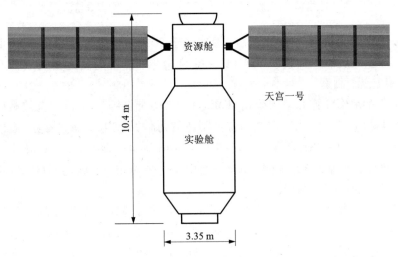

图 3 – 1 – 29   2011 年 9 月 29 日发射的载人飞行器——天宫一号

3.2　Al – Sc 合金

Al – Sc 合金是指含有微量 Sc 的（ < 0.4% ）Al – Mg – Sc、Al – Zn – Mg – Sc、Al – Zn – Mg – Cu – Sc、Al – Mg – Li – Sc、Al – Cu – Mg – Sc 系变形铝合金，二元 Al – Sc 系没有实用价值，钪还往往与 Zr 一同加入铝合金中。与不含钪的同类合金相比，Al – Sc 合金强度高、塑韧性好、耐蚀性能和可焊性能优异，是继 Al – Li 合金之后新一代航天、航空、舰船轻质结构材料。

3.2.1　Sc 的性能

3.2.1.1　物理性能

天然原子量：44.956。

外层价电子：$3d^1 4s^2$。

原子半径：1.62 Å。

离子半径：$Sc^{3+} = 0.68$ Å。

原子体积：15.028 cm^3/mol。

密度：（在 20℃时）：X 射线，3.02 g/cm^3；电弧熔融，3.0 g/cm^3。

熔点：高纯度，1 811℃（3 260 ℉）。

沸点：2 870℃（5 198 ℉）。

升华：在 1 600℃和 10^{-4} mmHg 柱时钪升华。

蒸气压：$lgP_{sc}(mmHg) = -\dfrac{17180}{T(K)} + 8.298$ 或 $lgP_{sc}(mmHg) = -\dfrac{A}{T} + B + ClgT$（℉K），$A = 19.700$，$B = 13.07$，$C = 1.0$（1 607K 到熔点）。

比热：（0℃时）：25.24 $J/(mol \cdot ℃)$。

熔化热：14.15 kJ/mol。

熔融熵：1.86 熵单位。

蒸发热和升华热：330.12 ~ 340.2 kJ/mol。

晶体结构：α – Sc（室温到 1 335℃）六方密集，$a = 3.308$ Å，$c = 5.2653$ Å；β – Sc（1 335℃到熔点）体心立方，$a = 4.53$ Å。据报道，β – Sc 是面心立方而不是体心立方这种说法，是由于在被测样品表面上有面心立方 ScN 形成的缘故。

转化温度：极微量杂质可使 α – Sc→β – Sc 的转变温度从 1 335℃（1 608K）增加到（1 373 ± 10）℃[（1 646 ± 10）K]。

转化热（纯度 99.7% 的钪）：$\Delta H_转 = 418.24$ J/mol。

转化熵：$\Delta S_转 = 0.60$ 熵单位。

德拜温度：$\theta_{Sc} = 304.5$ K。

热膨胀系数：400℃时平均值 $11.4 \times 10^{-6}/℃$。

热导率：（47℃时）0.252 J/（cm··s·℃）。

电阻率：（25℃时）60 ~ 66 μΩ·cm。

电阻率系数：（0 ~ 25℃）0.00282/℃。

氧化电位：$\varphi_{298}^{\ominus}=2.08$ V，比其他任何稀土元素的都低，在室温时稀土元素没有明显的氧化作用。

3.2.1.2　力学性能

电弧熔炼 Sc 的布氏硬度为 75 ~ 80℃（500 kg 载荷，压头直径 10 mm），Ca 还原 ScF$_3$ 制取的 Sc 的 HB 为 100，钙还原 Sc$_2$O$_3$ 制取的 Sc 的 HB 为 143，（3 000 kg 载荷，压头直径 10 mm），冷锻 Sc 的 HB 为 136。

99.0% 钪的抗压强度 $39\ 244 \times 10^4 N/m^2$，抗拉强度 $31\ 381 \times 10^4 \sim 42\ 210 \times 10^4 N/m^2$，杨氏弹性模量 $E = 0.770 \times 10^6$ kg/cm^2（23℃），剪切模量 $G = 294 \times 10^3$ kg/cm^2，体积弹性模量 $K = 672 \times 10^3$ kg/cm^2，泊松比 $\mu = 0.31$。

钪为六方晶格，滑动面少，纯度为 99% 的钪在冷压力加工时会迅速硬化，必须再结晶退火后，方可继续加工。在 815℃ 以上钪有良好的塑性，纯度为 99.4% ~ 99.6% 的蒸馏钪在室温的轧制率可达 90%，可以生产直径 0.4 mm 的线材与 0.08 mm 的箔材。钪的可切削加工性能良好。

在 Al - Sc 相图的铝端 655℃ 有一共晶反应：L→Al + ScAl$_3$，0.5% ~ 0.6% Sc。655℃ 时 Sc 在铝中的固溶度为 0.27%，627℃ 时为 0.20%，527℃ 时为 0.07%。与铝平衡的相为 Al$_3$Sc（35.7% Sc），它是在 1 427℃ 由 ScAl$_2$ 通过包晶反应形成的，属立方晶格，空间群为 $Pm3m$，单位晶胞中有 4 个原子，晶格常数 $a = 4.106 \times 10^{-10}$ m，显微硬度（HV）255。

钪提高铝的强度，但在较高的温度下，Al - Sc 合金的强度急剧下降，在 600K 时的强度与铝的强度非常接近。

3.2.1.3　Sc 的晶粒细化作用

Sc 在铝合金中的作用是铸造铝合金的变质剂，变形铝合金的良好晶粒细化剂，在过渡族元素中，对铝合金组织细化效果最好的是 Sc，其次才是 Ti、Zr、V。从固溶体中析出的 Al$_3$Sc 呈弥散的细小质点分布，显著提高合金的强度性能与铝合金半成品的再结晶温度，例如含 0.3% ~ 0.4% Sc 的铝合金板材的平均再结晶温度提高了 275℃，达到约 575℃，这就大大提高了合金的固溶处理温度与热强性，使合金在淬火后仍保持着完全未再结晶组织。

Al$_3$Sc 的晶格常数为 $a = 0.4104$ nm，与铝的晶格常数 $a = 0.404$ nm 非常接近，Sc（<0.3%）与 Zr（<0.15%）或（Sc + Zr）<0.45% 可取得更好的晶粒细化效果，所以现行的 Al - Sc 合金大都含有 <0.15% Zr。图 3 - 2 - 1 表示铝的晶粒尺寸与反应参数 Ω（interaction parameter）的关系，说明钪的晶粒细化最大。

Al - Sc - Zr 三元相图的铝角断面图如图 3 - 2 - 2 所示，Al$_3$Sc 与 Al$_3$Zr 与 α（Al）处于平衡状态，Al$_3$Sc 是在 1 320℃ 通过包晶反应形成的，立方结构，L1$_2$ 型，晶格常

数 $a = 0.4104$ nm，可溶解的 Zr 达 35%，即相当于化合物 $Al_3Sc_{0.6}Zr_{0.4}$ 中所需的 Zr。Al_3Zr 的熔点 1 577℃，正方结构，DO_{23} 型，晶格常数 $a = 0.4006$ nm、$c = 1.727 \sim 1.732$ nm，可溶解 Sc 的最大量 5%，即相当于化合物 $Al_3Zr_{0.8}Sc_{0.2}$ 中所需的钪。以上的这些相参与反应 $L + Al_3Zr \rightarrow \alpha(Al) + Al_3Sc$，659℃。Zr 及钪在固态 $\alpha(Al)$ 中的固溶度：550℃ 时为 0.06%Zr、0.03% Sc，600℃ 时为 0.09% Zr、0.06% Sc。

　　实践证明，只要 Sc + Zr 的量 < 0.45%，并调配 Zr∶Sc 比例，即调好合金凝固时期初生相 Al_3Sc（Zr∶Sc < 1）或 Al_3Zr（Zr∶S > 1）的量就可以获得好的晶粒

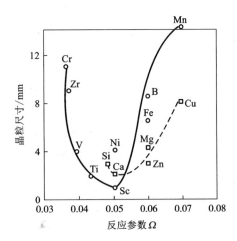

图 3 - 2 - 1　铝的晶粒大小与晶粒细化剂反应参数 Ω 的关系

细化作用；在含 Sc 的铝合金中若有 Zr 存在，则 Sc 的细化效果会有相当大的改善，因此通常一个含有 0.15% Sc 与 0.15% Zr 的合金，为什么会这样目前尚无一致的理论解释。有些人认为，是由于形成了三元化合物 Al_3（ScZr），它的晶体结构与稳定的 Al_3Sc 与准稳定相 Al_3Zr 的结构相似。可是在 Al - Sc - Zr 系中并没有形成新相。金相实验显示，在 Al - Sc - Zr 合金凝固过程中，由包晶反应形成的 Al_3Sc 在初生 Al_3Zr 质点上形成凸缘（rim），见图 3 - 2 - 3。这种表面层使 Al_3Sc 有很高的晶粒细化能力，同时激活 Al_3Zr，因而在 Sc 含量相对较低的情况下，仍有很强的晶粒细化作用。

3.2.2　Al - Sc 中间合金制备

　　Sc 是以中间合金的形式添加到铝合金熔体中的，从而制得含 Sc 的铝合金。当前全球可生产 Al - Sc 中间合金的国家有俄罗斯、中国、美国等，2011 年的总产量估计约 200t。中国生产的 Al - Sc 中间合金的成分见表 3 - 2 - 1。

表 3 - 2 - 1　中国生产的 Al - Sc 中间合金的成分（质量分数，%）

工厂编号	合金元素		杂质，不大于					
	Sc	Al	Fe	Si	Ca	Na	Cu	C
105010	10 ± 0.5	其余	0.1	0.08	0.005	0.008	0.005	0.03
105005	5 ± 0.5	其余	0.1	0.08	0.005	0.008	0.005	0.03
105002	2 ± 0.2	其余	0.1	0.08	0.005	0.008	0.005	0.03

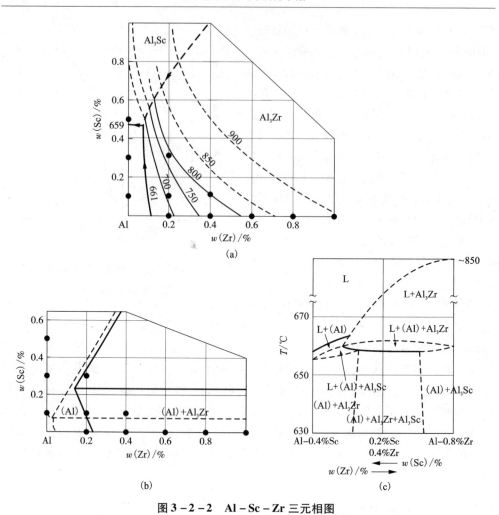

(a)

(b)

(c)

图 3 - 2 - 2   Al - Sc - Zr 三元相图
(a)液相面投影；(b)等温断面图，虚线 450℃，实线 600℃；(c)垂直断面图

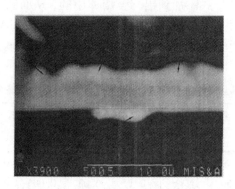

图 3 - 2 - 3   含 Sc 及 Zr 的铝合金凝固时 Al₃Sc 在初生 Al₃Zr 上沉淀生长，
箭头所指为富钪层。扫描电子显微照片(SEM)

生产 Al - Sc 中间合金常用的方法有：对掺法（混熔法）、熔盐电解法和金属（Al 或 Mg）热还原法。

3.2.2.1　对掺法

用纯钪（Sc≥99.9%）和纯铝（Al≥99%）为主原料，以纯氩气（Ar≥99.99%）作保护气体。

以纯 Sc_2O_3（≥99%）制取 Sc，按合金组成比例称料。再将 Sc 用铝箔包好放入石墨或 Al_2O_3 坩埚内的铝熔体中，在氩保护下搅拌，坩埚位于中频炉或电阻炉内，Al 与 Sc 在熔炼后的凝固过程中形成大量的细小的 Al_3Sc 质点，均匀地分布于 α(Al)基体中。将熔炼合格的 Al - Sc 合金熔体浇于水冷的铜模或铁模内，即可制得一定成分的 Al - Sc 中间合金锭。此法特点为：过程简便，设备易配置；生产中不产生有害"三废"；合金损失大，回收率较低；纯 Sc 昂贵，产品成本高；合金中组分分布不均匀，有碍其应用。

3.2.2.2　熔盐电解法

用纯 Sc_2O_3（≥99%）、ScF_3 与 LiF 配成三元电解质体系，以石墨作阳极、液铝为阴极进行电解，在阴极上析出 Sc，再与液铝生成 Al - Sc 合金，用虹吸法取出熔体后铸锭即可。

主要工艺过程为：原料→配电解质→熔化→电解→生成合金→铸锭→包装→入库（产品）。Al - Sc 合金回收率≥95%。

主要化学反应式为：

离解：$Sc_2O_3 == 2Sc^{3+} + 3O_2$

阴极：$Sc^{3+} + 3e == Sc$

阳极：$2O^{2-} + 4e + C == CO_2 \uparrow$

合金化：$Sc + 3Al == Al_3Sc$

该工艺过程简便，作业容易，设备易于配置及检修，但电解槽易腐蚀，寿命短。

3.2.2.3　镁热还原法

用 98.8% 的 Sc_2O_3 制备 $ScCl_3$ 后，再与 KCl、NaCl 配成混合物。按合金组分称料（包括 Mg、Al），放入石墨坩埚内置于电阻炉加热。在 Ar 气保护下搅拌还原（Mg 作还原剂，Al 为捕集剂），铸锭后即为合金产品。

主要工艺过程为：原料→预处理→配制 $ScCl_3$ 熔块→与 Mg、Al 混合→还原→静置分层→铸锭→包装→入库（产品）。

主要化学反应式为：

还原：$ScCl_3 + 3/2Mg == Sc + 3/2MgCl_2$

合金化：$Sc + 3Al == Al_3Sc$

Al_3Sc 回收率≥95%。用 1.0 kg Sc_2Cl_3 可得 Al_3Sc 中间合金约 19 kg。还原温度 750~900℃。成本较低，比对掺法的降低 50%。

该工艺过程长，作业难；设备简单且易于配置；Sc 被还原率很高（约100%），成本低。可在中 Al$_3$Sc 中加入 Li、Zr 后，易制成新的合金 Al – Zr – Sc 等，故工艺较先进利于推广。

此外，还可用 ScCl$_3$ 熔盐电解法；用 Al 还原 Sc$_2$O$_3$ 及 ScF$_3$ 的金属还原法；冰晶石(含 Sc$_2$O$_3$，ScF$_3$ 和 Al 体系)还原法均可生产 Al – Sc 合金。

3.2.3　工业 Al – Sc 合金

苏联及俄罗斯在研发 Al – Sc 合金方面居世界领先水平，大量研究工作始于 20 世纪 70 年代初，主要研究单位为俄罗斯科学院巴伊科夫冶金研究所和全俄轻合金研究院，至今开发出 Al – Mg – Sc、Al – Zn – Mg – Sc、Al – Zn – Mg – Cu – Sc、Al – Mg – Li – Sc 和 Al – Cu – Mg – Sc 五个系的近 20 种 Al – Sc 合金，产品有板、带、箔、棒、型材及锻件，主要用于制造航空航天器、舰船、车辆等焊接结构件。Sc 在合金中的含量通常都在 0.4% 以下。

属于 Al – Mg – Sc 系的合金有：01570、01570C、01571、01545、01545K、01535、01535、01532 和 01515；Al – Zn – Mg – Cu – Sc 系合金有：01970、01975、01981；Al – Mg – Li – Sc 系合金有：01421、01423、01460、01464 合金等。

Al – Sc 合金的热处理规范与不含钪的其主要成分相同合金的相同，如 01545 合金的热处理规范与 AMr 合金的相同。Al – Sc 系及 Al – Zn – Mg – Sc 系合金的再结晶温度见图 3 – 2 – 3。所有 Al – Sc 合金都是在原有合金基础上添加 Sc 或 Sc + Zr 形成的。

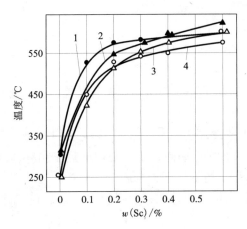

图 3 – 2 – 3　Al – Sc(1, 4)及 Al – Zn – Mg – Sc(2, 3)系合金冷轧板
再结晶开始(3, 4)与终了(1, 2)温度与 Sc 含量关系

3.2.3.1　Al – Mg – Sc 系合金

在俄罗斯这个系的合金有以下 7 个牌号，它们分别为：01570、01571、01545、01545K、01535、01523 和 01515。这些合金除 Mg 含量不同外，都是用 Sc 和 Zr 微合

金化的 Al – Mg 系合金。此外，合金中还添加有微量的 Mn 和 Ti 等。表 3 – 2 – 2 列出了 Al – Mg – Sc 系合金热加工状态或退火状态的力学性能。

表 3 – 2 – 2　退火的 Al – Mg 及 Al – Mg – Sc 合金板材的典型力学性能

合金	平均化学成分/%	$R_m/(\text{N·mm}^{-2})$	$R_{p0.2}/(\text{N·mm}^{-2})$	A/%
AMr	Al – 1.15 Mg	120	50	28
01515	Al – 1.15 Mg – 0.4(Sc + Zr)	250	160	16
AMr2	Al – 2.2 Mg – 0.4 Mn	190	90	23
AMr3	Al – 3.5 Mg – 0.45 Mn – 0.65 Si	235	120	22
01523	Al – 2.1 Mg – 0.45(Sc + Zr)	270	200	16
AMr4	Al – 4.2 Mg – 0.65 Mn – 0.06 Ti	270	140	23
01535	Al – 4.2 Mg – 0.4(Sc + Zr)	360	280	20
AMr5	Al – 5.3 Mg – 0.35 Mn – 0.06 Ti	300	170	20
01545	Al – 5.2 Mg – 0.4(Sc + Zr)	380	290	13
AMr6	Al – 6.3 Mg – 0.65 Mn – 0.06 Ti	340	180	20
01570	Al – 5.8 Mg – 0.35(Sc + Cr + Zr)	400	300	15

(1)01570 合金

这种合金的 $w(\text{Mg}) = 5.3\% \sim 6.3\%$，$w(\text{Mn}) = 0.2\% \sim 0.6\%$，$w(\text{Sc}) = 0.17\% \sim 0.35\%$，$w(\text{Zr}) = 0.05\% \sim 0.15\%$，$w(\text{Ti}) = 0.01\% \sim 0.05\%$，$w(\text{Cu}) < 0.1\%$，$w(\text{Zn}) < 0.1\%$，$w(\text{Fe}) < 0.3\%$，$w(\text{Si}) < 0.2\%$，其他杂质的质量分数总和 $<0.1\%$。为了改善合金熔体的特性，还可加入微量的铍。

表 3 – 2 – 3 至表 3 – 2 – 4 分别列举了 01570 合金在不同试验温度下的超塑性指标和焊接接头的力学性能，退火状态材料的典型力学性能见表 3 – 2 – 5。

表 3 – 2 – 3　0.8 mm 厚的 01570 合金板材在 $\varepsilon = 7.2 \times 10^{-3}/\text{s}^{-1}$ 时的超塑性指标

试验温度/℃	$\varepsilon = 7.2 \times 10^{-3}/\text{s}^{-1}$ 时的超塑性指标		
	A/%	$R_m/(\text{N·mm}^{-2})$	m
400	320	21	0.33
425	380	17.5	0.38
450	480	12.5	0.47
475	730	10	0.6
500	850	8	0.53
525	670	6	—

表 3 – 2 – 4　不同试验温度下 01570 合金焊接接头的力学性能

试验温度 /℃	焊接接头的拉伸强度		焊接接头的强度系数		冷弯角 α/(°)	冲击韧性 /(J·cm⁻²)	
	R_{m1} /(N·mm⁻²)	R_{m2} /(N·mm⁻²)	R_{m1} /(N·mm⁻²)	R_{m2} /(N·mm⁻²)		焊缝	半熔合区
-253	458	458	0.72	0.72	—	17	9.6
-196	492	479	0.95	0.93	66	22	14
20	402	334	1	0.83	180	34	22
150	319	271	1	0.85	180	28	20
250	146	144	1	0.99	180	22	16

注：R_{m1}—带余高；R_{m2}—不带余高。

表 3 – 2 – 5　01570 合金退火后的典型力学性能

半成品	尺寸/mm	$R_m/(N \cdot mm^2)$	$R_{P0.2}/(N \cdot mm^2)$	A/%
厚板	18	390	260	20
薄板	4	410	270	18
	3	430	310	19
	2	440	320	20
	1	450	340	20
棒材	φ250	370	240	22
	φ200	380	250	22
	φ150	390	260	21
	φ100	400	270	21
	φ30	440	320	17
型材	λ = 43	440	310	17
壁板	λ = 10	390	270	17
锻件	—	380	250	21
轧制环	—	380	260	22

退火的 01570 合金及其焊接接头对应力腐蚀不敏感，但退火加 160℃/24 h 敏化加热后有成层腐蚀倾向。01570 合金的可焊性非常好，可以用氩弧焊焊接，也可以电子束熔焊。在用 01571 焊丝焊接 01570 薄板时，所得焊接接头如有余高，试验温度为 -196 ~ 250℃ 时，焊接接头强度与基体金属的相同；无余高时，焊接接头的强度由焊缝铸造金属的强度决定，约为基体金属强度的 85%，在不需热处理强化的铝合金中焊接系数是最高的，航天工业已用这种合金制作焊接承力件。

(2)01571 焊丝合金

焊丝合金的成分为 $w(Mg) = 5.5\% \sim 6.5\%$、$w(Sc) = 0.30\% \sim 0.40\%$、$w(Zr) =$

$0.1\% \sim 0.2\%$，$w(\text{Ti}) = 0.02\% \sim 0.05\%$，以及微量的稀土。这种合金用于氩弧焊焊接 Al – Mg – Sc 和 Al – Zn – Mg – Sc 系合金，主要以丝材形式供应用户。由于合金中有 Sc、Zr、Ti 等微量元素，显著细化了焊缝的铸态组织，减弱了焊缝的热裂纹形成倾向。同时，由于焊缝结晶速度很高，微量 Sc、Zr 最大程度地溶入了 Al – Mg 合金固溶体中，在随后的冷却过程中，Sc 和 Zr 以纳米级的 $\text{Al}_3(\text{Sc}, \text{Zr})$ 粒子析出，显著地提高 Al – Mg – Sc 和 Al – Zn – Mg – Sc 合金焊接接头的强度。

(3)01545 合金

该合金含 $w(\text{Mg}) = 4.0\% \sim 4.5\%$ 以及微量钪和锆。由于 Mg 含量较 01570 合金的低，加工成形性能比 01570 合金的好。在此基础上，俄罗斯又研制出了 01545K 合金，合金的 $w(\text{Mg}) = 4.2\% \sim 4.8\%$。这种合金在液氢温度下(20K)有很高的强度和塑性，可用于制造航天器液氧 – 液氢燃料贮箱和相应介质条件下的焊接构件。

(4)01535 合金

该合金含有 $w(\text{Mg}) = 3.5\% \sim 4.5\%$ 以及微量的 Sc、Zr。与 01570 和 01545 合金比，该合金的镁含量低，强度也低一些，但合金的塑性好，有利于半成品的后续加工，也减少了分层剥落腐蚀和应力腐蚀的倾向。力学性能为 $R_m \geq 360 \text{ N/mm}^2$，$R_{\text{P0.2}} \geq 290 \text{ N/mm}^2$，$A \geq 16\%$。这种合金主要应用于低温条件下的焊接件，如用于液化气罐等。

(5)01523 合金

这种合金含 $w(\text{Mg}) = 2\%$ 左右和少量的 Sc 和 Zr。由于 Mg 含量低，合金有很好的抗蚀性、成形性和抗中子辐照性。但强度比不含钪的 AMr2 合金的高得多。表 3 – 2 – 6 列举了 01523 合金板材及焊接接头的力学性能。

表 3 – 2 – 6　退火的 AMr2 板及其焊接接头的力学性能

合金	退火板材			焊接接头		
	R_m /(N·mm^{-2})	$R_{\text{P0.2}}$ /(N·mm^{-2})	A /%	R_m /(N·mm^{-2})	$R_{\text{P0.2}}$ /(N·mm^{-2})	A /%
AMr2	50	190	23	120	180	0.94
01523	250	310	13	120	270	0.87

这种合金可用于高腐蚀介质中工作的焊接构件，包括运送 H_2S 含量高的原油的容器、管道以及有中子辐照场合的焊接件。

(6)01515 合金

这种合金含有 $w(\text{Mg}) = 1\%$ 左右和少量 Sc 和 Zr。合金有较高的热导率和较高的屈服强度，可用于航天和航空工业的热交换器。表 3 – 2 – 7 列出了这种合金退火状态的力学性能。

表 3 - 2 - 7　01515 合金退火状态力学性能

半成品	$R_{\mathrm{m}}/(\mathrm{N\cdot mm}^{-2})$	$R_{\mathrm{P0.2}}/(\mathrm{N\cdot mm}^{-2})$	$A/\%$
板材(2 mm 厚)	280	230	12
型材	260	230	15

(7)Al - 5Mg - Sc 合金

尹志民等人研究了 Al - 5Mg - Sc(Zr)合金的组织与性能,合金的名义成分见表 3 - 2 - 8,铸造状态合金的透射电镜晶粒结构示于图 3 - 2 - 4,在 α(Al)基体中分别(含 Sc/Zr 的合金)弥散地分布着细小的 Al₃Sc、Al₃Zr、Al₃(Sc,Zr))质点;图 3 - 2 - 5 为热轧板材的显微组织,Al - 5Mg 合金为完全的等轴再结晶组织,Al - 5Mg - 0.1Zr 合金为部分再结晶组织,而含 Sc 及 Sc + Zr 合金则为纤维状组织,没有发生再结晶。Sc 对合金力学性能的影响比 Zr 的大得多,同时添加 Sc + Zr 的效果最佳,可使合金的抗拉强度上升 150 N/mm²,比其他任一合金元素(Ti、B、Cr、Zr、Ag、RE、Sc)的都强。

表 3 - 2 - 8　所研究合金的名义成分与力学性能

合　金	$R_{\mathrm{m}}/(\mathrm{N\cdot mm}^{-2})$	$R_{\mathrm{P0.2}}/(\mathrm{N\cdot mm}^{-2})$	$A/\%$
Al - 5Mg	260	115	31
Al - 5Mg - 0.1Zr	272	129	26
Al - 5Mg - 0.2Sc	296	182	18
Al - 5Mg - 0.6Sc	360	228	19
Al - 5Mg - 0.2Sc - 0.1Zr	398	266	18

Al₃Zr 特别是 Al₃Sc 及 Al₃(Sc,Zr)质点是位错运动的固若金汤的障碍,能牢牢地钉扎住位错,大部分位错不能自由运动;另外,Al₃Sc、Al₃(Sc,Zr)与基体 α(Al)之间的界面能很低,极稳定,与基体共格,使合金在热轧后仍保持着非再结晶组织,并拥有高的强度与相当高的伸长率。

3.2.3.2　Al - Zn - Mg - Sc 系合金

在俄罗斯,该系合金有 01970 和 01975。其中 $w(\mathrm{Zn}) = 4.5\% \sim 5.5\%$,$w(\mathrm{Mg}) = 2\%$,$w(\mathrm{Zn})/w(\mathrm{Mg}) = 2.6$。此外,还有 $w(\mathrm{Cu}) = 0.35\% \sim 1.0\%$,以及 $w(\mathrm{Sc + Zr})$ 为 $0.30\% \sim 0.35\%$ 等。

(1)01970 合金

这种合金有很高的抵抗再结晶的能力(见图 3 - 2 - 6)。即使冷变形量很大,合金的起始再结晶温度仍比淬火加热温度高。例如,冷变形量为 83% 的冷轧板,450℃固溶处理后水淬仍然保留了完整的非再结晶组织。01970 合金板材有很好的

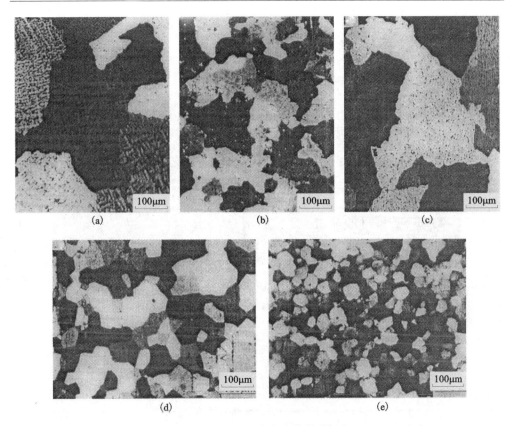

图 3 - 2 - 4　所研究合金的铸造组织

(a) Al - 5 Mg；(b) Al - 5 Mg - 0.1 Zr；(c) Al - 5 Mg - 0.2 Sc；
(d) Al - 5 Mg - 0.6 Sc；(e) Al - 5 Mg - 0.2 Sc - 0.1 Zr

综合力学性能，见表 3 - 2 - 9、表 3 - 2 - 10。表 3 - 2 - 11 给出了这种合金的超塑性测试结果。表 3 - 2 - 12 给出了板厚为 2.5 mm 的 01970 合金焊接接头力学性能。表 3 - 2 - 13 列出了这种合金锻件的性能。

表 3 - 2 - 9　01970 合金半成品淬火人工时效后的典型力学性能

半成品	纤维方向			垂直纤维方向			高向		
	R_m /(N· mm^{-2})	$R_{P0.2}$ /(N· mm^{-2})	A /%	R_m /(N· mm^{-2})	$R_{P0.2}$ /(N· mm^{-2})	A /%	R_m /(N· mm^{-2})	$R_{P0.2}$ /(N· mm^{-2})	A /%
32 mm 厚板	490	440	15	480	430	13	480	420	11
锻件	490	440	15	490	430	14	480	420	11
2 mm 薄板	520	490	11	520	490	11	—	—	—
挤压的薄型材	490	460	12	—	—	—	—	—	—
挤压的厚重型材	480	460	11	430	450	12	470	420	9

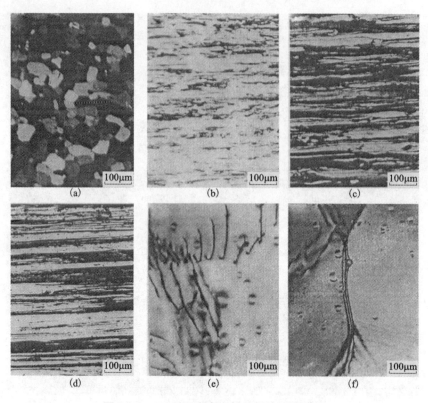

图 3 – 2 – 5　所研究合金热轧板的显微组织

（a）Al – 5Mg；（b）Al – 5Mg – 0.1Zr；（c）~（d）Al – 5Mg – 0.2Sc；（e）~（f）Al – 5Mg – 0.2Sc – 0.1Zr

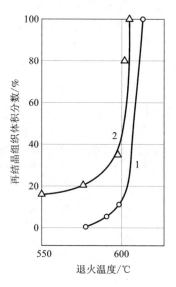

图 3 – 2 – 6　01970 合金带材（1）及冷轧板材（2）再结晶组织体积分数与退火温度的关系

表 3-2-10　01970, 1911 和 1903 合金薄板淬火和人工时效状态合金的力学性能

合金	$R_{m}/(\text{N}\cdot\text{mm}^{-2})$	$R_{P0.2}/(\text{N}\cdot\text{mm}^{-2})$	$A/\%$	$K_{IC}/(\text{N}\cdot\text{mm}^{-2})\cdot\text{m}^{-1/2}$
01970	520	490	12	97
1911	416	356	11	77
1903	475	430	11	89

表 3-2-11　01970 合金在 475℃和应变速率为 $6\times10^{-3}/\text{s}$ 条件下的超塑性

板厚/mm	样品取向	$R_{m}/(\text{N}\cdot\text{mm}^{-2})$	$A/\%$
2	平行于轧向	13.9	635
2	垂直于轧向	14.7	576

表 3-2-12　01970 合金板材焊接接头力学性能

合金	$R_{m}/(\text{N}\cdot\text{mm}^{-2})$	冷弯角 $\alpha/(°)$	$K_{CT}/[(\text{N}\cdot\text{mm}^{-2})\cdot\text{m}^{-1/2}]$	$R_{cr}^{W}/(\text{N}\cdot\text{mm}^{-2})$
01970	440	150	30	200
1911	360	143	28	175
1903	420	93	26	100

注：K_{CT}—断裂韧性；R_{cr}^{W}—腐蚀应力。

表 3-2-13　01970 合金模锻件淬火和人工时效后的力学性能

样品取向	$R_{m}/(\text{N}\cdot\text{mm}^{-2})$	$R_{P0.2}/(\text{N}\cdot\text{mm}^{-2})$	$A/\%$	$K_{IC}/[(\text{N}\cdot\text{mm}^{-2})\cdot\text{m}^{-1/2}]$
径向	490	440	14	51
纵向	490	440	14	38
短纵向	480	430	10	—

（2）01975 合金

01975 合金的 Sc 含量比 01970 合金的低，仅约 0.07%，其他的成分相同，有高的塑性，可在挤压机上在线风冷淬火，人工时效后有高的强度，抗成层剥落腐蚀及应力腐蚀开裂能力也很强，可用它们制造高速轨道车辆、地铁车辆、桥梁等受力结构件。各种材料的力学性能见表 3-2-14。

（3）01981 合金

该合金为俄罗斯研制的一种新的含铜 Al-Zn-Mg-Sc 合金。这种合金有高的强度、高的弹性、低的各向异性和高的断裂抗力，具体数据还未公开。

表 3 - 2 - 14　01975 合金材料人工时效后的力学性能

产品	厚度 /mm	取样 方向	R_{m} /$(\mathrm{N \cdot mm^{-2}})$	$R_{\mathrm{P0.2}}$ /$(\mathrm{N \cdot mm^{-2}})$	A /%	面缩率 Z /%	K_{IC} /$[\,(\mathrm{N/mm^2}) \cdot \mathrm{m^{-1}}\,]$
薄板	3	横向	505	455	11.0	—	—
	2	横向	515	455	11.8	—	—
	1	横向	535	500	11.7	—	—
厚板	32	纵向	440	395	17	52	67.5
		长横向	450	390	15	44	51.5
		短横向	460	395	11	28	—
型材	30	纵向	550	510	13	—	77
	3	纵向	530	490	10	—	—

3.2.3.3　Al – Mg – Li – Sc 系合金

在商用 01420Al – Li 合金(Al – 5.5 Mg – 2 Li – 0.15 Zr)基础上加入微量钪形成了两种新的称之为 01421、01423 的合金。与所有 Al – Li 合金一样,含钪的 Al – Li 合金均在惰性气体保护下或真空炉内熔炼与惰性气体保护下铸造。铸锭均匀化后再进行热加工、冷加工和固溶 – 时效处理。这 3 种合金密度约为 2.5 g/cm³,可焊性也很好,已成功地应用于航天和航空部门。表 3 – 2 – 15 列出了含钪(01421)和不含钪(01420)Al – Mg – Li – Zr 合金的力学性能。

表 3 - 2 - 15　01420 及 01421 合金时效后的力学性能

合金	产品	$R_{\mathrm{m}}/(\mathrm{N \cdot mm^{-2}})$	$R_{\mathrm{P0.2}}/(\mathrm{N \cdot mm^{-2}})$	A/%
01420	棒材	500	380	8
01421	棒材	530	380	6

3.2.3.4　Al – Cu – Li – Sc 系合金

(1)1460 合金

该合金的成分(质量分数%):Al – 3 Cu – 2 Li – 0.2 ~ 0.3(Sc + Zr),时效后的 $R_{\mathrm{m}} = 550$ N/mm²、$R_{\mathrm{P0.2}} = 490$ N/mm²、$A = 7\%$,可焊性及低温性能良好,当测试温度从室温降至液氢温度时,合金的抗拉强度 R_{m} 从 550 N/mm² 上升到 680 N/mm²,伸长率由 7% 上升到 10%,俄罗斯用此合金焊接航天器发射火箭低温燃料贮箱。

(2)01464 合金

01464 合金是 01460 合金[Al – 3 Cu – 2 Li – 0.2 ~ 0.3(Sc + Zr)]的发展,它的密度 2 650 kg/m³,弹性模量 7 000 ~ 8 000 N/mm²;经形变热处理后同时具有高的强度、塑性、抗焊性、抗冲击性、热稳定性等。可用于制造在 120℃ 以上长期工作的零部件,特别是航空航天器结构件,合金的性能见表 3 – 2 – 16。

表 3 - 2 - 16　01464 合金时效后的力学性能

产品	取样方向	R_m /($N \cdot mm^{-2}$)	$R_{P0.2}$ /($N \cdot mm^{-2}$)	A /%	K_{IC} /$[(N \cdot mm^2) \cdot m^{-1/2}]$
厚板	纵向	560	520	9	18
	横向	540	480	10	20
薄板	纵向	530	470	10	—
	横向	520	470	13	—
挤压型材	纵向	580	540	6	20

3.2.3.5　Al - 9.0Zn - 2.5Mg - 1.2Cu - 0.12Sc - 0.15Zr 合金

戴晓元等人对 Al - 9.0Zn - 2.5Mg - 1.2Cu - 0.12Sc - 0.15Zr 合金的组织与性能作了研究,合金材料的制备:铸锭(直径 50 mm 的铁模锭)经 450℃/24 h 均匀化退火,在 350 ~ 420℃保温 2 h 后挤压成 φ10 mm 棒材,再经固溶处理(455℃/2 h)或强化固溶处理(455℃/1 h + 465℃/1 h),然后进行时效处理。时效处理规范:T6,120℃/22 h;T76,120℃/8 h + 160℃/16 h;RRA,120℃/22 h + 180℃/30 min + 120℃/22 h。将时效处理后的棒材加工成拉伸试样,拉伸试验在室温进行。该合金在不同热处理状态的力学性能示于表 3 - 2 - 17。

表 3 - 2 - 17　不同热处理状态的 Al - 9.0Zn - 2.5Mg - 1.2Cu - 0.12Sc - 0.15Zr 合金的力学性能

状态	挤压	固溶处理	RRA	T76	T6	强化固溶 + T6
R_m/($N \cdot mm^{-2}$)	446.0	630.9	733.4	535.9	763.7	829.4
A/%	9.5	13.8	5.4	10.2	5.7	5.7

T6 状态材料的抗拉强度 R_m 为 763.7 N/mm^2、伸长率 A 为 5.7%,其强化相为 η′、η 和 Al_3(Sc,Zr);经 RRA 处理后,合金的 R_m 为 733.4 N/mm^2、A 为 5.4%,电导率37.6%IACS,具有更好的综合性能,因为微量 Sc 能产生细晶强化、亚结构强化以及沉淀强化。合金经强化固溶与 T6 热处理后,R_m 高达 829.4 N/mm^2、A 为 5.7%,这说明采用强化固溶处理可提高合金的强度而伸长率仍与 T6 状态的相当。

3.2.3.6　Al - 8.13Zn - 2.36Cu - 2.08Mg - 0.21Sc - 0.14Zr 合金

邹亮、潘清林对含 Sc 的 Al - 8.13Zn - 2.36Cu - 2.08Mg - 0.21Sc - 0.14Zr 研究表明:由试验合金不同时效状态的透射电镜显微组织可看出,合金经自然时效或100℃/24 h 时效,晶内及晶界析出相极少,仅观察到少量 Al_3Sc 或 Al_3(Sc,Zr)相;合金经 120℃/4 h 时效,晶内析出大量细小均匀弥散分布的 η′($MgZn_2$)相,并发现马蹄状 Al_3Sc 或 Al_3(Sc,Zr)相,晶界处发现少量 η($MgZn_2$)平衡相。合金经120℃/24 h 时效,晶内观察到大量咖啡豆状 Al_3Sc 或 Al_3(Sc,Zr)粒子,且开始析出少量针状 S'(Al_2CuMg) 相, 晶界平衡相增多并出现非连续无沉淀析出带。合金经 120℃/72 h 时效, 晶界平衡相粗化, S' 相增多并部分粗化。合金经 160℃/24 h 时效, 亚稳态 η' 相粗化长大, 开始大量向 η 相转化, 晶界沉淀物粗大且不连续, 无沉淀析出带宽化。图 3 - 2 - 7 为合金经 475℃ 40 min 固溶处理后, 不同时效状态的硬化曲线。由图 3 - 2 - 7 可以看出, 该合金表现出显著的时效硬化特性。合金固溶状态的硬度很低, 为 177.1 HV。时效初期, 硬度迅速升高, 随着时效时间延长、硬度达到峰值后再下降。不同温度下时效, 合金表现出不同的时效动力学特性: 100℃ 时效, 合金硬度上升较慢。48 h 后合金硬度才达到峰值, 说明时效温度过低; 120℃ 和 140℃ 时效, 硬度随时间的延长而逐渐升高, 24 h 后合金硬度达峰值; 160℃ 时效, 合金硬度达峰值的时间提前到 4 h, 随后硬度迅速下降。且峰值硬度比中温时效的低, 说明时效温度过高。对比不同温度下的时效硬化曲线可以看出, 随着时效温度的升高, 合金达到峰值硬度的时间缩短、硬化速度加快。合金在 120℃ 时效获得最大硬度 (HV) 为 211.22。故合金适宜的时效制度为 120℃/24 h。

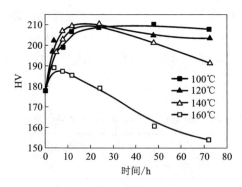

图 3 - 2 - 7 试验合金不同时效处理的硬度

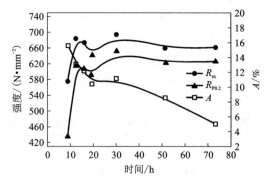

图 3 - 2 - 8 试验合金在 120℃
经不同时间时效的力学性能

合金经 120℃ 时效不同时间的力学性能见图 3 - 2 - 8, 由图可以看出, 合金出现二次强化效应, 在时效初期强度迅速增加, 达到峰值后呈现下降趋势, 随后强度再次升高, 出现二次峰值。合金在固溶状态有很高的伸长率, 时效初期, 伸长率快速下降, 随着时效时间的延长, 继续缓慢降低。合金在 120℃ 时效 24 h 得到最佳的强塑性配合。在此条件下, 合金的抗拉强度、屈服强度和伸长率分别为 696 N/mm², 654 N/mm² 和 11.1%。变化规律与 120℃ 时效硬度变化趋势保持一致。

钪是迄今为止发现的优化铝合金性能最为有效的合金元素, 向铝合金添加微量 Sc 与 Zr 能产生更大强化作用, 因为能细化铸造组织, 形成细小的等轴晶; 改善合金工艺性能; 提高合金加工及热处理的强度。中国 Sc 资源丰富, 具备发展 Al - Sc 合金的得天独厚的条件。

对含 Sc 的铝合金的生产工艺与安全措施没有特别要求。

3.2.4　应用

由于 Al－Sc 合金材料具有较好的性能，强度高、可焊接性好、超塑性强、热传导性优和抗蚀性好等优点，故在航天航空工业、民用工业、兵器工业等应用日益广泛。

3.2.4.1　在航天航空工业中的应用

目前有一些国家如俄罗斯等将这类合金用于航天器的热调控系统，还用作大型负载焊制结构材料和其他结构件。采用合金类型有：Al－Mg－Sc，Al－Zn－Mg－Sc 合金和 Al－Cu－Li－Sc、Al－Zn－Mg－Li－Sc 合金等。

Al－Li－Sc 合金在航空工业中作为飞机的结构材料。如俄罗斯多用于米格－20，米格－29，图－204 客机和雅克－36 直升机等的结构材料；还用挤压型材作为安东诺夫运输机的机身纵梁；用作机身及机翼的蒙皮材料等，可降低飞机质量，提高强度，从而增加了飞机运输量和飞行速度。

此外，国外一些国家已在大型飞机的各种部件利用 Al－Sc 合金材料代替其他材料，以提高飞机的综合性能，特别是在减少飞机净质量、提高力学性能后，可提高飞机运量及速度、降低油耗。

3.2.4.2　在兵器工业的应用

因 Al－Sc 合金强度很高，可用于抗中子辐射，故在核反应堆的结构件材料中获得应用。在导弹制造中，可用 Al－Sc 合金作为导弹的导向尾翼，效果较好。另外，Al－Sc 合金还可用于制作最新式的防身用的左轮手枪，除主枪管应用外，还用于枪身的结构件材料等。

3.2.4.3　在民用工业方面的应用

目前 Al－Sc 合金在运动器件、自行车和汽车等民用工业中的应用在不断发展中。

因 Al－Sc 合金质量小，刚度高，用于制作曲棍球的球杆手柄、棒球棒和垒球棒等运动器件。为提高焊接强度，降低热开裂，提高抗疲劳性能，Al－Sc 合金是制作轻量化自行车的较好材料(山地车、公路自行车等)。我国台湾省用 Al－Sc 合金制作自行车，2003 年接受欧洲市场 5 万辆 Al－Sc 自行车的订单，每辆售价 2 000 元左右。利用 Al－Sc 合金焊料解决汽车上 Al 件间焊接的技术问题，实用效果好，Al－Mg－Zn－Sc 等合金焊料在运输车业中很有潜力。另外 Al－Sc 合金还用于制造摩托车的减速器、上链板、启动杆等；在印刷机械，电力和电器设备，离心机和铁路机器等的应用；在火车和船舶零部件的应用；在野外露营支持帐篷的支架，笔记本电脑机壳和手机等的应用等均具有一定的发展潜力。

3.3　超塑铝合金

一般认为，金属和合金在一定条件下，其流动应变速率敏感性指数 m 大于 0.3，显示特大伸长率(200% ～300%)的性能称作超塑性。一定条件是指金属材料的组织结构等的内部条件和变形温度、变形速度等外部条件。金属超塑性材料的宏观变形特点是大延伸、无缩颈、流动应力低及易成形。

中国对超塑性技术的研究，虽然从 20 世纪 70 年代初期才开始，但发展迅速，至今已召开了多次全国及国际性的超塑性技术讨论会，发表了七百多篇论文。

3.3.1　超塑性的种类及变形的力学特征

3.3.1.1　超塑性的种类

按照取得超塑性的条件，主要分为细晶粒超塑性及相变超塑性等。

(1)细晶粒超塑性

细晶粒超塑性是材料具有微细等轴晶粒($<10~\mu m$，晶粒轴比小于 1.4)组织及在一定温度区间($0.5T_m \sim 0.9T_m$，T_m 为材料熔点的绝对温度)和一定应变速率范围内($10^{-4}~s^{-1} \sim 10^{-1}~s^{-1}$)呈现的超塑性，也叫组织超塑性或恒温超塑性或静态超塑性。这种超塑性已获得工业应用。必须指出，细晶超塑性材料的最终拉断伸长率的大小还取决于该组织在超塑拉伸温度下的热稳定性和形成孔洞的敏感性，也就是说，如果起始组织是微细等轴晶粒组织，但其热稳定性差(晶粒发生粗化)或对针孔洞很敏感时，仍不能获得良好的超塑性。

(2)相变超塑性

相变超塑性是指金属材料在一定的相变温度范围内的负荷条件下，经过多次的循环相变或同素异形转变获得的累积大延伸变形。这种超塑性不要求材料具有微细等轴的晶粒组织，而只要求具有相变的发生和发展，所以它又称为转变超塑性或动态超塑性。此种超塑性在铝合金中开发较少，而在钢铁、钛合金及铜合金中研究较多。

除了上述的两种主要超塑性外，在文献中还可以看到其他的动态超塑性，例如在合金的溶解度曲线上下的温度范围内加以循环加热，可得到超塑性等。

3.3.1.2　超塑性变形的力学特性

(1)白柯芬(Backofen)超塑性本构方程式在超塑性变形时，金属材料的流动应力 σ 与变形程度 ε、应变速度 $\dot{\varepsilon}$、变形温度 T、材料的组织结构状态等多种因素有关。如果材料一定、在恒温下变形，假定其组织状态在变形过程中不变化，则流动应力仅与变形程度及应变速率有关。罗萨德(C. Rossard)在处理蠕变变形时，提出了下列实验分析式：

$$\sigma = K_1 \varepsilon^n \dot{\varepsilon}^m \qquad\qquad (3-3-1)$$

式中：K_1 为常数；σ 为流动应力或真实应力；ε 为真实应变；n 为应变硬化指数；$\dot{\varepsilon}$ 为真应变速率，s^{-1}；m 为应变速率敏感性指数。

通常把式(3-3-1)称为黏塑性材料的状态方程或本构方程。说明实际金属材料在变形时发生的应变强化和应变速率强化作用。不同变形状态下的 n 与 m 的统计值如表 3-3-1 所列。

表 3 – 3 – 1　不同变形状态时的 n、m 值

变形状态	统计值		单向拉伸的最大拉断伸长率/%
	m	n	
冷塑性变形	0 ~ 0.05	0.3 ~ 0.8	10 ~ 30
热塑性变形	0.1 ~ 0.3	0 ~ 0.2	30 ~ 100
超塑性变形	0.3 ~ 0.95	0 ~ 0.15	100 ~ 5000
理想塑性变形	0	0	∞
线性粘性变形(牛顿粘性流动)	1	0	∞

表 3 – 3 – 1 表明,当冷变形在 $0.3T_m$ 变形温度以下变形时,m 值很小,近似为零,则式(3 – 3 – 1)可写为:

$$\sigma = K_2 \varepsilon^n \qquad (3-3-2)$$

式(3 – 3 – 2)为卢德韦克　霍洛门(Ludwek – Holomen)方程。

当材料在 $(0.5 \sim 0.9)T_m$ 温度下热塑性变形时,n 很小;在超塑性变形时,n 更小,近似为零,这时应变速率强化是主要的,于是式(3 – 3 – 1)可写为:

$$\sigma = K_2 \dot{\varepsilon}^m \qquad (3-3-3)$$

式(3 – 3 – 3)就是白柯芬等提出的、描述超塑性宏观均匀变形的著名的超塑性本构方程,也是超塑性技术中常用的方程式。在实际应用中,在复杂应力状态时,式中的 σ 和 $\dot{\varepsilon}$ 分别以等效应力及等效应变速度代入即可。

如果把式(3 – 3 – 3)取对数后微分,就可得到 m 的表达式:

$$m = \frac{d\ln\sigma}{d\ln\dot{\varepsilon}} \qquad (3-3-4)$$

因此 m 可定义为流动应力的对数增量与应变速率的对数增量的比值。

(2)超塑大延伸变形的宏观解释在单向超塑拉伸时产生的所谓"无缩颈"的大延伸变形,可以作如下的解释。

试样拉伸时的真应力 σ 与瞬时载荷 P 和瞬时截面 A 的关系为:

$$\sigma = \frac{P}{A} \qquad (3-3-5)$$

把式(3 – 3 – 3)与式(3 – 3 – 5)联立,同时考虑了 $\dot{\varepsilon} = \frac{dl}{ldt} = -\frac{dA}{Adt}$ 得到试样截面减小速率 dA/dt 与材料 m 和 A 的关系式为:(l 为试样的瞬时长度,t 为时间)

$$\frac{dA}{dt} = -\left(\frac{P}{K}\right)^{\frac{1}{m}} \cdot A^{\frac{m-1}{m}} \qquad (3-3-6)$$

图 3 – 3 – 1 为式(3 – 3 – 6)的图示,当 $m = 1$ 时,dA/dt 为常数,与截面 A 无关,牛顿黏性流动情况。当 m 减小时,dA/dt 增加,当 $m = 1/4$ 的截面减小速率 $m = 3/4$ 时的要快很多倍。这说明,当 m 大时,可获得较大的延伸变形;m 小时,很快出现

缩颈，导致试样过早断裂。其原因为试样拉伸过程中，如某截面变小即发生缩颈时，则该截面的应变速率增加，由式(3-3-4)、式(3-3-5)可知，当 m 大时，应变速率强化大，流动应力 σ 增加大，即局部缩颈的抗力增大，因而使缩颈的扩展受到抑制，促使变形的试样在其他部位进行。由于这种作用，使试样长度上各截面发生较均匀的无缩颈的伸长变形，从而获得高伸长率。这种解释就是一般文献中所说的高 m 引起的所谓缩颈扩散理论，也叫流动缩颈理论。

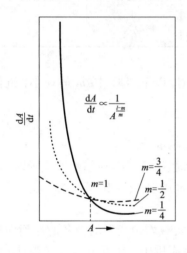

图 3-3-1　不同 m 时截面
变化速率与 A 的关系

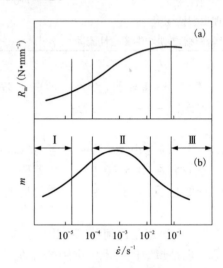

图 3-3-2　超塑性材料的 S 形曲线(a)及
m 与 $\dot\varepsilon$ 的关系曲线(b)

（3）超塑材料的 S 形特性曲线

超塑材料的 S 形曲线，是表示该材料在超塑变形时的流动应力 σ 与应变速率 $\dot\varepsilon$ 的关系曲线，如图 3-3-2(a) 所示，这是超塑材料所特有的曲线。通常把曲线分成如图 3-3-2 所示的三个区域来分析。各区域对应的应变速率范围取决于各合金材料的本性。一般概念上的划分为：应变速率在 $10^{-5} \sim 10^{-4}$ s^{-1} 以下的区域为 I 区；应变速率 $10^{-2} \sim 10^{-1}$ s^{-1} 以上的区域为 III 区；I 区与 III 区之间为 II 区。可以看到，在 II 区内，流动应力随应变速率的变化剧烈；在 I 区和 III 区变化缓慢，故把 II 区叫超塑变形区，而 I 区为蠕变变形区、III 区为一般塑性变形区。在此曲线上的每点的斜率，即为式(3-3-4)所示的应变速率敏感性指数 m。与 S 形曲线对应的 m 与 $\dot\varepsilon$ 的关系曲线如图 3-3-2(b) 所示，I 区和 III 区的 m 值都较低，而 II 区的 m 值较高且出现峰值。

（4）m 的测量

m 是超塑性材料的一个重要指标，如何准确而又方便地测量它，是超塑性技术工作者十分关心的事。至今，已提出了十几种测量 m 的方法，其中应用较多的是白柯芬提出的拉伸速度突变法及斜率法或 S 形曲线法。

白柯芬法及其原理如图 3 – 3 – 3 所示，在指定的温度下，试样先以机头速度 V_1 拉伸，待变形达到稳定（一般延伸变形在 10% ~30% ）后，例如在 D 点，将速度迅速突变到 V_2，在 A 点求出对应速度 V_2 的载荷 P_A；外推 V_1 记录曲线至 B 点，使 B 点的变形量等于 A 点的变形量，求出 B 点的载荷 P_B，利用（7）式即可计算出相当于 D 点的 m：

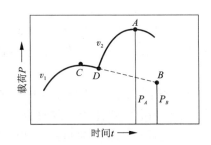

图 3 – 3 – 3　白柯芬法测 m 示意图（$v_2 > v_1$）

$$m = \frac{\ln(P_A/P_B)}{\ln(V_2/V_1)} \qquad (3 – 3 – 7)$$

拉伸速度的变化范围，一般为 $V_2 = (2 \sim 2.5)V_1$。本法利用外推法取 P_B 时考虑了等变形量的原则，但引入了外推误差。假定，在上述的拉伸速度变化范围内 m 值不变。在此法的基础上，由丁取值不同，发展了几种计算方法。在实际测量 m 中发现采用增速和减速测得的 m 值往往不一致，建议采用增速法测量。

3.3.1.3　超塑变形机理

为了弄清金属材料在一定条件下为什么会发生如此惊人的塑性变形，研究者对超塑变形的微观机制进行了深入的观察研究，并提出了许多说明超塑变形的理论和模型，其中主要的理论有：溶解 – 沉淀机理，扩散蠕变理论，位错攀移理论，晶界滑移理论，扩散蠕变调节的晶界滑移和晶粒换位理论（又叫 $A – V$ 模型），晶内位错运动调节的晶界滑移理论，出现新晶粒表面的晶界滑移理论，以晶界滑移为主的多机制迭加理论等。这些理论都能分别解释超塑变形中的某些现象和问题，但至今，尚未形成统一的超塑变形理论，这是由于超塑变形是极微细晶粒在高温下变形的复杂性，各研究者的试验研究的条件不同及所取得的结果的差异。不过，多数研究者倾向于以晶界滑移为主的多机制迭加理论，即在超塑材料的 $\ln\sigma – \ln\dot{\varepsilon}$ S 形曲线图 3 – 3 –2(b)三个区域内，都同时存在着扩散蠕变、晶界滑移、位错滑移或位错蠕变等的作用。这些变形机制是速控的，对应变速率的敏感性不同。有三区之分，是由于各变形机制在各区内所作的变形贡献不同，Ⅰ区是以扩散蠕变机制变形为主，Ⅱ区超塑变形区是以晶界滑移机制变形为主，而Ⅲ区即塑性变形区是以位错滑移或位错蠕变机制变形为主，同时有其他机制的不同程度的作用。超塑变形的主要特点是以晶界滑移为主要变形机制的变形，这就造成超塑变形中组织的特殊变化。

3.3.2　晶粒细化及抑制晶粒粗化的方法

晶粒细化及细晶粒组织的稳定性对超塑铝合金很重要，因为晶粒愈细，m 值愈高，超塑性愈高；细晶组织越稳定即晶粒在超塑变形过程中的长大速度越小，超塑性越好。

3.3.2.1 晶粒细化方法

从获得细晶的途径可分为：铸态急冷法，添加 Zr、Ti、Sc 等法，粉末冶金法，形变热处理法，利用变形中的动态再结晶法等。铝合金超塑处理（取得细晶组织）方法如下：

(1)共晶类铝合金的晶粒细化如 Al – Ca – Zn、Al – Cu 等共晶超塑合金是双相合金，组织内有足够体积分数的第二相，这些合金容易得到等轴细晶组织。一般采用的方法是把合金成分控制在共晶点或共晶沟附近，激冷铸造，以获得均匀的共晶组织，而后采用下列工艺流程：铸造 – 热变形 – 冷变形 – 退火或不退火（如 Al – Ca – Zn 合金的冷轧板材可以直接进行超塑变形）。

(2)共析合金的晶粒细化。Al – 78% Zn 共析合金，获得细晶组织方法如图 3 – 3 – 4 所示。

铸锭 – 热变形 – 冷变形 ⎫
铸锭 – 热变形 ⎬ 在共析温度以上加热，在冷水或冰盐水中
铸锭 ⎭ 淬火，在共析温度以下回火处理

图 3 – 3 – 4　Al – 78% Zn 共析合金获得细晶组织方法

(3)准单相或固溶体合金的晶粒细化。较多的工业变形铝合金属于此类合金利用再结晶原理细化金属晶粒的主要理论如式(3 – 3 – 8)所示：

$$D = K\left(\frac{G}{\dot{N}}\right)^{\frac{1}{2}} \tag{3 – 3 – 8}$$

式中：D 为再结晶后晶粒直径；G 为晶粒长大速度；$\dot{N}$ 为形核速率；K 为常数。

显然，在再结晶过程中，如能提高形核率及降低晶粒长大速度，将使金属晶粒细化。由于 G 和 $\dot{N}$ 都是热激活过程，需针对具体合金及其组织结构研究提高 $\dot{N}$ 和降低 G 的办法，例如：

对 Al – Cu – Mg 系合金如硬铝 2A12 可采用控制冷变形后的退火加热速度和加热时间。

对 Al – Zn – Mg – Cu 系合金如 7A04、7A09 等可采用形变热处理。

3.3.2.2 抑制晶粒粗化的方法

在超塑铝合金中采用抑制晶粒长大的方法是利用第二相或沉淀相的颗粒（质点）对晶界运动的拖曳作用。其基本原理是 50 多年前泽内（Zener）提出的式(3 – 3 – 9)：

$$D = A(r/f) \tag{3 – 3 – 9}$$

式中：r 为颗粒半径；f 为颗粒的体积分数；D 为最大晶粒直径；A 为常数。

式(3 – 3 – 9)为晶粒长大所需驱动力与沉淀颗粒的拖曳力相等时导出的晶粒大

小与颗粒大小和其数量的关系式，这种
关系见图 3 - 3 - 5。如要获得虚线所示
的晶粒直径，很明显，当颗粒半径为 r_1
时，f 为 0.1%；而当颗粒半径增大到 r_3
时，f 增加到 10%。它提供了控制晶粒
长大的措施。必须指出，第二相颗粒或
沉淀相颗粒在高温下，它自身也存在粗
化问题，所以要求对组织起稳定作用的
颗粒本身应具有热稳定性。

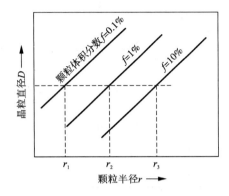

图 3 - 3 - 5　颗粒大小及体积分数对
晶粒直径的影响

　　(1)析出相细颗粒的稳定组织作用

　　在铝合金中加入少量的 Zr、Ti、Cr
等过渡族元素或稀土元素，它们的弥散
沉淀相及金属化合物颗粒能明显提高合金组织热稳定性。例如，Al - 6Cu - (0.3 ～
0.5)Zr 合金具有良好的超塑性，是第一个获得工业应用的超塑铝合金。

　　(2)第二相粗颗粒稳定组织作用

　　从式(3 - 3 - 9)看到，在晶粒尺寸相同时，如果颗粒直径大一数量级，则颗粒的
体积分数也要大一数量级(可能达到 0.1 ～ 0.2)。要从铝基体中析出如此大体积分
数的第二相是不可能的；但在二元或伪二元的共晶合金中，则可以获得如此大体积
分数的第二相(如 Al - Ni、Al - Si、Al - Ca、Al - Ca - Zn 等合金)。Al - 5 Ca - 4.8
Zn 合金，是 α(Al) 与金属间化合物 CaZnAl_3 的共晶合金，CaZnAl_3 的体积分数达
0.18 ～ 0.23。在冷轧状态，CaZnAl_3 颗粒为 0.2 ～ 0.5 μm，在超塑变形中钉扎晶界，
稳定组织，从而使该合金获得良好的超塑性。

　　同样应该指出，这种第二相颗粒本身也存在粗化并使组织对孔洞的敏感性提高
的问题。

3.3.3　超塑铝合金

3.3.3.1　纯铝的超塑性

　　1978 年发现 99.999% 的高纯单晶铝有超塑性，且铝的纯度越高超塑性越好。
铝的超塑性与一般所指的细晶粒超塑性的组织情况不同，高纯铝的超塑变形前、后
都是单晶，工业纯铝也是较大晶粒组织的比较小晶粒组织的伸长率大。这种现象，
目前还没有满意的解释。

3.3.3.2　Al - Ca 系超塑合金

　　Al - Ca 系超塑合金是新型超塑铝合金，密度小、超塑性好、流动应力小、可焊
接、可表面处理、抗蚀性较好。Al - Ca - Zn 合金已获得工业应用。

　　(1)Al - Ca 合金

　　Al - Ca 合金分含 7.6% Ca 的共晶合金和亚共晶合金。共晶合金组织内含有

30%左右的硬而脆的 $CaAl_4$ 金属间化合物，只能在 400~500℃ 热变形，不能进行冷加工变形。据英国铝业公司（BACO，已不存在，1997 年为加拿大铝业公司兼并）的资料，Al-7.6% Ca 在 550℃ 时的超塑伸长率如表 3-3-2 所示。

表 3-3-2　Al-7.6% Ca 在 550℃ 时的超塑伸长率

应变速率/s^{-1}	伸长率/%
2×10^{-3}	1 160
1.6×10^{-2}	1 280
6×10^{-2}	1 490

有研究者指出上述合金在 550℃，应变速率为 $1.3 \times 10^{-2} \, s^{-1}$ 时，最大伸长率为 850%，m 为 0.78。Al-Ca 亚共晶合金的冷加工变形性能随着含 Ca 量的减少而提高。含钙量在 6.5% 以下的合金可以冷轧，含钙 5% 左右的合金冷加工变形性能良好。

（2）Al-Ca-Zn 合金

①合金成分及生产工艺。在不同成分的合金铸态组织中，可能存在的组织组成物有块状 α(Al) 初晶，α(Al) 与 $CaZnAl_3$ 的共晶组织及柱状的 $CaZnAl_3$ 初晶组织组成量对超塑性的影响及 Ca、Zn 量对超塑性的影响分别如图 3-3-6 至图 3-3-9 所示。必须注意到，如合金中 Zn 量过多，则形成化合物后过剩的 Zn 溶入铝基固溶体中，降低合金的抗蚀性。研究证明，含 4.6%~5% Ca、含 4.6%~5% Zn 的合金综合性能较好。

厚 0.25~2.5 mm 板料的生产工艺流程：半连续铸造，铸造速度 1 mm/s。铸锭在 500℃ 下保温 2~4 h，热开轧温度 500℃，道次压下量 20% 左右。热轧板坯厚度 5~7 mm。冷轧道次加工率 15% 左右。轧制厚 1.5 mm 以下的带时，需采用 450℃、保温 1 h 的中间退火。

②Al-Ca-Zn 合金的超塑性能。Al-5Ca-4.5Zn 合金在 550℃ 时，伸长率和应变速率如表 3-3-4 所示。

表 3-3-3　Al-5Ca-4.5Zn 合金在 550℃ 时的伸长率和应变速率

$\dot{\varepsilon}/s^{-1}$	2×10^{-3}	1.6×10^{-2}	6×10^{-2}
A/%	530	730	570

在起始应变速率 $\dot{\varepsilon}_0 = 1.67 \times 10^{-2} \, s^{-1}$ 时，Al-5Ca-4.8Zn 合金的伸长率 A 和利用白柯芬速度突变法（在伸长率 30% 时机头速度由 5 mm/min 突变到 10 mm/min）测量的 m 与超塑变形温度的关系如图 3-3-9 所示。

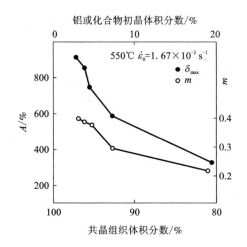

图 3 – 3 – 6　Al – Ca – Zn 合金的铸态组成物
对伸长率及 m 值的影响

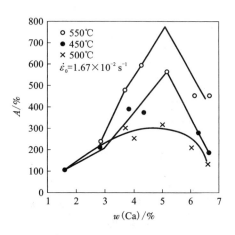

图 3 – 3 – 7　在 Al – 5Zn – Ca 合金中
钙量对伸长率的影响

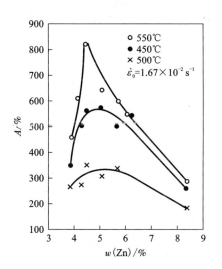

图 3 – 3 – 8　在 Al – 5Ca – Zn 合金中
锌量对伸长率的影响

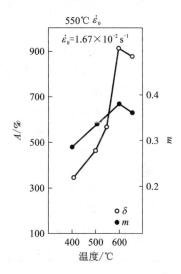

图 3 – 3 – 9　Al – 5Ca – 4.8Zn 合金的
A、m 与温度的关系

在 550℃时，上述合金的伸长率与起始应变速率 $\dot{\varepsilon}_0$ 的关系如图 3 – 3 – 10 所示。$\ln\sigma – \ln\dot{\varepsilon}$ 的关系曲线及 m 值如图 3 – 3 – 11 所示。

合金的最佳超塑变形条件为 550℃、$\dot{\varepsilon}_0 = 1.67 \times 10^{-2}\ \text{s}^{-1}$，伸长率为 900%、$m$ 为 0.38。

③合金的力学性能和物理性能如表 3 – 3 – 4 所示。

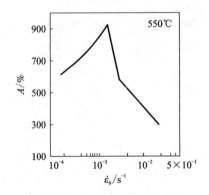

图 3 – 3 – 10　Al – 5Ca – 4.8Zn 合金的
A 与 $\dot{\varepsilon}$ 的关系

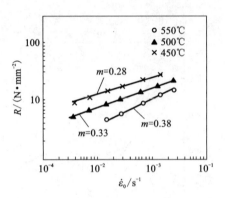

图 3 – 3 – 11　Al – 5Ca – 4.8Zn 合金的
$\lg\sigma$ – $\lg\dot{\varepsilon}$ 曲线

表 3 – 3 – 4　合金的力学性能和物理性能

合金在 475℃下经 5 min 热成形后的室温力学性能	
屈服强度/$(N\cdot mm^{-2})$	158
抗拉强度/$(N\cdot mm^{-2})$	180
伸长率/%	12
蠕变设计强度/$(N\cdot mm^{-2})$	43
疲劳强度/$(N\cdot mm^{-2})$	60
深冲值/mm	8.6
最小弯曲半径/mm	1.0×板厚
物理性能	
密度/$(kg\cdot m^{-3})$	2 710
电导率/$(MS\cdot m^{-1})$	26.2
热导率/$[J\cdot(h\cdot cm\cdot℃)^{-1}]$	5 880
线膨胀系数/$(\times10^{-6}℃^{-1})$	26.5

3.3.3.3　Al – Cu 系超塑合金

（1）Al – 33Cu 共晶合金

该合金是最早获得超塑性的铝合金之一，由于第二相 $CuAl_2$ 约有 50% 的体积分数，在高温下起到抑制晶粒长大的作用。但是，Al – 33 Cu – 7 Mg、Al – 25 Cu – 11 Mg、Al – 25.2 Cu – 5.2 Si 三元共晶型的超塑合金尚未得到工业应用。

（2）Al – Cu – Zr 合金

Al – Cu – Zr 合金是超塑合金中产量最大、应用较广的一种中等强度铝合金。成分为 Al –（5 ~ 6）% Cu –（0.4 ~ 0.5）% Zr，工业牌号为 2004，又称 Superal 100。有包铝层的这种合金叫 Superal 150。

　　Cu 是调整合金强度的主要添加元素，由于 $CuAl_2$ 相在 350℃ 以上溶入基体，热稳定性差，对超塑性的贡献不大，显示超塑性主要是 Zr 的作用。在铸态下，Zr 在 $\alpha(Al)$ 中呈过饱和状态，在加热及热变形中，从固溶体中析出亚稳态的 $ZrAl_3$ 弥散颗粒，起着钉扎晶界、限制晶粒长大的作用，使合金获得优良的超塑性。

　　由于合金中含 0.4% ~ 0.5% Zr，熔炼温度及浇铸温度比一般铝合金的高，为了提高 Zr 在固溶体中的过饱和度，通常在 790 ~ 840℃ 浇铸；如果浇铸温度偏低，会使 Zr 以块状初生 $ZrAl_3$ 相析出，降低 Zr 的作用。

　　铸锭在 370℃ 下预处理 4 ~ 8 h，使其析出 $ZrAl_3$ 弥散颗粒。而后热轧及在 300℃ 轧制，在 370℃ 下退火 2 ~ 8 h，可获得超塑板材。

　　Cu 对 Al - 0.5% Zr 合金的及 Zr 对 Al - 6% Cu 合金的超塑性影响分别见表 3 - 3 - 4 和表 3 - 3 - 5。在起始应变速率 $\dot{\varepsilon}_0 = 1.3 \times 10^{-3}$ s^{-1} 时，Al - 6 Cu - 0.5 Zr 合金的伸长率和流动应力与变形温度的关系如图 3 - 3 - 12 所示。在 430℃ 时，不同应变速率下的伸长率见图 3 - 3 - 13。在 430℃ 下的 m、流动应力与应变速率的关系如图 3 - 3 - 14 所示。在应变速率为 1.3×10^{-3} s^{-1} 时，不同温度下的 m 见图 3 - 3 - 15。

表 3 - 3 - 4　铜对 Al - 0.5% Zr 合金超塑性的影响

Cu 含量/%	伸长率/%
0	160
3.9	483
5	485
5.5	842
5.9	910
6.4	606

表 3 - 3 - 5　锆对 Al - 6% Cu 合金超塑性的影响

Zr 含量/%	伸长率/%
0	135
0.08	186
0.22	351
0.32	536
0.36	531
0.5	900
0.56	420

　　Al - 6Cu - 0.5Zr 合金的最佳超塑变形条件为 430℃，应变速率为 1.3×10^{-3} s^{-1}，在此条件下，最大伸长率大于 3 000%，m 为 0.5。合金的力学性能见表 3 - 3 - 6；物理性能见表 3 - 3 - 7。

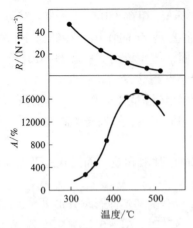

图 3 - 3 - 12　在 $\dot{\varepsilon} = 1.3 \times 10^{-3}$ s^{-1} 时，
Al - 6Cu - 0.5Zr 合金的伸长率及
流动应力与温度的关系

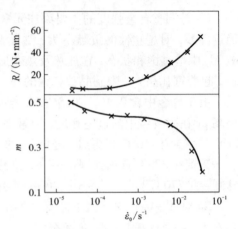

图 3 - 3 - 13　在 430℃时，
Al - 6Cu - 0.5Zr 合金的
m 及流动应力与应变速率的关系

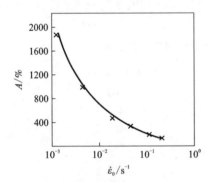

图 3 - 3 - 14　在 430℃下，Al - 6Cu - 0.5Zr
合金的伸长率与应变速率 $\dot{\varepsilon}_0$ 的关系

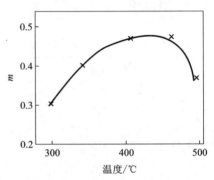

图 3 - 3 - 15　在 $\dot{\varepsilon} = 1.3 \times 10^{-3}$ s^{-1} 时，
Al - 6Cu - 0.5Zr 合金的 m 与温度的关系

表 3 - 3 - 6　Al - 6 Cu - 0.5 Zr 合金的力学性能

性能指标	板料		变形约100% 后强化
	轧制状态	T6 状态[①]	
挤拉强度/（N·mm^{-2}）	260	392.5 ~ 441.3	392.5 ~ 451.1
屈服强度/（N·mm^{-2}）	220.7	313.8	—
伸长率/%	约20	约14	<10
硬度 HV	50 ~ 70	100 ~ 120	120 ~ 130
冲击韧度/（J·cm^{-2}）			
20℃	—	134.3	—
0℃	—	122.5	—
- 20℃	—	123.5	—
- 60℃	—	135.8	—

注：①T6 工艺为：510℃、530℃加热 30 ~ 40 min，室温水淬，170℃人工时效 7 h。

表 3 - 3 - 7　**Al - 6Cu - 0.5Zr 合金的物理性能**

性能	数值
熔化温度，℃	544
密度，$kg \cdot m^{-3}$	2 800 ~ 2 900
电阻率，$\mu\Omega \cdot m$	0.033 6
弹性模量，$GN \cdot m^{-2}$	
室温	71.59
100℃	66.685
200℃	61.785
300℃	57.86
400℃	54.92
平均热膨胀系数/ $\times 10^{-6}$℃$^{-1}$	
室温 ~ 100℃	24.2
室温 ~ 200℃	24.25
室温 ~ 300℃	24.23

3.3.3.4　Al - Cu - Mg - Zr 超塑合金

该合金是英国铝业公司(1977 年为加拿大铝业公司兼并)在 Al - 6Cu - 0.5Zr 超塑合金的基础上发展的新型超塑硬铝合金，称为 2024A 合金。除超塑性能低于 Al - Cu - Zr 的外，其他使用性能均优于前者的。它的力学性能高于硬铝合金 2024 的，而抗应力腐蚀开裂的能力远高于 Al - Cu - Zr 合金的，现已用此合金超塑成形飞行器零件。

工业合金的成分为 Al - (5.5 ~ 6) Cu - (0.3 ~ 0.4)Mg - (0.4 ~ 0.5)Zr - (0.08 ~ 0.12)Ge 或 Si 等。Mg 主要是提高合金强化处理后的室温强度。微量的 Ge 能提高合金的抗应力腐蚀性能。由于含 Zr，它与 Al - 6 Cu - 0.5 Zr 合金一样，需要采用激冷铸造。要求铸态晶粒尺寸为 30 ~ 10 μm。其加工工艺流程有两种：

铸锭在 370℃下保温 6 ~ 12 h→在 300℃下轧制→在 370℃下 2 ~ 8 h 稳定化退火处理。

铸锭均匀化处理，480℃ × 6 ~ 8 h→在 450℃加热 1 ~ 3 h 后热轧→370℃ × (2 ~ 4)h 退火处理。

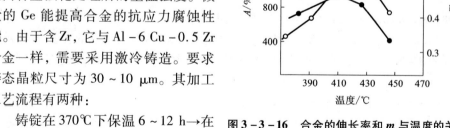

图 3 - 3 - 16　**合金的伸长率和 m 与温度的关系**

Al – 6 Cu – 0.35 Mg – 0.5 Zr – Ge 合金在 $\dot{\varepsilon}_0 = 1.67 \times 10^{-3}$ s^{-1}时，伸长率及 m 与温度的关系见图 3 – 3 – 16。在 430℃下，伸长率与起始应变速率 $\dot{\varepsilon}_0$ 的关系如图 3 – 3 – 17 所示。合金的 lgA – lg$\dot{\varepsilon}$ 曲线及 m 与应变速率 $\dot{\varepsilon}$ 的关系见图 3 – 3 – 18。

合金的最佳超塑变形条件：430℃ ~450℃、应变速率 1.67×10^{-3} s^{-1}。在此条件下合金的最大伸长率达 1 320%，m 为 0.5，流动应力 10 ~18 N/mm^2。

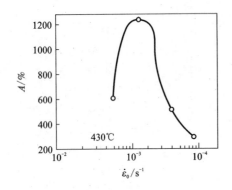

图 3 – 3 – 17 合金的伸长率与
起始应变速率的关系

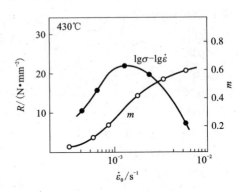

图 3 – 3 – 18 合金的 lgσ – lg$\dot{\varepsilon}$ 及
m 与应变速率的关系

3.3.3.5 Al – Cu – Mg 系超塑合金

Al – Cu – Mg 系超塑合金为常用的工业铝合金。2A12 合金在热轧、冷轧、退火及自然时效状态、430 ~480℃下，都能显示 130% ~200% 的伸长率，其中冷轧状态的稍高，可达 250%。如果需要更高的伸长率，可进行如下的处理：

①热轧厚板固溶化处理，470 ~490℃加热 2 ~5 h；350 ~400℃过时效处理 1 ~3 h；温轧或冷轧；350 ~400℃退火 0.5 h。经过热形变处理，可获得 300% 左右的伸长率。

②把冷轧状态的板料进行特殊处理，可获得 400% ~480% 的伸长率，能满足成形简单壳形体的要求。

2A12 合金的最佳超塑变形条件为 485℃、$\dot{\varepsilon} = 4.17 \times 10^{-4}$ s^{-1}。在此条件下，最大的伸长率 480%、m 为 0.6，流动应力 2 ~4.4 N/mm^2。在 $\dot{\varepsilon} = 4.17 \times 10^{-4}$ s^{-1}时，伸长率和流动应力与温度的关系如图 3 – 3 – 19 所示。不同温度下的伸长率与 $\dot{\varepsilon}$ 的关系见图 3 – 3 – 20。不同温度下在变形程度 30% 时的 lnσ – ln$\dot{\varepsilon}$ 曲线确定的 m 与 $\dot{\varepsilon}$ 的关系见图 3 – 3 – 21、图 3 – 3 – 22。

3.3.3.6 Al – Mg 系超塑合金

在 Al – (5% ~6%) Mg 中分别或同时加入 Mn、Cr、Zr、Ti 或稀土元素，形成了多种具有 400% ~1 000% 伸长率的 Al – Mg 超塑合金。在工业中已采用此类超塑铝合金成形飞行器零部件、建筑材、壳罩形件等。

根据文献，添加 Mn、Cr、Zr 的 Al – Mg 合金，如 Al – 5.8Mg – 0.37Zr – 0.07Cr – 0.16Mn、Al – 5Mg – 0.49Zr – 0.14Cr – 0.7Mn 等合金，超塑预处理工艺过程如下：

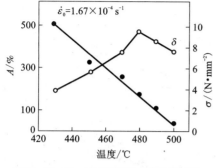

图 3 - 3 - 19　不同温度下的伸长率和
流动应力与温度的关系

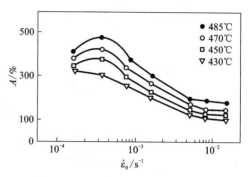

图 3 - 3 - 20　不同温度下伸长率与
起始应变速率的关系

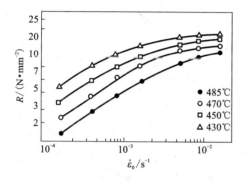

图 3 - 3 - 21　不同温度下的 $\lg\sigma$ - $\lg\dot{\varepsilon}$ 曲线

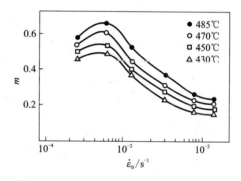

图 3 - 3 - 22　不同温度下的 m - $\lg\dot{\varepsilon}$ 曲线

　　铸锭均匀化处理：450 ~ 490℃，24 ~ 30 h；温变形或温轧（200 ~ 300℃，总变形量大于 60%）；冷变形或冷轧；高温再结晶退火 500 ~ 540℃，0.4 ~ 1 h；可获得平均晶粒尺寸为 7 ~ 11 μm 的组织。Al - 6 Mg - 0.6 Mn - RE 的板料，可采用下列处理过程：铸锭均匀处理 460 ~ 500 ℃，24 ~ 30 h；热轧（420 ~ 450℃，总变形量大于 60%）；温轧（300℃，总变形量 50% 以上）；冷轧。

　　这样加工处理的板材，在 530℃ 下超塑拉伸保温 10 ~ 15 min，可获得 11 ~ 15 μm 的晶粒组织。由于添加了稀土元素，组织相当稳定，在超塑变形中晶粒长大很慢。

　　Al - 5.8 Mg - 0.37 Zr - 0.17 Cr - 0.16 Mn 合金，在 $\dot{\varepsilon} = 8.33 \times 10^{-4}$ s^{-1} 时，伸长率与温度的关系如图 3 - 3 - 23 所示。在不同温度下的流动应力和 m 与应变速率的关系见图 3 - 3 - 24。合金在 520℃、$\dot{\varepsilon} = 8.33 \times 10^{-4}$ s^{-1} 条件下，可获得最大伸长率 885%、m 为 0.6。

　　稀土 La 对 Al - 6Mg - 0.6Mn 合金的伸长率、m 及流动应力的影响如图 3 - 3 - 25 所示。添加 0.14% La 的合金在 520℃、495℃ 时的流动应力与应变速率的关系如图 3 - 3 - 26 所示。添加 0.1 ~ 0.25La 或 Ce 的 Al - 6Mg - 0.6Mn 合金，在 520℃、$\dot{\varepsilon} = 8.33 \times 10^{-4}$ s^{-1} 条件下的最大伸长率可由不含稀土的最高伸长率 430% 提高到 800% ~ 1 000%，m 为 0.56。

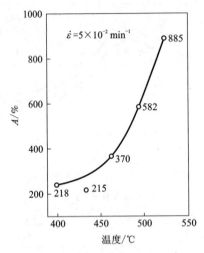

图 3 - 3 - 23　Al - Mg 合金的
伸长率与温度的关系

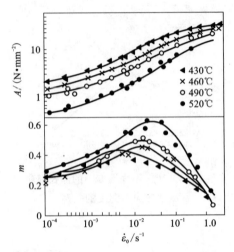

图 3 - 3 - 24　Al - Mg 合金在不同温度条件下
流动应力 σ 和 m 与应变速率 $\dot{\varepsilon}$ 的关系

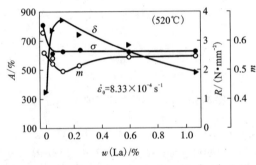

图 3 - 3 - 25　在 520℃、$\dot{\varepsilon} = 8.33 \times 10^{-4}$ s^{-1} 时 Al -
6Mg - 0.6Mn - RE 的 A、σ、m 与 La 含量的关系

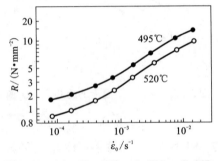

图 3 - 3 - 26　Al - 6Mg - 0.6Mn - 0.14La
合金的 lgσ - lg$\dot{\varepsilon}$ 关系

3.3.3.7　Al - Mg - Si 系超塑合金

在文献中研究了不同成分的
Al - Mg - Si 合金(表 3 - 3 - 8)的超
塑性,其中 Al - 8.2 Mg - 4.7 Si 为
α(Al)与 Mg$_2$Si 相组成的伪二元共
晶合金,超塑性较高,在不同温度
下的伸长率和 m 见表 3 - 3 - 9。伸
长率、流动应力与起始应变速率 $\dot{\varepsilon}_0$
的关系如图 3 - 3 - 27 所示。

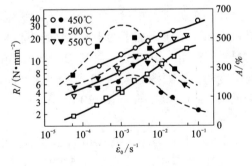

图 3 - 3 - 27　Al - 8.2Mg - 4.7Si 合金
在不同温度下的 R 与 $\dot{\varepsilon}$ 的关系

表 3 – 3 – 8　Al – 8.2Mg – 4.7Si 合金的伸长率和 m 值

温度/℃	应变速率/s^{-1}	最大伸长率/%	m
450	2×10^{-3}	330	0.3
500	2×10^{-3}	460	0.36
550	10 月 3 日	650	0.4

3.3.3.8　Al – Zn – Mg – (Zr) 系超塑合金

Al – Zn – Mg 系超塑铝合金是已获得工业应用的高强度时效强化合金。为了取得良好的超塑性，通常需要提高合金元素含量，例如把 Zn 含量增加到约 10% ，以提高合金中第二相的体积分数；把 Zr 含量提高到 0.2% ~ 0.5% 。Zr 不仅能细化晶粒，而且通过 ZrAl$_3$ 的弥散颗粒的作用，提高合金的再结晶温度及在超塑变形温度下抑制晶粒长大。Al – (4 ~ 10)Zn – (0.8 ~ 1.5)Mg – (0.2 ~ 0.5)Zr 的各种成分含量组成的合金都具有较好的超塑性。由低合金成分含量的合金到高合金成分含量的合金的超塑性伸长率基本上呈直线增加。低合金成分的合金的最大伸长率达 1 000% 。Al – 10Zn – 1Mg – 0.4Zr 合金的最大伸长率达 2 600% 。

Al – Zn – Mg – Zr 超塑合金的种类虽多，但其超塑材料的预处理工艺过程基本相同：由于合金中含 Zr，需要适当提高熔炼及浇铸温度和采用急冷铸造；铸锭均匀化处理，500 ~ 520℃，12 ~ 14 h；热轧，420 ~ 500℃；冷轧；退火 500 ~ 550℃，0.2 ~ 0.5 h，或不进行退火。这种处理工艺流程可使合金获得晶粒平均截长小于 10 μm。

Al – 10.72Zn – 0.93Mg – 0.42Zr 及 Al – 5.65Zn – 1.56Mg – 0.41Zr 合金在 $\dot{\varepsilon} = 2.3 \times 10^{-4}$ s^{-1} 时，伸长率与温度的关系如图 3 – 3 – 28 所示。前一合金在不同温度下的流动应力 R、m 与应变速率 $\dot{\varepsilon}$ 的关系如图 3 – 3 – 29 所示。

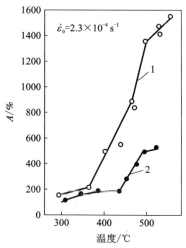

图 3 – 3 – 28　伸长率与温度的关系
1—Al – 10.72Zn – 0.83Mg – 0.42Zr；
2—Al – 5.65Zn – 1.56Mg – 0.41Zr

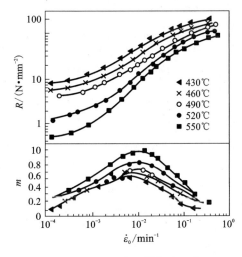

图 3 – 3 – 29　在不同温度下的
R、m 与 $\dot{\varepsilon}$ 的关系

表 3 - 3 - 9　超塑铝合金

合金成分/%	温度/℃	应变速率/s⁻¹	伸长率/%	m	文献
99.99% Al,单晶	300 ~ 350	—	1500	—	41
99.5% 工业纯铝	350	1.3×10^{-3}	164	0.3	—
Al - 7.6Ca	550	1.3×10^{-2}	850	0.78	43
Al - 7.46Ca	550	4.3×10^{-3}	900	0.4	—
Al - 7.6Ca	550	6×10^{-2}	1490	—	42
Al - 6.5Ca	550	3.3×10^{-3}	1040	0.43	—
Al - 5.5Ca	550	3.3×10^{-3}	750	0.4	—
Al - 5Ca - 4.5Zn	550	1.6×10^{-2}	730	—	42
Al - 5Ca - 4.8Zn	550	1.67×10^{-2}	900	0.38	44
Al - 33Cu	380 ~ 410	—	1150	0.9	27
Al - 17Cu	400 ~ 420	—	600	0.35	27
Al - 33Cu - 7Mg	420 ~ 480	—	>600	0.72	27
Al - 25Cu - 11Mg	420 ~ 480	—	>600	0.69	27
Al - 14.1Cu - 4.7Ni	450 ~ 550	—	520	0.35	27
Al - 6Cu - 0.5Zr	430	1.3×10^{-3}	1800 ~ 3000	0.5	—
Al - 6Cu - 0.35Mg - 0.42Zr - 0.1Ge	430 ~ 450	1.67×10^{-3}	1320	0.5	47
Al - 6Cu - 0.37Mg - 0.4Zr - 0.15Si	450	—	1350	—	42
Al - 25.2Cu - 5.2Si	500	—	1310	0.43	27
Al - 4.6Cu - 1.6Mg - 0.5Mn	485	4.17×10^{-4}	480	0.6	49
Al - 4.6Cu - 1.6Mg - 0.5Mn	440	5×10^{-4}	330	0.36	44
Al - 4.6Cu - 1.6Mg - 0.5Mn	400	2.5×10^{-4}	254	—	50
Al - 2.4Cu - 0.8Mg - 0.6Si(2A50)	555	1.6×10^{-4}	380	0.65	61
Al - 5.8Mg - 0.37Zr - 0.16Mn - 0.07Cr	520	8.33×10^{-4}	885	0.6	51
Al - 6Mg - 0.6Mn - 0.15La(5A06 - RE)	520	8.33×10^{-4}	900	0.56	—
Al - 8Mg - 4.7Si	550	10月3日	650	0.4	52
Al - 6.5Mg - 7.2Si	500	—	400	0.34	52
Al - 4Mg - Mn - Cr	540	2.6×10^{-4}	462	—	—
Al - 6Mg - Mn - Ti(AMr6)	—	—	410	0.45	—
Al - 5Mg - 0.5Zr - Cr	560	1.1×10^{-3}	867	0.52	59
Al - 6Mg - 0.6Mn - Ti(5A06)	470	8.3×10^{-4}	506	0.54	—
Al - 4.8Mg - 0.75Mn - 0.13Cr(5083)	490	1.1×10^{-3}	460	0.5	—
Al - 6Mg - 0.4Zr	460 ~ 520	5×10^{-2}	890	0.6	—
Al - 14.6Si	550	3.3×10^{-5}	216	—	62
Al - 17Si	450 ~ 550	—	320	0.29	39
Al - 11Si - 4.9Ni	520	—	460	—	39

续表 3-3-9

合金成分/%	温度/℃	应变速率/s^{-1}	伸长率/%	m	文献
Al - 14.6Si - 4.9Mn	520	—	800	0.6	39
Al - 6.4Ni	450 ~ 550	—	210	0.37	27
Al - 5.6Zn - 1.56Mg - 0.4Zr	530	2.3×10^{-4}	500	0.7	51
Al - 4.2Zn - 1.55Mg	530	—	约1000	—	51
Al - 6.2Zn - 2.7Mg - 1.6Cu(7A04)	500	8.3×10^{-4}	555	0.55	39
Al - 5.7Zn - 2.4Mg - 1.5Cu(7475)	516	8.33×10^{-4}	1200	0.9	28
Al - 6.1Zn - 3.2Mg(BA708)	340	10月2日	400	0.35	39
Al - 7.6Zn - 2.5Mg - 0.15Zr	—		850	0.6	39
Al - 4.8Zn - 2.5Mg - 0.2Mn - 0.15Zr	560	1.67×10^{-3}	900	0.6	39
Al - 10Zn - 1Mg - 0.4Zr	520	—	2600	—	
Al - 3Zn - 1Mg - 0.4Zr	525	$10^{-3} \sim 10^{-2}$	1650	0.6	
7A09	500	8.3×10^{-4}	1300	—	51
Al - 5.8Zn - 2.16Mg - 1.39Cu - 0.25Mn - 0.14Cr	516	8.33×10^{-4}	2300	0.85	57
Al - 3Li - 0.5Zr	450	3.3×10^{-3}	1035	—	60
Al - 3Cu - 2Li - 1Mg - 0.15Zr	500	1.2×10^{-3}	800	0.4	59
Al - 3Cu - 2Li - 1Mg - 0.2Zr(PM)	500	1.2×10^{-3}	700	0.4	59
Al - 1.2Cu - 2.7Li - 0.9Mg - 0.14Zr	503	2.44×10^{-3}	1000	0.45	63
Al - 0.5Sc	399	10月2日	92	—	64
Al - 0.5Sc	538	2×10^{-3}	157	—	64
Al - 4Mg - 0.5Sc	399	10月2日	>1050	—	64
Al - 4Mg - 0.5Sc	538	2×10^{-3}	>1050	—	64
Al - 5.18Mg - 0.32Sc	500	5×10^{-3}	1147	0.71	66
Al - 6Mg - 0.5Sc	399	10月2日	341	—	64
Al - 6Mg - 0.5Sc	538	2×10^{-3}	>1050	—	64
Al - 6.26Mg - 0.22Sc	538	1.67×10^{-3}	1200	0.88	65

3.3.3.9　Al - Zn - Mg - Cu 系超塑合金

　　用形变热处理的方法细化合金晶粒组织，使 7050 合金的伸长率超过 500%，7475 合金的最大伸长率达 1 200%。使 7A09、7A04 合金的最大伸长率可高达 1 500% ~ 2 300%。超塑预处理为四步形变热处理工艺(TMT)，见图 3 - 3 - 30。

　　根据成品板材的厚度，选择热轧板的厚度，处理工艺如下：固溶处理(480 ~ 500℃，2 ~ 8 h，水淬)；过时效(300 ~ 400℃，3 ~ 8 h，水冷)；轧制变形(220 ~ 230℃，5 ~ 10 道次，变形量 >85%)；再结晶(480 ~ 500℃，0.25 ~ 0.5 h，水冷)。

　　这样可使 7075、7A04、7475 等合金得到晶粒平均截长为 7 ~ 15 μm 的晶粒组织，而且在超塑变形温度下相当稳定，晶粒长大速度缓慢，超塑性良好。

7A04 合金在起始应变速率 $\dot{\varepsilon}_0 = 8.33 \times 10^{-4}$ s^{-1} 时，伸长率与温度的关系如图 3 - 3 - 31 所示；在 516℃、伸长率与 $\dot{\varepsilon}_0$ 的关系见图 3 - 3 - 32；在 520℃、480℃ 时的流动应力 R 与应变速率 $\dot{\varepsilon}$ 的关系曲线如图 3 - 3 - 33 所示；在 480℃、516℃ 时的 m 与 $\dot{\varepsilon}$ 的关系如图 3 - 3 - 34 所示。7A04 合金的最佳超塑变形条件：516℃、$\dot{\varepsilon}_0 = 8.33 \times$

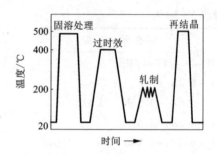

图 3 - 3 - 30　Al - Zn - Mg - Cu 系合金的超塑预处理工艺过程示意图

10^{-4} s^{-1}，最大伸长率达 1 500% ~ 2 300%，m 为 0.8 ~ 0.85。

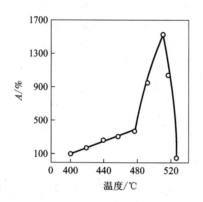

图 3 - 3 - 31　7A04 合金的伸长率与温度的关系
（$\dot{\varepsilon}_0 = 8.33 \times 10^{-4}$ s^{-1}）

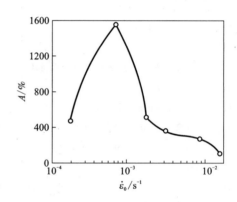

图 3 - 3 - 32　7A04 合金在 516℃
时伸长率与 $\dot{\varepsilon}_0$ 的关系

3.3.3.10　Al - Li 系超塑合金

Al - Li 系合金是发展中的航天航空材料，铸锭冶金（IM）法生产的 Al - 3Li - 0.5Zr 合金在 450℃、$\dot{\varepsilon}_0 = 3.3 \times 10^{-3}$ s^{-1} 的条件下，取得 1 035% 的最大伸长率。含锂的铝合金的超塑预处理工艺及超塑性能如下：

（1）利用冷轧态或温轧态板材在超塑变形开始阶段的动态再结晶形成细晶组织。例如 Al - 3 Li - 0.5 Zr 合金经 370℃ 时效、300℃ 轧制或 300℃ 轧制后的

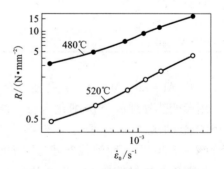

图 3 - 3 - 33　7A04 合金在 520℃、480℃
时的流动应力与应变速率的关系

板材在 450℃ 下的伸长率与应变速率的关系如图 3 - 3 - 35 所示。

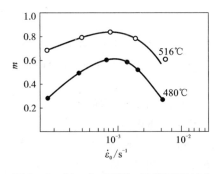

图 3 - 3 - 34 在 480℃、516℃时 7A04
合金的 m 与应变速率的关系

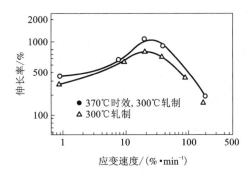

图 3 - 3 - 35 Al - 3Li - 0.5Zr 合金在
450℃时伸长率与应变速率的关系

（2）利用形变热处理方法进行超塑预处理。例如 Al - 3Cu - 2Li - 1Mg - 0.15Zr （IM）合金的处理：激冷铸锭 ϕ219 mm 在空气中均匀化处理，460℃加热 16 h 及 500℃加热 16 h→车去表皮（ϕ178 mm）→在 470℃下挤压，挤压比 25∶1，挤压后尺寸为 64 × 16 mm→固溶化处理 538℃加热 0.5 h，水淬→时效，400℃保温 0.5 ~ 136 h→300℃轧制，压缩真变形程度 ε = -2.3→（在超塑变形温度下再结晶）。如果直接在 500℃加热 20 min 再结晶时，可获得平均晶粒尺寸为 3 ~ 4 μm 的细晶组织。

对粉末冶金（PM）制造的 Al - 3Cu - 2Li - 1Mg - 0.2Zr 合金的处理过程为：制粉 →粉末装罐、密封、在 538℃下抽真空除气→在 382℃下加热 5 h，锻压→在 382℃挤 压，挤压比 22∶1→以后处理与上述的 IM 法制取的合金相同。

在 $\dot{\varepsilon}_0$ = 1.2 × 10^{-3} s^{-1} 时，温度对在 400℃下时效 8 h 的 IM、PM 法制造的上述两 种合金的伸长率和流动应力的影响如图 3 - 3 - 36 所示；在 400℃时效 32 h，在 500℃下的伸长率与应变速率的关系如图 3 - 3 - 37 所示。由图可见，IM 法制造的 合金的超塑性能优于 PM 法合金的，它们的最佳超塑变形条件为 500℃、$\dot{\varepsilon}_0$ = (1.2 ~ 3.3) × 10^{-4} s^{-1}；m 为 0.4、伸长率分别为 800% 及 700%。

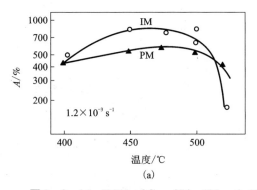

(a)

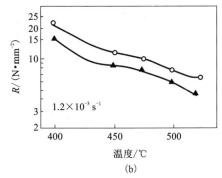

(b)

图 3 - 3 - 36 IMAl - 3Cu - 2Li - 1Mg - 0.15Zr 及 PMAl - 3Cu - 2Li - 1Mg - 0.2Zr
合金的伸长率 δ 及流动应力 σ 与温度的关系

3.3.3.11　Al－Sc 系超塑合金

Sc 是新的 Al 合金元素，Sc 的加入量为 0.1% ~ 0.4%，而最佳的加入量为 0.15% ~0.35%。由于 Sc 对 Al 及其合金有强烈的晶粒细化和提高再结晶温度作用，所以，添加 Sc 的铝合金具有良好的超塑性。

Al－Sc 系合金一般不需要特殊的超塑预处理过程，采用常规的温态及冷态加工或热态及冷态加工后的材料就具有超塑性。如 Al－6.26Mg－0.22Sc 合金的加工工艺过程即超塑预处理过程：激冷铸造铸锭→车去表面层→加热 280℃保温 1~3 h 后温轧，总变形量 60% ~80%→冷轧(有中间退火)，总变形量 70% ~80%，道次变形量 20% ~30%。这样生产的板材在 538℃、$\dot{\varepsilon}_0 = 1.67 \times 10^{-4}\ \mathrm{s}^{-1}$ 条件下获得最大伸长率 1 200%、m 为 0.88。

又如 Al－5.18Mg－0.32Sc 合金由铸锭(车表面层)加热，450℃ × (1~3)h→热轧，总变形量 80%→冷轧，其余同上例的。取得的板材在 $\dot{\varepsilon}_0 = 1.67 \times 10^{-3}\ \mathrm{s}^{-1}$ 时的伸长率随着变形温度的升高而增大；在 538℃下 m 与应变速率的关系如图 3－3－38 所示；在 500℃、300℃时，伸长率与应变速率的关系如图 3－3－39 所示；在不同温度下流动应力 σ 与应变速率 $\dot{\varepsilon}$ 的关系见图 3－3－40。

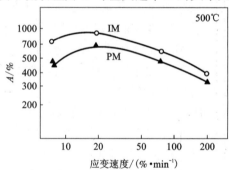

图 3－3－37　IM 及 PM 合金的
伸长率与应变速率的关系

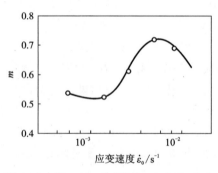

图 3－3－38　Al－5.18Mg－0.32Sc 合金
在 538℃下 m 与应变速率 $\dot{\varepsilon}$ 的关系

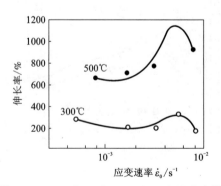

图 3－3－39　在 500℃、300℃下上图合金的
伸长率与起始应变速率 $\dot{\varepsilon}_0$ 的关系

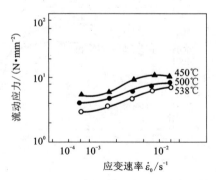

图 3－3－40　在不同温度下上图合金的
流动应力 σ－应变速率 $\dot{\varepsilon}$ 关系曲线

3.4　铝基复合材料

复合材料是由基体材料和增强材料组合在一起经复合处理而制得的,它综合了基体材料和增强材料的优点,充分发挥了材料的使用性能。复合材料按基体的不同分为聚合物基的(PMC)、金属基的(MMC)、陶瓷基的(CMC)以及碳/碳基的(C/C)的。PMC 可在 150 ~ 300℃ 下使用;MMC 可在 350 ~ 1 000℃ 下使用,但 Al、Mg 基的只能在 350℃ 以下使用;CMC 可在 600 ~ 2000℃ 使用。金属基复合材料主要是以轻金属为主,特别是以铝及其合金为主。因此,它的质量轻、比强度和比模量高,同时还具有高的疲劳抗力、耐磨抗力、低振动性、抗腐蚀、热稳定性好、导电、导热和低的热胀系数等许多优点,在许多使用领域中可以代替钢、铝、镁合金以及贵重的特殊合金和非金属基复合材料。

3.4.1　基体与增强体

3.4.1.1　基体

铝及其合金很适于作金属基复合材料的基体。铝的资源丰富,容易获得,价格不贵,密度小,质量轻,比强度大,熔点不高,有很好的可塑性,制造工艺与设备不十分复杂,易于与增强材料复合和进行第二次加工。此外,它还有很好的导电性、导热性和良好的抗腐蚀性等。这些都是复合材料为满足使用要求所要具备的特性,也是铝基复合材料得到很快发展的主要原因。

现在铝基复合材料所使用的基体有以下几种:工业纯铝、铸锭冶金变形铝合金、粉末冶金变形铝合金、铸造铝合金、新型铝合金。在铸锭冶金变形铝合金中,多使用可热处理强化的铝合金,如 2014、2024、2124、2219、2618、6061、7075、7475。一般不使用含 Mn 和 Cr 的铝合金,因为 Mn 和 Cr 容易产生脆性相。在粉末冶金变形铝合金中可用上述铸锭变形铝合金制成粉末作复合材料的基体,常用的有 7064、8090 等。铸造铝合金中常使用 A356 和 A357。

3.4.1.2　增强体

铝基复合材料的增强体可分为连续的(长的)和非连续的(短的)纤维、晶须和颗粒。增强材料应具有高强度、高模量、高刚度、抗疲劳、耐热、耐磨、抗腐蚀、热胀系数小、导电、电热以及润湿性、化学相容性、易加工等特性。作为铝基复合材料的增强纤维有:硼纤维、碳纤维、碳化硅纤维、氧化铝纤维、芳纶纤维(商品名有 Kevlar、Aramid)、硅酸铝纤维、氮化铝纤维等。还有它们中间的短纤维、晶须和颗粒。表 3 - 4 - 1 及表 3 - 4 - 2 示出了一些增强纤维的性能。

表 3 − 4 − 1 　硅酸铝纤维的成分及性能

名称	硅酸铝纤维				氧化铝（δ型）
	普通型	高纯型	高铝型	含铬型	
化学成分/% Al$_2$O$_3$	45	52	58	44 ~ 45	95
SiO$_2$	55	47	42	47 ~ 48	5
Fe$_2$O$_3$	—	0.12	<0.3	—	—
Cr$_2$O$_3$	—	—	—	4 ~ 5	—
纤维直径/μm	5 ~ 6	5 ~ 6	2 ~ 6	3 ~ 6	2 ~ 7
最高使用温度/℃	1 100	1 260	1 400	1 400	1 600
制备方法	熔融法	熔融法	熔融法	熔融法	胶体法
结构	玻璃态	玻璃态	玻璃态	玻璃态	结晶态
密度/(g·cm^{-3})	2.6	2.6	2.6	2.6	3.3
抗拉强度/(GN·m^{-2})	1.3	1.3	1.3	1.3	2
E/(GN·m^{-2})	120	120	120	120	300

3.4.2　连续纤维增强铝基复合材料的制造

3.4.2.1　复合前的准备工作

（1）混合定则与纤维预处理

大量的研究工作表明，各向异性纤维增强的铝基复合材料的强度和弹性模量均遵循混合定则：

$$\sigma_c = \sigma_f V_f + \sigma_m (1 - V_f)$$
$$E_c = E_f V_f + E_m (1 - V_f)$$

式中：σ 为强度；E 为弹性模量；V 为纤维的体积含有率；f、m、C 为分别为纤维、基体和复合材料。

从混合定则中可以看出，复合材料的强度仅与增强体的强度、增强体的体积占有率和基体强度有关。但这只有在理想的状态下，不受任何因素影响的情况才成立。复合材料传递载荷主要靠基体与增强体相结合的界面强度。界面结合强度又受基体对增强体的润湿性、基体与增强体界面间的化学反应和氧化物的影响。只有解决了增强体与基体界面结合问题，增强体才能真正发挥作用。为此，必须控制两者的化学相互作用，减少氧化生成物，有液相存在时改善润湿性。为此，要对纤维进行表面涂层处理，即通过化学气相沉积（CVD）、物理气相沉积（PVD）、化学镀、电镀等方法在纤维表面均匀地涂覆一层金属或陶瓷，改善纤维与基体的界面状态，提高界面的结合强度。当复合材料承受一定的载荷时使纤维与基体不脱粘，不断裂。此外，在制备基体合金时，还要向熔体中加入活性合金元素 Mg、Li 等改善界面状态，增大结合强度。

表 3 - 4 - 2　部分增强纤维的性能[65]

类型	品种	生产厂家	纤维组成	直径/mm	密度/(g·cm⁻³)	抗拉强度/(N·mm⁻²)	弹性模量/(GN·m⁻²)	伸长率/%
硼纤维	B(W)	AVCO	W 芯, B	200	2.57	3 570	410	—
	B(C)	AVCO	C 芯, B	100	2.29	3 280	360	—
	B_4C-B(W)	AVCO	B_4C 涂层	145	2.58	4 000	370	—
	Borsic	AVCO	SiC 涂层	100	2.58	3 000	409	—
碳纤维	PAN 高强	日本东丽公司	C	5	1.82	7 200	300	2.4
	PAN 高模	日本东丽公司	C	5	1.94	4 000	600	0.9
	沥青 75	UCC	C	10	2.06	2 100	506	0.42
	沥青 P100	UCC	C	11	2.1	2 200	674	0.3
	T300R	Amoco	C	10	1.8	2 760	276	—
	R40R	Amoco	C	10	1.8	3 450	276	—
碳化硅纤维	SCS - 2	AVCO	C 芯, 表面 C 涂层	140	3.05	3 450	407	0.5
	SCS - 6	AVCO	C 芯, 表面 C,SiC 涂层	42	3	3 400	420	0.8
	Nicalon	日本碳部公司	Si, C, O	10	2.55	2 800	200	2
	Tyranno	日本宇部公司	Si, C, Ti, O	8	2.35	2 900	200	2.2
	MPS	Dowcoming/celancae	SiC, O	10 ~ 15	2.6 ~ 2.7	1 050 ~ 1 400	175 ~ 210	—
	Sigma	Berghof	C 芯, SiC	100	3.4	3 450	410	—
氧化铝纤维	FP	日本东邦公司	>99% $\alpha-Al_2O_3$	20	3.9	1 400	385	0.4
	PRD166	日本东邦公司	Al_2O_3, ZrO_2	21	4.2	2 070	380	—
	Sumitomo	日本住友公司	$85Al_2O_3$, $15SiO_2$	17	3.9	1 450	190	—
	Nextel312	3M	$62Al_2O_3$, $14B_2O_3$, $24SiO_2$	11	2.7	1 750	154	—
	Nextel440	3M	$70Al_2O_3$, $20SiO_2$, $2B_2O_3$	12	3.1	2 100	189	—
	Nextel480	3M	$70Al_2O_3$, $28SiO_2$, $2B_2O_3$	12	3.1	2 300	224	—
芳纶纤维	Kevlar49	Dupont(东邦公司)	—		1.45	3 620	125	2.5
	Kevlar149	Dupont(东邦公司)			1.45	2 833	165	1.3
	Twaron	AKZO			1.45	3 000	125	2.3
	CBM	苏联			1.43	4 000	130	4
	HM - 50	日本帝人公司			1.39	3 100	75	4.2
	芳纶 1414	中国			1.44	3 000	100	2.7

（2）中间复合体的制备

在基体与增强纤维复合之前，有时需要将纤维制成中间复合体，然后再进行整体复合。预制中间复合体主要有以下 4 种方法：

①毛坯带：把纤维排列在基体合金箔上，用丙烯树脂或聚乙烯树脂黏结在一起，在致密化加热过程中树脂蒸发消除。

②等离子喷涂带：把纤维排列在铝合金箔上，对其喷涂等离子铝合金熔体。

③扩散接合带：在两张铝合金薄板之间夹上纤维，进行加热扩散接合。

④编织带：把纤维按纵向排列，在其横向用铝合金丝编织制成带。

3.4.2.2　连续纤维增强复合的制备

其制备方法主要有：铸造法、粉末冶金法、扩散接合法和层压胶接法等。

（1）铸造法

常用的有机械压力浸渗铸造法、连续铸造法、粉末冶金法、扩散接合法、胶接法等。

机械压力浸渗铸造法。该法的一般过程是将增强材料制成预制体。为使熔体温度不致于降得太快，预制体和模具都必须预热，然后将预热的预制体放到模具中，浇铸熔体，用压块或压头或压杆加压，使熔体浸渗到预制体内（预制体可采用编织带），冷凝后去压取出，即制得复合部件。用本法制备碳纤维增强的 7075 铝合金基复合材料时，为防止纤维与熔融基体之间的反应，在纤维表面涂一层 SiC 微粒（0.3 μm）。铸造条件：纤维预热到 750℃，铸模预热到 250℃，浇铸温度 750℃，加压压力 100 N/mm^2，保压时间 60 min，碳纤维含量体积百分数 54%，SiC 含量 5%。按上述条件制得的复合材料经 T6 处理（470℃，6 h 固溶→水淬→120℃，36 h 时效）后性能如表 3-4-3 所示。沿纤维方向复合材料的性能大为提高，然而垂直于纤维方向的抗拉强度大大低于基体合金的，这主要是因为纤维与基体结合欠佳。

气体压力浸渗铸造法，该法是在真空或惰性气氛中，使排列整齐的纤维之间浸渗透熔融金属，然后抽真空，再充入惰性气体加压。气体压力铸造一般都抽真空，所以浸渗压力较小，大都在十几 N/mm^2 以下。这种方法的优点是不损伤纤维，浸润良好，纤维含量高，但制造温度高，熔融金属纤维直接接触，两者间易起反应，浸渗速度慢，冷却速度小，预制件体中细小空洞很难填满，生产效率低。

表 3-4-3　碳纤维增强 7075 铝合金复合材料的性能

性能	弹性模量/(GN·m^{-2})	抗拉强度/(N·mm^{-2})	热膨胀系数/×10^{-6}K^{-1}	直径/μm	备注
碳纤维	740	2 800	-1.5	10	—
7075（T6）	74	500	24	—	—
复合材料	740	860	0.4	—	沿纤维方向
	75	75	18.8	—	垂直纤维方向

（2）连续铸造法

图 3 - 4 - 1 所示为带涂层反应的连续铸造法示意图，使用石墨纤维（纱或带）通过有反应气体的反应室。首先锌蒸气被氩气带到纤维上，氯化物气体通过海绵钛，然后进入反应室，反应室温度 600 ~ 800℃，反应生成物为钛、硼或二硼化钛沉积物，带有涂层的石墨纤维进入金属熔池连续浸渍铝熔体，经陶瓷模被卷于成品轴上。图 3 - 4 - 2 所示为连续浸渍拉拔铸造法。该法可分为上拉法和下拉法。该法的优点是可以连续制备棒、管及断面简单的型材，加工成本较低。

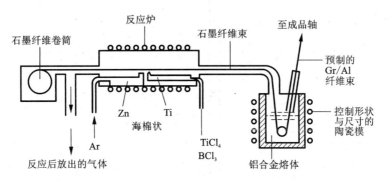

图 3 - 4 - 1　带涂层反应室的连续铸造法示意图

（3）粉末冶金法

在排列的长纤维上撒一层粉末，或黏覆一层金属粉末与粘结剂的混合体。将涂有金属粉末的纤维叠后冷压，再进行烧结，便可获得复合材料。为改善性能，通常在粉末中加入一些合金元素。

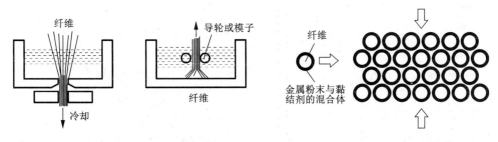

图 3 - 4 - 2　连续拉拔铸造法制备连续纤维　　　图 3 - 4 - 3　连续纤维增强铝基粉末冶金
　　　　　增强铝基复合材料示意图　　　　　　　　　复合材料烧结成形法示意图

（4）扩散接合法

可在两层箔之间进行纤维的分段热压（单层带）法；在预先制有沟槽的铝合金箔中加入（硼）纤维，在其表面再重叠上别的箔材，使其扩散接合的辊轧法。

（5）喷涂法

又称熔融金属喷涂缠绕扩散接合法。制取圆管件时，可直接将熔融铝喷涂于纤维(如 SiC)上,然后将复合纤维卷到卷筒上,再通过热压制成圆管。如若制取形状较复杂的部件,则可先将纤维缠绕到圆筒上,喷涂熔融铝制成复合板(预成形板),之后将复合板叠起来,进行二次热压成形,以获得所需形状的部件。

(6)等离子喷涂扩散接合法

先把 SiC 连续纤维缠绕在滚筒上,再用等离子喷涂法把铝合金熔体喷涂上去。然后再把铝合金 – 连续纤维的复合片叠起来,放在一定的容器或模具中,在真空炉内热压成形。

(7)叠层热压法

用此工艺制取的体积 40% SiC/5052 合金基复合材料,其 R_m 为 781 N/mm^2, E 为 120 GN/m^2。在表 3 – 4 – 4 中示出了几种纤维增强铝基复合材料的性能比较。

表 3 – 4 – 4　几种纤维增强铝基复合材料性能比较

特性 \ 种类	C_f	SiC_f	Al_2O_{3f}	B_f	SiC_w	参考
基体	Al	6061	Al	6061	24S – Al	Al
增强体含量/%	35	35	50	50	25	100
密度/(g·cm^{-3})	2.3	2.7	2.9	2.6		1.7
弹性模量/(GN·m^{-2})	120	180	130	220	660(490)	68
抗拉强度/(N·mm^{-2})	800	800	750	1 520	1 200	7.5
抗挠强度/(N·mm^{-2})	1 000	1 020	1 100	—	—	—

注:f—纤维;w—晶须。

(8)层压胶接法

最先面世的层压复合材料称作 ARALL,是美国铝业公司生产的。它是一种超混杂型金属基复合材料,由芳纶纤维单向编织物、环氧树脂黏合剂和若干层高强度铝合金薄板组合在一起经层压、固化而成的,已生产 4 种工业产品(表 3 – 4 – 5)。

后来又在 ARALL 的基础上开发出 Al – 碳纤维/环氧(ARALL)和铝 – 玻璃纤维/环氧(GLARE)等超混杂型复合材料,而研究较多的是后者,现已有 4 个类型(表 3 – 4 – 6)。层压板的结构见图 3 – 4 – 4。其典型工艺:将高强度铝合金板经磷酸盐处理后涂底胶,将预浸环氧树脂胶粘剂的芳纶纤维或玻璃纤维铺于其上,如此呈层铺好后,热压胶接与固化后即成。ARALL

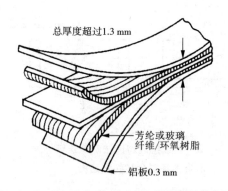

总厚度超过1.3 mm

芳纶或玻璃
纤维/环氧树脂

铝板0.3 mm

图 3 – 4 – 4　ARALL 或 GLARE 层压板结构示意图

与 GLARE 层压板的性能比较见表 3 – 4 – 7。

表 3 – 4 – 5　ARALL 层压板工业产品[①]

种　类	特　性
ARALL—1 层压板铝合金 7075 – T6，120℃ 固化预浸料[③]，0.4% 永久伸长	优越的疲劳性能，高强度
ARALL—2 层压板铝合金 2024 – T3[②]，120℃ 固化预浸料[③]，经或未经 0.4% 拉伸	极好的抗疲劳性能；增加了可成型性和损伤容限
ARALL—3 层压板铝合金 7475 – T6[②]，120℃ 固化预浸料[③]，0.4% 永久拉伸	优越的抗疲劳性能；改善韧性；好的抗剥离性能，高强度
ARALL—4 层压板铝合金 2024—T8[②]，175℃ 固化预浸料[③]，经或未经 0.4% 预拉伸	极好的抗疲劳性能；提高了使用温度

注：①也有生产一面或二面包铝状态的，可增加抗蚀性；②胶接表面经阳极化处理并涂底胶；③用单向芳纶纤维。

表 3 – 4 – 6　GLARE 的种类

种　类	特　性
GLARE 1	7075 – T6 铝合金；单向玻璃纤维预浸料；0.4% 拉伸
GLARE 2	2024 – T3 铝合金；单向玻璃纤维预浸料；无拉伸
GLARE 3	2024 – T3 铝合金；50/50 玻璃纤维预浸料；无拉伸
GLARE 4	2024 – T3 铝合金；70/30 玻璃纤维预浸料；无拉伸

表 3 – 4 – 7　GLARE、ARALL 及铝合金的力学性能比较

性能	方向	GLARE1	GLARE2	GLARE3	GLARE4	ARALL1	ARALL2	2024 – T3	7075 – T6
抗拉强度/($N \cdot mm^{-2}$)	L	1 300	1 230	755	1 040	800	717	440	538
	LT	360	320	755	618	386	317	435	538
屈服强度/($N \cdot mm^{-2}$)	L	550	400	320	360	641	359	324	483
	LT	340	230	320	260	331	228	290	469
弹性模量/($GN \cdot m^{-2}$)	L	64.7	65.6	57.5	56.4	67.6	64.1	72.4	71.1
	LT	69.2	50.2	57.5	50.3	48.3	69.0	72.4	71.1
伸长率/%	L	4.6	5.1	5.1	5.1	1.9	2.5	13.6	8
	LT	7.7	13.6	5.1	5.1	7.7	12.7	13.6	8
挤压强度极限/($N \cdot mm^{-2}$)	L	770	704	690	700	738	565	890	1 076
钝缺口强度/($N \cdot mm^{-2}$)	L	805	775	501	605	495	405	420	550
	LT	360	290	501	420	386	311	420	550
铣缺口强度/($N \cdot mm^{-2}$)	L	710	650	409	530	377	360	320	350
	LT	230	230	409	320	250	250	320	350
密度/($g \cdot cm^{-3}$)	—	2.52	2.52	2.52	2.45	2.33	2.32	2.70	2.78

3.4.3　颗粒、晶须增强铝基复合材料制造

3.4.3.1　复合前的准备工作

在生产复合材料之前，首要的是选择增强材料颗粒或晶须。选择颗粒或晶须的主要参数是：弹性模量、抗拉强度、密度、熔点、热稳定性、热胀系数、尺寸稳定性、与基体的相容性、成本。目前颗粒增强材料有：C、SiC、Al_2O_3、TiB_2、TiC、AlN、B_4C、Si_3N_4 等；晶须增强材料有：C、SiC、Al_2O_3、Si_3N_4 等(表 3 - 4 - 8、表 3 - 4 - 9)。

表 3 - 4 - 8　常用颗粒增强体的部分特性

颗粒种类	弹性模量 $/(GN \cdot m^{-2})$	密度 $/(g \cdot cm^{-3})$	热膨胀系数 $/ \times 10^{-6} K^{-1}$	热导率 $/[W \cdot (m \cdot K)^{-1}]$	泊松比
SiC	420 ~ 450	3.2	3.4	120	0.2
Al_2O_3	380 ~ 450	3.69	7	30	0.25
B_4C	448	2.52	3.5	39	0.21
AlN	345	3.26	3.3	150	0.25
Si_3N_4	207	3.18	1.5	28	0.27
Si	112.4	2.33	3	100	0.42
铝合金 6061	70.3	2.68	23.4	171	0.34
2024	72.3	2.75	23	152	0.34

表 3 - 4 - 9　部分晶须增强体的特性

种类 \ 特性	直径 $/\mu m$	长度 $/\mu m$	密度 $/(g \cdot cm^{-3})$	抗拉强度 $/(N \cdot mm^{-2})$	弹性模量 $/(GN \cdot m^{-2})$
SiC_w(A)	0.05 ~ 0.2	10 ~ 40	3.18	21 000	49
SiC_w(B)	0.1 ~ 1.0	50 ~ 200	3.17	3 000 ~ 14 000	40 ~ 70
Si_3N_{4w}	0.2 ~ 0.5	50 ~ 300	3.18	14 000	38
Al_2O_{3w}	0.5 ~ 5.0	10 ~ 1 000	3.96	20 000	42
Fe_w	—	—	7.84	13 000	20
Ni_w	—	—	8.9	3 900	22
C_w	—	1 ~ 5	—	19 600	74.5

注：(A)β - SiC_w > 95%，α - SiC_w < 5%；(B)β - SiC_w。

为了使基体与增强体能很好地复合在一起，还必须对增强体和基体进行适当的处理，其方法有：在颗粒表面使用涂层，如 Ni、Cu 等；对颗粒进行热处理；用某些盐的水溶液处理颗粒，或用有机溶剂清洗；通过合金化改善润湿性和控制界面反应。

3.4.3.2　制造方法

制造颗粒与晶须增强铝基复合材料的主要方法有：浸渗铸造法、搅拌铸造法、粉末冶金法、喷射法和反应合成法(原位复合法)，见图 3 - 4 - 5。

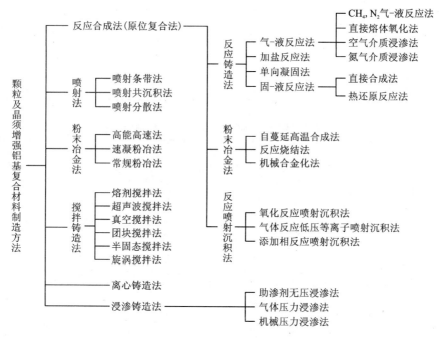

图 3 - 4 - 5　非连续增强铝基复合材料制造方法系统图

（1）浸渗铸造法

可分为机械压力、气体压力、助渗剂无压浸渗法与离心铸造法。

用机械压力浸渗法制备 SiC$_w$ 增强的铝基复合材料首先是制备晶须块而后进行压铸；将晶须预热到 700℃，模具加热到 300℃，浇入 760℃ 的铝合金熔体，施加 12 N/mm^2 压力，使铝熔体渗入晶须块。一般情况下，颗粒预制块的浸渗压力比纤维或晶须预制块的压力大 5 ～ 10 倍。SiC$_w$ 复合材料及 SiC$_p$ 复合材料的性能见表 3 - 4 - 10、表 3 - 4 - 11。

表 3 - 4 - 10　SiC$_w$ 复合材料的拉伸性能

特性 种类	V_f /%	R_m /(N·mm^{-2})	$R_{P0.2}$ /(N·mm^{-2})	E /(GN·m^{-2})	A /%
6061 铝合金	0	314	274	68	16
SiC$_w$/6061 铝合金	15	461	382	97	1.5
2024 铝合金	0	431	421	87	3.5
SiC$_w$/2024 铝合金	17	539	461	107	1.3
A332 铝合金	0	312	304	86	1
SiC$_w$/A332 铝合金	24	545	521	123	—
A335 铝合金	0	310	236	73	6.5

续表 3 - 4 - 10

种类 \ 特性	V_f /%	R_m /(N·mm^{-2})	$R_{P0.2}$ /(N·mm^{-2})	E /(GN·m^{-2})	A /%
SiC$_w$/A335 铝合金	13	519	383	97	0.7
AC8A 铝合金	0	332	277	66	1.5
SiC$_w$/AC8A 铝合金	17	476	404	91	1.2

表 3 - 4 - 11　SiC$_p$/Al 复合材料的性能

基体合金 \ 特性	SiC$_p$含量 (体积)/%	E /(N·m^{-2})	$R_{P0.2}$ /(N·mm^{-2})	R_m /(N·mm^{-2})	A /%
6061	15	97	400	450	7.5
	40	145	448	586	2.0
2124	25	114	414	565	5.6
	40	152	517	689	1.1
7079	20	103	655	724	2.5
	40	145	589	760	0.9
7091	15	97	579	689	5.0
	40	139	620	655	1.2
2024	20	97	430	530	2.4

（2）气体压力浸渗铸造法

将增强体用粘结剂粘结起来制成预制块，放入密闭模腔内，加热并抽真空，然后用较低的气体压力，大都在十几 N/mm^2 以下，将铝熔体压入模腔，冷却凝固后便制得成形的构件。

（3）助渗剂无压浸渗法

该法是指在空气中，通过助渗剂使铝熔体渗入增强颗粒中制取复合材料的工艺。

（4）搅拌铸造法

可分旋涡、半固态、团块、溶剂、超声、真空搅拌铸造法等。该法是将增强材料如石墨、SiC、Al$_2$O$_3$ 等颗粒投入铝熔体中，通过强力的搅拌，浇铸成复合材料的方法。搅拌铸造法生产的铝合金的力学性能见表 3 - 4 - 12。

表 3 - 4 - 12　搅拌铸造法生产的两种铝合金基复合材料的力学性能

基体	增强体	含量 φ /%	$R_{P0.2}$ /(N·mm^{-2})	R_m /(N·mm^{-2})	E /(GN·m^{-2})	A /%
2014	Al$_2$O$_3$P	10	483	517	84	Z3.3
		15	476	507	92	2.3
		20	483	503	101	0.9
2024	SiCP	15	400	551	103	3

加拿大铝业公司的子公司（Dural 铝基复合材料公司）采用真空搅拌铸造法（Dural 法）生产商品名称为 Duralcan 的复合材料，在航空器与汽车制造中获得了应用。Duralcan 的性能见表 3 - 4 - 13 至表 3 - 4 - 15。可用此法生产压力加工用的锭，也可用此方法生产铸件及重熔锭。

表 3 - 4 - 13　DURALCAN F3AXXX - T6 复合材料力学性能

$\varphi(SiC)\%$	$R_m/(N \cdot mm^{-2})$	$R_{P0.2}/(N \cdot mm^{-2})$	$A/\%$	$E/(GN \cdot m^{-2})$
0	392	290	6	109
10	440	410	0.6	117
15	480	470	0.3	130
20	510	480	0.4	140

注：F3AXXX - T6 为铸造铝合金（A356 等）加入 SiC 后，经 T6 处理后的铝基复合材料。

表 3 - 4 - 14　变形铝基复合材料的力学性能

材料（体积分数）及状态	$R_m/(N \cdot mm^{-2})$	$R_{P0.2}/(N \cdot mm^{-2})$	$A/\%$	$E/(GN \cdot m^{-2})$
$(6061 + 15\% Al_2O_3) - T6$	370	330	5.7	89
6061 - T6	315	280	2	70
$(2024 + 15\% Al_2O_3) - T6$	518	490	2.2	94
2024 - T6	490	420	1.3	74

表 3 - 4 - 15　DURALCAN F3AXXS - T6 复合材料的热强性能

温度/℃	$R_m/(N \cdot mm^{-2})$				$R_{P0.2}/(N \cdot mm^{-2})$			
	$\varphi(SiC)/\%$							
	0	10	15	20	0	10	15	20
22	380	440	480	510	280	410	460	490
149	240	370	410	430	210	340	390	400
204	150	320	360	360	120	300	340	350
260	110	190	210	220	9	180	200	210

（5）离心铸造法

它是根据零件要求，借助离心力的作用，把增强颗粒分布于铸件外表面或内表面的工艺方法。采用这种方法可获得表层有一定厚度的复合材料，用来制造外表面或内表面有特殊性能要求的零件。

（6）粉末冶金法

常规粉末冶金法首先是将增强体（通常是 SiC、Al_2O_3 等颗粒、晶须或短纤维）和激冷微晶铝合金粉末用机械手段均匀混合，进行冷压实，然后加热除气，在液相线与固相线之间进行真空热压烧结，就制得了复合材料坯料，再将坯料热挤压等加工就可制得所需要的零部件（见图 3-4-6、图 3-4-7），或者把混合粉末装于铝包套内，依次进行冷压实、加热除气、热压烧结、去包套、热挤或热轧、热处理等工序也能制得致密的铝基复合材料。在表 3-4-16 中列出了粉末冶金铝基复合材料的力学性能。

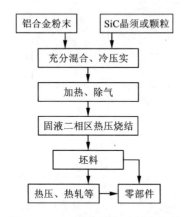

图 3-4-6　粉末冶金法制造铝基复合材料工艺流程

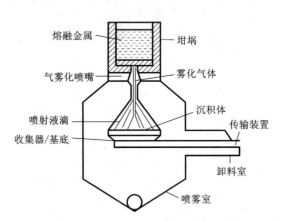

图 3-4-7　Osprey 装置示意图

表 3-4-16　粉末冶金基复合材料力学性能

合金	增强体	含量/%	$R_{P0.2}$/(N·mm^{-2})	R_m/(N·mm^{-2})	E/(GN·m^{-2})	A/%
2024	SiC$_p$	15	—	550	103	4.4
2024	SiC$_p$	20	—	520	108	—
2124	SiC$_p$	20	472	580	114	3.4
2124	SiC$_p$	30	560	665	125	2.2
2618	SiC$_p$	30	484	539	—	4.4
6061-T6	SiC$_p$	20	415	498	97	6
6061-T6	SiC$_w$	20	440	585	120	4
6061-T6	SiC$_w$	30	570	795	140	2

（7）喷射法

该法获得应用的有喷射分散法、喷射共沉积法、喷射条带法等，其中英国 Osprey 公司的喷射沉积成形示意图见图 3-4-7。如果同时用几个喷嘴喷射几种增强颗粒便可制得共沉积金属复合材料。用喷射沉积法生产的铝基复合材料的力学性能见表 3 - 4 - 17。

表 3 - 4 - 17　喷射共沉积法生产的铝基复合材料的力学性能

复合材料	$R_{\text{P0.2}}/(\text{N} \cdot \text{mm}^{-2})$	$R_{\text{m}}/(\text{N} \cdot \text{mm}^{-2})$	$E/(\text{GN} \cdot \text{m}^{-2})$	$A/\%$
Al - Mg - Si 系				
6061 + 28% SiC$_p$	322	362	—	5
Al - Cu - Mg 系				
7075 + 15% SiC$_p$ - T6	556	661	95	3
7049 + 15% SiC$_p$ - T6	598	643	90	2
7090 + 29% SiC$_p$ - T6	665	735	105	2
Al - Li 系				
8090 + 13% SiC$_p$ - T4	455	520	101	4
8090 + 13% SiC$_p$ - T6	499	547	101	3
8090 + 17% SiC$_p$ - T4	310	460	103	4 ~ 7
8090 + 17% SiC$_p$ - T6	450	540	103	3 ~ 4

　　采用共晶单向凝固法制备复合材料时，由于基体相和增强相都在相变过程中自动析出，所以避免了人工复合材料生产中所遇到的诸如污染、润湿、界面反应等问题。用该法制取的 Al - Al$_2$Ni 复合材料已用于制造飞机零件。这类复合材料的组织及性能见表 3 - 4 - 19。

表 3 - 4 - 18　直接合成法制备的复合材料的力学性能

基体合金	增强相	含量 $\varphi/\%$	$R_{\text{P0.2}}/(\text{N} \cdot \text{mm}^{-2})$	$R_{\text{m}}/(\text{N} \cdot \text{mm}^{-2})$	$E/(\text{GN} \cdot \text{m}^{-2})$	$A/\%$
2024	TiC$_p$	2.5	232	252	76.7	10.5
		5	336	346	83.3	8.5
		10	416	451	96.7	5.3
		15	465	610	110	4.3
201	TiC$_p$	20	420	—	105	2

（8）反应合成法

　　该法是利用复合材料内部自生增强体（相）的方式制取复合材料，故又称为原位复合法。

　　其中的直接合成法是将 Ti、B、C 粉加入铝或铝合金熔体中，通过反应形成 TiB$_2$、TiC，从而可制得 TiB$_2$/Al 或 TiC/Al 复合材料。以此法制得的复合材料的性能见表 3 - 4 - 18。

表 3 - 4 - 19　单向凝固共晶铝合金组织及抗拉强度

合金系	共晶组织 /%	共晶温度 /℃	第二相体积比 /%	化合物相 及其形状	抗拉强度 /(N·mm⁻²)
Al - Ni	6.2	640	10	Al_3Ni 晶须	350(室温) 140(480℃)
Al - Cu	3.3	548	47.5	$CuAl_2$ 层状	316(室温) 180(300℃)
Al - Si	11.7	578	13.3	Si 汉字状	130(室温) 38(300℃)
Al - Si - NiAl₃	4.9Ni - 11.0Si	567	12.9Si 8.1NiAl₃	Al_3NiSi	260(室温) 130(300℃)

3.4.4　铝基功能复合材料

铝基功能复合材料主要有电子封装用的与阻尼减震用的。前者的主要作用是机械支持、密封保护和散发电子元器件热量等。目前这类材料引人注目的有 SiC_p/Al、C/Al、B/Al 和 BeO_p/Al 等。SiC_p/Al 的热膨胀系数与电子器件的热膨胀系数完全相匹配,热导率也高,价格适宜,且可生产形状复杂的零件。一般采用粉末冶金法或铸造法生产,多用后者。

铝基阻尼复合材料的阻尼性能与基体、界面、增强体种类、含量及微观结构等都有密切的关系,其中影响最大的是增强体含量与对材料微观性能有影响的热处理。在一定范围内,纤维体积百分数越高,其阻尼性也越大,但不可过高,否则阻尼性能又会下降;通过热处理可使铝合金显微组织结构发生变化,从而影响其阻尼性能。

3.4.5　铝基复合材料的超塑性变形

尽管铝基复合材料是金属复合材料中塑性最好的复合材料之一,但是由于其弹性模量高、刚性高、塑性比较低,用传统材料塑性成形方法制备所需形状的部件还有一定的难度,因此,妨碍了它在工程中的广泛应用。把铝基复合材料的研究成果与超塑性成形工艺结合就可以解决成形难的问题。

用搅拌铸造法和粉末冶金法制备的 SiC_p 增强的 2A12 铝合金复合材料的超塑变形的预处理工艺有:

A 法:铸锭坯料→车皮→挤压(挤压比为 5)→镦粗→固溶处理→过时效处理→温轧变形→再结晶处理;

B 法:铸锭坯料→车皮→挤压(挤压比为 5)→固溶处理→过时效处理→温挤压→再结晶处理;

C 法:铸锭坯料→均匀化处理→等温模具镦粗→等温反挤压(镦、挤共用一个模套);

D 法：铸锭坯料→均匀化处理→等温模具镦粗→等温反挤压→轧制→再结晶处理；

E 法：热压坯料→等温模具镦粗→等温反挤压。

这种复合材料的超塑拉伸试验结果见表 3 - 4 - 20。

马洪（Mahone）等采用 10% SiC$_p$/7064 MMC 超塑成形工艺制成机翼前缘肋条板和正弦波桁条，用 SiC$_w$/7475 MMC 超塑成形制成 B - 1 BAPU 飞机的门部件。一些铝基复合材料的超塑性能见表 3 - 4 - 21。

表 3 - 4 - 20　SiC$_p$/2A12 复合材料超塑拉伸结果

材料	处理方法	温度/℃	应变速率/s^{-1}	伸长率/%	m	挤压比
IM - SiC$_p$/2A12 含（SiC$_p$12%）	A	505 ~ 515	1.1×10^{-4}	120 ~ 135	—	—
	B	490 ~ 505	1.1×10^{-4}	30 ~ 40	—	—
	C	510	1.1×10^{-4}	215	—	39
	C	505	1.1×10^{-4}	135	—	25
	D	520	6.4×10^{-4}	293	0.78	25
PM - SiC$_p$/2A12 含（SiC$_p$15%）	E	508	9.5×10^{-4}	220	0.74	39
	E	508	9.5×10^{-4}	172	—	25

表 3 - 4 - 21　铝合金基复合材料的超塑性

材料	温度/℃	应变速率/s^{-1}	伸长率/%	m
10% SiC$_w$/7475	520	$2 \times 10 - 4$	350	0.5
10% ~ 15% SiC$_p$/7064	516	$2 \times 10 - 4$	450	0.5
20% SiC$_w$/2124	475 ~ 550	$3.3 \times 10 - 3$	~ 300	~ 0.33
20% SiC$_w$/2024	100→450	$5 \times 10 - 4$	~ 300	1
20% SiC$_w$/6061	100→450	$1.7 \times 10 - 4$	1 400	1
20% SiC$_3$CN$_{4w}$/7064	545	$2 \times 10 - 1$	600	0.6
15% SiC$_p$/2014	480	$4 \times 10 - 4$	349	0.4
15% SiC$_p$/7475	515	$2 \times 10 - 4$	310	0.38

3.4.6　中国航空复合材料的生产

尽管铝基复合材料有着良好的综合性能，在飞机中的应用也会逐年增多，但在客机中的应用并不太多，时间也不长，在使用中可能会出现这样或那样的问题。例如波音飞机公司的首款波音 787 梦想飞机的机身主要是用碳纤维复合材料制造的，在服役一定时间后，2012 年 1 月在对飞机作例行检查时发现后机身复合材料填充料垫片出现"脱层"现象，复合材料本身并没有问题，按标准修理后即可航行，不会导致运营中断等涉及航空安全的问题。问题虽小，但也是材料制造与使用中必须充分注意的问题。

3.4.7 新型先进铝合金与复合铝材的博弈

复合铝材凭借其优良的综合材料性能在飞机制造中的应用日益增多，近期有些飞机上的用量已超过铝合金达到55%左右，但从中长期来看，铝材的总用量仍会显著超过复合材料。据美国铝业公司2011年12月称，用他们新近推出的铝合金制造民用客机的结构件比用复合材料的减少10%，营运及维修成本降低30%，燃油效率提高12%，而旅客的乘座舒适度与大量采用复合材料的787等相当。787等飞机大量采用复合材料制造，使铝合金面临用量下降或甚至被淘汰的危险，但美国铝业公司推出新的解决方案可改变这一局面，在可预见的时期内，铝合金无疑仍是航空器的主体材料。

3.5 粉末冶金铝合金

20世纪40年代，瑞士人艾曼（R. Irmanm）等，用球磨机在控制氧含量的保护性介质中研磨工业纯铝粉，使粉粒的表面生成很薄的氧化膜。将铝粉经过压实、烧结和热加工制成烧结铝材（SAP），它是最早出现的粉末冶金铝材。在制取工艺过程中，氧化铝薄膜被破碎，弥散地分布在铝基体中，成为烧结铝的弥散强化相，它使烧结铝具有一定的室温强度和很好的高温性能。20世纪50年代以来，苏联、美国、英国等国的金属材料工作者相继研制出各种牌号的烧结铝。20世纪60年代中期，中国原东北轻合金加工厂（现名东北轻合金有限责任公司）研制的烧结铝（牌号为LT71、LT72）已应用于国防工业。

20世纪60年代初期，美国的杜韦兹（P. Duwez）用喷枪法制得了非晶态 Al – Si 合金，揭开了开发快速凝固技术的序幕，很快引起了铝合金材料工作者的关注。

20世纪70年代以来，铝合金材料工作者的实践表明，采用传统的制备方法，例如提高合金纯度、调整成分、改变热处理规范等方式，来研制新的铝合金材料，所获得的效果已越来越小。为了大幅度提高材料的强度、耐蚀性、耐热性、断裂韧性等性能，将快速凝固技术与粉末冶金工艺相结合，能获得满意的效果。它是通过将铝合金熔体雾化，快速凝固成粉末，再将粉末压制、烧结、压力加工成铝合金材料。制得的材料晶粒细小，金属间化合物粒子细化，化学成分均匀，合金元素的过饱和固溶度增加，弥散强化、固溶强化和时效强化作用得到综合利用，因而材料有很高的强度，很好的抗应力腐蚀性能，其断裂性和疲劳性能比较满意。以过渡族元素为主要合金化成分的铝合金还具有很高的热强性能。例如：美国铝业公司（Alcoa）研制粉末冶金高强度铝合金 7090、7091、CW67 和粉末冶金耐热铝合金 CU78、CZ42；凯撒铝及化学公司（Kaiser Aluminum & Chemical Co.）研制出粉末冶金高强度铝合金

MR61 和 MR64；联合信号公司（Allied – signal Co.）研制出粉末冶金耐热铝合金
FVSO812、FVS1212 和 FVSO611。

近年来，快速凝固技术的另一种形式——喷射沉积越来越受到人们的重视。它
是将铝合金熔体用气体雾化成细小液滴，沉积在一定形状的收集器上制成坯锭或半
成品，其材料具有与快速凝固 – 粉末冶金法材料相同的优异性能，而且制取工艺简
单得多，因而有很好的工业生产实用前景。

20 世纪 70 年代，美国镍业公司（INCO）为制取氧化物粒子弥散强化镍基合金而
研究出一种制取粉末冶金的新工艺，即机械合金化 – 粉末冶金工艺，该公司的子公
司诺瓦梅特公司（Novamet Co.）将其应用于研制铝合金，它是用高能球磨机制取合
金化粉末。用粉末冶金工艺制成了高强度铝合金 IN9021 和 IN9052。

20 世纪 80 年代以后，中国一些科研单位和高等院校，例如中国科学院沈阳金
属研究所、北京有色金属研究总院、中南大学、镇江豪然喷射成形合金有限公司等，
对快速凝固 – 粉末冶金技术、喷射沉积技术、机械合金化 – 粉末冶金技术都进行了
卓有成效的研究，在研制耐热性和高强度粉末冶金铝合金方面取得了一定的成果。

总之，现在粉末冶金技术已成为国内外发展新型铝合金材料的一条重要途径。

3.5.1　粉末冶金铝合金的生产工艺

粉末冶金铝合金可用三种不同的工艺制备：快速凝固 – 粉末冶金工艺；喷射沉
积工艺；机械合金化 – 粉末冶金工艺。

3.5.1.1　快速凝固 – 粉末冶金工艺

快速凝固 – 粉末冶金（rapidly solidification – powder metallurgy，简写为 RS – PM）
典型工艺如图 3 – 4 – 8 所示。根据生产条件和对制品的不同要求，也可采用改型的
工艺，比典型工艺省略一两道工序，但是它们制得的坯锭尺寸受到限制，半成品的
性能也不完全相同。

（1）制粉

快速凝固制粉方法有很多种，如气体雾化法、转筒喷雾法、辊溅射雾化法、坩
埚旋转法、圆盘旋转法、熔体提取法、熔体旋转法、旋转杯法、冲击喷雾法等，见图
3 – 4 – 7。

工业生产中常用的是气体雾化法。首先熔炼铝合金，当达到雾化温度时，调整
流动的气体（压缩空气或控制氧含量的氮气），使喷嘴内导液管的末端产生虹吸作
用，将熔体吸入喷嘴内。在这里，熔体遇到调整气流被击碎成小液滴，小液滴在冷
凝室内飞行过程中冷却凝固成粉末。这种方法适合于工业性批量生产或连续生产铝
合金粉末。然而通常制得的粉末粒度分布范围较宽，需要用筛分法或旋风分级法分
级，才能满足使用要求。气体雾化法制粉时，铝液滴的凝固冷却速度为 $10^2 \sim 10^4 ℃/s$，
它比铸造铸锭的冷却速度（$10^{-3} \sim 10 ℃/s$）大几个数量级。对于指定成分的金属熔
体，影响凝固冷却速度的最重要参数是液滴（粉粒）直径，它们之间近似成反比关

系，见下式：

$$\frac{\mathrm{d}T}{\mathrm{d}t} = -\frac{6h}{\rho \cdot C \cdot d}(T - T_0)$$

式中：T 为液滴温度，K；C 为金属比热容，J·(kg·K)$^{-1}$；ρ 为金属密度，kg·m^{-3}；T_0 为气体温度，K；d 为液滴直径，m；t 为时间，s；h 为热传递系数，W·(m^{-2}·K^{-1})。

影响凝固冷却速度的其次参数是液滴在冷凝室内的飞行速度（与喷射气体的压力和速度相关），最后是喷射气体的导热性能、熔体的过热度等。液滴越细小、飞行速度越快、喷射气体的导热性越好，则凝固冷却速度越大。

而影响液滴（粉粒）尺寸的参数有喷嘴结构、熔体流直径、喷射气体压力和速度、熔体过热度。熔体流直径越小，喷射气体压力和速度越大，喷射角越大，则液滴（粉粒）越细小。熔体应过热到一定温度，以便细小的熔体流能顺利通过喷嘴。改变这些工艺参数能生产出各种粒度的粉末。气体雾化法制粉，其粉末粒度可以达到 325 目

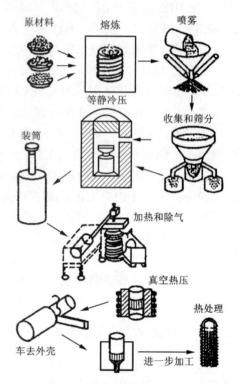

图 3 - 4 - 8　快速凝固 - 粉末冶金法制取铝合金材料的典型工艺

以下（ <44 μm）的占 80%。一般地说，粉粒越细，凝固速度就越大，粉粒的显微组织则越细密。随着粉末粒度减小，氧化铝含量增加，从 0.05% 到 0.40%。

（2）压实

铝合金粉末的压实过程一般包括冷压、真空脱气和热压实到完全密实。通常采用的工艺过程是图 3 - 4 - 9 中的工艺 A，粉末冷压→将冷压块装入壳筒→真空脱气处理→热压实→车掉壳筒（去皮），得到坯锭。

冷压时将粉末装入胶皮囊中，振动摇实，使密度达到理论值的 40% ~ 50%；在常温下等静压制，或者把粉末装在薄铝板制成的波纹壳筒中，在常规液压机的挤压筒内，用一定压力冷压成比较密实的压块。在冷压阶段，一般将粉末压实成密度为合金理论值的 70% 左右的冷压块；冷压块应保留一定的互联孔隙度，以便在脱气阶段气体容易逸出。

铝粉除了容易吸附水蒸气和其他气体之外，表面的氧化铝薄膜在室温下以三水氧化铝（$Al_2O_3 \cdot 3H_2O$）形式存在。在 150℃ 以下，$Al_2O_3 \cdot 3H_2O$ 是稳定的。加热到 175 ~ 310℃ 向一水氧化铝（$Al_2O_3 \cdot H_2O$）转变。在 530 ~ 550℃ 加热则向 γ - Al_2O_3 转变。在这些转变过程中，释放出水蒸气，铝和水蒸气反应产生氢。

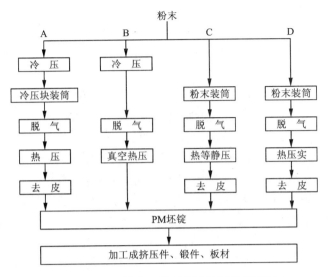

图 3 - 4 - 9　铝合金粉末的压实制锭示意图

7091 合金冷压块的质谱分析数据示于图 3 - 4 - 10。它们证实了冷压块在加热过程中释放大量水蒸气、氢、二氧化碳和一氧化碳等气体。因此，冷压块应经过真空脱气处理，以免在制取半成品的热加工过程中产生气泡和裂纹。从胶皮囊中取出冷压块，放在用铝板制成的壳筒内（一个壳筒内放数个冷压块），在真空度 $133.3 \times 10^{-4} N/m^2$，温度 $400 \sim 500℃$ 的条件下脱气。

一般地说，脱气温度应等于或稍高于随后的热压实、热加工变形和热处理温度，以避免压块中残存的水和气体使材料在热加工过程中产生气泡和分层。脱气处理的具体温度取决于合金成分。例如，7091 合金冷压块的最佳脱气温度为 $400℃$，因为根据质谱分析和热质量分析结果可知，该温度对于冷压块释放大部分 H_2O 和 H_2 来说是足够高的；如果温度过高，冷压块中将可能发生 Mg 和 Zn 升华而造成合金元素损失。CU78、FVS 0812 等耐热合金的脱气温度一般也取 $400℃$，这样的温度虽然不

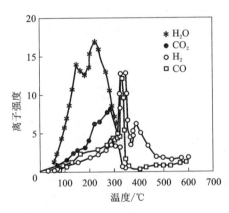

图 3 - 4 - 10　7091 合金压块的离子强度与加热温度的关系（用质谱分析法获得的数据）

能完全除尽气体，但已能脱去大部分 H_2O 和 H_2；如果脱气温度过高，会使合金中起强化作用的金属间化合物聚集、粗化，而使强度降低。虽然也可以直接把粉末放入壳筒中进行脱气处理，但以对冷压块进行脱气更好，因为冷压块的热导率比粉末的

高,脱气处理所需要的时间比较短。

热压实就是将冷压块经过真空脱气处理之后,将壳筒上的抽气管封闭,将装有冷压块的壳筒放入挤压机的挤压筒内,用无孔模将其热压到完全密实,车削掉壳筒,便制成了铝合金坯锭(见图3-4-9的工艺A)。

急冷凝固铝合金粉末表面生成的毫微米级氧化物薄膜在热压实过程中被破碎,产生大量新生表面,扩大了基体间的粘结部位,能促进坯锭密实。

热压实工序,挤压筒的直径宜大于壳筒直径,这样坯块除了被压实之外,还有镦粗作用引起金属横向流动,有利于改善材料组织和提高力学性能,同时使坯块中的孔隙受到垂直压缩和剪切变形作用,有利于孔隙闭合,得到完全致密的坯锭。

也可以采用图3-4-9的工艺B,即粉末冷压→真空脱气处理→真空热压实制取坯锭。它省掉了脱气处理前将数个冷压块装入壳筒和热压实后车掉壳筒两道工序,较简便和经济。但是,这种工艺制得的坯锭尺寸有限。

图3-4-9的工艺C,是将粉装入壳筒→真空脱气处理→热等静压实→车掉壳筒。工艺D,是将粉末装入壳筒→真空脱气处理→在挤压机上热压实→车掉壳筒,得到坯锭。这两种工艺省掉了冷压工序,较为简便。但真空脱气时间较长,因为在真空脱气处理加热时,粉末的热导率较低。同时由于粉末摇实密度小,壳筒内装入的粉末质量有限,不能制得大规格的坯锭。工艺C中,热等静压制对粉粒表面上氧化薄膜的破碎作用不像工艺A在挤压机上压实破碎的那样有效,因而制得的半成品的组织不如工艺A的细密,力学性能也不如工艺A的好。

为了简化粉末冶金铝合金生产过程,正开发在生产线上直接把铝合金粉末压实成加工制品的新工艺,如粉末直接轧制板带工艺(见图3-4-11)。然而,用这种方法制取高强度铝合金板带目前还处于试制阶段。

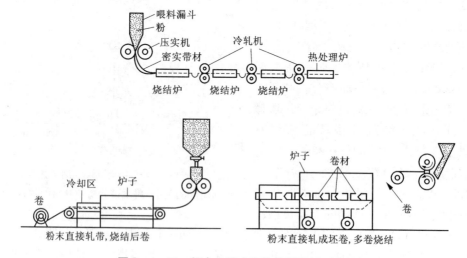

图3-4-11 铝合金粉末直接轧制带材示意图

（3）热加工和热处理

经过粉末冷压、真空脱气、热压实，制得坯锭之后，按照常规加工铝合金铸锭的热加工工艺，根据需要将粉末冶金坯锭挤压或锻造或轧制成各种半成品，并进行热处理。

3.5.1.2　喷射沉积工艺

喷射沉积法（spray deposition，SD）也称喷射成形法（spray forming，SF），是一种新型的快速凝固工艺，介于铸造与粉末冶金之间。20 世纪 70 年代初，英国斯旺西（Swansea）大学的辛格（Singer）教授首先提出，经过英国 Osprey 公司对其工艺和设备大量研究之后，在 20 世纪 80 年代后期发展成一种实用新技术，从纯研究领域走向了工业化应用。现在它被用于生产不锈钢、高速钢、工具钢、镍基超合金、Al - Li 合金、高强铝合金、耐热铝合金、Al - Si 合金、镁合金、铜合金、金属基复合材料等。对生产铝合金材料而言，它是将铝合金熔体用氮气或氩气喷吹雾化成微细液滴，冷凝、沉积在一定形状的收集器上制成坯锭，然后车皮或铣面，热加工（挤压或锻造或轧制）成材。喷射沉积过程见示意图 3 - 4 - 12。

喷射沉积的基本原理是液态金属被高速惰性气体流雾化，细小的液滴飞散在氮气（氩气）中开始急速冷凝，其中较细小的液滴在飞行中就凝固成粉末，较粗大的液滴以熔融状态冲到收集器基底上，中间大小的液滴保持半熔融状态。这三种状态的粒子落到用水冷却的收集器基底上时，相互焊结在一起，迅速形成很致密的坯锭或半成品，见图 3 - 4 - 13。由于凝固冷却速度很快（为 $10^2 \sim 10^5 \, ℃/s$），其组织具有快速凝固材料的特征。

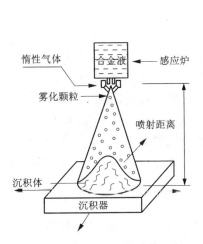

图 3 - 4 - 12　喷射沉积过程示意图

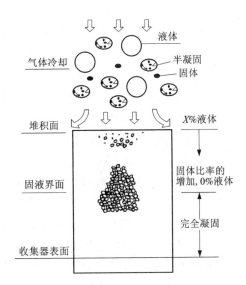

图 3 - 4 - 13　喷射沉积的凝固机理

　　喷射沉积过程大体上可以分成金属释放、雾化、喷射、沉积、沉积体凝固5个阶段，示于图3－4－14。图中左侧列出了影响各阶段的工艺参数。制得的坯锭外形、组织和性能主要取决于：即将沉积的粒子的状态，即凝固态、熔融态和半熔融态三种状态粒子的比例；沉积体的表面状态，即沉积体形状和顶层的液相量。

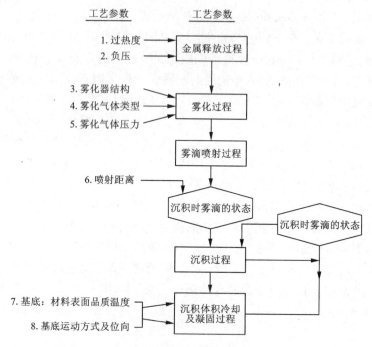

图3－4－14　影响喷射沉积过程各阶段的工艺参数

　　图3－4－14中的工艺参数1～6对即将要沉积的粒子的状态有重要影响。三种状态粒子的比例应适当，有文献报道，以固相比例60%～70%为最佳。在这种情况下，液相量足以填充已凝固的粒子间的孔隙，同时又能保证溅射粒子粘结在沉积体表面，以获得最大的收集率。如果粒子的固相量过大，大部分粒子已完全凝固，则只能获得松散的粉末，而不能形成致密的喷射沉积体；相反，如果粒子的液相量过大，则金属在沉积后的凝固行为类似于传统的金属型铸造，失去了快速凝固的特点。沉积体的表面状态则取决于工艺参数7、8和即将沉积的粒子的状态。调整这些工艺参数，可以改变沉积体的形状、组织、性能和收集率。

　　喷射沉积装置和部件见图3－4－15。

　　喷射沉积工艺与快速凝固－粉末冶金工业相比有下列优点：喷射沉积工艺过程比较简单，因为它是在雾化室内由液态金属直接喷射沉积成坯锭或半成品，省去了粉末冶金工艺中的粉末贮藏、运输、筛分、压制、脱气等工序，在有些情况下还可以省掉轧制、挤压、锻造加工工序，缩短了生产周期，降低了生产成本，提高了生产效率，参看图 3 - 4 - 16；喷射沉积过程是在惰性气氛中短时间内完成的，金属被氧化的程度较小，减轻了材料受污染的程度。

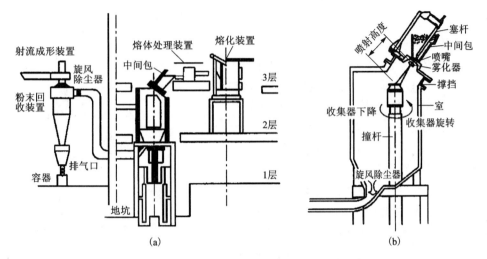

图 3 - 4 - 15　喷射沉积装置(a)和部件(b)的示意图

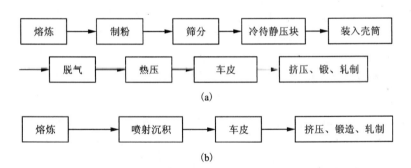

图 3 - 4 - 16　快速凝固 - 粉末冶金工艺与喷射沉积工艺流程的比较

据报道，喷射沉积材料的含氧量是粉末冶金材料含量的 1/3 ~ 1/7。因此，近几年来，喷射沉积工艺受到国外铝工业界的高度重视。（英国）Alcan 公司、Osprey 公司，法国普基（Pechiney，2006 年被加拿大铝业公司兼并）公司、瑞士铝业公司（2004 年被加拿大铝业公司兼并）、日本住友（Sumitomo）公司等都在积极研发。目前在铝合金方面主要用于生产 2×××系、7×××系、Al - Li 系、Al - Si 系合金，碳化硅颗粒增强铝合金复合材料等。Pechiney 公司和 Alcan 公司已出售喷射沉积法碳化硅颗粒增强铝合金锭，锭的质量可达 240 kg；住友公司 1992 年从英国引进喷射沉积装置，可生产 ϕ254 mm ×1 600 mm、ϕ330 mm ×1 400 mm、ϕ500 mm ×700 mm、最大质量达 380 kg 的铝合金坯锭。中南大学、航天工业总公司三院三所采用喷射沉积制坯 - 挤压、旋压成管材或轧制成板材的工艺，成功地研制成了耐热铝合金材料。

　　江苏豪然喷射成形合金有限公司张豪等采用喷射成形工艺制取 7055 合金(0.10 Si、0.15 Fe、2.0 Cu ~ 2.6 Cu、0.05 Mn、1.6 Mg ~ 2.3 Mg、0.04 Cr、7.6 Zn ~ 8.4 Zn、0.06 Ti、0.06 Zr ~ 0.26 Zr，其他杂质每个 0.05、总计 0.15、其余为 Al，质量%)锻造坯锭，并取得专利，专利申请号 200910233870.2。7055 合金是一种重要的高强度高韧性航空航天铝合金。

　　喷射成形法制取 7055 合金的装置见示意图 3 - 4 - 17。锻坯制备工艺为：配制合金，在中频感应炉内熔化。熔化温度 700 ~ 750℃；添加清渣剂，对熔体进行除气、除渣处理，并将熔体转移至中间包，采用粉状精炼剂精炼，然后静置 10 ~ 30 min，再进行过滤；使用喷射成形设备，将过滤后的熔体喷射成形；喷射沉积工艺参数为：喷射角 10° ~ 30°，雾化压力 0.5 ~ 1.2 N/mm²，雾化温度 700 ~ 900℃，接收盘旋转速度 30 ~ 50 rpm，接收盘下降速度 2 ~ 8 mm/s，接收距离 300 ~ 700 mm；最终得到 φ350 ~ 600 mm 的柱状锭坯；将喷射成形铝合金锭坯热挤压制得 φ200 ~ 300 mm 的挤压棒，挤压比

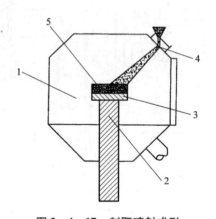

图 3 - 4 - 17　制取喷射成形
7055 合金圆锭坯示意图
1—喷射成形室；2—旋转装置；3—托盘；
4—喷嘴系统；5—锭坯

4 ~ 12，挤压温度 420 ~ 460℃；将挤压棒按需要切成定尺坯，然后进行自由锻，始锻温度 430 ~ 460℃，终锻温度 400 ~ 420℃；将自由锻后毛坯进行胎模锻和/或模锻，始锻温度 430 ~ 460℃，终锻温度 400 ~ 420℃；对模锻件施加 T6 热处理。

　　喷射成形 7055 合金圆锭组织均匀、晶粒精细，无成分偏析，致密度高，规格大，冷热加工性能优良，生产效率高。豪然喷射成形合金公司于 2011 年起与中国商用飞机制造公司、西南铝业(集团)有限责任公司合作共同启动了 C919 大飞机机翼长桁用"喷射成形生产大飞机 7××× 系高强韧铝合金产业化"项目的研究。

　　北京有色金属研究总院用喷射成形工艺研发成功抗拉强度高达 800 N/mm² 的 7××× 系合金锻件、型材与管材，具有十分优异的强度 - 塑性 - 断裂韧性 - 抗疲劳 - 抗腐蚀的综合性能。

3.5.1.3　机械合金化 - 粉末冶金工艺

　　机械合金化法(Mechanical Alloying, MA)是用带水冷套的高能球磨机，在控制氧含量的氮气中研磨金属粉制取合金粉末(图 3 - 4 - 18)。将所需配制合金的金属粗粉装入高能球磨机内，加入少量有机物，例如硬脂酸作为工艺控制剂。金属粉末在球磨过程中，首先是塑性颗粒发生扁平化，脆性颗粒被破碎，形成洁净的新表面，新的活化表面促使不同金属粒子发生焊合，同时形成大量微观缺陷，从而加速固相扩散合金化。添加适量硬脂酸，使它既可以阻止粉末与球之间、粉末与球磨筒壁之

间，以及研磨初期粉粒之间发生过多的粘结，又不要在研磨的中后期抑制粉粒之间焊合而妨碍合金化。

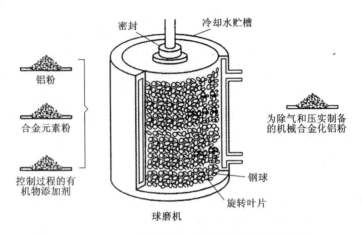

图 3 - 4 - 18　用高能球磨机制取铝合金粉末示意图

　　实施机械合金化的必要条件是：被研磨的金属粉末中至少要有一种延展性很好的金属作为主要的基本组元；要给金属粉末提供足够的机械能，以振动 + 转动式球磨机研磨效果最佳；应有使粉粒新生表面容易凝聚或冷焊的研磨气氛（控制氧含量的保护性气体）；添加过程控制剂，在研磨初期防止粉粒过分粘结。制取合金化粉末后，经过与快速凝固 - 粉末冶金工艺相似的冷压、脱气、热压工序制成坯锭。

3.5.2　快速凝固粉末冶金铝合金的优点

　　快速凝固能细化晶粒，增加合金化元素在铝中的过饱和固溶度及细化金属间化合物粒子，增加合金化学成分的均匀性。因此，可使材料具有很多优异的性能，还可以开发出一些新的铝合金。

3.5.2.1　细化晶粒

　　金属熔体凝固时的冷却速度与枝晶间距之间有下列关系：

$$d = A(V)^n$$

式中：d 为枝晶间距；V 为平均冷却速度；A、n 为常数。

　　因此，可以通过测量枝晶间距确定铝合金的凝固冷却速度（图 3 - 4 - 19）。快速凝固工艺中，铝合金细小液滴凝固成粉末时的冷却速度为 $10^2 \sim 10^6 °C/s$，

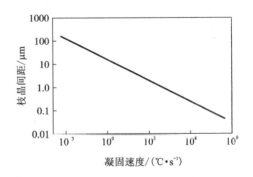

图 3 - 4 - 19　铝合金枝晶间距与凝固速度的关系

而常规铝合金铸造铸锭的凝固冷却速度为 $10^{-3} \sim 10°C/s$，可见前者比后者大几个数

量级,过冷度增加几十度至几百度,大大提高了凝固结晶时的形核率,而且晶粒长大的有效时间减少。因此,在快速凝固粉末中的晶粒比常规铸锭中的晶粒细小得多。图 3-4-19 表示 7××× 铝合金粉末粒度和铸锭尺寸对铸态枝晶间距的影响。从中可以看出,铝合金粉末的粒度和铸锭尺寸越小,晶粒越细。

图 3-4-20 中的数据还表明,在挤压制品中,晶粒尺寸以及不溶性弥散粒子的间距也是随着粉粒尺寸或铸锭尺寸的减小而变小。由喷雾粉末制成的 7××× 铝合金挤压件与由直径 405 mm 铸锭制成的挤压件相比较,前者的平均晶粒度比后者的小 2 个数量级。粉末冶金挤压件中的晶粒很细小,还与快速凝固时细化的弥散粒子在粉末热压实和热加工过程中能稳定细小的再结晶组织有关。

3.5.2.2　增加合金化元素的过饱和固溶度

铝合金熔体快速急冷,使合金化元素的过饱和固溶度成数量级地增加(见图 3-4-21)。这使材料在时效过程中产生新的沉淀相和增加沉淀相体积百分数,从而得到极好的合金组织,改进材料的性能。

在普通铸造情况下,只有 Mg、Si、Li、Cu、Zn、Ga、Ge 和 Ag 8 种元素在铝中的平均固溶度大于(原子百分数)1%。这些元素在铝中的扩散系数很大,因而组成的铝合金热稳定性小。而快速凝固可使 20 多种元素准稳定地固溶在铝中,包括一些在铝中扩散系数小的过渡族元素(Fe、Ni、Ti、Zr、Cr、V、Mo 等),与铝组成的合金热稳定性高,由此可以制得多种耐热铝合金。

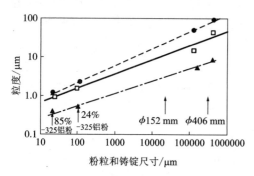

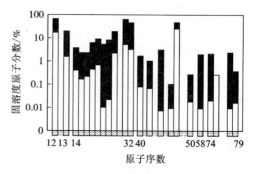

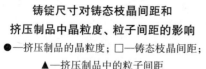

图 3-4-20　7××× 铝合金粉末粒度和
铸锭尺寸对铸态枝晶间距和
挤压制品中晶粒度、粒子间距的影响

●—挤压制品的晶粒度;□—铸态枝晶间距;
▲—挤压制品中的粒子间距

图 3-4-21　快速凝固时合金元素在
铝中固溶度的变化

(实心条为超过平均固溶度的部分)

3.5.2.3　细化金属间化合物粒子

第二相粒子的类型、多少和分布状况是影响铝合金性能的重要因素,这种粒子一般分为以下三类:

粗大的金属间化合物。它们是在铸造时或在随后加工时生成的含杂质 Fe、Si

的不溶性化合物,尺寸为 $0.5 \sim 10~\mu m$,例如 $(MnFe)Al_6$、$FeAl_3$、$\alpha - Al(FeMn)Si$、Al_7Cu_2Fe,以及能部分溶解的 $CuAl_2$、Mg_2Si 和 Al_2CuMg。这些化合物在半成品中成行分布,影响断裂韧性。

中等大小的粒子。它们是亚微米级的含 Cr、Mn、Zr 过渡族元素或其他高熔点元素的弥散粒子,尺寸为 $0.05 \sim 0.5~\mu m$,例如 $Al_{20}Cu_2Mn_3$、$Al_{12}Mg_2Cr$ 和 $ZrAl_3$,能阻止再结晶和晶粒长大。

细小粒子。它们是在时效热处理时形成的含 Cu、Mg、Zn 等元素的粒子,尺寸为 $0.01 \sim 0.1~\mu m$,强化基体。

快速凝固可避免在铝合金中生成第一类粗大的金属间化合物,使这类粒子尺寸减小到亚微米级,形成弥散的小粒子,有助于提高断裂韧性;快速凝固也能减小第二类粒子的尺寸,因为快速凝固过程中这类粒子成核和长大的时间短,促进细化;快速凝固还能使这些元素的过饱和固溶度增加,在热压实、热加工和时效热处理过程中得到(有时增加)细小的弥散粒子沉淀。

3.5.2.4　增加合金化学成分的均匀性

快速凝固使铝合金熔体中的溶质原子在结晶时来不及扩散和偏聚,所以粉粒内化学成分均匀,几乎无成分偏析。

3.5.3　机械合金化粉末冶金铝合金的优点

用高能球磨机制取铝合金粉末的过程中,生成尺寸 30 nm 以下的氧化物和碳化物质点(Al_2O_3、Al_4C_3、MgO),它们弥散地分布在粉末冶金铝合金材料中起弥散强化作用。在球磨过程中,粉末被强烈地打击和破碎,产生细小的晶粒,且出现亚结构强化(高的位错密度和细小的亚晶粒)。因此,机械合金化法制粉可以综合利用各种强化作用提高粉末冶金铝合金的性能,如固溶强化、氧化物弥散强化、碳化物弥散强化、细晶粒强化、高位错密度和亚结构强化。

3.5.4　工业粉末冶金铝合金

粉末冶金铝合金按照性能可分为四类:粉末冶金高强度铝合金、粉末冶金低密度高弹性模量铝合金、粉末冶金耐热铝合金、粉末冶金耐磨铝合金和低热膨胀系数铝合金。

3.5.4.1　粉末冶金高强度铝合金

(1)7090 合金的成分(质量分数)为:7.3% ~ 8.7% Zn,2.0% ~ 3.0% Mg,0.6% ~ 1.3% Cu,1.0% ~ 1.9% Co,0.2% ~ 0.5% O,<0.12% Si,<0.15% Fe,余量为 Al。7091 合金的成分(%):5.8% ~ 7.1% Zn,2.0% ~ 3.0% Mg,1.1% ~ 1.8% Cu,0.2% ~ 0.6% Co,0.2 ~ 0.5% O,<0.12% Si,<0.15% Fe,余量为 Al。

在 PM(粉末冶金)7×××系合金中通过喷雾制粉的快速凝固加的 Co,生成细小稳定的 Co_2Al_9,呈现弥散分布。Co 还捕获有害杂质 Fe,生成 $(Co,Fe)Al_9$ 弥散粒子。它们既是细小弥散强化相，又能细化晶粒，在粉末的热压实和热加工过程中阻碍晶粒长大。含 Co 的过饱和固溶体热处理时也析出细小弥散强化相。PM 合金的组织比 IM（铸锭冶金）合金的组织细密得多（图 3 − 4 − 22、图 3 − 4 − 23），大大改善合金的性能，特别是耐腐蚀性。

　　这两种 PM 高强铝合金坯锭质量已达 1500 kg。可以加工成厚板、挤压材和模锻件等半成品。它们的力学性能列于表 3 − 4 − 21 和表 3 − 4 − 22；平面应变断裂韧度见表 3 − 4 − 23 和图 3 − 4 − 24；疲劳性能见图 3 − 4 − 25；应力腐蚀性能见图 3 − 4 − 26。缺口试样轴向应力（$R = 0.0$）疲劳试验结果表明，当循环次数为 $10^7 \sim 10^8$ 时，PM 7090 合金挤压件的疲劳强度比 IM 7075 − T6510 的高 40%。PM 7090 合金与 IM7050 合金模锻件在相同的抗应力腐蚀性能条件下，前者的屈服强度比后者的高 48 ~ 83 N/mm²；PM 7091 合金模锻件与 IM 7050、7049 和 7175 模锻件相比较，前者在与后三者相等或更高强度水平的条件下，它具有相等或更高的断裂韧度；PM 7090 合金与 IM 7049 合金模锻件在相等强度的条件下，有相同的断裂韧度。PM 7091 合金厚板在任意方向的断裂韧度与 IM 7475 和 IM 7050 合金的相当，并且超过 IM 7075 和 IM 2124 合金的断裂韧度。

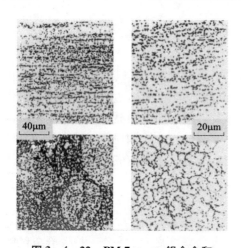

图 3 − 4 − 22　PM 7 × × ×铝合金和
IM 7 × × ×铝合金显微组织的比较
上：左为 PM 合金挤压件，500 ×；
右为 IM 合金挤压件，100 ×；
下：左为喷雾法制得的粉末（快速凝固）500 ×；
右为常规铸锭，100 ×

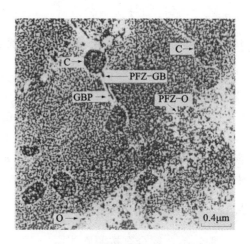

图 3 − 4 − 23　PM 7090 合金
模锻件的显微组织　50 000 ×
热处理规范：493℃固溶处理 2 h，冷水淬火，自然时效 7 d + 121℃、时效 24 h + 163℃、时效 12 h；图内标记：C—Co₂Al₉；O—氧化物偏聚团；PFZ − GB—晶界无沉淀区；PFZ − O—氧化物偏聚团附近的无沉淀区；GBP—晶界沉淀物

表 3 - 4 - 21 PM 7090、7091 合金与 IM 7075 合金挤压件的力学性能

合金		PM 合金在最终时效温度(163℃)时效时间[①]/h	取样方向	R_m /(N·mm^{-2})	$R_{P0.2}$ /(N·mm^2)	A /%	R_m /$R_{P0.2}$[②]	K_{IC} /(N·mm^{-2}) ·m$^{1/2}$
PM	7090	3	纵向	669	641	11	1.14	31.8
			长横向	593	545	6	0.76	
	7090	6	纵向	621	593	10	1.20	41.7
			长横向	565	517	9	0.93	20.8
	7091	6	纵向	614	586	12	1.34	46.0[③]
			长横向	552	503	11	1.13	24.1[③]
	7091	14	纵向	565	524	16	1.39	41.7[③]
			长横向	517	462	12	1.28	
IM	7075 - T6	—	纵向	683	600	10	1.31	38.4[③]
			长横向	552	496	8	1.05	24.1[③]
	7075 - T73	—	纵向	552	503	12	1.35	—
			长横向	496	441	8	1.15	

注：①PM 合金在最终时效之前,经448~493℃固溶处理2 h,水淬,初级时效121℃×24 h;②缺口抗拉强度/抗拉屈服强度;③K_Q,因试样太薄,不能满足 ASTM E 399 的要求。

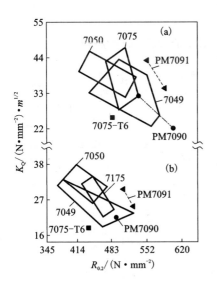

图 3 - 4 - 24 PM 7090、7091 合金和
IM7 × × ×合金模锻件的断裂韧性
(a)纵向;(b)短横向

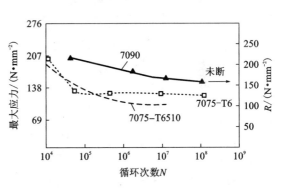

图 3 - 4 - 25 PM 7090 合金和 1M 7075
合金挤压件轴向应力缺口试样疲劳曲线
屈服强度均为648 ~ 662 N/mm^2;
K_T - 3, $R = 0.0$

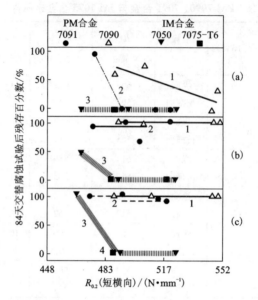

图 3 - 4 - 26 强度和持续应力对 PM 7090 合金模锻件抗应力腐蚀
开裂性能的影响，并与 IM 7075 - T6、7050 - T7X 模锻件性能的比较

(a)、(b)、(c)的应力分别为 310、241 和 172 N/mm^2；
1—7090；2—7091；3—7050；4—7075 - T6

表 3 - 4 - 22　PM 7090、7091 合金与 IM 7075 合金模锻件的力学性能

	合金	PM 合金在最终时效温度(163℃)的时效时间[①]/h	取样方向	R_m /(N·mm^{-2})	$R_{P0.2}$ /(N·mm^{-2})	A /%	R_m /$R_{P0.2}$[②]	K_{IC} /(N·mm^{-2})·m$^{1/2}$
PM	7090	1	纵向	641	600	10	0.9	23.2
			长横向	593	545	4	0.69	
	7090	12	纵向	587	538	12	1.14	—
			长横向	551	503	8	0.96	
	7091	4	纵向	607	558	12	1.25	K_Q36.1[③]
			长横向	572	517	11	1.09	
	7091	18	纵向	565	510	14	1.34	—
			长横向	531	476	9	1.25	
IM	7075 - T6	—	纵向	641	572	12	1.34	
			长横向	551	490	9	0.94	
	7075 - T73	—	纵向	503	434	13	1.45	
			长横向	—	—	—	—	

注：①PM 合金在最终时效之前，经 448 ~ 493℃ 固溶处理 2 h，水淬，初级时效 96℃ × 24 h；②缺口抗拉强度/抗拉屈服强度；③K_Q，因试样太薄，不能满足 ASTME 399 的要求。

表 3 – 4 – 23　　PM 7091 合金与 IM 7 × × × 系合金厚板的短横向平面应变断裂韧性

合金		$K_{IC}/(N \cdot mm^{-2}) \cdot m^{1/2}$	$R_{P0.2}/(N \cdot mm^{-2})$
PM	7091 – A[①]	K_q36.4	490
	7091 – B[②]	28.6	503
IM	7475 – T651	29.7	448
	7475 – T7351	36.4	372
	7050 – T73651	28.6	432
	7075 – T651	19.8	448
	7075 – T7351	22.0	372
	2124 – T851	24.2	420

注：①热压实时保压 10 min；②热压实时保压 1 min。

　　PM 7090 合金特别适用于承受压应力而需要高强度与高抗腐蚀性能的零件，例如机翼蒙皮、加强肋、长桁和起落架锻件等。PM 7091 合金制品有承受压力或拉应力的结构所要求的性能，当屈服强度和 IM 7075 – T6 合金的相等时，它具有更高的断裂韧性和更好的抗应力腐蚀性能。可用来制造机翼下部构件、直升机的旋翼和其他主要结构零、部件。

　　现在工业可以生产直径达 330 mm、长度达 635 mm、质量达 158 kg 的 7090 和 7091 合金坯锭，可加工成各种挤压件和模锻件。由于 PM 铝合金的生产工艺还比较复杂、成本较高，所以目前主要用于飞机、航天器、导弹结构和兵器上。在这些场合，提高材料性能和减轻结构质量可以抵消材料费用的增加。7090 合金已用于制造波音 757 飞机主起落架支撑连杆和起落架制动器支撑配件。7091 合金锻件已用于制造 L – 1011 飞机翼梁盖和波音 767 飞机的座椅导轨等。

　　Alcoa 公司还研制了一个牌号为 CW67 的粉末冶金高强度铝合金，成分（%）：9.0 Zn – 2.5 Mg – 1.5 Cu – 0.14 Zr – 0.1 Ni – 0.35 O，余量为 Al。CW 67 – T7X2 的强度和 7090 的相等，比 7091 的高，比 IM 7075 – T7354 的高 15% ~20%；其断裂韧性比 7090、7091、IM 7075 合金的高 20% ~38%。CW 67 的抗应力腐蚀性能和抗疲劳性能比 7090、7091 和 IM 7075 合金的好。

　　（2）MR 61 和 MR 64 合金

　　MR 61 合金的名义成分：8.9% Zn – 2.5% Mg – 1.5% Cu – 0.6% Co – 0.2% Zr，≤0.1% Si，≤0.2% Fe，≤0.5% O，余量为 Al。MR 64 合金的名义成分：7.0% Zn – 2.3% Mg – 2.0% Cu – 0.2% Co – 0.2% Zr – 0.1% Cr – 0.3% O，余量为 Al。合金成分的特点是，在 7 × × × 系 IM 铝合金成分的基础上除含有少量 Co 外，还添加少量 Zr 或 Cr 作为附加晶粒细化剂和稳定剂。合金的性能与 7090 和 7091 合金的近似。

（3）IN 9021 和 IN 9052 合金

IN 9021 模拟 IM 2024 铝合金的成分：4.0% Cu – 1.5% Mg – 0.8% O – 1.1% C，≤0.1% Si，≤0.1% Fe，余量为 Al。IN 9052 模拟 IM 5083 铝合金的成分：4.0% Mg – 0.8% O – 1.1% C，≤0.1% Si，≤0.1% Fe，余量为 Al。

在高能球磨机研磨制粉的过程中，加入少量的有机物（例如硬脂酸），一方面控制球磨过程中粉粒的焊合和破碎，另一方面与铝发生反应生成碳化物（Al_4C_3）弥散粒子。碳化铝、氧化铝和氧化镁的弥散粒子起弥散强化作用，同时稳定细小的晶粒。IN 9021 和 IN 9052 合金在抗拉强度、抗腐蚀性、断裂韧性和疲劳性能方面有良好的综合性能。IN9021 合金在 T4 状态和 IN 9052 合金在 F 状态，既有 IM 7075 – T6 合金那样的力学性能，又有 IM 7075 – T73 合金那样的抗腐蚀性。目前工业生产的坯锭，直径达 432 mm，长度达 660 mm，质量达 150 kg，并加工成挤压制品和锻件。粉末冶金高强度铝合金锻件和挤压制品的典型性能见表 3 – 4 – 24 和表 3 – 4 – 25。

表 3 – 4 – 24　PM 和 IM 高强度铝合金锻件的典型性能

	合金	取样方向	R_m /(N·mm^{-2})	$R_{P0.2}$ /(N·mm^{-2})	A /%	E /(GN·m^{-2})	K_{IC} /(N·mm^{-2}·m$^{1/2}$)	应力腐蚀门槛值 /(N·mm^{-2})	密度 ρ /(g·cm^{-3})
PM	7090 – T7E71	纵向 长横向	614 579	579 545	10 4	72.4	纵 – 长横向 36	<310	2.85
	7091 – T7E69	纵向 长横向	614 545	579 496	10 9	73.8	纵 – 长横向 32	约 310	—
	CW67 – T7X2	纵向 长横向	606 606	579 572	14 15	—	纵 – 长横向 44	—	—
	MR64 – TX7 – TX73	短横向 短横向	600 559	552 496	6 9	—	—	约 310 约 310	—
	IN9021 – T4	纵向 短横向	627 600	600 586	14 11	76.5	纵 – 长横向 37	约 552	2.80
	IN9052	纵向 短横向	593 565	559 552	6 2.5	74.5	纵 – 长横向 30	约 552	2.66
IM	7075 – T6	纵向 短横向	641 552	572 490	12 9	71.4	纵 – 长横向 24	<69	2.80
	7075 – T73	纵向	503	434	13	71.7	纵 – 长横向 35	>310	2.80

表 3 - 4 - 25　PM 和 IM 高强度铝合金挤压件的典型性能

	合金	取样方向	R_m /(N·mm^{-2})	$R_{P0.2}$ /(N·mm^{-2})	A /%	E /(GN·m^{-2})	K_{IC} /(N·mm^{-2}) ·m$^{1/2}$	应力腐蚀门槛值 /(N·mm^{-2})	密度 ρ /(g·cm^{-3})
PM	7090 - T7E71	纵向	327	586	10	73.8	—		2.85
		长横向	593	538	6				
	7091 - T7E69	纵向	593	545	12	72.4	—		2.82
		长横向	552	510	8				
	MR61 - T6	纵向	779	752	9	—	纵 - 长横向 24	>241	
		长横向	717	675	9				
	MR61 - T7651	纵向	669	641	12	—	—		
		长横向	665	621	11				
	MR64 - TX76510	纵向	655	627	13	—	—		
		长横向	621	586	13				
	MR64 - TX73510	纵向	627	586	14	—	—		
		长横向	600	552	13				
IM	7075 - T6	纵向	682	600	10	71.1	纵向 38 24	<69	2.80
		长横向	552	496	8				—
	7075 - T73	纵向	552	503	12	71.7	—	>310	2.80
		长横向	496	441	8				—

3.5.4.2　粉末冶金低密度高弹性模量铝合金

这类合金系指 Al - Li 合金。

3.5.4.3　粉末冶金耐热铝合金

早期研制成功的粉末冶金耐热铝材是烧结铝。它虽有很好的耐热性能，但是所含有的氧化物弥散粒子细化程度尚不够，分布不够均匀，在高温下的塑性较低，使用范围受到限制。20 世纪 70 年代，用快速凝固法和机械合金化法研制了新一代的粉末冶金耐热铝合金。

快速凝固耐热铝合金的组织为过共晶体或过包晶体。这种组织中含有两种或两种以上的在通常情况下不固溶于铝的过渡族金属（Fe、Ni、Ti、Zr、Cr、V、Mo 等），偶尔也添加非金属如 Si。这类合金大部分是 Al - Fe(7% ~12.5%) 基三元或四元合金，也有少数其他系合金，例如 Al - Cr 基合金。Al - Fe 基合金包括：Al - Fe - X 型，其中 X 是形成共晶体的元素，如 Co、Ni 或 Mn；Al - Fe - Z 型，其中 Z 是形成包晶体的元素，如 Mo、V、Zr 或 Ti；Al - Fe - Z - Z 型，其中 Z - Z 是两种形成包晶体的元素，如 Mo - V 或 V - Zr；Al - Fe - Si - Z 型，其中 Z 是形成包晶体的元素，如 V、Cr 或 Mo。这些合金中所固溶的溶质总量为 5% ~9%（原子），接近快速凝固法可获得的最大固溶度。这些元素在快速凝固过程中和/或其后的加工处理过程中，形成细小弥散的金属间化合物，提高合金的耐热性能。

机械合金化的耐热铝合金主要有 Al – Fe – Ni 系和 Al – Ti 系合金。

（1）烧结铝

中国的烧结铝牌号为 LT71 和 LT72，苏联的为 CAΠ – 1、CAΠ – 2 和 CAΠ – 4，其成分列于表 3 – 4 – 26。

把工业纯铝熔体用喷雾法制成粉末，然后球磨。球磨筒内充有含氧量为 2% ～ 8% 的氮气，使研磨铝粉生成的新表面缓慢氧化，生成极薄层氧化铝。添加适量的硬脂酸，制取 FLS1 铝粉时，加入硬脂酸量为粉料质量的 0.5%；制取 FLS2 铝粉时，加入的硬脂酸量为粉料质量的 0.75%。硬脂酸阻止粉末在球磨过程中焊合，使之磨成细小片状粉。随着研磨时间增加，氧化铝含量上升，同时硬脂酸逐渐挥发，粉粒之间的焊合趋势增加，粉末结团成较大的颗粒，松装密度增加（见图 3 – 4 – 27）。烧结铝粉末的成分列于表 3 – 4 – 27。

表 3 – 4 – 26　各种牌号烧结铝的成分和所用的铝粉

牌号	Al₂O₃/%	杂质 Fe/%	所用铝粉牌号
LT71	9 ~ 11	0.7	FLS1
LT72	11 ~ 14	0.7	FLS2
CAΠ – 1	6 ~ 9	0.2	AΠC – 1
CAΠ – 2	9 ~ 13	0.2	AΠC – 2
CAΠ – 3	13 ~ 18	0.25	AΠC – 3
CAΠ – 4	18 ~ 23	0.25	AΠC – 4

表 3 – 4 – 27　制烧结铝用的各种牌号铝粉的成分

粉末牌号	成分/%					松装密度/(g·cm⁻³)	筛上剩余物/%	
	Al₂O₃	Al	Fe	H₂O	油脂		1.6	0.85
FLS1	9 ~ 11	≤93	≤0.7	≤0.1	≤0.3	≥0.1	≤0.5	≤3.0
FLS2	11 ~ 14	≤98	≤0.7	≤0.1	≤0.35	≥0.1	≤0.5	≤3.0
AΠC – 1	6 ~ 9	94	0.2	0.1	0.2	≥0.1	—	—
AΠC – 2	9 ~ 13	91	0.2	0.1	0.25	≥0.1	—	—
AΠC – 3	13 ~ 18	余量	0.25	0.1	0.25	≥0.1	—	—
AΠC – 4	18 ~ 23	余量	0.25	0.1	0.3	≥0.1	—	—

烧结铝粉末经过冷压、脱气、热压实制成坯锭，将坯锭锻造或挤压或轧制成各种半成品。为了便于脱气，冷压时的压力不宜太大，使冷压块保留一定的孔隙度。由于氧化铝含量较高（Al₂O₃·3H₂O 较多），需要在较高的温度下（500 ~ 600℃）真空

脱气处理。在 500 ~ 600℃ 烧结和用 700 N/mm² 压力热压实。挤压温度 480 ~ 550℃，挤压速度 8 ~ 10 m/min，变形程度 90% 左右；热轧温度 450 ~ 500℃，终轧温度不低于 250 ~ 300℃。

烧结铝的热强性好，在 250 ~ 500℃ 的强度比任何铸锭冶金合金的都高，500℃ 的高温瞬时强度达到 80 ~ 90 N/mm²。热稳定性能好，长时间加热后力学性能损失少，在 500℃ 及以下的任何温度长时间加热对其室温强度实际上无明显影响。抗蠕变性能好，有高的持久强度，在 500℃ 抗拉试验 100 h 的持久强度达 40 ~ 50 N/mm²（表 3 - 4 - 28 至表 3 - 4 - 29）。此外，它的热膨胀系数小，导电性能、抗腐蚀性与工业纯铝的近似。

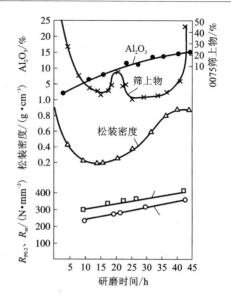

图 3 - 4 - 27　烧结铝粉末研磨过程中氧化铝含量和粉末松装密度的变化

表 3 - 4 - 28　烧结铝材的纵向力学性能

牌号	半成品类型	Al_2O_3 含量 /%	试验温度 /℃	R_m /(N·mm^{-2})	$R_{P0.2}$ /(N·mm^{-2})	A /%	HB
LT71	棒、型材	9 ~ 11	20	≥320	260	≥4	100
			350	130	—	3	—
			500	≥90	—	≥1	—
LT72	棒、型材	11 ~ 14	20	400	300	4	110
			350	170	—	3.0	—
			500	10	—	1.8	—
CAП - 1	棒、带材	6 ~ 9	20	260 ~ 300	200 ~ 240	8 ~ 12	85
			300	160 ~ 180	120 ~ 140	3 ~ 7	—
			500	50 ~ 70	50 ~ 60	2 ~ 6	—
CAП - 2	棒、带材	9 ~ 13	20	320 ~ 360	210 ~ 250	6 ~ 8	100
			300	170 ~ 180	150 ~ 160	4 ~ 6	—
			500	80 ~ 90	80 ~ 90	2 ~ 3	—
CAП - 3	棒、带材	13 ~ 18	20	380 ~ 450	320 ~ 360	3 ~ 6	120
			300	190 ~ 210	140 ~ 160	4 ~ 7	—
			500	100 ~ 120	80 ~ 100	2 ~ 4	—
CAП - 3	模锻件	13 ~ 15	20	370 ~ 390	320 ~ 330	6	110
			350	120 ~ 130	100 ~ 110	8	—
			500	70 ~ 80	50 ~ 60	6	—

表 3 - 4 - 29　烧结铝挤压材的持久强度和蠕变极限

牌号	试验温度 /℃	持久强度		蠕变极限	
		R_{100} /(N·mm^{-2})	R_{1000} /(N·mm^{-2})	$R_{0.2/100}$ /(N·mm^{-2})	$R_{0.2/1000}$ /(N·mm^{-2})
LT71	500	40	—	—	—
CAП - 1	250	100	80	70	65
	350	70	60	60	55
	500	40	30	30	—
CAП - 3	250	110	90	100	90
	350	80	70	60	50
	500	50	40	35	30

　　烧结铝可以用于制造燃气轮机叶片，强力发动机活塞、活塞杆、小型齿轮和其他在 300～500℃ 工作的零部件。在地质矿业的深孔钻探中，烧结铝管材可用作钻探管，因为深孔中的地热温度能达到 300～400℃。在造船工业和化工机械制造以及在原子反应堆中都有应用。

　　近些年来，把喷雾铝粉和烟黑放在高能球磨机中，在强烈的搅拌或研磨过程中发生反应生成一部分微细的非金属弥散质点 Al_4C_3，以及在压块烧结和热加工过程中铝与烟黑反应生成一部分 Al_4C_3，它们均匀地分布在材料中起弥散强化作用，提高材料的热强性能。

　　LT71 - H112 粉末烧结铝合金坯锭及棒材的透射电镜照片见图 3 - 4 - 28 及图 3 - 4 - 29。

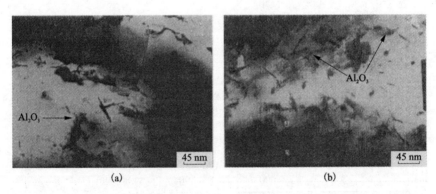

图 3 - 4 - 28　LT71 - H112 粉末烧结铝合金 ϕ190 mm 的镦粗坯锭的透射电镜照片
(a)纵向组织，纯铝基体晶界分布 Al_2O_3 质点；(b)横向组织，纯铝基体中分布 Al_2O_3 质点

（2）Al - Fe - Ce 合金

　　美国铝业公司研制成的两个 Al - Fe - Ce 耐热粉末冶金合金牌号为 CU78 和 CZA2，前者的名义成分：Al - 8.3% Fe - 4% Ce，后者 Al - 7.1% Fe - 6.0% Ce。

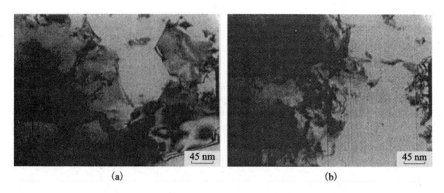

图 3 - 4 - 29　LT71 - H112 粉末烧结铝合金 ϕ190 mm 的镦粗坯锭的透射电镜照片

（a）纵向组织,纯铝基体晶界分布 Al_2O_3 质点；（b）横向组织,纯铝基体中分布 Al_2O_3 质点

　　CU78 合金的性能与现有热强铸锭冶金铝合金 2219 的相比较,其模锻叶轮的室温屈服强度与 2219 - T6 合金的相等,在 232℃ 和 228℃ 其强度比 2219 - T6 的高 53%；CU78 合金的断裂韧性基本合格；锻件室温高周期疲劳强度与 2219 合金的相当,在 232℃ 的强度至少保留 75%（表 3 - 4 - 30,图 3 - 4 - 30 和图 3 - 4 - 31）。由于 CU78 的耐热性能好,可用它取代钛合金制造喷气发动机的涡轮,其成本可降低 65%,质量减轻 15%。

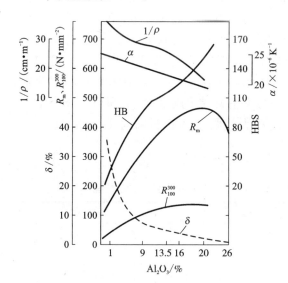

图 3 - 4 - 30　烧结铝的力学性能、物理性能与氧化铝含量的关系

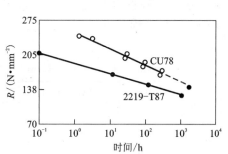

图 3 - 4 - 31　CU78 锻件与 2219 - T87 厚板在 232℃ 抗拉强度的比较

　　CZ42 合金薄板在 150℃ 以下,其比强度比 2024 - T8 的典型力学性能稍高,而

在更高的温度下，CZ42 合金的强度明显地优于 2024 - T8 的；在 260℃ 加热 100 h，CZ42 合金薄板的强度比 2024 - T8 的高 50% 左右；在 316℃ 加热 100 h 后 CZ42 合金薄板能保留 90% 以上的室温强度。

表 3 - 4 - 30　CU78 合金模锻叶轮的力学性能

试验方向	试验温度/℃	R_{m}/(N·mm^{-2})	$R_{\mathrm{P0.2}}$/(N·mm^{-2})	A/%	K_{IC}(N/mm^2)·m$^{1/2}$
正切方向	24	455	358	12	13
径向	24	455	345	11	16
正切方向	232	310	276	10	16
径向	232	317	283	14	18
正切方向	288	241	214	14	—
径向	288	255	228	10	—

（3）Al - Fe - V - Si 合金

美国联合信号（Allied - Signal）公司研制成的三个 Al - Fe - V - Si 合金，其牌号为：FVS 0812（Al - 8.5% Fe - 1.3% V - 1.7% Si）、FVS 1212（Al - 12.4% Fe - 1.2% V - 2.3% Si）、FVS 0611（Al - 5.5% Fe - 0.5% V - 1.1% Si）。

Al - Fe - V - Si 系合金中均匀分布着直径小于 40 mm 的细小的类球状硅化物 $\mathrm{Al_{12}(FeV)_3Si}$ 弥散相，它们是合金的主要强化相，在 FVS 0812 合金中，其体积分数为 27%，而在 FVS 1212 合金中高达 36%。它们大多数分布在晶粒边界，在高温下能阻碍晶粒长大和抑制再结晶。它们与铝基体存在特定的位向关系，与铝基体共格良好，其粗化速度比其他粉末冶金铝合金中弥散相的粗化速度缓慢得多，热稳定性好。所以，这些合金有很高的热强性。同时，合金中不存在任何能降低合金延性和断裂韧性的粗大针状或片状金属间化合物。这些合金的力学性能列于表 3 - 4 - 31。

表 3 - 4 - 31　快速凝固 - 粉末冶金 Al - Fe - V - Si 合金的力学性能

合金 性能 测试温度/℃	FVS 0812			FVS 1212			FVS 0611		
	R_{m}/(N·mm^{-2})	$R_{\mathrm{P0.2}}$/(N·mm^{-2})	A/%	R_{m}/(N·mm^{-2})	$R_{\mathrm{P0.2}}$/(N·mm^{-2})	A/%	R_{m}/(N·mm^{-2})	$R_{\mathrm{P0.2}}$/(N·mm^{-2})	A/%
24	462	414	12.9	559	531	7.2	352	310	16.7
150	379	345	7.2	469	455	4.2	262	240	10.9
230	338	310	8.2	407	393	6	248	234	14.4
315	276	255	11.9	303	297	6.8	193	172	17.3

　　FVS 0812 合金的特点是有好的室、高温综合性能，室温强度和断裂韧性与常规的 2×××系合金的相当，弹性模量(88 GN/m²)比普通航空铝合金的高 15%。FVS 1212 合金的特点是具有很好的室、高温强度，弹性模量 97 GN/m²，比普通航空铝合金的高 30%。FVS 0611 合金的特点是室温成形性能好。

　　FVS 0812 和 FVS1212 合金可模锻成航空航天器和汽车上的各种零部件，例如飞机轮毂、发动机零部件；可轧制成厚板和薄板，制作火箭尾翼；可挤压成型材，制作燃气涡轮发动机的静态结构件。FVS 0611 合金除了可以加工成板材、锻件和挤压材之外，还可以挤压、拉拔成线材，制作航空航天结构用的铆钉和紧固件。

　　联合信号公司在美国新泽西州的莫雷斯顿(Morristown)建立了一座从快速凝固制粉到生产出粉末冶金耐热铝合金材料全套工序的试验工厂，已能生产出足够数量的直径达 560 mm 的坯锭。

3.5.5　粉末冶金耐磨铝合金和低热膨胀系数铝合金

　　汽车发动机、压缩机、空调机和仪表工业需要低密度、高弹性模量、高耐磨性的铝合金制造抗磨损件。Al - Si 系合金作为耐磨材料在机械制造业中得到了广泛应用。但是，普通铸造工艺生产过共晶 Al - Si 合金时，粗大的 Si 相严重割裂基体的连续性，大大降低合金的强度和韧性。用快速凝固 - 粉末冶金工艺制取的高 Si 铝合金的初晶 Si 十分细小，分布均匀，因而大大提高其力学性能，见图 3 - 4 - 32。在粉末冶金 Al - Si 合金中添加 Cu、Mg 元素，能进一步提高室温强度；添加 Fe、Ni、Mn、Mo、Sr 等元素，除了提高室温强度之外，主要是提高热稳定性，参看图 3 - 4 - 33。几种快速凝固高 Si 铝合金的成分和性能列于表 3 - 4 -33。

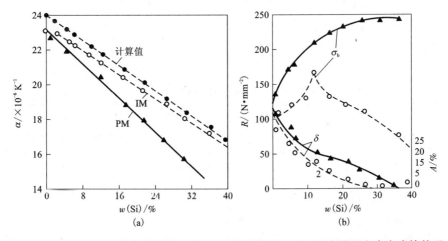

图 3 - 4 - 32　Al - Si 合金线膨胀系数(a)、力学性能(b)与 Si 含量及生产方式的关系

　　高 Si 铝合金已成为快速凝固铝合金的主要系列之一，在日本、美国、俄罗斯、荷兰、德国等已进入实际应用阶段，用它取代汽车上传统的钢铁活塞、连杆等材料，

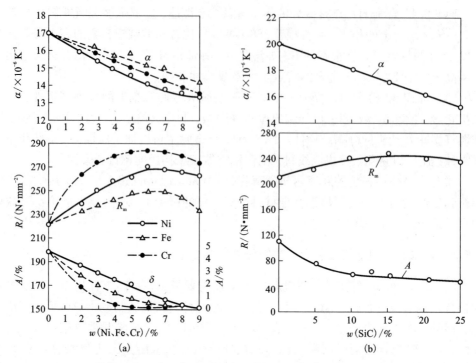

图 3 - 4 - 33　几种元素和 SiC 含量对 PM Al - Si 合金的线膨胀系数和力学性能的影响

(a) Al - 25% Si 合金；(b) Al - 11.8% Si 合金

可在保证强度和运动速度的前提下，减轻质量 30% ~ 60%。日本每年用于制造压缩机部件的快速凝固高 Si 铝合金超过 700 t。我国的快速凝固高 Si 铝合金还处于实验室试制阶段，且目前仅限于研制 Al - Si - Cu - Mg 系合金，与国外差距较大，还不能适应国内市场的需求。

表 3 - 4 - 32　几种快速凝固高 Si 铝合金的成分和性能

合金成分 /%	状态	凝固状态	R_m /($N \cdot mm^{-2}$)	$R_{P0.2}$ /($N \cdot mm^{-2}$)	A /%	α /$\times 10^{-6} K^{-1}$
Al - 12Si - 1.1Ni	热挤	离心雾化	333	253	13	—
Al - 12Si - 7.5Fe	热挤	气体雾化	325	260	8.5	—
Al - 20Si - 7.5Fe	热挤	气体雾化	380	260	2	—
Al - 25Si - 3.5Cu - 0.5Mg	热挤	多级雾化	376	—	—	17.4
Al - 20Si - 5Fe - 1.9Ni	热挤	气体雾化	414	—	1	—
Al - 17Si - 6Fe - 4.5Cu - 0.5Mg	热挤	喷射沉积	550	460	1	17
Al - 20Si - 3Cu - 1Mg - 5Fe	热挤 + T6	气体雾化	535	—	—	—
Al - 25Si - 2.5Cu - 1Mg - 0.5Mn	锻造	气体雾化	490	—	1.2	16

表 3 – 4 – 33 列出了苏联研制的快速凝固 – 粉末冶金低膨胀系数铝合金 CAC1 – 400、CAC1 – 50、CAC1 – BK、CAC – 2、CAC – 3 和 CAC – 4 的化学成分和性能。CAC – 1 的线膨胀系数小，强度较高，塑性较好，机加工性能良好，广泛用于仪表制造业；CAC – 3 可与钢制零件配套用做蒸汽条件下工作的承载件；在 CAC – 2 合金中，用价格低的 Fe 取代 Ni 和 Cr，适于制造内燃机活塞；CAC – 4 合金的塑性好、抗腐蚀性优良，可制造海洋和热带环境工作的零件。这些 PM 合金的弹性模量比 IM Дl6 的高 20% ~ 30%；耐磨性比 Д16 和 36HXTЮ 钢的都好。

表 3 – 4 – 33　线膨胀系数低的粉末冶金铝合金的成分和性能

合金(粉粒尺寸/μm)	化学成分/%	线膨胀系数 α/ ×10^{-6}℃$^{-1}$	密度 ρ /(kg·m^{-3})	摩擦系数		E /(GN·m^{-2})	R_m /(N·mm^{-2})	A /%
				无润滑	有润滑			
CAC1 – 400[①] (<400)	25Si ~ 30Si, 5Ni ~ 7Ni, 余量 Al	14.5 ~ 15.5	2 730	0.15 ~ 0.25	0.01 ~ 0.025	105	260 ~ 280	2 ~ 4
CAC1 – 50[①] (<50)	25Si ~ 30Si, 5Ni ~ 7Ni, 余量 Al	14.5 ~ 15.5	2 730	0.15 ~ 0.25	0.01 ~ 0.025	105	340 ~ 360	2 ~ 4
CAC – BK[②] (<50)	35Si ~ 37Si, 5Ni ~ 7Ni, 余量 Al	12.5 ~ 13.5	2 650	0.15 ~ 0.25	0.01 ~ 0.025	110	380 ~ 400	1.0
CAC – 2 (<400)	25Si ~ 30Si, 5Fe ~ 7Fe, 余量 Al	15.0 ~ 16.0	2 730	—	—	—	240	0.9
CAC – 3 (<400)	25Si ~ 30Si, 3Cr ~ 5Cr, 余量 Al	15.0 ~ 16.5	2 720	—	—	—	280	0.6
CAC – 4 (<400)	10Si ~ 15Si, 15SiC ~ 25SiC, 余量 Al	16.0 ~ 17.0	2 780	—	—	—	230	5.0
Д16	—	22.7	2 780	0.4	0.1	72	—	—
钢 36ПXTЮ	—	13.3	7 900	0.3	0.1	205	—	—

注：①400、50 分别表示制取合金材料的粉末粒度小于 400 μm 和小于 50 μm；②BK 表示高硅含量。

最后，将已在美国铝业协会公司注册的各类粉末冶金铝合金的成分列于表 3 – 4 – 34。

表 3-4-34　在美国铝业协会注册的各类粉末冶金铝合金的成分/(w/%)

牌号	Si	Fe	Cu	Mg	Zn	Co	O	Mn	Cr	Zr	Ti	H 个	H 总	Al	注册年度
7090	0.12	0.15	0.6~0.3	2.0~3.0	7.3~8.7	1.0~1.9	0.2~0.5	—	—	—	—		0.15	其余	1980 年
7091	0.12	0.15	1.1~1.8	2.0~3.0	5.8~7.1	0.2~0.6	0.2~0.5	—	—	—	—	0.05	0.15	其余	1980 年
7064	0.12	0.15	1.8~2.4	1.9~2.9	6.8~8.0	0.1~0.4	0.05~0.3	—	0.06~0.25	0.1~0.5	—	0.05	0.15	其余	1985 年
2009	0.25	0.05	3.2~4.4	1.0~1.6	0.1	—	0.6	0.25	—	—	—	0.05	0.15	其余	1990 年
X2080	0.1	0.2	3.3~4.1	1.5~2.2	0.1	—	0.2~0.5	0.005Be	—	0.08~0.25	—	0.05	0.15	其余	1990 年
7093	0.12	0.15	1.1~1.9	2.0~3.0	8.3~9.7	—	0.05~0.2	0.04~0.16Ni	—	0.08~0.20	—	0.05	0.15	其余	1990 年
8009	1.7~1.9	8.4~8.9	—	—	0.25	—	0.3	0.1	0.1	1.1~1.5V	—	0.05	0.15	其余	1990 年
X8019	0.2	7.9~9.3	—	—	—	3.5~4.5Ce	0.2~0.5	0.05	—	0.05V	—	0.05	0.15	其余	1990 年
8022	1.2~1.4	6.2~6.8	—	—	0.25	—	0.05~0.2	0.1	0.1	0.4~0.8V	0.1	0.05	0.15	其余	1991 年
6113	0.6~1.0	0.3	0.6~1.1	0.8~1.2	0.25	—	0.05~0.50	0.1~0.6	0.1	—	0.1	0.05	0.15	其余	1991 年
6091	0.4~0.8	0.7	0.15~0.4	0.8~1.2	0.25	—	0.05~0.50	0.15	0.15	—	0.15	0.05	0.15	其余	1992 年
6093	0.4~0.5	0.3	0.7~1.0	0.8~1.2	0.25	—	0.05~0.50	0.15	0.15	—	0.15	0.05	0.15	其余	1992 年
5091	0.2	0.3	—	3.7~4.2	1.2~1.4Li	1.0~1.3C	0.2~0.7	—	—	—	—	0.05	0.15	其余	1992 年

参考文献

[1] 杨守杰, 戴圣龙. 航空铝合金的发展回顾与展望[J]. 材料导报, 2005, 19(2): 76 – 80.

[2] 楼瑞祥. 大飞机用铝合金的现状与发展趋势[C]. 中国航空学会2007年学术年会, 材料专题 20: 1 – 8.

[3] 骞西昌, 杨守杰, 张坤, 戴圣龙. 铝合金在运输机上的应用与发展[J]. 轻合金加工技术, 2005, 33(10): 1 – 7.

[4] 陈亚莉. 铝合金在航空领域中的应用[J]. 有色金属加工, 2003, 32(2): 11 – 14、17.

[5] 李学潮. 铝合金材料组织与金相图谱[M]. 北京: 冶金工业出版社, 2010: 148, 163, 169, 172, 183, 184, 297, 214, 285.

[6] 《工程材料实用手册》编辑委员会. 工程材料实用手册(第2版, 第3卷)[M]. 北京: 中国标准出版社, 2002: 11 – 14, 17, 95, 115, 137, 151, 169.

[7] 王祝堂, 田荣璋. 铝合金及其加工手册(第三版)[M]. 长沙: 中南大学出版社, 2005: 139 – 174, 1111 – 1116.

[8] 文方, 李铁. 2A02铝合金挤压棒材粗晶环的消除方法[J]. 轻合金加工技术, 2003, 31(3): 33 – 35, 38.

[9] 程磊, 王学, 宋微, 姜春燕, 马琳. 使用2A02合金冷拉棒材毛料的锻件热处理工艺研究[J]. 铝合金, 2011, 5: 43 – 46.

[10] 谢延翠, 师雪飞, 齐国栋. 热处理制度对2A12铝合金电导率的影响[J]. 轻合金加工技术, 2003, 31(11): 44 – 45.

[11] 姜文举, 于得源, 文丽华. 提高2A12 – O铝合金型材伸长率的工艺研究[J]. 轻合金加工技术, 2001, 29(9): 37 – 40.

[12] 谢延翠, 徐崇义. 2A12 – T4铝合金变截面板材的生产工艺优化[J]. 轻合金加工技术, 2008, 36: 16 – 17, 26.

[13] 杨鑫, 徐崇义, 谢延翠, 吕宏亮, 王金花. 2A12 ME铝合金板材的深冲性能[J]. 轻合金加工技术, 2010, 38(9): 18 – 20.

[14] 赵文芝. 阶段变断面型材的挤压工艺及挤压缺陷的处理[J]. 轻合金加工技术, 2010, 38(2): 40 – 42, 44.

[15] 冯正海. 铝合金前梁模锻件粗晶缺陷及对策[J]. 轻合金加工技术, 2009, 37(11): 33 – 34, 45.

[16] 刘成, 罗兵辉, 王聪, 杨磊. 2024合金的均匀化热处理研究[J]. 铝加工, 2010(4): 8 – 13.

[17] 刘静, 冯正海, 张雅玲. 2024铝合金(包铝)薄板T3、T361、T81、T861状态热处理工艺制度研究[J]. 轻合金加工技术, 2003, 31(8): 46 – 47.

[18] 王聪, 罗兵辉, 熊雯英, 王志超. 预拉伸处理对2024铝合金组织和性能影响[J]. 轻合金加工技术, 2011, 39(10): 63 – 68.

[19] 赵永军. 2024 – T851铝合金板材时效工艺研究[J]. 轻合金加工技术, 2010, 38(5): 16 – 18.

[20] 王贵福, 赵涛, 杨海峰. 2124 铝合金 400 mm×1 500 mm 扁锭熔铸工艺研究[J]. 轻合金加工技术, 2007, 35(6): 26 – 28, 55.

[21] 许晨玲, 张克伟. 2224 铝合金挤压件 T3510 处理工艺研究[J]. 轻合金加工技术, 2001, 29(11): 33 – 35.

[22] 王华, 尹志民, 钟利, 郭加林, 彭小芒. 2024、2524 合金和含微量 Sc、Zr 的 2524 铝合金板材的组织和性能[J]. 轻合金加工技术, 2008, 36(11): 30 – 33.

[23] 王金花, 王刚, 马英义, 杨鑫, 陈玉华. 2014 铝合金板材热处理工艺研究[J]. 轻合金加工技术, 2005, 38(8): 31 – 34, 46.

[24] 李念奎, 冯正海. 2524 铝合金铸锭均匀化过程中相的变化[C]. 全国第十四届轻合金加工学术交流会论文集: 177 – 182.

[25] 郑祥键, 王洪华, 冯正海. 2618A – T851 厚板生产工艺研究[J]. 轻合金加工技术, 2011, 27(3): 23 – 26.

[26] 苏堪祥. Al – Mg 系合金的熔炼工艺特点[J]. 轻合金加工技术, 2004, 32(5): 19 – 21.

[27] 邓小明. 合金元素对 5056 合金管材热挤压性能的影响[J]. 轻合金加工技术, 2001, 29(11): 31 – 33.

[28] 高淑明, 李广宇, 冯正海. 5A06 铝合金板材腐蚀性能的研究[J]. 轻合金加工技术, 2001, 29(6): 45 – 47.

[29] 张占峰, 于国林, 周德钦. 羽毛状晶组织对 5A06 铝合金疲劳性能的影响[J]. 轻合金加工技术, 2009, 37(12): 39 – 41.

[30] 赵永军, 师雪飞, 张景学, 马英义. 5A06 – H34 厚板生产工艺研究[J]. 轻合金加工技术, 2005, 33(5): 29 – 32.

[31] 孙卫国, 徐贺年, 姜文举, 马英义, 张岩, 韩华. 改善 5A06 – O 铝合金板材性能的研究[J]. 轻合金加工技术, 2006, 34(12): 26 – 28.

[32] 郝志刚, 黄晶, 时羽, 滕志贵, 李海仙, 赵胜强, 王立娟. 5083 铝合金大规格扁锭熔铸工艺研究[J]. 轻合金加工技术, 2006, 34(7): 15 – 17.

[33] 吕新宇. 5083 铝合金热轧板研究[J]. 轻合金加工技术, 2002, 30(3): 15 – 19, 31.

[34] 冯永正. 淬火后停放时间对 6A02 – T6 合金型材强度的影响[J]. 轻合金加工技术, 2003, 31(8): 30 – 31.

[35] 马重立, 马一峰, 杨雷, 侯文乾, 董继峰. 提高 6082 – T6 铝合金扁棒材力学性能的试验研究[J]. 轻合金加工技术, 2010, 38(10): 24 – 26.

[36] 王雪玲, 王莉莉, 赵永军, 谢延翠, 石广福, 王春福, 张淑艳. 时效前停放时间和时效保温时间对 6082 – T651 铝合金板材组织和性能的影响[J]. 轻合金加工技术, 2011, 39(2): 25 – 28.

[37] 曹光泽. 6A02 – T 铝合金厚壁管材控制粗晶工艺研究[J]. 轻合金加工技术, 2011, 39(8): 35 – 38.

[38] 田福泉, 李念奎, 崔建忠. 超高强铝合金强韧化的发展过程及方向[J]. 轻合金加工技术, 2005, 33(12): 1 – 9.

[39] 李念奎, 崔建忠. Al – Zn – Mg – Cu 系合金组织对性能的影响[J]. 轻合金加工技术, 2008, 36(1): 5 – 10, 54.

[40][日]平野正和. 高强度ァルミニゥム合金の发展和现状[J]. 轻金属, 1991(11): 477 - 484.

[41]庚莉萍, 阮鹏跃. 高性能铝合金厚板的生产技术及应用[J]. 铝加工, 2010(4): 27 - 33.

[42]张春波, 郭淑兰, 徐忠艳. Fe、Si 杂质对 7A04 铝合金组织和性能的影响[J]. 轻合金加工技术, 2003, 31(1): 38 - 40.

[43]汝继刚, 伊琳娜. 不同时效处理对 7B04 铝合金腐蚀性能的影响[J]. 轻合金加工技术, 2004, 32(5): 45 - 47.

[44]李念奎, 崔建忠. 7B04 铝合金热轧厚板组织分析[J]. 轻合金加工技术, 2008, 36(2): 45 - 48.

[45]王树滨, 江斌, 徐忠艳. 7A04 - T6 铝合金挤压型材热处理[J]. 轻合金加工技术, 2008, 36(7): 44 - 46.

[46]宁爱林, 曾苏民, 蒋寿生, 彭北山. 7A04 铝合金高温固溶的显微组织和力学性能[J]. 轻合金加工技术, 2005, 33(5): 48 - 50.

[47]何贤贵, 严相雷, 郑倩倩, 杜咪咪, 董立新. 改善 7A04 铝合金韧性的深冷处理研究[J]. 铝加工, 2011(1): 19 - 21.

[48]郭红, 邵海霞, 李丹, 胡国勇, 曹新宇, 李琳琳。7A04 铝合金板材双重淬火工艺研究[J]. 轻合金加工技术, 2010, 38(7): 26 - 29.

[49]张世兴, 邓鹏辉, 侯沿竹. 不同双级固溶热处理对 7A09 铝合金显微组织和性能影响[J]. 轻合金加工技术, 2010, 38(10): 43 - 46.

[50]张世兴, 邓鹏辉, 吴海宏. 不同热处理制度对 7A09 铝合金显微组织和性能影响[J]. 轻合金加工技术, 2009, 37(1): 50 - 53.

[51]李建湘, 刘静安, 杨志兵. 7A09C - 73 铝合金挤压型材热处理工艺研究[J]. 有色金属加工, 2012, 36(4): 24 - 28.

[52]王晨, 周静, 杨志峰, 邹本杰. 7050 铝合金铸锭均匀化过程中相的转变[J]. 轻合金加工技术, 2007, 35(1): 23 - 24, 52.

[53]韩小磊, 熊柏青, 张永安, 李志辉, 朱宝宏, 王峰, 刘红伟. 单级时效制度对 7150 铝合金组织和性能的影响[J]. 轻合金加工技术, 2009, 37(11): 35 - 38.

[54]贾志强, 李劲风, 李朝兴, 蔡超, 郑子樵. 回归再时效 7150 铝合金力学性能、剥蚀行为及微观组织研究[J]. 铝加工, 2009(2): 32 - 35.

[55]郭淑兰, 王丽巍. 7050 铝合金铆钉线材生产工艺[J]. 轻合金加工技术, 2000, 28(7): 22 - 23.

[56]赵永军. 7A33 铝合金薄板热处理工艺研究[J]. 轻合金加工技术, 2010, 38(10): 39 - 42.

[57]张华, 谢延翠, 于洪伟. 7075 - T7651 铝合金厚板热处理工艺研究[J]. 轻合金加工技术, 2008, 30(3): 12 - 14, 11.

[58]王学书, 聂波, 谢延翠. 热处理制度对 7075 铝合金电导率的影响[J]. 轻合金加工技术, 2001, 29(7): 40 - 42.

[59]李朝兴, 徐静, 李劲风, 贾志强, 郑子樵. 不同时效制度 7075 铝合金力学性能及腐蚀性能综合比较研究[J]. 铝加工, 2009(5): 10 - 15.

[60]梁轩, 彭大署, 张辉. 7075 铝合金预拉伸板残余应力的试验研究[J]. 轻合金加工技术, 2003, 31(1): 15 - 17.

[61] 柯映林, 董辉耀. 7075 铝合金厚板预拉伸模拟分析及其在淬火残余应力消除中的应用[J]. 中国有色金属学报, 2004, 14(4): 639 – 645.

[62] 徐忠艳, 赵文清, 刘洪. 7175 合金锻件毛坯高温均匀化处理工艺研究[J]. 轻合金加工技术, 2002, 30(8): 39 – 42, 48.

[63] 王大胜, 曾庆华. 7175 – T74 铝合金轧制环件热处理工艺研究[J]. 铝加工 2007(4): 42 – 44.

[64] 郑祥健, 李浩言, 李勇, 王岩. 固溶处理对 7475 铝合金组织和性能的影响[J]. 轻合金加工技术, 2004, 32(8): 45 – 47, 51.

[65] 程勇胜, 郑子樵, 李秋菊. 时效制度对 7475 铝合金组织与性能的影响[J]. 轻合金加工技术, 2001, 29(6): 40 – 44, 37.

[66] 甘卫平, 杨志强, 王慧敏. 7475 铝合金断裂韧性 K_{IC} 的各向异性[J]. 轻合金加工技术, 2002, 30(3): 43 – 46.

[67] 董显娟, 李红英. 7475 铝合金大型锻件时效工艺研究[J]. 有色金属加工, 2004, 33(5): 20 – 23.

[68] 于帆, 吴晓峰, 齐艳. 7475 铝合金扁锭熔铸工艺研究[J]. 轻合金加工技术, 2007, 35(5): 9 – 12.

[69] 李杰, 尹志民, 王涛, 李念奎. 固溶 – 单级时效处理对 7055 铝合金力学和电学性能的影响[J]. 轻合金加工技术, 2004, 32(11): 39 – 43.

[70] 魏继承, 刘显东, 耿照华. 7055 铝合金的时效硬化特性与电导率[J]. 轻合金加工技术, 2006, 34(12): 49 – 51.

[71] 刘友良, 张新民. 固溶处理温度对 7A55 铝合金组织与力学性能的影响[J]. 轻合金加工技术, 2006, 34(8): 48 – 53.

[72] 《工程材料实用手册》编辑委员会. 工程材料实用手册(第 3 卷)[M]. 第 2 版. 北京: 中国标准出版社, 2002: 358 – 455.

[73] 龚磊清, 金长庚, 刘发信, 李文林. 铸造铝合金金相图谱[M]. 长沙, 中南大学出版社, 1987: 8 – 113.

[74] 林肇琦. 有色金属材料学[M]. 沈阳, 东北大学出版社, 1986: 50 – 74.

[75] 小岛阳, 中村正久著. 轻金属. 高译生译. 1986(10): 56 – 58.

[76] 田村, 森, 中村. 日本金属学会志, 1970, 34: 919.

[77] 王祝堂. 轻合金加工技术, 1996: 4、6, 24 – 28、29 – 33.

[78] В. И. 多巴特金. 铝合金半成品的组织与性能. 北京: 冶金工业出版社, 1984: 164 – 173.

[79] 闫永林, 范云强, 罗杰, 李政. 熔铸工艺对 1420Al – Li 合金铸锭氢含量的影响[J]. 铝加工, 2001, 24(1): 15 – 17.

[80] 王祝堂. 变形铝合金热处理工艺[M]. 长沙: 中南大学出版社, 2011: 360 – 366.

[81] 戴晓元, 夏长表, 孙振起, 华熳煜, 吴茵. Al – 9.0Zn – 2.5Mg – 1.2Cu – 0.12Sc – 0.15Zr 合金的组织和性能[J]. 中国有色金属学报, 2007, 17(3): 396 – 401.

[82] 邹亮, 潘清林. 时效对超高强含 Sc 铝合金组织和性能的影响[J]. 轻金属, 2012(1): 57 – 60.

[83] 何景素, 王燕文. 金属的超塑性[M]. 北京: 科学出版社, 1986.

[84] 崔建忠. 装甲铝合金超塑性研究. 东北工学院博士论文, 1985.

［85］约翰. D. 费豪文著. 卢光熙, 赵子伟译. 物理冶金学基础. 上海: 上海科学技术出版社, 1981: 211.

［86］吴庆龄, 马宏声等. Al – Ga – Zn 合金的组织组成量对超塑性的影响. 第三次全国超塑性学术会议论文, 1982.

［87］吴庆龄, 马宏声等. Al – Ca – Zn 合金的超塑性. 第七次全国轻合金加工学术讨论会论文, 1983.

［88］马宏声, 吴庆龄. 轻合金加工技术, 1984(8): 24 – 28.

［89］Mobley C E, et al. Inst. Met αls, 1972, 100: 142.

［90］黄海冷. LY12 合金超塑性及变形机理的研究. 东北工学院硕士论文, 1986.

［91］松木贤司. 日本金属学会志. 1973(4): 448.

［92］大冢正久, 掘内良. 塑性と加工, 1975, 16(177): 1004 – 1008.

［93］金华, 柳善英. 轻金属[J]. 1983(7): 55 – 58.

［94］金华, 柳善英. 轻金属[J]. 1983(8): 57 – 60.

［95］吴庆龄, 蒋兴刚等. 中日超塑性シンポジウム86 论文集, 1986.

［96］张晓博, 李体彬. LD5 合金超塑性研究. 第八次全国轻合金加工技术讨论会论文, 1986.

［97］席聚奎等. Al – Si 合金等温超塑性研究. 第三次全国超塑性学术讨论会论文, 1982.

［98］大冢正久等. 轻金属[J]. 1986, 36: 752.

［99］郑志刚. Al – Mg – Sc 合金的超塑拉伸性能及其机理的研究. 东北大学硕士论文, 1997.

［100］洪永先, 张君尧, 王祝堂等编译. 国外近代变形铝合金专集. 北京: 冶金工业出版社, 1987: 463 – 595.

［101］王祝堂主编. 铝材及其表面处理手册. 南京: 江苏省科学技术出版社, 1992: 60.

［102］周朝晖. 铝加工[J]. 1996, 19(6): 42 – 46.

［103］佐野秀男著. 唐明达译, 吴荣光校. 有色金属加工, 1996, 1: 41 – 52.

［104］周朝晖. 铝加工[J]. 1997, 20(1): 48 – 50.

［105］B. Rieth, Meerbusch. 'Airware' – more than an aluminium alloy [J]. Aluminium, 2011(7 – 8): 47 – 49.

［106］Matsuoka H, Hiros Y., Kishi Y, etal. Experimenal study on strengthening mechanism of Al – Zn – Mg – Cu system alloy [J]. Soc Mat Sci Japan, 1997, 46(6): 655 – 662.

［107］Starink M J, Sinclair I, Gao N, et al. Development of new damagetolerant alloys for age – forming [J]. Mater Sic Forum, 2002, 396 – 402: 601 – 612.

［108］Sanders Robert E Jr. Technology Innovation in Aluminum Products [J]. JOM, Feb. 2001(2): 21 – 25.

［109］Алюминевые сплавы: Структура И свойства полуфаорпкатов пз алюмпнпевых сплавов, подрел лпванов В. А., МЕТАЛЛУРГИЯ, 1974.

［110］CHEN Kang – hua, ZHANG Zhuo, LIU Hong – wei, LI song, HUANG Lan – ping. Effect of near – solvus precipitation on the micro structure and properties of 7055 aluminum alloy [J]. J Cent South Univ Technol, 2003, 34(2): 114 – 118.

［111］CHEN Kang – hua, HUANG Lan – ping. Effect of high – temperature pre – precipitation on microstructure and properties of 7055 aluminum alloy [J]. Trans Nonferrous Met Soc China,

2003, 13(4): 750 - 754.

[112] HUANG L P, CHEN K H, LI S, SONG M. Influence of high - temperature pre - precipitation on local corrosion behaviors of Al - Zn - Mg alloy [J]. Scripta Materialia, 2007, 56(4): 305 -308.

[113] HUANG Lan - ping, CHEN Kang - hua, LI song, LIU Hong - wei. Effect of high - temperature pre - precipitation on microstructure, mechanical property and stresscorrosion cracking of Al - Zn - Mg alloy [J]. The Chinese Journal of Nonferrous Metals, 2005, 15(2)727 -733.

[114] Hirano S. et al. Proceedings of Conference On Aluminum - Lithium Alloys, Vol. 1, Materials and Component Engineering Publication, 1989: 335 -344.

[115] Lewis R E et al. Alumium - Lithium Alloys V, Materials and Component Engineering Publication, 731 -740.

[116] Colvin E L and Murtha S J. Aluminum - Lithium Alloys, Vol, Ⅲ, Materials and Component Engineering Publications, 1989: 1251 -1260.

[117] Doudeau M et sl. Al - Li Alloys Developed by Pechiney, AGARD(NATO), 1988, 444(10): 2.

[118] Jamies R S. Commercial Development of Al Li Products, AGARD(NATO),1988, 444(10): 3.

[119] P. N. Angalebech 1 ect. Metall Trans. 19 B[J]. 1989(2): 227.

[120] D. G. Eskin. Physical Metallurgy of Direct Chill Casting of Aluminum Alloys [M]. CRC Press, 2009: 58, 66 -70.

[121] Dr. - lng. Catrin Kammer. Aluminim Handbook 1[M]. Aluminum - Verlag, 1999: 109, 338.

图书在版编目(CIP)数据

航空航天器用铝材手册/王祝堂主编.

—长沙:中南大学出版社,2015.10

ISBN 978 - 7 - 5487 - 1947 - 2

Ⅰ.航... Ⅱ.王... Ⅲ.①航空材料 - 铝合金 - 技术手册②航天材料 - 铝合金 - 技术手册

Ⅳ.V252 - 62

中国版本图书馆 CIP 数据核字(2015)第 240985 号

航空航天器用铝材手册

王祝堂　主编

□责任编辑	刘颖维	
□责任印制	易建国	
□出版发行	中南大学出版社	
	社址:长沙市麓山南路	邮编:410083
	发行科电话:0731-88876770	传真:0731-88710482
□印　　装	长沙印通印刷有限公司	

□开　本	720×1000　1/16	□印张 28.75	□字数 577 千字	
□版　次	2015 年 10 月第 1 版	□印次　2015 年 10 月第 1 次印刷		
□书　号	ISBN 978 - 7 - 5487 - 1947 - 2			
□定　价	120.00 元			

图书出现印装问题,请与经销商调换

中航工业航材院铝合金研究所

中航工业航材院铝合金研究所成立于1956年，是我国唯一面向航空用高性能铝合金、镁合金及其工艺研究开发、工程应用、中试和小批生产的基地，是我国航空铝、镁合金及其工艺研究的归口单位，负责建立和完善我国航空铝合金和镁合金材料及技术体系，解决航空产品研制和生产过程中的材料、制造和工艺等问题，并为我国航天、核工业、兵器、电子和船舶等其他军工行业提供高性能铝合金、镁合金材料研发、技术支持和批量生产等服务。

中航工业航材院铝合金研究所成立以来共新研材料100余项，新工艺30余项，编制各类手册45本，制定、修订GJB、HB等标准60多项，获得5项国家发明奖，67项部级以上科技进步奖，近五年的科研经费超过6.5亿元。现设有变形铝合金及工艺、铝锂合金及工艺、铸造铝合金及工艺、快凝铝合金及工艺等专业方向，下设北京市先进铝合金材料及应用工程技术研究中心、精密小锻件生产部、大规格锻件生产部、铝合金铸造生产部、支臂锻件生产部、挤压分厂及院控股子公司——核兴航材有限责任公司等生产机构；主要产品涵盖高性能铝合金精密锻件、大规格铝合金自由锻件/模锻件、高性能铝合金管/棒/型材、中间合金、预制锭、铝合金精密铸件、大规格铝合金砂铸件、粉末铝合金以及镁合金等。

7050管材

1m～3m，2xxx，5xxx，7xxx系列
铝合金方框、锻环类锻件

2xxx，5xxx，7xxx系列
铝合金自由锻件

7050铝合金中厚板（18～200mm）

所辖变形铝合金及工艺专业组承担或参与了国内所有航空变形铝合金的研制和应用研究工作，成功研制出数十种高强铝合金、中强铝合金、耐热铝合金、耐蚀铝合金等第三代、第四代高性能铝合金，并拥有发明权。

铝锂合金及工艺专业组是国内唯一一个从事铝锂合金研发和应用研究的专业组，处于国内领先地位，成功仿制和研制了8090、2090、5A90、2A97、2A66等第二代和第三代高强高模量铝锂合金、中强高韧铝锂合金，并拥有合金的发明权。

2A14大规格棒材
Φ230mm、Φ300mm、Φ320mm、Φ350mm

ZL114A，Ⅰ类铸件，Φ500mm×350mm×3mm
三层复杂曲面结构，内含封闭型腔

ZL205A，Ⅰ类铸件
Φ2000mm×850mm，壁厚25mm

铸造铝合金及工艺专业组成立以来不仅成功研制了多种Al-Si系列和Al-Cu系列高强高韧铸造铝合金，并拥有包括ZL205A、ZL210A等合金在内的多项发明权，而且具备复杂薄壁铸件、精密树脂砂型铸件、低压/真空吸铸/调压成形、数值仿真优化分析和数字化制造、可溶型芯成形技术、石膏型精密铸型等技术能力，可实现大型构件以铸代锻，各项技术国内领先。

快凝铝合金及工艺专业是我国最早开展超音速气体雾化制粉和快凝铝合金研究的单位之一，成功研制出了LH2耐损伤铝合金粉末、FMS系列高温铝合金、LJ5系列阻尼铝合金、高强/耐蚀铝合金粉末、Al-Li合金粉末，所制备的高弹性模量耐疲劳铝合金锻件已在我国主力战机上广泛使用。

7xxx无缝挤压型材